KB102285

일반기계기사

필답형 실기

허원회 편저

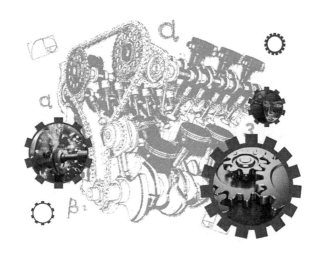

일진사

머리말

우리나라는 기존 중화학공업의 육성책에 따라 각종 공업 분야에서 중추가 되는 에너지 변환, 열유체 역학, 기계 제작, 기계 설계 등 기계 관련 산업 전반에 걸쳐 괄목할 만한 성장을 이루었지만 핵심 기술 분야는 아직도 해외 의존도가 높은 편이다. 이에 따라 국가적인 차원에서 고도의 기술 집약 산업인 기계 산업의 기계 설계 분야에 종사할 전문 기술 인력을 양성하기 위해 일반기계기사 자격 제도가 제정되었다. 이러한 정부 시책에 따라 앞으로 기계 분야에 대한 관심과 투자가 지속적으로 증가하며 나아가 일반기계기사의 수요도 늘어날 전망이다.

일반기계기사 시험은 1차 필기(객관식)와 2차 실기(복합형)로 이루어지며, 실기는 필답형(시험시간 2시간)과 작업형(시험시간 5시간 정도)으로 실시되는데, 이 책은 필답형 실기시험에 대비하기 위한 수험서이다.

이 책은 일반기계기사 필답형 실기시험을 준비하는 수험생들의 실력 배양 및 합격을 위하여 다음과 같은 부분에 중점을 두어 구성하였다.

첫째, 한국산업인력공단의 출제 기준에 따라 반드시 알아야 하는 기본 이론을 이해하기 쉽도록 일목요연하게 정리하였다.
둘째, 지금까지 출제된 과년도 문제를 철저히 분석하여 예상문제를 수록하였으며, 각 문제마다 상세한 해설을 곁들여 이해를 도왔다.
셋째, 최근에 시행된 기출문제를 수록하여 줌으로써 출제 경향을 파악하고, 이에 맞춰 실전에 대비할 수 있도록 하였다.

끝으로 이 책으로 일반기계기사 필답형 실기시험을 준비하는 수험생 여러분께 합격의 영광이 함께 하길 바라며, 이 책이 나오기까지 여러모로 도와주신 모든 분들과 도서출판 **일진사** 직원 여러분께 깊은 감사를 드린다.

저자 씀

일반기계기사 출제기준(실기)

직무분야	기계	자격종목	일반기계기사	적용기간	2022. 1. 1 ~ 2023. 12. 31

O 직무내용 : 재료역학, 기계열역학, 기계유체역학, 기계재료 및 유압기기, 기계제작법 및 기계동력학 등 기계에 관한 지식을 활용하여 일반기계 및 구조물을 설계, 견적, 제작, 시공, 감리 등과 관련된 업무 수행

O 수행준거 : 1. 기계설계 기초 지식을 활용할 수 있다.
2. 체결용, 전동용, 제어용 기계요소 및 유체 기계요소를 설계할 수 있다.
3. 설계 조건에 맞는 계산 및 견적을 할 수 있다.
4. CAD S/W를 이용하여 CAD 도면을 작성할 수 있다.

실 기 검정방법	복합형	시험시간	필답형 : 2시간, 작업형 : 5시간 정도

실기 과목명	주요 항목	세부 항목	세세 항목
일반기계 설계실무	1. 일반기계요소의 설계	(1) 기계요소 설계하기	① 단위, 규격, 끼워맞춤, 공차 등을 활용하여 기계설계에 적용할 수 있다. ② 나사, 키, 핀, 코터, 리벳 및 용접 이음 등의 체결용 요소를 설계할 수 있다. ③ 축, 축이음, 베어링, 마찰차, 캠, 벨트, 체인, 로프, 기어 등의 전동용 요소를 설계할 수 있다. ④ 브레이크, 스프링, 플라이 휠 등의 제어용 요소를 설계할 수 있다. ⑤ 펌프, 밸브, 배관 등 유체 기계요소를 설계할 수 있다. ⑥ 요소 부품 재질을 선정할 수 있다.
		(2) 설계 계산하기	① 선정된 기계요소 부품에 의하여 관련된 설계 변수들을 선정할 수 있다. ② 계산의 조건에 적절한 설계 계산식을 적용할 수 있다. ③ 설계 목표물의 기능과 성능을 만족하는 설계 변수를 계산할 수 있다. ④ 부품별 제원 및 성능곡선표, 특성을 고려하여 설계 계산에 반영할 수 있다. ⑤ 표준 운영절차에 따라 설계 계산 프로그램 또는 장비를 설정하고, 결과를 도출할 수 있다.

차 례

제**1**장 나사

1-1 나사의 종류

(1) 삼각 나사(체결용 나사)

① **미터 나사**(metric screw : 나사산 각(α) = 60°) : 피치(p)는 mm 단위로 쓰며, 호칭치수는 바깥지름(외경)을 mm로 나타낸다.

예) M 32 - 3
- 피치 3mm
- 바깥지름(외경) 32mm
- 미터 나사

② **유니파이 나사**(unified screw : 나사산각(α) = 60°) : 호칭치수는 바깥지름을 inch(인치)로 표시한 값과 1인치당 나사산 수로 나타낸다. 유니파이 나사는 ABC 나사라고도 하며, 유니파이 가는 나사(UNF)와 유니파이 보통 나사(UNC)가 있다.

예) $\frac{1}{4}$ - 20 UNC

여기서, $\frac{1}{4}$: 바깥지름 $\frac{1}{4}$ 인치, 20 : 1 inch당 나사산 수, UNC : 유니파이 보통 나사

③ **휘트워트 나사**(whitworth screw : 나사산 각(α) = 55°) : 인치 계열 나사로 가장 오래된 영국 표준형 나사이다. 우리나라 KS 규격에서는 1971년 폐지된 나사이다.

④ **관용 나사**(pipe screw : 나사산 각(α) = 55°) : 파이프를 연결할 때 누설을 방지하고 기밀을 유지하기 위해 사용되는 나사로서 관용 테이퍼 나사(PT)와 관용 평행 나사(PF)가 있다.

⑤ **셀러 나사**(seller's screw : 나사산 각(α) = 60°) : 미국 표준 나사라고도 불리며, Seller에 의해 제안된 이 나사는 산마루와 골이 각각 $\frac{p}{8}$ 로 평평하게 깎여져 있으며 미국 기계에 많이 사용된다.

(2) 운동 및 동력 전달용 나사

① **사각 나사(square screw : 나사산각(α) = 90°)** : 나사산의 모양이 정사각형에 가까운 모양이며, 용도는 잭(jack)이나 프레스(press) 등의 운동 부분에 적합하고 교번하중을 받을 때 효과적인 운동용 나사이다.

② **사다리꼴 나사(trapezodial screw : 애크미(acme) 나사)** : 스러스트를 전달시키는 운동용 나사로는 순수 사각 나사가 우수하지만 제작이 곤란해서 사다리꼴로 대응한 나사이다. 나사산 각은 미터계(TM)에서는 30°, 인치계(TW)에서는 29°로 정하고 있으며 공작기계의 이송 나사(feed screw), 리드 스크루(lead screw)로 널리 쓰인다.

③ **톱니 나사(buttress screw)** : 나사산의 단면이 톱니 모양이며 삼각 나사와 사각 나사의 장점만을 공통으로 취한 나사로서 나사산의 각도는 45°와 30°가 있다. 경사 단면이 없는 면에서 한쪽으로 집중하중이 작용하여 동력을 전달하는 나사이다.

④ **너클 나사(round screw : 둥근 나사)** : 나사산 각(α) = 30°이며, 먼지, 모래, 녹 등이 나사산에 들어갈 염려가 있는 곳에 사용한다.

⑤ **볼 나사(ball screw)** : 수나사, 암나사 양쪽에 홈을 파서 2개 홈이 막대에 향하도록 맞대어 홈 사이에 수많은 볼을 배치한 나사로서 자동차의 스티어링부(steerings), NC 공작기계 이송 나사, 항공기 이송 나사, 공업용 카메라 초점 조정용, 잠망경 등에 사용된다.

볼 나사의 장점과 단점

장점	단점
① 나사 효율이 좋다.	① 자동체결이 곤란하다.
② 먼지에 대한 손상이 적다.	② 피치가 매우 커진다.
③ 백래시를 작게 할 수 있다.	③ 너트의 크기도 커진다.
④ 윤활에 크게 주의할 필요가 없다.	④ 고속회전에서 소음이 발생한다.
⑤ 고정밀도를 오래 유지할 수 있다.	⑤ 가격이 비싸다.

1-2　리드와 피치

(1) 리드(lead) l

나사를 한 바퀴 돌릴 때 축방향으로 이동한 거리

(2) 피치(pitch) p

서로 인접한 나사산과 나사산 사이의 수평거리

$l = np\,[\text{mm}]$

여기서, n : 줄 수(1줄 나사이면 $l = p$, 2줄 나사이면 $l = 2p$)

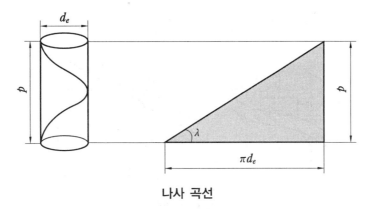

나사 곡선

$\tan\lambda = \dfrac{p}{\pi d_e}$

경사각 = 리드각$(\lambda) = \tan^{-1}\left(\dfrac{p}{\pi d_e}\right)$

1-3 나사의 효율(η)

(1) 사각 나사의 효율(η)

$$\eta = \frac{\text{마찰이 없는 경우 회전력}(P_0)}{\text{마찰이 있는 경우 회전력}(P)} = \frac{\tan\lambda}{\tan(\lambda + \rho)} = \frac{Wp}{2\pi T}$$

(2) 삼각 나사의 효율(η)

$$\eta = \frac{\tan\lambda}{\tan(\lambda + \rho')}$$

$$\tan\rho' = \mu' = \frac{\mu}{\cos\dfrac{\alpha}{2}}$$

여기서, μ' : 상당(유효 = 등가) 마찰계수

나사가 스스로 풀리지 않는 한계는 $\lambda = \rho$이므로

$$\eta = \frac{\tan\rho}{\tan 2\rho} = \frac{\tan\rho(1 - \tan^2\rho)}{2\tan\rho} = \frac{1}{2}(1 - \tan^2\rho) < 0.5$$

따라서, 자립상태를 유지하는 나사의 효율은 반드시 50 % 미만이다.

1-4 나사의 역학

(1) 나사를 죄는 힘(회전력)(P)

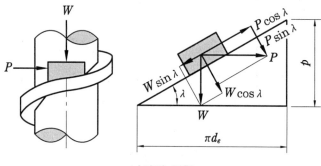

나사의 역학

여기서, W : 축방향 하중(N)

P : 나사의 회전력(N)

μ : 나사면의 마찰계수($\mu = \tan\rho$)

λ : 리드각(경사각)

T : 회전토크(비틀림 모멘트)

d_e : 나사의 유효지름$\left(d_e = \dfrac{d_1 + d_2}{2}\right)$

경사면에 평행한 힘 = 마찰계수(μ) × (경사면에 수직한 힘)

$$P\cos\lambda - W\sin\lambda = \mu(W\cos\lambda + P\sin\lambda)$$

$$\therefore \ P = W\frac{\mu\cos\lambda + \sin\lambda}{\cos\lambda - \mu\sin\lambda} = W\frac{\tan\rho\cos\lambda + \sin\lambda}{\cos\lambda - \tan\rho\sin\lambda}$$

분모, 분자를 $\cos\lambda$ 로 나누고, 삼각함수 2배각 공식을 적용하면

$$P = W\frac{\tan\rho + \tan\lambda}{1 - \tan\rho\tan\lambda} = W\tan(\rho + \lambda)\,[\text{N}]$$

$$\tan(\alpha \pm \beta) = \frac{\tan\alpha \pm \tan\beta}{1 \mp \tan\alpha\tan\beta}$$

여기서, $\tan\rho = \mu$, $\tan\lambda = \dfrac{p}{\pi d_e}$ 이므로,

$$P = W\frac{p + \mu\pi d_e}{\pi d_e - \mu p} = W\tan(\rho + \lambda)\,[\text{N}]$$

(2) 나사를 푸는 힘(P')

$$P' = W\tan(\rho - \lambda) = W\frac{\mu\pi d_e - p}{\pi d_e + \mu p}\,[\text{N}]$$

(3) 나사를 체결할 때 토크(비틀림 모멘트) T[N · mm]

$$T = P\frac{d_e}{2} = W\frac{d_e}{2}\tan(\rho + \lambda) = W \cdot \frac{d_e}{2}\frac{p + \mu\pi d_e}{\pi d_e - \mu p}\,[\text{N} \cdot \text{mm}]$$

> **참고** 나사를 푸는 힘$(P') = W\tan(\rho - \lambda)$[N]에서
>
> ① $\lambda = \rho$이면, $P' = 0$이므로 임의의 위치에 정지(self locking : 자동체결)
> ② $\lambda > \rho$이면, $P' < 0$이므로 저절로 풀린다.
> ③ $\lambda < \rho$이면, $P' > 0$이므로 나사를 푸는 데 힘이 필요하다.
> 나사가 저절로 풀리지 않기 위해서는 $\lambda \le \rho$의 조건이 필요하다. 즉, 마찰각이 리드각보다 커야 한다.
> 이것을 나사의 자립 조건이라 한다.

1-5　나사의 설계(볼트의 지름)

(1) 축방향으로 인장하중(W)만 작용하는 경우

⑩ 훅(hook), 아이 볼트(eye bolt)

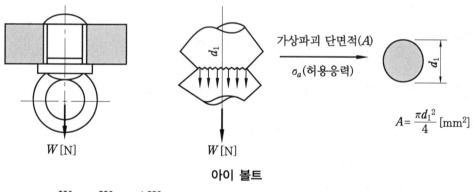

$$A = \frac{\pi d_1^2}{4}\,[\text{mm}^2]$$

아이 볼트

$$\sigma_\alpha = \frac{W}{A} = \frac{W}{\dfrac{\pi d_1^2}{4}} = \frac{4W}{\pi d_1^2}\,[\text{MPa}]$$

$$d_1 = \sqrt{\frac{4W}{\pi\sigma_a}}\,[\text{mm}]$$

시험지에서 주어지는 표를 참조하여 호칭지름(외경)을 구한다.

지름이 3 mm 이상인 나사에서는 보통 $d_1 > 0.8d$이므로 $d_1 \fallingdotseq 0.8d$로 하면 안전하다.

$$\sigma_a = \frac{4W}{\pi(0.8d)^2}$$

$$\therefore\ d = \sqrt{\frac{2W}{\sigma_a}}\,[\text{mm}]$$

(2) 축방향 하중과 동시에 비틀림을 받는 경우

축방향 하중과 비틀림에 의한 영향을 생각하여 인장 또는 압축의 $\left(1+\dfrac{1}{3}\right)$ 배의 하중이 축방향에 작용하는 것으로 보고 나사의 바깥지름(d)을 구한다.

㉠ 죔용 나사, 나사 잭, 압력 용기

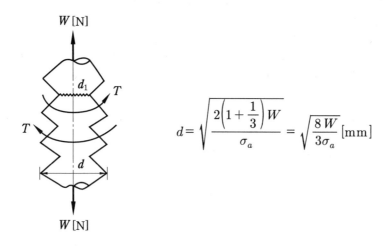

$$d = \sqrt{\dfrac{2\left(1+\dfrac{1}{3}\right)W}{\sigma_a}} = \sqrt{\dfrac{8W}{3\sigma_a}}\,[\mathrm{mm}]$$

1-6 나사를 스패너로 죌 때 모멘트

나사로 어떤 물체를 충분히 죄어서 고정시킬 경우 각 모멘트 값은 다음과 같다.

(1) 너트 자리면에서 마찰 저항 모멘트(T_1)

$$T_1 = \mu W r_m\,[\mathrm{N \cdot mm}]$$

여기서, μ : 너트 자리면 마찰계수
$\qquad W$: 축방향 하중(N)
$\qquad r_m$: 너트와 물체와의 접촉면 평균 반지름(mm)

(2) 나사를 죄는 데 필요한 모멘트(T_2)

$$T_2 = P \cdot \dfrac{d_e}{2} = W \cdot \dfrac{d_e}{2}\tan(\lambda+\rho)\,[\mathrm{N \cdot mm}]$$

(3) 전체를 돌려서 죄는 데 필요한 모멘트(T)

$$T = T_1 + T_2 = W\left[\mu r_m + \dfrac{d_e}{2}\tan(\lambda+\rho)\right] = Pl\,[\mathrm{N \cdot mm}]$$

$$\therefore \quad W = \frac{T(T_1 + T_2) = Pl}{\mu r_m + \dfrac{d_e}{2}\tan(\lambda + \rho)} \text{[N]}$$

여기서, P : 레버(lever)를 돌리는 힘
l : 레버의 길이(mm)

1-7 너트의 높이(H : 암나사부 길이)

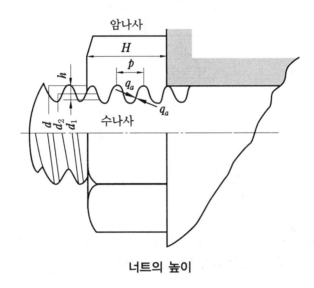

너트의 높이

$$H = Zp = \frac{Wp}{\pi d_e h q_a} = \frac{4Wp}{\pi(d_2^2 - d_1^2)q_a} \text{[mm]}$$

여기서, Z : 끼워지는 부분의 나사산 수
p : 피치
W : 축방향 하중
q_a : 허용 접촉면 압력(MPa)
h : 나사산의 높이
d_1 : 골지름
d_2 : 바깥지름(외경)
d_e : 유효지름

$H = (0.8 \sim 1)d$ 정도로 규격에 규정하고 있다.

예상문제

1. 그림과 같은 연강재 훅(hook)으로 하중 50 kN을 지지하기 위한 나사부의 지름 (mm)을 구하여라. (단, σ_a = 60 MPa이다.)

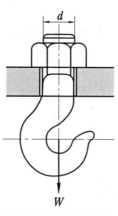

해답 $d = \sqrt{\dfrac{2W}{\sigma_a}} = \sqrt{\dfrac{2 \times 50000}{60}} = 40.82 \text{ mm}$

2. 그림과 같은 볼트에 d = 25 mm, 머리 높이 18 mm이고, 인장하중 36 kN으로 작용할 때 머리부에 발생하는 전단응력(MPa)을 구하여라.

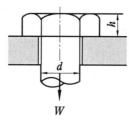

해답 $A = \pi dh = \pi \times 25 \times 18 = 1413.72 \text{ mm}^2$

$\therefore \ \tau = \dfrac{W}{A} = \dfrac{36 \times 10^3}{1413.72} = 25.46 \text{ MPa}$

3. 40 kN의 축방향 하중과 비틀림을 동시에 받는 체결용 나사의 지름은 얼마인가? (단, 허용 인장응력은 50 MPa이다.)

해답 $d = \sqrt{\dfrac{8W}{3\sigma_a}} = \sqrt{\dfrac{8 \times 40000}{3 \times 50}} = 46.19 \text{ mm}$

■4. 안지름 90 mm, 내압 10 MPa의 실린더 커버를 6개의 볼트로 체결하려고 한다. 볼트의 크기(mm)를 얼마로 하면 좋은가? (단, 볼트의 허용 인장응력은 84 MPa로 한다.)

해답 커버에 작용하는 전압력$(P) = \frac{\pi}{4}d^2 p = \frac{\pi}{4} \times 90^2 \times 10 = 63617.3$ N

$$W = \frac{P}{n} = \frac{63617.3}{6} = 10602.88 \text{N}$$

$$\therefore d = \sqrt{\frac{8W}{3\sigma_a}} = \sqrt{\frac{8 \times 10602.88}{3 \times 84}} = 18.35 = 20 \text{ mm}$$

■5. 유효지름 5.35 mm, 피치 1 mm 되는 나사를 길이 100 mm의 스패너에 50 N의 힘을 가해서 회전시키면 몇 N의 물체를 올릴 수 있겠는가? (단, $\mu = 0.1$이다.)

해답 나사를 죄는 데 필요한 모멘트$(T) = P \times \frac{d_e}{2} = F \times l$에서,

$$P = \frac{2l}{d_e} \times F = \frac{2 \times 100}{5.35} \times 50 = 1869.16 \text{ N}$$

나사를 죄는 데 필요한 힘$(P) = W\frac{p + \mu\pi d_e}{\pi d_e - \mu p}$에서,

$$\therefore W = P \times \frac{\pi d_e - \mu p}{p + \mu\pi d_e} = 1869.16 \times \frac{3.14 \times 5.35 - 0.1 \times 1}{1 + 0.1 \times 3.14 \times 5.35} = 11647.11 \text{ N} = 11650 \text{ N}$$

■6. 바깥지름 30 mm, 골지름 26.2 mm, 피치 3.5 mm인 사각 나사에 축하중 10 kN이 작용한다. 이때 너트의 높이가 20 mm라면 나사면에 생기는 접촉면 압력은 얼마인가?

해답 $q_a = \frac{4Wp}{\pi(d_2^2 - d_1^2)H} = \frac{4 \times 10000 \times 3.5}{3.14 \times (30^2 - 26.2^2) \times 20} = 10.44 \text{ MPa}$

■7. 피치 6 mm인 사각 나사의 바깥지름은 42 mm이고, 25 kN의 하중을 걸고 마찰계수가 0.1, 유효지름이 39.08 mm일 때, 나사를 돌리는 회전 모멘트(N·mm)와 나사의 효율(%)은 얼마인가? 또, 나사산의 허용면압 10 MPa, 나사산의 높이 $h = 2.5$ mm일 때, 나사의 물림길이는 몇 mm인가?

해답 ① $\lambda = \tan^{-1}\left(\frac{p}{\pi d_e}\right) = 2.798$, $\tan\rho = \mu$, $\rho = \tan^{-1}0.1 = 5.71$

$$T = W\frac{d_e}{2}\tan(\lambda + \rho) = 25000 \times \frac{39.08}{2} \times \tan(2.798 + 5.71) = 73076.55 \text{ N·mm}$$

② $\tan\lambda = \dfrac{p}{\pi d_e} = \dfrac{6}{\pi \times 39.08} = 0.049$

$\therefore \eta = \dfrac{\tan\lambda}{\tan(\lambda + \rho)} = \dfrac{0.049}{0.149} = 0.328 ≒ 33\%$

③ $Z = \dfrac{W}{\pi d_e h q_a} = \dfrac{25000}{\pi \times 39.08 \times 2.5 \times 10} = 9$개이므로,

$\therefore H = Zp = 9 \times 6 ≒ 54 \text{ mm}$

---

08. 바깥지름 40 mm인 사각 나사에서 피치 6 mm, 나사산의 높이 3 mm, 마찰계수 0.1 이라고 할 때, 이 나사의 효율(%)을 구하여라.

해답 $h = \dfrac{p}{2} = \dfrac{6}{2} = 3 \text{ mm}$, $d_e = d - h = 40 - 3 = 37 \text{ mm}$이므로,

$\tan\lambda = \dfrac{p}{\pi d_e} = \dfrac{6}{\pi \times 37} = 0.0516$, $\tan\rho = \mu = 0.1$

$\therefore \eta = \dfrac{\tan\lambda}{\tan(\lambda + \rho)} = \dfrac{0.0516}{0.1516} ≒ 0.34 ≒ 34\%$

---

09. 35 kN인 프레인 나사의 재료를 연강으로 만들고, 볼트의 바깥지름을 100 mm, 골지름을 80 mm, $p = 50.8$ mm이라고 할 때 볼트에 작용하는 토크는 얼마인가? (단, $\mu = 0.1$이다.)

해답 $d_e = \dfrac{d_2 + d_1}{2} = \dfrac{100 + 80}{2} = 90 \text{ mm}$

$\therefore T = W\dfrac{d_e}{2}\dfrac{p + \mu\pi d_e}{\pi d_e - \mu p} = 35000 \times \dfrac{90}{2} \times \dfrac{50.8 + 0.1 \times \pi \times 90}{\pi \times 90 - 0.1 \times 50.8}$

$= 448536.26 \text{ N} \cdot \text{mm}$

---

10. 그림과 같이 행어를 1인치 볼트 2개로 천장에 붙였을 경우에 하중이 13 kN이면 각 볼트에 생기는 응력은 얼마이겠는가?

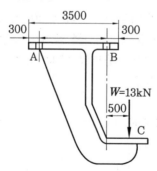

해답 하중 W 때문에 A, B 볼트는 평균 $\dfrac{W}{2}$ 인 인장하중을 받는데, W가 편심되어 있으므로 A점을 중심으로 하여 모멘트가 생겨 이 모멘트에 의한 인장하중이 B점에 가해진다.

$2900 F_B = (2900 + 500) \times 13000$ 에서,

$$F_B = \frac{3400 \times 13000}{2900} = 15240 \text{ N}$$

$$F_A = 13000 - F_B = 2240 \text{ N(압축)}$$

$\therefore$ A 볼트에는 $6500 - 2240 = 4260 \text{ N}$

직접하중으로서 별도로 A, B 볼트에 $\dfrac{W}{2} = 6500 \text{ N}$

$\therefore$ B 볼트에는 $6500 + 15240 = 21740 \text{ N}$

$$\therefore \ \sigma_A = \frac{F_A}{A} = \frac{4260}{\frac{\pi}{4}(25.4)^2} = 8.41 \text{ MPa}$$

$$\sigma_B = \frac{F_B}{A} = \frac{21740}{\frac{\pi}{4}(25.4)^2} = 42.93 \text{ MPa}$$

---

11. 바깥지름 50 mm로서 25 mm 전진시키는 데 2.5회전을 요하는 사각 나사가 하중 W 를 올리는 데 쓰인다. 마찰계수 $\mu = 0.2$일 때 다음 물음에 답하여라. (단, 너트의 유효지름은 $0.7d$로 한다.)

(1) 30 N의 힘으로 너트에 100 mm 길이의 스패너를 돌리면 몇 N의 하중을 올릴 수 있는가?

(2) 나사의 효율(%)은 얼마인가?

해답 (1) $l = np$에서 $p = \dfrac{l}{n} = \dfrac{25}{2.5} = 10 \text{ mm}$

$d_e = 0.7d = 0.7 \times 50 = 35 \text{ mm}$

$$T = FL = P \cdot \frac{d_e}{2} = W\tan(\lambda + \rho) \cdot \frac{d_e}{2} = W \cdot \frac{d_e}{2}\frac{p + \mu\pi d_e}{\pi d_e - \mu p} \ [\text{N} \cdot \text{mm}]$$

$$\therefore \ W = \frac{2FL}{\left(\dfrac{p + \mu\pi d_e}{\pi d_e - \mu p}\right)d_e} = \frac{2 \times 30 \times 100}{\left(\dfrac{10 + 0.2 \times \pi \times 35}{\pi \times 35 - 0.2 \times 10}\right) \times 35} = 578.5 \text{ N}$$

(2) $T = FL = 30 \times 100 = 3000 \text{ N} \cdot \text{mm}$

$$\therefore \ \eta = \frac{Wp}{2\pi T} = \frac{578.5 \times 10}{2 \times \pi \times 3000} = 0.307 = 30.7\%$$

---

12. M 30인 삼각 나사에서 유효지름이 27.27 mm, 피치가 3.5 mm일 때 나사의 효율은 얼마인가? (단, $\mu = 0.15$로 한다.)

해답 $\eta = \dfrac{\tan\lambda}{\tan(\lambda+\rho')} = \dfrac{\tan\lambda(1-\tan\lambda \cdot \tan\rho')}{\tan\lambda+\tan\rho'}$ 에서,

$$\tan\lambda = \frac{p}{\pi d_e} = \frac{3.5}{\pi \times 27.27} = 0.0409$$

$$\tan\rho' = \mu' = \frac{\mu}{\cos\dfrac{\alpha}{2}} = \frac{0.15}{\cos 30°} = 0.1732$$

$$\therefore \eta = \frac{0.0409(1-0.0409 \times 0.1732)}{0.0409+0.1732} = 0.189 = 18.9\%$$

---

13. 30 kN의 파일을 뽑아올리는 나사 잭을 설계하려고 한다. 나사의 리드각(λ)이 15°이고, 마찰각(ρ)이 10°일 때 소요되는 회전력(N)과 나사의 효율(%)을 구하여라.

해답 ① $P = W\tan(\lambda+\rho) = 30000\tan(15°+10°) = 13989.23\,\text{N}$

② $\eta = \dfrac{\tan\lambda}{\tan(\lambda+\rho)} = \dfrac{\tan 15°}{\tan(15°+10°)} = 0.5746 = 57.46\%$

---

14. 바깥지름 30 mm, 유효지름 27.27 mm, 피치 3.5 mm인 미터 나사에서 효율은 얼마인가? (단, 마찰계수는 0.15, 나사산 각도는 60°이다.)

해답 $\tan\lambda = \dfrac{p}{\pi d_e}$ 에서, $\lambda = \tan^{-1}\left(\dfrac{p}{\pi d_e}\right) = \tan^{-1}\left(\dfrac{3.5}{\pi \times 27.27}\right) = 2.34°$

$\tan\rho' = \mu' = \dfrac{\mu}{\cos\dfrac{\alpha}{2}}$ 에서, $\rho' = \tan^{-1}\mu' = \tan^{-1}\left(\dfrac{\mu}{\cos\dfrac{\alpha}{2}}\right) = \tan^{-1}\left(\dfrac{0.15}{\cos 30°}\right) = 9.82°$

$\therefore \eta = \dfrac{\tan\lambda}{\tan(\lambda+\rho')} = \dfrac{\tan 2.34°}{\tan(2.34°+9.82°)} = 0.1896 = 18.96\%$

---

15. 그림과 같이 바깥지름 52 mm, 유효지름 48 mm, 피치 8.47 mm인 29° 사다리꼴 한 줄 나사의 나사 잭에서 하중 W = 60 kN을 0.5 m/min의 속도로 올리고자 한다. 다음 물음에 답하여라.

(1) 하중을 들어올리는 데 필요한 토크 : $T[\text{N}\cdot\text{mm}]$
   (단, 나사부의 유효 마찰계수(μ') = 0.155, 칼라부의 마찰계수(μ_c) = 0.01, 칼라부의 평균지름(d') = 60 mm)

(2) 잭(Jack)의 효율 : $\eta\,[\%]$

(3) 소요동력 : $H[\text{kW}]$

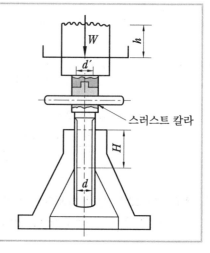
스러스트 칼라

해답 (1) $T = T_1 + T_2 = \mu_c W \dfrac{d'}{2} + W \dfrac{d_e}{2} \cdot \dfrac{p + \mu'\pi d_e}{\pi d_e - \mu' p}$

$\qquad = 0.01 \times 60000 \times \dfrac{60}{2} + 60000 \times \dfrac{48}{2} \times \dfrac{8.47 + 0.155 \times \pi \times 48}{\pi \times 48 - 0.155 \times 8.47}$

$\qquad = 324753.2 \text{ N} \cdot \text{mm}$

(2) $\eta = \dfrac{Wp}{2\pi T} = \dfrac{60000 \times 8.47}{2 \times \pi \times 324753.2} = 0.2490$

$\qquad \therefore \ \eta = 24.9\%$

(3) $H = \dfrac{WV}{1000\eta} = \dfrac{60000 \times \left(\dfrac{0.5}{60}\right)}{1000 \times 0.2490} = \dfrac{60000 \times 0.5}{1000 \times 60 \times 0.2490} = 2 \text{ kW}$

---

16. 그림과 같은 나사 잭에서 TW32(1인치당 산수 4개) 유효지름 29 mm, 수직하중 $W = 40$ kN이다. 레버를 250 N의 힘으로 돌리는 데 마찰계수 $\mu = 0.1$이다. 다음 물음에 답하여라.

(1) 피치는 몇 mm인가?

(2) 리드각 α는 몇 도인가?

(3) 토크 T는 몇 N · mm인가? (단, 칼라부의 평균 반지름 $r = \dfrac{d_e}{2}$, 마찰계수 $\mu_c = \mu$이다.)

(4) 레버의 길이 l은 몇 mm인가?

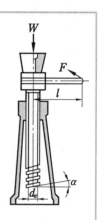

해답 (1) $p = \dfrac{1}{4}'' = \dfrac{1}{4} \times 25.4 = 6.35 \text{ mm}$

(2) $\tan\alpha = \dfrac{p}{\pi d_e}$ 에서, $\alpha = \tan^{-1}\left(\dfrac{p}{\pi d_e}\right) = \tan^{-1}\left(\dfrac{6.35}{\pi \times 29}\right) = 3.987°$

(3) $\mu' = \dfrac{\mu}{\cos\dfrac{29°}{2}} = \dfrac{0.1}{\cos 14.5°} = 0.103$

$\quad T = T_1 + T_2 = \mu_c W r + W \dfrac{d_e}{2} \tan(\lambda + \rho) = \mu_c W \dfrac{d_e}{2} + W \dfrac{d_e}{2} \dfrac{p + \mu'\pi d_e}{\pi d_e - \mu' p}$

$\qquad = W \times \dfrac{d_e}{2}\left(\mu_c + \dfrac{p + \mu'\pi d_e}{\pi d_e - \mu' p}\right) = 40000 \times \dfrac{29}{2}\left(0.1 + \dfrac{6.35 + 0.103 \times \pi \times 29}{\pi \times 29 - 0.103 \times 6.35}\right)$

$\qquad = 158889.64 \text{ N} \cdot \text{mm}$

(여기서, T_1 : 너트 접촉면 토크, T_2 : 나사의 회전 토크)

(4) $T = Fl$에서, $l = \dfrac{T}{F} = \dfrac{158889.64}{250} = 635.56 \text{ mm}$

17. $\dfrac{1}{2}-13$UNC인 유니파이 삼각 나사의 효율(%)을 구하여라. (단, $\mu=0.15$, $d_e = (d-0.649519/n)\times25.4$ mm이다.)

해답 $p=\dfrac{1''}{\text{산수}}=\dfrac{25.4}{13}=1.95$ mm, $d_e=\left(\dfrac{1}{2}-\dfrac{0.649519}{13}\right)\times25.4=11.43$ mm이므로,

$\tan\lambda=\dfrac{p}{\pi d_e}=\dfrac{1.95}{\pi\times11.43}=0.054$, $\tan\rho'=\mu'=\dfrac{\mu}{\cos\dfrac{\alpha}{2}}=\dfrac{0.15}{\cos30°}=0.173$

$\therefore \eta=\dfrac{\tan\lambda}{\tan(\lambda+\rho')}=\dfrac{0.054}{0.054+0.173}\fallingdotseq23.7\,\%$

---

18. 그림과 같은 나사 잭의 조립도에 있어서 다음 물음에 답하여라. (단, 하중은 50 kN)

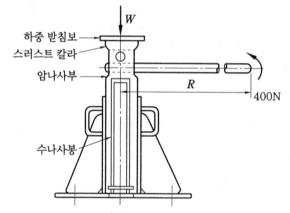

(1) 30° 사다리꼴 나사의 지름은 얼마인가? (단, $\sigma_c=40$ MPa이다.)

호칭	피치(p)	바깥지름(d)	유효지름(d_e)	골지름(d_1)
TM36	6	36	33	29.5
TM40	6	40	37	33.5
TM45	8	45	41	36.5
TM50	8	50	46	41.5

(2) 나사를 회전시킬 때 토크는 얼마인가? (단, 나사의 마찰계수는 0.1, 바닥면의 마찰계수는 0.15, 접촉 부분의 지름은 60 mm이다.)

(3) 너트의 높이는 얼마인가? (단, 허용 접촉압력 $p=12$ N/mm², 나사산 접촉면의 깊이 $h=3.75$ mm이다.)

(4) 나사의 효율은 얼마인가?

(5) 들어올리는 속도가 0.4 m/min일 때 마력은 얼마인가?

(6) 나사부에 생기는 전단응력에 의하여 합성응력을 구하면 얼마인가?

(7) 나사 잭 핸들의 길이와 지름은 얼마인가? (단, 허용 굽힘압력은 140 MPa이다.)

해답 (1) $W = \dfrac{\pi}{4} d_1^2 \sigma_e$ 에서, $d_1 = \sqrt{\dfrac{4W}{\pi \sigma_c}} = \sqrt{\dfrac{4 \times 50000}{\pi \times 40}} = 39.8 \text{ mm}$

$\therefore$ 표에서 TM50으로 선택한다.

(2) $T = T_1 + T_2 = W \dfrac{d_e}{2} \tan(\lambda + \rho') + \mu_n W r_n = W \dfrac{d_e}{2} \left(\dfrac{p + \pi d_e \mu'}{\pi d_e - \mu' p} \right) + \mu_n W r_n$

$= 50000 \times \dfrac{46}{2} \times \left(\dfrac{8 + \pi \times 46 \times 0.103}{\pi \times 46 - 0.103 \times 8} \right) + 0.15 \times 50000 \times 30$

$= 401856.3 \text{ N} \cdot \text{mm} \left(\therefore \mu' = \dfrac{0.1}{\cos\left(\dfrac{30°}{2}\right)} = 0.103 \right)$

(3) $H = \dfrac{Wp}{\pi d_e h q} = \dfrac{50000 \times 8}{\pi \times 46 \times 3.75 \times 12} = 61.51 \text{ mm}$

(4) $\eta = \dfrac{Wp}{2\pi T} = \dfrac{50000 \times 8}{2\pi \times 401856.3} = 0.156 = 15.6\,\%$

(5) 소요되는 마력$(N) = \dfrac{Wv}{(1000 \times 60)\eta} = \dfrac{50000 \times 0.4}{1000 \times 60 \times 0.156} = 2.14 \text{ kW} \fallingdotseq 2.9 \text{ PS}$

(6) $W = \dfrac{\pi}{4} d_1^2 \sigma_e$ 에서, 압축응력 $\sigma_e = \dfrac{4W}{\pi d_1^2} = \dfrac{4 \times 50000}{\pi \times (41.5)^2} = 37 \text{ MPa}$

$T = \dfrac{\pi}{16} d_1^3 \tau$ 에서, 전단응력 $\tau = \dfrac{16T}{\pi d_1^3} = \dfrac{16 \times 408156.3}{\pi \times (41.5)^3} = 29.5 \text{ MPa}$

전단응력설에 의하면, $\tau_{\max} = \dfrac{1}{2}\sqrt{\sigma_e^2 + 4\tau^2} = \dfrac{1}{2}\sqrt{37^2 + 4 \times (29.5)^2} = 34.8 \text{ MPa}$

(7) $M = PR$ 에서, $R = \dfrac{M}{P} = \dfrac{408156.3}{400} = 1020.39 \text{ mm} = 102.039 \text{ cm}$

또, $M = PR = \sigma_b Z = \sigma_b \dfrac{\pi}{32} d^3$

$\therefore d = \sqrt[3]{\dfrac{32PR}{\pi \sigma_b}} = \sqrt[3]{\dfrac{32 \times 400 \times 1020.39}{\pi \times 140}} = 30.97 \text{ mm}$

---

19. 그림과 같은 브래킷을 3개의 연강재 M16 볼트를 사용하여 벽에 부착하였다. 다음 물음에 답하여라.

(1) 볼트의 안전하중을 구하여라. (단, 전단력은 무시한 다.)

(2) 볼트에 생기는 응력을 구하고 안전도를 검토하 여라. (단, 볼트의 골지름 $d_1 = 13.84 \text{ mm}$, 볼트의 허용 인장응력$(\sigma_a) = 50 \text{ N/mm}^2$, 허용 전단응력$(\tau_a)$ $= 40 \text{ N/mm}^2$이다.)

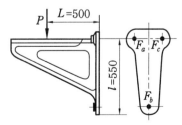

해답 (1) 그림과 같은 구조물에서 볼트는 인장력과 전단력을 동시에 받는다. 따라서 지점 A, B에서 하나의 볼트가 받는 인장력을 F_a, F_b라 하면 A 지점의 2개의 볼트가 인장력을 받아 모멘트를 유지하므로 B 지점에서 모멘트를 잡으면,

$\Sigma M_B = 0$, $PL = 2F_a l$

여기서, 볼트 1개가 받을 수 있는 인장력 $F_a = A\sigma_t$

따라서, $P = \dfrac{2A\sigma_t l}{L} = \dfrac{2 \times \dfrac{\pi}{4}(13.84)^2 \times 50 \times 550}{500} = 16540\,N$

∴ 안전하중은 약 16000 N이다.

(2) 1개의 볼트에 작용하는 인장력(F_a)

$= \dfrac{PL}{2l} = \dfrac{16000 \times 500}{2 \times 550} = 7270\,N$

볼트에 생기는 인장응력(σ_t) $= \dfrac{F_a}{A} = \dfrac{F_a}{\dfrac{\pi}{4}d^2_1} = \dfrac{7270}{\dfrac{\pi}{4} \times (13.84)^2} = 48.3\,MPa$

볼트 1개에 작용되는 전단응력

$\tau = \dfrac{P}{3 \times \dfrac{\pi}{4}d_1^2} = \dfrac{16540}{3 \times \dfrac{\pi}{4}(13.84)^2} = 36.7\,MPa$

최대 전단응력설에 의하면,

$\tau_{\max} = \sqrt{\left(\dfrac{1}{2}\sigma_t\right)^2 + \tau^2} = \sqrt{\left(\dfrac{1}{2} \times 48.3\right)^2 + (36.7)^2} = 43.8\,MPa > 40\,MPa$ 이므로 불완전하다.

최대 주응력설에 의하면,

$\sigma_{\max} = \dfrac{1}{2}\sigma_t + \sqrt{\left(\dfrac{1}{2}\sigma_t\right)^2 + \tau^2} = \dfrac{1}{2} \times 48.3 + \sqrt{\left(\dfrac{1}{2} \times 48.3\right)^2 + (36.7)^2}$

$= 68\,MPa > 50\,MPa$이므로 불완전하다.

제2장 키, 코터, 핀

2-1 키(key)

축에 풀리, 기어, 플라이 휠, 커플링 등의 회전체를 고정시키고 축과 회전체를 일체로 하여 회전을 전달시키는 기계 요소이다. 축 재료보다 약간 강한 재료로 만든다.

(1) 키의 종류

① **성크 키(sunk key)** : 가장 널리 사용되는 일반적인 키로서 축과 보스의 양쪽에 모두 키 홈을 파서 토크를 전달시키고, 윗면에 $\frac{1}{100}$ 정도 기울기를 가지고 있는 경우가 많으며 기울기가 없는 평행 성크 키도 있다.

성크 키는 조립 방법에 따라 축과 보스를 맞추고 키를 때려 박는 드라이빙 키 (driving key)와 축에 끼운 다음 보스로 때려 박는 세트(set) 키가 있다. 드라이빙 키는 머리가 달린 비녀 키(gib-headed key)가 널리 쓰인다.

② **새들(안장) 키(saddle key)** : 축에는 홈을 파지 않고 보스에만 키 홈이 파여 있고 축과 키 사이의 마찰력으로 회전력을 전달시키는 것으로 아주 작은 힘을 전달시킨다.

③ **평 키(flat key)** : 축에 키 너비만큼 평평하게 깎은 키로서 새들 키보다 약간 큰 힘을 전달시킬 수 있다.

④ **반달 키(woodruff key)** : 반달 모양의 키로서 축에 홈이 깊게 파져 있으므로 축의 강도가 약하게 된다. 그러나 키와 키 홈이 모두 가공하기 쉽고, 키가 자동적으로 축과 보스 사이에 자리를 잘 잡을 수 있는 장점이 있으므로 자동차, 공작기계 등에 널리 사용된다.

⑤ **둥근 키(round key) = 핀 키(pin key)** : 핸들과 같이 토크가 작은 것의 고정에 사용된다.

⑥ **접선 키(tangential key)** : 접선방향에 설치하는 키로서 $\frac{1}{100}$ 기울기를 가진 2개의 키를 1쌍으로 사용하고, 회전방향이 한 방향이면 1쌍도 충분하지만 양쪽 방향일 때는 중심각이 120°로 되는 위치의 2쌍을 설치하며, 아주 큰 토크의 회전에 알맞다. 정사각형 단면 키를 90°로 배치한 것을 케네디 키(kennedy key)라고 한다.

⑦ **원뿔 키(cone key)** : 축과 보스의 양쪽에 모두 키 홈을 파지 않고 축 구멍을 테이터 구멍으로 하여 속이 빈 원뿔을 박아서 마찰력만으로 밀착시킨 키로서 바퀴가 편식되지 않고 축 어느 위치에나 설치할 수 있는 것이 특징이다.

⑧ **미끄럼 키(sliding key)** : 회전력을 전달하는 동시에 축방향으로 보스를 이동시킬 필요가 있을 때 사용하는 것으로 키를 보스에 고정하는 경우와 축에 고정하는 경우가 있다.

⑨ **스플라인(spline)** : 축의 둘레에 많은 키를 쌓아 붙인 것과 같은 것으로 키보다 훨씬 큰 토크를 전달할 수 있으며, 내구력이 크다. 또한, 축과 보스의 중심축을 정확하게 맞출 수 있는 특성이 있다.

   자동차, 공작기계, 항공기 발전용 증기 터빈에 널리 쓰이며, 축 쪽을 스플라인 축, 보스 쪽을 스플라인이라 한다. 턱의 수는 4~20개로 원주를 등분하여 만들고, 보스도 같은 모양으로 만들어 준다.

⑩ **세레이션(serration)** : 둥근 축 또는 원뿔 축의 둘레에 같은 간격의 나사산 모양으로 된 삼각형의 작은 이를 무수히 깎아 만든 것이다. 같은 바깥지름의 스플라인 축보다 큰 회전력을 전달시킬 수 있으며, 자동차 핸들의 고정용 전동기나 발전기의 전기자 축 등에 사용된다.

2-2   성크 키(sunk key)의 강도 계산

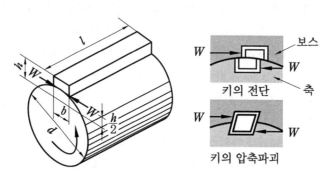

성크 키의 강도 계산

여기서, W : 키 측면에 작용하는 하중(N)
      b : 키 폭(mm)
      h : 키 높이(mm)
      l : 키 길이(mm)

회전 토크 $T = W\dfrac{d}{2}\,[\text{N} \cdot \text{mm}]$

(1) 축과 보스의 접촉면에서 전단이 될 경우

$$\tau = \frac{W}{A} = \frac{W}{bl} = \frac{2T}{bld} \, [\text{MPa}]$$

(2) 키의 측면이 압축력을 받아 압축되는 경우

$$\sigma_c = \frac{W}{A} = \frac{W}{tl} = \frac{W}{\frac{h}{2}l} = \frac{2W}{hl} = \frac{4T}{hld} \, [\text{MPa}]$$

※ 키의 크기는 $b \times h \times l = 15 \times 10 \times 75$로 표시된다.

2-3 스플라인이 전달시킬 수 있는 토크(T)

$$T = \eta P \frac{d_m}{2} = \eta Z(h - 2c)lq_a \frac{d_m}{2}$$

$$= \eta Z(h - 2c)lq_a \frac{d_1 + d_2}{4} = 9.55 \times 10^6 \frac{kW}{N} \, [\text{N} \cdot \text{mm}]$$

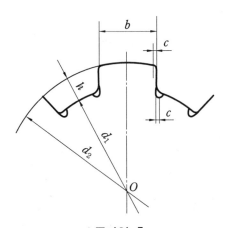

스플라인 축

여기서, b : 이의 너비(mm) $\qquad$ c : 잇면의 모따기(mm)

$\quad\quad$ d_m : 평균지름(mm) $\qquad$ d_1 : 스플라인의 작은 지름(mm)

$\quad\quad$ d_2 : 스플라인의 큰 지름(mm) $\quad$ h : 이 높이(mm)

$\quad\quad$ l : 보스의 길이(mm) $\qquad$ q_a : 이 옆면의 허용 접촉면 압력(N/mm²)

$\quad\quad$ z : 스플라인의 잇수 $\qquad$ η : 이 측면의 접촉효율(75 %)

$\quad\quad$ T : 전달토크(N · mm) $\qquad$ P : 이 하나의 측면에 작용하는 힘(N)

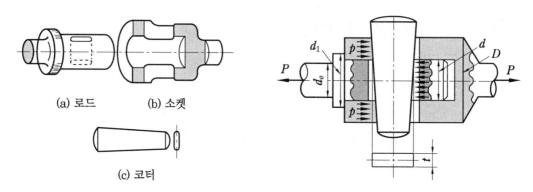

| 2-4 | **코터 이음(cotter joint)** |

두께가 같고 폭이 구배 또는 테이퍼로 되어 있는 일종의 쐐기로 주로 인장 또는 압축력이 축방향으로 작용하는 축과 축, 피스톤과 피스톤, 로드 등을 연결하는 데 사용하는 것을 코터(cotter)라 한다.

코터는 평평한 키의 일종으로 한쪽 기울기와 양쪽 기울기의 것이 있으나 한쪽 기울기의 코터가 많이 사용된다. 기울기는 빼기 쉽게 하기 위해 $\frac{1}{5} \sim \frac{1}{10}$로 하고 보통은 $\frac{1}{20}$이나 반영구적으로 부착시킬 때에는 $\frac{1}{100}$로 한다.

(a) 로드   (b) 소켓

(c) 코터

코터 이음

(1) 양쪽 구배의 경우

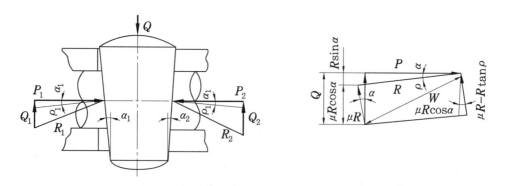

양쪽 구배인 코터의 타격에 의한 힘의 균형

양쪽 구배의 경우 축방향에 P의 힘을 받으며 코터를 박는 힘(N)은,

$$Q = P[\tan(\alpha_1 + \rho_1) + \tan(\alpha_2 + \rho_2)] \, [\text{N}]$$

코터를 뺴낼 때(빠져나오는) 힘을 $Q'[N]$라 하면,

$$Q' = p[\tan(\alpha_1 - \rho_1) + \tan(\alpha_2 - \rho_2)][N]$$

코터가 스스로 빠져 나오지 않으려면, 즉 자립상태(self-sustenance)를 유지하려면 $Q' \leq 0$이어야 한다.

즉, $\tan(\alpha_1 - \rho_1) + \tan(\alpha_2 - \rho_2) \leq 0$

$\alpha_1 = \alpha_2 = \alpha$, $\rho_1 = \rho_2 = \rho$라고 하면

$2\tan(\alpha - \rho) \leq 0$

$\therefore \tan(\alpha - \rho) \leq 0$

$\angle\alpha$, $\angle\rho$를 모두 극히 작다고 하면, $\alpha - \rho \leq 0$

$\therefore \alpha \leq \rho$(양쪽 구배 자립조건)

(2) 한쪽 구배의 경우

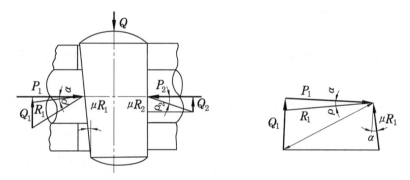

한쪽 구배인 경우 코터의 타격력

한쪽 테이퍼(구배)의 경우 자립상태를 유지하려면,

$\alpha_2 = 0$, $\alpha_1 = \alpha$, $\rho_1 = \rho_2 = \rho$일 때

$Q' \leq 0$

$\therefore \tan(\alpha - \rho) + \tan(-\rho) \leq 0$

$\alpha - \rho - \rho \leq 0$

$\therefore \alpha \leq 2\rho$(한쪽 구배 자립조건)

2-5 코터 이음의 파괴강도 계산

① 로드의 절단

$$W = \sigma_t A = \sigma_t \frac{\pi d^2}{4} \, [\text{N}]$$

② 로드 코터 구멍 부분의 절단

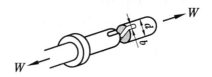

$$W = \sigma_t A = \sigma_t \left(\frac{\pi d^2}{4} - bd \right) [\text{N}]$$

③ 로드 엔드 끝과 소켓 끝의 전단응력(파괴)

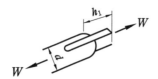

$$W = \tau A = \tau 2 h_1 d \, [\text{N}]$$

④ 코터 압축에 의한 로드 칼라 압축

$$W = \sigma_c A = \sigma_c b d \, [\text{N}]$$

⑤ 소켓 끝의 압축에 의한 로드 칼라 압축

$$W = \sigma_c A = \sigma_c \frac{\pi}{4} (d_1^2 - d^2) \, [\text{N}]$$

⑥ 소켓 끝의 압축력에 의한 로드 칼라 전단

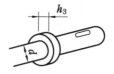

$$W = \tau A = \tau \pi d h_3 \, [\text{N}]$$

⑦ 소켓 구멍 단면의 절단

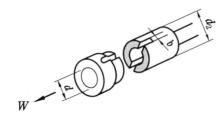

$$W = \sigma_t A = \sigma_t \left\{ \frac{\pi}{4} (d_2^2 - d^2) - (d_2 - d)b \right\} [\text{N}]$$

⑧ 코터의 이면 전단

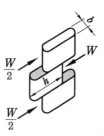

$$W = \tau A = \tau 2 b h \, [\text{N}]$$

⑨ 소켓 코터 구멍 측벽과 소켓 플랜지 사이 전단

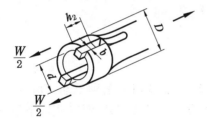

$$W = \tau A = \tau 2 h_2 (D - d) [\text{N}]$$

2-6　너클 핀의 지름(d) 및 파괴강도 계산

① 너클 핀의 지름

$$p = \frac{W}{bd} [\text{N/mm}^2] \qquad W = dbp = md^2 p (b = md, \ m = 1 \sim 1.5)$$

$$d = \sqrt{\frac{W}{mp}} \ [\text{mm}]$$

여기서, W : 하중(N) 　b : 핀의 링크와의 접촉길이(mm)

　　　　m : 상수 　　p : 회전 개소에 쓰이는 핀의 투영면에서의 면압력(N/mm^2)

　　　　d : 너클 핀의 지름(mm)

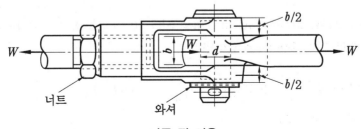

너클 핀 이음

② 전단강도

$$W = 2 \times \frac{\pi}{4} d^2 \tau [\text{N}]$$

③ 굽힘강도

$$\frac{Wl}{8} = \frac{\pi}{32} d^3 \sigma_b (l = 1.5 md)$$

$$W = 0.52 \frac{d^2 \sigma_b}{m} [\text{N}]$$

여기서, l : 핀과 이음과의 총 접촉길이

제2장 예상문제

□**1.** 960 N · m의 토크를 전달하는 지름 50 mm인 축에 사용할 묻힘 키($b \times h = 12 \times 8$)의 길이(mm)를 구하여라. (단, 키의 전단강도만으로 계산하고, 키의 허용 전단응력 $\tau_a = 80$ MPa이다.)

> **해답** $\tau_a = \dfrac{W}{A} = \dfrac{W}{bl} = \dfrac{2T}{bld}$ [MPa]에서 $l = \dfrac{2T}{\tau_a bd} = \dfrac{2 \times 960 \times 10^3}{80 \times 12 \times 50} = 40$ mm

□**2.** 지름 75 mm의 강축에 사용하고 250 rpm으로 65 kW을 전달하는 묻힘 키($b \times h = 20 \times 13$)의 길이는 몇 mm인가? (단, $\tau_a = 50$ MPa이다.)

> **해답** $T = 9.55 \times 10^6 \dfrac{kW}{N} = 9.55 \times 10^6 \times \dfrac{65}{250} = 2.483 \times 10^6$ N · mm
>
> $\tau_a = \dfrac{W}{A} = \dfrac{W}{bl} = \dfrac{2T}{bld}$ [MPa]에서
>
> $l = \dfrac{2T}{\tau_a bd} = \dfrac{2 \times 2.483 \times 10^6}{50 \times 20 \times 75} = 66.21$ mm

□**3.** 전달동력 2 kW, 회전수 250 rpm, 축의 지름 30 mm, 보스의 길이 40 mm, $\tau_a = 20$ N/mm²일 때의 키의 폭(mm)은 얼마인가?

> **해답** $T = 9.55 \times 10^6 \dfrac{kW}{N} = 9.55 \times 10^6 \times \dfrac{2}{250} = 76400$ N · mm
>
> $\tau_a = \dfrac{W}{A} = \dfrac{W}{bl} = \dfrac{2T}{bld}$
>
> $b = \dfrac{2T}{\tau_a ld} = \dfrac{2 \times 76400}{20 \times 40 \times 30} = 6.37$ mm

□**4.** 그림과 같이 길이 50 mm의 키로 외력 50 kN을 안전하게 지지하려할 때, 키의 폭과 높이를 구하여라. (단, $b = 2h$이고 $\tau_a = 50$ N/mm²이다.)

해답 (1) $\tau_a = \dfrac{W}{A} = \dfrac{W}{bl} \, [\text{N/mm}^2]$

$b = \dfrac{W}{\tau_a l} = \dfrac{50 \times 10^3}{50 \times 50} = 20 \, \text{mm}$

(2) $h = \dfrac{b}{2} = \dfrac{20}{2} = 10 \, \text{mm}$

---

5. 그림과 같이 $d = 6 \, \text{cm}$의 지름을 가진 축에 $b \times h \times l = 15 \times 10 \times 40 \, \text{mm}$인 묻힘 키를 사용하여 축심거리 1 m의 레버로 작동시키려고 할 때, 제한하중 P를 구하면 몇 N인가? (단, 키에 걸리는 평균 전단응력 $\tau_k = 60 \, \text{MPa}$이다.)

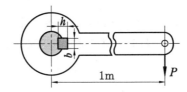

해답 $T = PL = W\dfrac{d}{2} \, [\text{N} \cdot \text{mm}]$

키의 전단면적 $(A) = bl = 15 \times 40 = 600 \, \text{mm}^2$

키가 받을 수 있는 힘의 세기 $(W) = \tau_k A = 60 \times 600 = 36000 \, \text{N}$이므로

$P \times 1000 = 36000 \times 30$

$\therefore \; P = \dfrac{36000 \times 30}{1000} = 1080 \, \text{N}$

별해 $\tau_k = \dfrac{W}{A} = \dfrac{W}{bl} = \dfrac{2T}{bld} = \dfrac{2000P}{bld} \; (T = PL = P \times 1000 \, \text{N} \cdot \text{mm})$

$\therefore \; P = \dfrac{\tau_k bld}{2000} = \dfrac{60 \times 15 \times 40 \times 60}{2000} = 1080 \, \text{N}$

---

6. 지름 50 mm의 축에 피치원 지름 450 mm, 보스의 길이 65 mm의 기어를 고정하려고 한다. 이때 기어에 1500 N의 회전력이 작용할 때, 이 키에 발생하는 전단응력과 압축응력을 N/mm²으로 구하여라. (단, $\tau_a = 30 \, \text{N/mm}^2$, $\sigma_a = 90 \, \text{N/mm}^2$, $b \times h = 12 \times 8 \, \text{mm}$이다.)

해답 $T = F\dfrac{D}{2} = 15000 \times \dfrac{450}{2} = 337500 \, \text{N} \cdot \text{mm}$

$\tau_s = \dfrac{2T}{bdl} = \dfrac{2 \times 337500}{12 \times 50 \times 65} = 17.31 \, \text{N/mm}^2$

$\sigma_c = \dfrac{4T}{dhl} = \dfrac{4 \times 337500}{50 \times 8 \times 65} \fallingdotseq 52 \, \text{N/mm}^2$

$$\therefore \ \tau_s = 17.31 < 30 (= \tau_a), \ \sigma_c = 52 < 90 (= \sigma_a)$$

$$\therefore \ \text{안전하다.}$$

□7. 축의 지름 125 mm에서 묻힘 키의 $b \times h = 32 \times 20$ mm, 키의 길이 $l = 350$ mm이고 허용 전단응력이 60 MPa이다. 이때 전달할 수 있는 토크(kJ)를 구하여라.

> **해답** $T = W\dfrac{d}{2} = (\tau_a b l)\dfrac{d}{2} = (60 \times 32 \times 350) \times \dfrac{125}{2}$
>
> $\qquad = 42 \times 10^6 \, \text{N} \cdot \text{mm} = 42 \, \text{kJ}(\text{kN} \cdot \text{m})$

□8. 풀리의 지름 300 mm, 축의 지름 50 mm, 보스의 길이 55 mm, $b \times h = 10 \times 8$ mm의 성크 키로서 축에 고정한다. 풀리의 바깥둘레에 2000 N의 접선력이 작용할 때 전단응력과 압축응력을 구하여라. (단, $t = \dfrac{h}{2}$ 이다.)

> **해답** (1) $W = \dfrac{PD}{d} = \dfrac{2000 \times 300}{35} = 12000 \, \text{N}$
>
> $\qquad \tau_s = \dfrac{W}{bl} = \dfrac{12000}{10 \times 55} = 21.82 \, \text{N/mm}^2$
>
> (2) $\sigma_c = \dfrac{W}{tl} = \dfrac{2W}{hl} = \dfrac{2 \times 12000}{8 \times 55} = 54.55 \, \text{N/mm}^2$
>
> **참고** $T = P\dfrac{D}{2} = 2000 \times \dfrac{300}{2} = 300000 \, \text{N} \cdot \text{mm}$
>
> $\qquad \left(T = W\dfrac{d}{2} = 12000 \times \dfrac{50}{2} = 300000 \, \text{N} \cdot \text{mm} \right)$

□9. 지름 55 mm인 축에 보스의 길이 85 mm의 기어를 $b \times h \times l = 15 \times 10 \times 85$ mm인 키로서 축에 고정한다. 이 경우 축에 574000 N·mm의 회전력이 걸릴 때, 키의 전단과 압축응력을 N/mm^{2}으로 구하여라.

> **해답** ① $\tau_s = \dfrac{2T}{bdl} = \dfrac{2 \times 574000}{15 \times 55 \times 85} = 16.37 \, \text{N/mm}^2(\text{MPa})$
>
> ② $\sigma_e = \dfrac{4T}{dhl} = \dfrac{4 \times 574000}{55 \times 10 \times 85} = 49.11 \, \text{N/mm}^2(\text{MPa})$
>
> **참고** 보스(boss)의 길이는 키의 길이와 같거나 그것보다 크게 주어져야 한다.

10. 그림과 같은 벨 크랭크(bell crank)에서 A단에 수직하중 5000 N이 가해지고, B단은 수평하중이 이것에 균형을 이룰 경우 A, B, C의 핀 지름(mm)을 계산하여라. (단, 핀의 면압력은 15 N/mm², $m=1$, $b=d$이다.)

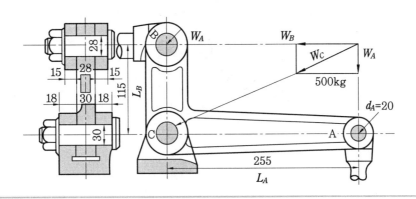

해답 $W_A = 5000 \,\text{N}(\Sigma M_c = 0)$, $\quad W_B = \dfrac{W_A L_A}{L_B} = \dfrac{5000 \times 255}{115} = 11086.96$

$$W_c = \sqrt{W_A^2 + W_B^2} = \sqrt{(5000)^2 + (11086.96)^2} = 12162.26 \,\text{N}$$

$$\therefore \; \text{A핀의 지름}(d_A) = \sqrt{\frac{W_A}{mp}} = \sqrt{\frac{5000}{1 \times 15}} = 18.26 \,\text{mmmm}$$

$$\text{B핀의 지름}(d_B) = \sqrt{\frac{W_B}{mp}} = \sqrt{\frac{11086.96}{1 \times 15}} = 27.19 \,\text{mm}$$

$$\text{C핀의 지름}(d_C) = \sqrt{\frac{W_C}{mp}} = \sqrt{\frac{12162.26}{1 \times 15}} = 28.47 \,\text{mm}$$

---

11. 회전수 1500 rpm, 축의 지름 110 mm인 묻힘 키를 설계하려고 한다. $b \times h \times l = 28 \times 18 \times 300$ mm일 때, 마력(PS)을 구하여라. (단, $\tau_s = 40$ N/mm²이다.)

해답 $T = 7.02 \dfrac{PS}{N} \,[\text{kJ}] = 7.02 \times 10^6 \dfrac{PS}{N} \,[\text{N} \cdot \text{mm}]$

$$PS = \frac{TN}{7.02 \times 10^6} = \frac{18480000 \times 1500}{7.02 \times 10^6} = 3948.72 \,\text{PS}$$

$$T = W\frac{d}{2} = (\tau_s b l)\frac{d}{2} = (40 \times 28 \times 300) \times \frac{110}{2}$$

$$= 18480000 \,\text{N} \cdot \text{mm}$$

12. 그림과 같은 스플라인 축의 전달마력(PS)을 구하여라. (단, $N = 1023$ rpm, $Z = 6$, $q_a = 10$ N/mm^2, $l = 100$ mm(보스의 길이), $d_2 = 50$ mm, $d_1 = 46$ mm, $c = 0.4$ mm, $h = 2$ mm, $b = 9$ mm, $\eta = 75$ %이다.)

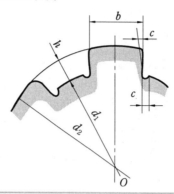

[해답]
$$T = \eta P \frac{d_m}{2} = \eta Z(h - 2c) l q_a \frac{d_1 + d_2}{4}$$
$$= 0.75 \times 6(2 - 2 \times 0.4) \times 100 \times 10 \times \frac{46 + 50}{4} = 129600 \text{ N} \cdot \text{mm}$$
$$PS = \frac{TN}{7.02 \times 10^6} = \frac{129600 \times 1023}{7.02 \times 10^6} = 18.89 \text{PS}$$

13. 위 문제 12의 그림에 도시한 스플라인 축을 1200 rpm으로 회전할 때, 허용면압을 10 N/mm^{2}이라 할 때 전달마력(PS)을 구하여라. (단, 축에 끼우는 보스의 길이 70 mm, 스플라인의 잇수 8개, 바깥지름 48 mm, 안지름 42 mm, 이 높이 3 mm, 모따기의 치수 0.5 mm)

[해답]
$$T = \eta P \frac{d_m}{2} = \eta Z(h - 2c) l q_a \frac{d_1 + d_2}{4}$$
$$= 0.75 \times 8(3 - 2 \times 0.5) \times 70 \times 10 \times \frac{42 + 48}{4} = 189000 \text{ N} \cdot \text{mm}$$
$$PS = \frac{TN}{7.02 \times 10^6} = \frac{189000 \times 1200}{7.02 \times 10^6} = 32.3 \text{ PS}$$

14. 100 rpm으로 12PS을 전달하는 지름 50 mm인 축에 사용할 묻힘 키($b \times h = 12 \times 8$)의 길이를 구하여라. (단, 키의 전단강도만을 계산하며, 키의 허용 전단응력 $\tau_a = 70$ N/mm^{2}이고 단위는 mm이다.)

[해답]
$$T = 7.02 \times 10^6 \frac{PS}{N} = 7.02 \times 10^6 \times \frac{12}{100} = 842400 \text{ N} \cdot \text{mm}$$
$$\tau_a = \frac{W}{A} = \frac{W}{bl} = \frac{2T}{bld} \text{ 에서, } l = \frac{2T}{\tau_a bd} = \frac{2 \times 842400}{70 \times 12 \times 50} = 40.11 \text{ mm}$$

15. 그림과 같은 코터 이음에서 코터와 로드의 끝은 모두 강철제이고, σ_t, σ_c와, τ''의 비가 7 : 14 : 5.5일 때, 가장 약한 부분을 설계하여라. (응력의 단위는 N/mm²이다.)

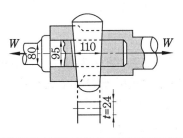

해답 ① 로드부의 인장강도 $W = \sigma_t A$

$$= \sigma_t \frac{\pi}{4} d^2 = 7 \times \frac{\pi}{4} \times 95^2 ≒ 49617.53 \,\text{N}$$

② 소켓 속 로드의 인장강도(로드 코터 구멍 부분의 절단)

$$W = \sigma_t A = \sigma_t \left(\frac{\pi}{4} d^2 - td \right) = 7 \times \left(\frac{\pi}{4} \times 95^2 - 24 \times 95 \right) ≒ 33657.53 \,\text{N}$$

③ 코터의 전단강도 $W = 2bt\tau'' = 2 \times 110 \times 24 \times 5.5 = 29040 \,\text{N}$

④ 코터 압축에 의한 로드 구멍 측면 압축강도(W)

$$= \sigma_c A = \sigma_c dt = 14 \times 95 \times 24 = 31920 \,\text{N}$$

∴ 가장 작은 값, 즉 코터부가 가장 약한 부분이 된다.

16. 그림과 같은 스플라인 축에 있어서 전달동력(kW)은 얼마인가? (단, 회전속도 $N =$ 1023 rpm, 허용 면압력 $q = 10$ N/mm², 보스의 길이 $l = 100$ mm, 잇수 $Z = 6$, $d_2 = 50$ mm, $d_1 = 46$ mm, 모따기 $c = 0.4$ mm, 이높이 $h = 2$ mm, 이나비 $b = 9$ mm, 접촉효율 $\eta = 0.75$ 이다.)

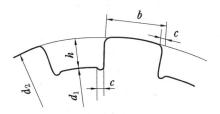

해답 스플라인을 전달할 수 있는 토크 T는

$$T = \eta P \frac{d_m}{2} = \eta Z(h - 2c) l q_n \frac{1}{2} \frac{d_2 + d_1}{2}$$

$$= 0.75 \times 6 (2 - 2 \times 0.4) \times 100 \times 10 \times \frac{1}{2} \times \frac{50 + 46}{2} = 129500 \,\text{N} \cdot \text{mm}$$

$$T = 9.55 \times 10^6 \frac{kW}{N} [\text{N} \cdot \text{mm}] \text{에서}$$

$$kW = \frac{TN}{9.55 \times 10^6} = \frac{129500 \times 1023}{9.55 \times 10^6} = 13.87 \text{ kW}$$

---

17. $N = 300$ rpm으로 12 PS을 전달하는 지름 $d = 70$ mm의 연강축이 있다. 묻힘 키 18×12×100을 사용할 때 다음 물음에 답하여라. (단, 축 키 홈의 깊이(t)는 5 mm이다.)

(1) 키가 전달하여야 할 모멘트 : T[N · mm]

(2) 키에 발생하는 전단응력 : τ[MPa]

(3) 키에 발생하는 압축응력 : σ_c[MPa]

해답 (1) $T = 7.02 \times 10^6 \frac{PS}{N} = 7.02 \times 10^6 \times \frac{12}{300} = 280800 \text{ N} \cdot \text{mm}$

(2) $\tau = \frac{W}{A} = \frac{W}{bl} = \frac{2T}{bld} = \frac{2 \times 280800}{18 \times 100 \times 70} = 4.46 \text{ MPa}$

(3) $\sigma_c = \frac{W}{A} = \frac{W}{tl} = \frac{2T}{tld} = \frac{2 \times 280800}{5 \times 100 \times 70} = 16.05 \text{ MPa}$

---

18. 축지름 40 mm인 축이 회전수 800 rpm, 전달동력 20 kW를 전달시키고자 할 때 이것에 사용되는 묻힘 키의 깊이를 설계하여 다음 표에서 알맞은 길이를 선정하여라. (단, 축 지름이 40 mm일 때 키의 호칭치수 $b \times h$는 12×8이고, 허용 전단응력 $\tau_a = 30$ N/mm², 허용 압축응력 $\sigma_{ca} = 80$ N/mm²이다.)

길이 l의 표준

6	8	10	12	14	16	18	20	22	25	28	32	36	40
45	50	56	63	70	80	90	100	110	125	140	160	180	200

해답 $T = 9.55 \times 10^6 \frac{kW}{N} = 9.55 \times 10^6 \times \frac{20}{800} = 238750 \text{ N} \cdot \text{mm}$

$\tau_a = \frac{2T}{bld}$ 에서, $l = \frac{2T}{bd\tau_a} = \frac{2 \times 238750}{12 \times 40 \times 3} = 33.16 \text{ mm}$

$\sigma_{ca} = \frac{4T}{hdl}$ 에서, $l = \frac{4T}{hd\sigma_{ca}} = \frac{4 \times 238750}{8 \times 40 \times 80} = 37.3 \text{ mm}$

∴ 표에서 40 mm를 선정한다.

19. 그림과 같은 스핀들에 조립되어 있는 레버 끝에 접선력이 작용하고 있다. 허용 전단 응력이 60 N/mm²인 묻힘 키(6×6×40)를 사용할 때 다음 물음에 답하여라. (단, 축지름 은 35 mm이다.)

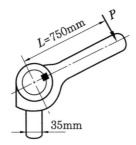

(1) 묻힘 키(sunk key)의 전동토크 : T [N · mm]

(2) 레버 끝에 작용시키는 힘 : P [N]

해답 (1) $T = PL = W \dfrac{d}{2}$ [N · mm]

$$\tau_a = \frac{W}{A} = \frac{W}{bl} = \frac{2T}{bld} \, [\text{N/mm}^2]$$

$$T = W\frac{d}{2} = (\tau_a bl)\frac{d}{2} = (60 \times 6 \times 40) \times \frac{35}{2} = 252000 \, \text{N · mm}$$

(2) $T = PL$ [N · mm]

$$P = \frac{T}{L} = \frac{252000}{750} = 336 \, \text{N}$$

제3장 리벳 이음

리벳 이음의 개요

리벳 이음은 결합하려는 강판에 미리 구멍을 뚫고 리벳을 끼워 머리를 만들어 결합시키는 이음이다. 압력용기, 기계부품, 철근 구조물, 교량, 선박 등에 널리 사용되어 왔으나 요즘에는 용접 기술이 발달되어 보일러, 선박, 연료탱크 등은 용접 이음을 하게 되었으며, 철근 구조물, 경합금 구조물(항공기 기체) 등은 아직도 리벳 이음을 하고 있다.

(1) 리벳 이음의 장점

① 용접 이음과는 달리 초기응력에 의한 잔류 변형률이 생기지 않으므로 취약 파괴가 일어나지 않는다.
② 구조물 등에서 현장 조립할 때는 용접 이음보다 쉽다.
③ 경합금과 같이 용접이 곤란한 재료에는 신뢰성이 있다.

(2) 사용 목적에 의한 분류

① **보일러용 리벳** : 강도와 기밀을 필요로 하는 리벳 이음(보일러, 고압탱크)
② **저압용 리벳** : 주로 수밀을 필요로 하는 리벳(저압탱크)
③ **구조용 리벳** : 주로 강도를 목적으로 하는 리벳(차량, 철교, 구조물)

고압탱크, 보일러 등과 같이 기밀을 필요로 할 때는 리베팅이 끝난 뒤에 리벳머리의 주위 또는 강판의 가장자리 끌(chisel)로 때려 그 부분을 밀착시켜 틈을 없애는 작업을 코킹(caulking)이라 하며, 강판의 가장자리는 75~85° 기울어지게 절단한다. 기밀을 더욱 완전하게 하기 위해 끝이 넓은 끌로 때리는데, 이것을 풀러링(fullering)이라 한다. 두께가 5 mm 이하인 강판에서는 곤란하므로 안료를 묻힌 베, 기름을 먹인 종이, 석면 등의 패킹(packing)을 끼워 리베팅한다.

리벳의 길이(l) = grip(강의 죔두께)+$(1.3 \sim 1.6)d$[mm]

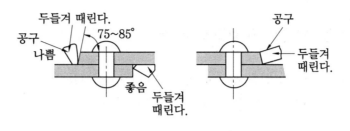

(a) 코킹   (b) 풀러링

코킹과 풀러링

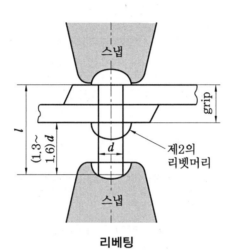

리베팅

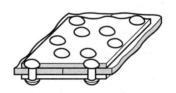

(a) 겹치기 이음   (b) 맞대기 이음

(c) 평행형   (d) 지그재그형
  리벳 이음   리벳 이음

리벳 이음의 종류

3-2 **리벳 이음의 파괴강도 계산**

리벳 이음은 다음 그림과 같은 경우에 파괴되며, 리벳 설계를 할 때에는 각각의 경우에 대해 파괴가 생기지 않도록 치수의 강도를 결정해야 한다.

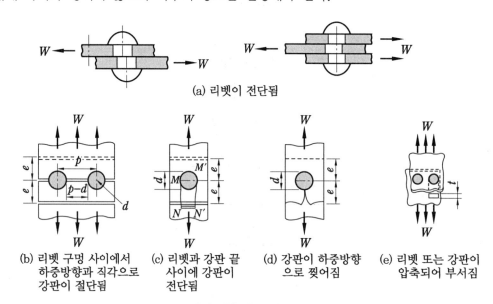

(a) 리벳이 전단됨

(b) 리벳 구멍 사이에서 하중방향과 직각으로 강판이 절단됨

(c) 리벳과 강판 끝 사이에 강판이 전단됨

(d) 강판이 하중방향으로 찢어짐

(e) 리벳 또는 강판이 압축되어 부서짐

리벳 이음의 파괴 상태

여기서, W : 1피치당 작용하중(N)　　　　t : 강판의 두께(mm)

　　　　d : 리벳의 지름(mm)　　　　τ_0 : 강판의 전단응력(N/mm²)

　　　　p : 리벳의 피치(mm)　　　　d_0 : 리벳 구멍의 지름(mm)

　　　　σ_t : 판재의 인장응력(N/mm²)　　σ_c : 판재의 압축응력(N/mm²)

　　　　τ : 리벳의 전단응력(N/mm²)

　　　　e : 리벳의 중심에서 판재의 가장자리까지의 거리(mm)

(1) 리벳의 전단응력

위의 그림 (a)에서 $W = \dfrac{\pi}{4}d^2\tau$ [N]

$$\therefore \ \tau = \frac{4W}{\pi d^2}\,[\text{N/mm}^2]$$

복수전단의 경우에는 전단면적이 2배로 되므로,

$$W = 2 \times \frac{\pi}{4}d^2\tau = \frac{\pi}{2}d^2\tau\,[\text{N}]$$

$$\therefore \ \tau = \frac{2W}{\pi d^2}\,[\text{N/mm}^2]$$

(2) 판재의 인장응력

그림 (b)와 같이 판재는 리벳 구멍 사이의 단면적이 가장 작은 곳에서 전단되므로,

$$W = t(p-d)\sigma_t \,[\text{N}]$$

$$\therefore \ \sigma_t = \frac{W}{(p-d)t} \,[\text{N/mm}^2]$$

(3) 판재의 전단응력

그림 (c)와 같이 응력이 발생하는 면이 단면 MN과 $M'N'$이므로 면적은 $2et$로 된다. 따라서 $W = \tau_0 2et \,[\text{N}]$

$$\therefore \ \tau_0 = \frac{W}{2et} \,[\text{N/mm}^2]$$

(4) 판재의 압축응력

그림 (e)에서, $W = \sigma_c dt \,[\text{N}]$

$$\therefore \ \sigma_c = \frac{W}{dt} \,[\text{N/mm}^2]$$

(5) 강판의 절개에 대한 응력

$e > d$이면 이 응력에 대해서는 안전하므로 생략한다. 위와 같은 여러 가지 응력을 생각할 수 있지만, 이 응력들은 동시에 발생하므로 각 부분의 강도가 같게 되도록 설계하면 가장 경제적인 설계가 된다.

3-3　리벳 이음의 설계

여러 가지 저항력이 모두 같은 값을 가지도록 각 부분의 치수를 설계하는 것이 바람직하지만, 이것을 모두 만족시킬 수는 없다. 그러므로 실제적인 경험값을 기초로 하여 결정한 값에 대하여 강도 계산식을 적용시켜 그 한계 이내에 있도록 설계한다.

(1) 리벳 지름(d)의 설계

전단저항과 압축저항이 같다고 하면,

$$\frac{\pi}{4}d^2\tau = dt\sigma_c$$

$$\therefore \ d = \frac{4t\sigma_c}{\pi r} \,[\text{mm}]$$

(2) 리벳 피치(p)의 설계

전단저항과 인장저항이 같다고 하면,

$$\frac{\pi}{4}d^2\tau = (p-d)t\sigma_t$$

$$\therefore \; p = d + \frac{\pi d^2 \tau}{4t\sigma_t}\,[\text{mm}]$$

τ와 σ_t의 적당한 값을 취할 수 있으므로, 위에 식에서와 같이 t의 값에 대하여 p를 계산할 수 있다.

(3) 경험식

바하(Bach)에 의한 겹치기 리벳 이음의 경우

$$d = \sqrt{50t} - 4\,[\text{mm}]$$

양쪽 덮개판 리벳 이음의 경우

1열일 때 $d = \sqrt{50t} - 5\,[\text{mm}]$

2열일 때 $d = \sqrt{50t} - 6\,[\text{mm}]$

3열일 때 $d = \sqrt{50t} - 7\,[\text{mm}]$

(4) 구조용 리벳 이음

구조용 리벳 이음에서는 강도만을 생각하여 리벳의 수, 배열 등을 알맞게 정한다. 대략의 치수 비율은,

$$d = \sqrt{5t} - 0.2\,[\text{cm}]$$

$$p = (3 \sim 3.5)d$$

$$e = (2 \sim 2.5)d$$

3-4 리벳의 효율

강판에 구멍을 뚫으면 약하게 된다. 리벳 구멍을 뚫은 강판의 강도와 구멍을 뚫기 전 강판의 강도와의 비를 강판의 효율(η_1)이라 하고, 강판의 인장강도를 σ_t라 하면

$$\eta_1 = \frac{1\text{피치 너비의 구멍이 있는 강판의 인장 파괴강도}}{1\text{피치 너비마다의 강판의 인장 파괴강도}}$$

$$= \frac{\sigma_t(p-d)t}{\sigma_t pt} = \frac{p-d}{p} = 1 - \frac{d}{p}$$

또, 리벳의 전단 파괴강도와 구멍 뚫기 전 강판의 강도와의 비를 리벳의 효율(η_2)이라 하고 리벳의 전단강도를 τ라 하면,

$$\eta_2 = \frac{1\text{피치 내에 있는 리벳의 전단 파괴강도}}{1\text{피치 너비마다의 강판의 인장 파괴강도}} = \frac{\tau n \cdot \frac{\pi}{4} d^2}{\sigma_t pt} = \frac{n \pi d^2 \tau}{4 pt \sigma_t}$$

여기서, n : 1피치 안에 있는 리벳의 전단면 수

리벳 이음의 효율은 이음 강도를 나타내는 기준이 되므로 η_1과 η_2 중에서 작은 쪽의 값으로 나타낸다.

예제 1. 두께 10 mm인 강판을 지름 18 mm(구멍지름 19.5 mm)의 리벳을 사용하여 1열 겹치기 리벳 이음으로 결합한다고 하면, 피치는 몇 mm로 해야 되는가? (단, 강판의 인장응력은 40 N/mm², 리벳의 전단응력은 36 N/mm²이다.)

해답 1피치마다의 허용하중 $W = \frac{\pi}{4} d^2 \tau = \frac{\pi}{4} \times 18^2 \times 36 = 9160 \text{ N}$

$$\therefore \ p = d_0 + \frac{W}{t \sigma_t} = 19.5 + \frac{9160}{10 \times 40} = 42.4 \text{ mm}$$

예제 2. 다음 그림과 같은 리벳 이음은 몇 N의 하중을 사용해야 하는가? (단, 리벳의 전단응력은 70 N/mm², 강판의 인장응력은 90 N/mm²이다.)

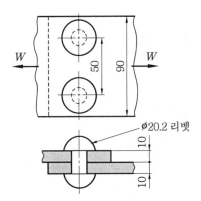

해답 리벳의 강도는 $W_1 = \frac{\pi}{4} d^2 \tau_a \times 2 = \frac{\pi}{4} \times (20.2)^2 \times 70 \times 2 = 44867 \text{ N}$

강판의 강도는 $W_2 = \sigma_a (b - 2d) t = 90 \times (90 - 2 \times 20.2) \times 10 = 44640 \text{ N}$

따라서 위 결과로부터 판재로 허용응력을 생각할 때는 $W = 44640 \text{ N}$ 이하에서 사용해야 한다.

예제 3. 다음 그림과 같이 피치 54 mm, 강판 두께 14 mm, 리벳 지름 22 mm, 리벳중심에서 강판의 가장자리까지의 길이 35 mm인 1열 겹치기 이음이 있다. 1피치마다의 하중을 13000 N이라 할 때 다음 물음에 답하여라.

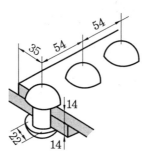

(1) 리벳에 생기는 전단응력(MPa)은 얼마인가?

(2) 강판에 생기는 인장응력(MPa)은 얼마인가?

(3) 강판에 생기는 전단응력(MPa)은 얼마인가?

해답 (1) $\tau = \dfrac{W}{A} = \dfrac{W}{\dfrac{\pi d^2}{4}} = \dfrac{4W}{\pi d^2} = \dfrac{4 \times 13000}{\pi \times 22^2} = 34.2 \, \text{MPa}$

(2) $\sigma_t = \dfrac{W}{A} = \dfrac{W}{(p-d)t} = \dfrac{13000}{(54-22) \times 14} \fallingdotseq 29 \, \text{MPa}$

(3) $\tau_0 = \dfrac{W}{A} = \dfrac{W}{2et} = \dfrac{13000}{2 \times 35 \times 14} = 13.3 \, \text{MPa}$

3-5 ## 편심하중을 받는 리벳 이음

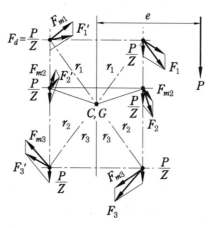

편심하중을 받는 리벳 이음

편심하중을 받고 있는 리벳 이음에 있어서 리벳 수를 Z, 하중을 $P[\text{N}]$이라 하고 고르게 각 리벳에 분포하고 있다고 하면 리벳은 직접하중$(F_d) = \dfrac{P}{Z}[\text{N}]$과 편심에 의한 모멘트의 영향을 받는다 $(M = P \cdot e\,[\text{N} \cdot \text{mm}])$.

모멘트에 의해 생기는 힘은 리벳군의 중심에서 리벳까지의 거리에 비례하고 중심까지의 반지름에 직각으로 작용한다고 하면 다음과 같다.

$$F_{m_1} = kr_1, \ \ F_{m_2} = kr_2, \ \ F_{m_3} = kr_3$$

$$M = P \cdot e = Z_1 F_{m_1} r_1 + Z_2 F_{m_2} r_2 + Z_3 F_{m_3} r_3$$

$$= k(Z_1 r_1^2 + Z_2 r_2^2 + Z_3 r_3^2)[\text{N} \cdot \text{mm}]$$

$$\text{비례상수}(k) = \frac{Pe}{Z_1 r_1^2 + Z_2 r_2^2 + Z_3 r_3^2}[\text{N/mm}]$$

3-6 보일러 강판의 두께(t) 계산

판의 허용 인장응력을 $\sigma_a[\text{N/mm}^2]$, 안전계수를 S, 리벳 이음의 효율을 η, 보일러 최고 사용압력을 $p[\text{N/cm}^2]$, 보일러의 몸통 안지름을 D, 강판의 인장강도를 $\sigma_t[\text{N/mm}^2]$, C를 부식상수(1 mm)라고 하면

$$t = \frac{pD}{200\sigma_a \eta} + C\,[\text{mm}] \quad \left(\sigma_a = \frac{\sigma_t}{S}\right)$$

$$t = \frac{pDS}{200\sigma_t \eta} + C\,[\text{mm}]$$

예제 4. 지름 500 mm, 압력 120 N/cm²의 보일러 세로 이음에서 판 두께를 계산하여라. (단, 강판의 인장강도는 350 N/mm², 안전계수는 4.75, 강판의 리벳 이음의 효율은 58 %이다.)

해답 허용응력$(\sigma_a) = \dfrac{\text{인장강도}(\sigma_t)}{\text{안전계수}(S)} = \dfrac{350}{4.75} = 73.68\,\text{N/mm}^2$

$\therefore$ 판 두께$(t) = \dfrac{pD}{200\sigma_a \eta} + C = \dfrac{120 \times 500}{200 \times 73.68 \times 0.58} + 1 = 8.02\,\text{mm}$

제3장 <h2 align="center">예 상 문 제</h2>

1. 판두께 10 mm의 강판을 두 줄 지그재그 겹치기 이음을 할 때 압축응력 270 N/mm², 리벳의 전단응력 240 N/mm²이라면 리벳의 지름과 피치는 몇 mm인가? (단, $\sigma_t = \sigma_c$이다.)

해답 $\tau \dfrac{\pi d^2}{4} n = \sigma_c dtn$, $\tau \dfrac{\pi d^2}{4} n = \sigma_t (p - d)t$

① $d = \dfrac{4t\sigma_c}{\pi\tau} = \dfrac{4 \times 10 \times 270}{\pi \times 240} = 14.33 \fallingdotseq 15$ mm

② $p = \dfrac{\pi d^2 \tau n}{4t\sigma_t} + d = \dfrac{\pi \times 15^2 \times 240 \times 2}{4 \times 10 \times 270} + 15 = 46.4$ mm

2. 두께 15 mm의 강판을 연결하는 한 줄 리벳 겹치기 이음에서 지름과 피치는 몇 mm인가? (단, $\sigma_c = \sigma_t$이고, $\tau = 0.7\sigma_c$이라 한다.)

해답 $\dfrac{\sigma_c}{\tau} = \dfrac{10}{7}$이므로

① $d = \dfrac{4t\sigma_c}{\pi\tau} = \dfrac{4 \times 15 \times 10}{\pi \times 7} = 27.3 \fallingdotseq 28$ mm

② $p = \dfrac{\pi d^2 \tau}{4t\sigma_c} + d = \dfrac{3.14 \times 28^2 \times 7}{4 \times 15 \times 10} + 28 = 56.74$ mm $\fallingdotseq 57$ mm

3. 그림에서 폭 45 mm, 두께 5 mm인 강판을 한쪽 덮개판 한 줄 리벳 맞대기 이음으로 연결하였을 때 리벳 구멍의 지름(mm)을 구하여라. (단, 하중 $W = 15000$N, 판의 허용 인장응력 $\sigma_t = 100$ N/mm², 리벳의 허용 전단응력 $\tau_a = 80$ N/mm²이다.)

```
W ←   45   ⊕ ⊕  d   ⊕       → W
          ⊕ ⊕     ⊕
      |15|20|15|20| t=5
```

해답 $W = (b - 2d)t\sigma_t$에서, $d = \dfrac{\left(b - \dfrac{W}{\sigma_t t}\right)}{2} = \dfrac{\left(45 - \dfrac{15000}{100 \times 5}\right)}{2} = 7.5$ mm

4. 1열 겹치기 이음에서 피치 64 mm, 리벳의 지름 17 mm, 하중 15 kN일 때 여기 사용하는 판의 두께는 16 mm이다. 이 판의 효율(%)은 얼마인가?

해답 $\eta = \dfrac{p-d}{p} = \dfrac{64-17}{64} = 0.734 = 73.4\,\%$

5. 그림과 같이 2개의 리벳으로 2장의 판을 접합할 때 리벳의 전단응력 $\tau = 80$ MPa, 리벳 지름 16 mm로 하면 안전한 인장력(N)과 판의 폭(mm)을 구하여라. (단, 판두께 8 mm, 허용 인장응력 100 MPa이다.)

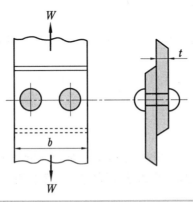

해답 ① $W = n\dfrac{\pi}{4}d^2\tau = 2 \times \dfrac{\pi}{4} \times 16^2 \times 80 = 32154\,\text{N}$

② $W = (b-nd)t\sigma_t$ 에서, $b = \dfrac{W}{t\sigma_t} + nd = \left(\dfrac{32154}{8 \times 100}\right) + 2 \times 16 = 72.20\,\text{mm}$

6. 다음 그림의 리벳 이음에서 몇 N의 하중을 줄 수 있는가? (단, $d = 20$ mm, 리벳의 $\tau = 80$ N/mm², 강판의 $\sigma_t = 100$ N/mm², $\sigma_c = 140$ N/mm²이다.)

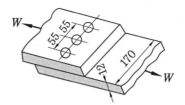

해답 안전한 인장하중을 결정하면 다음 3가지의 경우에서 작은 값을 택한다.

① 리벳이 전단되는 경우

$W = \dfrac{\pi d^2 \tau n}{4} = \dfrac{3.14 \times 20^2 \times 80 \times 3}{4} = 75360\,\text{N}$

② 리벳 구멍 사이에서 강판이 절개되는 경우

$W = (b-3d)t\sigma_t = (170 - 3 \times 20) \times 12 \times 100 = 132000\,\text{N}$

③ 강판 또는 리벳이 압축되는 경우

$$W = dt\sigma_c n = 20 \times 12 \times 140 \times 3 = 100800 \text{ N}$$

∴ 위의 3가지 중 가장 작은 값은 75360 N이다.

□**7.** 한 줄 겹치기 리벳 이음에서 리벳 구멍의 지름 13 mm, 리벳의 허용 전단응력을 60 N/mm²이라 할 때 강판의 폭을 얼마로 하면 되겠는가? (단, 강판의 두께 8 mm, 허용 인장응력은 70 N/mm²이다.)

해답 $W = (b - nd)t\sigma_t$ 에서,

$$\therefore b = nd + \frac{W}{\tau\sigma_t} = 2 \times 13 + \frac{15920}{7 \times 80} = 54.43 \text{ mm} ≒ 55 \text{ mm}$$

$$\left(W = \frac{\pi}{4}d^2 \tau n = \frac{\pi}{4} \times 13^2 \times 60 \times 2 = 15920 \text{ N} \right)$$

□**8.** 리벳 구멍의 지름 17 mm, 피치 75 mm, 두께 10 mm인 양쪽 덮개판 두 줄 리벳 맞대기 이음(각 줄의 피치는 같음)의 효율(%)은? (단, 리벳의 전단응력 τ는 판의 인장응력 σ_t의 85 %이다.)

해답 이 경우에는 리벳 1개에 전단면이 2개이나, 이것을 2배로 하지 않고, 1.8배로 하여 계산한다. 1피치 내에 리벳의 수가 2개이므로,

판의 효율 $\eta_1 = \dfrac{p - d}{p} = \dfrac{75 - 17}{75} = 0.773$

리벳의 효율 $\eta_2 = \dfrac{2 \times 1.8 \times \dfrac{\pi}{4}d^2 \tau}{pt\sigma_t}$ 에서, $\tau = 0.85\sigma_t$를 대입하여 계산하면,

$$\therefore \eta_2 = \frac{2 \times 1.8 \times \dfrac{\pi}{4} \times 17^2 \times 0.85}{75 \times 10} = 0.926 \,(= 92.6 \%)$$

□**9.** 두께 14 mm의 강판을 보일러 세로 이음용 두 줄 리벳 맞대기 이음으로 리베팅할 때 리벳의 이음 효율(%)은 얼마인가? (단, $d = 22$ mm, $p = 92$ mm, $\tau = 280$ N/mm², $\sigma_t = 410$ N/mm²)

해답 $\eta_2 = \dfrac{2 \times 1.8\pi d^2}{4pt\sigma_t} = \dfrac{2 \times 1.8 \times 3.14 \times 22^2 \times 280}{4 \times 92 \times 14 \times 410}$

$= 0.725 = 72.5 \%$

10. 길이 3 m, 지름 1.5 m의 보일러가 있다. 증기의 압력이 250 N/cm², 허용 인장응력은 70 N/mm²로 할 때 보일러 강판의 두께(mm)는? (단, $\eta = 75\,\%$, $C = 1$ mm이다.)

해답 $t = \dfrac{p \cdot D}{200\sigma_t \eta} + C = \dfrac{250 \times 1500}{200 \times 70 \times 0.75} + 1 = 36.71$ mm

11. 강판의 두께 20 mm, 리벳의 지름 20.5 mm의 2장 2줄 겹치기 이음에서 1피치의 하중이 20 kN일 때 다음 물음에 답하여라.

(1) 피치는 얼마인가? (단, 판 효율은 60 %이다.)
(2) 인장응력은 얼마인가?
(3) 리벳 효율은 얼마인가? (단, $\sigma_t = 50$ MPa, $\tau = 35$ MPa이다.)

해답 (1) $\eta_t = 1 - \dfrac{d}{p}$ 에서, $p = \dfrac{d}{1 - \eta_t} = \dfrac{20.5}{1 - 0.6} = 51.25$ mm

(2) $\sigma = \dfrac{W}{A} = \dfrac{W}{(p - d)t} = \dfrac{20000}{(51.25 - 20.5) \times 20} = 32.5$ MPa

(3) $\eta_r = \dfrac{\pi d^2 \tau n}{4pt\sigma_t} = \dfrac{\pi \times 2.05^2 \times 35 \times 2}{4 \times 5.125 \times 2 \times 50} = 0.4508 = 45.08\,\%$

12. 두께 10 mm, 폭 60 mm의 강판이 그림과 같이 $d = 16$ mm의 리벳(구멍은 17 mm) 2개로 고정되어 있다. 이때 인장하중이 30000 N이 걸린다. 다음 물음에 답하여라.

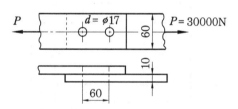

(1) 강판의 인장응력은 몇 N/mm²인가?
(2) 리벳의 전단응력은 몇 N/mm²인가?
(3) 강판의 효율은 몇 %인가?

해답 (1) $\sigma_t = \dfrac{W}{A} = \dfrac{P}{(b - d)t} = \dfrac{30000}{(60 - 17) \times 10} = 69.8$ N/mm²

(2) $\tau = \dfrac{P}{\dfrac{\pi d^2}{4} \times 2} = \dfrac{2P}{\pi d^2} = \dfrac{2 \times 30000}{\pi \times 16^2} = 74.6$ N/mm²

(3) $\eta = 1 - \dfrac{d}{p} = 1 - \dfrac{17}{60} = 0.7167 = 71.67\,\%$

13. 두께 10 mm, 허용 인장응력 80 N/mm²인 강판을 2줄 맞대기 리벳 이음으로 동체 지름 1 m인 보일러를 제작한다. 리벳의 지름이 16 mm이고 피치가 일정할 때 판의 효율 (%)과 보일러 사용 증기압력(N/cm²)을 구하여라. (단, 판과 리벳 효율은 같은 것으로 하고 리벳의 전단강도는 60 N/mm²으로 한다.)

해답 ① $\dfrac{p-d}{p} = \dfrac{n\frac{\pi}{4}d^2\tau_r \times 1.8}{pt\sigma_t}$ 에서,

$$p = d + \dfrac{2 \times \frac{\pi}{4}d^2\tau_r \times 1.8}{t\sigma_t} = 16 + \dfrac{\pi \times 16^2 \times 60 \times 2 \times 1.8}{4 \times 10 \times 80} = 70.29 \text{ mm}$$

판의 효율 $\eta_1 = 1 - \dfrac{d}{p} = 1 - \dfrac{16}{70.29} = 0.7724 = 77.24\%$

② $\sigma_t = \dfrac{pD}{200t\eta}$ 에서, $p = \dfrac{\sigma_t t 200\eta}{D} = \dfrac{80 \times 10 \times 200 \times 0.7724}{1000} = 123.6 \text{ N/cm}^2$

14. 그림과 같은 리벳 이음에서 편심하중 $W = 25$ kN을 받을 때 다음 물음에 답하여라.

(1) 하중 W에 대하여 리벳에 작용하는 직접 전단하중 : Q[N]

(2) 모멘트에 의하여 리벳에 작용하는 전단하중 : F[N]

(3) 리벳에 작용하는 최대 합(合) 전단하중 : $R_{\max}$ [N]

(4) 리벳의 허용 전단응력 $\tau_a = 60$ N/mm²일 때 리벳의 지름 : d [mm]

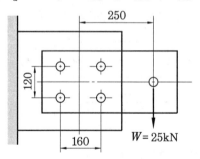

해답 (1) $Q = \dfrac{W}{Z} = \dfrac{25000}{4} = 6250 \text{ N}$

(2) $WL = kZr^2$ 에서,

$k = \dfrac{WL}{Zr^2} = \dfrac{25000 \times 250}{4 \times 100^2} = 156.25 \text{ N/mm}$

$(r = \sqrt{80^2 + 60^2} = 100)$

∴ $F = kr = 156.25 \times 100 = 15625 \text{ N}$

(3) $R_{\max} = \sqrt{Q^2 + F^2 + 2QF\cos\theta}$

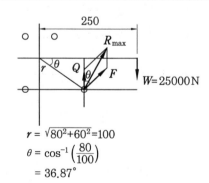

$r = \sqrt{80^2 + 60^2} = 100$

$\theta = \cos^{-1}\left(\dfrac{80}{100}\right)$

$= 36.87°$

$$= \sqrt{6250^2 + 15625^2 + 2 \times 6250 \times 15625 \times \cos 36.87°}$$

$$= 20963.1 \, \text{N}$$

(4) $\tau_a = \dfrac{R_{\max}}{\dfrac{\pi d^2}{4}} = \dfrac{4R_{\max}}{\pi d^2}$

$$\therefore \ d = \sqrt{\frac{4R_{\max}}{\pi \tau_a}} = \sqrt{\frac{4 \times 20963.1}{\pi \times 60}} = 21.09 \, \text{mm}$$

---

15. 다음 그림에서 $W = 20$ kN일 때 각 물음에 답하여라.

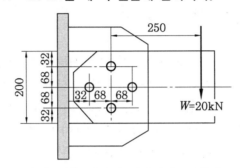

(1) 편심하중 $W(= 20 \, \text{kN})$에 의한 리벳의 전단하중 : Q[N]

(2) 모멘트(M)에 의한 각 리벳의 전단하중 : F[N] (단, $F = \dfrac{M}{r}$)

(3) 각 리벳에 작용하는 최대 합 전단하중 : $R_{\max}$[N]

(4) 리벳의 지름 : d[mm] (단, 리벳의 허용 전단응력 $\tau_a = 60 \, \text{N/mm}^2$이다.)

해답 (1) $Q = \dfrac{W}{n} = \dfrac{20000}{4} = 5000 \, \text{N}$

(2) $WL = kZr^2$에서

$$k = \frac{WL}{Zr^2} = \frac{20000 \times 250}{4 \times 68^2} = 270.3 \, \text{N/mm}$$

$$\therefore \ F = kr = 270.3 \times 68 = 18380.4 \, \text{N}$$

(3) 최대 합 전단하중 $R_{\max} = Q + F = 5000 + 18380.4 = 23380.4 \, \text{N}$

(4) $\tau_a = \dfrac{R_{\max}}{A} = \dfrac{R_{\max}}{\dfrac{\pi d^2}{4}} = \dfrac{4R_{\max}}{\pi d^2}$ 에서,

$$d = \sqrt{\frac{4R_{\max}}{\pi \tau_a}} = \sqrt{\frac{4 \times 23380.4}{\pi \times 60}} = 22.27 \, \text{mm}$$

용접 이음

4-1 용접 이음의 장·단점

금속과 금속의 원자간 거리를 충분히 접근시키면 금속 원자 간에 인력이 작용하여 스스로 결합하게 된다. 그러나 금속의 표면에는 매우 얇은 산화 피막이 덮여 있고 울퉁불퉁한 요철이 있어 상온에서 스스로 결합할 수 있는 1cm의 1억분의 1 정도($Å=10^{-8}$cm)까지 접근시킬 수 없으므로 전기나 가스와 같은 열원을 이용하여 접합하고자 하는 부분의 산화 피막과 요철을 제거하므로 금속 원자 간에 영구 결합을 이루는 것을 용접이라고 한다.

용접 이음은 리벳 이음에 비해 다음과 같은 여러 가지 장점이 있다.

(1) 장점

① 설계를 자유롭게 할 수 있고, 또한 용접한 물체의 무게를 가볍게 할 수 있을 뿐만 아니라 강도가 크다.
② 용접물의 구조가 간단하여 작업 공정수가 적어지므로 제작비가 싸다.
③ 수밀, 기밀이 가능하므로 제품의 성능을 충분히 신뢰받을 수 있다.
④ 몇 개의 블록으로 분할하면 초대형품도 제작할 수 있다.
⑤ 강판의 두께에 규제가 없으므로 높은 이음 효율을 얻을 수 있다.
⑥ 용접부에 내마멸성·내식성·내열성을 가지게 할 수 있다.

그러나 짧은 시간에 높은 열을 이용하여 재료를 국부적으로 접합하므로 다음과 같은 단점이 있다.

(2) 단점

① 용접 이음에는 수축변형 및 잔류 응력이 일어나 응력이 집중된다.
② 용접부에 균열이 생기면 계속 금이 가므로 용접 부분 및 용접 연장에 제한을 받게 된다.

따라서, 용접 이음을 설계할 때는 용접의 장·단점 및 실제의 작업을 잘 알고 있어야 한다.

4-2 **용접 이음의 강도 계산**

(1) 맞대기 이음

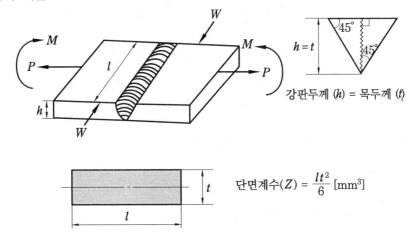

맞대기 이음

단면계수$(Z) = \dfrac{lt^2}{6}$ [mm³]

① 인장응력$(\sigma_t) = \dfrac{P}{A} = \dfrac{P}{tl} = \dfrac{P}{hl}$ [N/mm²]

② 전단응력$(\tau) = \dfrac{W}{A} = \dfrac{W}{tl} = \dfrac{W}{hl}$ [N/mm²]

③ 굽힘응력$(\sigma_b) = \dfrac{M}{Z} = \dfrac{M}{\dfrac{lt^2}{6}} = \dfrac{6M}{lt^2}$ [N/mm²]

(2) 필릿 용접 이음

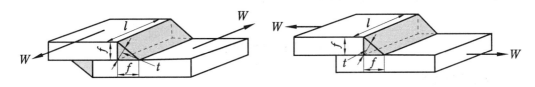

(a) 측면 필릿 용접 이음   (b) 전면 필릿 용접 이음

필릿 용접 이음

① 앞의 그림 (a) 측면 필릿 용접 이음에서 목 단면에 전단력이 작용하므로

$$\tau = \dfrac{W}{A} = \dfrac{W}{2tl} = \dfrac{W}{2f\cos 45°\, l} = \dfrac{0.707\,W}{fl}\ \text{[N/mm}^2\text{]}$$

② 앞의 그림 (b) 전면 필릿 용접 이음에서

$$\text{수직응력}(\sigma) = \dfrac{W}{A} = \dfrac{W}{tl} = \dfrac{W}{0.707fl} = \dfrac{1.4142\,W}{fl}\ \text{[N/mm}^2\text{]}$$

(3) 축심이 편심되어 있는 경우 인장부재의 필릿 용접 길이(l_1, l_2)

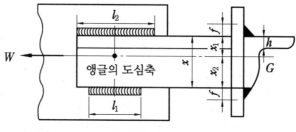

필릿 용접 길이

$$W = 0.707 f l \tau = t l \tau = 0.707 f (l_1 + l_2) \tau \, [\text{N}]$$

$$l = l_1 + l_2, \quad x = x_1 + x_2$$

$$l_1 = \frac{l x_1}{x} \, [\text{mm}], \quad l_2 = \frac{l x_2}{x} \, [\text{mm}]$$

(4) 편심하중을 받는 필릿 용접 이음에서 최대(합성) 전단응력($\tau_{\max}$)

도심(O)에 작용하는 직접 전단력(W)과 O 주위에 작용하는 모멘트(WL)는 같아야 평형을 유지한다.

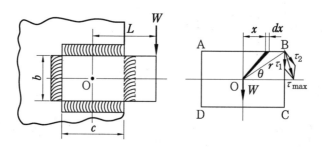

4측 필릿 용접 이음

① 직접 전단응력

$$\tau_1 = \frac{W}{A} = \frac{W}{0.707 f l}$$

여기서, $l = 2(b + c) \, [\text{mm}]$

② 모멘트에 의한 전단응력(τ_2)은 B점에서 최대응력을 받으므로,

$$\tau_2 = \frac{W L r_B}{0.707 f I_0} \, [\text{N/mm}^2]$$

③ $\tau_{\max} = \sqrt{\tau_1^2 + \tau_2^2 + 2\tau_1 \tau_2 \cos\theta} \, [\text{N/mm}^2]$

참고 l 및 Z_p(극단면계수)의 값

① 4측 필릿

$$l = 2(b + l_1), \quad Z_p = \frac{(l_1 + b)^3}{6}$$

② 상하 2측 필릿

$$l = 2l_1, \quad Z_p = \frac{l_1(3b^2 + l_1^2)}{6}$$

③ 좌우 2측 필릿

$$l = 2b, \quad Z_p = \frac{b(3l_1^2 + b^2)}{6}$$

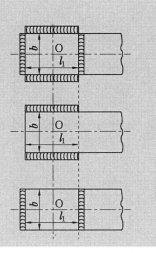

각종 용접 이음에 대한 설계 공식

σ_t : 인장 응력(N / mm²) $\quad W$: 하중(N)

σ_b : 휨 응력(N / mm²) $\quad h$: 용접 치수(mm)

τ : 전단 응력(N / mm²) $\quad l$: 용접 길이(mm)

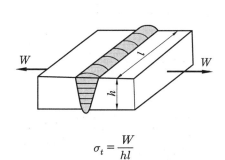

$$\sigma_t = \frac{W}{hl}$$

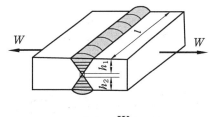

$$\sigma_t = \frac{W}{l(h_1 + h_2)}$$

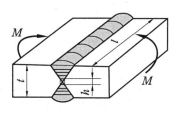

$$\sigma_b = \frac{3tM}{lh(3t^2 - 6th + 4h^2)}$$

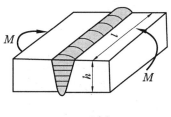

$$\sigma_b = \frac{6M}{lh^2}$$

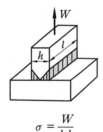

$$\sigma = \frac{W}{hl}$$

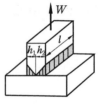

$$\sigma_t = \frac{W}{(h_1 + h_2)l}$$

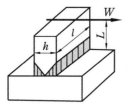

$$\sigma = \frac{6WL}{lh^2}, \quad \tau_s = \frac{W}{lh}$$

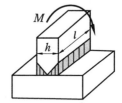

$$\sigma_b = \frac{6M}{lh^2}$$

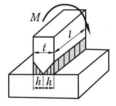

$$\sigma_b = \frac{3tM}{lh(3t^2 - 6th + 4h^2)}$$

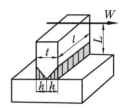

$$\sigma_b = \frac{3tM}{lh(3t^2 - 6th + 4h^2)}, \quad \tau_s = \frac{W}{2lh}$$

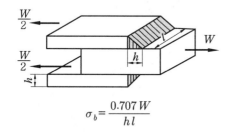

$$\sigma_b = \frac{0.707W}{hl}$$

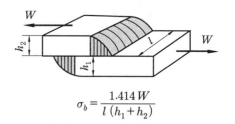

$$\sigma_b = \frac{1.414W}{l(h_1 + h_2)}$$

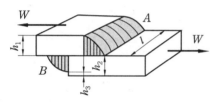

$$\sigma_A = \frac{1.414W}{l(h_1 + h_2)}, \quad \sigma_B = \frac{1.414Wh_2}{lh_3(h_1 + h_2)}$$

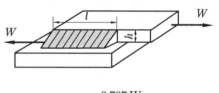

$$\sigma_b = \frac{0.707W}{hl}$$

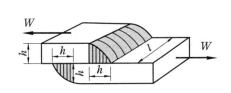

$$\sigma_b = \frac{0.707\,W}{h\,l}$$

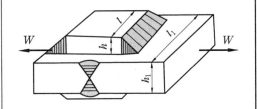

$$\text{필릿 } \sigma = \frac{1.414\,W}{2h\,l + l_1 h_1}, \quad \text{비드 } \sigma = \frac{W}{2h\,l - l_1 h_1}$$

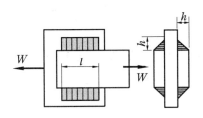

$$\sigma = \frac{0.354\,W}{h\,l}$$

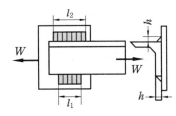

$$l_2 = \frac{1.414\,W_{e1}}{\sigma\,h\,b}, \quad \sigma = \frac{1.414\,W}{h\,(l_1 - l_2)} = \frac{1.414\,W}{\sigma\,b\,h}$$

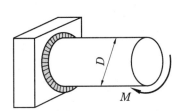

$$\tau_s = \frac{2.83\,M}{\pi D^2 h}$$

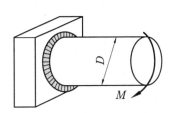

$$\sigma = \frac{5.66\,M}{\pi D^2 h}$$

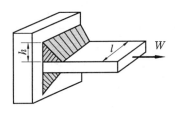

$$\sigma = \frac{0.707\,W}{h\,l}$$

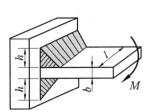

$$\sigma = \frac{1.414\,M}{h\,l\,(b + h)}$$

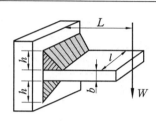

평균 $\tau_s = \dfrac{0.707\,W}{h\,l}$

최대 $\sigma = \dfrac{W}{H\,l\,(b+h)} \times \sqrt{\dfrac{2L^2 - (b+h)^2}{2}}$

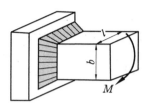

$\sigma = \dfrac{4.24M}{h(b^2 + 3l(b+h))}$

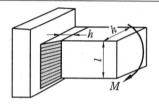

$\sigma = \dfrac{4.24M}{h\,l^2}$

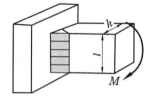

$\sigma = \dfrac{6M}{h\,l^2}$

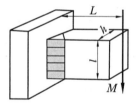

$\sigma = \dfrac{6\,Wl}{h\,l^2}, \quad \tau = \dfrac{W}{h\,l}$

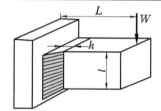

최대 $\sigma = \dfrac{4.24\,Wl}{h\,l^2}$, 평균 $\tau_s = \dfrac{0.707\,W}{h\,l}$

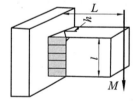

$\sigma = \dfrac{3\,Wl}{h\,l^2}, \quad \tau = \dfrac{W}{2h\,l}$

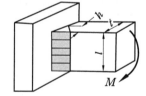

$\tau = \dfrac{M}{2(t-h)(l-h)h}$

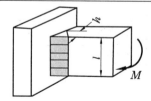

$\sigma = \dfrac{3\,Wl}{h\,l^2}$

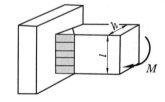

$\tau_s = \dfrac{M(3l + 1.8h)}{h^2 l^2}$

예상문제

1. 그림과 같은 겹치기 이음을 필릿 용접하였다. 허용응력이 80 N/mm^2일 때 유효 길이(mm)는 얼마인가?

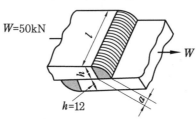

해답 용접면은 2개소이므로, $2al$(여기서, a : 목 두께)

$$a = h\cos 45° = h\left(\frac{1}{\sqrt{2}}\right) = 0.707h \,[\text{mm}]$$

$$\sigma = \frac{W}{2al} \text{ 에서, } l = \frac{W}{2 \times 0.707h \times \sigma} = \frac{0.707W}{h\sigma} = \frac{0.707 \times 50000}{12 \times 80} ≒ 37 \text{ mm}$$

2. 그림과 같은 브래킷이 벽면에 용접되어 있다. 브래킷의 상단에 하중 $W = 60 \text{ kN}$을 가할 때 용접부에 발생하는 최대응력은 몇 N/mm^2인가? (단, 용접부의 다리 길이는 10 mm, 목 두께는 7 mm이다.)

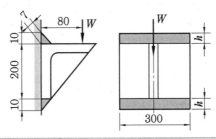

해답 하중 W에 의한 직접 수직하중 $W_1 = \dfrac{W}{2} = \dfrac{60000}{2} = 30000 \text{ N}$

상부 용접부가 받는 수평력 W_2는 모멘트에 의하여

$$W_2 \times 200 = W \times 80 = 60000 \times 80$$

$$\therefore W_2 = 24000 \text{ N}$$

따라서, 상부 용접부가 받는 하중 W_1과 W_2의 합력

$$W_R = \sqrt{W_1^2 + W_2^2} = \sqrt{30000^2 + 24000^2} = 38420 \text{ N}$$

$$\therefore \sigma_a = \frac{W_R}{A} = \frac{W_R}{tl} = \frac{38420}{7 \times 300} = 18.3 \text{ N/mm}^2$$

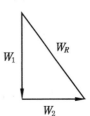

□**3.** 그림에서 75×75×9인 형강에 하중 150 kN이 걸릴 때 용접부의 치수 l_1, l_2[mm]를 구하여라. (단, $\tau = 70$ N/mm², $f = 9$ mm이다.)

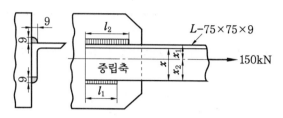

해답 $l = \dfrac{W}{0.707f\tau} = \dfrac{15000}{0.707 \times 9 \times 70} = 337$ mm

다시 x_1, x_2를 구하면,

$$x_2(9 \times 75 + 9 \times 66) = (75 \times 9) \times \frac{75}{2} + (66 \times 9) \times \left(75 - \frac{9}{2}\right)$$

$\therefore\ x_2 = 53$ mm, $x_1 = 75 - x_2 = 75 - 53 = 22$ mm

따라서, $l_1 = \dfrac{lx_1}{x} = \dfrac{337 \times 22}{75} = 98.9 ≒ 99$ mm

$$l_2 = \frac{lx_2}{x} = \frac{337 \times 53}{75} = 238.1 ≒ 238 \text{ mm}$$

별해 ($l = l_1 + l_2$에서 $l_2 = l - l_1 = 337 - 99 = 238$ mm)

□**4.** 다음 그림에서 $L - 90 \times 90 \times 10$인 형강에 하중 $W = 160$ kN이 걸릴 때 용접부의 길이 l_1과 l_2를 구하여라. (단, 전단응력 $\tau = 70$ N/mm², 용접부의 다리길이 $f = 9$ mm이다.)

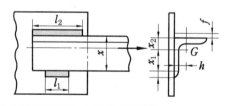

해답 측면 필릿 용접에서 용접부의 전체길이(l)를 구하면,

$W = 0.707fl\tau$에서,

$l = \dfrac{W}{0.707f\tau} = \dfrac{160000}{0.707 \times 9 \times 70} ≒ 360$ mm

$\therefore\ l_1 = \dfrac{lx_2}{x} = \dfrac{360 \times 26}{90} = 104$ mm

$l_2 = \dfrac{lx_1}{x} = \dfrac{360 \times 64}{90} = 256$ mm

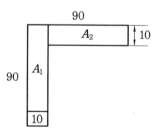

$$x_1 = \frac{A_1\overline{y_1} + A_2\overline{y_2}}{A_1 + A_2} = \frac{900 \times 45 + 800 \times 85}{900 + 800} = 63.82 ≒ 64\,mm$$

$$x_2 = 90 - x_1 = 90 - 64 = 26\,mm$$

□**5.** 그림과 같이 벽면으로부터 60 mm 떨어진 곳에서 40 kN의 하중을 받을 때 용착부의 응력은 얼마인가?

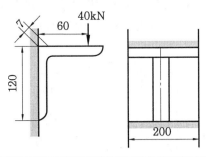

해답 W에 의한 수직하중$(W_V) = \dfrac{W}{2} = \dfrac{40000}{2} = 20000\,N$

상부 용접부가 받는 수평하중$(W_H) = \dfrac{40000 \times 60}{120} = 20000\,N$

$$W_R = \sqrt{W_V^2 + W_H^2} = \sqrt{20000^2 + 20000^2} = 28284.27\,N$$

$$\sigma_R = \frac{W_R}{A} = \frac{W_R}{tl} = \frac{28284.27}{7 \times 200} = 20.2\,MPa$$

□**6.** 그림과 같이 지름 500 mm, 보스 바깥지름 100 mm, 용접 다리 길이 6 mm인 필릿 용접의 풀리가 1200 rpm, 30마력을 전달시킬 때 용접부의 전단응력(N/mm²)을 구하여라.

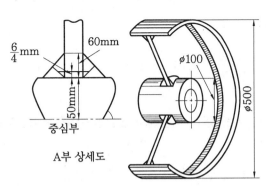

A부 상세도

해답 $T = 7.02 \times 10^6 \dfrac{PS}{N} = 7.02 \times 10^6 \times \dfrac{30}{1200} = 175500\,N \cdot mm$

보스 목부에서 중심까지의 반지름 $r_1 = \dfrac{100}{2} + \dfrac{6}{4} = 51.5\,mm$

토크의 전달 때문에 용접부가 받는 힘 W는 림보다 보스부 쪽이 크다.

보스의 용접부에 전달하는 힘 $W = \dfrac{T}{r_1} = \dfrac{175500}{51.5} = 3407.77 \, \text{N}$

$$\therefore \; \tau = \frac{W}{2\pi r_1 t \times 2} = \frac{3407.77}{2\pi \times 51.5 \times 0.707 \times 6 \times 2} = 1.24 \, \text{N/mm}^2$$

☐7. 그림과 같은 용접 이음에 있어서 하중 10 kN을 작용시킬 경우 용접부의 크기(mm)를 구하여라. (단, 용접부의 허용 전단응력은 70 N/mm²이다.)

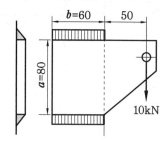

해답 $\tau_1 = \dfrac{W}{2tl} = \dfrac{10000}{2 \times t \times 60} = \dfrac{83.3}{t} = \dfrac{117.9}{f} \, (t = 0.707f)$

$M = Wl = 10000 \times 80 = 800000 \, \text{N} \cdot \text{mm}$

$I_p = \dfrac{bt(3a^2 + b^2)}{6} = \dfrac{60 \times t(3 \times 80^2 + 60^2)}{6} = 228000t$

$\tau_2 = \dfrac{Mr}{I_p} = \dfrac{800000 \times 50}{228000t} = \dfrac{175.5}{t} = \dfrac{248.1}{f}$

그림에서 합성응력은 허용응력의 70 N/mm²과 같아야 한다.

$$70^2 = \tau_1^2 + \tau_2^2 + 2\tau_1\tau_2 \frac{30}{50} = \left(\frac{83.3}{t}\right)^2 + \left(\frac{175.5}{t}\right)^2 + 2\left(\frac{83.3}{t}\right)\left(\frac{175.5}{t}\right) \times \frac{30}{50}$$

$$\therefore \; t = \sqrt{\frac{5530}{490}} = 3.36 \, \text{mm}$$

$$\therefore \; h = \frac{t}{0.707} = \frac{3.36}{0.707} = 4.75 \fallingdotseq 5 \, \text{mm}$$

☐8. 다음 그림의 측면 필릿 용접 이음에서 전단강도(N/cm²)를 구하여라.

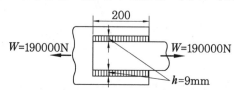

해답 $\tau = \dfrac{W}{A} = \dfrac{W}{2al}$ 에서, $\tau = \dfrac{190000}{2 \times 0.9 \times 0.707 \times 20} = 7465 \, \text{N/cm}^2$

제**5**장 축(shaft)

5-1 강도 면에서의 축지름 설계

(1) 비틀림만을 고려할 때

전동축의 경우 원동기(motor)에서 공급하는 회전 모멘트 T에 의해 직접 축에 동력이 전달되면 축은 재질상으로 이 동력에 대한 비틀림 저항 모멘트의 한계 영역에 있는지를 검토해야 한다. 즉, 축의 비틀림 응력의 저항한계 내에 있는지를 판별해야만 한다는 것이다.

만일, 축이 작용 비틀림 모멘트를 이기지 못하면 축은 파괴되기 때문이다. 따라서, 이와 같은 상태를 수치적으로 검토해 보면,

$$\tau = \frac{T}{Z_p}\,[\text{N/mm}^2]$$

이고, 축의 허용 비틀림 응력을 τ_a라 하면 반드시 $\tau_a \geqq \tau$가 되어야 한다는 점이다. 이때 τ는 축에 작용된 비틀림 모멘트 T에 의하여 발생되는 비틀림 응력(또는 전단응력)이며 수학적인 의미 이외에는 아무런 물성적 의미가 없는 표현식이다.

즉, 안전한 설계를 위해서는 τ는 최댓값이 τ_a와 같거나 작아야 한다는 데 그 의의가 있는 것이다. 따라서, 그 임계값인 $\tau = \tau_a$를 취하여 축의 지름(d)을 구하여 보자.

또한, 축에 공급되는 비틀림 모멘트 T는 전달동력(kW)에 따라

$$T = 7.02 \times 10^6 \frac{PS}{N}\,[\text{N}\cdot\text{mm}]$$

$$T = 9.55 \times 10^6 \frac{kW}{N}\,[\text{N}\cdot\text{mm}]$$

여기서, 마력(PS), 킬로와트(kW), N : 회전수(rpm)

① 중실원축

$$T = \tau_a Z_p = \tau_a \frac{\pi d^3}{16}\,[\text{kg}\cdot\text{mm}]$$

$$\therefore \ d = \sqrt[3]{\frac{16T}{\pi\tau_a}} = \sqrt[3]{\frac{5.1T}{\tau_a}}\,[\text{mm}]$$

② **중공원축**

$$T = \tau_a Z_p = \tau_a \frac{\pi(d_2^4 - d_1^4)}{16 d_2} = \tau_a \frac{\pi}{16} d_2^3 (1 - x^4) \, [\text{N} \cdot \text{mm}]$$

$$\therefore d_2 = \sqrt[3]{\frac{16T}{\pi \tau_a (1 - x^4)}} = \sqrt[3]{\frac{5.1T}{\tau_a (1 - x^4)}} \, [\text{mm}]$$

여기서, 내외경비$(x) = \dfrac{d_1}{d_2}$

원형 단면의 제원

축 종류 〳 단면제원	단면 2차 모멘트(I)	극단면 2차 모멘트(I_p)	단면계수(Z)	극단면계수(Z_p)
실제축(중실축)	$I = \dfrac{\pi d^4}{64}$	$I_p = \dfrac{\pi d^4}{32}$	$Z = \dfrac{I}{\dfrac{d}{2}}$ $Z = \dfrac{\pi d^3}{32}$	$Z_p = \dfrac{I_p}{\dfrac{d}{2}}$ $Z_p = \dfrac{\pi d^3}{16}$
중공축(중공원축)	$I = \dfrac{\pi(d_2^4 - d_1^4)}{64}$	$I_p = \dfrac{\pi(d_2^4 - d_1^4)}{32}$	$Z = \dfrac{\pi(d_2^4 - d_1^4)}{32 d_2}$	$Z = \dfrac{\pi(d_2^4 - d_1^4)}{16 d}$

(2) 굽힘만을 고려할 때

축을 일종의 보(beam)라고 생각할 수 있고 여기에 횡하중이 걸리면 축은 굽힘 모멘트를 받게 된다. 이때에도 물론 굽힘 저항의 한계영역 내에 있는지의 여부가 중요하며, 축에 생기는 굽힘응력을 σ_b, 굽힘 모멘트를 M이라고 하면, $\sigma_b = \dfrac{M}{Z} \, [\text{N/mm}^2]$이 된다. 이때에도 물론 이 식에 아무런 물성적 의미가 없으며, 축의 허용 굽힘응력을 σ_b라 할 때 다음을 만족해야 한다.

$$\sigma_a \geqq \sigma_b$$

① **중실원축**

$$M = \sigma_a Z = \sigma_a \frac{\pi d^3}{32} = \sigma_a \frac{d^3}{10.2} \, [\text{N} \cdot \text{mm}]$$

$$d = \sqrt[3]{\frac{32M}{\pi \sigma_a}} = \sqrt[3]{\frac{10.2M}{\sigma_a}} \, [\text{mm}]$$

② 중공원축

$$M = \sigma_a Z = \sigma_a \frac{\pi(d_2^4 - d_1^4)}{32 d_2} = \sigma_a \frac{d_2^4 \left[1 - \left(\dfrac{d_1}{d_2}\right)^4\right]}{10.2 d_2} = \sigma_a \frac{d_2^3 (1 - x^4)}{10.2} [\text{N} \cdot \text{mm}]$$

$$d_2 = \sqrt[3]{\frac{32M}{\pi \sigma_a (1 - x^4)}} = \sqrt[3]{\frac{10.2M}{\sigma_a (1 - x^4)}} [\text{mm}]$$

(3) 굽힘과 비틀림을 동시에 받을 때

대부분의 축은 비틀림 또는 굽힘작용을 단독적으로 받는 것이 아니라 거의 동시에 받고 있다. 그래서 기계 공학자들은 이런 실제적 문제에서의 해결을 위해 노력하여 왔다. 이의 해결에는 조합응력에의 지식이 선결되어야 하나 여기서는 간단히 그 방법만을 기술하고자 한다. 지금, 어떤 축에 비틀림 모멘트 T와 굽힘 모멘트 M이 상호 작용하며 운동상태를 계속한다고 하자. 조합응력에의 지식이 있다면 충분히 그러한 이전 식들의 응용을 할 수 있을 것이다.

만일, 굽힘 모멘트를 굽힘 모멘트가 아닌 비틀림 모멘트로 바꿀 수 있다면 손쉽게 처리를 할 수 있다. 이러한 것을 실험 및 지식적 체계에 의하여 게스트(Guest)가 제창하여 인정을 받은 최대 전단응력설로서 설명해 보면 굽힘 모멘트의 비틀림 모멘트화, 즉 상당 비틀림 모멘트 또는 등가 비틀림 모멘트 T_e의 식은 다음과 같다.

$$T_e = \sqrt{M^2 + T^2} [\text{N} \cdot \text{mm}]$$

또한, 이와는 반대로 비틀림 모멘트의 굽힘 모멘트화도 생각할 수 있겠는데 이는 랭킨(Rankine)이 주장한 최대 주응력설로서 상당 굽힘 모멘트 또는 등가 굽힘 모멘트 M_e의 식이다.

$$M_e = \frac{1}{2}(M + \sqrt{M^2 + T^2})[\text{N} \cdot \text{mm}]$$

이 두 가지 학설 중 어느 학설이 더욱 만족스러운지는 명확히 가려지지는 않았으나 사용하는 축의 재질에 관계가 있음이 확인되었다. 즉, 연강일 때는 최대 전단응력설(게스트의 식), 주철일 때는 최대 주응력설(랭킨의 식)이 실험값과 거의 근사하다. 그러나 일반적으로 두 가지 방법을 다 적용시켜서 보다 안전한 쪽으로 설계하는 것이 좋다.

① 중실원축

$$\left.\begin{array}{l} d = \sqrt[3]{\dfrac{16 T_e}{\pi \tau_a}} \\[4mm] d = \sqrt[3]{\dfrac{32 M_e}{\pi \sigma_a}} \end{array}\right\} \text{중 큰 것으로 택하면 안전하다.}$$

② **중공원축**

$$d_2 = \sqrt[3]{\frac{16\,T_e}{\pi\tau_a(1-x^4)}}$$
$$d = \sqrt[3]{\frac{32M_e}{\pi\sigma_a(1-x^4)}}$$

중 큰 것의 지름으로 택하면 안전하다.

5-2 강성도 면에서의 축지름 설계

축에 비틀림 모멘트가 작용하면 축은 비틀림이 일어난다. 이때 작용하는 비틀림 모멘트에 대해 축의 허용 비틀림을 기준값 이상으로 되지 않도록 설계해야 안전하다.

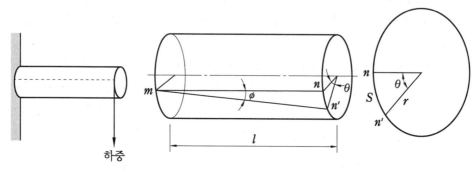

축의 비틀림 모멘트

한 곳에 고정되어 있는 축의 외주에 하중을 작용시키면 축은 비틀려 $\overline{mm}$ 선분이 $\overline{mn'}$ 선분으로 각 ϕ만큼의 비틀림을 일으키게 된다. 이때 다음과 같은 기본적 가정이 성립한다고 보아,

① 원형 부재의 축선에 수직한 단면은 변형 후에도 평면상태를 유지한다.
② 비틀림을 받는 원형 부재에서 전단변형률 γ는 중심축으로부터 선형적으로 변한다.
③ 전단응력은 전단변형률에 비례한다($\tau=\gamma G$). (단, G는 가로 탄성계수)

$\overline{nn'}=s$ 는

호도법으로 $s=r\theta$
전단변형률 $\gamma=\dfrac{s}{l}=\dfrac{r\theta}{l}$ } 에서, $\tau=\dfrac{r\theta}{l}G[\text{N/mm}^2]$

비틀림 또는 전단응력 $\tau=\gamma G$, $\tau=\dfrac{T_r}{I_p}$ 이므로 이것과 연립시키면 비틀림각 θ는,

$\theta=\dfrac{Tl}{GI_p}[\text{radian}]$을 얻는다. 이때 주의해야 할 점은 θ는 반드시 radian 각도라는 점이다.

그러므로 비틀림각을 degree(도 : °)로 표시하려면,

$$\theta° = \frac{360°}{2\pi} \times \theta = 57.3° \times \frac{Tl}{GI_p} \, [\text{degree}]$$

로서 해야 한다.

바하(Bach)는 여러 실험적 사실을 거쳐 축길이 1 m당 비틀림 각도가 $\frac{1}{4}°$ 이내($\theta° \leq \frac{1}{4}°$)로 제한되도록 축지름을 설계하는 것이 안전하다는 연구를 발표하였는데, 이것은 매우 타당한 이론이라는 것이 입증되었다.

즉, 연강의 가로 탄성계수(G) $= 0.83 \times 10^4 \, \text{kgf/mm}^2$, $l = 1000 \, \text{mm}$, $\theta° \leq \frac{1}{4}°$, 비틀림 모멘트 $T = 716200\frac{PS}{N}\,[\text{kgf} \cdot \text{mm}]$, $T' = 974000\frac{kW}{N}\,[\text{kgf} \cdot \text{mm}]$를 윗식에 대입하여 다음과 같은 대표적인 축지름 설계 공식을 제창하였다.

$$\theta° = 57.3 \times \frac{Tl}{G\frac{\pi d^4}{32}} \; ; \; \frac{1}{4} = 57.3 \times \frac{32 \times 716200\frac{PS}{N} \times 1000}{0.83 \times 10^4 \times 3.14 \times d^4}$$

$$; \; \frac{1}{4} = 57.3 \times \frac{32 \times 974000 \times \frac{kW}{N} \times 1000}{0.83 \times 10^4 \times 3.14 \times d^4}$$

$$d = 120 \sqrt[4]{\frac{PS}{N}} \, [\text{mm}], \; d = 130 \sqrt[4]{\frac{KW}{N}} \, [\text{mm}]$$

$$d_2 = 120 \sqrt[4]{\frac{PS}{N(1-x^4)}} \, [\text{mm}], \; d_2 = 130 \sqrt[4]{\frac{KW}{N(1-x^4)}} \, [\text{mm}]$$

여기서, 마력(PS), 킬로와트(kW), 내외경비(x) $= \frac{d_1}{d_2}$

5-3 축의 위험속도

물체에는 어느 것이나 자기 고유의 진동수를 가지고 있다. 이 진동수는 외부의 조건여하에 관계없이 재료에 따라 일정한 것이며, 만일 외부에서 이러한 물체의 고유 진동수를 발산하면 그 물체는 공진(resonance)하여 파괴될 수도 있는 위험 상태까지 가게 된다.

여기서 이러한 고유 진동수의 언급은 아니지만 진동의 문제는 중요한 비중을 두고 공부해야 되는 만큼 축에서 적용을 살펴봄으로써 안전설계의 밑거름으로 삼고자 한다.

(1) 축에 하나의 회전체가 있는 경우의 고찰

비교적 가벼운 축에 풀리 등의 회전체가 그림과 같이 고정되어 있다고 하자. 풀리의 무게 때문에 축은 처짐이 일어나게 되며 단순보로 생각하여 처짐량 δ의 값은

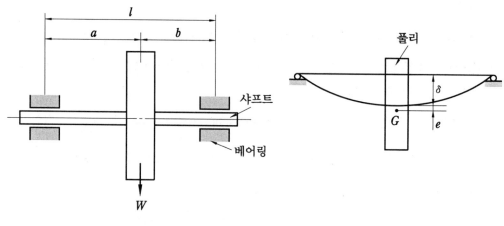

$$\delta = \frac{Wa^2b^2}{48EIl}\,[\text{mm}]$$

보의 중앙에 풀리가 매달려 있다면 $a = b = \dfrac{l}{2}$ 이므로 δ는 다음과 같다.

$$\delta = \frac{Wl^3}{48EI}\,[\text{mm}]$$

여기서, I : 단면 2차 모멘트(mm^4)　　　E : 세로 탄성계수(N/mm^2)

　　　　$a,\ b,\ l$: 치수(mm)　　　　　δ : 처짐량(mm)

또, 회전체의 질량 m, 무게 중심점 G라고 할 때 무게 중심점과 중립축과의 편심거리를 e 라 놓으면, 혹의 탄성법칙에 의해 탄성한계 내에서 축의 복원력(F)은 탄성계수 k와 처짐 δ에 따라

$$F = k\delta\,[\text{N}] \quad\cdots\cdots\cdots\cdots\cdots\cdots\cdots\cdots\cdots\cdots\cdots\cdots\cdots\cdots\cdots\cdots\cdots\cdots ①$$

이다. 이제 축이 동력을 받아 회전하고 있다면 원심력(F)은 각속도 $\omega\,[\text{rad/s}]$, 수평기준축과 무게 중심점 G과의 거리 $t = \delta + e$에서

$$F = mr\omega^2 = m(\delta + e)\omega^2\,[\text{N}] \quad\cdots\cdots\cdots\cdots\cdots\cdots\cdots\cdots\cdots\cdots ②$$

이다. 이때 복원력 = 원심력의 관계에서 ① 식과 ② 식을 등치시켜 처짐량(δ)는,

$$k\delta = m(\delta + e)\omega^2$$

$$\delta = \frac{m\omega^2 e}{k - m\omega^2} = \frac{e}{\dfrac{k}{m\omega^2} - 1}$$

가 된다. 여기서, $e \neq 0$, $\dfrac{k}{m\omega^2} = 1$이 될 때 $\delta = \infty$ (무한대)가 되어 축의 회전으로 인한 손을 의미하게 되며, 이때의 각속도는

$$\omega = \sqrt{\frac{k}{m}} \ [\text{rad/s}]$$

가 위험속도가 된다. 또한, 축에 설치된 계(系)에서 중력(중량) = mg이고, 중력 = 복원력의 관계에서 $mg = k\delta$

$$\therefore \ \frac{k}{m} = \frac{g}{\delta}$$

을 얻을 수 있고 각속도(ω)와 회전수(N)와의 관계에 의해

$$\omega = \frac{2\pi N}{60} \ [\text{rad/s}]$$

$$N = \frac{30\omega}{\pi} \ [\text{rpm}]$$

이 된다. 위험속도(위험 회전수)를 N_c로 나타내 보면,

$$N_c = \frac{30}{\pi}\omega_c = \frac{30}{\pi}\sqrt{\frac{k}{m}} = \frac{30}{\pi}\sqrt{\frac{g}{\delta}} \ [\text{rpm}]$$

을 얻는다. 이때 δ의 단위가 cm일 때 $g = 980\,\text{cm/s}^2$이 되어 다음의 식이 된다.

$$N_c = \frac{30}{\pi}\sqrt{\frac{980}{\delta}} = 300\sqrt{\frac{1}{\delta}} \ [\text{rpm}]$$

(2) 축에 여러 개의 회전체가 고정 설치된 경우의 고찰

이 때에는 여러 개의 회전체의 하나하나씩만을 축에 설치하였을 때의 경우로 가정하여 다음과 같은 던커레이(Dunkerley)의 실험식을 이용한다.

$$\frac{1}{N_c^2} = \frac{1}{N_0^2} + \frac{1}{N_1^2} + \frac{1}{N_2^2} + \frac{1}{N_3^2} + \cdots$$

여기서, N_c : 전체의 위험속도(rpm)

$\qquad N_0$: 자중(自重)을 고려한 축만의 위험속도(rpm)

$\qquad N_1, N_2, \cdots$: 각 회전체가 단독으로 자중을 무시한 축에 설치되는 경우로서 위험 속도(rpm)

이상에서 살펴본 바와 같이 축의 회전으로 인하여 파괴 가능성의 위험속도를 고려하여 축의 설계에 있어서는 이러한 위험속도 범위를 25 % 이상 벗어나도록 축의 회전속도를 부여해야 한다. 즉, 위험 회전수 $N_c = 1000$ rpm이라면 가능한 한 축의 회전수를 750 rpm 이하나 1250 rpm 이상으로 되도록 설계해야 한다.

기계 진동학적인 연구에서는 위험속도 범위를 고유 진동수의 $\sqrt{2} = 1.4$배 이상으로 하여야 함이 증명되어 있지만, 실용적 가치면을 고려하면 고유 진동수 범위의 25 % 밖으로 잡는다.

제5장

예상문제

□**1.** 그림과 같은 차축이 $W = 120$ kN의 하중을 받는다. 허용 굽힘응력을 45 MPa로 하면 축의 지름(mm)은 얼마인가?

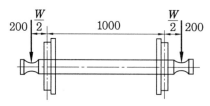

해답 최대 굽힘 모멘트 $M = \dfrac{W}{2} \times 200 = \dfrac{120000}{2} \times 200 = 12 \times 10^6$ N·mm이므로

$$\therefore d = \sqrt[3]{\frac{10.2M}{\sigma_b}} = \sqrt[3]{\frac{10.2 \times 12 \times 10^6}{45}} \fallingdotseq 140 \text{ mm}$$

□**2.** 그림과 같은 차량용 차축의 지름(mm)을 구하여라. (단, $W = 40$ kN, $l_1 = 200$ mm, $l = 1120$ mm, 허용 굽힘응력 $\sigma_b = 45$ N/mm²로 한다.)

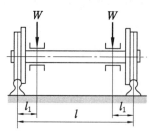

해답 $M = Wl_1 = 40000 \times 200 = 8 \times 10^6$ N·mm

$$\therefore d = \sqrt[3]{\frac{10.2M}{\sigma_b}} = \sqrt[3]{\frac{10.2 \times 8 \times 10^6}{45}} \fallingdotseq 122 \text{ mm}$$

□**3.** 240 rpm으로 60 kW의 동력을 전달하는 강제(鋼製) 둥근축의 허용 비틀림 응력이 20 N/mm²이라 하면 축지름(mm)은 얼마인가?

해답 $T = 9.55 \times 10^6 \dfrac{kW}{N} = 9.55 \times 10^6 \times \dfrac{60}{240} = 2387500$ N·mm

$$\therefore d = \sqrt[3]{\frac{5.1T}{\tau_a}} = \sqrt[3]{\frac{5.1 \times 2387500}{20}} \fallingdotseq 85 \text{ mm}$$

□**4.** 그림과 같은 차축의 축지름은 몇 mm로 할 것인가? (단, 허용 굽힘응력 $\sigma_a = 45\,\text{N/mm}^2$ 이라 한다.)

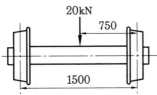

해답 차축은 굽힘 모멘트만을 받는 경우이므로,

$$\therefore d = \sqrt[3]{\frac{10.2M}{\sigma_a}} = \sqrt[3]{\frac{10.2 \times 7.5 \times 10^6}{45}} \fallingdotseq 120\,\text{mm}$$

$$M_{\max} = \frac{Pl}{4} = \frac{20000 \times 150}{4} = 7.5 \times 10^6\,\text{N}\cdot\text{mm}$$

□**5.** 그림에 표시한 외팔 크랭크 축의 크랭크 핀에 $W = 20$ kN의 수직 하중을 가할 때 크랭크 핀의 지름 d와 길이 l을 구하여라. (단, $\dfrac{l}{d} = 1.5$, $\sigma_b = 60\,\text{N/mm}^2$이다.)

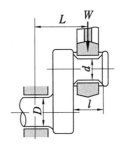

해답 ① $M = \dfrac{Wl}{2} = \dfrac{W(1.5d)}{2}$, $\sigma_b = \dfrac{M}{Z} = \dfrac{M}{\dfrac{\pi d^3}{32}} = \dfrac{32M}{\pi d^3} = \dfrac{16W \times 1.5}{\pi d^2}$

$$\therefore d = \sqrt{\frac{16W \times 1.5}{\pi\sigma_b}} = \sqrt{\frac{16 \times 20000 \times 1.5}{\pi \times 60}} \fallingdotseq 50.46\,\text{mm}$$

② $l = 1.5d = 1.5 \times 50.46 \fallingdotseq 75.69 \fallingdotseq 76\,\text{mm}$

□**6.** 그림과 같이 10 kW이 작용하는 차축의 지름(mm)을 구하여라. (단, 자중(自重)은 2500 N, 축 재료의 굽힘 허용응력 $\sigma_b = 20\,\text{N/mm}^2$이다.)

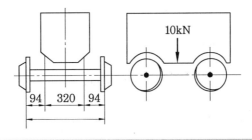

해답 차축이 굽힘 하중만을 받으므로, $W = \dfrac{10000 + 2500}{2 \times 2} = 3125 \text{ N}$

$$M = Wl = 3125 \times 94 = 293750 \text{ N} \cdot \text{mm}$$

$$\therefore d = \sqrt[3]{\frac{10.2M}{\sigma_b}} = \sqrt[3]{\frac{10.2 \times 293750}{20}} = 53.1 \fallingdotseq 55 \text{ mm}$$

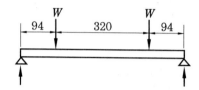

7. 그림과 같은 단면의 축이 전달할 수 있는 토크의 비 $\dfrac{T_A}{T_B}$ 의 값은 얼마인가? (단, 재질은 같다.)

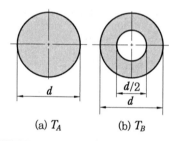

(a) T_A (b) T_B

해답 $T_A = \dfrac{\pi d^3}{16} \tau_a, \quad T_B = \dfrac{\pi}{16} \dfrac{d^4 - \left(\dfrac{d}{2}\right)^4}{d} \tau_a$ 이므로

$$\therefore \frac{T_A}{T_B} = \frac{d^3}{\dfrac{d^4 - \left(\dfrac{d}{2}\right)^4}{d}} = \frac{d^4}{d^4 - \dfrac{1}{16}d^4} = \frac{d^4}{\dfrac{15}{16}d^4} = \frac{16}{15}$$

8. 200 rpm으로 10 PS을 전달시키는 연강재 실축의 지름(mm)을 구하여라. (단, 허용전단응력을 $\tau_a = 50 \text{ MPa}$이라 한다.)

해답 $T = \tau Z_p = \tau \dfrac{\pi d^3}{16} [\text{N} \cdot \text{mm}]$

$$d = \sqrt[3]{\frac{5.1 T}{\tau_a}} = \sqrt[3]{\frac{5.1 \times 351000}{50}} \fallingdotseq 32.96 \text{ mm}$$

$$T = 7.02 \times 10^6 \frac{PS}{N} = 7.02 \times 10^6 \times \frac{10}{200} = 351000 \text{ N} \cdot \text{mm}$$

9. 매분 300회전하여 20 PS을 전달시키는 전동축에 있어서 실제축과 중공축의 바깥지름 (mm)을 구하여라. (단, 축의 강성은 $\frac{1}{4}°$로 제한하고, 안·바깥지름비 $x = \frac{d_1}{d_2} = 0.5$라 한다.)

해답 ① 실제축 $d = 120\sqrt[4]{\frac{PS}{N}} = 120\sqrt[4]{\frac{20}{300}} ≒ 60.98\,\text{mm}$

② 중공축 $x = \frac{d_1}{d_2} = 0.5$에서, $\sqrt[4]{1-x^4} = \sqrt[4]{1-0.5^4} = \sqrt[4]{0.9375} = 0.984$

$d_2 = 120\sqrt[4]{\frac{PS}{N(1-x^4)}}$

∴ $d_2 = \frac{1}{0.984}d = \frac{60.98}{0.984} ≒ 61.97 ≒ 62\,\text{mm}$

10. 8000 N · m의 비틀림 모멘트를 받는 중공축에서 바깥지름 120 mm로 할 때 안지름 (mm)을 구하여라. (단, $\tau_a = 48\,\text{N/mm}^2$이다.)

해답 $T ≒ \tau_a\frac{d_2^3}{5.1}(1-x^4)$에서, $x^4 = 1 - \frac{5.1T}{\tau_a \times d_2^3} = 1 - \frac{5.1 \times 8000000}{48 \times 120^3} = 0.5081$

$x = \frac{d_1}{d_2} = \sqrt[4]{0.5081} = 0.85$

∴ $d_1 = xd_2 = 0.85 \times 120 = 102\,\text{mm}$

11. 1800 rpm으로 3PS을 전달하는 중공축의 안·바깥지름의 비가 0.65일 때 바깥지름 과 안지름을 구하여라. (단, 허용 전단응력은 20 N/mm²이다.)

해답 $T = 7.02 \times 10^6\frac{PS}{N} = 7.02 \times 10^6 \times \frac{3}{1800} = 11700\,\text{N · mm}$

$d_1 = xd_2 = 0.65 \times 15.37 ≒ 10\,\text{mm}$

∴ $d_2 = \sqrt[3]{\frac{5.1T}{(1-x^4)\tau_a}} = \sqrt[3]{\frac{5.1 \times 11700}{(1-0.65^4) \times 20}} = \sqrt[3]{\frac{5.1 \times 11700}{0.8215 \times 20}} = 15.37\,\text{mm}$

12. $T = 8000$ N · m의 비틀림 모멘트를 받는 실축에서 같은 강도를 가진 안·바깥지름 비 $x = 0.5$인 중공축의 안지름(mm)과 중량비(w)를 구하여라. (단, 같은 재료를 사용하 고, $\tau_a = 48\,\text{N/mm}^2$이라고 한다.)

해답 ① $d = \sqrt[3]{\dfrac{5.1\,T}{\tau_a}} = \sqrt[3]{\dfrac{5.1 \times 8000000}{48}} \fallingdotseq 95 \text{ mm}$

$d_2 = d\sqrt[3]{\dfrac{1}{1 - x^4}} = 95\sqrt[3]{\dfrac{1}{1 - 0.5^4}} \fallingdotseq 97.07 \fallingdotseq 98 \text{ mm}$

$\therefore\ d_1 = xd_2 = 0.5 \times 98 = 49 \text{ mm}$

② 중량비 $w = \dfrac{\dfrac{\pi}{4}(d_2^2 - d_1^2)}{\dfrac{\pi}{4}d^2} = \dfrac{d_2^2 - d_1^2}{d^2}$

$= \dfrac{d_2^2 - (xd_2)^2}{d^2} = \dfrac{d_2^2(1 - 0.5^2)}{d^2} = \dfrac{98^2 \times 0.75}{95^2} = 0.798$

---

13. 실축의 지름 35 mm, 전달토크 $T = 573000$ N · mm이고, 바깥지름 50 mm인 중공축을 사용한다고 하면 안지름(mm)은 얼마인가? 또한, 실축에 비하여 중량비(w)는 얼마인가? (단, 재료는 동일하고 $\tau_a = 104$ N/mm², $K_t = 1.5$이다.)

해답 ① $d_1 = \sqrt[4]{d_2^4 - \dfrac{5.1\,TK_t}{\tau_a}d_2} = \sqrt[4]{(50)^4 - \dfrac{5.1 \times 573000 \times 1.5}{104} \times 50} \fallingdotseq 45 \text{ mm}$

② $w = \dfrac{d_2^2 - d_1^2}{d^2} = \dfrac{50^2 - 45^2}{35^2} = 0.388 = 38.8\ \%$

---

14. 회전수 300 rpm, 마력 10 PS을 낼 때 작용하는 토크(N · mm)를 구하여라.

해답 $T = 7.02 \times 10^6 \dfrac{PS}{N} = 7.02 \times 10^6 \times \dfrac{10}{300} = 234000 \text{ N · mm}$

---

15. 300 rpm으로 2.5 kW를 전달시키고 있는 축의 비틀림 모멘트는 몇 N · mm인가?

해답 $T = 9.55 \times 10^6 \dfrac{kW}{N} = 9.55 \times 10^6 \times \dfrac{2.5}{300} = 79583.33 \text{ N · mm}$

---

16. 지름 55 mm의 축에 500 rpm으로 회전하여 동력을 전달하고 있으며, 허용 전단응력이 10 N/mm²일 때 최대 전달마력(PS)은 얼마인가?

해답 $T = \tau_a Z_p = \tau_a \dfrac{\pi d^3}{16} = 10 \times \dfrac{\pi \times 55^3}{16} = 326676.55 \text{ N · mm이므로}$

$\therefore\ PS = \dfrac{TN}{7.02 \times 10^6} = \dfrac{326676.55 \times 500}{7.02 \times 10^6} = 23.27 \text{ PS}$

17. 외팔 크랭크에 있어서 상당 굽힘 모멘트 800000 N · mm, 상당 비틀림 모멘트 720000 N · mm를 받는 축의 지름(mm)을 구하여라. (단, 하중은 교반하중으로 하고, $\sigma_b = 50$ N/mm², $\tau_a = 40$ N/mm²이다.)

해답 ① $d = \sqrt[3]{\dfrac{10.2 M_e}{\sigma_b}} = \sqrt[3]{\dfrac{10.2 \times 800000}{50}} = 54.3$ mm

② $d = \sqrt[3]{\dfrac{5.1 T}{\tau_a}} = \sqrt[3]{\dfrac{5.1 \times 720000}{40}} = 44.8$ mm

∴ 지름이 큰 쪽(54.3 mm)을 답으로 한다.

18. 매분 600회전하여 50 kW를 전달시키는 축이 200000 N · mm의 굽힘 모멘트를 받을 때 축의 지름(mm)을 구하여라. (단, $\tau_a = 30$ N/mm², $\sigma_b = 50$ N/mm²이라 한다.)

해답 $T = 9.55 \times 10^6 \dfrac{kW}{N} = 9.55 \times 10^6 \times \dfrac{50}{600} = 795833.33$ N · mm

$T_e = \sqrt{M^2 + T^2} = \sqrt{200000^2 + (785833.33)^2} \fallingdotseq 820580$ N · mm

$M_e = \dfrac{1}{2}(M + T_e) = \dfrac{1}{2}(200000 + 820580) \fallingdotseq 510290$ N · mm

$d = \sqrt[3]{\dfrac{10.2 M}{\sigma_b}} = \sqrt[3]{\dfrac{10.2 \times 510290}{50}} = 47.04$ mm

$d = \sqrt[3]{\dfrac{5.1 T_e}{\tau_a}} = \sqrt[3]{\dfrac{5.1 \times 820580}{30}} \fallingdotseq 52$ mm

∴ 표준규격에 의해 큰 쪽인 52 mm를 선택한다.

19. 키 웨이(key way)를 가진 전동축이 최대 토크 79500 N · mm을 받고 132000 N · mm의 최대 굽힘 모멘트를 받는다고 한다. 하중은 동하중이 작용하고, 비틀림 동적효과계수 $k_t = 1.5$, 굽힘 동적효과계수 $k_m = 2$라 할 때 축의 지름(mm)은? (단, $\tau_a = 42$ N/mm²)

해답 $k_t T = 1.5 \times 79500 \fallingdotseq 119250$ N · mm

$k_m M = 2 \times 132000 = 264000$ N · mm

∴ $d = \sqrt[3]{\dfrac{16}{\pi \tau_a} \sqrt{(k_m M)^2 + (k_t T)^2}}$

$= \sqrt[3]{\dfrac{16}{3.14 \times 42} \times \sqrt{264000^2 + 119250^2}} \fallingdotseq 32.76$ mm

20. 그림에 표시한 기어축이 120 rpm으로 6 PS을 전달하고 있다. 허용응력 τ_a = 42 N/mm²일 때 축의 지름(mm)을 구하여라. (단, 기어의 압력각 a = 14.5°, 피치원의 지름 D = 200 mm, l = 100 mm이다.)

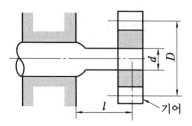

해답 $T = 7.02 \times 10^6 \dfrac{PS}{N} = 7.02 \times 10^6 \times \dfrac{6}{120} = 351000 \text{ N} \cdot \text{mm}$

$F_n = \dfrac{2T}{D\cos a} = \dfrac{2 \times 351000}{200\cos 14.5°} = 3625.48 \text{ N} (\Leftarrow T = F \times \dfrac{D}{2}, \ F_n = \dfrac{F}{\cos a}, \ M = F_n l)$

$M = 3625.48 \times 100 = 362548 \text{ N} \cdot \text{mm}$

$T_e = \sqrt{M^2 + T^2} = \sqrt{362548^2 + 351000^2} = 504620.7 \text{ N} \cdot \text{mm}$

$\therefore d = \sqrt[3]{\dfrac{5.1 T_e}{\tau_a}} = \sqrt[3]{\dfrac{5.1 \times 504620.7}{42}} \fallingdotseq 40 \text{ mm}$

21. 그림에서 지름 800 mm, 무게 600 N의 풀리가 달린 축이 있다. 풀리의 장력은 긴장측에 있어서 1000 N, 이완측에 있어서 500 N이다. 축의 σ_b = 50 N/mm², τ_a = 40 N/mm²일 때 축의 지름(mm)을 구하여라.

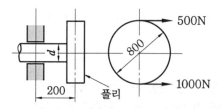

해답 $T = P_e \dfrac{D}{Z} = (T_t - T_s)\dfrac{D}{2} = (1000 - 500) \times \dfrac{800}{2} = 200000 \text{ N} \cdot \text{mm}$

풀리와 벨트의 장력의 합력은 $\sqrt{600^2 + (1000 + 500)^2}$ 으로 표시되므로, 축에 작용하는 최대 굽힘 모멘트

$M_{\max} = \sqrt{600^2 + 1500^2} \times 200 = 323100 \text{ N} \cdot \text{mm}$

$M_e = \dfrac{1}{2}(M + T_e) = 351546 \text{ N} \cdot \text{mm}$

$T_e = \sqrt{M^2 + T_2} = 379992 \text{ N} \cdot \text{mm}$

$$d = \sqrt[3]{\frac{10.2 M_e}{\sigma_b}} = \sqrt[3]{\frac{10.2 \times 351546}{50}} \fallingdotseq 42 \text{ mm}$$

$$d = \sqrt[3]{\frac{5.1 T_e}{\tau_a}} = \sqrt[3]{\frac{5.1 \times 379992}{40}} \fallingdotseq 37 \text{ mm}$$

∴ 값이 큰 42 mm를 선택한다.

---

22. 그림에서 W= 5000 N, l= 500 mm, r= 300 mm인 경우 축의 지름은 몇 mm로 하여야 하는가 ? (단, τ_a= 60 MPa, σ_a= 75 MPa이다.)

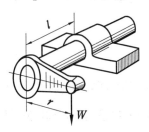

해답　$M = W \times l = 5000 \times 500 = 2500000$ N·mm,

$T = W \times r = 5000 \times 300 = 1500000$ N·mm

$T_e = \sqrt{M^2 + T^2} = \sqrt{2500000^2 + 1500000^2}$

$\quad = 2915476$ N·mm

$M_e = \dfrac{1}{2}\left(M + \sqrt{M^2 + T^2}\right) = \dfrac{1}{2} \times 10^5 \left(25 + \sqrt{25^2 + 15^2}\right) = 2707738$ N·mm

$\therefore d = \sqrt[3]{\dfrac{16 T_e}{\pi \tau_a}} = \sqrt[3]{\dfrac{16 \times 2915476}{\pi \times 60}} \fallingdotseq 63$ mm

$\quad d = \sqrt[3]{\dfrac{32 M_e}{\pi \sigma_a}} = \sqrt[3]{\dfrac{32 \times 2707738}{\pi \times 75}} \fallingdotseq 72$ mm

$\therefore d = 72$ mm를 선택한다.

---

23. 210 rpm, 40 PS의 동력을 전달하는 길이 4 m 전동축의 지름에 비틀림 강성이 작용할 때 축의 지름(mm)을 구하고, 이 축지름이 10 % 작아졌을 때 비틀림각(°)은 얼마인가 ? (단, 재질은 연강, G= 0.81×10⁵ N/mm²이다.)

해답　① $d = 120 \sqrt[4]{\dfrac{PS}{N}} = 120 \sqrt[4]{\dfrac{40}{210}} = 79.28 \fallingdotseq 80$ mm

$\quad T = 7.02 \times 10^6 \dfrac{PS}{N} = 7.02 \times 10^6 \times \dfrac{40}{210} = 1337142.86$ N·mm

② $\theta = 57.3 \dfrac{TL}{GI_p} = 57.3 \times \dfrac{32 TL}{G \pi d^4} = 57.3 \times \dfrac{32 \times 1337142.86 \times 4000}{0.81 \times 10^5 \times \pi \times (80 \times 0.9)^4} = 1.43°$

24. 베어링 사이의 거리 500 mm인 전동기 축의 중앙에 중량 3200 N의 회전차가 있을 경우 $\dfrac{\delta}{l} = \dfrac{1}{20000}$ 이고, 최대 휨 $\delta = 0.025$ mm일 때 축의 지름(mm)은 얼마인가? (단, 축의 재료는 경강이고, 축의 자중은 무시한다. $E = 2.1 \times 10^5$ N/mm²이다.)

[해답] $\delta = \dfrac{Wl^3}{48EI}$ 과 $I = \dfrac{\pi d^4}{64}$ 에서,

$$\therefore d = \sqrt[4]{\dfrac{4Wl^3}{3E\pi\delta}} = \sqrt[4]{\dfrac{4 \times 3200 \times (500)^3}{3 \times 2.1 \times 10^5 \times \pi \times 0.025}}$$

$$= 75.4 \fallingdotseq 76 \text{ mm}$$

25. 길이 3 m, 지름 80 mm의 축을 200 rpm으로 돌리고 있을 경우, 축 끝의 비틀림각을 측정하니 $\dfrac{2}{3}°$이었다. 이때 이 축은 몇 kW의 동력을 전달할 수 있는가? (단, $G = 0.81 \times 10^5$ N/mm²이다.)

[해답] $T = 9.55 \times 10^6 \dfrac{kW}{N} = 9.55 \times 10^6 \times \dfrac{kW}{200}$ [N · mm]°

$$\theta° = 57.3° \dfrac{32TL}{G\pi d^4} = 57.3° \dfrac{32 \times 9.55 \times 10^6 \times \dfrac{kW}{200} \times 3000}{0.81 \times 10^5 \times \pi \times 80^4} = \dfrac{2}{3}°$$

$$kW = \dfrac{2 \times 0.81 \times 10^5 \times \pi \times 80^4 \times 200}{3 \times 57.3 \times 32 \times 9.55 \times 10^6 \times 3000} = 26.45 \text{ kW}$$

26. 길이 500 mm, 지름 50 mm의 축이 양단에서 베어링으로써 받쳐 있고 중앙에 무게 $W = 500$ N의 풀리가 달려 있다. 축의 자중을 무시하고, 축의 위험속도(rpm)을 구하여라. (단, $E = 205.8$ GPa이다.)

[해답] $I = \dfrac{\pi d^4}{64} = \dfrac{\pi \times 50^4}{64} = 306796.16 \text{ mm}^4$

$$\delta = \dfrac{Wl^3}{48EI} = \dfrac{500 \times 500^3}{48 \times 205.8 \times 10^3 \times 306796.16}$$

$$= 2.068 \times 10^{-3} \text{ cm이므로}$$

$$\therefore N_{cr} = 300\sqrt{\dfrac{1}{\delta}} = 300\sqrt{\dfrac{1}{2.06 \times 10^{-3}}} \fallingdotseq 6610 \text{ rpm}$$

27. 그림에서 벨트 풀리축의 최대 휨(mm)을 구하여라. (단, d = 60 mm, 벨트 풀리의 지름 D = 800 mm, 벨트 풀리의 무게 W = 3000 N, 긴장측의 장력 F_1 = 8000 N, 이완측의 장력 F_2 = 1500 N, l = 1000 mm, l_1 = 200 mm로서 벨트는 수평으로 잡아당기는 것으로 하고, 자중은 무시한다. E = 2.1×10⁵ N/mm²이다.)

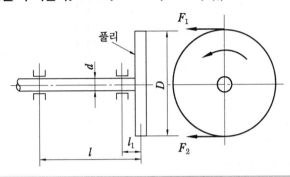

해답 ① 벨트 풀리의 무게에 의한 수평방향의 최대처짐(우단)

$$\delta_r = \frac{Wl_1^2 l}{3EI} = \frac{3000 \times 200^2 \times 1000}{3 \times 2.1 \times 10^5 \times 636000} = 0.299 \text{ mm}$$

$$\left(I = \frac{\pi d^4}{64} = \frac{\pi \times 60^4}{64} = 636000 \text{ mm}^4 \right)$$

② 벨트의 인장에 의한 수평방향의 최대처짐(우단)

$$\delta_M = \frac{(F_1 + F_2)l_1^2 l}{3EI} = \frac{(8000 + 1500) \times 200^2 \times 1000}{3 \times 2.1 \times 10^5 \times 636000} = 0.948 \text{ mm}$$

$$\therefore \ \delta = \sqrt{\delta_r^2 + \delta_M^2} = \sqrt{(0.299)^2 + (0.948)^2} = 0.994 \text{ mm}$$

$$\left(\delta = \frac{\sqrt{W^2 + (F_1 + F_2)^2}\, l_1^2 l^2}{3lEI} = \frac{\sqrt{W^2 + (F_1 + F_2)^2}\, l_1^2 l}{3EI} \right)$$

---

28. 중량 10 kN의 플라이 휠이 붙은 문제 27의 그림에 축이 있다. 처짐을 0.6 mm로 하여 축지름(mm)을 구하여라. (단, l = 900 mm, l_1 = 300 mm이다.)

해답 최대처짐은 하중점에 생기며, $\delta = \dfrac{Wl_1^2 l}{3EI}$ 이다.

여기에 $I = \dfrac{\pi}{64} d^4$를 대입하면 $\delta = \dfrac{Wl_1^2 l}{\dfrac{3E\pi d^4}{64}}$ 이므로,

$$\therefore \ d = \sqrt[4]{\frac{64 Wl_1^2 l}{3E\pi\delta}} = \sqrt[4]{\frac{64 \times 1000 \times 300^2 \times 900}{3 \times 2.1 \times 10^5 \times \pi \times 0.6}}$$

$$= 81.3 \fallingdotseq 82 \text{ mm}$$

29. 그림과 같은 원심 펌프축의 위험속도(rpm)를 계산하여라. (단, 날개차의 무게 20 N, 지름 22 mm인 연강의 단위길이당 중량은 29.8 N/m로 한다.)

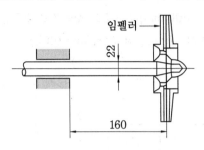

> **해답** $I = \dfrac{\pi d^4}{64} = \dfrac{\pi \times 22^4}{64} = 1.15 \times 10^4 \text{ mm}^4$
>
> $W_o = w_o L = 29.8 \times 0.16 = 4.77 \text{ N}$
>
> $N_{c_o} = \dfrac{30}{\pi} \sqrt{\dfrac{12400 \times 9.8 \times 2.1 \times 10^5 \times 1.15 \times 10^4}{4.77 \times 160^3}} = 37010 \text{ rpm}$
>
> $N_{c_1} = \dfrac{30}{\pi} \sqrt{\dfrac{3 \times 9800 \times 2.1 \times 10^5 \times 1.15 \times 10^4}{20 \times 160^3}} = 8890 \text{ rpm}$
>
> $\dfrac{1}{N_c^2} = \dfrac{1}{37010^2} + \dfrac{1}{8890^2} = 1.34 \times 10^{-8}$
>
> $\therefore N_c = \sqrt{\dfrac{1}{1.34 \times 10^{-8}}} = 8638.68 \text{ rpm} \fallingdotseq 8640 \text{ rpm}$

30. 그림과 같은 지름 60 mm의 축이 중앙에 550 N의 기어를 달고, 축의 자중을 무시할 때 이 축의 위험속도(rpm)를 구하여라. (단, $E = 205.8$ GPa이다.)

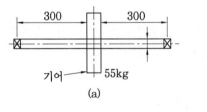
(a)

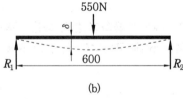
(b)

> **해답** $I = \dfrac{\pi d^4}{64} = \dfrac{\pi \times 60^4}{64} = 636173 \text{ mm}^4$
>
> $\delta = \dfrac{W l^3}{48 EI} = \dfrac{550 \times 600^3}{48 \times 205.8 \times 10^3 \times 636173} = 0.0189 \text{ mm} = 1.89 \times 10^{-3} \text{ cm}$
>
> $\therefore N_c \fallingdotseq 300 \sqrt{\dfrac{1}{\delta}} = 300 \times \sqrt{\dfrac{1}{1.89 \times 10^{-3}}} = 6900 \text{ rpm}$

31. 그림과 같이 2개의 회전체(풀리)를 가진 전동축의 위험속도를 구하여라. (단, 풀리 I 의 무게는 80 kg, 풀리 II 의 무게는 60 kg, $l_1 = 200$ mm, $l_2 = 500$ mm, 축지름 $d = 60$ mm, $l_3 = 300$ mm, 축 재료는 연강이다.)

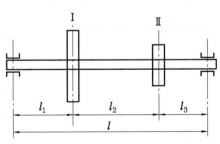

해답 재질이 연강이므로 세로 탄성계수 $E = 2.1 \times 10^4$ kg/mm^2, 비중량 $\gamma = 0.00786$ kg/cm^{3}로 하고 축지름이 60 mm이므로 단면 2차 모멘트는

$$I = \frac{\pi d^4}{64} = \frac{\pi \times 60^4}{64} = 6.36 \times 10^5 \text{ mm}^4 \text{로 된다.}$$

먼저 축의 자중만의 위험속도 N_0을 구하면 자중은

$$W_0 = \frac{\pi}{4} d^2 l \gamma = \frac{\pi}{4} \times 6^2 \times 100 \times 0.00786 = 22.2 \text{ kg이고}$$

$g = 9.8$ m/s^{2}이므로,

$$N_0 = \frac{30}{\pi} \sqrt{\frac{98000 g E I}{W_0 l^3}} = \frac{30}{\pi} \sqrt{\frac{98000 \times 9.8 \times 2.1 \times 10^4 \times 6.36 \times 10^5}{22.2 \times 1000^3}}$$

$$= 7260 \text{ rpm}$$

풀리 I 만이 부착되어 있는 경우의 위험속도

$$N_1 = \frac{30}{\pi} \sqrt{\frac{3000 g E I l}{W_1 l_1^2 (l_2 + l_3)^2}} = \frac{30}{\pi} \sqrt{\frac{3000 \times 9.8 \times 2.1 \times 10^4 \times 6.36 \times 10^5 \times 1000}{80 \times 200^2 \times 800^2}}$$

$$= 4180 \text{ rpm}$$

풀리 II 만이 부착되어 있는 경우의 위험속도

$$N_2 = \frac{30}{\pi} \sqrt{\frac{3000 g E I l}{W_2 (l_1 + l_2)^2 l_3^2}} = \frac{30}{\pi} \sqrt{\frac{3000 \times 9.8 \times 2.1 \times 10^4 \times 6.36 \times 10^5 \times 1000}{60 \times 700^2 \times 300^2}}$$

$$= 3680 \text{ rpm}$$

따라서, Dunkerley의 실험식으로부터 이 축의 위험속도 N_{cr} 은

$$\frac{1}{N_{cr}^2} = \frac{1}{N_0^2} + \frac{1}{N_1^2} + \frac{1}{N_2^2} = \frac{1}{7260^2} + \frac{1}{4180^2} + \frac{1}{3680^2} \fallingdotseq 15 \times 10^{-8}$$

그러므로 $N_{cr} = \sqrt{\dfrac{10^8}{15}} = 10^4 \sqrt{\dfrac{1}{15}} \fallingdotseq 2582$ rpm

32. 다음 그림의 축에서 2개의 회전체가 있을 때 위험속도(rpm)을 구하여라. (단, 축의 지름은 50 mm, $E = 2.1 \times 10^4$ kg/mm², $\gamma = 0.00786$ kg/cm³이다.)

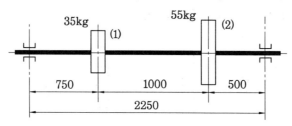

해답

$$\frac{1}{N_c^2} = \frac{1}{N_0^2} + \frac{1}{N_1^2} + \frac{1}{N_2^2}$$

$$\frac{1}{N_c^2} = \frac{1}{(1195.1)^2} + \frac{1}{(936.7)^2} + \frac{1}{(960.7)^2} = 0.0000029$$

자중에 의한 위험속도 $N_0 = \dfrac{30}{\pi} \sqrt{\dfrac{98000 \times 9.8 \times 2.1 \times 10^4 \times 306796}{34.7 \times 2250^3}} = 1195.1$ rpm

$$I = \frac{\pi}{64} d^4 = \frac{\pi}{64} \times 50^4 = 306796 \text{ mm}^4$$

$$W = 0.00786 \times \frac{\pi}{4} d^2 \times l = 0.00786 \times \frac{\pi}{4} \times 5^2 \times 225 = 34.7 \text{ kg}$$

풀리 Ⅰ에 의한 위험속도

$$N_1 = \frac{30}{\pi} \sqrt{\frac{3000 \times 9.8 \times 2.1 \times 10^4 \times 2250 \times 306796}{35 \times 750^2 \times 1500^2}} = 936.7 \text{ rpm}$$

풀리 Ⅱ에 의한 위험속도

$$N_2 = \frac{30}{\pi} \sqrt{\frac{3000 \times 9.8 \times 2.1 \times 10^4 \times 2250 \times 306796}{55 \times 1750^2 \times 500^2}} = 960.7 \text{ rpm}$$

$$\therefore N_c = \sqrt{\frac{1}{0.0000029}} = 584.91 \text{ rpm}$$

33. 300 rpm으로 25 kW를 전달시키는 전동축이 500 N·m의 굽힘 모멘트를 동시에 받는다. 축의 허용 전단응력 $\tau_a = 50$ N/mm², 축의 허용 굽힘응력 $\sigma_a = 66$ N/mm²일 때 다음 물음에 답하여라.

(1) 상당 비틀림 모멘트 : T_e[N·mm]

(2) 상당 굽힘 모멘트 : M_e[N·mm]

(3) 축의 지름 : d[mm] (다음 표에서 구하여라.)

축지름 d[mm]	35	40	45	50	55

해답 (1) $M = 500 \text{ N} \cdot \text{m} = 500000 \text{ N} \cdot \text{mm}$

$$T = 9.55 \times 10^6 \frac{kW}{N} = 9.55 \times 10^6 \times \frac{25}{300} = 795833.33 \text{ N} \cdot \text{mm}$$

$$\therefore \ T_e = \sqrt{M^2 + T^2} = \sqrt{500000^2 + 795833.33^2} = 939867.38 \text{ N} \cdot \text{mm}$$

(2) $M_e = \dfrac{1}{2}(M + T_e) = \dfrac{1}{2}(500000 + 939867.38) = 719933.69 \text{ N} \cdot \text{mm}$

(3) $M_e = \sigma_a Z = \dfrac{\pi d^3}{32}\sigma_a$에서, $d = \sqrt[3]{\dfrac{32 M_e}{\pi \sigma_a}} = \sqrt[3]{\dfrac{32 \times 719933.69}{\pi \times 66}} = 48.07 \text{ mm}$

$T_e = \tau_a Z_p = \dfrac{\pi d^3}{16}\tau_a$에서, $d = \sqrt[3]{\dfrac{16 T_e}{\pi \tau_a}} = \sqrt[3]{\dfrac{16 \times 939867.38}{\pi \times 50}} = 45.75 \text{ mm}$

$\therefore$ 축지름은 굽힘 견지에서 구한 48.07 mm를 선정하고 주어진 표에서
  $d = 50$ mm로 선정한다.

---

34. 그림과 같은 벨트 전동장치가 있다. 축의 허용 굽힘응력이 50 N/mm²일 때 다음 물음에 답하여라.

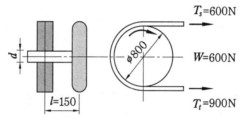

(1) 축의 비틀림 모멘트 : $T[\text{N} \cdot \text{mm}]$

(2) 축의 굽힘 모멘트 : $M[\text{N} \cdot \text{mm}]$

(3) 상당 굽힘 모멘트 : $M_e[\text{N} \cdot \text{mm}]$

(4) 축의 지름을 다음 표에서 결정하여라.

축지름 d[mm]	34	36	40	45	50

해답 (1) $P_e = T_t - T_s = 300 \text{ N}$

$$\therefore \ T = \frac{P_e D}{2} = \frac{300 \times 800}{2} = 120000 \text{ N} \cdot \text{mm}$$

(2) 벨트 장력에 의한 굽힘 모멘트
  $M_1 = (T_t + T_s)l = (900 + 600) \times 150 = 225000 \text{ N} \cdot \text{mm}$

  벨트 풀리의 무게에 의한 굽힘 모멘트
  $M_2 = Wl = 600 \times 150 = 90000 \text{ N} \cdot \text{mm}$

$$\therefore \ M = \sqrt{M_1^2 + M_2^2} = \sqrt{225000^2 + 90000^2} = 242332.42 \text{ N} \cdot \text{mm}$$

(3) $M_e = \dfrac{1}{2}(M + \sqrt{M^2 + T^2}) = \dfrac{1}{2}(242332.42 + \sqrt{(242332.42)^2 + (120000)^2})$

$\fallingdotseq 256374.38 \, \text{N} \cdot \text{mm}$

(4) $d = \sqrt[3]{\dfrac{32M_e}{\pi\sigma_a}} = \sqrt[3]{\dfrac{32 \times 256374.38}{\pi \times 50}} = 37.38 \, \text{mm}$

$\therefore$ 표에서 $d = 40 \, \text{mm}$로 선택한다.

---

35. 회전속도 $N = 1750 \, \text{rpm}$, 출력 20 PS인 전동기에 연결할 입력축(중심원축)의 하중 상태는 그림과 같다. 이 축의 재료는 SM40C로 허용 굽힘응력 $\sigma_b = 55 \, \text{N/mm}^2$, 허용 전단응력 $\tau_a = 90 \, \text{N/mm}^2$으로 할 때 다음 물음에 답하여라.

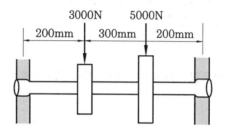

(1) 상당 비틀림 모멘트에 의한 축의 지름을 구하고, 최종 축지름은 구한 값의 직상위치수를 표에서 선택하여라. (단, 키 홈의 영향이나 동적 효과의 자중 등 기타의 조건은 고려하지 않는다.)

(2) 축의 전 길이에 대한 비틀림 각은 몇 radian인가? (단, 소수점 이하 3자리까지 구할 것, 또한 표에서 구한 축지름을 기준으로 하고, 축 재료의 가로 탄성계수 $G = 0.83 \times 10^5$ N/mm^{2}으로 한다.)

(3) b(폭)$\times h$(높이)$\times l$(길이) $= 12 \, \text{mm} \times 8 \, \text{mm} \times 60 \, \text{mm}$인 4각 키의 전단응력(N/mm^2), 키 홈 측면의 면압(N/mm^2)을 구하여라. (단, 표에서 선택한 축지름을 기준으로 하고, 키 홈의 길이(t) $= 0.5 \, h$이다.)

해답 (1) $T = 7.02 \times 10^6 \dfrac{PS}{N} = 7.02 \times 10^6 \times \dfrac{20}{1750} = 81371.43 \, \text{N} \cdot \text{mm}$

$\sum M_B = 0$, $R_A = \dfrac{3000 \times 500 + 5000 \times 200}{700} = 3571.43 \, \text{N}$

$R_B = 8000 - 3571.43 = 4428.57 \, \text{N}$

$\therefore M_C = R_A \times 200 = 714286 \, \text{N} \cdot \text{mm}$

$M_D = R_B \times 200 = 885714 \, \text{N} \cdot \text{mm}$ 중 큰 값 선택

$T_e = \sqrt{M^2 + T^2} = \sqrt{885714^2 + (81371.43)^2} = 889443.89 \, \text{N} \cdot \text{mm}$

$\therefore d = \sqrt[3]{\dfrac{16d^4}{\pi\tau_a}} = \sqrt[3]{\dfrac{16 \times 889443.98}{\pi \times 90}} = 36.92 \rightarrow d = 40 \, \text{mm}$ 선정

(2) $I_p = \dfrac{\pi d^4}{32} = \dfrac{\pi \times 40^4}{32} = 251327.41 \, \text{mm}^4$

$\theta = \dfrac{Tl}{GI_p} = \dfrac{81371.43 \times 700}{0.83 \times 10^5 \times 251327.41} = 2.73 \times 10^{-3} \, \text{rad}$

(3) ① 전단응력$(\tau) = \dfrac{F}{A} = \dfrac{F}{bl} = \dfrac{2T}{bld} = \dfrac{2 \times 81371.43}{12 \times 60 \times 40} = 5.65 \, \text{N/mm}^2$

② 측면의 면압$(p) = \dfrac{F}{A} = \dfrac{F}{\dfrac{h}{2}l} = \dfrac{4T}{hld} = \dfrac{4 \times 81371.43}{8 \times 60 \times 40} = 16.95 \, \text{N/mm}^2$

---

36. 그림과 같이 20 kW, 1250 rpm으로 회전하는 축이 600 N의 굽힘하중을 받는다. 축의 허용 전단응력 $\tau_a = 25 \, \text{N/mm}^2$일 때 다음 물음에 답하여라. (단, 축의 자중은 무시한다.)

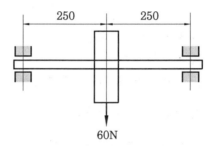

(1) 상당 비틀림 모멘트 : T_e[N · mm]

(2) 축의 지름 : d[mm] (단, 키 홈의 영향을 고려하여 $\dfrac{1}{0.75}$ 배를 한다.)

(3) 축의 최대 처짐 : δ[mm] (단, $E = 2.1 \times 10^5 \, \text{N/mm}^2$)

(4) 제 1파 위험속도 : N_c[rpm]

해답 (1) $T_e = \sqrt{M^2 + T^2} = \sqrt{75000^2 + 16800^2} = 170214.10 \, \text{N} \cdot \text{mm}$

단순보로 가정 $M_{\max} = \dfrac{WL}{4} = \dfrac{600 \times 500}{4} = 75000 \, \text{N} \cdot \text{mm}$

$T = 9.55 \times 10^6 \dfrac{kW}{N} = 9.5 \times 10^6 \times \dfrac{20}{1250} = 152800 \, \text{N} \cdot \text{mm}$

(2) $T_e = \tau_a Z_p = \dfrac{\pi d^3}{16} \tau_a$에서 $d = \sqrt[3]{\dfrac{16 T_e}{\pi \tau_a}} = \sqrt[3]{\dfrac{16 \times 1170214.10}{\pi \times 25}} = 32.61 \, \text{mm}$

따라서, key way를 고려하여 지름을 결정하면,

$\therefore \; d = \dfrac{32.61}{0.75} = 43.48 \, \text{mm}$

(3) $\delta_{\max} = \dfrac{Pl^3}{48EI} = \dfrac{Pl^3}{48E \times \dfrac{\pi d^4}{64}} = \dfrac{4Pl^3}{3E\pi d^4}$

$$= \frac{4 \times 600 \times 500^3}{3 \times 2.1 \times 10^5 \times \pi \times (43.48)^4} = 0.042 \text{ mm}$$

$$(4) \quad N_c = \frac{30}{\pi} \sqrt{\frac{g}{\delta}} = \frac{30}{\pi} \sqrt{\frac{9.8 \times 10^3}{0.042}} = 4612.75 \text{ rpm}$$

---

37. 출력 25 PS, 회전수 2500 rpm인 내연기관에서 회전비 $i = \frac{1}{5}$로 감속운전된 그림과 같은 전동축의 $W = 2000$ N, $l = 800$ mm일 때 다음 물음에 답하여라.

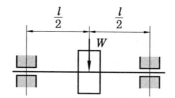

(1) 축에 작용하는 비틀림 모멘트 : $T[\text{N} \cdot \text{mm}]$

(2) 축에 작용하는 굽힘 모멘트 : $M[\text{N} \cdot \text{mm}]$

(3) 축의 허용 전단응력 $\tau_a = 30$ N/mm²일 때, 최대 전단응력설에 의한 축지름 : $d[\text{mm}]$

  (단, 키 홈의 영향을 고려하여 $\frac{1}{0.75}$배 한다.)

(4) 이 축의 위험속도 : $N_c[\text{rpm}]$ (단, $E = 2.1 \times 10^5$ N/mm², 축 자중은 무시한다.)

해답 (1) $i = \dfrac{N_2}{N_1} = \dfrac{1}{5}$에서, $N_2 = \dfrac{N_1}{5} = \dfrac{2500}{5} = 500 \text{ rpm}$

$$\therefore \ T = 7.02 \times 10^6 \frac{PS}{N_2} = 7.02 \times 10^6 \times \frac{25}{500} = 351000 \text{ N} \cdot \text{mm}$$

(2) $M_{\max} = \dfrac{Wl}{4} = \dfrac{2000 \times 800}{4} = 400000 \text{ N} \cdot \text{mm}$

(3) $T_e = \tau_a \cdot Z_p = \tau_a \dfrac{\pi d^3}{16}$에서,

$$d = \sqrt[3]{\frac{16 T_e}{\pi \tau_a}} = \sqrt[3]{\frac{16 \times 532166.33}{\pi \times 30}} = 44.87 \fallingdotseq 45 \text{ mm}$$

$$T_e = \sqrt{M^2 + T^2} = \sqrt{400000^2 + 351000^2} = 532166.33 \text{ N} \cdot \text{mm}$$

$\therefore$ key way를 고려하면, 축지름 $d = \dfrac{45}{0.75} \fallingdotseq 60 \text{ mm}$

(4) $\delta = \dfrac{Wl^3}{48EI} = \dfrac{Wl^3}{48E\frac{\pi d^3}{64}} = \dfrac{4 Wl^3}{3E\pi d^4} = \dfrac{4 \times 2000 \times 800^3}{3 \times 2.1 \times 10^5 \times \pi \times 60^4} = 0.16 \text{ mm}$

$$\therefore \ N_c = \frac{30}{\pi} \sqrt{\frac{g}{\delta}} = \frac{30}{\pi} \sqrt{\frac{9.8 \times 10^3}{0.16}} \fallingdotseq 2363.33 \text{ rpm}$$

38. 그림과 같은 벨트 전동장치가 $n = 800$ rpm으로 20 kW를 전달한다. 풀리의 자중을 W= 600 N, T_t = 1220 N, T_s = 610 N이라 할 때 다음 물음에 답하여라.

(1) 축에 작용하는 굽힘 모멘트 : M[N · mm]

(2) 축에 작용하는 비틀림 모멘트 : T[N · mm]

(3) 상당 굽힘 모멘트 : M_e[N · mm]

(4) 축에 발생하는 굽힘응력 : σ_b[N/mm²]

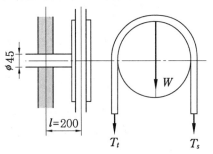

해답 (1) $M = (T_t + T_s + W)l = (1220 + 610 + 600) \times 200 = 486000$ N · mm

(2) $T = 9.55 \times 10^6 \dfrac{kW}{N} = 9.55 \times 10^6 \times \dfrac{20}{800} = 238750$ N · mm

(3) $M_e = \dfrac{1}{2}(M + T_e) = \dfrac{1}{2}(M + \sqrt{M^2 + T^2})$

$= \dfrac{1}{2}(486000 + \sqrt{486000^2 + 238750^2}) = 513738.60$ N · mm

(4) $\sigma_b = \dfrac{M_e}{Z} = \dfrac{M_e}{\dfrac{\pi d^3}{32}} = \dfrac{32M_e}{\pi d^3} = \dfrac{32 \times 513738.60}{\pi \times (45)^3} = 57.43$ N/mm²

39. 다음 그림과 같이 축 중앙에 W= 800 N의 하중을 받는 연강 중심원축이 양단에서 베어링으로 자유로 받쳐진 상태에서 100 rpm, 50 PS의 동력을 전달한다. 축 재료의 인장응력 σ= 50 N/mm², 전단응력 τ= 40 N/mm²이다. 다음 물음에 답하여라. (단, 키 홈의 영향은 무시한다.)

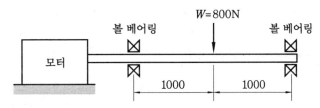

(1) 최대 전단응력설에 의한 축의 지름(mm)을 구하여라. (단, 축의 자중을 무시한다. 또, 계산으로 구한 축지름을 근거로 50, 55, 60, 65, 70, 75, 80, 85, 90 값의 직상위 값을 하중의 축지름으로 선택한다.)

(2) 축 재료의 탄성계수 E= 2.1×10⁵ N/mm², 비중량 γ= 0.0786 N/cm³이고, 위 문제에서 구한 축지름이 80 mm라고 가정할 때 던커레이 실험 공식에 의한 이 축의 위험 속도(rpm)를 구하여라.

해답 (1) $T = 7.02 \times 10^6 \dfrac{PS}{N} = 7.02 \times 10^6 \times \dfrac{50}{100} = 3510000 \, \text{N} \cdot \text{mm}$

$M = \dfrac{Wl}{4} = \dfrac{800 \times 20000}{4} = 400000 \, \text{N} \cdot \text{mm}$

$T_e = \sqrt{M^2 + T^2} = \sqrt{(400000)^2 + (3510000)^2} = 3532718.5 \, \text{N} \cdot \text{mm}$

$d = \sqrt[3]{\dfrac{16 T_e}{\pi \tau_a}} = \sqrt[3]{\dfrac{16 \times 3532718.5}{\pi \times 40}} = 76.62 \, \text{mm}$

∴ 축지름은 80 mm 산정

(2) ① 축 자중을 고려한 위험 회전수 : N_0

$N_0 = \dfrac{30}{\pi} \sqrt{\dfrac{g}{\delta_0}} = \dfrac{30}{\pi} \sqrt{\dfrac{980}{0.0195}} = 2140.76 \, \text{rpm}$

$\delta_0 = \dfrac{5 W l^4}{384 EI} = \dfrac{5 \times 0.0786 \times \dfrac{\pi}{4} \times 8^2 \times 200^4}{384 \times 2.1 \times 10^7 \times 201.062} = 0.0195 \, \text{cm}$

$I = \dfrac{\pi d^4}{64} = \dfrac{\pi \times 8^4}{64} = 201.062 \, \text{cm}^4$

② 중앙 집중하중의 위험도 : N_1

$N_1 = \dfrac{30}{\pi} \sqrt{\dfrac{g}{\delta}} = \dfrac{30}{\pi} \sqrt{\dfrac{9.8 \times 10^2}{0.032}} = 1672 \, \text{rpm}$

$\delta = \dfrac{W l^3}{48 EI} = \dfrac{800 \times 200^3 \times 64}{48 \times 2.1 \times 10^7 \times \pi \times 8^4} = 0.032 \, \text{cm}$

$\dfrac{1}{N_c^2} = \dfrac{1}{N_0^2} + \dfrac{1}{N_1^2} = \dfrac{1}{2140.76^2} + \dfrac{1}{1672^2} = 5.76 \times 10^{-7}$

∴ $N_c = \sqrt{\dfrac{1}{5.76 \times 10^{-7}}} = 1317.62 \, \text{rpm}$

참고 위험속도

	$N_c = \dfrac{30}{\pi} \sqrt{\dfrac{3000 \, g \, EI}{W l_1^2 l}}$
	$N_c = \dfrac{30}{\pi} \sqrt{\dfrac{3000 \, g \, EI}{W l_1^2 l_2^2}}$
	$N_c = \dfrac{30}{\pi} \sqrt{\dfrac{98000 \, g \, EI}{W l^3}}$

제6장 　베어링

베어링은 다음과 같이 크게 두 가지 기준에 따라 분류하는데, 레이디얼 베어링 중에서도 구름 베어링이나 미끄럼 베어링이 있을 수 있고, 스러스트 베어링 중에서도 구름 베어링과 미끄럼 베어링이 있을 수 있으므로 베어링의 구분에 있어서 경우의 수는 모두 4가지이다.

(1) 작용 하중의 방향에 따른 분류

① 레이디얼(radial) 베어링 : 축과 직각방향의 하중이 작용
② 스러스트(thrust) 베어링 : 축방향의 하중이 작용

(2) 전동체의 유무에 따른 분류

① 구름(rolling) 베어링 : 볼(ball) 베어링, 롤러(roller) 베어링
② 미끄럼(sliding) 베어링

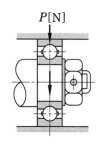
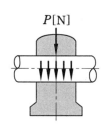
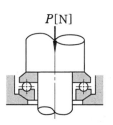
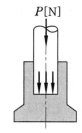

(a) 레이디얼 구름 베어링　　(b) 레이디얼 미끄럼 베어링　　(c) 스러스트 구름 베어링　　(d) 스러스트 미끄럼 베어링

베어링의 종류

> **6-2**   **롤링 베어링(rolling bearing)**

(1) 롤링 베어링의 구조

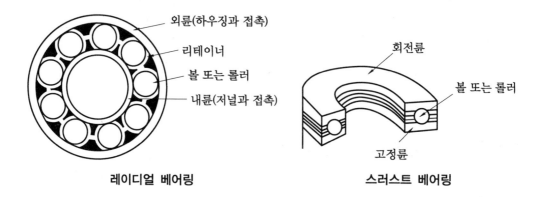

레이디얼 베어링   스러스트 베어링

(2) 롤링 베어링의 호칭

베어링 형식 기호 또는 번호	작용 하중 표시 숫자 (지름 숫자 기호)	안지름 번호	등급 번호

① 베어링 형식 기호(번호)

㈎ 1, 2, 3 : 복렬 자동 조심형

㈏ 6 : 단열 홈형

㈐ 7 : 단열 앵귤러 콘택트형

㈑ N : 원통 롤러형

② 지름 기호

㈎ 0, 1 : 특별 경하중형

㈏ 2 : 경하중형

㈐ 3 : 중간 하중형

③ 안지름 번호

㈎ 안지름이 1~9 mm, 500 mm 이상 : 그대로 표시

㈏ 안지름 10 mm : 00

　　　　　12 mm : 01

　　　　　15 mm : 02

　　　　　17 mm : 03

　　　　　20 mm : 04

㈐ 안지름이 20~495 mm는 5 mm 간격으로 안지름을 5로 나눈 숫자로 표시

④ **등급 기호** : 무기호 - 보통급, H - 상급, P - 정밀급, SP - 초정밀급

(3) 롤링 베어링의 수명 계산

어느 일정 하중하에서 백만 회전을 하는 동안 구조적 결함이 발생되지 않는 회전을 계산수명(L)이라 하고, 또 이것을 시간으로 표시한 것을 계산 수명시간(L_h)이라 한다.

$$L = \left(\frac{C}{P}\right)^r \times 10^6 \, [\text{rev}]$$

$$L_h = \frac{L}{60N} = \frac{\left(\frac{C}{P}\right)^r \times 10^6}{60N} \, [\text{h}]$$

여기서, P : 베어링에 작용하는 실제 하중(N)

C : 동적 기본 부하용량(N)

N : 회전수(rpm)

r : 볼 베어링일 때 3, 롤러 베어링일 때 $\frac{10}{3}$

또, 속도계수(f_n) $= \sqrt[r]{\frac{33.3}{N}}$, 수명계수($f_h$) $= \frac{C}{P} \cdot f_n = \frac{C}{P}\sqrt[r]{\frac{33.3}{N}}$ 이라 할 때 수명시간은 다음과 같이 표시할 수 있다.

$$L_h = \frac{500 \times 60 \times 33.3}{60N}\left(\frac{C}{P}\right)^r = 500 \times \frac{33.3}{N}\left(\frac{C}{P}\right)^r = 500\left(f_n \frac{C}{P}\right)^r = 500{f_h}^r$$

(4) 베어링의 실제 하중(P)

기계의 설치로 인하여 충격, 진동 등을 고려한 하중계수 f_w 및 벨트 풀리, 기어 등에 의한 계수(벨트계수 f_b, 기어계수 f_g)를 고려하여 이론적 하중에 곱한 값을 실제 하중으로 정한다.

① **일반적인 경우**

$$P = f_w P_s$$

② **기어가 설치된 경우**

$$P = f_w f_g P_g$$

③ **벨트 풀리 축의 경우**

$$P = f_w f_b P_b$$

여기서, f_w : 하중계수(일반)

f_g : 기어계수

f_b : 벨트계수

P_s, P_g, P_b : 이론 하중

(5) 등가 하중

레이디얼 하중(P_r)과 스러스트 하중(P_t)을 동시에 받을 때는 이것의 합성력이 작용하는 것이므로 사용할 베어링에 따라,

① 레이디얼 베어링일 때

$$P = XVP_r + YP_t$$

② 스러스트 베어링일 때

$$P = XP_r + YP_t$$

여기서, X : 레이디얼 계수
V : 회전계수
Y : 스러스트 계수

하중계수 f_w의 값

운전 조건(기계 상태)	f_w
충격이 없는 원활한 운전(발전기, 전동기, 회전로, 터빈, 송풍기)	1.0~1.2
보통의 운전 상태(내연기관, 요동식 선별기, 크랭크축)	1.2~1.5
충격, 진동이 심한 운전 상태(압연기, 분쇄기)	1.5~3.0

기어계수 f_g의 값

기어의 종류	f_g
정밀기계 가공 기어(피치오차, 형상오차 모두 20μ 이하의 것)	1.05~1.1
보통기계 가공 기어(피치오차, 형상오차 모두 $20\sim100\mu$의 것)	1.1~1.3

벨트계수 f_b의 값

벨트의 종류	f_b
V벨트	2.0~2.5
1 플라이(겹) 평벨트(고무, 가죽)	3.5~4.0
2 플라이(겹) 평벨트(고무, 가죽)	4.5~5.0

X, Y의 값

베어링의 종류	베어링 번호	$\dfrac{P_t}{C_0}$	$\dfrac{P_t}{P_r} \leqq e$		$\dfrac{P_t}{P_r} > e$		e
			X	Y	X	Y	
단열 고정형 레이디얼 볼 베어링	60, 62, 63, 64 등의 각 번호	0.04			0.35	2	0.32
		0.08			0.35	1.8	0.36
		0.12	1	0	0.34	1.6	0.41
		0.25			0.33	1.4	0.48
		0.40			0.31	1.2	0.57
원추 롤러 베어링 (테이퍼 롤러 베어링)	30203~30204					1.75	0.34
	30205~30208					1.60	0.37
	30209~30222					1.45	0.41
	30223~30230		1	0	0.4	1.35	0.44
	30302~30303					2.10	0.28
	30304~30307					1.95	0.31
	30308~30324					1.75	0.34
자동 조심형 레이디얼 볼 베어링	1200~1203			2		3.1	0.31
	1204~1205			2.3		3.6	0.27
	1206~1207			2.7		4.2	0.23
	1208~1209			2.9		4.5	0.21
	1210~1212			3.4		5.2	0.19
	1213~1222		1	3.6	0.65	5.6	0.17
	1224~1230			3.3		5.0	0.20
	1300~1303			1.8		2.8	0.34
	1304~1305			2.2		3.4	0.29
	1306~1309			2.5		3.9	0.25
	1310~1324			2.8		4.3	0.23
	1326~1328			2.6		4.0	0.24

㊒ $e = \dfrac{P_t}{P_r}$

6-3 미끄럼 베어링(sliding bearing)

축을 지지하며, 회전체를 사용하지 않고 회전축의 마찰 저항을 줄이는 데 이용되는 요소를 미끄럼 베어링(sliding bearing)이라 한다.

구름 베어링이 구름 마찰 효과의 극소화를 위한 설계나 충격 등에 약한 반면 미끄럼 베어링은 고속 고하중에도 능히 견딜 수 있는 부시 메탈(bush metal)로 제작된다.

미끄럼 베어링은 보통 원통형으로 가공되어 하우징에 끼워지기 때문에 부시 베어링 (bush bearing)이라고도 한다.

미끄럼 베어링은 회전체가 이용되지 않기 때문에 저널과 베어링의 직접 접촉을 방지하고 마찰을 감소시키기 위하여 그들 사이에 윤활제를 주입한다.

미끄럼 베어링의 장점과 단점

장점	단점
• 큰 하중을 받을 수 있다. • 구조가 간단하고 일반적으로 가격이 싸다. • 진동과 소음이 적다. • 충격에 강하다. • 윤활이 원활한 경우 반영구적으로 사용할 수 있다.	• 초기 기둥 마찰이 크고 운전 중에 발열이 많다. • 일반적으로 윤활장치에 세심한 주의를 기울여야 한다. • 규격화되지 않아 호환성이 거의 없다. • 윤활유의 점도 변화에 따른 영향을 많이 받는다.

6-4 저널(journal)

베어링에 접촉된 축부분을 저널(journal)이라 하고 축이 작용하는 방향에 따라 분류한다.

(1) 레이디얼 저널

하중의 방향이 회전축에 직각인 저널을 레이디얼 저널(radial journal) 또는 반경 저널이라 하며, 엔드 저널(end journal)과 중간 저널(neck journal)이 있다.

(2) 스러스트 저널

하중의 방향이 회전축 선상인 저널을 스러스트 저널(thrust journal) 또는 추력 저널이라 하며, 피벗 저널(pivot journal)과 칼라 저널(collar journal)이 있다.

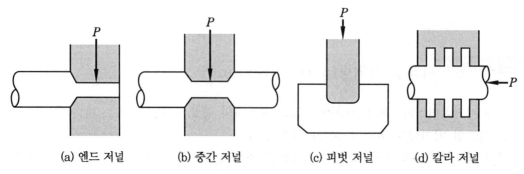

(a) 엔드 저널　　(b) 중간 저널　　(c) 피벗 저널　　(d) 칼라 저널

저널의 종류

(3) 베어링 압력(P)

① 레이디얼 저널의 경우

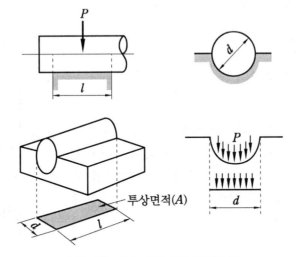

레이디얼 저널 베어링의 투상면적

그림에서 보는 바와 같이 베어링 면적은 하중 P의 방향에 수직인 평면상에 투상한 면적이 된다. 즉, $A = dl\,[\text{mm}^2]$

$$\therefore\ p = \frac{P}{A} = \frac{P}{dl}\ [\text{N/mm}^2]$$

② 스러스트 저널의 경우

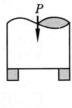

피벗 저널

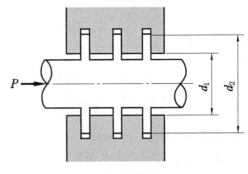

칼라 저널

(가) 피벗 저널의 경우의 베어링 압력

$$p = \frac{P}{A} = \frac{P}{\dfrac{\pi}{4}(d_2^2 - d_1^2)}\ [\text{N/mm}^2]$$

(나) 칼라 저널의 경우

$$p = \frac{P}{Az} = \frac{P}{\frac{\pi}{4}(d_2^2 - d_1^2)Z} \, [\text{N/mm}^2]$$

여기서, Z : 칼라의 수

(4) 레이디얼 저널의 설계

① 엔드 저널(end journal)

엔드 저널은 축의 지름보다 약간 가늘게 설계한다. 이때 저널 부분의 허용 수압력을 p라 하면 작용하중 P는 $P = pdl$[N]이다. 또, 이것을 외팔보로 생각하면 고정점에서의 최대 굽힘 모멘트 공식에서 다음의 식들이 성립한다.

$$M = \sigma_b Z$$

$$M = \frac{1}{2} Pl, \quad Z = \frac{\pi d^3}{32}$$

$$\frac{1}{2} Pl = \sigma_b \cdot \frac{\pi d^3}{32}$$

$$\therefore \ d = \sqrt[3]{\frac{16Pl}{\pi \sigma_b}} = \sqrt[3]{\frac{5.1Pl}{\sigma_b}} \, [\text{mm}]$$

여기서, σ_b : 허용 굽힘응력

또, P 대신 pdl을 대입하여 축 지름비 $\frac{l}{d}$을 구해 보면,

$$\frac{1}{2} pdl \cdot l = \sigma_b \cdot \frac{\pi d^3}{32}$$

$$\therefore \ \frac{l}{d} = \sqrt{\frac{\pi \sigma_b}{16p}} = \sqrt{\frac{\sigma_b}{5.1p}}$$

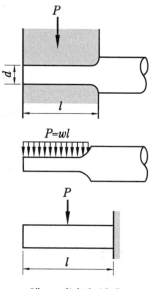

엔드 저널의 설계

② 중간 저널(neck journal)

중심 C에서의 굽힘 모멘트는

$$M = \frac{P}{2}\left(\frac{l}{2} + \frac{l_1}{2}\right) - \frac{P}{2}\left(\frac{l}{4}\right)$$

$L = l + 2l_1$ 이므로, $M = \frac{PL}{8}$

또, $M = \sigma_b \cdot Z$

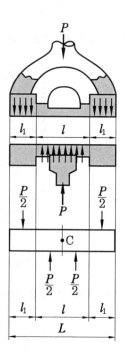

중간 저널의 설계

$$\frac{PL}{8} = \sigma_b \cdot \frac{\pi d^3}{32}$$

$$\therefore \ d = \sqrt[3]{\frac{4PL}{\pi \sigma_b}} \ [\text{mm}]$$

여기서, $\frac{L}{l} = 1.5$ 정도이며 $P = pdl$ 이므로

축 지름비 $\frac{l}{d}$ 은,

$$\frac{pdl}{8} \times 1.5l = \sigma_b \cdot \frac{\pi}{32} d^3$$

$$\therefore \ \frac{l}{d} = \sqrt{\frac{\pi \sigma_b}{6p}} = \sqrt{\frac{\sigma_b}{1.91p}}$$

(5) 발열계수 또는 압력속도계수(pv)

베어링을 안전하게 설계하는 데 필요한 자료로서 완전 윤활이 지속되지 못하는 부분에 대해 허용 pv값을 정하여 이 수치 이내에서 베어링의 회전수를 제한하는 계수이다. 다음 표는 뢰첼(Rotsher)의 실험값이다.

pv값의 설계 자료

적용 베어링	pv값(N/mm$^2 \cdot$ m/s)
증기기관 메인 베어링	1.5~2.0
내연기관 화이트 메탈 베어링	3 이하
내연기관 포금(건메탈) 베어링	2.5 이하
선박 등의 베어링	3~4
전동축의 베어링	1~2
왕복기계의 크랭크 핀	2.5~3.5
철도차량 차축	5

① 레이디얼 베어링

$$pv = \frac{P}{dl} \frac{\pi dN}{60 \times 1000} = \frac{\pi PN}{60000l} \ [\text{N/mm}^2 \cdot \text{m/s}]$$

$$\therefore \ l = \frac{\pi PN}{60000 pv} \ [\text{mm}]$$

② 스러스트 베어링

㈎ 피벗 저널의 경우

$$pv = \frac{4P}{\pi(d_2^2 - d_1^2)} \cdot \frac{\pi \left(\dfrac{d_1 + d_2}{2}\right)N}{60 \times 1000} = \frac{PN}{30000(d_2 - d_1)} \ [\text{N/mm}^2 \cdot \text{m/s}]$$

(나) 칼라 저널의 경우

$$pv = \frac{4P}{\pi(d_2^2 - d_1^2)Z} \cdot \frac{\pi\left(\dfrac{d_1 + d_2}{2}\right)N}{60 \times 1000} = \frac{PN}{30000(d_2 - d_1)Z}$$

$$Zb = \frac{PN}{60000pv}$$

여기서, 칼라부의 폭 $b = \dfrac{d_2 - d_1}{2}$

(6) 마찰열을 고려한 저널의 설계

① 마찰력(F)

$$F = \mu P [\text{N}]$$

② 단위시간당 마찰일량(A_f)

$$A_f = \frac{\text{마찰력} \times \text{거리}}{\text{시간}} = F \cdot v = \mu P v [\text{N} \cdot \text{m/s}]$$

③ 마찰손실 동력(kW)

$$kW = \frac{Fv}{1000} = \frac{\mu P v}{1000} [\text{kW}]$$

④ 비(比)마찰일량(a_f)(= 단위면적당 A_f)

$$a_f = \frac{A_f}{A} = \mu\left(\frac{P}{A}\right)v = \mu p v [\text{N/mm}^2 \cdot \text{m/s}]$$

(7) 윤활

베어링 계수$\left(\dfrac{\eta N}{p}\right)$는 유막의 두께나 윤활 상태를 측정하는 데 사용하는 계수로 미끄럼 베어링의 설계에서 대하중 베어링에서는 pv값, 일반적으로는 베어링 계수$\left(\dfrac{\eta N}{p}\right)$를 기준으로 하고 마찰계수 μ에 대한 안전성을 검토해야 한다 (η : 기름의 점도, N : 축의 회전수, p : 베어링의 수압력).

즉, 마찰계수 μ는 베어링 계수에 따라 크게 좌우되므로 양호한 윤활 상태를 얻으려면 베어링 계수의 값을 어느 한도 이하로 낮게 잡으면 곤란하다. 즉, 세로축에 μ를, 가로축에 베어링 계수$\left(\dfrac{\eta N}{p}\right)$를 잡아 그래프로 그려 보면 오른쪽 그림과 같다.

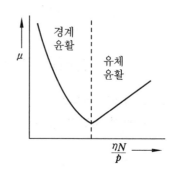

윤활과 베어링 계수

예상문제

□1. 420 rpm으로 18000 N을 받는 엔드 저널 베어링의 지름은 몇 mm인가? (단, σ_b= 60 N/mm², pv = 2 N/mm² · m/s이다.)

해답 $l = \dfrac{\pi WN}{60000pv} = \dfrac{\pi \times 18000 \times 420}{60000 \times 2} = 198$ mm이므로

$\therefore \ d = \sqrt[3]{\dfrac{5.1\,Wl}{\sigma_a}} = \sqrt[3]{\dfrac{5.1 \times 18000 \times 198}{60}} = 67.16$ mm $= 68$ mm

□2. 600 rpm으로 3000 N의 베어링 하중을 지지하는 저널 베어링의 지름(mm)을 구하여라. (단, 운전 온도로 점도 50 cp의 윤활유를 사용하고, $\dfrac{\eta N}{p} = 30 \times 10^3$ cp · rpm/N/mm², $\dfrac{l}{d} = 2.0$이다.)

해답 $\dfrac{\eta N}{p} = \eta N \dfrac{dl}{W}$ 에서, $dl = \dfrac{W\left(\eta\dfrac{N}{p}\right)}{\eta N} = \dfrac{3000 \times 30 \times 10^3}{50 \times 600} = 3000$ mm²이므로

$\therefore \ d = \sqrt{\dfrac{dl}{2}} = \sqrt{\dfrac{3000}{2.0}} = 38.73 = 40$ mm

※ $dl = d(2d) = 2d^2$

□3. 15000 N의 하중을 받고 200 rpm으로 회전하는 전동축의 엔드 저널로서 베어링 압력(N/mm²)을 계산하여라. (단, σ_b = 50 N/mm², pv = 1.5 N/mm² · m/s이다.)

해답 $l = \dfrac{\pi WN}{60000pv} = \dfrac{\pi \times 15000 \times 200}{60000 \times 1.5} = 104.72$mm $= 105$mm

$d = \sqrt[3]{\dfrac{5.1\,Wl}{\sigma_b}} = \sqrt[3]{\dfrac{5.1 \times 15000 \times 105}{50}} = 54.36 = 55$ mm이므로

$\therefore \ p_a = \dfrac{W}{dl} = \dfrac{15000}{55 \times 105} = 2.6$ N/mm²

□4. 베어링 하중 6000 N을 지지하는 엔드 저널 베어링의 지름(mm)과 길이(mm)를 구하여라. (단, 저널의 σ_b = 40 N/mm², p_a = 2 N/mm²이다.)

해답 ① $d = \sqrt{\dfrac{W}{\left(\dfrac{l}{d}\right)p_a}} \left(\dfrac{l}{d} = \sqrt{\dfrac{\sigma_b}{5.1 \times p_a}} = \sqrt{\dfrac{40}{5.1 \times 2}} = 1.98 \right)$

$d = \sqrt{\dfrac{W}{\left(\dfrac{l}{d}\right)p_a}} = \sqrt{\dfrac{6000}{1.98 \times 2}} = 38.92 = 40 \text{ mm}$

② $l = 1.98\,d = 1.98 \times 40 = 80 \text{ mm}$

□5. 18000 N의 하중을 받고 400 rpm으로 회전하는 엔드 저널의 지름(mm)과 길이 (mm)를 구하여라. (단, $\dfrac{l}{d} = 2$, $pv = 2\,\text{N/mm}^2 \cdot \text{m/s}$이다.)

해답 ① $d = \dfrac{l}{2} = \dfrac{190}{2} = 95 \text{ mm}$

② $l = \dfrac{\pi WN}{60000pv} = \dfrac{\pi \times 18000 \times 400}{60000 \times 2} = 188.5 = 190 \text{ mm}$

□6. 그림과 같은 중간 저널에서 하중 $W = 15000\,\text{N}$이 작용할 때 저널의 지름(mm)과 길이(mm)를 구하여라. (단, $\sigma_a = 40\,\text{N/mm}^2$, $\dfrac{l}{d} = 1.5$, $L = 1.5l$이다.)

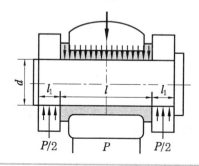

해답 최대 굽힘 모멘트는 저널의 중앙에 생기므로

$$\therefore\ M = \dfrac{P}{2}\left(\dfrac{l + l_1}{2} - \dfrac{1}{2}\right) = \dfrac{P}{8}(l + 2\,l_1) = \dfrac{PL}{8} = \sigma_a Z = \sigma_a \dfrac{\pi d^3}{32} \quad\text{……………………}①$$

또 $L = 1.5l$, $l = 1.5d$

$$\therefore\ L = (1.5)^2 d = 2.25d \quad\text{…………………………………}②$$

식 ②를 식 ①에 대입하면, $\dfrac{P \times 2.25d}{8} = \sigma_a \dfrac{\pi d^3}{32}$

$$\therefore\ d^2 = \dfrac{2.25 \times 4 \times P}{\sigma_b \pi} = \dfrac{9P}{\sigma_b \pi} \quad\text{……………………………}③$$

식 ③에 각 값을 대입하면

$$d = \sqrt{\frac{9 \times 15000}{40 \times \pi}} = 32.78 \text{ mm}$$

$$\therefore \ l = 1.5d = 1.5 \times 32.78 \fallingdotseq 50 \text{ mm}$$

◻7. 엔드 저널 베어링이 하중 29400 N을 받고 있다. 너비 지름이 $\frac{l}{d} = 1.0$으로 하고, 저널의 $\sigma_b = 60 \text{ N/mm}^2$일 때 베어링의 지름(mm)과 길이(mm)를 구하고, 또 이때의 베어링 압력(N/mm²)을 구하여라.

해답 ① $d = \sqrt{\dfrac{5.1 \, W\left(\dfrac{l}{d}\right)}{\sigma_b}} = \sqrt{\dfrac{5.1 \times 29400 \times 1}{60}} = 50 \text{ mm}$

② $l = 1.0d = 1.0 \times 50 = 50 \text{ mm}$

③ $p_a = \dfrac{W}{dl} = \dfrac{29400}{50 \times 50} = 11.76 \text{ N/mm}^2$

◻8. 베어링 하중 4000 N을 받고 회전하는 저널 베어링에서 마찰로 인하여 소비되는 손실동력(kW)은 얼마인가? (단, 미끄럼 속도 $v = 0.75 \text{ m/s}$, 마찰계수 $\mu = 0.3$이다.)

해답 $kW = \dfrac{\mu P v}{1000} = \dfrac{0.3 \times 4000 \times 0.75}{1000} = 0.9 \text{ kW}$

◻9. 회전수 600 rpm으로 베어링 하중 5000 N을 받는 엔드 저널 베어링의 지름(mm)과 길이(mm)를 구하고, 베어링의 마찰손실 동력(kW)을 계산하여라. (단, $p_a = 0.6 \text{ N/mm}^2$, $pv = 2 \text{ N/mm}^2 \cdot \text{m/s}$, $\mu = 0.06$이라 한다.)

해답 ① $l = \dfrac{\pi W N}{60000 pv} = \dfrac{\pi \times 5000 \times 600}{60000 \times 0.2} \fallingdotseq 78.54 \text{ mm}$

② $d = \dfrac{W}{p_a l} = \dfrac{5000}{0.6 \times 78.54} = 106.10 \text{ mm}$

③ $kW = \dfrac{\mu W V}{1000} = \dfrac{0.06 \times 5000 \times 3.33}{1000} \fallingdotseq 1 \text{ kW}$

$$\left(V = \dfrac{\pi d N}{60000} = \dfrac{\pi \times 106.10 \times 600}{60000} = 3.33 \text{ m/s}\right)$$

10. 그림과 같은 경강재 저널이 32000 N의 수직 하중을 받고 200 rpm으로 회전한다. 베어링 끝부분의 안지름 $d_1 = 20$ mm로 하면 바깥지름(mm)은 얼마로 하면 좋은가? (단, $pv = 1.7$ N/mm$^2 \cdot$ m/s이다.)

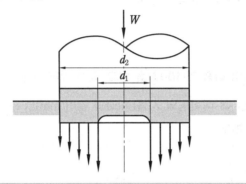

해답 $d_2 = d_1 + \dfrac{WN}{30000pv} = 20 + \dfrac{32000 \times 200}{30000 \times 1.7}$

$\qquad = 145.49 \fallingdotseq 150$ mm

---

11. 지름 50 mm인 저널 베어링이 1200 rpm으로 베어링 하중 1920 N을 받고 회전한다. 허용 pv값을 1 N/mm$^2 \cdot$ m/s라고 할 때 베어링의 길이(mm)는 얼마인가?

해답 $l = \dfrac{\pi WN}{60000pv} = \dfrac{\pi \times 1920 \times 1200}{60000 \times 1} = 120.64$ mm

---

12. 지름 160 mm, 길이 300 mm인 공기 압축기 메인 베어링이 400 rpm으로 40000 N의 최대 베어링 하중을 받는다. 최대 베어링 압력 p_a[N/mm^2]와 pv[N/mm$^2 \cdot$ m/s] 값을 계산하여라.

해답 ① $p_a = \dfrac{W}{A} = \dfrac{W}{dl} = \dfrac{40000}{160 \times 300} = 0.83$ N/mm^2

② $pv = \dfrac{\pi WN}{60000 \times l} = \dfrac{\pi \times 40000 \times 400}{60000 \times 300} = 2.79$ N/mm$^2 \cdot$ m/s

---

13. 300 rpm, 지름 125 mm의 수직축 하단에 피벗 베어링이 있다. 베어링면은 바깥지름 120 mm, 안지름 50 mm이다. $p_a = 1.5$ N/mm^{2}라 할 때 견디어낼 수 있는 스러스트 하중 (N)과 $\mu = 0.12$일 때 마찰손실 마력(PS)을 구하여라.

해답 ① $W = p_a A = p_a \dfrac{\pi}{4}(d_2^2 - d_1^2) = 1.5 \times \dfrac{\pi}{4}(120^2 - 50^2) = 14019.36$ N

② $v = \dfrac{\pi(d_1 + d_2)N}{60 \times 2 \times 1000} = \dfrac{\pi \times (120 + 50) \times 300}{60 \times 2 \times 1000} = 1.34 \,\text{m/s}(1\,\text{PS} = 736\,\text{W})$

$PS = \dfrac{\mu WV}{736} = \dfrac{0.12 \times 14019.36 \times 1.34}{736} = 3.06 \,\text{PS}$

---

14. 피벗 저널에서 바깥지름 150 mm, 안지름 50 mm이고, 매분 400회전을 할 때 얼마의 스러스트 하중(N)에 견딜 수 있는가? (단, $pv = 1.5 \,\text{N/mm}^2 \cdot \text{m/s}$이다.)

해답 $pv = \dfrac{WN}{30000(d_2 - d_1)} \,[\text{N/mm}^2 \cdot \text{m/s}]$에서

$\therefore \ W = \dfrac{30000pv}{N}(d_2 - d_1) = \dfrac{30000 \times 1.5}{400}(150 - 50) = 11250 \,\text{N}$

---

15. 선박 프로펠러 축의 지름이 300 mm로 150 kN의 스러스트를 받는다. 칼라 베어링의 칼라 바깥지름이 400 mm로 최대 허용압력이 $0.4 \,\text{N/mm}^2$라고 하면, 몇 개의 칼라가 필요한가?

해답 $p_a = \dfrac{W}{AZ} = \dfrac{W}{\dfrac{\pi}{4}(d_2^2 - d_1^2)Z} \,[\text{N/mm}^2]$에서

$Z = \dfrac{4W}{\pi(d_2^2 - d_1^2)p_a} = \dfrac{4 \times 150000}{\pi(400^2 - 300^2) \times 0.4} = 6.82 = 7$개

---

16. 선박 디젤 기관의 칼라 베어링이 420 rpm으로 9000 N의 스러스트 하중을 받는다. 이때 pv의 값은 몇 $\text{N/mm}^2 \cdot \text{m/s}$인가? (단, 칼라는 1개, 축지름 100 mm, 칼라 지름 220 mm로 한다.)

해답 $pv = \dfrac{WN}{30000(d_2 - d_1)Z} = \dfrac{9000 \times 420}{30000(220 - 100) \times 1} = 1.05 \,\text{N/mm}^2 \cdot \text{m/s}$

---

17. 베어링 압력 $p = 0.8 \,\text{N/mm}^2$, 미끄럼 속도 $v = 0.785 \,\text{m/s}$, 마찰계수 $\mu = 0.3$일 때 단위시간당 단위면의 발생열량($\text{N/mm}^2 \cdot \text{m/s}$)을 구하여라.

해답 $a_f = \dfrac{A_f}{dl} = \mu pv = 0.3 \times 0.8 \times 0.785 = 0.19 \,\text{N/mm}^2 \cdot \text{m/s}$

---

18. 지름 250 mm, 폭 380 mm의 저널 베어링이 160 rpm으로 60000 N의 하중을 지지할 때 발생열량($\text{N/mm}^2 \cdot \text{m/s}$)을 구하여라. (단, $\mu = 0.5$이다.)

해답 $p = \dfrac{W}{dl} = \dfrac{60000}{250 \times 380} = 0.63 \, \text{N/mm}^2$

$v = \dfrac{\pi d N}{60 \times 1000} = \dfrac{\pi \times 250 \times 160}{60000} = 2.09 \, \text{m/s}$이므로

$\therefore \; a_f = \mu p v = 0.5 \times 0.63 \times 2.09 = 0.66 \, \text{N/mm}^2 \cdot \text{m/s}$

---

19. 베어링 번호 6209인 단열 레이디얼 볼 베어링에 그리스(grease)의 윤활로 30000 시간의 수명을 주려고 한다. 최대 사용 회전수(rpm)와 이때의 베어링 하중(N)을 구하여라. (단, $dN = 180000$, $C = 25400$이다.)

해답 ① $N = \dfrac{dN}{d} = \dfrac{180000}{45} = 4000 \, \text{rpm}$

② $L_n = \dfrac{60 N L_h}{10^6} = \dfrac{60 \times 4000 \times 30000}{10^6} = 7200$이므로

$\therefore \; P = \dfrac{C}{\sqrt[3]{L_n}} = \dfrac{25400}{\sqrt[3]{7200}} = 1315.4 \, \text{N}$

---

20. 원통 롤러 베어링 NO. 209가 550 rpm으로 2500 N의 베어링 하중을 받치고 있다. 이때의 수명시간(h)을 계산하여라. (단, 보통의 운전상태로 하고, $C = 29000 \, \text{N}$, $f_w = 1.5$이다.)

해답 $P = f_w \cdot P_{th} = 1.5 \times 2500 = 3750 \, \text{N}$

$L_n = \left(\dfrac{C}{P} \right)^r = \left(\dfrac{29000}{3750} \right)^{\frac{10}{3}} = 914.58$

$\therefore \; L_h = \dfrac{L_n \times 10^6}{60 N} = \dfrac{914.58 \times 10^6}{60 \times 550} = 27714.55 \, \text{시간(h)}$

---

21. 베어링 번호 NO. 6208인 단열 레이디얼 볼 베어링에 50000시간의 수명을 주려고 할 때 최고 회전수(rpm)는 얼마인가? (단, $dN = 250000$이다.)

해답 $N = \dfrac{dN}{d} = \dfrac{250000}{40} = 6250 \, \text{rpm}$

(베어링 안지름 $d = 8 \times 5 = 40 \, \text{mm}$)

---

22. 단열 레이디얼 볼 베어링 6209를 레이디얼 하중 2800 N, 회전수 450 rpm으로 사용할 때의 수명시간(h)을 구하여라. (단, C의 값은 25400 N으로 한다.)

해답 $f_n = \sqrt[3]{\dfrac{33.3}{N}} = \sqrt[3]{\dfrac{33.3}{450}} = 0.419$

$f_h = f_n \dfrac{C}{P} = 0.419 \times \dfrac{25400}{2800} = 3.8$

$L_h = 500 \times (f_h)^3 = 500 \times (3.8)^3 = 27436 \, \text{h}$

---

23. 단열 레이디얼 볼 베어링 6207에 300 rpm으로 30000시간의 수명을 갖는다. 이때 이 베어링으로 지지할 수 있는 최대 베어링 하중(N)을 구하여라. (단, 보통 운전상태이며, C는 20000 N, $f_w = 1.5$로 한다.)

해답 $L_n = \dfrac{60 N L_h}{10^6} = \dfrac{60 \times 300 \times 30000}{10^6} = 540$

$L_n = \left(\dfrac{C}{P f_w}\right)^r$ 에서 $\therefore P = \dfrac{C}{f_w \sqrt[r]{L_n}} = \dfrac{20000}{1.5 \times \sqrt[3]{540}} = 1637.34 \, \text{N}$

---

24. 회전수 420 rpm으로 베어링 하중 18000 N을 받는 엔드 저널 베어링의 길이는 얼마인가? (단, 베어링 압력은 6 N/mm², 굽힘응력은 60 N/mm², 발열계수는 2 N/mm² · m/s이다.)

해답 $pv = \dfrac{W}{dl} \times \dfrac{\pi d N}{60 \times 1000} \, [\text{N/mm}^2 \cdot \text{m/s}]$ 에서

$\therefore l = \dfrac{\pi W N}{60 \times 1000 \, pv} = \dfrac{\pi \times 18000 \times 420}{60 \times 1000 \times 2} = 197.92 \, \text{mm} \fallingdotseq 198 \, \text{mm}$

---

25. 바깥지름 80 mm, 안지름 30 mm인 피벗 저널이 지름 80 mm의 수직축 하단에서 600 rpm으로 회전할 때 베어링 압력을 1.8 N/mm²이라 하면 견디어낼 수 있는 추력하중(N)은 얼마인가? 또, 마찰계수 $\mu = 0.24$라 할 때 마찰손실 동력(kW)은 얼마인가?

해답 ① $p = \dfrac{W}{A} = \dfrac{W}{\dfrac{\pi}{4}(d_2^2 - d_1^2)} = \dfrac{4W}{\pi(d_2^2 - d_1^2)} \, [\text{N/mm}^2]$ 에서,

$W = \dfrac{\pi p (d_2^2 - d_1^2)}{4} = \dfrac{\pi \times 1.8 (80^2 - 30^2)}{4} = 7775.44 \, \text{N}$

② $v = \dfrac{\pi d_m N}{60 \times 1000} = \dfrac{\pi \left(\dfrac{d_1 + d_2}{2}\right) N}{60 \times 1000} = \dfrac{\pi (80 + 30) \times 600}{2 \times 60 \times 1000}$

$= 1.73 \, \text{m/s}$ 이므로,

$\therefore kW = \dfrac{\mu W v}{1000} = \dfrac{0.24 \times 7775.44 \times 1.73}{1000} = 3.23 \, \text{kW}$

26. 단열 레이디얼 볼 베어링 NO. 6208이 1200 rpm으로 베어링 하중 5000 N을 받는 경우 수명시간을 계산하여라. (단, 하중계수 f_w = 1.2이고, 베어링의 기본 동적 부하용량 C = 28000 N이다.)

해답 $L_n = \left(\dfrac{C}{f_w P_{th}}\right)^r = \left(\dfrac{28000}{1.2 \times 5000}\right)^3 = 101.63 \times 10^6$ 이므로

$\therefore\ L_h = \dfrac{L_n \times 10^6}{60N} = \dfrac{101.63 \times 10^6}{60 \times 1200} = 1411.53\,\text{h}$

27. 베어링 하중 6000 N을 받고 회전수 1000 rpm으로 회전하는 엔드 저널 베어링에서 다음 물음에 답하여라. (단, 허용 베어링 압력 p = 0.7 N/mm², 허용 pv = 3 N/mm² · m/s, 마찰계수 μ = 0.05로 한다.)

(1) 저널의 길이 : l [mm]
(2) 저널의 지름 : d [mm]
(3) 저널에서 생기는 굽힘응력 : σ_b[N/mm²]

해답 (1) $l = \dfrac{\pi PN}{60000pv} = \dfrac{\pi \times 6000 \times 1000}{60000 \times 3} = 104.72\,\text{mm}$

(2) $p = \dfrac{P}{A} = \dfrac{P}{dl}$ 에서

$d = \dfrac{P}{pl} = \dfrac{6000}{0.7 \times 104.72} = 81.85\,\text{mm}$

(3) $\sigma_b = \dfrac{M_{\max}}{Z} = \dfrac{32Pl}{2\pi d^3} = \dfrac{32 \times 6000 \times 104.72}{2\pi \times (81.85)^3} = 5.84\,\text{N/mm}^2(\text{MPa})$

28. 420 rpm으로 18000 N을 받치는 엔드 저널(end journal)에서 다음 물음에 답하여라.

(1) 압력 속도계수 pv = 2 N/mm² · m/s라 할 때 저널의 길이 : l [mm]
(2) 저널의 허용 굽힘응력 σ_b = 60 N/mm²이라면 저널의 지름 : d [mm]
(3) 베어링에 작용하는 평균압력 : P[N/mm²]

해답 (1) $pv = \dfrac{W}{dl} \times \dfrac{\pi dN}{60 \times 1000}$ 에서,

$l = \dfrac{\pi WN}{60000pv} = \dfrac{\pi \times 18000 \times 420}{60000 \times 2} = 197.92\,\text{mm} \fallingdotseq 198\,\text{mm}$

(2) $\sigma_b = \dfrac{M_{\max}}{Z} = \dfrac{\dfrac{Wl}{2}}{\dfrac{\pi d^3}{32}} = \dfrac{16\,Wl}{\pi d^3}$ 에서,

$$d = \sqrt[3]{\frac{16\,Wl}{\pi\sigma_b}} = \sqrt[3]{\frac{16\times18000\times197.92}{\pi\times60}} \fallingdotseq 67.12\,\mathrm{mm}$$

(3) $P = \dfrac{W}{dl} = \dfrac{18000}{67.12\times197.92} \fallingdotseq 1.35\,\mathrm{N/mm^2}$

---

29. 단열 레이디얼 볼 베어링 NO. 6212($C=41000\,\mathrm{N}$)을 그리스 윤활로 30000시간의 수명을 주고자 한다. 한계속도 지수가 200000일 때 다음 물음에 답하여라. (단, C는 기본부하 용량이다.)

(1) 이 베어링의 최대 사용 회전수 : $N_{\max}[\mathrm{rpm}]$

(2) 이 베어링을 2500 rpm으로 사용할 때 베어링 하중 : $P[\mathrm{N}]$ (단, 하중계수 $f_w=1.5$)

해답 (1) $dN_{\max} = 200000$에서

$$N_{\max} = \frac{200000}{d} = \frac{200000}{12\times5} = 3333.33\,\mathrm{rpm}$$

(2) $L_h = \dfrac{L_n}{60N}\times10^6[\mathrm{h}]$에서

$$L_n = \frac{60NL_h}{10^6} = \frac{60\times2500\times30000}{10^6} = 4500$$

$$L_n = \left(\frac{C}{Pf_w}\right)^r,\quad \sqrt[r]{L_n} = \frac{C}{Pf_w}\text{ 이므로,}$$

$$\therefore P = \frac{C}{f_w\sqrt[r]{L_n}} = \frac{41000}{1.5\times\sqrt[3]{4500}} \fallingdotseq 1655.60\,\mathrm{N}$$

---

30. 15000 N의 스러스트 하중을 3개의 칼라 저널 베어링으로 받치려면, 축지름은 몇 mm로 계산되어야 하는가? (단, 칼라의 바깥지름 $D_2=90\,\mathrm{mm}$, 베어링 압력 $p=3\,\mathrm{N/mm^2}$이라 한다.)

해답 $p = \dfrac{F}{AZ} = \dfrac{4F}{\pi(D_2^2-D_1^2)Z}$에서

$$D_2^2 - D_1^2 = \frac{4F}{\pi Zp}$$

$$\therefore D_1 = \sqrt{D_2^2 - \frac{4F}{\pi Zp}} = \sqrt{90^2 - \frac{4\times15000}{\pi\times3\times3}} = 77.32\,\mathrm{mm}$$

31. 회전수 $N = 300$ rpm이고, 베어링 하중 $P = 5300$ N을 받는 엔드 저널의 허용 굽힘 응력 $\sigma_b = 45$ N/mm²이다. 저널비가 $\dfrac{l}{d} = 2$일 때 다음 물음에 답하여라.

(1) 저널의 지름 : d [mm] (단, 정수로 구할 것)

(2) 저널의 길이 : l [mm] (단, 정수로 구할 것)

(3) 베어링 압력 : p [N/mm²]

(4) 압력속도계수 : pv [N/mm² · m/s]

해답 (1) $\sigma_b = \dfrac{M_{\max}}{Z} = \dfrac{\dfrac{Pl}{2}}{\dfrac{\pi d^3}{32}} = \dfrac{16Pl}{\pi d^3} = \dfrac{16P(2d)}{\pi d^3} = \dfrac{32P}{\pi d^2}$ 에서

$\therefore d = \sqrt{\dfrac{32P}{\pi \sigma_b}} = \sqrt{\dfrac{32 \times 5300}{\pi \times 45}} = 34.64\text{mm} \rightarrow d = 35\,\text{mm}$를 선정한다.

(2) $\dfrac{l}{d} = 2$에서, $l = 2d = 2 \times 35 = 70$ mm

(3) $p = \dfrac{P}{A} = \dfrac{P}{dl} = \dfrac{5300}{35 \times 70} = 2.16$ N/mm²

(4) $v = \dfrac{\pi d N}{60 \times 1000} = \dfrac{\pi \times 35 \times 300}{60 \times 1000} = 0.55$ m/s

$\therefore pv = 2.16 \times 0.55 = 1.19$ N/mm² · m/s

제7장 축 이음

7-1 클러치(clutch)

원동축의 동력을 직접 종동축에 전달시키기 위한 기계장치로서 영구 이음이 아니라는 점에서 커플링(coupling)과 구별된다.

클러치에는 마찰력으로 동력을 전달하는 마찰 클러치와 직접 맞물려서 동력을 전달하는 맞물림 클러치(claw clutch)가 있다.

(1) 마찰 클러치

마찰 클러치에는 원판 마찰 클러치와 원추 마찰 클러치의 두 종류가 있으며 어느 것이나 종동축을 원동축에 밀어붙여 목적하는 회전력을 얻는다. 즉, 축방향으로 밀어붙이는 힘(thrust)에 의해서 동력이 전달된다.

① 원판 클러치의 설계

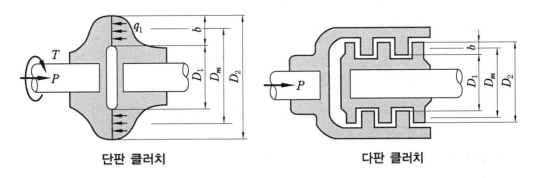

단판 클러치   다판 클러치

접촉면의 수(Z)가 2 이상인 원판 클러치를 다판 클러치라 하면 $Z=1$일 때는 물론 단판 클러치가 된다. 이때 접촉면의 평균압력을 $q[\text{N/mm}^2]$, 접촉면에서의 마찰계수를 μ, 스러스트 하중을 $P[\text{N}]$, 접촉면의 바깥지름을 $D_2[\text{mm}]$, 안지름을 $D_1[\text{mm}]$, 평균지름을 D_m [mm], 접촉면의 폭을 $b[\text{mm}]$라 할 때

$$D_m = \frac{D_1 + D_2}{2} \quad b = \frac{D_2 - D_1}{2}$$

(가) 접촉면의 평균압력(q)

압력 $= \dfrac{\text{작용하중}}{\text{단면적}}$ 에서, 단면적(A) $= \pi D_m b$ 이므로

$$q = \frac{P}{AZ} = \frac{P}{\pi D_m b Z}\,[\text{N/mm}^2]$$

$$q = \frac{P}{AZ} = \frac{4P}{\pi(D_2^2 - D_1^2)Z} = \frac{P}{\pi b D_m Z}\,[\text{N/mm}^2]$$

(나) 회전력(F)과 회전 토크(비틀림 모멘트)(T) : 마찰력만이 회전시키는 데 드는 힘이므로 마찰력이 곧 회전력이다.

$$F = \mu P\,[\text{N}]$$

$$T = F\frac{D_m}{2} = \mu P\frac{D_m}{2}\,[\text{N}\cdot\text{mm}]$$

$$T = \mu P\frac{D_m}{2} = \mu \pi D_m b q \frac{D_m}{2} Z = \mu \pi b q \frac{D_m^2}{2} Z\,[\text{N}\cdot\text{mm}]$$

$$T = \mu P\frac{D_m}{2} = \mu \frac{\pi}{4}(D_2^2 - D_1^2)q\frac{D_1 + D_2}{4} Z\,[\text{N}\cdot\text{mm}]$$

(다) 전달동력(kW)

$$kW = \frac{Fv}{1000} = \frac{\mu Pv}{1000} = \frac{\mu P}{1000} \times \frac{\pi D_m Z}{60000}\,[\text{kW}]$$

(1kW = 1.36PS)

$$PS = \frac{TN}{7.02 \times 10^6} = \frac{N}{7.02 \times 10^6}\mu \pi D_m b q \frac{D_m}{2} Z\,[\text{PS}]$$

$$kW = \frac{TN}{9.55 \times 10^6} = \frac{N}{9.55 \times 10^6}\mu \pi D_m b q \frac{D_m}{2} Z\,[\text{kW}]$$

② **원추 클러치의 설계**

(가) 접촉면의 폭(b)

그림에서, $b\sin\alpha = \dfrac{D_2 - D_1}{2}$

$$b = \frac{D_2 - D_1}{2\sin\alpha}\,[\text{mm}]$$

여기서, α : 원추반각(°)

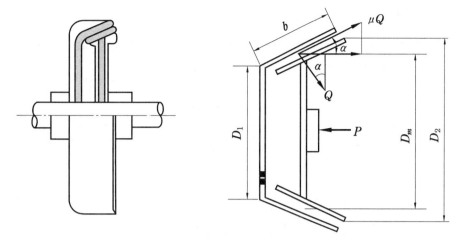

원추 클러치의 설계

(나) 수직력(Q)과 스러스트(P)와의 관계 : 종동차를 밀어붙이는 힘(스러스트) P에 의해서 접촉면에 수직으로 작용하는 힘 Q와 차의 회전으로 인하여 회전력 μQ가 접선방향으로 발생된다. 이때 각 힘들의 수평방향의 합이 영이 되어야 하므로 다음의 관계식이 성립한다.

$$-P + Q\sin\alpha + \mu Q\cos\alpha = 0$$

$$P = Q(\sin\alpha + \mu\cos\alpha)[\text{N}]$$

$$\therefore \ Q = \frac{P}{\sin\alpha + \mu\cos\alpha}[\text{N}]$$

(다) 접촉면의 압력(q)

$$q = \frac{Q}{A} = \frac{Q}{\pi D_m b} = \frac{P}{\pi D_m b(\sin\alpha + \mu\cos\alpha)}[\text{N/mm}^2]$$

(라) 회전력(F), 회전 토크(T), 상당마찰계수(μ')

$$F = \mu Q = \frac{\mu}{\sin\alpha + \mu\cos\alpha}P = \mu' P$$

$$\text{상당마찰계수}(\mu') = \frac{\mu}{\sin\alpha + \mu\cos\alpha}$$

$$T = F\frac{D_m}{2} = \mu Q\frac{D_m}{2} = \mu' P\frac{D_m}{2}[\text{N} \cdot \text{mm}]\text{에서}$$

Q 또는 P를 소거한 식으로 나타내보면

$$T = \mu\pi D_m b q\frac{D_m}{2}, \ \ b = \frac{D_2 - D_1}{2\sin\alpha}[\text{mm}]$$

(마) 전달동력(H_{kW})

$$H_{kW} = \frac{Fv}{1000} = \frac{\mu Qv}{1000} = \frac{\mu' Pv}{1000} \ \ (1\,\text{kW} = 1.36\,\text{PS})$$

(2) 맞물림 클러치

두 축의 양 끝에 여러 형상의 턱(claw)을 설치하여 직접 맞물리게 해서 동력을 전달시 킨다. 클로(claw)의 형상에 따라 다음과 같은 특징을 갖는다.

맞물림 클러치의 특성

구분	삼각형	삼각 톱니형	스파이럴형	직사각형	사다리꼴	사각 톱니형
형상						
회전방향	변화	일정	일정	변화	변화	일정
전달하중	경(輕) 하중 ――――――――――――――――→ 중(重) 하중					

다음 그림 중 (a)는 원동차와 종동차가 맞물려 있는 상태를 표시한 것이고, 그림 (b)는 그림 (a)의 AA 단면도를, 그림 (c)는 그림 (b)의 BB 단면도를 그린 것이다.

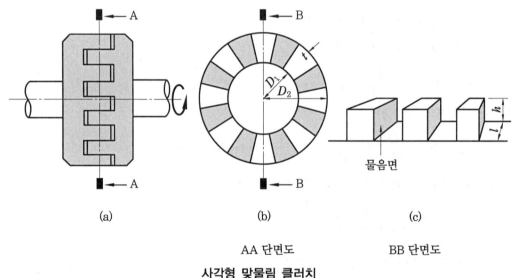

(a)	(b)	(c)
	AA 단면도	BB 단면도

사각형 맞물림 클러치

① 물음면 압력(q)과 회전토크(T)

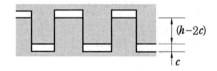

물음 실제 면적(전체 면적) : $A = (h-2c)tZ = (h-2c)\dfrac{D_2 - D_1}{2}Z$

$$T = P\frac{D_m}{2} = qA\frac{D_m}{2} = q(h-2c)\frac{D_2-D_1}{2}Z\frac{D_2+D_1}{4}$$

$$= q(h-2c) \cdot Z \cdot \frac{D_2^2 - D_1^2}{8} [\text{N} \cdot \text{mm}]$$

여기서, c : 물음 틈새, Z : 이의 개수

② **클로 뿌리 부분의 전단응력과 토크** : 위의 그림 (b)에서 음영 부분이 전단응력이 걸리는 단면이다. 지금 토크 T에 의해서 생기는 전단응력을 τ라 하고 이 클러치의 허용 전단응력을 τ_a라 하면 반드시 $\tau_a \geqq \tau$가 되어야 안전하다.

음영 부분의 면적은 전체 면적의 반이므로 $A = \frac{1}{2}\frac{\pi}{4}(D_2^2 - D_1^2)$이다.

$$\therefore \ T = \tau A\frac{D_m}{2} = \tau\frac{\pi}{8}(D_2^2 - D_1^2)\frac{D_1+D_2}{4} \quad \text{①}$$

$$\therefore \ \tau = \frac{32T}{\pi(D_2^2 - D_1^2)(D_1 + D_2)}[\text{N/mm}^2] \quad \text{②}$$

여기서, τ는 τ_a보다 클 수 없으며 τ_a를 식 ②의 τ대신 대입하여 구한 T는 작용시킬 수 있는 최대 토크임을 주의해야 한다.

7-2 커플링(coupling)

클러치는 운전 중에 단속할 수 있으나 커플링은 축을 사용하기 전에 고정시키는 반영구 이음이다. 즉, 분해하지 않으면 분리될 수 없는 축 이음이다. 커플링 중 가장 널리 쓰이는 것은 플랜지 커플링이다.

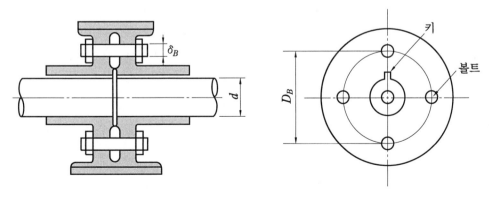

플랜지 커플링의 회전력과 전단저항 토크

n개의 볼트로 체결한 플랜지 커플링에서,

$$회전력(P) = n\frac{\pi}{4}\delta_B{}^2\tau$$

전단저항 토크 T = 회전력×반지름이므로,

$$T = n\frac{\pi}{4}\delta_B{}^2\tau\frac{D_B}{2} = \frac{n\pi\delta_B{}^2\tau_B D_B}{8}[\text{N} \cdot \text{mm}]$$

여기서 δ_B : 볼트의 지름

τ_B : 볼트의 전단응력

D_B : 플랜지 피치원의 지름

참고 **커플링 설계 시 유의사항**

- 회전균형, 동적균형 등이 잡혀 있어야 한다.
- 중심 맞추기가 완전히 되어 있어야 한다.
- 조립, 분해, 붙이기 작업 등이 쉬워야 한다.
- 경량, 소형이어야 한다.
- 파동에 대하여 강해야 한다.
- 전동 용량이 충분해야 한다.
- 회전면에 되도록 돌기물이 없어야 한다.
- 윤활 등은 되도록 필요하지 않도록 해야 한다.
- 전동토크의 특성을 충분히 고려하여 특성에 적응한 형식으로 해야 한다.
- 가격이 저렴해야 한다.

예상문제

□1. 원통형 커플링(클램프 커플링)에서 축지름이 40 mm일 때, 원통이 축을 누르는 힘이 1000 N이고 마찰계수가 0.2이면, 이 커플링이 전달할 수 있는 토크(N·cm)는 얼마인가?

해답 $T = \dfrac{\mu W \pi d}{2} = \dfrac{0.2 \times 1000 \times \pi \times 4}{2} = 1256.64 \, \text{N} \cdot \text{cm}$

□2. 축지름 90 mm인 클램프 커플링에서 50 PS, 120 rpm의 동력을 전달시키려면 볼트의 지름(mm)을 얼마로 하면 되겠는가? (단, 볼트의 수 3개, $\mu = 0.2$, $\sigma_a = 32 \, \text{N/mm}^2$이다.)

해답 $T = 7.02 \times 10^6 \dfrac{PS}{N} = 7.02 \times 10^6 \times \dfrac{50}{120} = 2925000 \, \text{N} \cdot \text{mm}$

$W = \dfrac{2T}{\mu \pi d} = \dfrac{2 \times 2925000}{0.2 \times \pi \times 90} = 103450.71 \, \text{N}$

$\sigma_a = \dfrac{W}{AZ} = \dfrac{W}{\dfrac{\pi}{4} \delta_B^2 Z} = \dfrac{4W}{\pi \delta_B^2 Z} \, [\text{N/mm}^2]$에서

$\delta_B = \sqrt{\dfrac{4W}{\pi \sigma_a Z}} = \sqrt{\dfrac{4 \times 103450.71}{\pi \times 32 \times 3}} \fallingdotseq 37.04 \, \text{mm}$

□3. 축지름 $d = 90 \, \text{mm}$의 클램프 커플링에서 50 PS, 120 rpm의 동력을 마찰력으로만 전달시킬 때, 볼트에 생기는 인장응력(N/mm²)을 구하여라. (단, $\mu = 0.2$, $\delta = 22.2 \, \text{mm}$, $Z = 3$이다.)

해답 $T = 7.02 \times 10^6 \dfrac{PS}{N} = 7.02 \times 10^6 \times \dfrac{50}{120} = 2925000 \, \text{N} \cdot \text{mm}$

$W = \dfrac{2T}{\mu \pi d} = \dfrac{2 \times 2925000}{0.2 \times \pi \times 90} = 103450.71 \, \text{N}$

$\therefore \ \sigma_t = \dfrac{W}{AZ} = \dfrac{4W}{\pi \delta^2 Z} = \dfrac{4 \times 103450.71}{\pi \times 22.2^2 \times 3} = 89.09 \fallingdotseq 90 \, \text{N/mm}^2$

□4. 지름 100 mm의 축에 사용되는 플랜지 커플링으로 1인치의 볼트 6개를 사용하면 허용 전달토크에 대하여 플랜지의 접촉면 마찰을 무시할 때, 볼트에 생기는 전단응력 (N/mm²)을 구하여라. (단, 볼트의 피치원 지름은 270 mm, 축 재료의 $\tau_a = 12 \, \text{N/mm}^2$이라 한다.)

해답 $T = \tau_a Z_p = \tau_a \dfrac{\pi d^3}{16} = 12 \times \dfrac{\pi \times 100^3}{16} = 2.36 \times 10^6 \, \text{N} \cdot \text{mm}$

$$\tau_b = \dfrac{8T}{\pi \delta_B^2 Z D_B} = \dfrac{8 \times 2.36 \times 10^6}{\pi \times (25.4)^2 \times 6 \times 270} = 5.75 \, \text{N/mm}^2$$

---

5. 축지름 120 mm의 플랜지 축 이음이 300 rpm으로 30PS을 전달하고 있다. 플랜지 보스의 반지름을 230 mm, 플랜지의 두께를 40 mm라고 하면, 플랜지 보스에 생기는 전단응력(N/mm²)을 구하여라.

해답 $T = 7.02 \times 10^6 \dfrac{PS}{N} = 7.02 \times 10^6 \times \dfrac{30}{300} = 702000 \, \text{N} \cdot \text{mm}$

$$\therefore \tau_f = \dfrac{T}{2\pi R_b^2 b} = \dfrac{702000}{2\pi \times 230^2 \times 40} = 0.053 \, \text{N/mm}^2$$

---

6. 25 PS, 85 rpm을 전동하는 맞물림 클러치에 접촉면의 안·바깥지름이 106 mm, 185 mm일 때 이 뿌리 보스에 생기는 응력(N/mm²)을 구하여라. (단, 축의 $\tau_a = 21$ N/mm²이고, 이는 각형의 것으로 4개이다.)

해답 $T = 7.02 \times 10^6 \dfrac{PS}{N} = 7.02 \times 10^6 \times \dfrac{25}{85} = 2.06 \times 10^6 \, \text{N} \cdot \text{mm}$

$$\therefore \tau = \dfrac{32T}{\pi(D_1 + D_2)(D_2^2 - D_1^2)} = \dfrac{32 \times 2.06 \times 10^6}{\pi(106 + 185) \times (185^2 - 106^2)} = 3.14 \, \text{N/mm}^2$$

---

7. 그림과 같은 클로 클러치에서 5 PS, 160 rpm으로 동력을 전달할 경우 클로의 높이 (mm)를 계산하고, 클로 뿌리면에 생기는 전단응력(N/mm²)을 구하여라. (단, $p_a = 20$ N/mm², 클로 수는 3개이다.)

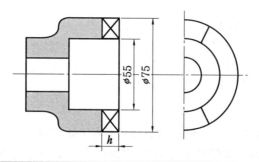

해답 ① $T = 7.02 \times 10^6 \dfrac{PS}{N} = 7.02 \times 10^6 \times \dfrac{5}{160} = 219375 \, \text{N} \cdot \text{mm}$

$$\therefore \ h = \frac{8T}{(D_2^2 - D_1^2)p_a Z} = \frac{8 \times 219375}{(75^2 - 55^2) \times 20 \times 3} = 11.25 \ \text{mm}$$

$$② \ \tau = \frac{32T}{\pi(D_1 + D_2)(D_2^2 - D_1^2)} = \frac{32 \times 219375}{\pi \times (55 + 75) \times (75^2 - 55^2)} = 6.61 \ \text{N/mm}^2$$

8. 800 rpm, 30 kW의 동력을 전달하는 주철제 원뿔 클러치의 원뿔각 $\alpha = 20°$, 평균 지름 $D_m = 400 \ \text{mm}$, 폭 $b = 150 \ \text{mm}$, $\mu = 0.2$라 할 때 접촉면의 평균압력(N/mm²)은?

해답 $T = 9.55 \times 10^6 \dfrac{kW}{N} = 9.55 \times 10^6 \times \dfrac{30}{800} = 358125 \ \text{N} \cdot \text{mm}$

$$\therefore \ p_m = \frac{2T}{\pi \mu D_m^2 b} = \frac{2 \times 358125}{\pi \times 0.2 \times 400^2 \times 150} = 0.047 \ \text{N/mm}^2$$

9. 그림의 원뿔 클러치에서 접촉면의 안지름 $D_1 = 140 \ \text{mm}$, 바깥지름 $D_2 = 150 \ \text{mm}$일 때, 접촉면의 폭 b를 나타내는 식을 구하여라. (단, 원뿔의 경사각은 α이다.)

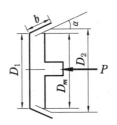

해답 그림에서 $\sin\alpha = \dfrac{\overline{BC}}{\overline{AB}} = \dfrac{\overline{BC}}{b}$

$$b = \frac{\overline{BC}}{\sin\alpha}, \ \overline{BC} = \frac{1}{2}(D_2 - D_1) = \frac{150 - 140}{2} = 5 \ \text{mm}$$

$$\therefore \ b = \frac{5}{\sin\alpha} \ [\text{mm}]$$

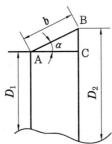

10. 5 PS, 1200 rpm의 원동력을 원뿔 클러치로서 전달시키려고 한다. 클러치는 주철제로서 $\mu = 0.1$, 허용면 압력 $p_m = 0.35$ N/mm²이라 하고, 원뿔각 $2\alpha = 30°$, $D_m = 100$ mm이라 할 때, 마찰면의 폭 b[mm]와 밀어붙이는 힘 P[N]을 구하여라.

해답 ① $T = 7.02 \times 10^6 \dfrac{PS}{N} = 7.02 \times 10^6 \times \dfrac{5}{1200} = 29250$ N · mm

$$\therefore b = \frac{2T}{\pi \mu D_m^2 p_m} = \frac{2 \times 29250}{\pi \times 0.1 \times 100^2 \times 0.35} \fallingdotseq 53.20 \text{ mm}$$

② $P = \dfrac{2T}{\mu D_m}(\sin\alpha + \mu\cos\alpha) = \dfrac{2 \times 29250}{0.1 \times 100}(\sin 15° + 0.1 \times \cos 15°) = 2079.16$ N

---

11. 그림에서 지름 50 mm의 연강재에 사용되는 각형의 클로 3장을 가진 맞물림 클러치 (주철)에 대한 물림면 압력(N/mm²)과 클로의 뿌리부에 생기는 전단응력(N/mm²)을 구하여라. (단, 축의 허용 전단응력은 21 N/mm²이다.)

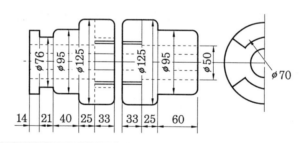

해답 ① $T = \dfrac{\pi}{16}d^3\tau = \dfrac{\pi}{16} \times 50^3 \times 21 = 515417.54$ N · mm

$$\therefore \text{물림면 압력}(P_m) = \frac{8T}{(D_2^2 - D_1^2)hZ} = \frac{8 \times 515417.54}{(125^2 - 70^2) \times 33 \times 3} = 3.88 \text{N/mm}^2$$

$D_1 = 1.2d + 10 = 1.2 \times 50 + 10 = 70$ mm

$D_2 = 2d + 25 = 2 \times 50 + 25 = 125$ mm

$h = 0.5d + 8 = 0.5 \times 50 + 8 = 33$ mm

② 뿌리에 생기는 전단응력(τ_f)

$$\tau_f = \frac{32T}{\pi(D_1 + D_2)(D_2^2 - D_1^2)} = \frac{32 \times 515417.54}{\pi \times (70 + 125) \times (125^2 - 70^2)} = 2.51 \text{ N/mm}^2$$

---

12. 원뿔 클러치에서 접촉면의 폭 10 mm, 최대지름 125 mm, 최소지름 115 mm이고, 접촉면의 허용압력을 12 N/mm², 마찰계수 $\mu = 0.1$로 할 때, 전달할 수 있는 최대토크(N · mm)를 구하여라.

해답 $D_m = \dfrac{1}{2}(D_1 + D_2) = \dfrac{1}{2}(115 + 125) = 120 \, \text{mm}$

$$\therefore \ T = \frac{\pi \mu D_m^2 \, b p_m}{2} = \frac{\pi \times 0.1 \times 120^2 \times 10 \times 12}{2} = 271433.61 \, \text{N} \cdot \text{mm}$$

---

13. 접촉면의 안지름 154mm, 원뿔각 20°, 접촉면의 폭 30 mm의 원뿔 클러치가 200 rpm으로 회전할 때 몇 마력(PS)을 전달할 수 있는가? (단, 마찰계수는 0.2, 허용 접촉면 압력은 0.3 N/mm²이다.)

해답 $D_m = \dfrac{1}{2}(D_1 + D_2) = \dfrac{1}{2}(154 + 164.4) = 159.2 \, \text{mm}$

$(D_2 = 2b \sin\alpha + D_1 = 2 \times 30 \sin 10° + 154 = 164.4 \, \text{mm})$

$T = \mu \pi b \dfrac{D_m^2}{2} p = 0.2 \times \pi \times 30 \times \dfrac{(159.2)^2}{2} \times 0.3 = 71660.28 \, \text{N} \cdot \text{mm}$

$T = 7.02 \times 10^6 \dfrac{PS}{N} \, [\text{N} \cdot \text{mm}]$에서

$PS = \dfrac{TN}{7.02 \times 10^6} = \dfrac{71660.28 \times 200}{7.02 \times 10^6} = 2.04 \, \text{PS}$

---

14. 접촉면의 바깥지름 75 mm, 안지름 45 mm의 다판 클러치로서 1450 rpm, 7.5 PS을 전달하는 데 필요한 접촉면의 수를 구하여라. (단, 마찰계수 0.2, 접촉면 압력을 0.2 N/mm²이라고 한다.)

해답 $T = 7.02 \times 10^6 \dfrac{PS}{N} = 7.02 \times 10^6 \times \dfrac{7.5}{1450} = 36310.34 \, \text{N} \cdot \text{mm}$

$D_m = \dfrac{1}{2}(D_2 + D_1) = \dfrac{1}{2}(75 + 45) = 60 \, \text{mm}$

$b = \dfrac{1}{2}(D_2 - D_1) = \dfrac{1}{2}(75 - 45) = 15 \, \text{mm}$

$\therefore \ Z = \dfrac{2T}{\pi \mu D_m^2 \, b p_m} = \dfrac{2 \times 36310.34}{\pi \times 0.2 \times 60^2 \times 15 \times 0.2} \fallingdotseq 11 \, \text{개}$

---

15. 1200 rpm, 26 PS을 전달하는 단판 클러치의 안지름(mm)과 바깥지름(mm)을 구하여라. (단, 클러치 접촉면의 재료는 강과 아스베스토스로서 $\mu = 0.25$, 접촉면 압력은 0.2 N/mm², 접촉면의 평균지름은 200 mm이다.)

해답 $T = 7.02 \times 10^6 \dfrac{PS}{N} = 7.02 \times 10^6 \times \dfrac{26}{1200} = 152100 \, \text{N} \cdot \text{mm}$

$$b = \frac{2T}{\pi \mu Z D_m^2 p_m} = \frac{2 \times 152100}{\pi \times 0.25 \times 1 \times 200^2 \times 0.2} \fallingdotseq 50 \text{ mm}$$

$$\therefore D_2 = D_m + b = 200 + 50 = 250 \text{ mm}, \quad D_1 = D_2 - 2b = 250 - 2 \times 50 = 150 \text{ mm}$$

---

16. 7.5 PS, 400 rpm을 전달하는 단판 클러치의 접촉면 안지름(mm)과 바깥지름(mm)을 구하여라. (단, $\mu = 0.2$, $p_m = 0.08 \text{ N/mm}^2$, $x = \dfrac{D_1}{D_2} = 0.6$이다.)

해답 $p_m = \dfrac{2T}{\pi \mu D_m^2 b} = \dfrac{16T}{\pi \mu D_2^3 (1+x)^2 (1-x)}$ 에서

$$T = 7.02 \times 10^6 \frac{PS}{N} = 7.02 \times 10^6 \times \frac{75}{400} = 131625 \text{ N} \cdot \text{mm}$$

$$D_m = \frac{1}{2}(D_2 + D_1) = \frac{1}{2} D_2 (1+x), \quad b = \frac{1}{2}(D_2 - D_1) = \frac{1}{2} D_2 (1-x)$$

$$\therefore D_2 = \sqrt[3]{\frac{16T}{\pi \mu p_m (1+x)^2 (1-x)}}$$

$$= \sqrt[3]{\frac{16 \times 131625}{\pi \times 0.2 \times 0.08 \times (1+0.6)^2 (1-0.6)}} = 344.58 \fallingdotseq 345 \text{ mm}$$

$$\therefore D_1 = 0.6 \times D_2 = 0.6 \times 345 = 207 \text{ mm}$$

---

17. 접촉면의 바깥지름 150 mm, 안지름 140 mm, 폭 35 mm 주철제의 원뿔 클러치를 회전수 500 rpm, 접촉면 압력을 0.3 N/mm² 이내로 되도록 설계하려고 한다. $\mu = 0.2$일 때 동력(kW)을 구하여라.

해답 $T = \mu \pi \dfrac{D_m^2}{2} b p_w = 0.2 \times \pi \times \dfrac{145^2}{2} \times 35 \times 0.3 = 69354.58 \text{ N} \cdot \text{mm}$

$$D_m = \frac{D_1 + D_2}{2} = \frac{(140 + 150)}{2} = 145 \text{ mm}$$

$$T = 9.55 \times 10^6 \frac{kW}{N} [\text{N} \cdot \text{mm}]$$

$$\therefore kW = \frac{TN}{9.55 \times 10^6} = \frac{69354.58 \times 500}{9.55 \times 10^6} = 3.63 \text{ kW}$$

---

18. 위 문제 17에서 축방향으로 밀어붙이는 힘(N)을 구하여라.

해답 $\sin \alpha = \dfrac{D_2 - D_1}{2b} = \dfrac{150 - 140}{2 \times 35} = 0.1429, \quad \alpha = 8°13', \quad \cos \alpha = 0.9897$

$$\therefore P = \frac{2T}{\mu D_m}(\sin\alpha + \mu\cos\alpha) = \frac{2\times 69354.58}{0.2\times 145}\times(0.1429 + 0.2\times 0.9897)$$

$$= 1630.26\,\text{N}$$

---

19. 20 PS, 500 rpm을 전달시키는 접촉면의 안·바깥지름비 $x=1.5$의 다판 클러치에서 $\mu=0.2$, $p_m=0.3\,\text{N/mm}^2$, 원판의 안지름 80 mm, 바깥지름 140 mm일 때, 접촉면의 수를 구하여라.

[해답] $T = 7.02\times 10^6\dfrac{PS}{N} = 7.02\times 10^6\times\dfrac{20}{500} = 280800\,\text{N}\cdot\text{mm}$

$$Z = \frac{2T}{\mu\pi D_m^2 bq} = \frac{2\times 280800}{0.2\times\pi\times 110^2\times 30\times 0.3} = 8.21\,\text{개}$$

$$D_m = \frac{D_1+D_2}{2} = \frac{80+140}{2} = 110\,\text{mm}, \quad b = \frac{D_2-D_1}{2} = \frac{140-80}{2} = 30\,\text{mm}$$

따라서, 접촉면(마찰면)의 수를 9개로 한다.

---

20. 어느 기계가 600 rpm으로 4 kW를 전달시킬 때, 접촉면의 $\mu=0.15$이고, $D_1=120$ mm, $\dfrac{D_2}{D_1}=1.5$일 때, 마찰면을 밀어붙이는 힘(N)과 접촉면의 평균압력(N/mm^2)을 구하여라.

[해답] ① $T = 9.55\times 10^6\dfrac{kW}{N} = 9.55\times 10^6\times\dfrac{4}{600} = 63666.67\,\text{N}\cdot\text{mm}$

$$D_m = \frac{1}{2}(D_1+D_2) = \frac{1}{2}(120+180) = 150\,\text{mm}$$

$$(D_2 = 1.5D_1 = 1.5\times 120 = 180\,\text{mm})$$

$$\therefore P = \frac{2T}{\mu D_m} = \frac{2\times 63666.67}{0.15\times 150} \fallingdotseq 5659.26\,\text{N}$$

② $b = \dfrac{1}{2}(D_2-D_1) = \dfrac{1}{2}(180-120) = 30\,\text{mm}$

$$\therefore p_m = \frac{P}{\pi D_m b} = \frac{5659.26}{\pi\times 150\times 30} = 0.40\,\text{N/mm}^2$$

---

21. 마찰면의 수가 4인 다판 클러치에서 접촉면의 안지름 50 mm, 바깥지름 90 mm이고, 스러스트 600 N을 작용시킬 때 전달시킬 수 있는 토크(N·mm)를 구하여라. (단, $\mu=0.3$이다.)

해답 $D_m = \dfrac{(D_A + D_B)}{2} = \dfrac{(50 + 90)}{2} = 70\,\text{mm}$

$\therefore\ T = \mu P Z \dfrac{D_m}{2} = 0.3 \times 600 \times 4 \times \dfrac{70}{2} = 25200\,\text{N·mm}$

---

22. 접촉면의 안지름 150 mm, 바깥지름 320 mm인 단판 클러치의 $\mu = 0.25$, $p_m = 0.3$ N/mm^{2}일 때, 300 rpm으로 몇 마력을 전달할 수 있는가?

해답 $D_m = \dfrac{1}{2}(D_1 + D_2) = \dfrac{1}{2}(150 + 320) = 235\,\text{mm}$

$b = \dfrac{1}{2}(D_2 - D_1) = \dfrac{1}{2}(320 - 150) = 85\,\text{mm}$

$T = \mu \pi \dfrac{D_m^2}{2} b p_m = 0.25 \times \pi \times \dfrac{235^2}{2} \times 85 \times 0.3 = 553013.57\,\text{N·mm}$

$\therefore\ PS = \dfrac{TN}{7.02 \times 10^6} = \dfrac{553013.57 \times 300}{7.02 \times 10^6} ≒ 23.63\,\text{PS}$

---

23. 300 rpm으로 50 PS을 그림과 같은 원판 클러치로 종동축에 전달하려 한다. 마찰면의 $\mu = 0.15$이고, 마찰면은 마모된다. 이때에 레버에 가하는 최대힘(N)과 마찰면에 걸리는 최대압력(q_m)을 구하여라. (단, 핀 조임 등의 마찰저항은 무시한다.)

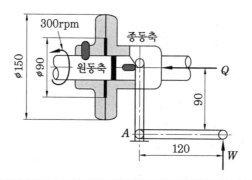

해답 $T = 7.02 \times 10^6 \dfrac{PS}{N} = 7.02 \times 10^6 \times \dfrac{50}{300} = 1170000\,\text{N·mm}$

따라서, 이 토크를 원판 클러치에 전달할 수 있는 압력은

$T = \mu\left(\dfrac{r_1 + r_2}{2}\right)Q$에서, $Q = \dfrac{2 \times 1170000}{0.15 \times (45 + 75)} = 130000\,\text{N}$

$q_m = \dfrac{Q}{A} = \dfrac{Q}{\pi(r_2^2 - r_1^2)} = \dfrac{130000}{\pi(75^2 - 45^2)} = 11.49\,\text{N/mm}^2\,(\text{MPa})$

링 지점의 회전 모멘트 균형 조건에서,

$$W = \frac{90}{120} \times 130000 = 97500\,\text{N}$$

별해 $T = \mu q_m b\pi \dfrac{D_m^2}{2} = \mu Q \dfrac{D_m}{2}$ 에서

$$q_m = \frac{2T}{\mu \pi b D_m^2} = \frac{2 \times 1170000}{0.15 \times \pi \times 30 \times 120^2} \fallingdotseq 11.49\,\text{MPa}$$

$$D_m = \frac{1}{2}(90+150) = 120\,\text{mm}, \quad b = \frac{1}{2}(150-90) = 30\,\text{mm}$$

---

24. 그림과 같은 플랜지 커플링에서 각 볼트에 작용하는 졸라매는 힘은 10000 N, 볼트의 지름 $\delta = 16\,\text{mm}$, 볼트의 수는 4개이다. 다음 물음에 따라 플랜지 커플링을 설계하여라.

(1) 회전수 300 rpm을 작용하여 접촉면의 마찰만으로 동력을 전달할 때 전달마력은 몇 PS인가? (단, 마찰계수는 $\mu = 0.15$이다.)

(2) 볼트에 생기는 전단응력은 몇 N/mm^2인가?

(3) 플랜지의 뿌리에 생기는 전단응력은 몇 N/mm^2인가? (단, 플랜지 뿌리까지의 반지름은 60 mm이다.)

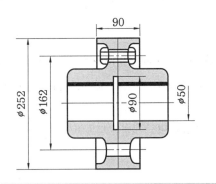

해답 (1) 마찰저항에 의해 생기는 모멘트(T)

$$= \mu QZ \frac{D_f}{2} = 0.15 \times 10000 \times 4 \times \frac{162}{2} = 486000\,\text{N·mm}$$

$$PS = \frac{TN}{7.02 \times 10^6} = \frac{486000 \times 300}{7.02 \times 10^6} = 20.77\,\text{PS}$$

(2) 볼트에 생기는 전단응력(τ_b) $= \dfrac{8T}{\pi \delta^2 Z D_f} = \dfrac{8 \times 486000}{\pi \times 16^2 \times 4 \times 162} = 7.46\,\text{N/mm}^2$

(3) 뿌리에 생기는 전단응력(τ_f) $= \dfrac{T}{2\pi R_1^2 t} = \dfrac{486000}{2\pi \times 60^2 \times 45} \fallingdotseq 0.48\,\text{N/mm}^2$

---

25. 안지름 40 mm, 바깥지름 60 mm, 접촉면의 수가 14인 다판 클러치에 의하여 1500 rpm의 4 kW를 전달한다. 마찰계수 $\mu = 0.25$라 할 때 다음 물음에 답하여라.

(1) 전동토크 : $T[\text{N·mm}]$

(2) 축방향으로 미는 힘 : $P[\text{N}]$

(3) pv값을 검토하여라. (단, 허용 pv값은 $(pv)_a = 0.21\,\text{N/mm}^2 \cdot \text{m/s}$이다.)

[해답] (1) $T = 9.55 \times 10^6 \dfrac{kW}{N} = 9.55 \times 10^6 \times \dfrac{4}{1500} = 25466.67\,\text{N·mm}$

(2) $D_m = \dfrac{D_1 + D_2}{2} = \dfrac{40 + 60}{2} = 50\,\text{mm}$

$T = \mu P \dfrac{D_m}{2} Z$ 에서 $P = \dfrac{2T}{\mu D_m Z} = \dfrac{2 \times 25466.67}{0.25 \times 50 \times 14} = 291.05\text{N}$

(3) $pv = \dfrac{P}{\dfrac{\pi}{4}(d_2^2 - d_1^2)Z} \times \dfrac{\pi\left(\dfrac{d_2 + d_1}{2}\right)N}{60 \times 1000} = \dfrac{PN}{30000(d_2 - d_1)Z}$

$= \dfrac{291.05 \times 1500}{30000(60 - 40) \times 14} = 0.052\,\text{N/mm}^2\text{·m/s} < 0.21\,\text{N/mm}^2\text{·m/s}$

∴ 안전하다.

---

26. 20 kW, 1500 rpm을 전달하는 단판 클러치에서 접촉면의 바깥지름을 구하여라. (단, 마찰계수는 0.4, 접촉면 압력은 $0.2\,\text{N/mm}^2$, 바깥지름과 안지름의 비는 1.5이다.)

[해답] 평균지름$(D_m) = \dfrac{D_1 + D_2}{2}[\text{mm}]$, $D_1 + 2b = D_2$

$T = 9.55 \times 10^6 \dfrac{kW}{N} = 9.55 \times 10^6 \times \dfrac{20}{1500} = 127333.33\,\text{N·mm}$

$q = \dfrac{P}{A} = \dfrac{P}{\dfrac{\pi}{4}(D_2^2 - D_1^2)} = \dfrac{P}{\pi\left(\dfrac{D_1 + D_2}{2}\right)\left(\dfrac{D_2 - D_1}{2}\right)}$

$= \dfrac{P}{\pi D_m b} = \dfrac{2T}{\mu \pi D_m^2 b}\left(P = \dfrac{2T}{\mu D_m}\right)$

$\therefore D_m^2 b = \dfrac{2T}{\mu q \pi} = \dfrac{2 \times 127333.33}{0.4 \times 0.2 \times \pi} = 1013286.44\,\text{mm}^3$

$D_2 = 1.5 D_1$ 이므로

$D_m = \dfrac{D_1 + D_2}{2} = \dfrac{D_1 + 1.5 D_1}{2} = \dfrac{2.5 D_1}{2}$

$b = \dfrac{D_2 - D_1}{2} = \dfrac{1.5 D_1 - D_1}{2} = \dfrac{0.5 D_1}{2}$

$$\left(\frac{2.5D_1}{2}\right)^2\left(\frac{0.5D_1}{2}\right)=1013286.44,\quad \frac{6.25D_1^2}{4}\times\frac{0.5D_1}{2}=1013286.44$$

$$\therefore\ D_1=\sqrt[3]{\frac{4\times2\times1013286.44}{6.25\times0.5}}=137.4\,\mathrm{mm}$$

$$D_2=1.5D_1=1.5\times137.4=206.10\,\mathrm{mm}$$

---

27. 5 kW, 2000 rpm의 동력을 원추 클러치로 전
　　달한다. 클러치의 재질은 주철로서 $2\alpha=30°$,
　　$\mu=0.15$로 하였을 때 마찰면의 안지름 $D_1[\mathrm{mm}]$,
　　바깥지름 $D_2[\mathrm{mm}]$, 마찰면의 폭 $b[\mathrm{mm}]$, 축방향의
　　힘(N)을 구하여라. (단, 평균지름 $D_m=90\,\mathrm{mm}$, 마
　　찰면의 허용압력 $P=0.6\,\mathrm{N/mm^2}$이다.)

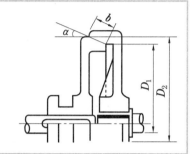

해답 ① $T=\mu Q\dfrac{D_m}{2}=\mu q\pi D_m b\dfrac{D_m}{2}=\dfrac{\mu q\pi D_m^2 b}{2}$ 에서,

$$b=\frac{2T}{\mu q\pi D_m^2}=\frac{2\times23875}{0.15\times0.6\times\pi\times90^2}$$

$$=20.85\left(T=9.55\times10^6\frac{kW}{N}=9.55\times10^6\times\frac{5}{2000}=23875\,\mathrm{N\cdot mm}\right)$$

② $D_m=\dfrac{D_1+D_2}{2}=\dfrac{2D_1+2b\sin\alpha}{2}=D_1+b\sin\alpha$

　　$\therefore\ D_1=D_m-b\sin\alpha=90-20.85\sin15°\fallingdotseq85\,\mathrm{mm}$

　　$D_2=D_1+2b\sin a=85+2\times20.85\sin15°\fallingdotseq95.79\,\mathrm{mm}$

③ $Q=\dfrac{2T}{\mu D_m}=\dfrac{2\times23875}{0.15\times90}\fallingdotseq3537.04\,\mathrm{N}$

　　$\therefore\ P=Q(\sin\alpha+\mu\cos\alpha)=3537.04(\sin15°+0.15\cos15°)$

　　　　$\fallingdotseq1427.93\,\mathrm{N}$

---

28. 그림과 같은 주철제 원추 클러치를 600 rpm으로
　　접촉면 압력이 $0.3\,\mathrm{N/mm^2}$ 이하가 되도록 사용할 때
　　다음 물음에 답하여라. (단, 마찰계수 $\mu=0.2$이다.)

　　(1) 전동토크 : $T[\mathrm{N\cdot mm}]$

　　(2) 전달마력 : $H[\mathrm{PS}]$

　　(3) 원추면의 경사각 : $\alpha[°]$

　　(4) 축방향으로 미는 힘 : $P[\mathrm{N}]$

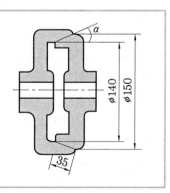

해답 (1) $D_m = \dfrac{D_1 + D_2}{2} = \dfrac{140 + 150}{2} = 145\,\text{mm}$

$\therefore\ T = \mu q \pi D_m b \dfrac{D_m}{2} = \dfrac{\mu q \pi D_m^2 b}{2} = \dfrac{0.2 \times 0.3 \times \pi \times 145^2 \times 35}{2}$

$\qquad\quad = 69354.58\,\text{N}\cdot\text{mm}$

(2) $PS = \dfrac{TN}{7.02 \times 10^6} = \dfrac{69354.58 \times 600}{7.02 \times 10^6} = 5.93\,\text{PS}$

(3) $\alpha = \sin^{-1}\dfrac{(r_2 - r_1)}{b} = \sin^{-1}\dfrac{(75 - 70)}{35} = 8.21°$

(4) $T = \mu Q \dfrac{D_m}{2}$ 에서, $Q = \dfrac{2T}{\mu D_m} = \dfrac{2 \times 69354.58}{0.2 \times 145} = 4783.07\,\text{N}$

$\therefore\ P = Q(\sin\alpha + \mu\cos\alpha) = 4783.07(\sin 8.21° + 0.2\cos 8.21°) \fallingdotseq 1630\,\text{N}$

---

29. 다음 그림은 1750 rpm, 5 kW인 전동기에 직결한 기어 감속장치의 압력축이다. 축의 재료는 SM 40C로서 허용 전단응력$(\tau) = 99\,\text{N/mm}^2$이고, 축의 끝은 $\alpha = 15°$인 원추 클러치로서 이음하고자 한다. (단, 원추면의 마찰계수는 $\mu = 0.1$이다.) 다음 물음에 답하여라.

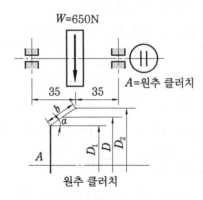

(1) 축의 상당 비틀림모멘트 : $T_e\,[\text{N·mm}]$ (단, 축 자중은 무시한다.)

(2) 축의 지름을 표에서 선정하여라. (단, 키 홈의 영향을 고려하여 $\dfrac{1}{0.75}$ 배를 한다.)

축지름 d[mm]	12	14	16	18	20

(3) 원추 클러치의 최소지름 및 최대지름 : D_1, D_2[mm] (단, 허용면압 $p_a = 1.2\,\text{N/mm}^2$, 평균지름 $D = 120\,\text{mm}$)

(4) 원추 클러치를 미는 축방향의 힘 : P[N]

해답 (1) $M = \dfrac{Wl}{4} = \dfrac{650 \times 70}{4} = 11375\,\text{N}\cdot\text{mm}$

$$T = 9.55 \times 10^6 \times \frac{kW}{N} = 9.55 \times 10^6 \times \frac{5}{1750} = 27285.71\,\text{N} \cdot \text{mm}$$

$$\therefore \ T_e = \sqrt{M^2 + T^2} = \sqrt{(11375)^2 + (27285.71)^2} = 29561.81\,\text{N} \cdot \text{mm}$$

(2) $T_e = \tau_a Z_p = \tau_a \dfrac{\pi d^3}{16} \left(d = \sqrt[3]{\dfrac{16\,T_e}{\pi \tau_a}} = \sqrt[3]{\dfrac{16 \times 29561.81}{\pi \times 99}} \right) = 11.5\,\text{mm}$

key way를 고려하면, $d = \dfrac{11.5}{0.75} = 15.33\,\text{mm}$

$\therefore$ 주어진 표에서 $d = 16\,\text{mm}$를 선택한다.

(3) $p_a = \dfrac{2T}{\mu \pi D^2 b} \left(b = \dfrac{2T}{\mu \pi D^2 p_a} = \dfrac{2 \times 27285.71}{0.1 \times \pi \times 120^2 \times 1.2} \fallingdotseq 10.05\,\text{mm} \right)$

$\sin\alpha = \dfrac{\dfrac{D_2 - D_1}{2}}{b} = \dfrac{D_2 - D_1}{2b} \left(D = D_1 + 2b\sin\alpha, \ \ D = \dfrac{D_1 + D_2}{2} \right)$

$D_1 + D_2 = 2D, \ \ D_1 + D_1 + 2b\sin\alpha = 2D, \ \ 2D_1 + 2b\sin\alpha = 2D$

$\therefore \ D_1 = D - b\sin\alpha = 120 - 10.05\sin 15° \fallingdotseq 117.40\,\text{mm}$

$D_2 = D_1 + 2b\sin\alpha = 117.40 + 2 \times 10.05\sin 15° \fallingdotseq 122.60\,\text{mm}$

(4) $P = Q(\sin\alpha + \mu\cos\alpha) = 4546.51(\sin 15° + 0.1\cos 15°) \fallingdotseq 1615.88\,\text{N}$

$p_a = \dfrac{Q}{A} = \dfrac{Q}{\pi D b} [\text{N/mm}^2]$

$Q = p_a A = p_a(\pi D b) = 1.2(\pi \times 120 \times 10.05) \fallingdotseq 4546.51\,\text{N}$

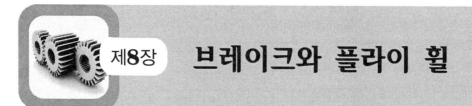

제8장 **브레이크와 플라이 휠**

8-1 브레이크의 일반적 사항

(1) 브레이크(brake)

운동 부분의 에너지를 흡수하여 그 운동을 정지시키거나 속도를 조절하여 위험을 방지하는 제동장치이다.

(2) 브레이크의 구성

① **작동 부분** : 마찰력을 생기게 하는 부분

　예 브레이크 드럼, 블록, 밴드, 브레이크 막대

② **조작 부분** : 작동 부분에 힘을 주는 부분

　예 인력(사람의 힘), 스프링의 힘, 공기력, 유압력, 원심력, 자기력

8-2 블록 브레이크

① 브레이크 륜, 브레이크 블록, 브레이크 막대로 구성

② **단식 블록 브레이크**

　㈎ 구조가 간단하다.

　㈏ 굽힘 모멘트가 작용한다.

　㈐ 제동토크가 큰 곳에서는 사용하지 못한다.

　㈑ 축지름 50 mm 이하에 사용한다.

③ 브레이크 륜의 회전방향 : 우회전, 좌회전

  (개) 브레이크 막대 비율 : $\dfrac{a}{b} = 3 \sim 6$, 최대 10을 초과해서는 안 됨

  (내) 블록과 륜의 사이는 $2 \sim 3 \, \text{mm}$ 정도가 적당함

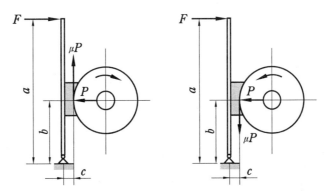

브레이크 륜의 회전방향

④ **제동토크(T)**

$$T = f \cdot \frac{D}{2} = \mu P \frac{D}{2} [\text{N} \cdot \text{mm}]$$

⑤ **막대의 조작력(F) 계산**

        한 지점에 대한 모멘트의 합 $= 0 (\sum M_{hinge} = 0)$

  (개) 내작용 우회전

$$F \cdot a - P \cdot b - \mu P \cdot c = 0$$

$$\therefore \ F = \frac{P}{a}(b + \mu c) = \frac{f}{\mu a}(b + \mu c)[\text{N}]$$

  (내) 내작용 좌회전

$$F \cdot a - P \cdot b + \mu P \cdot c = 0$$

$$\therefore \ F = \frac{P}{a}(b - \mu c) = \frac{f}{\mu a}(b - \mu c)[\text{N}]$$

  내작용 선형($c > 0$)

  (대) 중작용 우회전과 좌회전은 $c = 0$이므로 회전방향과 관계없다.

$$F \cdot a - P \cdot b = 0$$

$$\therefore \ F = \frac{b}{a}P = \frac{fb}{\mu a}[\text{N}]$$

  중작용 선형($c = 0$)

㈜ 외작용 우회전

$$F \cdot a - P \cdot b + \mu P \cdot c = 0$$

$$\therefore \ F = \frac{P}{a}(b - \mu c) = \frac{f}{\mu a}(b - \mu c)[\text{N}]$$

외작용 선형($c < 0$)

㈜ 외작용 좌회전

$$F \cdot a - P \cdot b - \mu P \cdot c = 0$$

$$\therefore \ F = \frac{P}{a}(b + \mu c) = \frac{f}{\mu a}(b + \mu c)[\text{N}]$$

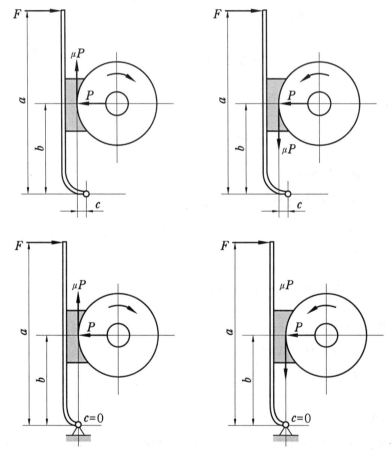

막대의 조작력

⑥ **브레이크 자결작용** : 내작용의 좌회전, 외작용의 우회전에서 $b \leq \mu c$이면 자동적으로 회전이 정지된다. 즉, $F \leq 0$이다.

8-3 내확 브레이크(internal expansion brake)

복식 블록 브레이크의 일종으로 브레이크 블록이 브레이크 륜의 안쪽에 있어서 바깥쪽으로 확장 접촉되면서 제동이 되는 형식이다. 마찰면이 안쪽에 있으므로 먼지와 기름 등이 마찰면에 부착하지 않고 브레이크 륜의 바깥면에서 열 발산이 용이하다.

① 우회전의 경우

$$F_1 a - P_1 b + \mu P_1 c = 0$$

$$\therefore \; F_1 = \frac{P_1}{a}(b - \mu c)$$

$$-F_2 a + P_2 b + \mu P_2 c = 0$$

$$\therefore \; F_2 = \frac{P_2}{a}(b + \mu c)$$

② 좌회전의 경우

$$F_1 = \frac{P_1}{a}(b + \mu c)$$

$$F_2 = \frac{P_2}{a}(b - \mu c)$$

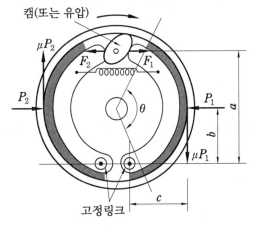

내확 브레이크

8-4 브레이크 용량

① 제동마력(단위시간당 마찰일량)

$$kW = \frac{\mu P v}{1000}[\text{kW}] \quad PS = \frac{\mu P v}{735}[\text{PS}]$$

여기서, $P = pA = $ 압력 $\times$ 투상면적 $= \text{N}/\text{mm}^2 \times \text{mm}^2 = \text{N}$

$$kW = \frac{\mu p v A}{1000}[\text{kW}]$$

② 브레이크 용량(brake capacity)

$$\mu p v = \frac{\mu P v}{A} = \frac{1000 kW}{A}[\text{N}/\text{mm}^2 \cdot \text{m}/\text{s}]$$

$$= \text{마찰계수}(\mu) \times \text{압력속도계수}(pv)$$

8-5 밴드 브레이크

브레이크 륜의 외주에 강제의 밴드(band)를 감고 밴드에 장력을 주어 브레이크 륜과의 마찰에 의하여 제동작용을 한다. μ를 크게 하기 위해 밴드 안쪽에 라이닝을 한다.

① 제동토크(T)

$$T = f\frac{D}{2} = (T_t - T_s)\frac{D}{2}\,[\text{N}\cdot\text{mm}]$$

여기서, f : 유효장력(회전력)

T_t : 긴장측 장력

T_s : 이완측 장력

$$T_t = f\frac{e^{\mu\theta}}{e^{\mu\theta} - 1}, \quad T_s = f\frac{1}{e^{\mu\theta} - 1}$$

② 제동력의 계산 : 형식과 회전방향에 따라 구하면 다음과 같다.

(개) 단동식 우회전

$$F \cdot l - T_s \cdot a = 0$$

$$\therefore F = \frac{a}{l}T_s = \frac{a}{l}f\frac{1}{e^{\mu\theta} - 1}$$

(내) 단동식 좌회전 : 우회전 때와 $T_t \cdot T_s$가 바뀜

$$F \cdot l - T_t \cdot a = 0$$

$$\therefore F = \frac{a}{l}T_t = \frac{a}{l}f\frac{e^{\mu\theta}}{e^{\mu\theta} - 1}$$

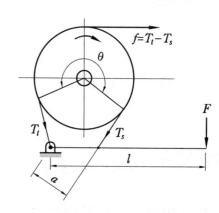

단동식 밴드 브레이크

(대) 차동식 우회전

$$F \cdot l + T_t \cdot a - T_s \cdot b = 0$$

$$\therefore F = \frac{f(b - ae^{\mu\theta})}{l(e^{\mu\theta} - 1)}$$

(래) 차동식 좌회전

$$F \cdot l + T_s \cdot a - T_t \cdot b = 0$$

$$\therefore F = \frac{f(be^{\mu\theta} - a)}{l(e^{\mu\theta} - 1)}$$

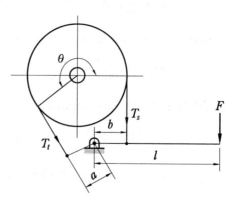

차동식 밴드 브레이크

㉮ 합동식(우회전=좌회전)

$$F \cdot l - T_t \cdot a - T_s \cdot a = 0$$

$$\therefore \ F = \frac{a}{l}(T_t + T_s)$$

$$= \frac{f \cdot a(e^{\mu\theta} + 1)}{l(e^{\mu\theta} - 1)}$$

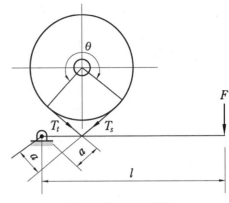

합동식 밴드 브레이크

③ 밴드 브레이크의 자결작용

차동식에서, $\left.\begin{array}{l} \text{우회전} \ \ b \leqq ae^{\mu\theta} \\ \text{좌회전} \ \ be^{\mu\theta} \leqq a \end{array}\right\} F \leqq 0$

④ 밴드 브레이크의 제동마력

접촉압력 p

밴드 길이 $dx = rd\theta$

밴드의 폭 b

$$pbdx = 2F\sin\frac{d\theta}{2} \fallingdotseq Fd\theta = F \cdot \frac{dx}{r}$$

$$\therefore \ p = \frac{F}{br}$$

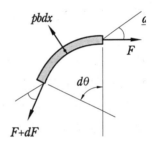

밴드 브레이크의 제동마력

여기서, $p_{\max} = \dfrac{T_t}{br}, \ p_{\min} = \dfrac{T_s}{br}, \ p_{mean} = p_m = \dfrac{p_{\max} + p_{\min}}{2}$

제동력을 P라 하면, $P = \mu br\theta p_m \,[\mathrm{N}]$

제동동력$(kW) = \dfrac{Pv}{1000} = \dfrac{\mu P_m vbr\theta}{1000}\,[\mathrm{kW}]$

8-6 래칫 휠과 폴

축의 역전방지기구로 사용 $D = \dfrac{pZ}{\pi}$

$$P = 3.75 \sqrt[3]{\frac{T}{\sigma_a \cdot z\Phi}} \left(\Phi = \frac{\text{이 폭}}{\text{이의 피치}}\right)$$

회전 토크$(T) = F \cdot \dfrac{D}{2}\,[\mathrm{N \cdot mm}]$

폴에 작용하는 힘$(F) = \dfrac{2T}{D} = \dfrac{2\pi T}{pZ}$ [N]

래칫 휠의 면압$(q) = \dfrac{F}{A} = \dfrac{F}{bh}$ [N/mm^2]

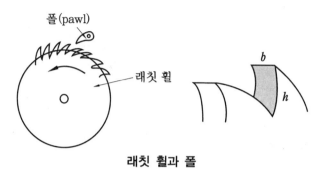

래칫 휠과 폴

8-7 플라이 휠(관성차)

플라이 휠은 속도조절장치의 하나로서 운동에너지를 저축하거나 방출함으로써 기계의 회전속도 변동을 어느 한정된 범위 내로 유지하는 작용을 한다. (기관의 회전을 고르게 하기 위한 장치이다.) 1사이클 중의 토크가 역방향으로 작용하는 경우에도 운전을 가능하도록 하며 각속도의 변동을 억제하는 기능을 갖는다.

① 운동에너지 변화량

$$\Delta E = \frac{1}{2}I(\omega_1^2 - \omega_2^2) = I\omega^2\delta, \quad I = \frac{\gamma\pi t}{2g}(R_2^4 - R_1^4)$$

여기서, I : 플라이 휠의 관성 모멘트(N·m^2)

ω_1 : 최대 각속도 ω_2 : 최소 각속도

ω : 평균 각속도$\left(\dfrac{\omega_1 + \omega_2}{\omega}\right)$ δ : 속도 변동률$\left(\dfrac{\omega_1 - \omega_2}{\omega}\right)$

② 1사이클당 얻을 수 있는 에너지

$$E = 4\pi T_m$$

여기서, T_m : 평균토크

③ 에너지 변동률

$$\xi = \frac{\Delta E}{E}$$

④ 플라이 휠의 강도(회전하는 얇은 원판)

$$\sigma = \frac{\gamma}{g}v^2 = \frac{\gamma}{g}(r\omega)^2 = \frac{\gamma}{g}r^2\omega^2 \, [\text{N/mm}^2]$$

예상문제

□**1.** 브레이크 드럼이 브레이크 블록을 밀어붙이는 힘 $W = 1500\,\mathrm{N}$, 마찰계수 $\mu = 0.25$, 드럼의 지름 $D = 400\,\mathrm{mm}$ 이라 할 때 토크는 몇 $\mathrm{N \cdot mm}$인가?

해답 $T = \dfrac{\mu WD}{2} = \dfrac{0.25 \times 1500 \times 400}{2} = 75000\,\mathrm{N \cdot mm}$

□**2.** 브레이크 드럼에 $56500\,\mathrm{N \cdot cm}$의 토크가 작용하고 있을 때, 이 축을 정지시키는 데 필요한 최소 제동력은(N)은 얼마인가? (단, 브레이크 드럼의 지름은 500 mm이다.)

해답 $f = \mu W = \dfrac{2T}{D} = \dfrac{2 \times 56500}{50} = 2260\,\mathrm{N}$

□**3.** 그림과 같이 브레이크 바퀴에 $71600\,\mathrm{N \cdot mm}$의 토크가 작용하고 있을 경우, 레버에 $150\,\mathrm{N}$의 힘을 가하여 제동하려면 브레이크 드럼의 지름을 몇 mm로 하면 좋은가? (단, 좌회전 $\mu = 0.3$이다.)

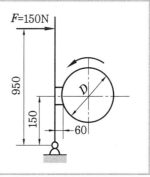

해답 $F = \dfrac{f(b - \mu c)}{\mu a}\,[\mathrm{N}]$에서 $f = \dfrac{\mu a F}{b - \mu c} = \dfrac{0.3 \times 950 \times 150}{(150 - 0.3 \times 60)} = 324\,\mathrm{N}$

$\therefore\ D = \dfrac{2T}{f} = \dfrac{2 \times 71600}{324} = 442\,\mathrm{mm}$

□**4.** 그림의 브레이크에서 135000 N · mm 의 토크를 지지하고 있다. 레버 끝에 가하는 힘 F는 몇 N이 필요한가? (단, $\mu = 0.25$)

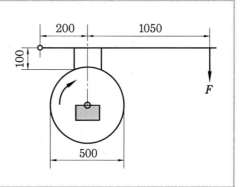

해답 $f = \dfrac{2T}{D} = \dfrac{2 \times 135000}{500} = 540\,\text{N}$

우회전을 하므로,

$$F = \dfrac{f(b + \mu c)}{\mu a} = \dfrac{540(200 + 0.25 \times 100)}{0.25 \times 1250} = 389\,\text{N}$$

◻5. 브레이크 블록의 길이 및 폭이 $80\,\text{mm} \times 30\,\text{mm}$, 브레이크 블록을 미는 힘이 $400\,\text{N}$일 때, 브레이크 압력은 몇 N/mm^2인가?

해답 $p = \dfrac{W}{A} = \dfrac{W}{st} = \dfrac{400}{30 \times 80} = 0.167\,\text{N/mm}^2$

◻6. 다음 그림과 같은 단식 블록 브레이크에서 중량물의 자유낙하를 방지하려면 중량물은 최대 몇 N까지 허용할 수 있는가? (단, 드럼면은 주철, 브레이크 블록은 목재로서 $\mu = 0.25$로 한다.)

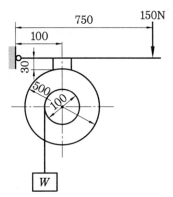

해답 이 브레이크에 대한 토크(T)와 크기를 구하는 데 있어 브레이크 드럼은 그림에서 좌회전이므로

$$T = f\dfrac{D}{2} = 305 \times 250 = 76250\,\text{N} \cdot \text{mm}\,(f = \dfrac{F\mu a}{b - \mu c} = \dfrac{150 \times 0.25 \times 750}{100 - 0.25 \times 30} \fallingdotseq 305\,\text{N})$$

중량 W에 의해 생기는 $T' = W \times \dfrac{100}{2}$이고, 이것이 제동토크 T보다 작으면 브레이크는 안전하게 작용하고, $T = T'$가 한계이다.

$$W \times \dfrac{100}{2} = 76250\,\text{N} \cdot \text{mm}$$

$$\therefore\ W = \dfrac{76250 \times 2}{100} = 1525\,\text{N}$$

□7. 그림과 같은 블록 브레이크에서 레버 끝에 $F = 250\,\text{N}$ 의 힘을 가할 때 블록 브레이크의 토크(N·mm)는 얼마인가? (단, $\mu = 0.2$ 로 한다.)

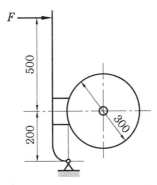

해답 $f = \dfrac{F\mu a}{b} = \dfrac{250 \times 0.2 \times 700}{200} = 175\,\text{N}$

$\therefore \; T = f\dfrac{D}{2} = 175 \times \dfrac{300}{2} = 26250\,\text{N·mm}$

□8. 그림과 같은 블록 브레이크에서 브레이크 드럼을 주철, 브레이크 블록을 석면으로 했을 때 마찰계수 $\mu = 0.2$, 허용 브레이크 압력을 $0.4\,\text{N/mm}^2$ 로 하고, 좌회전할 때의 제동력을 $190\,\text{N}$ 이라 하면, 브레이크 블록의 치수 e, $b[\text{mm}]$ 를 구하여라.

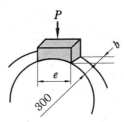

해답 제동력(f) $= 190\text{N}$ 이므로, 블록을 브레이크 드럼에 밀어붙이는 힘 W는

$f = \mu W$에서, $W = \dfrac{f}{\mu} = \dfrac{190}{0.2} = 950\,\text{N}$

브레이크의 마찰면적 $A = eb$, $q = \dfrac{W}{A} = \dfrac{W}{eb}$ 에서

$\therefore \; eb = \dfrac{W}{q} = \dfrac{950}{0.4} = 2375\,\text{mm}^2$

그러므로, $e = 80\,\text{mm}$, $b = 30\,\text{mm}$ 이면 된다.

보통 $e < 0.5D$로 하는 것이 좋다.

□9. 브레이크에서 전달동력이 5 kW이다. 이 브레이크의 길이와 폭이 각각 100 mm, 25 mm일 때 브레이크 용량은 몇 $N/mm^2 \cdot m/s$인가?

해답 $\mu q v = \dfrac{1000 H_{kW}}{be} = \dfrac{1000 \times 5}{25 \times 100} = 2\,N/mm^2 \cdot m/s$

10. 블록 브레이크에서 블록을 브레이크 드럼에 밀어붙이는 힘을 1000 N, 마찰면적을 $20\,cm^2$, 드럼의 원주속도 $v = 6m/s$, 마찰계수 $\mu = 0.2$일 때 이 브레이크의 용량은 몇 $N/mm^2 \cdot m/s$ 인가?

해답 $q = \dfrac{W}{A} = \dfrac{1000}{20} = 50\,N/cm^2 = 0.5\,N/mm^2$

$\therefore \ \mu q v = 0.2 \times 0.5 \times 6 = 0.6\,N/mm^2 \cdot m/s$

11. 그림과 같이 $D = 500m$, $a = 500\,mm$, $b = 250\,mm$, $d = 50\,mm$, $e = 800\,mm$인 복식 블록 브레이크에서 브레이크 레버를 몇 N의 힘으로 누르면 제동이 되겠는가? (단, 회전토크는 $200000\,N \cdot mm$, $\mu = 0.3$이다.)

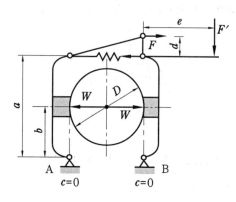

해답 $f = \dfrac{2T}{D} = \dfrac{2 \times 200000}{500} = 800N$

$\therefore \ F' = F\dfrac{d}{e} = \dfrac{fbd}{\mu ae} = \dfrac{800 \times 250 \times 50}{0.3 \times 500 \times 800} = 83.33N \left(F = \dfrac{fb}{\mu a} \right)$

12. 그림과 같은 내확 브레이크에서 실린더에 보내게 되는 유압이 $500\,\mathrm{N/cm^2}$일 때, 브레이크 드럼이 1000 rpm이라 하면 몇 마력(PS)을 제동할 수 있는가 ? (단, $\mu = 0.3$, 실린더의 지름은 20 mm, $a = 200\,\mathrm{mm}$, $b = 100\,\mathrm{mm}$, $c = 70\,\mathrm{mm}$, $D = 260\,\mathrm{mm}$ 이다.)

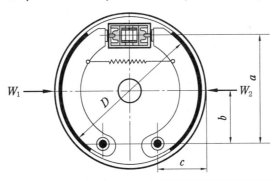

해답 $F = PA = P\dfrac{\pi d^2}{4} = 500 \times \dfrac{\pi \times 2^2}{4} = 1570.8\,\mathrm{N}$

$W_1 = \dfrac{Fa}{b - \mu c} = \dfrac{1570.8 \times 200}{100 - 0.3 \times 70} = 3976.7\,\mathrm{N}$

$W_2 = \dfrac{Fa}{b + \mu c} = \dfrac{1570.8 \times 200}{100 + 0.3 \times 70} \fallingdotseq 2596.36\,\mathrm{N}$

$T = f\dfrac{D}{2} = \mu(W_1 + W_2)\dfrac{D}{2} = 0.3 \times (3976.7 + 2596.36) \times \dfrac{260}{2} \fallingdotseq 256349.34\,\mathrm{N \cdot mm}$

$T = 7.02 \times 10^6 \times \dfrac{PS}{N}[\mathrm{N \cdot mm}]$

$PS = \dfrac{TN}{7.02 \times 10^6} = \dfrac{256349.34 \times 1000}{7.02 \times 10^6} = 36.52\,\mathrm{PS}$

13. 그림과 같은 내확 브레이크로서 $H = 12.5\,\mathrm{PS}$, $N = 500\,\mathrm{rpm}$의 동력을 제동하려고 한다. 유압 실린더의 안지름 20 mm라 할 때 유압($\mathrm{N/mm^2}$)을 구하여라. (단, $D = 150\,\mathrm{mm}$, $\mu = 0.35$, $l_1 = 110\,\mathrm{mm}$, $l_2 = 55\,\mathrm{mm}$, $l_3 = 51\,\mathrm{mm}$ 이다.)

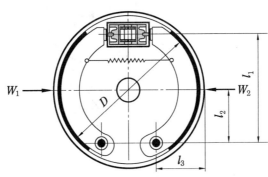

해답 필요한 브레이크 토크

$$T = 7.02 \times 10^6 \frac{PS}{N} = 7.02 \times 10^6 \times \frac{12.5}{500} = 175500 \,\text{N} \cdot \text{mm}$$

$$f = \frac{T}{\dfrac{D}{2}} = \frac{175500}{75} = 2340 \,\text{N}$$

$$f = \mu W_1 + \mu W_2 = \mu(W_1 + W_2)$$

$$W_1 + W_2 = \frac{f}{\mu} = \frac{2340}{0.35} = 6685.71 \,\text{N} \quad \cdots\cdots\cdots\cdots\cdots\cdots\cdots\cdots\cdots\cdots \text{①}$$

유압에 의하여 브레이크 슈를 확장하는 힘 F_1 및 F_2는 같으므로

$$\frac{W_1}{l_1}(l_2 - \mu l_3) = \frac{W_2}{l_1}(l_2 + \mu l_3) \quad \cdots\cdots\cdots\cdots\cdots\cdots\cdots \text{②}$$

식 ①과 ②에서 $W_1(55 - 0.35 \times 51) = (6685.71 - W_1)(55 + 0.35 \times 51)$로 되고,
이것을 풀어서 $W_1 = 4413.72 \,\text{N}$ 을 얻는다.

따라서, $W_2 = 6685.71 - 4413.72 \fallingdotseq 2272 \,\text{N}$

$$F = \frac{W_1}{l_1}(l_2 - \mu l_3) = \frac{4413.72}{110}(55 - 0.35 \times 51) \fallingdotseq 1490.63 \,\text{N}$$

그러므로 필요한 유압은 다음과 같다.

$$\therefore \quad q = \frac{F}{A} = \frac{1490.63}{\dfrac{\pi}{4} \times 20^2} \fallingdotseq 4.74 \,\text{N/mm}^2$$

---

14. 그림과 같은 밴드 브레이크에서 드럼이 우회전할 때 밴드의 긴장측 장력 T_t이 이완 측 장력 T_s의 3배이고 제동력이 400 N, 레버 끝에 작용시킬 힘을 120 N, $l = 500\,\text{mm}$ 로 할 때, $a[\text{mm}]$는 얼마로 하면 되는가?

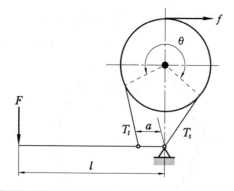

해답 $T_t = 3T_s$이므로, $\dfrac{T_t}{T_s} = e^{\mu\theta} = \dfrac{3T_s}{T_s} = 3$

$$\therefore \; F = f\frac{a}{l}\left(\frac{e^{\mu\theta}}{e^{\mu\theta}-1}\right)\text{에서,}$$

$$a = \frac{lF(e^{\mu\theta}-1)}{fe^{\mu\theta}} = \frac{500\times120\times2}{400\times3} = 100\,\text{mm}$$

---

15. 지름 300mm의 브레이크 드럼을 가진 밴드 브레이크 용량은 몇 $\text{N/mm}^2\!\cdot\!\text{m/s}$인가? (단, 접촉각 $1.5\pi[\text{rad}]$, 밴드의 폭 20mm, 흡수 동력을 3kW로 한다.)

해답 브레이크 용량은 다음 식으로 계산한다.

$$\mu qv = \frac{1000 H_{kW}}{A} = \frac{1000 H_{kW}}{sr\theta}$$

$$\mu qv = \frac{1000\times3}{20\times150\times(1.5\pi)} \fallingdotseq 0.21\,\text{N/mm}^2\!\cdot\!\text{m/s}$$

---

16. 다음 그림에서 보여주는 밴드 브레이크에 의하여 $H = 4.5\,\text{PS}$, $N = 100\,\text{rpm}$의 동력을 제동하려고 한다. $D = 40\,\text{cm}$로 하였을 때, 브레이크 레버의 유효길이(mm) 및 브레이크 밴드의 폭(mm)을 구하여라. (단, 밴드의 두께 1 mm인 강판이고, 밴드 $(\sigma_a) = 80\,\text{N/mm}^2$인 석면 직물을 라이닝하여 $\mu = 0.3$으로 하고, 접촉각은 216°로 한다.)

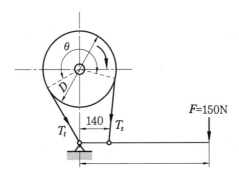

해답 ① $e^{\mu\theta} = e^{0.3\times3.77} = 3.1\,(\theta = 2\pi\times\frac{216}{360} = 3.77\,\text{rad})$

$$T = 7.02\times10^6\frac{PS}{N} = 7.02\times10^6\times\frac{4.5}{100} = 315900\,\text{N}\cdot\text{mm}$$

$$f = \frac{2T}{D} = \frac{2\times315900}{400} \fallingdotseq 1580\,\text{N}$$

$$T_s = f\frac{1}{e^{\mu\theta}-1} = 1580\times\frac{1}{3.1-1} = 752.38\,\text{N}$$

$$\therefore \; l = \frac{T_s}{F}a = \frac{752.38}{150}\times140 \fallingdotseq 702.22\,\text{mm}$$

② $T_t = f \dfrac{e^{\mu\theta}}{e^{\mu\theta}-1} = 1580 \times \dfrac{3.1}{3.1-1} = 2332.38\,\mathrm{N}$

$\therefore b = \dfrac{T_t}{\sigma_a t} = \dfrac{2332.38}{80 \times 1} = 29.15 \fallingdotseq 30\,\mathrm{mm}$

---

17. 1000 N·m의 토크를 받는 래칫 휠에서 주철제로 허용 굽힘응력을 $20\,\mathrm{N/mm^2}$, 잇수를 18개, 이폭계수를 0.8이라 하면, 래칫의 바깥지름은 몇 mm로 하여야 하는가?

해답 $p = 3.75\sqrt[3]{\dfrac{T}{Z\sigma_a\phi}} = 3.75 \times \sqrt[3]{\dfrac{1000000}{18 \times 20 \times 0.8}} \fallingdotseq 57\,\mathrm{mm}$

$\therefore D = \dfrac{pZ}{\pi} = \dfrac{57 \times 18}{\pi} \fallingdotseq 327\,\mathrm{mm}$

---

18. 그림과 같은 밴드 브레이크에서 5 PS, 100 rpm의 동력을 제동하려고 한다. 레버에 작용시키는 힘을 200 N이라 할 때, 레버의 길이(mm)를 구하여라. (단, $\mu = 0.3$이고, 밴드의 접촉각은 225°라 한다.)

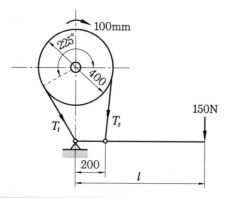

해답 $T = 7.02 \times 10^6 \dfrac{PS}{N} = 7.02 \times 10^6 \times \dfrac{5}{100} = 351000\,\mathrm{N \cdot mm}$

$f = \dfrac{2T}{D} = \dfrac{2 \times 351000}{400} = 1755\,\mathrm{N}$

$e^{\mu\theta} = e^{0.3 \times 3.98} = 3.25\,(\mu = 0.3,\ \theta = 225° = 3.98\,\mathrm{rad})$

$\therefore l = f\dfrac{a}{F}\dfrac{1}{e^{\mu\theta}-1} = 1755 \times \dfrac{200}{200} \times \dfrac{1}{3.25-1} = 780\,\mathrm{mm}$

---

19. 16 PS의 단기통 사이클 가솔린 기관이 있다. 매분의 회전수가 480이고, 속도 변동률이 $\dfrac{1}{40}$이다. 폭발할 때 나오는 에너지의 90 %를 플라이 휠에 저축하려면 플라이 휠의 관성 모멘트의 크기와, 또 플라이 휠의 회전 반지름이 40 cm이면 그 중량은 얼마인가?

해답 1 PS의 동력은 매분 $735 \times 60 = 44100 \, \text{N·m}$ 인 일량이고, 16 PS는 $705600 \, \text{N · m}$ 에 상당한다. 단기통 2사이클 기관에서 크랭크축의 1회전에 1회의 폭발이 일어나므로 1분간 폭발수는 480이다.

여기서, 1회 폭발할 경우 발생열량은 $\dfrac{705600}{480} = 1470 \, \text{N · m}$

이 중 90 %가 플라이 휠에 저축된다면 $\Delta E = 0.9 \times 1470 = 1323 \, \text{N · m}$

플라이 휠의 평균 각속도$(\omega) = 2\pi \times \dfrac{480}{60} = 50.27 \, \text{rad/s}$

따라서, 관성 모멘트$(I) = \dfrac{\Delta E}{\omega^2 \delta} = \dfrac{1323}{(50.27)^2 \times \dfrac{1}{40}} = 20.94 \, \text{N·m·s}^2$

플라이 휠의 중량이 W 라면,

$W = \dfrac{Ig}{k^2} = \dfrac{20.94 \times 9.8}{(0.4)^2} = 1282.58 \, \text{N} \,(\text{여기서, } k : \text{회전 반지름})$

---

20. 회전수 300 rpm으로 1.5 PS을 전달하는 회전축을 원추 브레이크로 제동하려고 한다. $2\alpha = 40°$, $\mu = 0.3$, $q = 30 \, \text{N/cm}^2$, $D = 12 \, \text{cm}$ 일 때, 마찰면의 폭(cm)을 얼마로 하면 되는가?

해답 $T = 7.02 \times 10^6 \dfrac{PS}{N} = 7.02 \times 10^6 \times \dfrac{1.5}{300} = 35100 \, \text{N · mm} = 3510 \, \text{N · cm}$

$P = \dfrac{2T\sin\alpha}{\mu D} = \dfrac{2 \times 3510 \times \sin 20°}{0.3 \times 12} = 666.94 \, \text{N} ≒ 667 \, \text{N}$

$\therefore b = \dfrac{P}{2\pi Rq\sin\alpha} = \dfrac{667}{2 \times \pi \times 6 \times 30 \times \sin 20°} = 1.72 \, \text{cm}$

---

21. 75000 N · mm의 토크를 받는 주철제 래칫 휠에서 피치를 40 mm로 하기 위해서는 잇수를 몇 개로 하면 되는가? (단, 주철의 허용 굽힘응력을 $25 \, \text{N/mm}^2$, 이폭계수를 0.7로 한다.)

해답 $p = 3.75 \sqrt[3]{\dfrac{T}{Z\sigma_a \varPhi}}$ 에서,

$p^3 = (3.75)^3 \times \dfrac{T}{Z\sigma_a \varPhi}$ 이므로

$\therefore Z = (3.75)^3 \dfrac{T}{p^3 \sigma_a \varPhi} = (3.75)^3 \times \dfrac{75000}{40^3 \times 25 \times 0.7} ≒ 4 \text{개}$

22. 그림과 같은 밴드 브레이크에 의해 $H = 5\,\mathrm{PS}$, $N = 100\,\mathrm{rpm}$의 동력을 제동하려고 한다. $a = 150\,\mathrm{mm}$, $d = 400\,\mathrm{mm}$, $F = 200\,\mathrm{N}$, 접촉각 210°일 때 브레이크 봉의 유효길이 $L[\mathrm{mm}]$을 구하여라. (단, 밴드의 마찰계수 $\mu = 0.3$이다.)

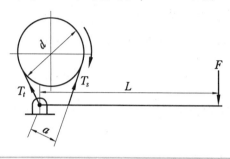

해답 $\sum M_{hinge} = 0$, $T = f\dfrac{d}{2}$에서

$$T = 7.02 \times 10^6 \frac{PS}{N} = 7.02 \times 10^6 \times \frac{5}{100} = 351000\,\mathrm{N\cdot mm}$$

$$f = \frac{2T}{d} = \frac{2 \times 351000}{400} = 1755\,\mathrm{N}$$

$$\left(e^{\mu\theta} = e^{0.3 \times \frac{210}{57.3}} = 3\right)$$

$FL = T_s a$에서, $F = \dfrac{T_s a}{L} = \dfrac{fa}{L(e^{\mu\theta} - 1)}$

$$\therefore L = \frac{fa}{F(e^{\mu\theta} - 1)} = \frac{1755 \times 150}{200(3 - 1)} = 658.13\,\mathrm{mm}$$

23. 그림과 같은 밴드 브레이크 장치에서 마찰계수 $\mu = 0.3$, 장력비 $e^{\mu\theta} = 3.5$, 밴드의 허용 인장응력 $\sigma_t = 50\mathrm{N/mm^2}$일 때 다음 물음에 답하여라. (단, 축의 비틀림 모멘트 $T = 25000\,\mathrm{N\cdot cm}$이다.)

(1) 회전력 : $Q[\mathrm{N}]$

(2) 레버 끝에 작용시키는 힘 : $F[\mathrm{N}]$

(3) 긴장측 장력 : $T_t[\mathrm{N}]$

(4) 밴드의 두께가 $t = 3\,\mathrm{mm}$일 때 폭 : $b[\mathrm{mm}]$

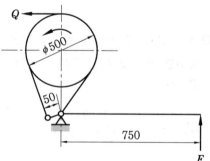

해답 (1) $T = Q \times \dfrac{D}{2}$에서, $Q = \dfrac{2T}{D} = \dfrac{2 \times 250000}{500} = 1000\,\mathrm{N}$

(2) $50\,T_s = 750F$에서, $F = \dfrac{50}{750}\,T_s = \dfrac{1}{15}\dfrac{Q}{e^{\mu\theta}-1} = \dfrac{1000}{15(3.5-1)} = 26.7\,\text{N}$

(3) $T_t = T_s e^{\mu\theta} = \dfrac{Qe^{\mu\theta}}{e^{\mu\theta}-1} = \dfrac{1000\times 3.5}{3.5-1} = 1400\,\text{N}$

(4) $\sigma_a = \dfrac{T_t}{A} = \dfrac{T_t}{bt}$에서, $b = \dfrac{T_t}{\sigma_a t} = \dfrac{1400}{50\times 3} = 9.33\,\text{mm} \fallingdotseq 10\,\text{mm}$

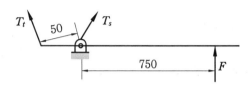

---

24. 그림과 같은 밴드 브레이크의 제동토크 $T_b[\text{N·mm}]$를 구하여라. (단, 마찰계수 $\mu = 0.2$ 이다.)

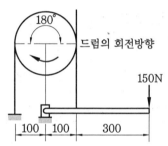

[해답] $\sum M_{hinge} = 0 \,(e^{\mu\theta} = e^{0.2\times\pi} = 1.87)$

$0 = -400F + 100\,T_s$

$F = \dfrac{1}{4}\,T_s = \dfrac{f}{4(e^{\mu\theta}-1)}$

$f = 4F(e^{\mu\theta}-1) = 4\times 150(1.87-1) = 552\,\text{N}$

$\therefore\ T_b = f\dfrac{D}{2} = 552\times\dfrac{200}{2} = 55200\,\text{N·mm}$

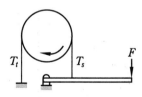

25. 그림과 같은 밴드 브레이크에서 하중 W의 낙하를 정지하기 위하여 레버 끝에 300 N의 힘을 가할 때 다음 물음에 답하여라. (단, 마찰계수 $\mu = 0.35$, $e^{\mu\theta} = 4.4$, 밴드의 두께는 2 mm, 밴드의 허용 인장응력 $\sigma_t = 80 \, \text{N/mm}^2$이다.)

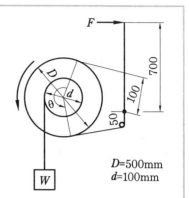

D=500mm
d=100mm

(1) 제동력 : $f[\text{N}]$

(2) 낙하가 정지되는 최대하중 : $W[\text{N}]$

(3) 밴드의 폭 : $b[\text{mm}]$

(4) 브레이크 용량 : $\mu qv[\text{N/mm}^2 \cdot \text{m/s}]$ (단, 접촉각 $\theta = 240°$, 작업동력 5 kW이다.)

해답 (1) $\sum M_{hinge} = 0 \, (-Fl + T_t b - T_s a = 0)$

$$F = \frac{T_t b - T_s a}{l} = \frac{T_s(be^{\mu\theta} - a)}{l} = \frac{f(be^{\mu\theta} - a)}{(e^{\mu\theta} - 1)l}$$

$$\therefore \; f = \frac{Fl(e^{\mu\theta} - 1)}{(be^{\mu\theta} - a)} = \frac{300 \times 700(4.4 - 1)}{100 \times 4.4 - 50} = 1830.77 \, \text{N}$$

(2) $T = W \times \dfrac{d}{2}$에서, $W = \dfrac{2T}{d} = \dfrac{2 \times f\dfrac{D}{2}}{d} = \dfrac{fD}{d} = \dfrac{1830.77 \times 500}{100} = 9153.85 \, \text{N}$

(3) $T_t = T_s e^{\mu\theta} = \dfrac{fe^{\mu\theta}}{e^{\mu\theta} - 1} = \dfrac{1830.77 \times 4.4}{4.4 - 1} \fallingdotseq 2370 \, \text{N}$

$\sigma_t = \dfrac{T_t}{bt\eta}$에서, $b = \dfrac{T_t}{\sigma_t t\eta} = \dfrac{2370}{80 \times 2 \times 1} = 14.81 \, \text{mm}$

(4) $\mu qv = \mu \dfrac{w}{A} v = \dfrac{1000kW}{A} = \dfrac{1000kW}{br\theta} = \dfrac{1000 \times 5}{14.81 \times 250 \times \dfrac{240°}{57.3°}}$

$= 0.32 \, \text{N/mm}^2 \cdot \text{m/s}$

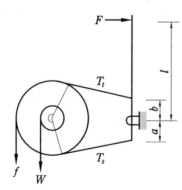

26. 다음 그림의 브레이크 륜에 71600 N · mm의 토크가 작용하고 있을 경우, 레버에 150 N의 힘을 가하여 제동하려면 브레이크 륜의 지름을 몇 mm로 하며, 또 브레이크 륜의 회전방향이 반대로 되었을 경우 레버에 작용시켜야 되는 힘은 몇 N인가 ? (단, 브레이크 블록과 바퀴 사이의 마찰계수는 0.3이다.)

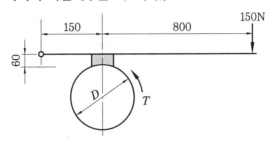

해답 $Fa - Pb + \mu Pc = 0$ 에서, $P = \dfrac{Fa}{(b - \mu c)} = \dfrac{150 \times 950}{(150 - 0.3 \times 60)} = 1079.55 \,\text{N} \fallingdotseq 1080\,\text{N}$

$T = \mu \dfrac{PD}{2}$ 에서, $D = \dfrac{2T}{\mu P} = \dfrac{2 \times 71600}{0.3 \times 1080} \fallingdotseq 442\,\text{mm}$

$Fa - Pb - \mu Pc = 0$ 에서, $P = \dfrac{Fa}{(b + \mu c)}\,[\text{N}]$

$\therefore\ F = \dfrac{P(b + \mu c)}{a} = \dfrac{1080(150 + 0.3 \times 60)}{950} \fallingdotseq 191\,\text{N}$

27. 단동식 밴드 브레이크에서 7.5 kW, 200 rpm의 동력을 제동하려고 한다. 브레이크 막대 치수 $a = 150\,\text{mm}$, 브레이크 드럼의 지름 $D = 450\,\text{mm}$, 조작력 $F = 180\,\text{N}$, 밴드 두께 1 mm, 브레이크 마찰계수 $\mu = 0.25$, 접촉각 $\theta = 210°$ 이다. 다음 물음에 답하여라.

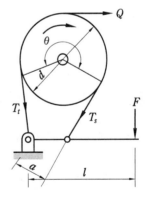

(1) 브레이크 막대의 길이 l은 몇 mm로 할 것인가 ? (단, 정수로 답하고 드럼은 우회전한다.)

(2) 브레이크 밴드의 너비 w는 몇 mm로 하여야 하는가 ? (단, 밴드의 허용응력은 75 N/mm^{2}이다.)

(3) 좌회전하였을 경우의 제동토크수는 얼마인가 ? (단, 토크는 정수로 구하고, 단위는 N · m이다.)

해답 (1) $\sum M_0 = 0$, $T = 9.55 \times 10^6 \times \dfrac{kW}{N} = 9.55 \times 10^6 \times \dfrac{7.5}{200} = 358125\,\text{N·mm}$

$e^{\mu \theta} = \exp\left(0.25 \times \dfrac{\pi}{180} \times 210°\right) = 2.5$

$\therefore\ l = \dfrac{T_s a}{F} = \dfrac{Qa}{F(e^{\mu \theta} - 1)} = \dfrac{2Ta}{F(e^{\mu \theta} - 1)D} = \dfrac{2 \times 358125 \times 150}{180 \times (2.5 - 1) \times 450}$

$$= 884.26\,\mathrm{mm} \fallingdotseq 885\,\mathrm{mm}$$

(2) $Q = \dfrac{2T}{D} = \dfrac{2 \times 358125}{450} = 1591.67\,\mathrm{N}$

$$\therefore\ w = \dfrac{T_t}{\sigma_t t} = \dfrac{Qe^{\mu\theta}}{\sigma_t t(e^{\mu\theta} - 1)} = \dfrac{1591.67 \times 2.5}{75 \times 1 \times (2.5 - 1)} = 35.37\,\mathrm{mm}$$

(3) $Q = \dfrac{F \times l \times (e^{\mu\theta} - 1)}{e^{\mu\theta}a} = \dfrac{180 \times 885 \times (2.5 - 1)}{2.5 \times 150} = 637.2\,\mathrm{N}$

$$\therefore\ T = Q \times \dfrac{D}{2} = 637.2 \times \dfrac{450}{2} = 143.37\,\mathrm{N} \cdot \mathrm{m}$$

---

28. 그림과 같은 밴드 브레이크에서 5 PS, 100 rpm의 동력을 제동하고자 한다. 레버 끝에 작용시키는 힘을 200 N이라 할 때 다음 물음에 답하여라. (단, $\mu = 0.35$, $e^{\mu\theta} = 4$이다.)

(1) 제동하여야 할 토크 : $T[\mathrm{N\cdot mm}]$

(2) 제동력 : $f[\mathrm{N}]$

(3) 레버의 길이 : $l[\mathrm{mm}]$

(4) 밴드의 두께 2 mm, 허용 인장응력 $55\,\mathrm{N/mm^2}$일 때 밴드의 폭 : $b[\mathrm{mm}]$ (단, 이음 효율은 1이다.)

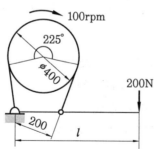

해답 (1) $T = 7.02 \times 10^6 \times \dfrac{PS}{N} = 7.02 \times 10^6 \times \dfrac{5}{100} = 351000\,\mathrm{N} \cdot \mathrm{mm}$

(2) $T = f\dfrac{D}{2}$에서, $f = \dfrac{2T}{D} = \dfrac{2 \times 351000}{400} = 1755\,\mathrm{N}$

(3) $Fl = T_s a$, $F = \dfrac{T_s a}{l} = \dfrac{fa}{(e^{\mu\theta} - 1)l}$

$$\therefore\ l = \dfrac{fa}{(e^{\mu\theta} - 1)F} = \dfrac{1755 \times 200}{(4 - 1) \times 200} = 585\,\mathrm{mm}$$

(4) $T_t = \dfrac{fe^{\mu\theta}}{(e^{\mu\theta} - 1)} = \dfrac{1755 \times 4}{4 - 1} = 2340\,\mathrm{N}$

$$\sigma_a = \dfrac{T_t}{A\eta} = \dfrac{T_t}{bh\eta}$$에서, $b = \dfrac{T_t}{\sigma_a h\eta} = \dfrac{2340}{55 \times 2 \times 1} = 21.27\,\mathrm{mm}$

제**9**장 스프링

9-1 코일 스프링의 실용 설계

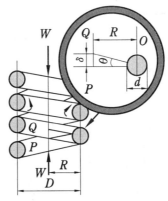

압축 코일 스프링

여기서, W : 하중(N) $\qquad$ D : 코일의 평균지름(mm)

d : 소선의 지름(mm) $\qquad$ p : 코일의 피치(mm)

δ : 스프링의 처짐(mm) $\qquad$ n : 유효권수(감김수)

K : 왈의 응력수정계수 $\qquad$ E : 세로 탄성계수(N/mm^2)

G : 가로 탄성계수(N/mm^2) $\qquad$ τ : 최대 전단응력(N/mm^2)

θ : 비틀림 각(°) $\qquad$ σ : 최대 굽힘응력(N/mm^2)

U : 단위면적당 에너지(N·mm/mm^2)

(1) 스프링 지수

$$C = \frac{2R}{d} = \frac{D}{d} = \frac{\text{코일의 평균지름}}{\text{소선의 지름}}$$

C를 스프링 지수라 하고, $12 > C > 5$의 범위에 있다.

(2) 응력값의 계산

실제의 전단응력은 스프링의 곡률 반지름과 기타의 영향을 받아 이론 계산식과 일치하지 않으므로 왈의 수정계수 K를 곱하여 수정한다.

$$\tau = K\frac{16RW}{\pi d^3} = K\frac{8D}{\pi d^3}W = K\frac{8C}{\pi d^2}W$$

$$\tau = K\frac{8C^3}{\pi D^2}W[\text{N/mm}^2]$$

그리고 K는 스프링 지수 C만의 함수이다. 즉,

$$K = \frac{4C-1}{4C-4} + \frac{0.615}{C} = f(C)$$

다음 표는 C에 대한 K의 값을 표시한 것이다.

C에 대한 K의 값

$C=\dfrac{D}{d}$	K	$C=\dfrac{D}{d}$	K
4.0	1.39	6.0	1.24
4.25	1.36	6.5	1.22
4.5	1.34	7.0	1.20
4.75	1.32	7.5	1.18
5.0	1.30	8.0	1.17
5.25	1.28	8.5	1.16
5.5	1.27	9.0	1.15

(3) 스프링 상수와 처짐

$$k = \frac{W}{\delta} = \frac{Gd^4}{8nD^3} = \frac{Gd}{8nC^3} = \frac{GD}{8nC^4} = \frac{Gd^4}{64nR^3}[\text{N/mm}]$$

$$\delta = \frac{8nD^3}{Gd^4}W = \frac{8nC^3}{Gd}W = \frac{8nC^4}{GD}W[\text{mm}]$$

(4) 에너지의 계산

$$U = \frac{W\delta}{2} = \frac{32nR^3W^2}{gD^4} = \frac{V\tau^2}{4K^2G}[\text{N·mm}]$$

단, V는 스프링 대강의 부피이다.

$$V = \frac{\pi d^2}{4} \cdot 2\pi Rn[\text{mm}^3]$$

따라서, 단위체적마다 흡수되는 에너지를 크게 하려면 좋은 재료를 사용하여 τ를 크게

취하고, 또는 K를 작게, 즉 $C = \dfrac{D}{d} = \dfrac{2R}{d}$ 을 크게 할 필요가 있다.

재료의 기호 및 가로 탄성계수(G) 값

재료	기호	G의 값(N/mm^2)
스프링 강선	SUP	8×10^4
경강선	SW	8×10^4
피아노선	SWP	8×10^4
스테인리스 강선(SUS 27, 32, 40)	SUS	7.5×10^4
황동선	BSW	4×10^4
양백선	NSWS	4×10^4
인청동선	PBW	4.5×10^4
베릴륨동선	BeCuW	5×10^4

(5) 서징(surging)

서징의 1차 고유진동수 $f_1 = \dfrac{d}{2\pi n D^2} \sqrt{\dfrac{gG}{2\gamma}}\,[\text{cps}]$

스프링강의 경우, $f_1 = 3.56 \times 10^5 \dfrac{d}{nD^2}[\text{cps}]$

여기서, γ : 스프링 재료의 비중량

9-2 삼각형 스프링 및 겹판 스프링의 실용 설계

여기서, W : 하중(N) $\quad l$: 스팬(mm)

E : 세로 탄성계수(N/mm^2) $\quad \lambda_1$: 모판의 수정계수

h : 강판의 두께(mm) $\quad \lambda_2$: 판간 마찰 수정계수

n : 강판의 수 $\quad b$: 강판의 너비(mm)

(1) 삼각형 스프링

① 굽힘응력(σ_b)

$\sigma_b = \dfrac{6Wl}{bh^2}[\text{N/mm}^2]$

② **고정단의 너비(b)**

$$b = \frac{6\,Wl}{\sigma_b h^2}\,[\text{mm}]$$

③ **자유단에 생기는 처짐(δ)**

$$\delta = \frac{6\,Wl^3}{bh^3 E}\,[\text{mm}]$$

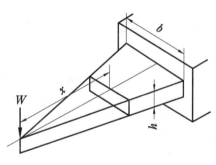

삼각형 스프링

(2) 겹판 스프링(leaf spring)

(양단받침 · 중앙집중하중)

① $\sigma_b = \dfrac{3}{2}\dfrac{Wl}{nbh^2}\,[\text{N/mm}^2]$

② $\delta = \dfrac{3}{8}\dfrac{Wl^3}{nbh^3 E}\,[\text{mm}]$

허리쬠의 폭을 b라 하면, l 대신에 $l - 0.6e$를 대입한다.

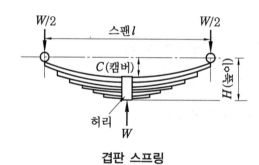

겹판 스프링

예 상 문 제

□**1.** 그림과 같이 스프링을 직렬로 연결할 때 합성 스프링 장치에서 처짐량이 40 mm이다. 이때 작용하는 하중(N)을 구하여라. (단, $k_1 = 40\,\text{N/cm}$, $k_2 = 30\,\text{N/cm}$이다.)

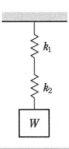

해답 $W = k\delta$에서 합성 스프링 상수 k가 미지수이므로, 이 값을 먼저 구한다.
직렬 연결일 때 합성 스프링 상수 k는,

$$k = \cfrac{1}{\cfrac{1}{k_1} + \cfrac{1}{k_2}} = \frac{k_1 k_2}{k_1 + k_2} = \frac{40 \times 30}{40 + 30} = 19.14\,\text{N/cm}$$

$$\therefore \ W = k\delta = 17.14 \times 4 = 68.57\,\text{N}$$

□**2.** 소선의 지름 3 mm, 스프링의 평균지름 30 mm, 유효 감김수 15인 코일 스프링에 50 N의 하중을 가했을 때, 25 mm의 처짐이 생겼다면 이 스프링 재료의 가로 탄성계수 (N/mm^2)을 구하여라.

해답 $\delta = \dfrac{8nD^3 W}{Gd^4}$에서, $G = \dfrac{8nD^3 W}{d^4 \delta} = \dfrac{8 \times 15 \times 30^3 \times 50}{3^4 \times 25} = 80000\,\text{N/mm}^2$

□**3.** 스프링 지수 $C = 8$인 압축 코일 스프링에서 하중이 700 N에서 300 N으로 감소되었을 때, 처짐의 변화가 25 mm가 되도록 하려고 한다. 스프링 재료로 경강선을 사용했을 때 $\tau = 300\,\text{N/mm}^2$, $G = 8 \times 10^4\,\text{N/cm}^2$일 때, 소선의 지름(mm)을 구하여라.

해답 $\tau = K \dfrac{8WD}{\pi d^3} = K \dfrac{8WC}{\pi d^2}$

$$d = \sqrt{\frac{8KWC}{\pi \tau}} = \sqrt{\frac{8 \times 1.184 \times 700 \times 8}{\pi \times 300}} = 7.5 \fallingdotseq 8\,\text{mm}$$

$$(단, \quad K = \frac{4C-1}{4C-4} + \frac{0.615}{C} = \frac{4 \times 8 - 1}{4 \times 8 - 4} + \frac{0.615}{8} = 1.184)$$

☐4. 3.2 mm의 피아노선으로 코일을 만들고 400 N을 가한다. 스프링 상수를 25 N/mm 로 하고 스프링의 전길이(높이)를 45 mm로 하면, 코일의 지름(mm)은 얼마인가? (단, $G = 8.4 \times 10^4\,\text{N/mm}^2$, $n = 7.5$이다.)

해답 $\delta = \dfrac{W}{k} = \dfrac{400}{25} = 16\,\text{mm}$

$$\therefore \quad D = \sqrt[3]{\frac{\delta G d^4}{8n W}} = \sqrt[3]{\frac{16 \times 8.4 \times 10^4 \times 3.2^4}{8 \times 7.5 \times 400}} = 18.04\,\text{mm}$$

☐5. 250 N의 하중을 가하여 100 mm의 늘임이 생기는 코일 스프링을 제작하려고 한다. 코일의 평균 반지름은 강선 지름의 3.5배이고 최대응력은 $560\,\text{N/mm}^2$라고 하면, 강선의 지름은 몇 mm인가? (단, 수정계수 $K = 1.2$이다.)

해답 $\dfrac{R}{d} = 3.5$이고, $\tau = K \dfrac{16RW}{\pi d^3} = K \dfrac{16 \times 3.5d \times W}{\pi d^3} = K \dfrac{16 \times 3.5 \times W}{\pi d^2}$

$$d = \sqrt{\frac{1.2 \times 16 \times 3.5 \times 250}{\pi \times 560}} = 3.09\,\text{mm}$$

☐6. 그림과 같은 압축 코일 스프링에서 하중 $W = 100\,\text{N}$, 코일의 평균지름 $D = 40\,\text{mm}$ 라 할 때, 유효 감김수(n) 및 전단응력(N/mm^2)을 구하여라. (단, 소재는 스프링강으로 서 가로 탄성계수 $G = 8.2 \times 10^4\,\text{N/mm}^2$, $d = 5\,\text{mm}$, $\delta = 10\,\text{mm}$이다.)

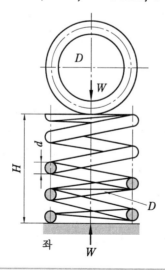

좌

해답　① $n = \dfrac{Gd^4\delta}{64R^3W} = \dfrac{8.2 \times 10^4 \times 5^4 \times 10}{64 \times 20^3 \times 100} = 10$회

② $C = \dfrac{D}{d} = \dfrac{40}{5} = 8$이므로, K는 1.17

$\therefore\ \tau = K\dfrac{16RW}{\pi d^3} = 1.17 \times \dfrac{16 \times 20 \times 100}{\pi \times 5^3} = 95.34\,\text{N/mm}^2$

□7. 지름 2 mm의 피아노선에서 $C = \dfrac{D}{d} = 6$일 때, 140 N의 인장하중에 대하여 20 mm 늘어났다면 이때 생기는 최대 전단응력(N/mm^2)은 얼마인가? (단, 응력수정계수 $K = 1.24$이다.)

해답　$\tau = K\dfrac{8CW}{\pi d^2} = 1.24 \times \dfrac{8 \times 6 \times 140}{\pi \times 2^2} = 663.1\,\text{N/mm}^2$

□8. 그림과 같은 스프링 장치에서 $W = 100\,\text{N}$일 때 이 스프링의 하중방향 처짐(cm)은 얼마인가? (단, 각 스프링의 스프링 상수는 $k_1 = 20\,\text{N/cm}$, $k_2 = 30\,\text{N/cm}$이다.)

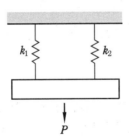

해답　$k = k_1 + k_2 = 20 + 30 = 50\,\text{N/cm}$

$\therefore\ \delta = \dfrac{W}{k} = \dfrac{100}{50} = 2\,\text{cm}$

□9. 인장 코일 스프링에 $W = 250\,\text{N}$, $R = 4\,\text{cm}$, $d = 0.8\,\text{m}$, $G = 8 \times 10^6\,\text{N/cm}^2$, 코일 감김수 $n = 10$일 때 최대 전단응력은 몇 N/cm^2인가?

해답　$K = \dfrac{4C-1}{4C-4} + \dfrac{0.615}{C} = \dfrac{4 \times 10 - 1}{4 \times 10 - 4} + \dfrac{0.615}{10} = 1.14$

$\left(C = \dfrac{2R}{d} = \dfrac{2 \times 4}{0.8} = 10\right)$

$\therefore\ \tau = K\dfrac{16WR}{\pi d^3} = 1.14 \times \dfrac{16 \times 250 \times 4}{\pi \times (0.8)^3} = 11339.79\,\text{N/cm}^2$

10. 지름 6 mm인 강선으로 코일의 평균지름 80 mm에 밀착하여 감은 스프링에 하중 10 N에 대하여 5 mm만큼 늘어나게 하기 위한 철사의 길이(mm)와 스프링의 유효 감김수를 구하여라. (단, 재료의 가로 탄성계수 $G = 8.5 \times 10^4 \,\text{N/mm}^2$ 이다.)

[해답] ① $n = \dfrac{Gd^4\delta}{8WD^3} = \dfrac{8.5 \times 10^4 \times 6^4 \times 5}{8 \times 10 \times 80^3} = 13.45 ≒ 14$ 회

② $l = \pi D n = \pi \times 80 \times 14 = 3518.58 \,\text{mm}$

11. 300 N의 하중이 작용할 때, 100 mm 늘어나는 코일 스프링을 만들려고 한다. 코일의 평균지름은 소선 지름의 7배이고 최대 전단응력이 $600 \,\text{N/mm}^2$ 이라면, 유효 감김수를 몇 개로 하면 되겠는가? (단, $G = 8 \times 10^4 \,\text{N/mm}^2$ 이다.)

[해답] $\tau = K\dfrac{8WD}{\pi d^3}$ 에서 $d^3 = \dfrac{8KWD}{\pi\tau} = \dfrac{8KW(7d)}{\pi\tau}$ 이므로

$d = \sqrt{\dfrac{56KW}{\pi\tau}} = \sqrt{\dfrac{56 \times 1.21 \times 300}{\pi \times 600}} = 3.28 \,\text{mm}$

$\left(K = \dfrac{4C-1}{4C-4} + \dfrac{0.615}{C} = \dfrac{4\times7-1}{4\times7-4} + \dfrac{0.615}{7} = 1.21 \left(C = \dfrac{D}{d} = 7\right)\right)$

$\therefore n = \dfrac{\delta Gd}{8WC^3} = \dfrac{100 \times 8 \times 10^4 \times 3.51}{8 \times 300 \times 7^3} = 34.11 ≒ 35$ 개

12. 2개의 코일 스프링을 오른쪽 그림과 같이 연결했을 때, 합성 스프링 상수(N/mm)는 얼마인가? (단, $k_1 = 1\,\text{N/mm}$, $k_2 = 1.5\,\text{N/mm}$ 이다.)

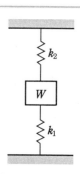

[해답] $k = k_1 + k_2 = 1 + 1.5 = 2.5 \,\text{N/mm}$

13. 인장 코일 스프링에 차례로 각각 10 N, 30 N, 60 N의 하중을 걸었을 때, 그 길이가 각각 11.5 mm, 34.5 mm, 69 mm이었다면 스프링 상수(N/mm)는 얼마인가?

[해답] $k_1 = \dfrac{W_1}{\delta_1} = \dfrac{10}{11.5} = 0.869 \,\text{N/mm}$

$$k_2 = \frac{W_2}{\delta_2} = \frac{30}{34.5} = 0.869\,\text{N/mm}$$

$$k_3 = \frac{W_3}{\delta_3} = \frac{60}{69} = 0.869\,\text{N/mm}$$

$$\therefore\ k = 0.869\,\text{N/mm}$$

---

14. 길이 $l = 400\,\text{mm}$, 폭 $b = 650\,\text{mm}$, 두께 $h = 10\,\text{mm}$ 의 삼각판 스프링에 허용응력 $\sigma_a = 1000\,\text{N/mm}^2$ 이라 할 때, 작용시킬 수 있는 최대하중은 약 몇 N인가?

해답 $\sigma = \dfrac{6\,Wl}{bh^2}$ 에서,

$$W = \frac{\sigma_a bh^2}{6l} = \frac{1000 \times 650 \times 10^2}{6 \times 400} = 27083.33\,\text{N}$$

---

15. 어느 엔진의 밸브에 사용되고 있는 코일 스프링의 평균지름은 40 mm로서 400 N의 초기하중이 작용하고 있다. 밸브의 최대양정은 13 mm이고, 스프링에 작용하는 전하중은 550 N이다. 강선에 작용하고 있는 최대전단응력은 $520\,\text{N/mm}^2$ 으로 취할 때 다음 물음에 답하여라.

(1) 강선의 지름(mm)

(2) 코일의 감김수(개)

(3) 초기하중에 의한 처짐(mm) (단, $G = 8.2 \times 10^4\,\text{N/mm}^2$, $K = 1$ 이다.)

해답 (1) $\tau_c = \dfrac{8KDW}{\pi d^3}$ 에서 $d = \sqrt[3]{\dfrac{8KDW}{\pi\tau_c}} = \sqrt[3]{\dfrac{8 \times 1 \times 40 \times 550}{\pi \times 520}} = 4.76\,\text{mm}$

(2) $\delta = \dfrac{8nD^3 W}{Gd^4}$ 에서

$$n = \frac{Gd^4\delta}{8D^3 W} = \frac{Gd^4(\delta_2 - \delta_1)}{8D^3(W_2 - W_1)} = \frac{8.2 \times 10^4 \times (4.76)^4 \times 13}{8 \times 40^3 \times (550 - 400)} = 7.13 \fallingdotseq 8\,\text{개}$$

(3) $\delta_0 = \dfrac{8nD^3 W}{Gd^4} = \dfrac{8 \times 8 \times 40^3 \times 400}{8.2 \times 10^4 \times (4.76)^4} = 38.92\,\text{mm}$

---

16. 겹판 스프링에서 스팬의 길이 $l = 1600\,\text{mm}$, 스프링의 폭 $b = 100\,\text{mm}$, 조임의 폭 $e = 100\,\text{mm}$, 판두께 $h = 12\,\text{mm}$, 판의 매수 $n = 4$ 이다. 이것에 10 kN의 하중이 걸렸을 때의 처짐(mm)과 응력(N/mm^2)을 구하여라. (단, $E = 2.1 \times 10^5\,\text{N/mm}^2$, 판 사이에는 마찰이 없다.)

해답 ① $\delta = \dfrac{3}{8}\dfrac{Wl'^3}{nbh^3E} = \dfrac{3}{8} \times \dfrac{10000 \times 1540^3}{4 \times 100 \times 12^3 \times 2.1 \times 10^5} = 94.36\,\mathrm{mm}$

② $\sigma = \dfrac{3}{2}\dfrac{Wl'}{nbh^2} = \dfrac{3}{2} \times \dfrac{10000 \times 1540}{4 \times 100 \times 12^2} = 401.04\,\mathrm{N/mm^2}$

（※ $l' = l - 0.6e = 1600 - 0.6 \times 100 = 1540\,\mathrm{mm}$）

---

17. 허용 전단응력이 $400\,\mathrm{N/mm^2}$인 재료로 150 N의 하중을 받고 스프링 지수 $C = 10$ 인 코일 스프링을 제작할 때 필요한 스프링 소선의 지름(mm)은 얼마인가? (단, 수정계수 $K = \dfrac{4C-1}{4C-4} + \dfrac{0.615}{C}$ 로 한다.)

해답 $K = \dfrac{4C-1}{4C-4} + \dfrac{0.615}{C} = \dfrac{39}{36} + \dfrac{0.615}{10} = 1.14$

$\tau_a = \dfrac{8KDW}{\pi d^3} = \dfrac{8KCW}{\pi d^2}\left(C = \dfrac{D}{d}\right)$에서,

$\therefore d = \sqrt{\dfrac{8KCW}{\pi \tau_a}} = \sqrt{\dfrac{8 \times 1.14 \times 10 \times 150}{\pi \times 400}} = 3.30\,\mathrm{mm}$

---

18. 10 N당 0.4 mm 변형하는 지름 60 mm의 압축 코일 스프링이 있다. 최대하중을 2000 N까지 견딘다면 스프링 지수 $C = 7$로 하여 소재 지름 d를 구하고 스프링의 전단응력 τ_a와 스프링 유효권수 n을 구하여라. (단, $G = 0.8 \times 10^5\,\mathrm{N/mm^2}$이다.)

응력수정계수 K의 값

$\dfrac{D}{d}$	4.0	4.25	4.5	4.75	5.0	5.25	5.5	6.0	6.5	7.0	7.5	8.0
K	1.39	1.36	1.34	1.32	1.30	1.28	1.27	1.24	1.22	1.20	1.18	1.17

해답 ① $C = \dfrac{D}{d}$에서, $d = \dfrac{D}{C} = \dfrac{60}{7} = 8.57\,\mathrm{mm}$

② $\tau_a = \dfrac{8KDW}{\pi d^3} = \dfrac{8 \times 1.2 \times 60 \times 2000}{\pi \times (8.57)^3} = 582.59\,\mathrm{N/mm^2}$

③ $\delta = \dfrac{8nD^3W}{Gd^4} = 200 \times 0.4$에서,

$n = \dfrac{(200 \times 0.4)Gd^4}{8D^3W} = \dfrac{200 \times 0.4 \times 0.8 \times 10^5 \times (8.57)^4}{8 \times 60^3 \times 2000} \fallingdotseq 10$개

19. 자동차 엔진 밸브용 스프링에서 코일의 평균지름은 40 mm이고, 초기하중 400 N을 받고 있다. 밸브의 최대 리프트(lift)가 13 mm이고 이때의 총하중이 550 N이다. 강선의 최대응력은 $520 \, \text{N/mm}^2$, 응력수정계수 $K = 1.17$일 때 다음 물음에 답하여라. (단, $G = 8.2 \times 10^4 \, \text{N/mm}^2$이다.)

(1) 강선의 굵기(mm)

(2) 유효권수(개)

(3) 초기하중에 의한 처짐(mm)

해답 (1) $\tau = K \dfrac{8WD}{\pi d^3}$ 에서

$$d = \sqrt[3]{\frac{8KWD}{\pi \tau}} = \sqrt[3]{\frac{8 \times 1.17 \times 550 \times 40}{\pi \times 520}} = 5 \, \text{mm}$$

(2) $\delta = \dfrac{8nD^3 W}{Gd^4}$ 에서

$$n = \frac{Gd\delta}{8W} \left(\frac{d}{D} \right)^3 = \frac{8.2 \times 10^4 \times 5 \times 13}{8 \times (550 - 400)} \times \left(\frac{5}{40} \right)^3 = 8.68 \fallingdotseq 9 \, \text{개}$$

(3) $\delta_0 = \dfrac{8nD^3 W}{Gd^4} = \dfrac{8 \times 9 \times 40^3 \times 400}{8.2 \times 10^4 \times 5^4} = 36 \, \text{mm}$

20. 압축 코일 스프링에서 지름 $D = 40 \, \text{mm}$, 소선의 지름 $d = 5 \, \text{mm}$, 처짐량 $10 \, \text{mm}$, 하중 200 N이다. 스프링의 전단 탄성계수 $G = 8.1 \times 10^4 \, \text{N/mm}^2$이다. 다음 물음에 답하여라.

(1) 스프링 지수 C는 얼마인가?

(2) 스프링 상수 k는 몇 N/cm인가?

(3) 스프링 유효 감김수 n은 얼마인가?

해답 (1) $C = \dfrac{D}{d} = \dfrac{40}{5} = 8$

(2) $k = \dfrac{W}{\delta} = \dfrac{200}{1} = 200 \, \text{N/cm}$

(3) $\delta = \dfrac{8nD^3 W}{Gd^4}$ 에서,

$$n = \frac{Gd^4 \delta}{8D^3 W} = \frac{8.1 \times 10^4 \times 5^4 \times 10}{8 \times 40^3 \times 200} = 4.94 \fallingdotseq 5 \, \text{개}$$

21. 평균지름 $D = 60\,\mathrm{mm}$인 인장 코일 스프링에 인장하중 500 N의 작용 시 다음 물음에 답하여라. (단, 처짐은 20 N에 대하여 1 mm라 한다.)

(1) 소재 단면에 가해지는 비틀림 모멘트(N·mm)는 얼마인가?

(2) 스프링 소선의 지름 d를 구하여라. (단, 허용 전단응력 $\tau_a = 60\,\mathrm{N/mm^2}$이라고 하고, 수정계수 $K = 1$이다.)

(3) 최대처짐 $\delta_{\max}[\mathrm{mm}]$를 구하여라.

(4) 유효권수를 구하여라. (단, 재료의 가로 탄성계수 $G = 0.8 \times 10^5\,\mathrm{N/mm^2}$이라 한다.)

> **해답** (1) $T = W \times \dfrac{D}{2} = 500 \times \dfrac{60}{2} = 15000\,\mathrm{N \cdot mm}$
>
> (2) $T = \tau_a \dfrac{\pi d^3}{16}$에서, $d = \sqrt[3]{\dfrac{16\,T}{\tau_a \pi}} = \sqrt[3]{\dfrac{16 \times 15000}{60 \times \pi}} = 10.84\,\mathrm{mm}$
>
> (3) $\delta_{\max} = \dfrac{W}{k} = \dfrac{500}{\left(\dfrac{20}{1}\right)} = 25\,\mathrm{mm}$
>
> (4) $n = \dfrac{\delta_{\max} G d^4}{64\,W R^3} = \dfrac{25 \times 0.8 \times 10^5 \times (10.84)^4}{64 \times 500 \times (30)^3} = 31.96 \fallingdotseq 32$개

22. 건설기계의 4개 현가(suspension)장치 중 1개가 그림과 같을 때 4개 현가에 동일 스프링 장치를 사용한다면 지면과의 최소간격을 50 cm로 제한할 때 건설기계의 최대하중(kN)을 산출하여라. (단, 스프링 상수 $k = 200\,\mathrm{N/mm}$이다.)

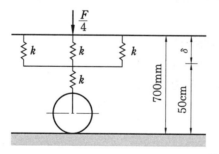

> **해답** $\dfrac{1}{k_{eq}} = \dfrac{1}{3k} + \dfrac{1}{k} = \dfrac{4}{3k}$에서
>
> $k_{eq} = \dfrac{3}{4}k = \dfrac{3 \times 200}{4} = 150\,\mathrm{N/mm}$
>
> $k_{eq} = \dfrac{\dfrac{F}{4}}{\delta} = \dfrac{F}{4\delta}$
>
> $\therefore\ F = 4\delta k_{eq} = 4 \times (700 - 500) \times 150 = 120000\,\mathrm{N} = 120\,\mathrm{kN}$

23. 어느 증기기관의 인디케이터(indicator)가 지름 20 mm의 플랜지를 가지고 있다. 증기압의 플랜지에 $80\,\text{N/cm}^2$의 압력으로 작용할 때 스프링은 13 mm 압축된다. 강선의 허용 전단응력이 $560\,\text{N/mm}^2$, 코일의 평균지름이 강선 지름의 3배, $G = 8.2 \times 10^4\,\text{N/mm}^2$일 때 다음 물음에 답하여라. (단, 왈의 수정계수 $K = 1.24$이고, G는 가로 탄성계수이다.)

(1) 스프링에 작용하는 하중 : $W[\text{N}]$

(2) 강선의 지름 : $d[\text{mm}]$

(3) 총감김 권수 : n_t (단, 코일의 양단부는 자유코일에 접한다.)

해답 (1) $W = pA = p \times \dfrac{\pi d^2}{4} = 80 \times \dfrac{\pi \times 2^2}{4} = 251.33\,\text{N}$

(2) $\tau_{\max} = \dfrac{8KDW}{\pi d^3} = \dfrac{8K(3d)W}{\pi d^3}$ 에서,

$$d = \sqrt{\frac{24KW}{\pi \tau}} = \sqrt{\frac{24 \times 1.24 \times 251.33}{\pi \times 560}} = 2.06\,\text{mm}$$

(3) $n = \dfrac{Gd\delta}{8C^3 W} = \dfrac{8.2 \times 10^4 \times 2.06 \times 13}{8 \times 3^3 \times 251.33} = 40.45\,$회

$$\left(\delta = \frac{8nD^3 W}{Gd^4} = \frac{8n(3d)^3 W}{Gd^4} = \frac{216nW}{Gd} \right)$$

∴ 총감김 권수 $n_t = n + 2 = 40.45 + 2 = 42.45\,$회 $\fallingdotseq 43\,$회

---

24. 도시된 스프링 장치의 처짐(mm)을 구하여라. (단, $k = 15\,\text{N/mm}$이다.)

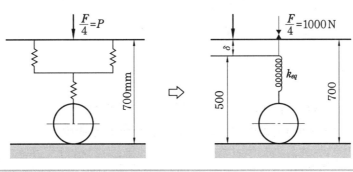

해답 $\dfrac{1}{k_{eq}} = \dfrac{1}{2k} + \dfrac{1}{k} = \dfrac{3}{2k}$ 에서

$$k_{eq} = \frac{2}{3}k = \frac{2}{3} \times 15 = 10\text{N/mm} = \frac{P}{\delta}$$

$$\therefore \delta = \frac{P}{k_{eq}} = \frac{1000}{10} = 100\,\text{mm}$$

벨트 전동장치 제10장

10-1 평벨트(flat belt)

평벨트 풀리는 림, 암, 보스의 세 부분으로 구성되어 있다. 소형의 평벨트 풀리는 일체형으로, 대형은 분리형으로 만든다.

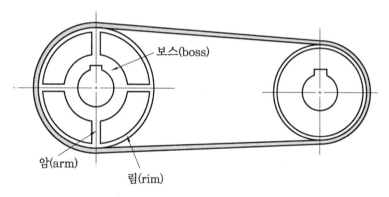

보스(boss)

암(arm)

림(rim)

평벨트 풀리의 구성

(1) 거는 방법

① 평행걸기(open belting type) : 두 풀리의 회전방향이 같다.
② 엇걸기(cross belting type) : 두 풀리의 회전방향이 반대이다.

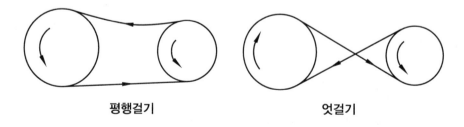

평행걸기   **엇걸기**

평행걸기에서 아래쪽의 벨트가 긴장측이 되도록 한다.

(2) 풀리의 원주속도(v)

원동풀리나 종동풀리의 원주속도는 서로 같다.

$$v = \frac{\pi D_1 N_1}{60 \times 1000} = \frac{\pi D_2 N_2}{60 \times 1000}[\text{m/s}]$$

여기서, D : 풀리의 피치원 지름(mm)

　　　　D' : 풀리의 지름(mm)

　　　　t : 벨트의 두께(mm) $(\therefore D = D' + t)$

　　　　N : 풀리의 1분당 회전수(rpm)

　　　　첨자 1, 2 : 원동차, 종동차

※ 벨트의 두께를 무시할 수 있다면 $D = D'$로 한다.

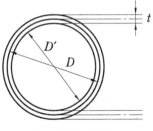

풀리의 원주속도

(3) 회전비(속비)(ε)

$$\varepsilon = \frac{\text{종동풀리의 회전수}(N_2)}{\text{원동풀리의 회전수}(N_1)} = \frac{\text{원동풀리의 지름}(D_1)}{\text{종동풀리의 지름}(D_2)}$$

속비가 6 : 1보다 클 때에는 중간축을 설치하여 풀리 열(pulley train)을 만든다.

$$\varepsilon = \varepsilon_{12} \times \varepsilon_{34} = \frac{D_1}{D_2} \times \frac{D_3}{D_4}$$

예를 들면, 1분에 150회전하는 원동풀리 A로서 1분에 1800회전하는 종동풀리 B를 회전시키고자 할 때 회전속비 ε_{AB}는 12 : 1이므로 다음 그림과 같이 중간풀리 C, D를 달아서 조합시킨다.

$$\varepsilon_{AB} = \frac{1800}{150} = \frac{12}{1} = \frac{3}{1} \times \frac{4}{1}$$

$$\frac{N_B}{N_A} = \frac{N_C}{N_A} \times \frac{N_B}{N_D}$$

$(\therefore N_C = N_D$ 동일축이므로$)$

$\therefore D_A = 900, \ D_C = 300, \ D_D = 800,$

$\quad D_B = 200$으로 하면 된다.

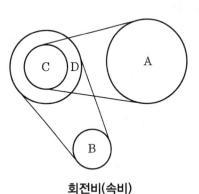

회전비(속비)

(4) 벨트의 길이(L)

① 평행걸기

$$L = 2C + \frac{\pi}{2}(D_1 + D_2) + \frac{(D_2 - D_1)^2}{4C}[\text{mm}]$$

② 엇걸기

$$L = 2C + \frac{\pi}{2}(D_1 + D_2) + \frac{(D_1 + D_2)^2}{4C}[\text{mm}]$$

여기서, C : 두 축 사이의 거리(축간 거리)

(5) 접촉 중심각(θ_1, θ_2)

① 평행걸기

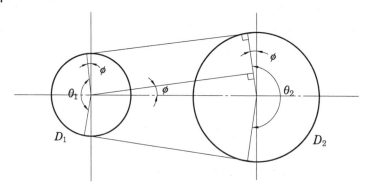

평행걸기의 접촉 중심각

$$\text{작은 각}(\theta_1) = \pi - 2\phi = 180° - 2\sin^{-1}\left(\frac{D_2 - D_1}{2C}\right)$$

$$\text{큰 각}(\theta_2) = \pi + 2\phi = 180° + 2\sin^{-1}\left(\frac{D_2 - D_1}{2C}\right)$$

② 엇걸기

$$\theta_1 = \theta_2 = \pi + 2\phi = 180° + 2\sin^{-1}\left(\frac{D_1 + D_2}{2C}\right)$$

C는 보통 10 m 이하로 한다.

$$\sin\phi = \frac{D_1}{2} + \frac{D_2}{2} = \left(\frac{D_1 + D_2}{2C}\right)$$

$$\therefore \ \phi = \sin^{-1}\left(\frac{D_1 + D_2}{2C}\right)$$

(6) 벨트의 장력

① 긴장측의 장력 : T_t

② 이완측의 장력 : T_s

③ 초기장력(T_0) $= \dfrac{T_t + T_s}{2}[\text{N}]$

④ 유효장력$(P_e) = T_t - T_s$[N]

⑤ **원심력(부가장력)을 고려할 때** : 풀리의 원주속도가 $10\,\mathrm{m/s}$ 이상일 때는 원심력의 영향을 받아 원심장력이 생긴다. 벨트의 단위길이당 중량을 w[N/m]라고 하면,

　㈎ 원심장력$(T_f) = \dfrac{wv^2}{g} = mv^2$[N]

　여기서, w : 단위길이당 중량(N/m), v : 원주속도(m/s), g : 중력가속도($9.8\mathrm{m/s}^2$)

　㈏ 장력비$(e^{\mu\theta}) = \dfrac{T_t - \dfrac{wv^2}{g}}{T_s - \dfrac{wv^2}{g}}$

　여기서, μ : 벨트와 풀리 사이의 마찰계수, θ : 접촉각(rad)

　㈐ 유효장력$(T_e) = T_t - T_s = \left(T_t - \dfrac{wv^2}{g}\right) \cdot \dfrac{e^{\mu\theta} - 1}{e^{\mu\theta}}$[N]

　㈑ 긴장측 장력$(T_t) = P_e \dfrac{e^{\mu\theta}}{e^{\mu\theta} - 1} + \dfrac{wv^2}{g}$[N]

　㈒ 이완측 장력$(T_s) = P_e \dfrac{1}{e^{\mu\theta} - 1} + \dfrac{wv^2}{g}$[N]

⑥ **원심력을 무시할 때**

　위의 식에서 $\dfrac{wv^2}{g}$ 항을 0으로 처리한다.

　㈎ 장력비$(e^{\mu\theta}) = \dfrac{T_t}{T_s}$

　㈏ 유효장력$(P_e) = T_t - T_s = T_t \dfrac{e^{\mu\theta} - 1}{e^{\mu\theta}}$[N]

　㈐ 긴장측 장력$(T_t) = P_e \dfrac{e^{\mu\theta}}{e^{\mu\theta} - 1}$[N]

　㈑ 이완측 장력$(T_s) = P_e \dfrac{1}{e^{\mu\theta} - 1}$[N]

(7) 전달동력(H_{kW}) 및 전달마력(H_{PS})

$$H_{kW} = \frac{P_e v}{1000}[\mathrm{kW}], \quad H_{PS} = \frac{P_e v}{735}[\mathrm{PS}]$$

$v = 10\mathrm{m/s}$ 이상일 때

$$H_{kW} = \frac{v}{1000}\left(T_t - \frac{wv^2}{g}\right)\frac{e^{\mu\theta}-1}{e^{\mu\theta}}\,[\text{kW}]$$

$$H_{PS} = \frac{v}{735}\left(T_t - \frac{wv^2}{g}\right)\frac{e^{\mu\theta}-1}{e^{\mu\theta}}\,[\text{PS}]$$

(8) 벨트의 강도 및 허용응력에 의한 치수 설계

풀리를 감고 있는 벨트에서 인장응력 σ_t와 굽힘응력 σ_b가 동시에 작용한다. 문제의 조건에 따라 지시된 경우에 맞게 문제를 풀면 되나 일반적으로는 다음과 같다.

$$\sigma = \sigma_t + \sigma_b = \frac{T_t}{bt} + \frac{Et}{D}\,[\text{N/mm}^2]$$

여기서, b : 벨트의 폭(mm)

t : 벨트의 두께(mm)

E : 벨트의 세로 탄성계수(N/mm^2)

D : 풀리의 피치원 지름(mm)

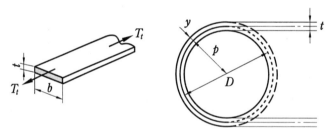

벨트의 치수 설계

$$\sigma_t = \frac{T_t}{A} = \frac{T_t}{bt}\,[\text{N/mm}^2]$$

$$\sigma_b = E\varepsilon = E\frac{y}{\rho} = E\frac{\dfrac{t}{2}}{\dfrac{D}{2}} = E\frac{t}{D}\,[\text{N/mm}^2]$$

벨트에 가할 수 있는 최대 인장력은 곧 허용한계의 긴장측 장력과 같으므로 굽힘에 의한 영향을 무시하고 안전율 S, 허용 인장응력 σ_a, 이음 효율 η라 하면,

$$T_t = \sigma_a A\eta = \sigma_a bt\eta\,[\text{N}]$$

$$\sigma_a = \frac{\sigma}{S}\,[\text{N/mm}^2]$$

여기서, σ : 인장강도, S : 안전율(보통 10)으로 계산할 수도 있다.

가죽 벨트의 표준 치수 　　　　　(단위 : mm)

1겹(1 플라이) 평벨트		두께(t)	2겹(2 플라이) 평벨트		두께(t)	3겹(3 플라이) 평벨트		두께(t)
폭(b)과 허용차		두께(t)	폭(b)와 허용차		두께(t)	폭(b)와 허용차		두께(t)
25	±1.5	3 이상	51	±1.5	6 이상	203	±4.0	10 이상
32			63			229		
38			76	±3.0		254		
44			89			279		
51			102			305		
57	±3.0	4 이상	114		7 이상	330	±5.0	
63			127			356		
70			140			381		
76			152	±4.0		406		
83			165			432		
89			178			457		
95			191			483		
102			203			508		
114	±4.0	5 이상	229		8 이상	559	±1.0	
127			254	±5.0		610		
140			279			660		
152			305			711		

가죽 벨트의 강도

품명	인장강도(N/mm^2)	연신율(%)	허용응력(N/mm^2)
1급품	25 이상	16 이하	2.5 이상
2급품	20 이상	20 이하	2 이상

마찰계수 μ의 값

재질	μ
가죽 벨트와 주철제 풀리	0.2~0.3
가죽 벨트와 목재 라이닝 풀리	0.4
면직물 벨트와 주철제 풀리	0.2~0.3
고무 벨트와 주철제 풀리	0.2~0.25

벨트의 이음 효율

이음의 종류	효율(%)
아교 이음	80~90
철사 이음	85~90
가죽끈 이음	약 50
이음쇠를 사용하는 경우	30~65

> **참고** 장력비 $e^{\mu\theta}$의 계산 방법
>
> 풀리와 벨트가 접촉하고 있는 부분을 나타내는 각 θ는 큰 풀리와 작은 풀리에 있어서 각각 다르다. 물론, 큰 풀리에서의 접촉각은 180°보다 큰 값이고 작은 풀리에서의 접촉각은 180°보다 작다. 이때 장력비 $e^{\mu\theta}$에서의 θ값은 작은 풀리의 접촉각을 대입하여 전달동력을 구한다. 왜냐하면 큰 풀리와 작은 풀리가 서로 벨트에 의해서 동력을 전달하기 때문에 작은 값을 취해주면 더욱 안전한 설계가 되기 때문이다.
>
> 이때 주의해야 할 점은 계산치 $e^{\mu\theta}$에서 θ의 대입각은 반드시 라디안(rad) 각도가 되어야 한다는 점이다. 그러나 실용 설계에 있어서 θ의 값을 도(° : deg)로 표시하여 쉽게 찾아볼 수 있게 $\dfrac{e^{\mu\theta}-1}{e^{\mu\theta}}$의 값을 정량적으로 계산한 표를 이용할 수 있다.
>
> 벨트와 풀리 사이의 마찰계수가 0.2이고 접촉각이 170°라고 하면,
>
> $$\theta = \frac{2\pi}{360} \times 170° = 2.967\,\text{rad}$$
>
> $$\therefore\ e^{\mu\theta} = e^{0.2 \times 2.967} = 1.810$$
>
> $$\frac{e^{\mu\theta}-1}{e^{\mu\theta}} = \frac{1.810-1}{1.810} = 0.4475 = 0.448\,(\text{표에서 찾은 값과 같다.})$$

$$\frac{e^{\mu\theta}-1}{e^{\mu\theta}}\ \text{의 값}$$

μ	접촉각($\theta°$)									
	90°	100°	110°	120°	130°	140°	150°	160°	170°	180°
0.10	0.145	0.160	0.175	0.189	0.203	0.217	0.230	0.244	0.257	0.270
0.15	0.210	0.230	0.250	0.270	0.288	0.307	0.325	0.342	0.359	0.376
0.20	0.270	0.295	0.319	0.342	0.364	0.386	0.408	0.428	0.448	0.3467
0.25	0.325	0.354	0.381	0.407	0.342	0.457	0.480	0.503	0.524	0.524
0.30	0.376	0.408	0.439	0.467	0.464	0.520	0.544	0.567	0.590	0.610
0.35	0.423	0.457	0.489	0.520	0.548	0.575	0.600	0.624	0.646	0.667
0.40	0.467	0.502	0.536	0.567	0.597	0.624	0.649	0.673	0.695	0.715
0.45	0.507	0.544	0.579	0.610	0.640	0.667	0.692	0.715	0.737	0.757
0.50	0.549	0.582	0.617	0.649	0.678	0.705	0.730	0.752	0.773	0.792

10-2 V벨트

(1) V벨트

V벨트는 사다리꼴의 단면을 가지고, 이음매가 없는 고리 모양의 벨트로서, V형의 홈이 패어 있는 V풀리(V-pulley)에 밀착시켜 홈 마찰차의 경우와 같이 쐐기 작용에 의하여

마찰력을 증대시킨 벨트이다. V벨트는 벨트 풀리와의 마찰이 크므로 접촉각이 작더라도 미끄럼이 생기기 어려워 축간거리가 짧고, 속도비가 큰 경우의 동력 전달에 좋다.

(2) V벨트 풀리

V벨트 풀리는 단면이 V형인 벨트를 V형 홈이 파져 있는 풀리에 밀착시켜 구동하는 장치이다. V벨트의 구조에는 여러 가지가 있으나, 보통 중앙 부분과 윗부분에 질이 좋은 강한 무명으로 만든 끈을 몇 겹으로 하여 고무 속에 밀착시켜 장력에 견딜 수 있게 하며, 운전 중에 늘어나는 것을 방지하도록 되어 있다.

(3) V벨트 풀리의 종류

V벨트 풀리는 단면의 치수에 따라 M형, A형, B형, C형, D형, E형의 6종류가 있다.

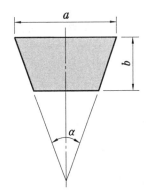

V벨트 단면의 모양과 치수

V벨트의 표준 치수(KS M 6535)

종류	a[mm]	b[mm]	α[°]
M	10.0	5.5	40
A	12.5	9.0	
B	16.5	11.0	
C	22.0	14.0	
D	31.5	19.0	
E	38.0	24.0	

(4) V벨트 풀리의 홈 부분의 모양과 치수

V벨트 풀리는 다음 그림과 같이 홈이 여러 개인 형상으로 되어 있다. 이때 홈의 수를 그루수라고도 하며, V벨트가 풀리 홈에 쐐기 형상과 같이 박히게 되어 평벨트에서보다도

강한 마력을 전달할 수 있다.

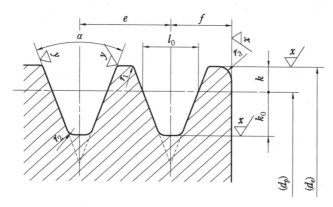

V벨트 풀리의 홈 부분의 모양과 치수

V벨트 풀리의 홈 부분의 모양과 치수(KS B 1400)　　(단위 : mm)

구분	호칭지름(d_p)	α	l_0	k	k_0	e	f	r_1	r_2	r_3	V벨트 두께
M	50 이상 71 이하 71 초과 90 이하 90 초과	34° 36° 38°	8.0	2.7	6.3	−	9.5	0.2~0.5	0.5~1.0	1~2	5.5
A	71 이상 100 이하 100 초과 125 이하 125 초과	34° 36° 38°	9.2	4.5	8.0	15.0	10.0	0.2~0.5	0.5~1.0	1~2	9
B	125 이상 165 이하 165 초과 200 이하 200 초과	34° 36° 38°	12.5	5.5	9.5	19.0	12.5	0.2~0.5	0.5~1.0	1~2	11
C	200 이상 250 이하 250 초과 315 이하 315 초과	34° 36° 38°	16.9	7.0	12.0	25.5	17.0	0.2~0.5	1.0~1.6	2~3	14
D	355 이상 450 이하 450 초과	36° 38°	24.6	9.5	15.5	37.0	24.0	0.2~0.5	1.6~2.0	3~4	19
E	500 이상 630 이하 630 초과	36° 38°	28.7	12.7	19.3	44.5	29.0	0.2~0.5	1.6~2.0	4~5	25.5

(5) V벨트의 길이(L)

$$L = 2C + \frac{\pi}{2}(D_1 + D_2) + \frac{(D_1 - D_2)^2}{4C}\,[\mathrm{mm}]$$

여기서, D_1, D_2 : 원동차, 종동차 풀리의 피치원 지름

(6) V벨트의 접촉 중심각(θ_1, θ_2)

$$큰\ 각(\theta_2) = \pi + 2\phi = 180° + 2\sin^{-1}\left(\frac{D_1 - D_2}{2C}\right)[\text{rad}]$$

$$작은\ 각(\theta_1) = \pi - 2\phi = 180° - 2\sin\left(\frac{D_1 - D_2}{2C}\right)[\text{rad}]$$

(7) V벨트의 장력

평벨트의 경우에서 μ 대신 상당마찰계수(μ')를 대입한다.

① 긴장측 장력(T_t) $= T_e\dfrac{e^{\mu'\theta}}{e^{\mu'\theta} - 1} + \dfrac{wv^2}{g}[\text{N}]$

② 이완측 장력(T_s) $= T_e\dfrac{1}{e^{\mu'\theta} - 1} + \dfrac{wv^2}{g}[\text{N}]$

③ 유효장력(T_e) $= \left(T_t - \dfrac{wv^2}{g}\right) \cdot \dfrac{e^{\mu'\theta} - 1}{e^{\mu'\theta}} = T_t\left(1 - \dfrac{wv^2}{T_t g}\right) \cdot \dfrac{e^{\mu'\theta} - 1}{e^{\mu'\theta}}[\text{N}]$

원심력을 무시한다는 조건이면 $\dfrac{wv^2}{g} = 0$으로 하면 된다.

(8) V벨트의 상당마찰계수(μ')

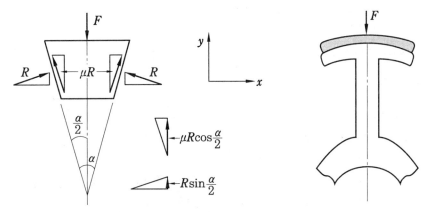

여기서, F : 풀리의 홈에 밀어붙이는 힘

　　　 R : 홈 면에 수직으로 생기는 저항력

　　　 μ : V벨트와 홈 면 사이의 마찰계수

라 할 때 반지름 방향(y 방향)에서의 힘의 평형 조건에 의해,

$$F = 2\left(R\sin\frac{\alpha}{2} + \mu R\cos\frac{\alpha}{2}\right)$$

$$\therefore\ 2R = \frac{1}{\sin\dfrac{\alpha}{2} + \mu\cos\dfrac{\alpha}{2}}F$$

V벨트의 마찰력은 $2\mu R$이므로,

$$\text{마찰력} = \frac{\mu}{\sin\frac{\alpha}{2} + \mu\cos\frac{\alpha}{2}} F$$

또, 평벨트의 마찰력은 μF이므로 V벨트의 마찰력도 $\mu' F$꼴로 표시해 보면 상당마찰계수(등가마찰계수, 유효마찰계수) μ'는 다음과 같다.

$$\mu' = \frac{\mu}{\sin\frac{\alpha}{2} + \mu\cos\frac{\alpha}{2}}$$

여기서, α : 풀리 홈의 각도(°)

이제 V벨트에서는 등가마찰계수 μ'의 값을 결정하여 평벨트에서 유도한 식들의 μ값 대신 μ'를 대입하면 평벨트와 똑같이 취급할 수 있다. 예를 들어 다음 예제를 익혀두자.

예제 1. 마찰계수 0.2인 V벨트가 풀리 홈의 각도 37°인 V벨트 풀리에 끼워져 있을 때 장력비 $e^{\mu'\theta}$를 계산하여라. (단, 접촉각은 150°라 한다.)

해답 먼저, μ'값을 계산한다.

$$\mu' = \frac{0.2}{\sin\frac{37°}{2} + 0.2\cos\frac{37°}{2}} = 0.3945$$

다음에 접촉각 θ를 rad 각도로 고친다.

$$\theta = \frac{2\pi}{360°} \times 150° = 2.618$$

$$\therefore \ e^{\mu'\theta} = e^{0.3945 \times 2.618} = 2.809$$

또한, $\dfrac{e^{\mu'\theta} - 1}{e^{\mu'\theta}} = \dfrac{2.809 - 1}{2.809} = 0.644$

이상과 같이 직접 계산할 수 있으나 실전문제에서는 표로서 주는 경향이 있으므로 문제를 풀어보면서 확실히 익혀두어야 한다.

(9) V벨트의 전달마력

① V벨트 1가닥의 전달마력(H_0)

$$H_0 = \frac{P_e v}{735} = \frac{v}{735}\left(T_t - \frac{wv^2}{g}\right)\frac{e^{\mu'\theta} - 1}{e^{\mu'\theta}}[\text{PS}]$$

$$= \frac{T_t v}{735} \times \left(1 - \frac{wv^2}{T_t g}\right)\frac{e^{\mu'\theta} - 1}{e^{\mu'\theta}}[\text{PS}]$$

② Z가닥의 전달마력(H)

$$H = ZH_0 = \frac{ZT_tv}{735}\left(1 - \frac{wv^2}{T_tg}\right)\frac{e^{\mu'\theta} - 1}{e^{\mu'\theta}}[\text{PS}]$$

(10) V벨트의 선정

V벨트의 종류(M, A, B, C, D, E형) 중 어느 것을 택해서 설계하느냐 하는 것은 다음과 같은 표를 참고한다. 예를 들어 V벨트의 속도가 15 m/s이고 전달마력이 7 PS라 하면 다음 표에 의하여 B형을 선택한다.

또한, V벨트의 속도가 15 m/s이고 전달마력이 20 PS라면 B형 또는 C형 중 어느 것 하나를 택하면 된다.

V벨트의 선택 기준

V벨트의 속도 (m/s) / 전달마력(PS)	10 이하	10~17	17 이상
2 이하	A	A	A
2~5	B	B	A, B
5~10	B, C	B	B
10~25	C	B, C	B, C
25~50	C, D	C	C
50~100	D	C, D	C, D
100~150	E	D	D
150 초과	E	E	E

(11) V벨트의 가닥수(Z) 산정

가닥수 Z를 산정하는 방법으로는 (9)의 ② 식에서 구할 수 있으나 다음과 같은 조건이 주어지면 아래의 방법을 취한다. 먼저 다음의 표 (1)은 V벨트 1가닥의 최대전달마력(H_0)을 표시하고 있으며, 이때에는 접촉각이 π[rad], 180°일 때의 수치이다. 즉, 접촉각이 180°보다 작을 때에는 표 (2)의 접촉각 수정계수 k_1을 곱해야만 된다. 또한, 하중의 상태에 따른 부하의 변동을 고려한 표 (3)의 부하 수정계수 k_2를 취하여 곱해주면 된다.

즉, 전달마력이 H, 접촉각이 180°일 때의 벨트 1가닥의 최대전달마력 H_0, 접촉각 수정계수 k_1, 부하 수정계수 k_2라 할 때 구하고자 하는 V벨트의 가닥수 Z는,

$$Z = \frac{H}{H_0 k_1 k_2}(\text{가닥})$$

로서 계산하면 된다. 이때 Z는 물론 정수값을 취해야 하므로 계산값의 소수점은 올림한다.

V벨트 1개당 최대전달마력(H_0)(1)

형식\속도(m/s)	접촉각 $\theta = 180°$인 경우의 V벨트의 1개의 전달마력(PS)					형식\속도(m/s)	접촉각 $\theta = 180°$인 경우의 V벨트의 1개의 전달마력(PS)				
	A	B	C	D	E		A	B	C	D	E
5.0	0.9	1.2	3.0	5.5	7.5	13.0	2.2	2.8	6.7	12.9	17.5
5.5	1.0	1.3	3.2	6.0	8.2	13.5	2.2	2.9	6.9	13.3	18.0
6.0	1.0	1.4	3.4	6.5	8.9	14.0	2.3	3.0	7.1	13.7	18.5
6.5	1.1	1.5	3.6	7.0	9.9	14.5	2.3	3.1	7.3	14.1	19.0
7.0	1.2	1.6	3.8	7.5	10.3	15.0	2.4	3.2	7.5	14.5	19.5
7.5	1.3	1.7	4.0	8.0	11.0	15.5	2.5	3.3	7.7	14.8	20.0
8.0	1.4	1.8	4.3	8.4	11.6	16.0	2.5	3.4	7.9	15.1	20.5
8.5	1.5	1.9	4.6	8.8	12.2	16.5	2.5	3.5	8.1	15.4	21.0
9.0	1.6	2.1	4.9	9.2	12.8	17.0	2.6	3.6	8.3	15.7	21.4
9.5	1.6	2.2	5.2	9.6	13.4	17.5	2.6	3.7	8.5	16.0	21.8
10.0	1.7	2.3	5.5	10.0	14.0	18.0	2.7	3.8	8.6	16.3	22.2
10.5	1.8	2.4	5.7	10.5	14.6	18.5	2.7	3.9	8.7	16.6	22.6
11.0	1.9	2.5	5.9	11.0	15.2	19.0	2.8	4.0	8.8	16.9	23.0
11.5	1.9	2.6	6.1	11.5	15.8	19.5	2.8	4.1	8.9	17.2	23.3
12.0	2.0	2.7	6.3	12.0	16.4	20.0	2.8	4.2	9.0	17.5	23.5
12.5	2.1	2.8	6.5	12.5	17.0						

접촉각 수정계수 k_1의 값(2)

각도($\theta°$)	180	176	172	170	168	164	160	156	153	150	145
k_1	1.00	0.99	0.98	0.98	0.97	0.96	0.96	0.95	0.95	0.94	0.93
각도($\theta°$)	140	137	135	130	128	125	123	120	115	100	90
k_1	0.92	0.91	0.90	0.89	0.89	0.88	0.87	0.86	0.85	0.74	0.69

부하 수정계수 k_2의 값(3)

기계의 종류 또는 하중의 상태	k_2
송풍기, 원심펌프, 발전기, 컨베이어, 엘리베이터, 각반기, 인쇄기, 기타 하중의 변화가 적고 완만한 것	1.0
경공작기계, 세탁기계, 면조기계 등 약간 충격이 있는 것	0.90
왕복압축기	0.85
제지기, 제재기, 제빙기	0.80
분쇄기, 전단기, 광산기계, 제분기, 원심분리기	0.75
피크 부하가 100~150 %인 것 150~200 %인 것 200~250 %인 것	0.72 0.64 0.50

V벨트의 설계 순서

① V벨트의 속도 결정

② 형식의 선정(선택 기준표에서)

③ V벨트의 길이 계산

④ V벨트 1가닥수당의 전달마력 H_0 계산

⑤ 접촉 중심각의 계산

⑥ 접촉 중심각의 수정계수 k_1을 구한다.

⑦ 과부하 수정계수 k_2를 구한다.

⑧ 1개의 실제 전달동력 $H = k_1 k_2 H_0$을 구한다.

⑨ $Z = \dfrac{H}{H_0 k_1 k_2}$에서 그루수를 계산한다.

롤러 체인의 설계

(1) 체인의 길이

① 링크의 수(L_n)

$$L_n = \frac{2C}{P} + \frac{1}{2}(z_1 + z_2) + \frac{0.0257p}{C}(z_1 - z_2)^2 \, [\text{개}]$$

또는,

$$L_n = \frac{2C}{p} + \frac{1}{2}(z_1 + z_2) + \frac{\dfrac{(z_2 - z_1)}{2\pi^2}}{\dfrac{C}{p}} \, [\text{개}]$$

여기서, C : 2축 사이의 거리(mm)

② 체인의 길이

$$L = pL_n \, [\text{mm}] = \text{피치} \times \text{링크수}$$

$$C = (30 \sim 50)p$$

(2) 체인의 속도

① 체인의 속비(ε)$= \dfrac{N_B}{N_A} = \dfrac{Z_A}{Z_B}$

② **체인의 속도(v)** : 2~5 m/s가 적당하다.

$$v = \frac{\pi D_A N_A}{1000 \times 60} = 0.000524 D_A N_A = \frac{p Z_A N_A}{60000} [\text{m/s}]$$

$$v = \frac{\pi D_B N_B}{1000 \times 60} = 0.000524 D_B N_B = \frac{p Z_B N_B}{60000} [\text{m/s}]$$

$$(\pi D = pZ)$$

③ **최대속도($v_{\max}$)** $= \dfrac{2Z}{\sqrt{p}} [\text{m/s}]$

④ **체인 피치(p)** $= \left(\dfrac{115000}{N} \right)^{\frac{2}{3}} [\text{mm}]$

(3) 체인장치의 전달마력 및 전달동력

$$H_{PS} = \frac{Fv}{735k} = \frac{F_u v}{735kS} [\text{PS}]$$

$$H_{kW} = \frac{Fv}{1000k} = \frac{F_u v}{1000kS} [\text{kW}]$$

여기서, k : 사용계수, F_u : 파단하중(N), S : 안전율
v : 속도, F : 체인 장력(N)

사용계수(k)의 값

부하의 특징		1일의 사용시간			
		10시간	24시간	10시간	24시간
보통의 전동	원심 펌프, 송풍기, 일반수송 장치 등 부하가 균일한 것	1.0	1.2	1.4	1.7
충격을 수반하는 전동	다통 펌프, 컴프레서, 공작기계 등 부하 변동이 중간쯤 되는 것	1.2	1.4	1.7	2.0
큰 충격을 수반하는 전동	프레스, 크러셔, 토목 광산기계 등 부하 변동이 아주 심한 것	1.4	1.7	2.0	2.4
원동기의 종류		모터, 터빈, 다통 엔진 등으로 구동하는 경우		디젤 엔진, 기타 단통 엔진 등으로 구동하는 경우	

안전율(S)의 값

체인의 속도(m/s)	S
0.4 이하	7 이상
0.4~1	8 이상

스프로킷 휠의 계산식

스프로킷 휠(sprocket wheel)은 체인이 감겨지는 바퀴를 말하며, 스프로킷 휠의 재료로는 강철 또는 고급 주철이 쓰인다. 롤러 체인의 스프로킷 휠의 잇수는 17~70개로 하며, 잇수가 적으면 굴곡 각도가 커져서 원활한 운전을 할 수가 없으며 진동을 일으켜 수명을 단축시킨다.

잇수는 골고루 마멸시키기 위하여 홀수가 되게 한다. 그리고 중심거리는 체인 피치의 40~50배가 되게 한다.

스프로킷 휠의 기준 치형은 S치형과 U치형의 2종류가 있으며, 호칭 번호는 그 스프로킷에 걸리는 전동용 롤러 체인(KS B 1407)의 호칭 번호로 한다.

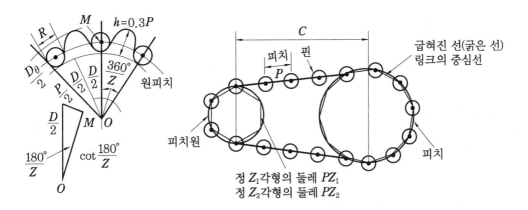

스프로킷 휠의 치형 및 설계

피치원의 지름을 D, 바깥지름을 D_0, 이뿌리원의 지름을 D_r, 보스의 지름을 D_H라 할 때 계산식은 다음과 같다.

(1) 피치원의 지름(D)

$$\frac{D}{2}\sin\frac{180°}{Z} = \frac{p}{2}$$

$$D\sin\frac{180°}{Z} = p$$

$$\therefore \ D = p\cos ec\frac{180°}{Z} = \frac{p}{\sin\frac{180°}{Z}}\,[\mathrm{mm}]$$

여기서, p : 피치(mm), Z : 잇수

(2) 중심선상의 이의 높이(h)

$$h = 0.3p$$

(3) 바깥지름(D_0)

$$\frac{D_0}{2} = h + \overline{OM} = 0.3p + \frac{p}{2}\cot\frac{180°}{Z}$$

$$\therefore \ D_0 = p\left(0.6 + \cot\frac{180°}{Z}\right)[\text{mm}]$$

(4) 이뿌리원의 지름(D_r)

D_r은 체인 기어의 이뿌리 부분의 내접원의 지름을 말한다.

$$\frac{D_r}{2} = \frac{D}{2} - \frac{R}{2}$$

$$\therefore \ D_r = D - R$$

(5) 보스의 지름(D_H)

$$D_H \leq p\left(\cot\frac{180°}{Z} - 1\right) - 0.76$$

참고 **스프로킷 휠 그리기(KS B 1408)**

① 스프로킷 휠의 부품도에는 도면과 요목표를 같이 나타낸다.
② 바깥지름은 굵은 실선으로, 피치원은 가는 1점 쇄선으로 그린다. 이뿌리원은 가는 실선 또는 가는 파선으로 그리며 생략할 수 있다.
③ 축과 직각인 방향에서 본 그림을 단면으로 그릴 때에는 이뿌리선을 굵은 실선으로 그린다.

예상문제

1. 작은 벨트 풀리의 지름 $D_1 = 350\,\text{mm}$, 큰 벨트 풀리의 지름 $D_2 = 1050\,\text{mm}$ 이다. D_1 의 회전수가 $N_1 = 650\,\text{rpm}$ 일 때, D_2 의 회전수(rpm)는 얼마인가?

> **해답** $N_2 = N_1 \times \dfrac{D_1}{D_2} = 650 \times \dfrac{350}{1050} = 217\,\text{rpm}$

2. 그림과 같은 벨트 구동장치에서 풀리의 지름이 $D_A = 15\,\text{cm}$, $D_B = 80\,\text{cm}$, $D_C = 20\,\text{cm}$, $D_D = 40\,\text{cm}$ 라고 하면, A 풀리가 1600 rpm일 때, D 풀리의 회전속도 (rpm)는 얼마인가?

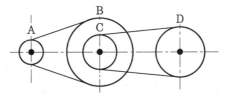

> **해답** $\dfrac{N_B}{N_A} = \dfrac{D_A}{D_B}$ 에서,
>
> $\therefore\ N_B = N_A \dfrac{D_A}{D_B} = 1600 \times \dfrac{15}{80} = 300\,\text{rpm} = N_C$
>
> $\dfrac{N_D}{N_C} = \dfrac{D_C}{D_D}$ 에서,
>
> $\therefore\ N_D = N_C \dfrac{D_C}{D_D} = 300 \times \dfrac{20}{40} = 150\,\text{rpm}$

3. 중심거리 $C = 700\,\text{mm}$, 풀리의 지름이 $D_1 = 300\,\text{mm}$, $D_2 = 600\,\text{mm}$ 인 평벨트의 길이 $L[\text{mm}]$ 을 구하여라.

> **해답** $L = 2C + \dfrac{\pi}{2}(D_1 + D_2) + \dfrac{(D_2 - D_1)^2}{4C}$
>
> $\qquad = 2 \times 700 + \dfrac{\pi}{2}(300 + 600) + \dfrac{(600 - 300)^2}{4 \times 700} = 2845.9\,\text{mm}$

□**4.** 벨트 전동에서 지름이 각각 300 mm, 1200 mm인 풀리가 4000 mm 떨어진 두 축 사이에 설치되어 동력을 전달할 때 십자 걸기를 하면 접촉각은 몇 도가 되겠는가?

[해답] $\theta_1 = \theta_2 = 180° + 2\phi = 180° + 2\sin^{-1}\left(\dfrac{D_2 + D_1}{2C}\right)$이므로,

$\theta_1 = \theta_2 = 180° + 2\sin^{-1}\left(\dfrac{1200 + 300}{2 \times 4000}\right) = 180° + 21°37' = 201°37'$

□**5.** 축간거리 $C = 500\,cm$, 벨트 풀리의 지름 $D_1 = 100\,cm$, $D_2 = 200\,cm$ 라 할 때, 십자 걸기 때가 평행 걸기 때보다 벨트의 길이가 몇 mm 더 길게 되는가?

[해답] ① 평행 걸기$(L) = 2C + \dfrac{\pi}{2}(D_1 + D_2) + \dfrac{(D_2 - D_1)^2}{4C}$

② 십자 걸기$(L) = 2C + \dfrac{\pi}{2}(D_1 + D_2) + \dfrac{(D_2 + D_1)^2}{4C}$

위 두 식의 차이는,

$\therefore \dfrac{(D_2 + D_1)^2}{4C} - \dfrac{(D_2 - D_1)^2}{4C} = \dfrac{(2000 + 1000)^2}{4 \times 5000} - \dfrac{(2000 - 1000)^2}{4 \times 5000} = 400\,mm$

$\therefore$ 십자 걸기 때가 평행 걸기 때보다 400 mm 더 길게 된다.

□**6.** 7.5 PS, 275 rpm의 3연 플런저(plunger) 펌프를 운전하는 지름 450 mm의 풀리에 벨트를 걸 때 생기는 긴장력은 몇 N인가? (단, $e^{\mu\theta} = 2.56$이다.)

[해답] $v = \dfrac{\pi DN}{60 \times 1000} = \dfrac{\pi \times 450 \times 275}{60000} = 6.5\,m/s$

$\dfrac{e^{\mu\theta} - 1}{e^{\mu\theta}} = \dfrac{2.56 - 1}{2.56} \fallingdotseq 0.610$

$\therefore P_t = \dfrac{735 H_{PS}}{v} \times \dfrac{e^{\mu\theta}}{e^{\mu\theta} - 1} = \dfrac{735 \times 7.5}{6.5} \times \dfrac{1}{0.610} = 1390.29\,N$

□**7.** 10 m/s의 속도로 8 kW를 전달하는 전동장치가 있다. T_t가 T_s의 2배일 때 유효장력(N) 및 긴장측의 장력(N)을 구하여라.

[해답] ① $P_e = \dfrac{1000 H_{kW}}{v} = \dfrac{1000 \times 8}{10} = 800\,N$

② $\dfrac{T_t}{T_s} = e^{\mu\theta}$ 에서, $\dfrac{2T_s}{T_s} = 2 = e^{\mu\theta}$ 이므로

$$\therefore \ T_t = P_e \frac{e^{\mu\theta}}{e^{\mu\theta}-1} = 800 \times \frac{2}{2-1} = 1600\,\text{N}$$

---

8. 벨트가 5.4 m/s로 회전하고, 긴장측 장력이 2450 N, 이완측 장력이 680 N일 때 전달동력(kW)은 얼마인가?

해답 $P_e = T_t - T_s = 2450 - 680 = 1770\,\text{N}$

$$\therefore \ H_{kW} = \frac{P_e v}{1000} = \frac{1770 \times 5.4}{1000} = 9.56\,\text{kW}$$

---

9. 벨트 전동에서 유효장력이 1500 N이고, T_t가 T_s의 3배일 때, 이 벨트 폭(mm)은 얼마로 설계하면 되겠는가? (단, 이음 효율은 80 %, 벨트의 두께는 5 mm, 허용 인장응력은 $5\,\text{N/mm}^2$로 한다.)

해답 유효장력$(P_e) = T_t - T_s$에서, $T_t = 3T_s$이므로

$P_e = 3T_s - T_s = 2T_s = 1500\,\text{N}$

$\therefore \ T_s = 750\,\text{N}$

$T_t = 3T_s = 3 \times 750 = 2250\,\text{N}$

$$\therefore \ b = \frac{T_t}{t\sigma_a\eta} = \frac{2250}{5 \times 5 \times 0.8} = 112.5 = 113\,\text{mm}$$

---

10. 35 PS의 직물 기계가 있다. E형 벨트를 사용하여 벨트의 속도를 10 m/s, 접촉각을 140°라고 하면, 벨트는 몇 가닥이 필요한가? (단, 한 가닥 전달마력 $H_0 = 14\,\text{PS}$(10 m/s일 때), $k_1 = 0.92$, $k_2 = 0.9$이다.)

해답 가닥수$(Z) = \dfrac{H_{PS}}{H_0 k_1 k_2} = \dfrac{35}{14 \times 0.92 \times 0.9} = 3.02 = 4$가닥

---

11. 중심거리 800 mm, 모터측의 V풀리 지름 400 mm, 종동차의 V풀리 지름을 150 mm라 할 때, V벨트의 접촉각을 구하여라.

해답 $\theta = 180° - 2\phi = 180 - 2\sin^{-1}\!\left(\dfrac{D_1 - D_2}{2C}\right) = 180 - 2\sin^{-1}\!\left(\dfrac{400 - 150}{2 \times 800}\right) = 162.02°$

12. D형 V벨트로 7 m/s, 19마력을 전달하려면 몇 개의 벨트가 필요하겠는가? (단, $e^{\mu'\theta} = 3$, $k_1 = 1.0$, $k_2 = 0.9$, $T_t = 860\,\text{N}$ 이다.)

해답 $H_0 = T_t \dfrac{v}{735} \cdot \dfrac{(e^{\mu'\theta} - 1)}{e^{\mu'\theta}} = 860 \times \dfrac{7}{735} \times \dfrac{(3-1)}{3} = 5.46\,\text{PS}$

$\therefore Z = \dfrac{H_{PS}}{H_0 k_1 k_2} = \dfrac{19}{5.46 \times 1 \times 0.9} = 3.87 ≒ 4$개

13. 지름 20 mm인 3호 3종(파단하중 230 kN)의 와이어 로프를 사용하여 500 PS을 전달할 때, 와이어 로프를 몇 개 사용하면 되는가? (단, 로프 풀리의 홈각은 45°이고, 로프와 로프 풀리와의 마찰계수 $\mu = 0.30$, 접촉각 $\theta = 180°$, 로프의 속도 $v = 8\,\text{m/s}$, 안전계수 10, 이음 효율 $\eta = 70\%$, $\dfrac{e^{\mu'\theta} - 1}{e^{\mu'\theta}} = 0.76$으로 한다.)

해답 $F_1 = \dfrac{F_u}{S} \times \eta = \dfrac{230000}{10} \times 0.7 = 16100\,\text{N}$

$H_0 = \dfrac{F_1 v}{735}\left(\dfrac{e^{\mu'\theta} - 1}{e^{\mu'\theta}}\right) = \dfrac{16100 \times 8}{735} \times 0.76 = 133.18\,\text{PS}$

$\therefore Z = \dfrac{H_{PS}}{H_0} = \dfrac{500}{133.18} = 3.75 ≒ 4$개

14. 피치 19.05 mm, 중심거리 850 mm, 잇수 42 및 13인 링크 수는 얼마인가?

해답 $L_n = \dfrac{2C}{p} + \dfrac{1}{2}(Z_1 + Z_2) + \dfrac{0.0257p}{C}(Z_1 - Z_2)^2$

$= \dfrac{2 \times 850}{19.05} + \dfrac{1}{2} \times (42 + 13) + \dfrac{0.0257 \times 19.05}{850} \times (42 - 13)^2 ≒ 118$개

15. 원동차와 종동차의 회전수가 각각 1000 rpm, 200 rpm이고 10 kW의 동력을 전달시키려고 할 때, 스프로킷의 잇수(개)를 구하여라. (단, $v = 4.5\,\text{m/s}$, $S = 15$, 피치 15.88 mm, 상용계수 $K = 1$이다.)

해답 $Z_1 = \dfrac{v \times 60 \times 1000}{N_1 p} = \dfrac{4.5 \times 60 \times 1000}{1000 \times 15.88} = 17$개

$\dfrac{N_2}{N_1} = \dfrac{Z_1}{Z_2}\left(v_1 = v_2 = \dfrac{pZ_1 N_1}{60000} = \dfrac{pZ_2 N_2}{60000}[\text{m/s}]\right)$

$$\therefore\ Z_2 = Z_1\left(\frac{N_1}{N_2}\right) = 17\left(\frac{1000}{200}\right) = 85\,개$$

---

16. 40번의 롤러 체인과 1000 rpm으로 회전하는 스프로킷 휠로 6 kW를 전달시킬 때 스프로킷 휠의 잇수(개)를 구하여라. (단, 40번의 $p = 12.7\,\mathrm{mm}$, 파단하중 14200 N, $S = 15$라 한다.)

해답 $H_{kW} = \dfrac{F_a v_m}{1000} = \dfrac{\left(\dfrac{F_u}{S}\right)v_m}{1000}$ 에서

$$v_m = \frac{1000 H_{kW}}{\dfrac{F_u}{S}} = \frac{1000 \times 6}{\dfrac{14200}{15}} = 6.34\,\mathrm{m/s}$$

$$\therefore\ Z = \frac{60 \times 1000 v_m}{pN} = \frac{60 \times 1000 \times 6.34}{12.7 \times 1000} \fallingdotseq 30\,개$$

---

17. 8 PS, 750 rpm의 원동축으로부터 축간거리 820 mm, 250 rpm인 종동축으로 전달하려고 한다. 롤러 체인을 사용하고 체인의 평균속도를 3 m/s, 안전계수를 15로 할 때 종동축 스프로킷 휠의 잇수(개)를 구하여라. (단, $p = 19.05\,\mathrm{mm}$ 이다.)

해답 $Z_1 = \dfrac{60 \times 1000 \times v_m}{Np} = \dfrac{60 \times 1000 \times 3}{750 \times 19.05} = 12.6 \fallingdotseq 13\,개$

$$\therefore\ 종동축\ 스프로킷의\ 잇수(Z_2) = Z_1\frac{N_1}{N_2} = 13\left(\frac{750}{250}\right) = 39\,개$$

---

18. 50번 롤러 체인으로 잇수 20인 스프로킷 휠을 사용하여 8 kW를 전달시키려면, 이 휠의 회전수(rpm)를 얼마로 하면 되겠는가? (단, 파단하중은 22100 N, 안전율 15, 피치는 15.88 mm로 한다.)

해답 $v = \dfrac{1000 H_{kW}}{\dfrac{P}{S}} = \dfrac{1000 \times 8}{\dfrac{22100}{15}} = 5.43\,\mathrm{m/s}$

$$v = \frac{pZN}{60000}\,[\mathrm{m/s}]\,에서$$

$$N = \frac{60000 v}{pZ} = \frac{60000 \times 5.43}{15.88 \times 20} \fallingdotseq 1026\,\mathrm{rpm}$$

19. $p = 12.7\,\text{mm}$, 잇수 20인 체인 휠(또는 스프로킷)이 매분 500 회전할 때 평균속도 (m/s)는 얼마인가?

해답 $v_m = \dfrac{NpZ}{60 \times 1000} = \dfrac{500 \times 12.7 \times 20}{60 \times 1000} = 2.12\,\text{m/s}$

20. 피치가 19.05 mm인 롤러 체인의 잇수가 35일 때, 피치원의 피치원 지름과 바깥지름(mm)을 구하여라.

해답 ① $D = \dfrac{p}{\sin\dfrac{180°}{Z}} = \dfrac{19.05}{\sin\dfrac{180°}{35}} = 212.5\,\text{mm}$

② $D_0 = p\left(0.6 + \cot\dfrac{180°}{Z}\right) = 19.05\left(0.6 + \cot\dfrac{180°}{35}\right) = 223\,\text{mm}$

21. 평벨트 전동에서 속도가 5.0 m/s이고, 400 rpm, 2.5 PS을 전달한다. 다음 물음에 답하여라. (단, $e^{\mu\theta} = 2.0$이고, 벨트의 허용 인장응력 $\sigma_t = 2.5\,\text{N/mm}^2$이다. 원심력은 무시한다.)

(1) 회전력 F는 몇 N인가?

(2) 이음 효율이 80 %이고, 벨트 두께 $t = 5\,\text{mm}$이면 벨트의 폭은 몇 mm인가?

해답 (1) $H_{PS} = \dfrac{Fv}{735}$ 에서

$F = \dfrac{735 H_{PS}}{v} = \dfrac{735 \times 2.5}{5} = 367.5\,\text{N}$

(2) $T_t = \dfrac{Fe^{\mu\theta}}{e^{\mu\theta} - 1} = \dfrac{367.5 \times 2}{2 - 1} = 735\,\text{N}$

$\sigma_t = \dfrac{F_t}{A\eta} = \dfrac{T_t}{bt\eta}$ 에서 $b = \dfrac{T_t}{\sigma_t t\eta} = \dfrac{735}{2.5 \times 5 \times 0.8} = 73.5\,\text{mm}$

22. 그림에서 200 rpm으로 40 PS을 전달하고자 한다. 다음 물음에 답하여라. (단, $e^{\mu\theta} = 2$, 원심력의 영향을 무시한다.)

(1) 접선력 : $P[\text{N}]$

(2) 긴장측 장력 : $T_t[\text{N}]$

(3) 베어링 하중 : $F[\text{N}]$ (단, 접촉각 $\theta = 180°$로 계산한다.)

(4) 축의 허용 전단응력 $\tau_a = 40\,\text{N/mm}^2$일 때 축지름 : $d[\text{mm}]$ (단, 키 홈의 영향을 고

려하여 $\dfrac{1}{0.75}$ 배로 계산한다.)

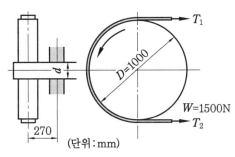

해답 (1) $T = P \times \dfrac{D}{2} = 7.02 \times 10^6 \dfrac{PS}{N} [\text{N·mm}]$

$$P = \dfrac{2 \times 7.02 \times 10^6 \times PS}{DN} = \dfrac{2 \times 7.02 \times 10^6 \times 40}{1000 \times 200} = 2808\,\text{N}$$

(2) $T_t = \dfrac{Pe^{\mu\theta}}{e^{\mu\theta} - 1} = \dfrac{2808 \times 2}{2 - 1} = 5616\,\text{N}$

(3) $T = T_t + T_s = 5616 + 2808 = 8424\,\text{N}$

$P = T_t - T_s\,(T_s = T_t - P = 5616 - 2808 = 2808\,\text{N})$

$\therefore F = \sqrt{T^2 + W^2} = \sqrt{8424^2 + 1500^2} = 8556.5\,\text{N}$

(4) $M = Fl = 8556.5 \times 270 = 2310255\,\text{N·mm}$

$$T = 7.02 \times 10^6 \times \dfrac{PS}{N} = 7.02 \times 10^6 \times \dfrac{40}{200} = 1404000\,\text{N·mm}$$

$$T_e = \sqrt{M^2 + T^2} = \sqrt{2310255^2 + 1404000^2} = 2703422.68\,\text{N·mm}$$

$T_e = \tau_a Z_p = \tau_a \dfrac{\pi d^3}{16}$ 에서,

$$d = \sqrt[3]{\dfrac{16\,T_e}{\pi \tau_a}} = \sqrt[3]{\dfrac{16 \times 2703422.68}{\pi \times 40}} = 70.08\,\text{mm}$$

$\therefore$ key way를 고려하여 축지름을 결정하면

$$d = \dfrac{70.08}{0.75} = 93.44\,\text{mm}$$

---

23. 평벨트 전동에서 풀리의 회전속도 8 m/s, 전달동력 8 PS, 긴장측 장력이 이완측 장력의 1.5배, 벨트의 이음 효율은 90 %, 벨트의 허용응력이 $250\,\text{N/cm}^2$일 때 다음 물음에 답하여라.

(1) 긴장측 장력(N)

(2) 가죽 벨트의 표준 치수표에서 2겹 가죽 벨트로 할 때의 (폭×두께)

공업용 가죽 벨트의 표준 치수 (단위 : mm)

1겹 평벨트		2겹 평벨트		3겹 평벨트	
폭(b)	두께(t)	폭(b)	두께(t)	폭(b)	두께(t)
25	3 이상	51	6 이상	203	10 이상
32	〃	63	〃	229	〃
38	〃	76	〃	254	〃
44	〃	89	〃	279	〃
51	4 이상	102	〃	305	〃
57	〃	114	〃	330	〃
63	〃	127	7 이상	336	〃
70	〃	140	〃	381	〃
76	〃	152	〃	406	〃
83	〃	165	〃	432	〃
89	〃	178	〃	457	〃
95	5 이상	191	8 이상	483	〃
102	〃	203	〃	508	〃
114	〃	229	〃	559	〃
127	〃	254	〃	610	〃
140	〃	279	〃	660	〃
152	〃	305	〃	711	〃

해답 (1) $F = \dfrac{H_{PS}}{V} = \dfrac{735 \times 8}{8} = 735\,\text{N}$

$$\therefore\ T_t = F\frac{e^{\mu\theta}}{e^{\mu\theta}-1} = 735 \times \frac{1.5}{1.5-1} = 2205\,\text{N}$$

(2) $b \times t = \dfrac{T_t}{\sigma_a \times \eta} = \dfrac{2205}{2.5 \times 0.9} = 980\,\text{mm}^2\,(\sigma_a = 250\text{N/cm}^2 = 2.5\text{N/mm}^2)$

---

24. 지름이 각각 250 mm, 500 mm의 주철제 벨트 풀리에 1겹 가죽 평벨트 ($b = 140\,\text{mm}$, 두께 $t = 5\,\text{mm}$, 허용 인장응력 $250\,\text{N/cm}^2$)를 사용하여 동력을 전달하고자 한다. 작은 풀리의 회전수가 1200 rpm이라 할 때 다음 물음에 답하여라. (단, 장력비 $e^{\mu\theta} = 2.13$, 이음 효율 $\eta = 0.8$, 단위 m당 무게 $w = 0.1bt\,[\text{N/m}]$이다.)

(1) 원심력에 의한 벨트의 부가장력 : $T_c\,[\text{N}]$

(2) 긴장측 장력 : $T_t\,[\text{N}]$

(3) 전달마력 : $H\,[\text{PS}]$

(4) 접촉각 $\theta = 180°$라 가정할 때 베어링 하중 : $F\,[\text{N}]$

해답 (1) 분포하중$(w) = 0.1bt = 0.1 \times 14 \times 0.5 = 0.7\,\text{N/m}$

$$v = \frac{\pi D_1 N_1}{60 \times 1000} = \frac{\pi \times 250 \times 1200}{60 \times 1000} = 15.71 \, \text{m/s}$$

$$\therefore \, T_c = \frac{wv^2}{g} = \frac{0.7 \times (15.71)^2}{9.8} = 17.63 \, \text{N}$$

(2) $\sigma_t = \dfrac{T_t}{A\eta} = \dfrac{T_t}{bt\eta}$ 에서, $T_t = \sigma_t bt\eta = 250 \times 14 \times 0.5 \times 0.8 = 1400 \, \text{N}$

(3) $PS = \dfrac{P_e v}{735} = \dfrac{\left(T_t - \dfrac{wv^2}{g}\right)}{735} \dfrac{e^{\mu\theta} - 1}{e^{\mu\theta}} \cdot v = \dfrac{(1400 - 17.63)}{735} \times \dfrac{2.13 - 1}{2.13} \times 15.71$

$\fallingdotseq 15.68 \, \text{PS}$

(4) $PS = \dfrac{P_e v}{735}$ 에서, $P_e = \dfrac{735 PS}{v} = \dfrac{735 \times 15.68}{15.71} = 733.6 \, \text{N}$

$\therefore \, F = T_t + T_s = T_t + (T_t - P_e) = 2T_t - P_e = 2 \times 1400 - 733.6$

$= 2066.4 \, \text{N}$

---

25. B형 V벨트의 한 가닥이 전달 가능한 동력은 접촉각 180°인 경우 1.9 PS이다. 부하 수정계수가 0.8이고, 접촉각 수정계수가 0.9이면, 5 PS을 전달하기 위하여 필요한 B형 V벨트의 가닥수는 얼마인가?

해답 $Z = \dfrac{H_{PS}}{H_0 \times k_1 \times k_2} = \dfrac{5}{1.9 \times 0.9 \times 0.8} = 3.65 \fallingdotseq 4 \,$개

---

26. 너비 191 mm의 2겹 가죽 벨트(두께 8 mm)에 의하여 운전되는 지름 650 mm, 회전수 600 rpm인 풀리를 묻힘 키(sunk key) 15×10×85로 지름 82 mm의 축에 설치하고자 한다. 벨트의 허용 인장응력 $\sigma_t = 250 \, \text{N/cm}^2$, 단위 m당 무게 $w = 0.1 bt \, [\text{N/m}]$, 이음 효율 $\eta = 80\%$, $e^{\mu\theta} = 2.4$일 때 다음 물음에 답하여라. (단, b는 너비, t는 두께이다.)

(1) 긴장측 최대 허용장력 : $T_{\max} [\text{N}]$

(2) 최대 허용 전달동력 : $H [\text{PS}]$

(3) 유효장력 $P_e = 1500 \, \text{N}$ 이라 가정할 때

① 키에 생기는 전단응력 : $\tau_k [\text{N/mm}^2]$

② 키에 생기는 압축응력 : $\sigma_c [\text{N/mm}^2]$ (단, 축의 키 홈의 깊이 $t = 4 \, \text{mm}$ 이다.)

해답 (1) $\sigma_t = \dfrac{T_{\max}}{A\eta} = \dfrac{T_{\max}}{bt\eta}$ 에서,

$T_{\max} = \sigma_t A\eta = \sigma_t bt\eta = 250 \times 19.1 \times 0.8 \times 0.8 = 3056 \, \text{N}$

(2) $v = \dfrac{\pi DN}{60000} = \dfrac{\pi \times 650 \times 600}{60 \times 1000} = 20.42\,\text{m/s}$

$w = 0.1bt = 0.1 \times 19.1 \times 0.8 = 1.528\,\text{N/m}$

$\therefore H_{PS} = \dfrac{v}{735}\left(T_{\max} - \dfrac{wv^2}{g}\right)\dfrac{e^{\mu\theta}-1}{e^{\mu\theta}}$

$= \dfrac{20.42}{735}\left(3056 - \dfrac{1.528 \times (20.42)^2}{9.8}\right)\dfrac{2.4-1}{2.4} = 48.47\,\text{PS}$

(3) ① $T = P_e\dfrac{D}{2} = W\dfrac{d}{2}$ 에서,

$W = \dfrac{P_e D}{d} = \dfrac{1500 \times 650}{82} = 11890.24\,\text{N}$

$\therefore \tau_k = \dfrac{W}{A} = \dfrac{W}{bl} = \dfrac{2T}{bld} = \dfrac{2P_e\dfrac{D}{2}}{bld} = \dfrac{P_e D}{bld} = \dfrac{1500 \times 650}{15 \times 85 \times 82} = 9.33\,\text{N/mm}^2$

② $\sigma_c = \dfrac{W}{A} = \dfrac{W}{tl} = \dfrac{2T}{tdl} = \dfrac{2P_e\dfrac{D}{2}}{tdl} = \dfrac{P_e D}{tdl} = \dfrac{1500 \times 650}{4 \times 82 \times 85} = 34.97\,\text{N/mm}^2$

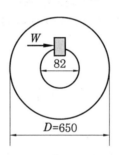

---

27. 체인번호 60(절단하중 : 36500 N)인 롤러 체인의 작은 체인 휠의 잇수 20개, 큰 쪽이 67개, 축간거리가 740 mm일 때 체인의 길이(mm)와 링크 수(개)를 결정하고, 작은 휠이 600 rpm이고 안전율이 12라면 전달마력(kW)은 얼마인가? (단, 피치 $p = 19.05$ 이다.)

해답 ① 링크의 개수$(L_n) = \dfrac{2C}{p} + \dfrac{Z_1 + Z_2}{2} + \dfrac{0.0257p}{C}(Z_2 - Z_1)^2$

$= \dfrac{2 \times 740}{19.05} + \dfrac{67 + 20}{2} + \dfrac{0.0257 \times 19.05}{740} \times (67 - 20)^2$

$= 122.65 \fallingdotseq 123\,\text{개}$

② $v = \dfrac{\pi D_1 N_1}{60000} = \dfrac{pZ_1 N_1}{60000} = \dfrac{19.05 \times 20 \times 600}{60000} = 3.81\,\text{m/s}$

$F' = \dfrac{36500}{12} = 3041.67\,\text{N}$

$$\therefore H_{kW} = \frac{F'v}{1000} = \frac{3041.67 \times 3.81}{1000} \fallingdotseq 11.59\,\text{kW}$$

③ $L = L_n \times p = 123 \times 19.05 = 2343.15\,\text{mm}$

---

28. 축간거리 5 m, 지름이 400 mm 및 600 mm인 주철제 풀리를 바로걸기 2겹 가죽 벨트(두께 $t = 8\,\text{mm}$)로 25 PS을 전달하고자 한다. 벨트의 속도 $v = 9\,\text{m/s}$, 벨트의 허용 인장응력 $\sigma_t = 2.5\,\text{N/mm}^2$, 이음 효율 $\eta = 0.9$라 할 때 다음 물음에 답하여라. (단, 원심력의 영향은 무시하며, $e^{\mu\theta} = 2.2$이다.)

(1) 유효장력 : $P_e[\text{N}]$ (2) 긴장측 장력 : $T_t[\text{N}]$

(3) 벨트의 폭 : $b[\text{mm}]$ (4) 벨트의 길이 : $L[\text{mm}]$

해답 (1) $PS = \dfrac{P_e v}{735}$ 에서

$$P_e = \frac{735 PS}{v} = \frac{735 \times 25}{9} = 2041.67\,\text{N}$$

(2) $T_t = \dfrac{P_e e^{\mu\theta}}{e^{\mu\theta} - 1} = \dfrac{2041.67 \times 2.2}{2.2 - 1} = 3743.06\,\text{N}$

(3) $\sigma_t = \dfrac{T_t}{A} = \dfrac{T_t}{bt\eta}$ 에서 $b = \dfrac{T_t}{\sigma_t t\eta} = \dfrac{3743.06}{2.5 \times 8 \times 0.9} = 207.95\,\text{mm}$

(4) $L = 2C + \dfrac{\pi}{2}(D_1 + D_2) + \dfrac{(D_2 - D_1)^2}{4C}$

$$= 2 \times 5000 + \frac{\pi}{2}(400 + 600) + \frac{(600 - 400)^2}{4 \times 5000} = 11572.77\,\text{mm}$$

---

29. 출력 50 PS, 회전수 1150 rpm의 모터에 의하여 300 rpm의 건설기계를 V벨트로 운전하고자 한다. 축간거리 1.5 m, 모터축 풀리의 지름 300 mm일 때 다음 물음에 답하여라. (단, 수정 마찰계수 $\mu' = 0.48$, V벨트의 단위길이당 무게 $w = 5.6\,\text{N/m}$이다.)

(1) 원심력에 의한 벨트의 부가장력 : $T_c[\text{N}]$

(2) 장력비 : $e^{\mu'\theta}$

(3) V벨트 1개의 전달마력 : $H_0[\text{PS}]$ (단, V벨트의 허용장력은 860 N)

(4) V벨트의 가닥수 : Z(정수로 구함) (단, 부하 수정계수 $k = 0.75$이다.)

해답 (1) $v = \dfrac{\pi \times 300 \times 1150}{60 \times 10^3} = 18.06\,\text{m/s}$

$$\therefore T_c = \frac{wv^2}{g} = \frac{5.6 \times (18.06)^2}{9.8} = 186.38\,\text{N}$$

(2) $\varepsilon = \dfrac{N_2}{N_1} = \dfrac{D_1}{D_2}$ 에서 $D_2 = D_1\left(\dfrac{N_1}{N_2}\right) = 300\left(\dfrac{1150}{300}\right) = 1150\,\text{mm}$

$\theta = 180° - 2\sin^{-1}\left(\dfrac{D_2 - D_1}{2C}\right) = 180° - 2\sin^{-1}\left(\dfrac{1150 - 300}{2 \times 1500}\right) = 147.08°$

$\therefore\ e^{\mu'\theta} = e^{0.48\left(\frac{147.08}{57.3}\right)} = 3.43$

(3) $H_0 = \dfrac{(T_t - T_c)V}{735}\left(\dfrac{e^{\mu'\theta} - 1}{e^{\mu'\theta}}\right) = \dfrac{(860 - 186.38) \times 18.06}{735} \times \dfrac{3.43 - 1}{3.43}$

$\qquad = 11.73\,\text{PS}$

(4) $Z = \dfrac{H_{PS}}{kH_0} = \dfrac{50}{0.75 \times 11.73} = 6\,\text{가닥}$

---

30. V벨트로 운전되고 있는 공기 압축기가 있다. 원동 모터는 8 PS, 1150 rpm, 풀리의 지름은 200 mm, 압축기 풀리의 회전수는 250 rpm, 축간거리를 1650 mm로 할 때 다음 표를 참조하여 물음에 답하여라.

(1) V벨트의 형

(2) V벨트의 길이(mm)

(3) V벨트의 개수

전달동력과 V벨트형(V벨트의 선택 기준)

전달동력(PS)	V벨트의 속도(m/s)		
	10 이하	10~17	17 이상
2 이하	A	A	A
2~5	B	B	B
5~10	B	B	B
10~25	C	B, C	B, C
25~30	C, D	C	C

부하 수정계수 k_1

기계의 종류	k_1
펌프, 송풍기, 컨베이어, 인쇄기계 등	1.00
목공기계, 경공작기계 등	0.90
공기 압축기	0.85
크레인, 윈치 등	0.75
분쇄기, 공작기계, 제분기 등	0.70
방적기, 광산기계 등	0.60

접촉각 수정계수 k_2

$\theta°$	180	175	170	165	160	155	150	145	140	135	130	125	120
k_2	1.00	0.99	0.98	0.97	0.95	0.94	0.92	0.90	0.89	0.87	0.86	0.82	0.80

전달마력(PS)

형별 벨트의 속도(m/s)	A	B	C	D	E
9.0	1.6	2.1	4.9	9.2	12.8
9.5	1.6	2.2	5.2	9.6	13.4
10.0	1.7	2.3	5.5	10.0	14.0
10.5	1.8	2.4	5.7	10.5	14.6
11.0	1.9	2.5	5.9	11.0	15.2
11.5	1.9	2.6	6.1	11.5	15.8
12.0	2.0	2.7	6.3	12.0	16.4
12.5	2.1	2.8	6.5	12.5	17.0
13.0	2.2	2.8	6.7	12.9	17.5
13.5	2.2	2.9	6.9	23.3	18.0
14.0	2.3	3.0	7.1	23.7	18.5

[해답] (1) 벨트의 형식 : 8마력 → B형

(2) $D_2 = \dfrac{N_1}{N_2} \cdot D_1 = \dfrac{1150}{250} \times 200 = 920\,\mathrm{mm}$

$$L = 2C + \frac{\pi(D_1 + D_2)}{2} + \frac{(D_2 - D_1)^2}{4C}$$

$$= 2 \times 1650 + \frac{\pi(200 + 920)}{2} + \frac{(920 - 200)^2}{4 \times 1650} = 5137.84\,\mathrm{mm}$$

(3) $\theta_1 = 180° - 2\sin^{-1}\left(\dfrac{D_2 - D_1}{2C}\right) = 180° - 2\sin^{-1}\left(\dfrac{920 - 200}{2 \times 1650}\right) = 154.8°$

$\therefore k_2 = 0.94$ 선택

$\therefore Z = \dfrac{H_{PS}}{H_0 k_1 k_2} = \dfrac{8}{2.8 \times 0.85 \times 0.94} = 3.58 \fallingdotseq 4$개

$V = \dfrac{\pi D_1 N_1}{60000} = \dfrac{\pi \times 200 \times 1150}{60000} = 12.04$

$\therefore H_0 = 2.8\,\mathrm{PS}$ 선택

31. 10 PS을 1000 rpm의 원동기에서 축간거리 820 mm, 250 rpm의 종동축에 전달시키려고 한다. 롤러 체인을 사용하고 체인의 평균속도를 3 m/s, 안전율을 15라 하면, 양쪽 스프로킷 휠의 ① 잇수와 ② 피치원 지름을 구하고, ③ 체인의 링크수를 정수로 올림하여 구하여라. (단, 60번 1열 롤러 체인을 사용하며 체인의 피치는 19.05 mm이다.)

해답 ① $Z_1 = \dfrac{60 \times 10^3 \times v}{N_1 p} = \dfrac{60 \times 10^3 \times 3}{1000 \times 19.05} = 9.45 \coloneqq 10$개

$\qquad Z_2 = \dfrac{60 \times 10^3 \times v}{N_2 p} = \dfrac{60 \times 10^3 \times 3}{250 \times 19.05} = 37.8 \coloneqq 40$개

② $D_p = \dfrac{p}{\sin \dfrac{180°}{Z}}$ 이므로,

$\qquad \therefore D_{p1} = \dfrac{19.05}{\sin \dfrac{180}{10}} = 61.65\,\text{mm}, \quad D_{p2} = \dfrac{19.05}{\sin \dfrac{180}{40}} = 242.8\,\text{mm}$

③ $L_n = \dfrac{2C}{p} + \dfrac{(Z_1 + Z_2)}{2} + \dfrac{0.0257 p (Z_2 - Z_1)^2}{C} = 110.56 \coloneqq 111$개

---

32. NO. 50 롤러 체인(파단하중 21658 N, 피치 15.88 mm)으로 750 rpm의 구동축을 250 rpm으로 감속운전하고자 한다. 구동 스프로킷의 잇수를 17개, 안전율을 16으로 할 때 다음 물음에 답하여라.

(1) 체인속도 : $v\,[\text{m/s}]$

(2) 전달동력 : $H\,[\text{kW}]$

(3) 피동 스프로킷의 피치원 지름 : $D_2\,[\text{mm}]$

해답 (1) $v = \dfrac{\pi D N}{60 \times 1000} = \dfrac{p Z_1 N_1}{60 \times 1000} = \dfrac{15.88 \times 17 \times 750}{60 \times 1000} \coloneqq 3.375\,\text{m/s}$

$\quad$ (2) $H_{kW} = \dfrac{F_a v}{1000} = \dfrac{F_u v}{1000 S} = \dfrac{21658 \times 3.375}{1000 \times 16} = 4.57\,\text{kW}$

$\quad$ (3) $\varepsilon = \dfrac{N_2}{N_1} = \dfrac{D_1}{D_2} = \dfrac{Z_1}{Z_2}, \quad Z_2 = Z_1 \dfrac{N_1}{N_2} = 17 \times \dfrac{750}{250} = 51$

$\qquad \therefore D_2 = \dfrac{p}{\sin\left(\dfrac{180°}{Z_2}\right)} = \dfrac{15.88}{\sin\left(\dfrac{180°}{51}\right)} \coloneqq 257.96\,\text{mm}$

33. 3.7 kW, 750 rpm의 구동축 250 rpm으로 감속운전하는 NO. 50 롤러 체인의 파단 하중 21658 N, 피치 15.88 mm, 전동차에서 구동 스프로킷의 잇수를 17개로 할 때 다음 물음에 답하여라.

(1) 체인의 속도 : $v[\text{m}/\text{s}]$

(2) 안전율 : S

(3) 양쪽 스프로킷 휠의 피치원 지름 D_1, D_2를 구하여라.

(4) 링크의 수 : L_n (단, 축간거리 $C = 820\,\text{mm}$ 이다.)

해답 (1) $v = \dfrac{\pi D_1 N_1}{60 \times 1000} = \dfrac{p Z_1 N_1}{60 \times 1000} = \dfrac{15.88 \times 17 \times 750}{60 \times 1000} = 3.37\,\text{m}/\text{s}$

(2) $kW = \dfrac{F_a v}{1000}$ 에서, $F_a = \dfrac{1000 kW}{v} = \dfrac{1000 \times 3.7}{3.37} \fallingdotseq 1098\,\text{N}$

$\therefore$ 안전율$(S) = \dfrac{F_u}{F_a} = \dfrac{21658}{1098} = 19.72$

(3) $\pi D_1 = p Z_1$ 에서, $D_1 = Z_1 \dfrac{p}{\pi} = 17 \times \dfrac{15.88}{\pi} = 85.93\,\text{mm}$

$\varepsilon = \dfrac{N_2}{N_1} = \dfrac{D_1}{D_2}$ 에서, $D_2 = D_1 \dfrac{N_1}{N_2} = 85.93 \times \dfrac{750}{250} = 257.79\,\text{mm}$

(4) $L_n = \dfrac{2C}{p} + \dfrac{\pi(D_1 + D_2)}{2p} + \dfrac{(D_2 - D_1)^2}{4pC}$

$= \dfrac{2 \times 820}{1.88} + \dfrac{\pi(85.93 + 257.79)}{2 \times 15.88} + \dfrac{(257.79 - 85.93)^2}{4 \times 15.88 \times 820} \fallingdotseq 138\,\text{개}$

별해 (4) $L_n = \dfrac{2C}{p} + \dfrac{1}{2}(Z_1 + Z_2) + \dfrac{0.025p(Z_2 - Z_1)^2}{C}$

$= \dfrac{2 \times 820}{15.88} + \dfrac{1}{2}(17 + 51) + \dfrac{0.025 \times 15.88(51 - 17)^2}{820} \fallingdotseq 138\,\text{개}$

$i = \dfrac{N_2}{N_1} = \dfrac{Z_1}{Z_2}$ 에서 $Z_2 = Z_1\left(\dfrac{N_1}{N_2}\right) = 17 \times \dfrac{750}{250} = 51\,\text{개}$

제11장 마찰차 전동장치

11-1 마찰차의 개요

2개의 바퀴를 서로 밀어 그 사이에 생기는 마찰력을 이용하여 두 축 사이에 동력을 전달하는 장치를 마찰차(friction wheel)라 한다.

2개의 바퀴가 구름 접촉(rolling contact)을 하면서 회전하므로, 두 바퀴 사이에 미끄럼이 없는 한 두 바퀴의 표면속도는 같다. 그러나 실제의 경우 대부분 미끄럼이 발생하며, 따라서 정확한 회전운동의 전달이나 큰 동력의 전달에는 적합하지 않다.

(1) 마찰차의 응용 범위

① 속도비를 중요시하지 않는 경우
② 회전속도비가 커서 기어를 사용할 수 없는 경우
③ 전달해야 될 힘이 그다지 크지 않는 경우
④ 양축 사이를 빈번히 단속할 필요가 있는 경우
⑤ 무단 변속을 해야 할 경우

(2 마찰차의 특성

① 운전이 정숙하게 행하여진다.
② 미끄럼에 의해 다른 부분의 손상을 방지할 수 있다.
③ 효율은 그다지 좋지 못하다.

11-2 원통 마찰차(평마찰차)

평행한 두 축 사이에서 외접 또는 내접하여 동력을 전달하는 원통형 바퀴를 원통 마찰차(spur friction wheel)라 한다.

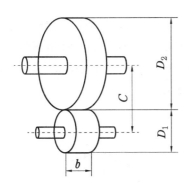
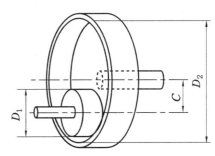

C : 중심거리
D_1 : 원동차 지름
D_2 : 종동차 지름
b : 접촉면 폭

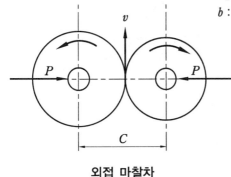
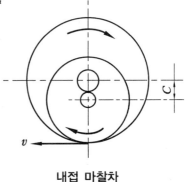

외접 마찰차   내접 마찰차

(1) 원주속도(v)

미끄러짐이 없는 완전한 회전이 일어날 때는 접촉선 상의 원주속도는 원동차, 종동차가 서로 같다.

$$v = \frac{\pi D_1 N_1}{60 \times 1000} = \frac{\pi D_2 N_2}{60 \times 1000} [\text{m/s}]$$

(2) 속도비(ε)

$$\varepsilon = \frac{N_2}{N_1} = \frac{D_1}{D_2}$$

(3) 중심거리(C)

$$\text{외접} \quad C = \frac{D_2 + D_1}{2}, \quad \text{내접} \quad C = \frac{D_2 - D_1}{2}$$

(4) 밀어붙이는 힘(P)의 계산

회전하고 있는 원동차에 정지된 상태의 종동차를 밀어붙이면 처음에는 저항 때문에 돌지 않다가 종동차가 회전할 수 있는 힘(F)보다 마찰력(μP)이 클 때에 비로소 회전이 시작

된다. 즉, $\mu P \geq F[\text{N}]$이어야 동력이 전달된다. 또한, 마찰을 크게 하기 위하여 양쪽 차 사이에 가죽 또는 목재 등의 비금속 재료를 라이닝하는데 반드시 원동차의 표면에 라이닝을 해야 한다. 왜냐하면 마찰력이 회전력보다 작으면 종동차는 정지 상태가 되며 원동차만이 회전하여 마모 상태가 다음 그림과 같이 되기 때문이다.

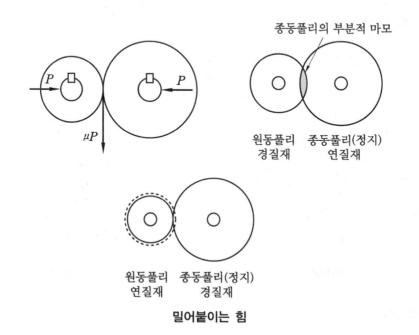

밀어붙이는 힘

(5) 전달토크(T)

$$T = F\frac{D_2}{2} = \mu P\frac{D_2}{2}[\text{N·mm}]$$

(6) 전달동력(H_{kW}) 및 전달마력(H_{PS})

$$H_{kW} = \frac{Fv}{1000} = \frac{\mu P}{1000} \times \frac{\pi DN}{60000}[\text{kW}]$$

$$H_{PS} = \frac{Fv}{735} = \frac{\mu P}{735} \times \frac{\pi DN}{60000}[\text{PS}]$$

(7) 폭(b)의 계산

마찰차는 선 접촉을 한다. 접촉선 1 mm당 해당하는 힘의 강도(f)를 접촉선 압력이라 하면 폭(b)= $\frac{P}{f}[\text{mm}]$

여기서, P : 동종차를 밀어붙이는 힘(N), f : 허용선 압력(N/mm)

11-3 **홈붙이 마찰차**

V자 모양의 홈 5~10개를 표면에 파서 마찰하는 면을 늘려 회전력을 크게 한 원통형 바퀴를 홈붙이 마찰차(grooved friction wheel)라 한다. 마찰차에 큰 동력을 전달시키려고 하면 양쪽 바퀴를 큰 힘으로 밀어붙여야 하나 이 힘이 베어링을 통하여 전달되므로 베어링에 큰 부하가 걸린다. 그러므로 홈을 파서 쐐기 작용으로 하면 적은 힘으로도 큰 동력 전달이 가능하다. 홈 중앙 부분의 한 곳에서 정확하게 구름 접촉을 하고 그 밖의 다른 곳에서는 미끄럼 접촉을 하므로, 전동할 때에 마멸과 소음을 일으키는 단점을 가지고 있다.

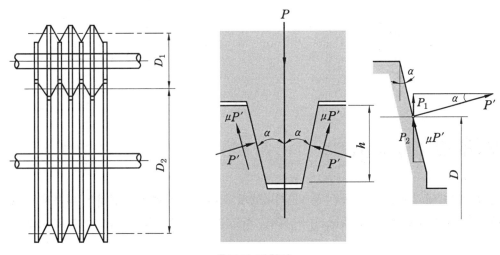

홈붙이 마찰차

(1) 상당마찰계수(μ')

$$P = P_1 + P_2 = P'\sin\alpha + \mu P'\cos\alpha$$

$$\therefore\ P' = \frac{1}{\sin\alpha + \mu\cos\alpha} \cdot P$$

$$\therefore\ \mu P' = \frac{\mu}{\sin\alpha + \mu\cos\alpha} \cdot P = \mu' P$$

$$\therefore\ \mu' = \frac{\mu}{\sin\alpha + \mu\cos\alpha}$$

(2) 전달동력(H_{kW}) 및 전달마력(H_{PS})

$$H_{kW} = \frac{\mu' P v}{1000} = \frac{\mu P' v}{1000}\,[\text{kW}] \qquad\qquad H_{PS} = \frac{\mu' P v}{735} = \frac{\mu P' v}{735}\,[\text{PS}]$$

(3) 홈의 깊이(h)

경험식으로, $h = 0.94\sqrt{\mu' P} = 0.94\sqrt{\mu P'}$

(4) 접촉선의 전 길이(l)

허용선 압력을 $f[\text{N}/\text{mm}]$라 하면, $l = \dfrac{P'}{f}[\text{mm}]$

(5) 홈의 수(Z)

접촉선의 전 길이 l은 그림에서 보는 바와 같이,

$$l = 2Z \cdot \frac{h}{\cos\alpha}$$

$$\therefore \ Z = \frac{l\cos\alpha}{2h}$$

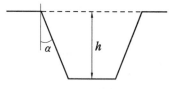

11-4 원추 마찰차

동일 평면 내의 서로 어긋나는 두 축 사이에서 외접하여 동력을 전달하는 원뿔형 바퀴를 원추 마찰차(bevel friction wheel)라 하며, 주로 무단 변속장치의 변속 기구로 쓰인다.

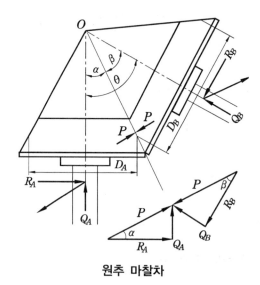

원추 마찰차

위의 그림에서 $D_A = 2\overline{OP}\sin\alpha$, $D_B = 2\overline{OP}\sin\beta$이므로, $\theta = \alpha + \beta$에서 $\alpha = \theta - \beta$, $\sin\alpha = \sin(\theta - \beta) = \sin\theta\cos\beta - \cos\theta\sin\beta$를 대입하여 정리하면 다음의 식들을 얻는다.

(1) 속비(ε)

$$\varepsilon = \frac{N_B}{N_A} = \frac{D_A}{D_B} = \frac{\sin\alpha}{\sin\beta}$$

(2) 원추의 꼭지각(2α, 2β)

$$\tan\alpha = \frac{\sin\theta}{\dfrac{1}{\varepsilon} + \cos\theta} \qquad\qquad \tan\beta = \frac{\sin\theta}{\varepsilon + \cos\theta}$$

양축이 직교할 때는 $\theta = 90°$

$$\tan\alpha = \varepsilon = \frac{N_B}{N_A} \qquad\qquad \tan\beta = \frac{1}{\varepsilon} = \frac{N_A}{N_B}$$

(3) 원주속도(v)

$$D = \frac{D_1 + D_2}{2}$$

여기서, D : 평균지름(mm)

　　　　D_1 : 최소지름(mm)

　　　　D_2 : 최대지름(mm)

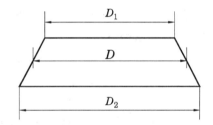

$$v = \frac{\pi D N}{60 \times 1000} = \frac{\pi\left(\dfrac{D_1 + D_2}{2}\right)N}{60 \times 1000} [\text{m/s}]$$

(4) 축 방향으로 미는 힘(Q_A, Q_B)

$$Q_A = P\sin\alpha, \quad Q_B = P\sin\beta$$

(5) 전달동력(H_{kW}) 및 전달마력(H_{PS})

$$H_{kW} = \frac{\mu P v}{1000} = \frac{\mu Q_A v}{1000\sin\alpha} = \frac{\mu Q_B v}{1000\sin\beta}[\text{kW}]$$

$$H_{PS} = \frac{\mu P v}{735} = \frac{\mu Q_A v}{735\sin\alpha} = \frac{\mu Q_B v}{735\sin\beta}[\text{PS}]$$

(6) 원추 마찰차의 접촉부분의 너비(b)

허용선 압력을 $f[\text{N/mm}]$ 라고 하면, $b = \dfrac{P}{f} = \dfrac{Q_A}{f\sin\alpha} = \dfrac{Q_B}{f\sin\beta}[\text{mm}]$

예상문제

□**1.** 지름 50 mm인 구동 마찰차의 회전수를 $\frac{1}{3}$ 으로 감소시키는 데 사용할 피동 마찰차의 지름은 몇 mm인가?

[해답] 속비$(\varepsilon) = \dfrac{N_B}{N_A} = \dfrac{\frac{1}{3}N_A}{N_A} = \dfrac{D_A}{D_B} = \dfrac{50}{D_B}$ 에서 $\dfrac{1}{3} = \dfrac{50}{D_B}$

$\therefore\ D_B = 150\,\text{mm}$

□**2.** 중심거리 $C = 300\,\text{mm}$, $N_A = 200\,\text{rpm}$, $N_B = 100\,\text{rpm}$인 원통 마찰차의 지름 D_A 와 $D_B[\text{mm}]$는 얼마인가?

[해답] $C = \dfrac{1}{2}(D_A + D_B) = 300$

$\varepsilon = \dfrac{N_B}{N_A} = \dfrac{D_A}{D_B} = \dfrac{100}{200}$ 에서 $D_B = 2D_A$

$\dfrac{1}{2}(D_A + 2D_A) = 300$

$\therefore\ D_A = 200\,\text{mm},\ D_B = 400\,\text{mm}$

□**3.** 축간거리 300 mm, 속도비 4인 원통 마찰차의 지름(mm)은 각각 얼마인가? (단, 외접하고 있다.)

[해답] $\dfrac{N_B}{N_A} = \dfrac{D_A}{D_B} = 4$ 에서, $D_A = 4D_B$

$2C = D_A + D_B = 4D_B + D_B = 5D_B = 2 \times 300 = 600$

$\therefore\ D_B = \dfrac{600}{5} = 120\,\text{mm}$

$D_A = 4D_B = 4 \times 120 = 480\,\text{mm}$

□**4.** 지름 800 mm의 원통 마찰차가 매분 500 회전하여 1.5 kW를 전달시킬 때 밀어붙이는 힘(N) 및 폭(mm)은 얼마인가? (단, $p_t = 15\,\text{N/mm}$, $\mu = 0.25$ 이다.)

해답 ① $v = \dfrac{\pi DN}{60 \times 1000} = \dfrac{\pi \times 800 \times 500}{60 \times 1000} = 20.93\,\text{m/s}$

$\therefore\ P = \dfrac{1000 H_{kW}}{\mu v} = \dfrac{1000 \times 1.5}{0.25 \times 20.93} = 286.67\,\text{N}$

② $b = \dfrac{P}{p_t} = \dfrac{286.67}{15} = 19.11\,\text{mm} \fallingdotseq 20\,\text{mm}$

---

5. 그림과 같은 중간차 C를 이용한 마찰차에서 A의 지름 150 mm, C의 지름 100 mm 일 때, B의 회전수를 A회전수의 $\dfrac{1}{2}$로 감소시키려고 한다. 이때 피동차 B의 지름(mm)은 얼마로 하면 되는가?

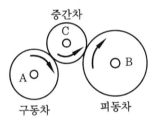

해답 $\varepsilon = \dfrac{N_B}{N_A} = \dfrac{D_A}{D_B} = \dfrac{1}{2}$

$\therefore\ D_B = 2 D_A = 2 \times 150 = 300\,\text{mm}$

---

6. 원동차와 종동차의 지름이 125 mm, 375 mm인 원통 마찰차에서 $\mu = 0.2$, 누르는 힘이 2000 N일 때 최대 전달토크(N·mm)를 구하여라.

해답 $T = \mu P \dfrac{D_B}{2} = \dfrac{0.2 \times 2000 \times 375}{2} = 75000\,\text{N·mm}$

---

7. 회전수 1000 rpm, 500 rpm, 지름 150 mm, 300 mm의 원통 마찰차를 서로 1000 N의 힘으로 눌러줄 때, 마력(PS)을 구하여라. (단, $\mu = 0.3$이다.)

해답 $v = \dfrac{\pi D_1 N_1}{60 \times 1000} = \dfrac{\pi \times 150 \times 1000}{60000} = 7.85\,\text{m/s}$

$\therefore\ H_{PS} = \dfrac{\mu P v}{735} = \dfrac{0.3 \times 1000 \times 7.85}{735} = 3.2\,\text{PS}$

08. 그림과 같은 크라운 마찰차에 있어서 주동차 A는 지름 500 mm, 주철제로서 1500 rpm이라 한다. 종동차 B는 주위에 동판이 붙어 있고 폭 40 mm, 지름 530 mm(B차의 이동범위(x) $= 40 \sim 190$ mm)이다. 최대, 최소의 회전수(rpm)와 전달마력(PS)을 구하여라. (단, $\mu = 0.2$, $f = 20$ N/mm 이다.)

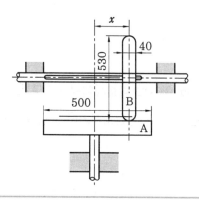

해답 $R_B = \dfrac{530}{2} = 265$ mm, $n_A = 1500$ rpm

$n_B = \dfrac{n_A}{R_B}x$로 B차의 회전수 n_B는 x의 증가에 따라 증가하므로 $x = 40$ mm 에서 n_B는 최소이다.

$n_{B\min} = \dfrac{n_A}{R_B}x = \dfrac{1500}{265} \times 40 = 226.42$ rpm

$x = 190$ mm 에서 n_B는 최대로 된다.

$n_{B\max} = \dfrac{n_A}{R_B}x = \dfrac{1500}{265} \times 190 = 1075.47$ rpm

A차를 내리누르는 힘 $F = fb = 20 \times 40 = 800$ N

마찰차의 선속도는, 최소 $v_{\min} = \dfrac{3.14 \times 80 \times 1500}{60 \times 1000} = 6.28$ m/s

최대 $v_{\max} = \dfrac{3.14 \times 380 \times 1500}{60 \times 1000} = 29.8$ m/s

전달마력은 B차의 최소 회전일 때

$H_{\min} = \dfrac{\mu F v_{\min}}{735} = \dfrac{0.2 \times 800 \times 6.28}{735} = 1.37$ PS

전달마력은 B차의 최대 회전일 때

$H_{\max} = \dfrac{\mu F v_{\max}}{735} = \dfrac{0.2 \times 800 \times 29.8}{735} = 6.49$ PS

$\therefore$ $n_{B\min} = 226.42$ rpm, $n_{B\max} = 1075.47$ rpm

$H_{\min} = 1.37$ PS, $H_{\max} = 6.49$ PS

9. 원동차의 지름이 300 mm, 종동차의 지름이 450 mm, 폭 75 mm인 원통 마찰차가 있다. 원동차가 300 rpm으로 회전할 때, 전달동력은 몇 kW인가? (단, 허용압력은 20 N/mm, 마찰계수 $\mu = 0.2$로 한다.)

[해답] $P = p_t b = 20 \times 75 = 1500\,\text{N}$

$$v = \frac{\pi D_A N_A}{60 \times 1000} = \frac{\pi \times 300 \times 300}{60000} = 4.71\,\text{m/s}$$

$$\therefore H_{kW} = \frac{\mu P v}{1000} = \frac{0.2 \times 1500 \times 4.71}{1000} = 1.41\,\text{kW}$$

10. 홈의 각도 40°인 홈 마찰차에서 원동차의 지름 250 mm, 600 rpm, 종동차의 지름 750 mm라면, 4 PS을 전달하기 위하여 밀어붙이는 힘(N)은 얼마인가? (단, $\mu = 0.2$이다.)

[해답] $\mu' = \dfrac{\mu}{\sin\alpha + \mu\cos\alpha} = \dfrac{0.2}{\sin 20° + 0.2\cos 20°} = 0.38\,(2\alpha = 40°\text{에서},\ \alpha = 20°)$

$$v = \frac{\pi D N}{60 \times 1000} = \frac{\pi \times 250 \times 600}{60000} = 7.85\,\text{m/s}$$

$$\therefore P = \frac{735 PS}{\mu' v} = \frac{735 \times 4}{0.38 \times 7.85} = 985.58\,\text{N}$$

11. 회전수 900, 300 rpm, 지름 100, 300 mm의 원뿔 마찰차가 서로 500 N의 힘으로 밀리고 있다. 몇 PS을 전달시킬 수 있는가? (단, $\mu = 0.2$이다.)

[해답] $v = \dfrac{\pi D_1 N_1}{60 \times 1000} = \dfrac{\pi \times 100 \times 900}{60000} = 4.71\,\text{m/s}$

$$\therefore H_{PS} = \frac{\mu P v}{735} = \frac{0.2 \times 500 \times 4.71}{735} = 0.64\,\text{PS}$$

12. 지름 600 mm의 원뿔차가 500 rpm으로 회전하여 전달시킬 때, 마찰차를 미는 힘(N)과 바퀴의 폭(mm)을 계산하여라. (단, 전달동력은 2.5 kW, $p_t = 15\,\text{N/mm}$, $\mu = 0.25$이다.)

[해답] ① $v = \dfrac{\pi D N}{60 \times 1000} = \dfrac{\pi \times 600 \times 500}{60000} = 15.72\,\text{m/s}$

$$H_{kW} = \frac{\mu P v}{1000}\,[\text{kW}] \text{에서}$$

$$P = \frac{1000 H_{kW}}{\mu v} = \frac{1000 \times 2.5}{0.25 \times 15.72} = 636.13\,\text{N}$$

② $b = \dfrac{P}{p_t} = \dfrac{636.13}{15} = 42.41\,\text{mm}$

---

13. 축각 $\theta = 90°$일 때, 원뿔 마찰차의 종동차 외단부 반지름 $R_2 = 150\,\text{mm}$, 회전수 N_1 $= 500\,\text{rpm}$, 접촉 폭 $b = 50\,\text{mm}$, 허용 접촉 압력 $p_t = 20\,\text{N/mm}$, 마찰계수 $\mu = 0.25$이다. 이때 전달동력(kW)을 구하여라. (단, 속비는 $\dfrac{1}{2}$이다.)

[해답] 속비$(\varepsilon) = \dfrac{N_2}{N_1} = \tan\alpha = \dfrac{1}{2}$

$\therefore \ \alpha = \tan^{-1}\left(\dfrac{1}{2}\right) = 26.57°$

$\beta = \theta - \alpha = 90° - 26.57° = 63.43°$

$D_m = 300 - 2x = 300 - 2 \times 25 \times \cos 26.57° = 300 - 44.72 = 255.28 \fallingdotseq 256\,\text{mm}$

$v_m = \dfrac{\pi D_m N}{60 \times 1000} = \dfrac{\pi \times 256 \times 250}{60 \times 1000} = 3.35\,\text{m/s}$

$P = b p_t = 50 \times 20 = 1000\,\text{N}$

$\therefore \ H_{kW} = \dfrac{\mu P v_m}{1000} = \dfrac{0.25 \times 1000 \times 3.35}{1000} \fallingdotseq 0.84\,\text{kW}$

---

14. 축간거리 $C = 250\,\text{mm}$, 감속비 $\varepsilon = \dfrac{1}{3}$인 원통 마찰차의 회전수를 500 rpm으로 1마력을 전달시킬 때 다음 각 물음에 답하여라. (단, 마찰계수 $\mu = 0.2$, 허용압력 $p_a = 10\,\text{N/mm}$이다.)

(1) 외접하는 경우 마찰차의 각각의 지름을 구하여라.
(2) 내접하는 경우 마찰차의 각각의 지름을 구하여라.
(3) 외접하는 경우 마찰차의 폭(b)을 구하여라.
(4) 내접하는 경우 마찰차의 폭(b)을 구하여라.

[해답] (1) $D_1 = \dfrac{2C}{1 + \dfrac{1}{\varepsilon}} = \dfrac{2 \times 250}{1 + 3} = 125\,\text{mm}$

$\qquad D_2 = 3 D_1 = 3 \times 125 = 375\,\text{mm}$

(2) $D_1 = \dfrac{2C}{\dfrac{1}{\varepsilon} - 1} = \dfrac{2 \times 250}{3 - 1} = 250\,\text{mm}$

$\qquad D_2 = 3 D_1 = 3 \times 250 = 750\,\text{mm}$

(3) $v = \dfrac{\pi D_1 N_1}{60000} = \dfrac{\pi \times 500 \times 125}{60000} = 3.27\,\text{m/s}$

$$PS = \frac{\mu P v}{735} \text{에서}, \quad P = \frac{735PS}{\mu v} = \frac{735 \times 1}{0.2 \times 3.27} = 1123.85\,\text{N}$$

$$\therefore b = \frac{P}{p_a} = \frac{1123.85}{10} = 112.39\,\text{mm}$$

(4) $PS = \dfrac{\mu P v}{735}$ 에서, $P = \dfrac{735PS}{\mu v} = \dfrac{735 \times 1}{0.2 \times 3.27} \fallingdotseq 1123.85\,\text{N}$

$$\therefore b = \frac{P}{P_a} = \frac{1123.85}{10} \fallingdotseq 112.39\,\text{mm}$$

---

15. 한 쌍의 홈마찰차의 중심거리가 400 mm인 두 축 사이에 7 PS의 동력을 전달시키려
고 한다. 구동축과 피동축의 회전수는 각각 300 rpm, 100 rpm이다. 홈의 각도를 40°
마찰계수는 0.2, 접촉면의 허용압력은 30 N/mm라고 할 때, 다음 물음에 답하여라. (단,
미끄러짐이 없이 회전하는 홈마찰차이다.)

(1) 마찰차를 밀어붙이는 힘(N)은 얼마인가?

(2) 홈의 깊이(mm)는 얼마인가?

(3) 홈의 수는 몇 개가 필요한가? (단, 소수점 이하는 올림하여 정수로 구한다.)

해답 (1) $\mu' = \dfrac{\mu}{\sin\alpha + \mu\cos\alpha} = \dfrac{0.2}{\sin 20° + 0.2\cos 20°} = 0.38$

$$C = \frac{D_1 + D_2}{2}, \quad D_1 + D_2 = 2C$$

$$\frac{N_2}{N_1} = \frac{D_1}{D_2}, \quad D_2 = \frac{N_1}{N_2}D_1 = 3D_1$$

$$4D_1 = 2C$$

$$\therefore D_1 = \frac{2C}{4} = \frac{2 \times 400}{4} = 200\,\text{mm}$$

$$v = \frac{\pi D_1 N_1}{60 \times 1000} = \frac{\pi \times 200 \times 300}{60 \times 1000} = 3.14\,\text{m/s}$$

$$PS = \frac{\mu' P v}{735} \text{에서} \quad P = \frac{735PS}{\mu' v} = \frac{735 \times 7}{0.38 \times 3.14} = 4311.93\,\text{N}$$

(2) $h = 0.28\sqrt{\mu' P} = 0.28\sqrt{0.38 \times 4311.93} = 11.33\,\text{mm}$

(3) $Q = \dfrac{P}{\sin\alpha + \mu\cos\alpha} = \dfrac{4311.93}{\sin 20° + 0.2\cos 20°} = 8260.89\,\text{N}$

$$q = \frac{Q}{l} = \frac{Q}{\dfrac{h}{\cos\alpha}2Z} = \frac{Q\cos\alpha}{2hZ} \text{에서}$$

$$\therefore Z = \frac{Q\cos\alpha}{2hq} = \frac{8260.89\cos 20°}{2 \times 11.33 \times 30} = 11.42 \fallingdotseq 12\,\text{개}$$

참고 홈의 수가 너무 많으면 홈의 접촉이 좋지 못하므로 홈의 수는 5~6개로 제한한다.

16. 8 PS을 전달하는 원뿔 마찰차에서 원동차의 평균지름이 450 mm, 회전수가 340 rpm 이다. 두 축의 교차각이 $\theta = 70°$이고, $\dfrac{3}{5}$으로 감속하여 종동차를 운전할 때 다음 물음에 답하여라. (단, 마찰계수는 0.25이다.)

(1) 양쪽 마찰차로 미는 힘 : P[N]

(2) 허용압력이 25N/mm일 때 마찰차의 폭 : b[mm]

(3) 종동차의 반원뿔각 : β[°]

(4) 종동축의 베어링에 작용하는 추력하중 : Q_B[N]

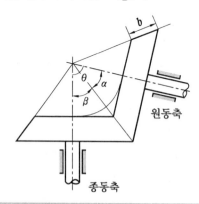

해답 (1) $V = \dfrac{\pi D_m N_A}{60 \times 1000} = \dfrac{\pi \times 450 \times 340}{60000} = 8\,\text{m/s}$

$PS = \dfrac{\mu P v}{735}$ 에서, $P = \dfrac{735 PS}{\mu V} = \dfrac{735 \times 8}{0.25 \times 8} = 2940\,\text{N}$

(2) $b = \dfrac{P}{p_a} = \dfrac{2940}{25} = 117.6\,\text{mm} \fallingdotseq 118\,\text{mm}$

(3) $\tan\beta = \dfrac{\sin\theta}{\varepsilon + \cos\theta} = \dfrac{\sin 70°}{\dfrac{3}{5} + \cos 70°} = 0.98$

$\therefore \ \beta = \tan^{-1} 0.98 = 44.42°$

(4) $Q_B = P\sin\beta = 2940\sin 44.42 = 2057.74\,\text{N}$

제12장 기어 전동장치

스퍼 기어(평치차)의 기본 공식

스퍼 기어(spur gear)는 이끝이 직선이며 축에 나란한 원통형 기어로 평기어라고도 하며, 일반적으로 가장 많이 사용된다. 감속비는 최고 1 : 6까지 가능하며, 효율은 가공 상태에 따라 95~98 % 정도이다.

기준 래크의 기준 피치선이 기어의 기준 피치원과 인접하고 있는 것을 표준 스퍼 기어라 한다. 표준 스퍼 기어의 이두께(circular thickness)는 원주 피치의 $\frac{1}{2}$이다.

그러나 윤활유의 유막 두께, 기어의 가공, 조립할 때의 오차, 중심 거리의 변동, 열팽창, 부하에 의한 이의 변형, 전달력에 의한 축의 변형 등을 고려하여 물림 상태에서 이의 뒷면에 적당한 틈새를 두는데, 이 틈새를 뒤틈(back lash) 또는 잇면의 놀음이라고 한다.

이와 같은 뒤틈을 주지 않으며 원활한 전동을 할 수 없다. 그러나 뒤틈을 너무 크게 하면 소음과 진동의 원인이 되므로 지장이 없는 한도 내에서 작게 하는 것이 좋다.

(1) 이의 크기

원주 피치를 p, 모듈을 m, 지름 피치를 d_p로 표시하면,

$$p = \pi m = \frac{\pi D}{Z}, \ m = \frac{D}{Z}$$

$$d_p = \frac{25.4}{m} = \frac{25.4Z}{D}$$

여기서, D : 피치원 지름(mm), Z : 기어의 잇수

(2) 회전비(속비)(ε)

$$\varepsilon = \frac{N_B}{N_A} = \frac{D_A}{D_B} = \frac{Z_A}{Z_B}$$

여기서, N_A : 원동기어 회전수(rpm), N_B : 종동기어의 회전수(rpm)

(3) 바깥지름(D_0)

$$D_0 = D + 2a = m(Z + 2)[\text{mm}]$$

여기서, a : 이끝 높이(addendum)로 표준 기어의 경우 모듈과 같다($a = m$).

전위 기어인 경우에는 m보다 크거나 작다.

(4) 기초원 지름(D_g)

$$D_g = D\cos\alpha = mZ\cos\alpha[\text{mm}]$$

여기서, α : 압력각($°$)으로서 20°와 14.5°

(5) 법선 피치(p_n)

법선 피치를 기초원 피치(p_g)라고도 한다.

$$p_n = \pi m\cos\alpha = \frac{\pi D_g}{Z}[\text{mm}]$$

(6) 중심거리(C)

$$C = \frac{D_A + D_B}{2} = \frac{m(Z_A + Z_B)}{2} = \frac{D_{g1} + D_{g2}}{2\cos\alpha}[\text{mm}]$$

여기서, D_{g1}, D_{g2} : 원동차(pinion), 종동차(gear)의 기초원 지름

(7) 물림률(contact ratio)(η)

$$\eta = \frac{S}{p_n} = \frac{\text{물림 길이}}{\text{법선 피치}}$$

물림률이 너무 낮으면 진동과 소음이 크며, 이에 가해지는 부담도 크고, 물림률이 너무 크면 동시에 물리는 치수가 많아지나, 맞물리는 2개의 기어 이가 모두 접촉하지 않을 가능성이 높으므로 기어를 설계할 때 물림률이 대개 1.2~2.0 사이의 값이 되도록 한다. 물림률은 반드시 1보다 크다.

(8) 언더컷(under cut) 한계잇수(Z_g)

$$Z_g \geq \frac{2a}{m\sin^2\alpha} = \frac{2a}{m(1 - \cos^2\alpha)} = \frac{2}{\sin^2\alpha}$$

표준 기어일 때는 $a = m$이므로 20° 압력각 피니언의 경우 17이 되지만, 실제는 14개까지도 허용된다.

12-2 스퍼 기어의 강도 설계

(1) 굽힘강도

루이스(W.Lewis)의 식

기본식(정하중 상태) : $P = \sigma_b bm\,Y$

수정식(동하중 상태) : $P = f_v \sigma_b bm\,Y$

실제 사용 안전식 : $P = f_w f_v \sigma_b bm\,Y$

여기서, P : 허용 전달하중(N)으로 전달동력 $kW = \dfrac{Pv}{1000}[\mathrm{kW}]$

(v는 피치 원주속도(m/s)에 사용하는 값)

σ_b : 허용 반복 굽힘응력(N/mm²)으로 다음 페이지의 표 (1)에 표시된 값

b : 이폭(mm)으로 모듈 m을 기준으로 정하며, $b = km$에서 이폭계수 k값은 표 (4)에 표시되었다.

Y : 치형계수(무차원)로서 강도계수 또는 루이스 계수라고도 하며, 보통 잇수 (Z)와 압력각(α)의 함수가 된다. 표 (3)은 표준 평치차의 치형계수 값을 모듈 기준으로 표시한 것이다.

치형계수 값이 모듈 기준이 아니라 원주 피치 기준으로 표시된 표를 이용하는 경우에는 다음과 같은 요령으로 문제를 해결한다. 보통 원주 피치 기준 치형계수는 y로 표시하며 Y 대신 πy값을 대입한다.

$P = \sigma_b bm\pi y$

$P = f_v \sigma_b bm\pi y$

$P = f_w f_v f_c \sigma_b bm\pi y$

여기서, f_v : 속도계수(무차원)로 기어의 원주속도의 영향으로 발생되는 실험값이다. 표 (2)에 속도계수의 적용 범위 및 예를 표시하였다.

f_w : 하중계수(무차원)로 기어의 오차 및 재료의 탄성에 의하여 부가되는 동적 하중에 대한 실험값이다. 보통 하중 상태에 따라 다음과 같은 수치가 된다.
- 조용히 하중이 작용할 때 $f_w = 0.80$
- 하중이 변동하는 경우 $f_w = 0.74$
- 충격을 동반하는 경우 $f_w = 0.67$

f_c : 물림계수(무차원)로 물림률을 고려한 설계 안전값이며, 보통 1보다 큰 값이 되나 안전한 설계가 되도록 $f_c = 1$로 잡는다.

기어 재료의 허용응력 (1)

종별	기호	인장강도(σ) [kg/mm²]	경도(H_B)	허용 반복 굽힘응력(σ_b) [kg/mm²]
주철	GC 15	>13	140~160	7
	GC 20	>17	160~180	9
	GC 25	>22	180~240	11
	GC 30	>27	190~240	13
주강	SC 42	>42	140	12
	SC 46	>46	160	19
	SC 49	>49	190	20
기계구조용 탄소강	SM 25C	>45	111~163	21
	SM 35C	>52	121~235	26
	SM 45C	>58	163~269	30
표면경화강	SM 15CK	>50	기름 담금질 400	30
	SNC 21	>80	물 담금질 600	30~40
	SNC 22	>95	물 담금질 600	40~55
니켈 크롬강	SNC 1	>70	212~255	35~40
	SNC 2	>80	248~302	40~60
	SNC 3	>90	269~321	40~60
포금		>18	85	>5
델타메탈	-	35~60	–	10~20
인청동(주물)		19~30	70~100	5~7
니켈청동(주조)		64~90	180~260	20~30
베이클라이트 등	–	–	–	3~5

㊟ 인장강도에 9.8을 곱하면 N/mm²(MPa)이다.

속도계수 f_v (2)

f_v의 식	적용 범위	적용 예
$f_v = \dfrac{3.05}{3.05+v}$	기계 다듬질을 하지 않거나 거친 기계 다듬질을 한 기어 $v = 0.5 \sim 10\,\text{m/s}$ (저속용)	크레인, 윈치, 시멘트 밀 등
$f_v = \dfrac{6.1}{6.1+v}$	기계 다듬질을 한 기어 $v = 5 \sim 20\,\text{m/s}$ (중속용)	전동기, 그 밖의 일반 기계
$f_v = \dfrac{5.55}{5.55+\sqrt{v}}$	정밀한 절삭가공, 셰이빙, 연삭 다듬질, 래핑 다듬질을 한 기어 $v = 20 \sim 50\,\text{m/s}$ (고속용)	증기터빈, 송풍기, 그 밖의 고속 기계
$f_v = \dfrac{0.75}{1+v} + 0.25$	비금속 기어 $v < 20\,\text{m/s}$	전동기용 소형 기어, 그 밖의 경하중용 소형 기어

표준 평치차의 치형계수 Y의 값(모듈 기준) (3)

잇수(z)	압력각 $\alpha = 14.5°$	압력각 $\alpha = 20°$	잇수(z)	압력각 $\alpha = 14.5°$	압력각 $\alpha = 20°$
	Y	Y		Y	Y
12	0.237	0.277	28	0.332	0.372
13	0.249	0.292	30	0.334	0.377
14	0.261	0.308	34	0.342	0.388
15	0.270	0.319	38	0.347	0.400
16	0.279	0.325	43	0.352	0.411
17	0.289	0.330	50	0.357	0.422
18	0.293	0.335	60	0.365	0.433
19	0.299	0.340	75	0.369	0.443
20	0.305	0.346	100	0.374	0.454
21	0.311	0.352	150	0.378	0.464
22	0.313	0.354	300	0.385	0.474
24	0.318	0.359	랙	0.390	0.484
26	0.327	0.367			

이폭계수 k(모듈 기준) (4)

종별	스퍼 기어	헬리컬 기어	베벨 기어
보통 전동용 기어(보통의 경우)	6~11	10~18	5~8
대동력 전달용 기어(특수한 경우)	16~20	18~20	8~10

㊜ 헬리컬 기어에서는 축직각 모듈 기준임

(2) 면압강도

헤르츠(Herz)의 식

$$P = f_v kmb \frac{2Z_1 Z_2}{Z_1 + Z_2} [\text{N}]$$

여기서, k : 비응력계수(N/mm^2)로서 접촉면 압력계수라고도 하며, 압력각과 재질에 의하여 결정되는 값으로 다음과 같이 표시된다.

$$k = \frac{\sigma_a^2 \sin 2\alpha}{2.8} \left(\frac{1}{E_1} + \frac{1}{E_2} \right)$$

위의 식으로부터 각 기어와 피니언의 재질별로 값을 구해 보면 다음 표와 같이 표시된다.

기어 재료의 비응력계수 k의 값

기어의 재료		$\sigma_a[\text{kg/mm}^2]$	$k[\text{kg/mm}^2]$	
피니언(경도 H_B)	기어(경도 H_B)		$\alpha = 14.5°$	$\alpha = 20°$
강(150)	강(150)	35	0.020	0.027
강(200)	강(150)	42	0.029	0.039
강(250)	강(150)	49	0.040	0.053
강(200)	강(200)	49	0.040	0.053
강(250)	강(200)	56	0.052	0.069
강(300)	강(200)	63	0.066	0.086
강(250)	강(250)	63	0.066	0.086
강(300)	강(250)	70	0.081	0.107
강(350)	강(250)	77	0.098	0.130
강(300)	강(300)	77	0.098	0.130
강(350)	강(300)	84	0.116	0.154
강(400)	강(300)	88	0.127	0.168
강(350)	강(350)	91	0.137	0.182
강(400)	강(350)	99	0.159	0.210
강(500)	강(350)	102	0.170	0.226
강(400)	강(400)	120	0.234	0.311
강(500)	강(400)	123	0.248	0.329
강(600)	강(400)	127	0.262	0.348
강(500)	강(500)	134	0.293	0.389
강(600)	강(600)	162	0.430	0.569
강(150)	주철	35	0.303	0.039
강(200)	주철	49	0.059	0.079
강(250)	주철	63	0.098	0.130
강(300)	주철	65	0.105	0.139
강(150)	인청동	35	0.031	0.041
강(200)	인청동	49	0.062	0.082
강(250)	인청동	60	0.092	0.135
주철	주철	63	0.132	0.188
니켈주철	니켈주철	65	0.140	0.186
니켈주철	인청동	58	0.116	0.155

㊀ σ_a, k값에 9.8을 곱하면 $\text{N/mm}^2(\text{MPa})$이다.

12-3 헬리컬 기어(helical gear)의 기본 공식

(1) 치형의 표시 방식

① 축직각 방식 : 첨자 s로 표시하며 축과 직각인 단면의 치형

② 치직각 방식 : 첨자 n으로 표시하며 이와 직각인 단면의 치형

(2) 원주 피치와 모듈

$$p_s = \frac{p_n}{\cos\beta} \, , \ \ m_s = \frac{m_n}{\cos\beta}$$

여기서, β : 비틀림각($°$), p_s : 축직각 피치, p_n : 치직각 피치,

m_s : 축직각 모듈, m_n : 치직각 모듈

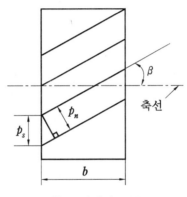

원주 피치와 모듈

(3) 압력각(α_s)

$$\tan\alpha_s = \frac{\tan\alpha_n}{\cos\beta}$$

여기서, α_n : 공구압력각

(4) 피치원 지름(D_s)

$$D_s = m_s Z_s = \frac{m_n Z_s}{\cos\beta}[\mathrm{mm}]$$

(5) 바깥지름(D_k)

$$D_k = D_s + 2m_n = m_n\left(\frac{Z_s}{\cos\beta} + 2\right)[\mathrm{mm}]$$

(6) 중심거리(C)

$$C = \frac{D_{s1} + D_{s2}}{2} = \frac{m_s(Z_{s1} + Z_{s2})}{2} = \frac{m_n(Z_{s1} + Z_{s2})}{2\cos\beta}[\text{mm}]$$

(7) 전달하중 및 스러스트

$$P_n = \frac{P}{\cos\beta}[\text{N}]$$

$$P_a = P\tan\beta[\text{N}]$$

여기서, P : 축에 직각방향으로 작용하는 전달하중으로 $kW = \dfrac{Pv}{1000}[\text{kW}]$

P_n : 치직각 방향으로 작용하는 하중(N)

P_a : 축방향으로 작용하는 하중(스러스트)

(8) 상당 평치차 지름(D_e)

$$D_e = \frac{D_s}{\cos^2\beta}$$

(9) 상당 평치차 잇수(Z_e)

$$Z_e = \frac{Z_s}{\cos^3\beta}$$

(10) 헬리컬 기어의 치폭(b_s)

$$b_s = \frac{b}{\cos\beta}$$

12-4 헬리컬 기어의 강도 계산

(1) 굽힘강도

$$P = f_v f_w \sigma_b b m_n Y_e [\text{N}]$$

여기서, Y_e : 상당 치형계수로서 상당 잇수 Z_e로 앞의 표 (3)에서 구한 값이다. 보통 보간법을 사용하여 구한다. 평치차와 마찬가지로 $Y_e = \pi y_e$가 되며, 이때 y_e는 원주피치 기준 치형계수이다. 위의 식은 평치차의 식에서 P 대신 P_n을, b 대신 b_s를 각각 대입하고 정리해서 얻은 식이다.

(2) 면압강도

$$P = f_v \frac{C_w}{\cos^2\beta} kbm_s \frac{2Z_{s1}Z_{s2}}{Z_{s1}+Z_{s2}}[\text{N}]$$

여기서, C_w : 공작 정밀도를 고려한 계수로서 보통 $C_w = 0.75$으로 잡고, 한 쌍의 기어가 똑같이 정밀하게 가공된 경우에는 $C_w = 1$로 한다.

12-5 베벨 기어(bevel gear)의 기본 공식

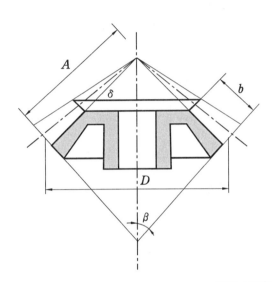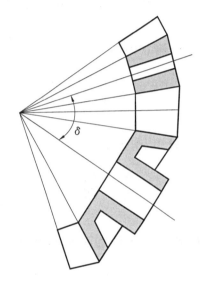

베벨 기어의 설계

(1) 피치 원추각(δ_1, δ_2)

마찰차(원추 마찰차)의 경우와 똑같다.

$$\tan\delta_1 = \frac{\sin\theta}{\dfrac{N_1}{N_2}+\cos\theta} \,, \quad \tan\delta_2 = \frac{\sin\theta}{\dfrac{N_2}{N_1}+\cos\theta}$$

직각 베벨 기어 $\theta = 90°$일 때

$$\tan\delta_1 = \frac{N_2}{N_1} = \frac{Z_1}{Z_2} \,, \quad \tan\delta_2 = \frac{N_1}{N_2} = \frac{Z_2}{Z_1}$$

(2) 배원추각(β_1, β_2)

$$\beta_1 = 90° - \delta_1 \,, \quad \beta_2 = 90° - \delta_2$$

(3) 축각(θ)

$$\theta = \delta_1 + \delta_2$$

(4) 피치원 지름(D_1, D_2)

$$D_1 = mZ_1, \ D_2 = mZ_2$$

(5) 바깥지름(D_{k1}, D_{k2})

$$D_{k1} = m(Z_1 + 2\cos\delta_1), \ D_{k2} = m(Z_2 + 2\cos\delta_2)$$

(6) 원추거리(A)

$$A = \frac{D_1}{2\sin\delta_1} = \frac{D_2}{2\sin\delta_2}[\mathrm{mm}]$$

(7) 속도비(회전비)(ε)

$$\varepsilon = \frac{N_2}{N_1} = \frac{D_1}{D_2} = \frac{Z_1}{Z_2} = \frac{\sin\delta_1}{\sin\delta_2}$$

(8) 베벨 기어의 상당 평치차 잇수(Z_{e1}, Z_{e2})

$$Z_{e1} = \frac{Z_1}{\cos\delta_1}, \ Z_{e2} = \frac{Z_2}{\cos\delta_2}$$

12-6 　베벨 기어의 강도 계산

(1) 굽힘강도

$$P = f_v f_w \sigma_b bm \, Y_e \frac{A-b}{A}[\mathrm{N}]$$

여기서, Y_e : 모듈 기준 치형계수로서 상당 잇수 Z_e에 의하여 앞의 표 (3)에서 구한다.

$\dfrac{A-b}{A}$: 베벨 기어의 계수(수정계수)

(2) 면압강도

미국기어제작협회(AGMA)의 식

$$P = 1.67b\sqrt{D_1}\cdot f_m \cdot f_s\,[\text{N}]$$

여기서, b : 치폭(mm)

D_1 : 피니언의 피치원 지름(mm)

f_m : 재료에 의한 계수

f_s : 사용기계에 의한 계수

베벨 기어의 재료에 의한 계수 f_w

피니언의 재료	기어의 재료	f_w	피니언의 재료	기어의 재료	f_w
주철 또는 주강	주철	0.3	기름담금질 강	연강 또는 주강	0.45
조질강	조질강	0.35	침탄강	조질강	0.5
침탄강	주철	0.4	기름담금질 강	기름담금질 강	0.80
기름담금질강	주철	0.4	침탄강	기름담금질 강	0.85
침탄강	연강 또는 주강	0.45	침탄강	침탄강	0.100

베벨 기어의 사용기계에 의한 계수 f_s

f_s	사용기계
2.0	자동차, 전차(시동토크에 의함)
1.0	항공기, 송풍기, 원심분리기, 기중기, 공작기계(벨트구동), 인쇄기, 원심펌프, 감속기, 방적기, 목공기
0.75	공기압축기, 전기공구(대용), 광산기계, 신선기, 컨베이어
0.65~0.5	분쇄기, 공작기계(모터 직결구동), 왕복펌프, 압연기

12-7 웜 기어(worm gear)의 기본 공식

(1) 구성

① 웜(worm) : 사다리꼴 나사
② 웜 휠(worm wheel) : 사다리꼴 암나사를 휠의 바깥둘레에 깎은 것

(2) 속비(ε)

$$\varepsilon = \frac{N_g}{N_w} = \frac{Z_w}{Z_g} = \frac{l}{\pi d_g} = \frac{d_w}{d_g}\tan\beta$$

여기서, N_w : 웜의 회전속도(mm) N_g : 웜 휠의 회전속도(rpm)

Z_w : 웜의 줄수 Z_g : 웜 휠의 잇수

d_w : 웜의 피치원 지름 d_g : 웜 휠의 피치원 지름

β : 리드각

l : 웜의 리드($l = Z_w p$, $pZ_g = \pi d_g$의 관계를 가지며 p는 피치이다.)

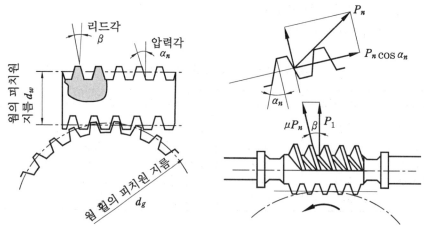

웜 기어장치의 설계

(3) 웜축 및 웜 휠축에 작용하는 스러스트

$$P_1 = P_n \cos \alpha_n \sin \beta + \mu P_n \cos \beta$$

$$P_2 = P_n \cos \alpha_n \cos \beta - \mu P_n \cos \beta$$

여기서, P_n : 치면에 직각으로 작용하는 힘

   P_1 : 웜 휠축에 작용하는 스러스트(즉, 웜의 피치원상에서 그 회전방향으로 작용하는 힘으로 웜의 회전력이다.)

   P_2 : 웜축에 작용하는 스러스트(즉, 웜 휠의 피치원상에서 그 회전방향으로 작용하는 힘으로 웜 휠의 회전력이다.)

   α_n : 치직각 압력각

   μ : 접촉면의 마찰계수($\mu = \tan \rho$)

위 식에서 $\dfrac{\mu}{\cos \alpha_n} = \mu' = \tan \rho'$ 라 놓고 정리하면 다음과 같다.

$$P_1 = P_2 \tan(\beta + \rho')$$

여기서, μ' : 상당 마찰계수, ρ' : 상당 마찰각

(4) 웜 휠을 돌리기 위해 웜에 가해지는 토크(T)

$$T = P_1 \frac{d_w}{2} = P_2 \frac{d_w}{2} \tan(\beta + \rho')$$

만일 마찰이 없는 경우는 $\mu' = 0 (\rho' = 0)$이므로

$$T' = P_2 \frac{d_w}{2} \tan\beta$$

(5) 웜 기어의 효율(η)

$$\eta = \frac{T'}{T} = \frac{\tan\beta}{\tan(\beta + \rho')} \ (\beta : 진입각, \ \rho' : 상당 \ 마찰각)$$

(6) 웜 휠을 구동기어로 하여 웜을 돌리는 경우의 효율(η')

$$\eta' = \frac{\tan(\beta + \rho')}{\tan\beta}$$

여기서, $\eta' \leq 0$, 즉 $\beta \leq \rho'$일 때 자동체결(self locking)되어 웜 휠로서 웜을 돌리지 못한다. 즉, 역전방지기구에 사용되는 원리가 된다.

12-8 　압력각과 미끄럼 및 물림률의 관계

압력각을 크게 하면,
① 절하(under cut)를 방지할 수 있다.
② 물림률이 감소된다.
③ 잇면의 미끄럼률이 감소된다.
④ 베어링에 걸리는 하중이 증가된다.
⑤ 잇면의 곡률 반지름이 커진다.
⑥ 받칠 수 있는 접촉압력이 커진다.
⑦ 이의 강도가 증대된다.

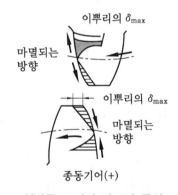

인벌류트 이의 미끄럼 특성

12-9 　전위 기어의 계산식

(1) 중심거리(A_f)

$$A_f = \frac{Z_1 + Z_2}{2} m + \frac{Z_1 + Z_2}{2} \left(\frac{\cos\alpha}{\cos\alpha_b} - 1 \right) m$$

표준 기어의 중심거리를 A라 하면,

$$A_f = A + ym = \frac{Z_1 + Z_2}{2}m + ym = \left[\left(\frac{Z_1 + Z_2}{2}\right) + y\right]m$$

(2) 중심거리 증가계수(y)

$A_f = A + ym$에서 y를 중심거리 증가계수라 한다.

(3) 기초원 지름(D_g)

$$D_g = mZ\cos\alpha$$

(4) 바깥지름(D_0)

그림에서 바깥반지름 $= \frac{Zm}{2} + xm + m \cdots$

$$D_0 = Zm + 2m(x+1)$$
$$= (Z+2)m + 2xm$$

(5) 총 높이(H)

$$H = (2+k)m$$
$$km = C(\text{이끝 틈새})$$

여기서, k : 이끝 틈새 계수

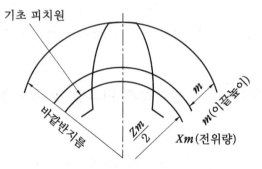

전위 기어의 계산

12-10 스퍼 기어의 설계

스퍼 기어(spur gear : 평치차)의 강도를 생각할 때, 이의 굽힘강도와 잇면의 접촉압력에 대한 강도, 고부하, 고속에서는 스코링 강도(strength of scoring) 등 3가지 견지에서 검토된다.

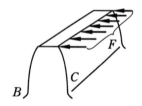
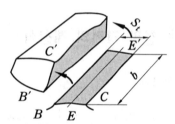

이의 절손

그러나 스코링 강도에 대해서는 극도의 이론이 필요하므로 여기서 생략한다. 위의 그림은 굽힘에 의한 이의 절손을 도시한 것이다.

스퍼 기어에서 이에 작용하는 힘은 다음과 같다.

$$F = \frac{1000kw}{v} = \frac{735Ps}{v}[\text{N}]$$

$$v = \frac{\pi DN}{60 \times 1000}[\text{m/s}]$$

여기서, F : 피치원의 접선방향에 작용하는 힘, 즉 회전력(N)

앞의 그림에서 보는 것처럼 물림을 시작할 때 이의 선단에 작용하는 힘 $F_n[\text{N}]$은 이의 곡면에 수직하게 작용하고 작용선상에 작용하고 있는, 따라서 회전력으로 작용하는 힘 $F[\text{N}]$은, $F = F_n\cos\alpha$ (α : 압력각)

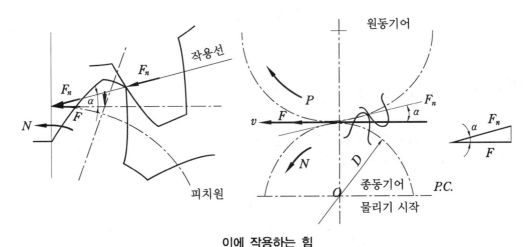

이에 작용하는 힘

12-11 **베벨 기어의 설계**

(1) 속비

$$\varepsilon = \frac{N_2}{N_1} = \frac{D_1}{D_2} = \frac{Z_1}{Z_2} = \frac{\omega_2}{\omega_1} = \frac{\sin\gamma_1}{\sin\gamma_2}$$

(2) 피치 원뿔각

$$\tan\gamma_1 = \frac{\sin\Sigma}{\dfrac{Z_2}{Z_1} + \cos\Sigma} \ , \ \ \tan\gamma_2 = \frac{\sin\Sigma}{\dfrac{Z_1}{Z_2} + \cos\Sigma}$$

축각 $\Sigma = \gamma_1 + \gamma_2 = 90°$이면,

$$\tan\gamma_1 = \frac{Z_1}{Z_2}, \quad \tan\gamma_2 = \frac{Z_2}{Z_1}$$

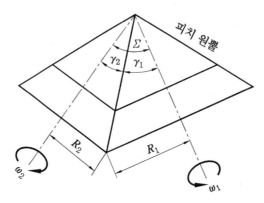

베벨 기어의 피치 원뿔

베벨 기어의 명칭과 계산

베벨 기어의 치형은 백콘의 모선의 길이를 반지름으로 하는 피치원을 가진 스퍼 기어의 치형이고, 외단부의 치형으로 표시한다.

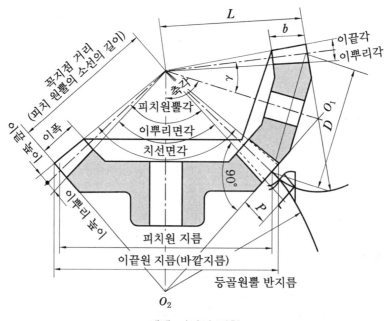

베벨 기어의 명칭

베벨 기어의 계산식

외단 원뿔거리(꼭지점 거리 L)	$L = \dfrac{D_1}{2\sin\gamma_1} = \dfrac{D_2}{2\sin\gamma_2}$ (단, γ=피치 원뿔각)
이끝각(θ_a)	$\tan\theta_a = \dfrac{a}{L}$ (단, a : 이끝 높이)
이뿌리각(θ_d)	$\tan\theta_d = \dfrac{d}{L}$ (단, d : 이뿌리 높이)
이끝 원뿔각(γ_a)	$\gamma_{a1} = \gamma_1 + \theta_{a1}, \ \gamma_{a2} = \gamma_2 + \theta_{a2}$
이뿌리 원뿔각(γ_d)	$\gamma_{d1} = \gamma_1 + \theta_{d_1}, \ \gamma_{d_2} = \gamma_2 + \theta_{d_2}$
외단 이끝원 지름(D_g)	$D_g = D + 2\alpha\cos\gamma$
후원뿔각(δ)	$\delta_1 = 90° - \gamma, \ \delta_2 = 90° - \gamma_2$

$$m' = m\frac{L-b}{L} = m\lambda$$

$$L = \frac{D}{2\sin\gamma}, \quad D = mZ$$

$$m' = m\lambda = m\frac{L-b}{L}$$

$$= m\left(1 - \frac{b}{L}\right) = m\left(1 - \frac{2b\sin\gamma}{D}\right)$$

$$= m - \frac{2bm\sin\gamma}{D} = m - \frac{2b\sin\gamma}{Z}$$

참고 베벨 기어의 분류

교차되는 두 축 간에 운동을 전달하는 원뿔형의 기어를 총칭하여 베벨 기어라 하며, 이끝의 모양에 따라 직선 베벨 기어(straight bevel gear), 헬리컬 베벨 기어(herical bevel gear), 스파이럴 베벨 기어(spiral bevel gear)로 분류된다.

예상문제

1. 바깥지름이 133 mm, 이끝 원뿔의 피치가 약 10 mm이면, 이 기어의 모듈은 몇 mm 인가?

해답 $Z = \dfrac{\pi D_0}{p_0} = \dfrac{\pi \times 133}{10} = 41.7 \fallingdotseq 42 \left(p_0 = \dfrac{m D_0}{Z}\right)$

$\therefore\ m = \dfrac{D_0}{(Z+2)} = \dfrac{133}{(42+2)} = 3.02\,\text{mm}$

2. 바깥지름 192 mm, 잇수가 60인 스퍼 기어의 모듈(mm)은 얼마인가?

해답 $m = \dfrac{D_0}{(Z+2)} = \dfrac{192}{(60+2)} = 3.1\,\text{mm}$

3. 원동차의 잇수 $Z_A = 28$, 종동차의 잇수 $Z_B = 84$인 한 쌍의 스퍼 기어의 속비를 구하여라.

해답 $i = \dfrac{N_B}{N_A} = \dfrac{Z_A}{Z_B} = \dfrac{28}{84} = \dfrac{1}{3}$ (감속)

4. 압력각 20°, 피치원 지름 300 mm인 스퍼 기어의 기초원 지름(mm)을 구하여라. (단, $\cos 20° = 0.9397$ 이다.)

해답 피치원의 지름(D)과 기초원의 지름(D_g)의 관계는 $D_g = D\cos\alpha$이므로,

$\therefore\ D_g = 300 \times 0.9397 \fallingdotseq 282\,\text{mm}$

5. 모듈 $m = 4$, 잇수 $Z_A = 25$, $Z_B = 60$, 압력각 20°인 스퍼 기어의 피치원과 기초원의 지름(mm)은 얼마인가? (단, D_A, D_B는 스퍼 기어의 피치원 지름, D_{g1}, D_{g2}는 기초원 지름이다.)

해답 ① $D_A = m Z_A = 4 \times 25 = 100\,\text{mm}$

② $D_{g1} = m Z_A \cos\alpha = 100 \times \cos 20° = 93.97\,\text{mm}$

③ $D_B = m Z_B = 4 \times 60 = 240\,\text{mm}$

④ $D_{g2} = m Z_B \cos\alpha = 240 \times \cos 20° = 225.5\,\text{mm}$

□**6.** 감속장치 내에 한 쌍의 스퍼 기어가 파손되었다. 측정 결과 축간거리 250 mm, 피니언 바깥지름이 약 108 mm, 이끝원의 피치가 약 13.5 mm일 때 피치원의 지름(mm)을 구하여라.

> **해답** ① $D_A = mZ_A = 4 \times 25 = 100\,\text{mm}$
>
> $$Z_A = \frac{\pi D}{p} = \frac{3.14 \times 108}{13.5} = 25$$
>
> $$m = \frac{D}{Z_A + 2} = \frac{108}{25 + 2} = 4$$
>
> ② $D_B = 2C - D_A = 2 \times 250 - 100 = 400\,\text{mm}$

□**7.** 피니언의 잇수 24, 기어의 잇수 120인 스퍼 기어가 중심거리 28.8 cm를 이루어 서로 물리고 있다. 기어의 피치원 지름(mm)은 얼마인가?

> **해답** $m = \dfrac{2C}{Z_A + Z_B} = \dfrac{2 \times 288}{24 + 120} = 4$
>
> $\therefore D = mZ = 4 \times 120 = 480\,\text{mm}$

□**8.** 기초원 지름이 150 mm, 잇수 50개일 때, 법선 피치(mm)는 얼마인가?

> **해답** $p_n = \dfrac{\pi D_g}{Z} = \dfrac{3.14 \times 150}{50} = 9.42\,\text{mm}$

□**9.** 모듈 5, 잇수 60, 압력각 20°인 스퍼 기어의 기초원 지름(D_g) 및 법선 피치(p_n)는 몇 mm인가?

> **해답** ① $D_g = Zm\cos\alpha = 60 \times 5 \times \cos 20° = 281.8\,\text{mm}$
>
> ② $p_n = \pi m\cos\alpha = 3.14 \times 5 \times \cos 20° = 14.75\,\text{mm}$

10. $m = 5$, $\alpha = 20°$, 피치원의 지름 427.5 mm인 스퍼 기어의 법선 피치(p_n)와 바깥지름(D_0)은 몇 mm인가? (단, $Z = 100$개이다.)

> **해답** ① $p_n = \dfrac{\pi D\cos 20°}{Z} = \dfrac{\pi \times 427.5 \times 0.9397}{100} = 12.62\,\text{mm}$
>
> ② $D_0 = D + 2m = 427.5 + 2 \times 5 = 437.5\,\text{mm}$

11. 기초원의 지름이 각각 45 cm 및 75 cm, 압력각 20°인 2개의 스퍼 기어가 물리고 있을 때 그 중심거리(mm)는 얼마인가?

해답 $C = \dfrac{D_{g1} + D_{g2}}{2\cos\alpha} = \dfrac{450 + 750}{2 \times \cos 20°} = \dfrac{1200}{2 \times 0.9397} = 640\,\text{mm}$

12. 중심거리 300 mm로서, 속비 2 : 3, $m = 4$인 한 쌍의 표준 기어가 있다. 피니언의 바깥지름과 총 이높이는 몇 mm인가? (단, 이끝 틈새 계수 $k = 0.25$로 한다.)

해답 $C = \dfrac{m(Z_A + Z_B)}{2}$ 에서, $Z_A + Z_B = \dfrac{2C}{m} = \dfrac{2 \times 300}{4} = 150$

$\dfrac{Z_A}{Z_B} = \dfrac{2}{3}$ 에서, $Z_B = \dfrac{3Z_A}{2}$

$\therefore Z_A + Z_B = Z_A + \dfrac{3Z_A}{2} = \dfrac{5Z_A}{2} = 150, \quad Z_A = \dfrac{2 \times 150}{5} = 60$

① $D_{0A} = (Z_A + 2)m = (60 + 2) \times 4 = 248\,\text{mm}$

② $h = (2 + k)m = (2 + 0.25) \times 4 = 9\,\text{mm}$

13. 중심거리 90 cm인 한 쌍의 스퍼 기어가 있다. 이들의 회전비가 1 : 3일 때, 피니언 기어의 지름(mm)은 얼마인가?

해답 $i = \dfrac{D_A}{D_B} = \dfrac{N_B}{N_A} = \dfrac{1}{3}$ 이므로

$D_A = \dfrac{1}{3}D_B = \dfrac{1}{3} \times 1350 = 450\,\text{mm}$

$C = \dfrac{D_A + D_B}{2}$ 에서, $D_A + D_B = 2C = 2 \times 900 = 1800\,\text{mm}$

$\therefore \dfrac{1}{3}D_B + D_B = 1800 \rightarrow D_B = 1350\,\text{mm}$

14. A 기어의 기초원 지름이 281.91 mm, B 기어의 기초원 지름이 563.82 mm이다. 모듈 $m = 10$일 때, 중심거리 C는 몇 mm가 되는가? (단, $\cos 20° = 0.9397$ 이라 한다.)

해답 $Z_A = \dfrac{D_{gA}}{m\cos\alpha} = \dfrac{281.91}{10 \times 0.9397} ≒ 30$ 개

$Z_B = \dfrac{D_{gB}}{m\cos\alpha} = \dfrac{563.82}{10 \times 0.9397} ≒ 60$ 개

$$\therefore \ C = \frac{m(Z_A + Z_B)}{2} = \frac{10(30 + 60)}{2} = 450 \, \text{mm}$$

---

15. 모듈 $m = 4$, 중심거리 $C = 160 \, \text{mm}$, 속비 $\dfrac{3}{5}$인 한 쌍의 스퍼 기어의 잇수는 몇 개 인가?

해답 $C = \dfrac{m(Z_A + Z_B)}{2}$ 에서 $Z_A + Z_B = \dfrac{2C}{m} = \dfrac{2 \times 160}{4} = 80$

$i = \dfrac{Z_A}{Z_B} = \dfrac{3}{5}$ 에서 $Z_B = \dfrac{5}{3} Z_A$, $Z_A + \dfrac{5}{3} Z_A = 80$

$\therefore \ \dfrac{8}{3} Z_A = 80$

$\therefore \ Z_A = 30$개, $Z_B = \dfrac{5}{3} \times 30 = 50$개

---

16. 기초원 지름 150 mm, 잇수 30, 압력각 20°인 인벌류트 스퍼 기어에서 물림 길이가 $7\pi \, [\text{mm}]$라면, 이 기어의 물림률은 얼마인가?

해답 $p_n = \dfrac{\pi D_g}{Z} = \dfrac{\pi \times 150}{30} = 5\pi$

$\therefore \ \eta = \dfrac{S(물림 \ 길이)}{p_n(법선 \ 피치)} = \dfrac{7\pi}{5\pi} \fallingdotseq 1.4$

---

17. 압력 공구각 14.5°, 모듈 5, 잇수 11개인 스퍼 기어를 제작하고자 할 때 전위량은 몇 mm인가?

해답 $x = 1 - \dfrac{Z}{32} = \dfrac{32 - 11}{32} = 0.656$

$\therefore \ mx = 5 \times 0.656 = 3.280 \, \text{mm}$

---

18. 모듈 10, 압력각 14.5°, 잇수 16인 기어를 깎으려고 한다. 전위량(mm)을 구하여라. (단, $\sin 14.5° = 0.25$, $\cos 14.5° = 0.968$ 이다.)

해답 전위량은 전위계수×모듈$= x \cdot m$이다. 여기서 전위계수 x를 계산하여 모듈을 곱하면 된다.

$$xm = 0.50 \times 10 = 5.0 \, \text{mm} \left(x = 1 - \frac{Z}{2} \sin^2 \alpha_n = 1 - \frac{16}{2} \times \sin^2 14.5° = 0.50 \right)$$

19. A, B, C 3개의 기어가 있다. 잇수는 차례로 20, 10, 40이고, A는 B와 물리고 B는 C와 물리고 있다. 지금 A가 매분 10회전하면 C는 매분 몇 회전하는가?

[해답] 이것은 B가 중간 기어인 경우이므로, 속도비는 A와 C가 직접 물리고 있는 것과 마찬가지이다.

$$\frac{N_A}{N_C} = \frac{Z_C}{Z_A} = \frac{40}{20} = 2$$

$$\therefore \ N_C = N_A \times \frac{1}{2} = 10 \times \frac{1}{2} = 5 \, \text{회전}$$

20. 그림은 기어 A의 잇수가 60개, B의 잇수가 20개인 차동 기어이다. 암 C를 시계방향으로 1회전하고, 다음에 기어 A를 암 C의 회전방향과 반대방향이므로 1회전하였을 때, 기어 B는 어느 쪽으로 몇 회전하는가?

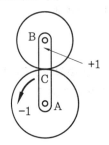

[해답] ① 먼저 기어 A, B와 암 C의 전체를 고정하여 일체로 해서 +1회전한다.
② 암 C만을 고정하여 기어 A를 −2회전한다.
③ A, B, C의 각각에 대하여 위 ① 및 ②에서 구한 회전수를 합한다.

구분	A	B	C
① 전체 고정	+1	+1	+1
② 암 C를 고정하고, A를 −2회전	−2	$2 \times \frac{60}{20}$	0
③ 합계	−1	+7	+1

∴ 기어 B는 시계방향으로 7회전한다.

21. 위 문제 25에서 기어 A를 −5회전, 기어 B를 +35회전시키려면 C를 어느 방향으로 몇 회전시켜야 하겠는가?

[해답] 구하고자 하는 암 C의 회전수를 x라 하고, 다음 순서로 생각하여 본다.
① 전체를 일체로 하여 $+x$를 회전한다.
② 암 C를 고정하여 기어 A를 $-(x+5)$회전한다.
③ 위 ① 및 ②에서 구한 A, B, C의 회전수를 각각 합하여 이것을 +35회전이 되

어야 한다.

구분	A	B	C
① 전체 고정	$+x$	$+x$	$+x$
② 암 C를 고정하고, A를 $-(x+5)$ 회전	$-(x+5)$	$-(x+5)(-1) \times \dfrac{60}{20}$	0
③ 합계	-5	$x+3(x+5)$	$+x$

여기서, B를 +35회전시키므로 $x+3(x+5)=35$

∴ $x=+5$(회전), C를 시계방향으로 5회전한다.

22. 그림에서 $Z_A=40$, $Z_B=20$, $Z_C=30$일 때, A를 고정하고 H를 우측으로 1회전시키면 C는 몇 회전하는가?

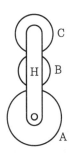

해답 그림에서 C는 다음 표와 같은 상태로 되며, 좌측으로 $\dfrac{1}{3}$ 회전한다.

구분	A	B	C	D
① 전체 고정	$+1$	$+1$	$+1$	$+1$
② 암 고정	-1	$(-1)\times(-1)\times\dfrac{40}{20}=+2$	$(+2)\times(-1)\times\dfrac{20}{30}=-\dfrac{4}{3}$	0
③ 정미 회전수	0	$+3$	$-\dfrac{1}{3}$	$+1$

23. 그림과 같은 기어 트레인의 표준 스퍼 기어가 있다. 모듈 $m=5$, 잇수를 각각 $Z_A=42$, $Z_B=50$, $Z_C=16$, $Z_D=20$이라 할 때, 중심거리 A는 몇 mm가 되는가?

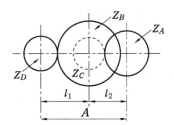

해답 $A = l_1 + l_2 = \dfrac{m}{2}(Z_B + Z_D) + \dfrac{m}{2}(Z_A + Z_C)$

$\qquad = \dfrac{m}{2}(Z_A + Z_B + Z_C + Z_D) = \dfrac{5}{2}(42 + 50 + 16 + 20) = 2.5 \times 128 = 320\,\text{mm}$

---

24. 그림과 같은 기어열에서 기어 A가 600 rpm으로 회전할 때, 기어 B의 회전수(rpm)는 얼마인가?

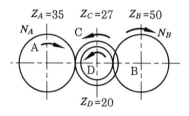

해답 $\dfrac{N_B}{N_A} = \dfrac{Z_A Z_D}{Z_C Z_B} = \dfrac{35 \times 20}{27 \times 50} \fallingdotseq \dfrac{1}{2}$

$\qquad \therefore N_B = N_A \times \dfrac{1}{2} = 600 \times \dfrac{1}{2} = 300\,\text{rpm}$

---

25. 그림과 같은 기어열에서 $Z_A = 16$, $Z_B = 60$, $Z_C = 12$, $Z_D = 64$인 경우, $N_A = 1500\,\text{rpm}$일 때 $N_D[\text{rpm}]$은 얼마인가?

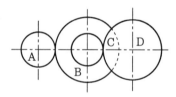

해답 $\dfrac{N_D}{N_A} = \dfrac{Z_A Z_C}{Z_B Z_D} = \dfrac{16 \times 12}{60 \times 64} = \dfrac{1}{20}$

$\qquad \therefore N_D = N_A \times \dfrac{1}{20} = 1500 \times \dfrac{1}{20} = 75\,\text{rpm}$

---

26. 그림과 같은 기어열이 있다. 기어 A, B, C의 잇수가 각각 32, 15, 64이고 A의 회전속도가 1600rpm이라 하면 C는 몇 rpm으로 되는가?

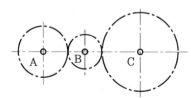

해답 $i = \dfrac{Z_A}{Z_C} = \dfrac{32}{64} = \dfrac{1}{2}$

$i = \dfrac{N_C}{N_A}$ 에서 $N_C = iN_A$ 이므로, $N_C = \dfrac{1}{2} \times 1600 = 800\,\text{rpm}$

27. 그림과 같은 기어열에서 구동축을 I 축이라고 하면 피동축인 Ⅲ축은 몇 분의 1로 감속되는가? (단, 기어의 잇수 $Z_A = 25$, $Z_B = 75$, $Z_C = 30$, $Z_D = 90$ 이다.)

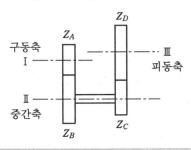

해답 $i = \dfrac{N_D}{N_A} = \dfrac{Z_A Z_C}{Z_B Z_D} = \dfrac{25 \times 30}{75 \times 90} = \dfrac{1}{9}$ (감속)

28. 피치원 지름이 40 cm인 기어가 600 rpm으로 회전하고, 10 PS을 전달시키려고 한다. 이 피치원에 작용하는 힘(N)은 얼마인가?

해답 $v = \dfrac{\pi DN}{60 \times 10^3} = \dfrac{\pi \times 400 \times 600}{60000} = 12.57\,\text{m/s}$

$PS = \dfrac{Fv}{735}$ 에서 $F = \dfrac{735\,PS}{v} = \dfrac{735 \times 10}{12.57} = 584.73\,\text{N}$

29. 그림과 같이 $Z_A = 80$, $Z_B = 20$, $Z_C = 40$이며, 기어 A를 고정하고, 암 R을 +10회전시켰을 때, 기어 B, C의 회전수를 구하여라.

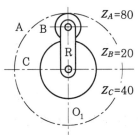

해답 ① 전체 고정으로 +10회전한다.
② R을 고정하여 A를 −10회전한다.

③ 위의 ① 및 ②를 합성한다.

구분	A	B	C	D
① 전체 고정	$+10$	$+10$	$+10$	$+10$
② 암 고정	(-10)	$\dfrac{80}{20} \times (-10)$	$-\dfrac{80}{40} \times (-10)$	0
③ 정미 회전수	0	-30(답)	$+30$(답)	$+10$

※ 기어 B의 회전수는 -30, 기어 C의 회전수는 $+30$이다.

---

30. 지름이 각각 $D_A = 200\,\mathrm{mm}$, $D_B = 450\,\mathrm{mm}$, 잇수 $Z_A = 50$, $Z_B = 95$인 한 쌍의 스퍼 기어에서 속도계수가 0.410, 접촉 응력계수가 0.75, 이폭이 80 mm일 때, 기어에 걸리는 회전력(N)은 얼마인가?

해답 면압 강도에서 회전력 $F[\mathrm{N}]$을 구하면 된다.

$$F = f_v K D_1 b \frac{2 Z_B}{Z_A + Z_B}$$

$$= 0.410 \times 0.75 \times 200 \times 80 \times \frac{2 \times 95}{50 + 95} = 6446.9\,\mathrm{N}$$

---

31. 작은 기어의 잇수 $Z_A = 20$, $N_A = 600\,\mathrm{rpm}$인 기어를 $Z_B = 60$, $N_B = 200\,\mathrm{rpm}$, $m = 4$, $\alpha = 20°$, 이폭 $b = 40\,\mathrm{mm}$인 표준 스퍼 기어로 전달할 수 있는 동력(PS)을 구하여라. (단, $\sigma_a = 260\,\mathrm{N/mm^2}$, $K = 0.39\,\mathrm{N/mm^2}$, $f_w = 0.8$이다.)

해답 $f_v = \dfrac{3.05}{3.05 + v} = \dfrac{3.05}{3.05 + 2.51} = 0.55$

$$\left(v = \frac{\pi m Z_A N_A}{60 \times 1000} = \frac{\pi \times 4 \times 20 \times 600}{60000} = 2.51\,\mathrm{m/s} \right)$$

접촉면 압력의 강도에서

$$F_1 = K f_v D_1 b \frac{2 Z_B}{Z_A + Z_B} = 0.39 \times 0.55 \times 80 \times 40 \times \frac{2 \times 60}{20 + 60} \fallingdotseq 1030\,\mathrm{N}$$

굽힘강도에서

$$F_2 = \pi b m y f_v f_w \sigma_a = \pi \times 40 \times 4 \times 0.102 \times 0.55 \times 0.8 \times 260 = 5865.38\,\mathrm{N}$$

위 두 F의 값에서 회전력이 작은 것을 택한다.

$$\therefore\ H_{PS} = \frac{Fv}{735} = \frac{1030 \times 2.51}{735} = 3.52\,\mathrm{PS}$$

32. 허용응력 $130\,\mathrm{N/mm^2}$의 스퍼 기어가 있다. 모듈 $m = 2.5$, $b = 50\,\mathrm{mm}$, **치형계수** $y = 0.283$, 원주속도 $v = 1.6\,\mathrm{m/s}$ 이라 할 때, 전달마력(PS)은 얼마인가?

해답 $f_v = \dfrac{3.05}{3.05 + v} = \dfrac{3.05}{3.05 + 1.6} = 0.656$

$F = f_v \sigma_a b m y = 0.656 \times 130 \times 50 \times 2.5 \times 0.283 = 3016.78\,\mathrm{N}$

$\therefore\ H_{PS} = \dfrac{Fv}{735} = \dfrac{3016.78 \times 1.6}{735} = 6.57\,\mathrm{PS}$

---

33. 잇수 $Z = 80$개, 모듈 $m = 5$, 이폭 $b = 50\,\mathrm{mm}$, 회전수 $N = 200\,\mathrm{rpm}$, 압력각 $\alpha = 20°$, 하중계수 $f_w = 0.8$ 인 기어에서 전달마력(PS)은 얼마인가? (단, $\sigma_a = 90\,\mathrm{N/mm^2}$, $y = 0.138$ 이다.)

해답 $v = \dfrac{\pi D N}{60 \times 1000} = \dfrac{\pi m Z N}{60 \times 1000} = \dfrac{3.14 \times 5 \times 80 \times 200}{60 \times 1000} = 4.19\,\mathrm{m/s}$

$F = \pi f_v f_w \sigma_a b m y = 3.14 \times 0.42 \times 0.8 \times 90 \times 50 \times 5 \times 0.138 = 3275\,\mathrm{N}$

$\left(f_v = \dfrac{3}{3 + v} = \dfrac{3}{3 + 4.19} = 0.42 \right)$

$\therefore\ H_{PS} = \dfrac{Fv}{735} = \dfrac{3275 \times 4.19}{735} = 18.67\,\mathrm{PS}$

---

34. 잇수 $Z_1 = 25$, 이에 직각으로 측정한 모듈 $m_n = 6$, 비틀림각 $\theta = 18°50'$의 헬리컬 기어가 있다. 피치원의 지름(D_s)과 바깥지름(D_o)을 구하여라.

해답 $m = \dfrac{m_n}{\cos\theta} = \dfrac{6}{\cos 18°50'} = 6.3391$

$\therefore\ D_s = m \cdot Z = 6.3391 \times 25 = 158.48\,\mathrm{mm}$

$\therefore\ D_o = D_s + 2m_n = 158.48 + 12 = 170.48\,\mathrm{mm}$

---

35. 다음과 같은 헬리컬 기어에 대한 피치원의 지름(mm)을 구하여라.

구분	이직각		잇수	회전수(rpm)	이폭(mm)	비틀림각
	압력각(°)	모듈				
작은 기어	20	4	25	250	35	15°
큰 기어			50	375		

해답 ① $D_A = Z_A \dfrac{m_n}{\cos\beta} = 25 \times \dfrac{4}{\cos 15°} \fallingdotseq 104\,\text{mm}$

② $D_B = Z_B \dfrac{m_n}{\cos\beta} = 50 \times \dfrac{4}{\cos 15°} \fallingdotseq 207\,\text{mm}$

---

36. 비틀림각이 12°인 헬리컬 기어에서 잇수가 각각 20, 50이고 이직각 모듈이 5일 때 중심거리(mm)는 얼마인가?

해답 $A = \dfrac{m_n(Z_A + Z_B)}{2\cos\beta} = \dfrac{5(20+50)}{2\cos 12°} = \dfrac{350}{2 \times 0.9781} = 178.9\,\text{mm}$

---

37. 마이터 기어(miter gear)의 모듈이 3, 잇수가 30일 때 원뿔거리(mm)는 얼마인가?

해답 원뿔거리 $A = \dfrac{D}{2\sin\alpha}$ 이고, $\alpha = 45°$(마이터 기어이므로)

$\therefore A = \dfrac{mZ}{2\sin 45°} = \dfrac{3 \times 30}{2 \times 0.707} = 63.65\,\text{mm}$

---

38. 이직각 단면의 모듈 $m = 4$, 비틀림각 $\beta = 15°$, 압력각 20°, 잇수 $Z_A = 25$, $Z_B = 50$인 한 쌍의 헬리컬 기어가 물려 있을 때, 피치원 지름(mm)과 바깥지름(D_o)을 구하여라.

해답 ① $D_A = Z_A \dfrac{m_n}{\cos\beta} = 25 \times \dfrac{4}{\cos 15°} = 103.52\,\text{mm}$

② $D_B = Z_B \dfrac{m_n}{\cos\beta} = 50 \times \dfrac{4}{\cos 15°} = 207.06\,\text{mm}$

③ $D_{oA} = D_A + 2m_n = 103.52 + 2 \times 4 = 111.52\,\text{mm}$

④ $D_{oB} = D_B + 2m_n = 207.06 + 2 \times 4 = 215.06\,\text{mm}$

---

39. 한 줄 나사($Z_A = 1$)인 웜의 지름 $D_A = 124\,\text{mm}$, 웜 기어의 지름 $D_B = 390\,\text{mm}$, 평균 이폭 $b = 80\,\text{mm}$, 잇수 $Z_B = 30$이다. 이 웜을 600 rpm으로 회전시켜 몇 마력(PS)을 전달할 수 있는가? (단, $\sigma_b = 3200\,\text{N/cm}^2$, $p_n = 4.084\,\text{mm}$, 하중계수(f_w) = 0.8, 치형계수(y) = 0.1 이다.)

해답 $v = \dfrac{\pi D_B N_B}{60000} = \dfrac{\pi \times 390 \times 20}{60000} = 0.408\,\text{m/s}$

$$\left(N_B = N_A \times \frac{Z_A}{Z_B} = 600 \times \frac{1}{30} = 20\,\mathrm{rpm}\right)$$

$$f_v = \frac{6}{6+v} = \frac{6}{6+0.408} = 0.94$$

$$F = \sigma_b b p_n y f_v f_w = 3200 \times 8 \times 0.4084 \times 0.1 \times 0.94 \times 0.8 = 786.22\,\mathrm{N}$$

$$\therefore\ PS = \frac{Fv}{735} = \frac{786.22 \times 0.408}{735} = 0.44\,\mathrm{PS}$$

---

40. 3중 웜이 120개의 이(齒)를 가진 웜 기어와 물려서 2회전할 때의 속도비는 얼마인가?

해답 $i = \dfrac{Z_w}{Z_g} = \dfrac{3}{120} = \dfrac{1}{40} = 1:40$

(여기서, Z_w : 웜의 줄수, Z_g : 웜 기어의 잇수)

---

41. 원주속도 6 m/s로 36 PS을 전달하는 헬리컬 기어에서 비틀림각이 30°일 때, 축 방향으로 작용하는 힘(N)은 얼마인가?

해답 $F = \dfrac{735PS}{v} = \dfrac{735 \times 36}{6} = 4410\,\mathrm{N}$

$\therefore\ F_u = F\tan\beta = 4410 \times \tan 30° = 2546.11\,\mathrm{N}$

---

42. 15 PS, 320 rpm을 전달시키는 평기어에서 압력각 20°, 피치원 지름 202.5 mm, 이 너비는 모듈의 10배로 하고 치형계수 $y = \dfrac{Y}{\pi} = 0.1$일 때 다음 물음에 답하여라. (단, 재질은 주철이고, 허용굽힘응력 $\sigma_b = 130\,\mathrm{N/mm^2}$이며, 또 종동차의 회전수는 160 rpm이고, m은 모듈을 표시하는 기호이다.)

(1) 전달하중 : $F[\mathrm{N}]$

(2) 모듈 : m(단, 속도계수 $f_v = \dfrac{3.05}{3.05+v}$, 하중계수 $f_w = 1$이며, 모듈은 KS 표준 모듈인 3, 3.25, 3.5, 3.75, 4, 4.5, 5, 5.5, 6 중에서 선정)

(3) $m = 4.5$라 가정할 때 면압강도를 구하여라. (단, 허용 접촉 응력계수 $k = 1.86$ $\mathrm{N/mm^2}$이다.)

해답 (1) $v = \dfrac{\pi D_1 N_1}{60000} = \dfrac{\pi \times 202.5 \times 320}{60000} = 3.39\,\mathrm{m/s}$

$$\therefore \ F = \frac{735PS}{v} = \frac{735 \times 15}{3.39} = 3252.21\,\text{N}$$

$$(2) \ m = \sqrt{\frac{W}{f_v f_w \sigma_b b Y}} = \sqrt{\frac{3252.21}{0.47 \times 1 \times 130 \times 10 \times \pi \times 0.1}}$$

$$= 4.12 \fallingdotseq 4.5 \left(f_v = \frac{3.05}{3.05 + 3.39} = 0.47 \right)$$

$$(3) \ Z_1 = \frac{D_1}{m} = \frac{202.5}{4.5} = 45\,\text{개}, \ \ Z_2 = 2 \times Z_1 = 90\,\text{개}$$

$$\therefore \ P = f_v k b m \times \frac{2Z_1 Z_2}{Z_1 + Z_2} = 0.47 \times 1.86 \times 45 \times 4.5 \times \frac{2 \times 45 \times 90}{45 + 90}$$

$$= 10621.53\,\text{N}$$

---

43. 기초원 지름이 각각 680 mm 및 1520 mm일 때, 압력각 20°인 2개의 외접 인벌류트 평기어의 중심거리는 얼마인가?

해답 $D_g = D\cos\alpha$ 에서, $D = \dfrac{D_g}{\cos\alpha}$

$$D_1 = \frac{D_{g1}}{\cos\alpha} = \frac{680}{\cos 20°} = 723.64\,\text{mm}$$

$$D_2 = \frac{D_{g2}}{\cos\alpha} = \frac{1520}{\cos 20°} = 1617.55\,\text{mm}$$

$$\therefore \ C = \frac{D_1 + D_2}{2} = \frac{723.64 + 1617.55}{2} \fallingdotseq 1170.60\,\text{mm}$$

---

44. 6 PS, 200 rpm을 전달하는 피치원 지름이 약 280 mm인 평기어의 모듈을 루이스 굽힘 강도식으로 정하고 타당성을 검토하여라. (단, 이너비(b)는 원주 피치의 2배로 하고, 기어의 재질은 FC30으로 하며, 압력각 α는 14.5°로 한다. 또한 하중계수 $f_w = 0.8$로 하고, 루이스 저항계수 $y = 0.1144$로 하며, FC30의 허용 반복 굽힘강도 $\sigma_0 = 130$ N/mm^{2}으로 한다.)

해답 $H_{PS} = \dfrac{Fv}{735}$ 에서 $F = \dfrac{735 H_{PS}}{v} = \dfrac{735 \times 6}{2.93} = 1505.12\,\text{N}$

$$\left(v = \frac{\pi DN}{60 \times 1000} = \frac{\pi \times 280 \times 200}{60 \times 1000} = 2.93\,\text{m/s} \right)$$

$$F = f_v f_w \sigma_0 \pi m b y = f_v f_w \sigma_0 p (2p) y = 2 f_v f_w \sigma_0 p^2 y$$

$$\therefore \ p = \sqrt{\frac{F}{2 f_v f_w \sigma_0 y}} = \sqrt{\frac{1505.12}{2 \times 0.51 \times 0.8 \times 130 \times 0.1144}} = 11.14\,\text{mm}$$

$$f_v = \frac{3.05}{3.05 + v} = \frac{3.05}{3.05 + 2.93} = 0.51$$

$$p = \pi m$$

$$\therefore m = \frac{p}{\pi} = \frac{11.14}{\pi} \fallingdotseq 4$$

---

45. 감속장치에서 한 쌍의 표준 평기어가 파손되어 측정하여 보았더니 축간거리가 250 mm, 피니언의 바깥지름이 108 mm, 이끝 원주에서의 피치가 약 13.57 mm이었다. 다음 물음에 답하여라.

(1) 피니언의 잇수 : Z_1

(2) 모듈 : m

(3) 기어의 잇수 : Z_2

해답 (1) $\pi D_{01} = P_0 Z_1$에서 $Z_1 = \dfrac{\pi D_{01}}{P_0} = \dfrac{\pi \times 108}{13.57} = 25$개

(2) $D_{01} = m(Z_1 + 2)$에서 $m = \dfrac{D_{01}}{Z_1 + 2} = \dfrac{108}{25 + 2} = 4$

(3) $D_1 = mZ = 4 \times 25 = 100 \, \text{mm}$

$D_1 + D_2 = 2C$에서

$D_2 = 2C - D_1 = 2 \times 250 - 100 = 400 \, \text{mm}$

$D_2 = mZ_2$에서

$\therefore Z_2 = \dfrac{D_2}{m} = \dfrac{400}{4} = 100$개

---

46. 축간거리 312.5 mm인 두 축에 표준 평기어대를 설치하여 1000 rpm을 250 rpm으로 감속하려고 한다. 피니언의 바깥지름을 135 mm로 할 때 모듈과 두 기어의 잇수를 구하여라.

해답 $\varepsilon = \dfrac{N_2}{N_1} = \dfrac{D_1}{D_2} = \dfrac{Z_1}{Z_2} = \dfrac{1}{4}$, $2C = m(Z_1 + Z_2) = 5mZ_1$, $Z_1 = \dfrac{2C}{5m}$

$D_1 = m(Z_1 + 2) = \dfrac{2C}{5} + 2m$

$\therefore m = \dfrac{D_1 - \dfrac{2C}{5}}{2} = \dfrac{135 - \dfrac{2 \times 312.5}{5}}{2} = 5$

$Z_1 = 25$, $Z_2 = 4Z_1 = 4 \times 25 = 100$

47. 다음 그림은 2단 감속장치(감속비$= i_1 \times i_2 = \frac{1}{3} \times \frac{1}{2} = \frac{1}{6}$)이다. 각 물음에 답하여라.

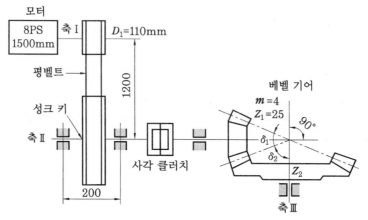

(1) 원통 풀리의 벨트 접촉각은 몇 rad인가?

(2) 평벨트의 폭은 몇 mm인가?(단, 벨트의 두께는 5 mm, 벨트의 허용 인장응력은 $2.5\,\text{N/mm}^2$이고, 긴장측 장력 $T_t = 1180\,\text{N}$이며, 이음 효율은 1로 가정한다.)

(3) 베벨 기어의 반원추각(피치원추각) γ_1, γ_2는 각각 몇 도인가?(단, 두 축의 교각은 90°이다.)

(4) 원통 베벨 기어의 바깥지름은 몇 mm인가?(단, 이끝 높이는 모듈과 같다.)

[해답] (1) $\theta_1 = 180° - 2\sin^{-1}\dfrac{D_2 - D_1}{2C} = 180° - 2\sin^{-1}\dfrac{330 - 110}{2 \times 1200} = 169.48°$

$$= 169.48 \times \frac{\pi}{180} = 2.96\,\text{rad}$$

$$\left(i = \frac{N_\text{II}}{N_\text{I}} = \frac{D_1}{D_2} = \frac{1}{3}, \ \ D_2 = 3D_1 = 3 \times 110 = 330\,\text{mm} \right)$$

(2) $\sigma_a = \dfrac{T_t}{A} = \dfrac{T_t}{bt\eta}$ 에서 $b = \dfrac{T_t}{\sigma_a t \eta} = \dfrac{1180}{2.5 \times 5 \times 1} = 94.4\,\text{mm}$

(3) $\tan\gamma_1 = \dfrac{\sin 90°}{\dfrac{1}{i} + \cos 90°} = i = \dfrac{1}{2}$

$$\therefore \ \gamma_1 = \tan^{-1}\frac{1}{2} = 26.57°$$

$$\tan\gamma_2 = \frac{\sin 90°}{i + \cos 90°} = \frac{1}{i} = 2$$

$$\therefore \ \gamma_2 = \tan^{-1}2 = 63.43°$$

(4) $D_{01} = D_1 + 2a\cos\gamma_1 = mZ_1 + 2m\cos\gamma_1$

$$= m(Z_1 + 2\cos\gamma_1) = 4(25 + 2\cos 26.57°) = 107.16\,\text{mm}$$

48. 다음과 같은 한 쌍의 외접 표준 평기어가 다음과 같을 때 물음에 답하여라. (단, 속도계수 $f_v = \dfrac{3.05}{3.05+v}$, $Y = \pi y$, 하중계수 $f_w = 0.8$ 이다.)

구분	회전수 $n[\text{rpm}]$	잇수 Z	허용 굽힘응력 $\sigma[\text{N/mm}^2]$	치형계수 $Y = (\pi y)$	압력각 $\alpha[°]$	모듈 $m[\text{mm}]$	치의 폭 $b[\text{mm}]$	허용 접촉면 응력계수 $K[\text{N/mm}^2]$
피니언	500	30	300	0.377	20	4	40	0.79
기어	250	60	130	0.433				

(1) 피치 원주속도 : $v[\text{m/s}]$

(2) 피니언의 굽힘강도에 의한 전달하중 : $P_1[\text{N}]$

(3) 기어의 굽힘강도에 의한 전달하중 : $P_2[\text{N}]$

(4) 면압강도에 의한 전달하중 : $P_c[\text{N}]$

(5) 최대 전동 가능 마력 : $H[\text{PS}]$

해답 (1) $v = \dfrac{\pi m Z_1 N_1}{60 \times 1000} = \dfrac{\pi \times 4 \times 30 \times 500}{60 \times 1000} = 3.14\,\text{m/s}$

(2) $P_1 = f_v f_w \sigma_{b1} m b\, Y$

$\qquad = 0.493 \times 0.8 \times 300 \times 4 \times 40 \times 0.377 = 7137.06\,\text{N}$

$\qquad \left(f_v = \dfrac{3.05}{3.05+v} = \dfrac{3.05}{3.05+3.14} = 0.493 \right)$

(3) $P_2 = f_v f_w \sigma_{b2} m b\, Y$

$\qquad = 0.493 \times 0.8 \times 130 \times 4 \times 40 \times 0.433 = 3552.12\,\text{N}$

(4) $P_c = f_v K m b \dfrac{2Z_1 Z_2}{Z_1 + Z_2}$

$\qquad = 0.493 \times 0.79 \times 4 \times 40 \times \dfrac{2 \times 30 \times 60}{30 + 60} = 2492.61\,\text{N}$

(5) $H_{PS} = \dfrac{P_{\min} v}{735} = \dfrac{P_c v}{735} = \dfrac{2492.61 \times 3.14}{735} = 10.65\,\text{PS}$

49. 지름 피치가 3인 호브(hob)로 잇수 30인 웜 기어(worm gear)를 깎고자 한다. 웜의 줄수 2, 리드 $L = 55\,\text{mm}$ 일 때 다음 물음에 답하여라.

(1) 웜의 리드각 : $\gamma[°]$

(2) 중심거리 : $A[\text{mm}]$

해답 (1) $p = \dfrac{L}{Z_w} = \dfrac{55}{2} = 27.5$

$$p_n = \frac{25.4\pi}{p_d} = \frac{25.4\pi}{3} = 26.6\,\text{mm}$$

$$\cos\gamma = \frac{p_n}{p}\ \text{에서}\ \ \gamma = \cos^{-1}\!\left(\frac{p_n}{p}\right) = \cos^{-1}\!\left(\frac{26.6}{27.5}\right) \fallingdotseq 14.7°$$

(2) $\ D_w = \dfrac{L}{\pi\tan\gamma} = \dfrac{55}{\pi\tan14.7°} = 66.73\,\text{mm}$

$$p_d = \frac{25.4}{m}\ \text{에서}\ \ m = \frac{25.4}{p_d} = \frac{25.4}{3} = 8.47\,\text{mm}$$

$$A = \frac{D_w + D_g}{2} = \frac{D_w + mZ_g}{2} = \frac{66.73 + 8.47\times30}{2} \fallingdotseq 160.42\,\text{mm}$$

---

50. 허용 굽힘응력은 $320\,\text{N}/\text{mm}^2$, 모듈은 4, 압력각은 20°, 이폭은 40 mm, 잇수 $Z = 20$, 회전수는 800 rpm으로 회전하는 평기어의 최대 전달마력은 얼마인가? (단, 치형계수 $y = 0.32$이고, y는 π가 포함된 값이며, 속도계수 $f_v = \dfrac{3.05}{3.05+v}$ 로 계산하고, v는 기어 피치원의 원주속도이다.)

해답 $\ v = \dfrac{\pi DN}{1000\times60} = \dfrac{\pi mZN}{1000\times60} = \dfrac{\pi\times4\times20\times800}{1000\times60} = 3.35\,\text{m}/\text{s}$

$\qquad$ 속도계수$(f_v) = \dfrac{3.05}{3.05+v} = \dfrac{3.05}{3.05+3.35} = 0.477$

$\qquad$ 회전력$(F) = bmy f_v\sigma_b = 40\times4\times0.32\times0.477\times320 = 7815.17\text{N}$

$\qquad \therefore\ $ 전달마력$(PS) = \dfrac{Fv}{735} = \dfrac{7815.17\times3.35}{735} = 35.62\,\text{PS}$

---

51. 웜 기어 전동에서 줄 수 $n = 2$, 웜 기어 잇수 $Z = 80$개, 원주 피치가 $\pi\,[\text{mm}]$이다. 모터에 1200 rpm, 5 PS이 웜 축에 전동된다. 그리고 웜 기어 축에 지름 50 mm의 드럼이 조립되어 있다. 다음 물음에 답하여라.

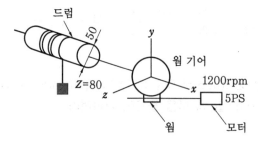

(1) 속도비는 얼마인가? (단, 분수 또는 소수점 이하 3자리까지 구함)

(2) 웜 기어의 피치원의 지름은 몇 mm인가?

(3) 드럼에 10초 동안 감긴 로프의 길이는 몇 mm인가? (단, 로프의 지름은 무시한다.)

해답 (1) 속도비$(i) = \dfrac{\text{웜 기어의 속도}}{\text{웜의 속도}} = \dfrac{n}{Z_g} = \dfrac{2}{80} = \dfrac{1}{40} = 0.025$

(2) $m = \dfrac{p}{\pi} = \dfrac{\pi}{\pi} = 1$

$\therefore\ D_g = mZ_g = 1 \times 80 = 80\,\text{mm}$

(3) $V = \dfrac{\pi DN}{60} = \dfrac{\pi \times 50 \times 1200}{60 \times 40} = 78.54\,\text{mm/s}$

$\therefore\ l = 78.54\,\text{mm/s} \times 10\,\text{s} = 785.4\,\text{mm}$

---

52. 다음과 같은 한 쌍의 외접 평기어가 15 PS을 전달하고자 한다. 하중계수 $f_w = 0.8$ 이고, 소기어(피니언)의 지름을 100mm라 할 때 다음 물음에 답하여라. (단, 속도계수 $f_v = \dfrac{3.05}{3.05 + v}$ 이다.)

구분	허용 굽힘응력 $\sigma[\text{N/mm}^2]$	치형계수 $Y(=\pi y)$	회전수 $n[\text{rpm}]$	압력각 $\alpha[°]$	치의 폭 $b[\text{mm}]$	접촉면 허용 응력계수 $K[\text{N/mm}^2]$
소기어(pinion)	260	0.360	900	20	40	0.79
대기어(gear)	90	0.443	300			

(1) 피치 원주속도 : $v[\text{m/s}]$
(2) 전달하중 : $F[\text{N}]$
(3) 굽힘강도에 의한 모듈 : m (단, 대기어의 굽힘강도에 의하여 구하여라.)

해답 (1) $v = \dfrac{\pi d_1 N_1}{60000} = \dfrac{\pi \times 100 \times 900}{60000} = 4.71\,\text{m/s}$

(2) $PS = \dfrac{Fv}{735}[\text{PS}]$ 에서

$F = \dfrac{735PS}{v} = \dfrac{735 \times 15}{4.71} = 2340.76\,\text{N}$

(3) $F = f_v f_w \sigma_b \pi b m y = f_v f_w \sigma_b b m\,Y[\text{N}]$

속도계수$(f_v) = \dfrac{3.05}{3.05 + v} = \dfrac{3.05}{3.05 + 4.71} = 0.39$

$\therefore\ m = \dfrac{F}{f_v f_w \sigma_b b\,Y} = \dfrac{2340.76}{0.39 \times 0.8 \times 90 \times 40 \times 0.443} ≒ 5$

제13장 관의 지름 및 두께 계산

13-1 파이프의 안지름

다음 그림에서 보는 것처럼 파이프의 안지름은 유량으로 결정된다. 파이프 내의 흘러가는 유체는 파이프의 중앙부에서는 빠르고 관 벽면에서는 마찰 때문에 흐름이 늦게 되어 0으로 되기 때문에 속도는 포물선으로 분포된다.

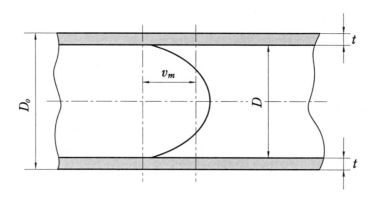

파이프 내의 속도 분포

$$Q = A v_m = \frac{\pi}{4}\left(\frac{D}{1000}\right)^2 v_m \,[\mathrm{m^3/s}]$$

$$\therefore \ D = 2000\sqrt{\frac{Q}{\pi v_m}} = 1128\sqrt{\frac{Q}{v_m}}\,[\mathrm{mm}]$$

$$D \fallingdotseq 1130\sqrt{\frac{Q}{v_m}}\,[\mathrm{mm}]$$

여기서, A : 파이프 내의 단면적$(\mathrm{m^2})$, v_m : 평균유속$(\mathrm{m/s})$

물, 공기, 가스 증기 등 관내에 흐르는 유체의 용도에 따른 평균속도를 나타내면 다음 표와 같다.

관내 유속의 기준

유체	용도	평균속도 v[m/s]	유체	용도	평균속도 v[m/s]
물	상수도(장거리)	0.5~0.7	물	왕복펌프 배출관(단관)	2
	상수도(중거리)	~1		난방탕관	0.1~3
	지름 3~15 mm	~0.5	공기	저압공기관	10~15
	상수도 지름 ~30mm	~1		고압공기관	20~25
	(근거리) 지름<100mm	~2		소형 가스 석유기관 흡입관	15~20
	수력원동소 도수관	2~5		대형 가스 석유기관 흡인관	20~25
	소방용 호스	6~10		소형 디젤기관 흡입관	14~20
	저수두 원심펌프 흡입배출관	1~2		대형 디젤기관 흡입관	20~30
	고수두 원심펌프 흡입배출관	2~4	가스	석탄가스관	2~6
	왕복펌프 흡입관(장관)	0.7 이하	증기	포화증기관	12~40
	왕복펌프 흡입관(단관)	1		과열증기관	40~80
	왕복펌프 배출관(장관)	1			

13-2 얇은 원통의 두께

다음 그림에서 보는 것처럼 원통을 절반$\left(\dfrac{1}{2}\right)$으로 쪼개어 내압을 p[N/cm^2], 두께를 t[mm], 안지름을 D[mm]라 하면,

① 원주응력(후프응력 : hoop stress) σ_t는 다음 식으로 주어진다.

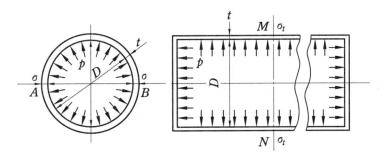

파이프의 두께

$$\sigma_t = \frac{pD}{2t \times 100} = \frac{pD}{200t} \, [\text{N/mm}^2]$$

② 축응력 σ_z는 다음 식으로 주어진다.

$$\sigma_z = \frac{pD}{4t \times 100} = \frac{1}{2}\sigma_t$$

③ 경험식 두께 t는, 경험식으로부터 부식 상수(부식에 대한 정수)를 $c[\text{mm}]$, 이음 효율을 η, 재료의 허용 인장응력을 $\sigma_a[\text{N/mm}^2]$이라 하면 다음 식으로 주어진다.

$$t = \frac{pD}{200\sigma_a\eta} + c[\text{mm}]$$

만일 강판의 인장강도를 $\sigma_u[\text{N/mm}^2]$, 안전율을 S라 하면, $\sigma_a = \dfrac{\sigma_u}{S}$

$$\therefore \ t = \frac{DpS}{2\sigma_u\eta \times 100} + c[\text{mm}]$$

얇은 원통이라 함은 $\dfrac{t}{D} \leqq \dfrac{1}{10}$의 경우를 말한다.

13-3 치수 공차와 끼워 맞춤

(1) 공차의 개요

대량 생산 방식에 의해서 제작되는 기계 부품은 호환성을 유지할 수 있도록 가공되어야 한다. 즉, 모든 부품은 확실하게 조립되고 요구되는 성능을 얻을 수 있어야 한다. 또한, 치수 공차와 기하학적 형상 공차 및 표면 거칠기는 상호 상관 관계를 갖도록 설정해야 하고, 이들 중 기본이 되는 것이 치수 공차이다. 이 치수 공차는 IT 공차에 따르며, KS B 0401에 규정되어 있다. 다음 그림은 공차역·치수 허용차·기준선의 상호 관계만을 나타내기 위해 간단화한 것으로 기준선은 수평으로 하고 정(+)의 치수 허용차는 그 위쪽에, 부(−)의 치수 허용차는 그 아래쪽에 나타낸다.

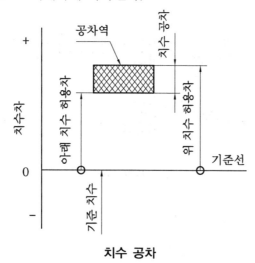

치수 공차

(2) 용어의 뜻

① **구멍** : 주로 원통형의 내측 형체를 말하나, 원형 단면이 아닌 내측 형체도 포함된다.

② **축** : 주로 원통형의 외측 형체를 말하나, 원형 단면이 아닌 외측 형체도 포함된다.

③ **기준 치수(basic dimension)** : 치수 허용 한계의 기본이 되는 치수이다. 도면상에는 구멍, 축 등의 호칭 치수와 같다.

④ **기준선(zero line)** : 허용 한계 치수와 끼워 맞춤을 도시할 때 치수 허용차의 기준이 되는 선으로, 치수 허용차가 0(zero)인 직선이며 기준 치수를 나타낼 때 사용한다.

⑤ **허용 한계 치수(limits of size)** : 형체의 실치수가 그 사이에 들어가도록 정한 허용할 수 있는 대소 2개의 극한의 치수, 즉 최대 허용 치수 및 최소 허용 치수

⑥ **실치수(actual size)** : 형체를 측정한 실측 치수

⑦ **최대 허용 치수(maximum limits of size)** : 형체의 허용되는 최대 치수

⑧ **최소 허용 치수(minimum limits of size)** : 형체의 허용되는 최소 치수

⑨ **공차(tolerance)** : 최대 허용 한계 치수와 최소 허용 한계 치수와의 차이며, 치수 허용차라고도 한다.

⑩ **치수 허용차(deviation)** : 허용 한계 치수에서 기준 치수를 뺀 값으로 허용차라고도 한다.

⑪ **위 치수 허용차(upper deviation)** : 최대 허용 치수에서 기준 치수를 뺀 값

⑫ **아래 치수 허용차(lower deviation)** : 최소 허용 치수에서 기준 치수를 뺀 값

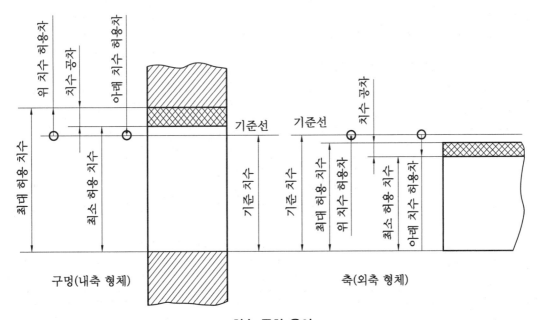

치수 공차 용어

(3) 기본 공차

① **기본 공차의 구분 및 적용** : 기본 공차는 IT01, IT0 그리고 IT01~IT18까지 20등급으로 구분하여 규정되어 있으며, IT01과 IT0에 대한 값은 사용 빈도가 적으므로 별도로 정하고 있다. IT 공차를 구멍과 축의 제작 공차로 적용할 때 제작의 난이도를 고려하

여 구멍에는 IT_n, 축에는 IT_{n-1}을 부여하며 다음과 같다.

기본 공차의 적용

용도	게이지 제작 공차	끼워 맞춤 공차	끼워 맞춤 이외의 공차
구멍	IT01~IT5	IT6~IT10	IT11~IT18
축	IT01~IT4	IT5~IT9	IT10~IT18

② **IT 공차의 수치** : 기준 치수가 500 이하인 경우와 500을 초과하여 3150까지 공차 등급 IT1부터 IT18에 대한 기본 공차의 수치를 다음 표 (1)에 나타내고, IT01~IT0에 대한 수치는 표 (2)에 나타낸다.

기본 공차의 수치(1)

기준 치수의 구분(mm) 초과	이하	공차 등급 1	2	3	4	5	6	7	8	9	10	11	12	13	14[a]	15[a]	16[a]	17[a]	18[a]
		기본 공차의 수치(μm)											기본 공차의 수치(mm)						
−	3[a]	0.8	1.2	2	3	4	6	10	14	25	40	60	0.10	0.14	0.26	0.40	0.60	1.00	1.40
3	6	1	1.5	2.5	4	5	8	12	28	30	48	75	0.12	0.18	0.30	0.48	0.75	1.20	1.80
6	10	1	1.5	2.5	4	6	9	15	22	36	58	90	0.15	0.22	0.36	0.58	0.90	1.50	2.20
10	18	1.2	2	3	5	8	11	18	27	43	70	110	0.18	0.27	0.43	0.70	1.10	1.80	2.70
18	30	1.5	2.5	4	6	9	13	21	33	52	84	130	0.21	0.33	0.52	0.84	1.30	2.10	3.30
30	50	1.5	2.5	4	7	11	16	25	39	62	100	160	0.25	0.39	0.62	1.00	1.60	2.50	3.90
50	80	2	3	5	8	13	19	30	46	114	120	190	0.30	0.46	0.74	1.20	1.90	3.00	4.60
80	120	2.5	4	6	10	15	22	35	54	87	140	220	0.35	0.54	0.87	1.40	2.20	3.50	5.40
120	180	3.5	5	8	12	18	25	40	63	100	160	250	0.40	0.63	1.00	1.60	2.50	4.00	6.30
180	250	1.5	7	10	14	20	29	46	72	115	185	290	0.46	0.72	1.15	1.85	2.90	4.60	7.20
250	315	6	8	12	16	23	32	52	81	130	210	320	0.52	0.81	1.30	2.10	3.20	5.20	8.10
315	400	7	9	13	18	25	36	57	89	140	230	360	0.57	0.89	1.40	2.30	3.60	5.70	8.90
400	500	8	10	15	20	27	40	63	97	155	250	400	0.63	0.97	1.55	2.50	4.00	6.30	9.70
										b									
500	360	9	11	16	22	30	44	70	110	175	280	440	0.70	1.10	1.75	2.80	4.40	7.00	1100
630	800	10	13	18	25	35	50	80	125	200	320	500	0.80	1.25	2.00	3.20	5.00	8.00	1250
800	1000	11	15	21	29	40	56	90	140	230	360	560	0.90	1.40	2.30	3.60	5.60	900	1400
1000	1250	13	18	24	34	46	66	105	165	260	420	660	1.05	1.65	2.60	4.20	6.60	1050	1650
1250	1600	15	21	29	40	54	78	125	195	310	500	780	1.25	1.95	3.10	5.00	7.80	1250	1950
1600	2000	18	25	35	48	65	92	150	230	370	600	920	1.50	2.30	3.70	6.00	9.20	1500	2300
2000	2500	22	30	41	57	77	110	175	280	440	700	1100	1.75	2.80	4.40	7.00	1100	1750	2800
2500	3150	26	36	50	69	93	135	210	330	540	860	1350	2.10	3.30	5.40	8.60	1350	2100	3300

[a] 공차 등급 IT14~IT18은 기준 치수 1 mm 이하에는 적용하지 않는다.

b 500 mm를 초과하는 기준 치수에 대한 공차 등급 IT1~IT5의 공차값은 실험적으로 사용하기 위한 잠정적인 것이다.

기본 공차의 수치(공차 등급 IT01 및 IT0) (2)

기준 치수의 구분(mm)	초과	–	3	6	10	18	30	50	80	120	180	250	315	400
	이하	3	6	10	18	30	50	80	120	180	250	315	400	500
기본 공차의 수치(μm)	IT01	0.3	0.4	0.4	0.5	0.6	0.6	0.8	1	1.2	2	2.5	3	4
	IT0	0.5	0.6	0.6	0.8	1	1	1.2	1.5	2	3	4	5	6

(4) 끼워 맞춤

구멍과 축이 조립되는 관계를 끼워 맞춤(fitting)이라 한다.

① **틈새(clearance)** : 구멍의 지름이 축의 지름보다 큰 경우 지름의 차를 말한다.

   ⑦ 최소 틈새 : 구멍의 최소 허용 치수 – 축의 최대 허용 치수

   ⓝ 최대 틈새 : 구멍의 최대 허용 치수 – 축의 최소 허용 치수

② **죔새(interference)** : 축의 지름이 구멍의 지름보다 큰 경우 두 지름의 차를 말한다.

   ⑦ 최소 죔새 : 축의 최소 허용 치수 – 구멍의 최대 허용 치수

   ⓝ 최대 죔새 : 축의 최대 허용 치수 – 구멍의 최소 허용 치수

(5) 끼워 맞춤에 사용되는 구멍과 축의 종류

끼워 맞춤에 사용되는 구멍과 축의 종류는 기초가 되는 치수 허용차의 수치와 방향에 의해서 결정되며, 이것은 공차역의 위치를 나타낸다. 구멍은 A부터 ZC까지 영문자의 대문자로 나타내고, 축은 a~zc까지 영문자의 소문자로 나타내며, 이들 구멍과 축의 위치는 기준선을 중심으로 대칭이다.

(6) 끼워 맞춤의 종류

① **끼워 맞춤 방식에 따른 종류** : 끼워 맞춤 부분을 가공할 때 부품의 소재 상태와 가공의 난이도에 따라 구멍을 기준으로 또는 축을 기준으로 할 것인지에 따라 구멍 기준식과 축 기준식으로 나눈다.

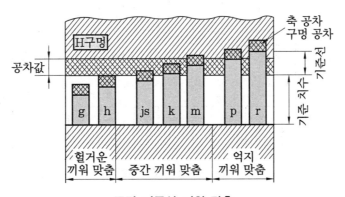

구멍 기준식 끼워 맞춤

(7) 구멍 기준식 끼워 맞춤 : 아래 치수 허용차가 0인 H 기호 구멍을 기준 구멍으로 하고, 이에 적당한 축을 선정하여 필요한 죔새나 틈새를 얻는 끼워 맞춤이다. H6~ H10의 다섯 가지 구멍을 기준 구멍으로 사용한다.

상용하는 구멍 기준 끼워 맞춤

기준 구멍	축의 공차역 클래스																
	헐거운 끼워 맞춤							중간 끼워 맞춤			억지 끼워 맞춤						
H6						g5	h5	js5	k5	m5							
					f6	g6	h6	js6	k6	m6	n6[a]	p6[a]					
H7					f6	g6	h6	js6	k6	m6	n6	p6[a]	r6[a]	s6	t6	u6	x6
				e7	f7		h7	js7									
H8					f7		h7										
				e8	f8		h8										
			d9	e9													
H9			d8	e8			h8										
		c9	d9	e9			h9										
H10	b9	c9	d9														

주 [a] 이들의 끼워 맞춤은 치수의 구분에 따라 예외가 생긴다.

(8) 축 기준식 끼워 맞춤 : 위 치수 허용차가 0인 h축을 기준으로 하고, 이에 적당한 구멍을 선정하여 필요한 죔새나 틈새를 얻는 끼워 맞춤이다. h5~h9의 다섯 가지 축을 기준 축으로 사용한다.

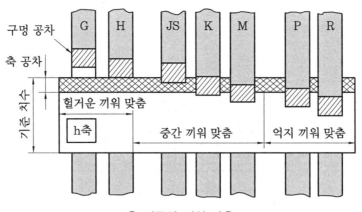

축 기준식 끼워 맞춤

상용하는 축 기준 끼워 맞춤

기준 구멍	축의 공차역 클래스																
	헐거운 끼워 맞춤							중간 끼워 맞춤			억지 끼워 맞춤						
h5							H6	JS6	K6	M6	N6ª	P6					
h6					F6	G6	H6	JS6	K6	M6	N6	P6ª					
					F7	G7	H7	JS7	K7	M7	N7	P7ª	R7	S7	T7	U7	X7
h7				E7	F7		H7										
					F8		H8										
h8			D8	E8	F8		H8										
			D9	E9		H9											
h9			D8	E8			H8										
		C9	D9	E9			H9										
	B10	C10	D10														

㈜ ª 이들의 끼워 맞춤은 치수의 구분에 따라 예외가 생긴다.

(대) 끼워 맞춤 방식의 선택 : 구멍이 축보다 가공하거나 측정하기가 어려우므로, 여러 가지 종류의 구멍을 가공해야 하는 축 기준 끼워 맞춤을 선택하는 것보다 1개의 구멍에 여러 가지 축을 가공하여 끼워 맞춤하는 구멍 기준 끼워 맞춤을 선택하는 것이 유리하다.

② **끼워맞춤 상태에 따른 분류**

(가) 헐거운 끼워 맞춤 : 구멍의 최소 치수가 축의 최대 치수보다 큰 경우이며, 항상 틈새가 생기는 끼워 맞춤이다.

(나) 억지 끼워 맞춤 : 구멍의 최대 치수가 축의 최소 치수보다 작은 경우이며, 항상 죔새가 생기는 끼워 맞춤이다.

(대) 중간 끼워 맞춤 : 축, 구멍의 치수에 따라 틈새 또는 죔새가 생기는 끼워 맞춤으로, 헐거운 끼워 맞춤이나 억지 끼워 맞춤으로 얻을 수 없는 더욱 작은 틈새나 죔새를 얻는 데 적용된다.

A : 구멍의 최소 허용 치수 *B* : 구멍의 최대 허용 치수   *a* : 축의 최대 허용 치수   *b* : 축의 최소 허용 치수

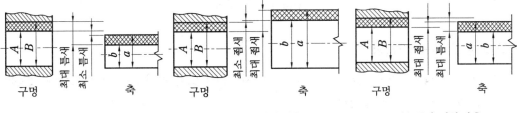

(a) 헐거운 끼워 맞춤   (b) 억지 끼워 맞춤   (c) 중간 끼워 맞춤

끼워 맞춤 상태에 따른 분류

(7) 구멍과 축의 기초가 되는 공차역의 위치

구멍의 기초가 되는 치수 허용차는 A부터 ZC까지 영문 대문자로 나타내고, 축의 기초가 되는 치수 허용차는 a부터 zc까지 영문 소문자로 나타낸다. 이들 구멍과 축의 위치는 기준선을 중심으로 대칭이다.

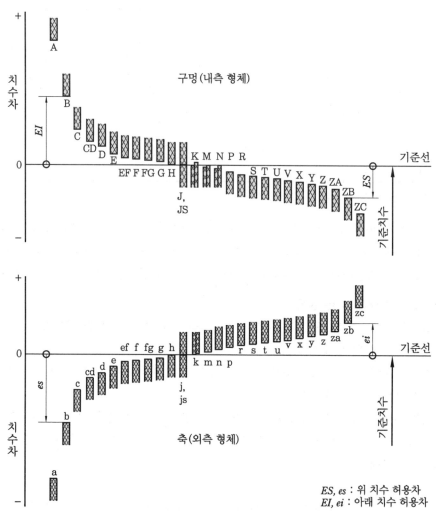

구멍과 축의 종류

ES, es : 위 치수 허용차
EI, ei : 아래 치수 허용차

(8) 치수 공차의 기입법

① 치수 공차는 공차역 클래스 기호(치수 공차 기호) 또는 공차값을 기준 치수에 계속하여 [보기]와 같이 기입한다.

[보 기]

- $\phi50H7$ 또는 $\phi50g6$
- $\phi50^{+0.0250}_{\quad 0}$ 또는 $\phi50^{-0.009}_{-0.025}$

② 텔렉스 등 한정된 문자수의 장치를 이용하여 통신할 경우에는 구멍과 축을 구별하기 위하여 구멍에는 H 또는 h, 축에는 S 또는 s를 기준 치수 앞에 붙인다.

[보 기]

- 50H7 구멍 : H50H7 또는 h50h7
- 50h6 축 : S50H6 또는 s50h6

③ 치수 공차를 허용 한계 치수로 나타낼 때에는 최대 허용 치수를 위에, 최소 허용 치수를 아래에 겹쳐서 기입한다.

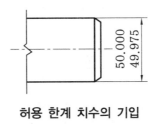

허용 한계 치수의 기입

④ 1개의 부품에서 서로 관련되는 치수에 치수 공차를 기입하는 경우에는 다음과 같이 한다.

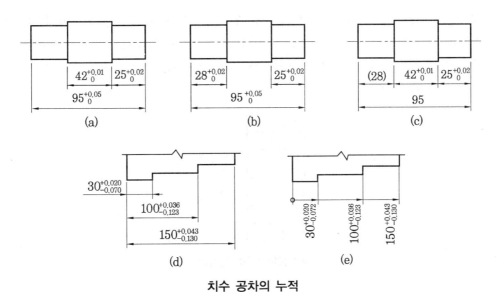

치수 공차의 누적

㈎ 기준면 없이 직렬로 기입할 경우에는 치수 공차가 누적되므로 공차 누적이 부품 기능에 관계되지 않을 때에 사용하는 것이 좋다[그림 (a), (b)].

(나) 치수 중 기능상 중요도가 적은 치수는 (   )를 붙여서 참고 치수로 나타낸다[그림(c)].

(다) 그림 (d)는 한 변을 기준으로 하여 병렬로 기입하는 방법이고, (e)는 누진 치수로 기입하는 방법으로, 이들은 다른 치수의 공차에 영향을 끼치지 않을 때 사용하는 것이 좋다.

(9) 끼워 맞춤의 기입법

① **공차 기호에 의한 기입법** : 끼워맞춤은 구멍, 축의 공통 기준 치수에 구멍의 공차 기호와 축의 공차 기호를 계속하여 [보기]와 같이 표시한다.

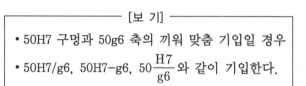

——— [보 기] ———
• 50H7 구멍과 50g6 축의 끼워 맞춤 기입일 경우
• 50H7/g6, 50H7-g6, $50\dfrac{H7}{g6}$ 와 같이 기입한다.

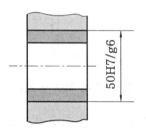

공차 기호에 의한 기입법

② **공차값에 의한 기입법** : 같은 기준 치수에 대하여 구멍 및 축에 대한 위·아래 치수 허용차를 명기할 필요가 있을 때에는 구멍의 기준 치수와 공차값은 기준선 위쪽에, 축의 기준 치수와 공차값은 기준선 아래쪽에 기입한다. 또, 구멍과 축의 기준 치수 앞에 '구멍', '축'이라 명기한다.

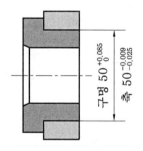

공차값에 의한 기입법

13-4 　재료의 표시법

도면에서 부품의 금속 재료를 표시할 때 KS D에 정해진 기호를 사용하면 재질, 형상, 강도 등을 간단명료하게 나타낼 수 있다.

(1) 재료 기호의 구성

① **처음 부분** : 재질을 나타내는 기호이며, 영어 또는 로마자의 머리문자 또는 원소 기호를 표시한다.

② **중간 부분** : 판, 봉, 관, 선, 주조품 등의 제품명 또는 용도를 표시한다.

③ **끝 부분** : 금속 종별의 탄소 함유량, 최저 인장 강도, 종별 번호 또는 기호를 표시한다.

④ **끝 부분에 덧붙이는 기호** : 제조법, 제품 형상 기호 등을 덧붙일 수 있다.

재질을 나타내는 기호

기호	재질명	예시
Al	aluminium(알루미늄)	A2024(고력 알루미늄 합금)
C	copper(구리)	C1020P(동판)
G	gray iron(회주철)	GC200(회주철품)
S	steel(강)	SM20C(기계 구조용 탄소강재)
Z	zinc(아연)	ZDC(아연 합금 다이 캐스팅

제품명 또는 용도를 나타내는 기호

기호	제품명 또는 용도	예시
B	봉(bar)	C5111B(인청동봉)
P	판(plate)	SPC(냉간 압연 강판)
W	선(wire)	PW(피아노선)
T	구조용 관(tube)	STK(일반 구조용 탄소 강관)
PP	배관용 관(pipe for piping)	SPP(배관용 탄소 강관)
C	주조용(casting)	SC(탄소강 주강품)
F	단조용(forging)	SF(탄소강 단강품)
DC	다이 캐스팅용(die casting)	ALDC(다이 캐스팅용 알루미늄 합금)
S	일반 구조용(general structure)	SS(일반 구조용 압연 강재)
M	기계 구조용(machne structure)	SM(기계 구조용 탄소 강재)
B	보일러용(boiler)	SB(보일러 및 압력 용기용 탄소강)
K 또는 T	공구용(工具, tool)	SKH(고속도 공구강 강재) STC(탄소 공구 강재)

금속 종별을 나타내는 숫자 또는 기호

표시 방법	예시	의미
탄소 함유량의 평균치×100	SM 20C	20C : 탄소 함유량 0.15~0.25%
최저 인장 강도	SS 330 GC 200	330 : 최저 인장 강도 330 MPa 200 : 최저 인장 강도 200 MPa
종별 번호	STS 2 STD 11	S2종 : 절삭용(탭, 드릴) D11종 : 냉간가공용(다이스)
종별 기호	STKM 12A STKM 12B STKM 12C	12종 A : 최저 인장 강도 240 MPa 이상 12종 B : 최저 인장 강도 390 MPa 이상 12종 C : 최저 인장 강도 478 MPa 이상

제조법 기호

구분	기호	의미	구분	기호	의미
조질도 기호	A	어닐링한 상태	열처리 기호	N	노멀라이징
	H	경질		Q	퀜칭, 템퍼링
	1/2H	1/2경질		SR	시험편에만 노멀라이징
	S	표준 조질		TN	시험편에 용접 후 열처리
표면 마무리 기호	D	무광택 마무리 (dull finishing)	기타	CF	원심력 주강판
				K	킬드강
	B	광택 마무리 (bright finishing)		CR	제어 압연한 강판
				R	압연한 그대로의 강판

(2) 재료 기호의 해석

기호	처음 부분	중간 부분	끝 부분
SS400 (일반 구조용 압연 강재)	S(steel)	S(일반 구조용 압연재)	400(최저 인장 강도)
SM45C (기계 구조용 탄소 강재)	S(steel)	M(기계 구조용)	45C (탄소 함유량 중간값의 100배)
SF340A(탄소강 단강품)	S(steel)	F(단조품)	340A(최저 인장 강도)
PW1(피아노 선)	없음	PW(피아노 선)	1(1종)
SC410(탄소강 주강품)	S(steel)	C(주조품)	410(최저 인장 강도)
GC200(회주철품)	G(gray iron)	C(주조품)	200(최저 인장 강도)

철강 및 비철금속 기계 재료의 기호

KS 분류번호	명칭	KS 기호	KS 분류번호	명칭	KS 기호
KS D 3501	열간 압연 연강판 및 강대	SPH	KS D 3752	기계 구조용 탄소 강재	SM
KS D 3503	일반 구조용 압연 강재	SS	KS D 3753	합금 공구강 강재 (주로 절삭, 내충격용)	STS
KS D 3507	배관용 탄소 강관	SPP	KS D 3753	합금 공구강 강재 (주로 내마멸성 불변형용)	STD
KS D 3508	아크 용접봉 심선재	SWR	KS D 3753	합금 공구강 강재 (주로 열간 가공용)	STF
KS D 3509	피아노 선재	SWRS	KS D 3867	크롬강	SCr
KS D 3510	경강선	SW	KS D 3867	니켈 크롬강	SNC
KS D 3512	냉간압연 강판 및 강대	SPC	KS D 3867	니켈 크롬 몰리브덴강	SNCM
KS D 3515	용접 구조용 압연 강재	SM	KS D 3867	크롬 몰리브덴강	SCM
KS D 3517	기계 구조용 탄소 강관	STKM	KS D 4101	탄소강 주강품	SC
KS D 3522	고속도 공구강 강재	SKH	KS D 4102	구조용 합금강 주강품	SCC
KS D 3533	고압 가스 용기용 강판 및 강대	SG	KS D 4104	고망간강 주강품	SCMnH
KS D 3554	연강 선재	SWRM	KS D 4301	회주철품	GC
KS D 3556	피아노선	PW	KS D 4302	구상 흑연 주철품	GCD
KS D 3557	리벳용 원형강	SV	KS D 5102	인청동봉	C5111B (구 PBR)
KS D 3559	경강 선재	HSWR	KS D ISO 5922	백심 가단 주철품	GCMW (구 WMC)
KS D 3560	보일러 및 압력 용기용 탄소강	SB	KS D ISO 5922	흑심 가단 주철품	GCMB (구 BMC)
KS D 3566	일반 구조용 탄소 강관	STK	KS D 6005	아연 합금 다이 캐스팅	ZDC
KS D 3701	스프링 강재	SPS	KS D 6006	다이 캐스팅용 알루미늄 합금	ALDC
KS D 3710	탄소강 단강품	SF	KS D 6008	보통 주조용 알루미늄 합금	AC1A
KS D 3751	탄소 공구강 강재	STC	KS D 6010	인청동 주물	PB(폐지)

제13장 예상문제

□**1.** 어느 수력 원동기에서 안지름 1.8 m, 평균유속 3 m/s의 도수관을 2개 사용할 때, 전체 유량($\mathrm{m^3/s}$)은 얼마인가?

해답 $Q = \dfrac{\pi}{4} D^2 v_m \times 2 = \dfrac{\pi}{4} \times 1.8^2 \times 3 \times 2 = 15.27 \,\mathrm{m^3/s}$

□**2.** 안지름이 200 mm이고, 강판의 두께가 10 mm인 파이프의 허용 인장응력이 $60\,\mathrm{N/mm^2}$일 때 이 파이프의 유량이 40 L/s이다. 평균유속(m/s)은 얼마인가?

해답 $v_m = \dfrac{Q}{A} = \dfrac{4Q}{\pi D^2} = \dfrac{4 \times 0.04}{\pi \times 0.2^2} = 1.27 \,\mathrm{m/s}$

□**3.** 수압 $400\,\mathrm{N/cm^2}$, 유량 $0.5\,\mathrm{m^3/s}$로 상온에서 이음매 없는 강관을 사용할 때, 바깥지름(mm)은 얼마로 해야 하는가? (단, $v_m = 4\,\mathrm{m/s}$, $C = 1\,\mathrm{mm}$, 허용 인장응력은 $80\,\mathrm{N/mm^2}$이다.)

해답 $D = 1128 \sqrt{\dfrac{Q}{v_m}} = 1128 \sqrt{\dfrac{0.5}{4}} = 398.80 \,\mathrm{mm}$

$\eta = 1$ (이음매 없는 강관이므로)

$t = \dfrac{Dp}{200\sigma_a \eta} + C = \dfrac{398.80 \times 400}{200 \times 80 \times 1} + 1 = 10.97 \fallingdotseq 11 \,\mathrm{mm}$

$\therefore D_f = D + 2t = 398.80 + 2 \times 11 \fallingdotseq 421 \,\mathrm{mm}$

□**4.** 매시 $30\,\mathrm{m^3}$의 상수(上水)를 수송압력 $150\,\mathrm{N/cm^2}$으로 중거리 수송하려고 한다. 이 주철제 관의 바깥지름을 몇 mm로 설계할 것인가? (단, 평균유속 $v_m = 0.5\,\mathrm{m/s}$, $\sigma_a = 25\,\mathrm{N/mm^2}$이다.)

해답 $D = 1130 \sqrt{\dfrac{Q}{v_m}} = 1130 \sqrt{\dfrac{0.00833}{0.5}} = 146 \,\mathrm{mm}$

$(Q = 30\,\mathrm{m^3/h} = 0.00833\,\mathrm{m^3/s})$

$$t = \frac{Dp}{200\sigma_a\eta} + C = \frac{146 \times 150}{200 \times 25 \times 1.00} + 5.52 \fallingdotseq 10\,\text{mm}$$

$$\left(C = 6 \times \left(1 - \frac{Dp}{27500}\right) = 6 \times \left(1 - \frac{146 \times 150}{27500}\right) = 5.52\,\text{mm}\right)$$

$$\therefore \ D_0 = D + 2t = 146 + 2 \times 10 = 166\,\text{mm}$$

□5. 양수량 $0.3\,\text{m}^3/\text{s}$, 압력 $250\,\text{kg}/\text{cm}^2$, 평균유속 $3\,\text{m/s}$인 원심펌프 토출관의 안지름 (mm)을 구하여라.

해답 $D = 1128\sqrt{\dfrac{Q}{v_m}} = 1128\sqrt{\dfrac{0.3}{3}} \fallingdotseq 357\,\text{mm}$

□6. 두께 10 mm, 인장강도 $200\,\text{N/mm}^2$인 연강재로서 $40\,\text{N/cm}^2$의 내압을 받는 원통을 제작하려고 한다. 안전율 $S = 4$로 할 때, 원통의 안지름(mm)을 구하여라. (단, $C = 2\,\text{mm}$ 라 한다.)

해답 이음 효율 $\eta = 1$이라 하면

$$D = \frac{200\sigma_a\eta}{p}(t - C) = \frac{200 \times \left(\dfrac{200}{4}\right) \times 1}{40} \times (10 - 2) = 2000\,\text{mm}$$

□7. 지름 2000 mm, 옆판의 두께 10 mm인 물탱크가 있다. 물의 깊이가 3 m일 때, 옆판에 생기는 응력(N/mm^2)을 구하면 얼마인가? (단, 옆판의 이음 효율을 70 %로 한다.)

해답 $\sigma = \dfrac{pD}{200t\eta} = \dfrac{2.94 \times 2000}{200 \times 10 \times 0.7} = 4.2\,\text{N/mm}^2$

$$(p = \gamma_w h = 9800 \times 3 = 29400\,\text{N/m}^2 = 2.94\,\text{N/cm}^2)$$

□8. 가스 압력 $30\,\text{N/cm}^2$, 지름 6 m, 강판의 두께 20 mm의 원통형 탱크가 있다. 이음 효율을 65 %라 할 때, 탱크의 강판에 생기는 응력은 몇 N/mm^2으로 되는가?

해답 $\sigma = \dfrac{pD}{200t\eta} = \dfrac{30 \times 6000}{200 \times 20 \times 0.65} \fallingdotseq 70\,\text{N/mm}^2[\text{MPa}]$

□9. 안지름 3500 mm이고, 강판의 두께 $t = 8\,\text{mm}$인 물탱크가 있다. 물의 깊이가 5 m인 경우, 강판에 생기는 응력은 몇 N/mm^2으로 되는가? (단, $\eta = 75\,\%$, $C = 1\,\text{mm}$이다.)

해답 $\sigma = \dfrac{pD}{200\eta(t-C)} = \dfrac{4.9 \times 3500}{200 \times 0.75 \times (8-1)} = 16.33\,\mathrm{N/mm^2}$

$p = \gamma_w h = 9800 \times 5 = 49000\,\mathrm{N/m^2} = 4.9\,\mathrm{N/cm^2}$

---

10. 바깥지름 200 mm이고, 안지름 120 mm인 대포가 있다. 포탄 발사의 화약 폭발 압력을 $900\,\mathrm{N/mm^2}$이라 할 때, 포신에 생기는 최대응력은 몇 $\mathrm{N/mm^2}$으로 되는가?

해답 $\sigma_t = \dfrac{p(r_2^2 + r_1^2)}{r_2^2 - r_1^2} = \dfrac{900(100^2 + 60^2)}{100^2 - 60^2} \fallingdotseq 1912.5\,\mathrm{N/mm^2}$

---

11. 안지름 100 mm이고, 바깥지름 200 mm인 두꺼운 원통의 내압력이 $16000\,\mathrm{N/cm^2}$일 때 최대 후프응력($\mathrm{N/mm^2}$)을 구하여라.

해답 최대 후프응력식은 다음과 같다.

$\sigma_{t\,\max} = \dfrac{r_2^2 + r_1^2}{r_2^2 - r_1^2}\left(\dfrac{p}{100}\right) = \dfrac{a^2 + 1}{a^2 - 1}\left(\dfrac{p}{100}\right) = \dfrac{4+1}{4-1} \times \left(\dfrac{16000}{100}\right) \fallingdotseq 267\,\mathrm{N/mm^2}$

$\left(a = \dfrac{r_2}{r_1} = \dfrac{100}{50} = 2\right)$

---

12. 지름 900 mm의 원통형 반원솥이 있다. 두께 18 mm의 강판을 용접하여 제작할 때 강판의 인장강도를 $540\,\mathrm{N/mm^2}$, 안전율을 6, 부식에 대한 상수를 2 mm라 하면, 반응압력은 몇 $\mathrm{N/mm^2}$ 정도까지 올릴 수 있는가?

해답 $\sigma_a = \dfrac{\sigma}{S} = \dfrac{540}{6} = 90\,\mathrm{N/mm^2}$

$\therefore\ p = \dfrac{200\sigma_a\eta(t-C)}{D} = \dfrac{200 \times 90 \times 1.00 \times (18-2)}{900} = 320\,\mathrm{N/cm^2}$

$\qquad = 3.2\,\mathrm{N/mm^2}$

---

13. 두꺼운 원통이 있다. 안지름 15 cm, 바깥지름 20 cm라 할 때, 견딜 수 있는 내압은 몇 $\mathrm{N/cm^2}$인가? (단, $\sigma_t = 45\,\mathrm{N/mm^2}$이라 한다.)

해답 $\sigma_t = p_1\left(\dfrac{r_2^2 + r_1^2}{r_2^2 - r_1^2}\right)$에서

$$p_1 = \sigma_t \left(\frac{r_2^2 - r_1^2}{r_2^2 + r_1^2} \right) = 4500 \times \frac{10^2 - 7.5^2}{10^2 + 7.5^2} = 1260 \,\text{N/cm}^2$$

14. 안지름 200 mm, 강판의 두께 10 mm, 주철제 파이프의 허용 인장응력을 $40\,\text{N/mm}^2$이라 할 때, 이 파이프는 몇 N/cm^2의 내압을 작용시킬 수가 있는가?

해답 $p = \dfrac{(t - C) \times 200\sigma_a \eta}{D} = \dfrac{(10 - 1) \times 200 \times 40 \times 1}{200} = 360\,\text{N/cm}^2$

15. 안지름 3 m, 압력 $80\,\text{N/cm}^2$, 판의 허용 인장응력 $170\,\text{N/mm}^2$, $\eta = 0.90$인 보일러 두께(mm)는 얼마인가?

해답 $t = \dfrac{pD}{200\sigma_a \eta} = \dfrac{80 \times 3000}{200 \times 170 \times 0.90} = 7.84 \fallingdotseq 8\,\text{mm}$

16. 안지름 3 m의 용기에 최고 사용압력 $150\,\text{N/cm}^2$로 가스를 저장하는데 리벳 이음의 효율 75 %, 강판의 인장강도를 $540\,\text{N/mm}^2$, 안전율 6, $C = 1.5\,\text{mm}$일 때, 강판의 두께 (mm)는 얼마인가?

해답 $t = \dfrac{pD}{200\sigma_a \eta} + C = \dfrac{150 \times 3000}{200 \times 90 \times 0.75} + 1.5 = 34.8 \fallingdotseq 35\,\text{mm}$

$\left(\sigma_a = \dfrac{\sigma_{\max}}{S} = \dfrac{540}{6} = 90\,\text{N/mm}^2 \right)$

17. 어떤 부품에서 한 점의 응력 상태는 $\sigma_x = 50\,\text{MPa}$, $\sigma_y = 200\,\text{MPa}$, $\tau_{xy} = 100$ MPa이고, 부품 재료의 전단강도는 300MPa이다. 최대 전단응력설을 적용하여 부품의 최대 전단응력 $\tau_{\max}[\text{MPa}]$와 안전계수 S_f를 구하여라.

(1) 최대 전단응력($\tau_{\max}$)

(2) 안전계수(S_f)

해답 (1) $\tau_{\max} = \sqrt{\left(\dfrac{\sigma_x - \sigma_y}{2} \right)^2 + \tau_{xy}{}^2} = \sqrt{\left(\dfrac{50 - 200}{2} \right)^2 + 100^2} = 125\,\text{MPa}$

(2) $S_f = \dfrac{\tau_u}{\tau_{\max}} = \dfrac{300}{125} = 2.4$

18. 그림과 같은 구멍과 축의 끼워 맞춤을 무엇이라
고 하며, 이때 최대틈새 및 최대죔새는 얼마인가 ?

(1) 끼워 맞춤 종류

(2) 최대죔새

(3) 최대틈새

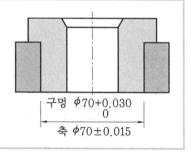

구멍 $\phi 70 + ^{0.030}_{0}$

축 $\phi 70 \pm 0.015$

해답 (1) 중간 끼워 맞춤

(2) 최대죔새 = 축의 최대 치수-구멍의 최소 치수 = $+0.015 - 0 = +0.015$

(3) 최대틈새 = 구멍의 최대 치수-축의 최소 치수 = $+0.030 - (-0.015) = +0.045$

19. 건설기계공사 현장설비 구조물의 재질인 H형강의 KS 재료 기호가 SWS520C(참고
종래기호(SWS53C))로 표시되어 있다. SWS의 재료 명칭은 무엇이며, 안전율이 5일 때
허용 인장응력은 몇 N/mm^2인가 ?

(1) SWS의 재료 명칭

(2) 허용 인장응력(N/mm^2)

해답 (1) SWS : 용접구조용 압연강재

(2) $\sigma_a = \dfrac{\sigma_u}{S} = \dfrac{520}{5} = 104 \, \text{N/mm}^2 (\text{MPa})$

20. 도면에서 구멍의 치수 = $160^{+0.04}_{0}\text{mm}$, 축의 치수 = $160^{+0.03}_{-0.08}\text{mm}$일 때 최대틈새는
얼마인가 ?

해답 최대틈새 = 구멍의 최대 치수-축의 최소 치수 = $+0.04 - (-0.08) = 0.12\,\text{mm}$

21. 다음과 같이 주어진 재료 기호의 명칭과 숫자가 표시하는 의미를 간단하게 설명하
시오.

(1) SF 330

(2) SC 360

(3) SM 25C

해답 (1) SF : 탄소강 단조품, 330 : 최저인장강도(N/mm^2)

(2) SC : 탄소강 주강품, 360 : 최저인장강도(N/mm^2)

(3) SM : 기계구조용 탄소강재, 25C : 탄소함유량 0.25 %

과년도 출제문제

□**1.** 두 줄 나사 외경 $32\,\mathrm{mm}$, 피치 $4\,\mathrm{mm}$, $30°$ 사다리꼴 나사 마찰계수가 0.12이고 칼라부 마찰계수 0.07, 평균지름 $40\,\mathrm{mm}$, $6000\,\mathrm{N}$ 하중이 아래로 작용할 때 다음을 구하여라.

(1) 유효지름, 골지름, 리드를 구하여라.

(2) 하중을 올리기 위한 토크는 얼마인가?

해답 (1) 유효지름$(d_e) = \dfrac{d_2 + d_1}{2}$, 나사산의 높이$(h) = \dfrac{d_2 - d_1}{2}$ 을 이용하면

　① 유효지름$(d_e) = d_2 - h = 32 - 2.25 = 29.75\,\mathrm{mm}$

　단, 사다리꼴(acme) 나사에서는

　$h = 2c + a = 2 \times 0.25p + a = 2 \times 0.25 \times 4 + 0.25 = 2.25\,\mathrm{mm}$

　여기서, 틈새 $a = 0.25$, $c = 0.25p$이다.

　② $h = \dfrac{d_2 - d_1}{2}$ 에서 골지름$(d_1) = d_2 - 2h = 32 - 2 \times 2.25 = 27.5\,\mathrm{mm}$

　③ 리드$(l) = np = 2 \times 4 = 8\,\mathrm{mm}$

(2) $\tan\lambda = \dfrac{l}{\pi d_e}$ 에서 리드각$(\lambda) = \tan^{-1}\left(\dfrac{l}{\pi d_e}\right) = \tan^{-1}\left(\dfrac{8}{\pi \times 29.75}\right) = 4.89°$

　$\mu' = \tan\rho' = \dfrac{\mu}{\cos\dfrac{\alpha}{2}}$ 에서 $\rho' = \tan^{-1}\left(\dfrac{\mu}{\cos\dfrac{\alpha}{2}}\right) = \tan^{-1}\left(\dfrac{0.12}{\cos\dfrac{30°}{2}}\right) = 7.08°$

　$\therefore\ T = T_1 + T_2 = \mu_c Q r_m + Q \tan(\lambda + \rho')\dfrac{d_e}{2}$

　　$= (0.07 \times 6000 \times 0.02) + 6000 \tan(4.89° + 7.08°) \times \dfrac{0.02975}{2}$

　　$= 27.32\,\mathrm{N \cdot m}$

□**2.** 지름 $5\,\mathrm{cm}$인 축에 굽힘 모멘트 $600\,\mathrm{N \cdot m}$와 비틀림 모멘트 $1500\,\mathrm{N \cdot m}$을 받고 있을 때 다음을 구하여라.

(1) 상당굽힘응력 $\sigma_b[\mathrm{MPa}]$

(2) 상당전단응력 $\tau[\mathrm{MPa}]$

해답 (1) $M_e = \dfrac{1}{2}(M + \sqrt{(M^2 + T^2)} = \dfrac{1}{2}(600 + \sqrt{600^2 + 1500^2}) = 1107.77\,\mathrm{N \cdot m}$

$$= 1107.77 \times 10^3 \, \text{N·mm}$$

$$M_e = \sigma_b Z = \sigma_b \frac{\pi d^3}{32} \, \text{에서}$$

$$\therefore \; \sigma_b = \frac{32 M_e}{\pi d^3} = \frac{32 \times 1107.77 \times 10^3}{\pi (50)^3} \fallingdotseq 90.27 \, \text{MPa}$$

(2) $\; T_e = \sqrt{M^2 + T^2} = \sqrt{600^2 + 1500^2} = 1615.55 \, \text{N·m} = 1615.55 \times 10^3 \, \text{N·mm}$

$$T_e = \tau Z_P = \tau \frac{\pi d^3}{16} \, \text{에서}$$

$$\therefore \; \tau = \frac{16 \, T_e}{\pi d^3} = \frac{16 \times 1615.55 \times 10^3}{\pi (50)^3} \fallingdotseq 65.82 \, \text{MPa}$$

□3. 2.2 kW을 전달하는 평마찰차의 원동차 지름 250 mm, 회전수 300 rpm에서 종동차 지름 450 mm로 힘을 전달한다. 접촉선압 $f = 35 \, \text{N/mm}$이고, 마찰계수는 0.2일 때 다음을 구하여라.

(1) 원주속도 $v[\text{m/s}]$

(2) 밀어붙이는 힘 $W[\text{N}]$

(3) 마찰차의 너비 $b[\text{mm}]$

해답 (1) $v = \dfrac{\pi D_1 N_1}{60 \times 1000} = \dfrac{\pi \times 250 \times 300}{60 \times 1000} = 3.93 \, \text{m/s}$

(2) $kW = \dfrac{\mu W v}{1000} \, \text{에서} \quad W = \dfrac{1000 kW}{\mu v} = \dfrac{1000 \times 2.2}{0.2 \times 3.93} = 2798.98 \, \text{N}$

(3) $f = \dfrac{W}{b} [\text{N/mm}] \, \text{에서}$

$$\therefore \; b = \frac{W}{f} = \frac{2798.98}{35} = 79.97 \, \text{mm} \fallingdotseq 80 \, \text{mm}$$

□4. 300 rpm, 속도 4 m/s, 1.47 kW을 전달하는 평벨트 전동장치의 장력비 $e^{\mu\theta} = 2.0$, 허용 인장응력 $\sigma_t = 2 \, \text{MPa}$, 벨트의 이음 효율 80 %, 벨트의 두께 $h = 6 \, \text{mm}$일 때 다음을 구하여라.

(1) 유효 장력 $P_e[\text{N}]$

(2) 인장측 장력 $T_t[\text{N}]$

(3) 벨트 폭 $b[\text{mm}]$

해답 (1) $kW = \dfrac{P_e v}{1000} \, \text{에서}$

$$P_e = \frac{1000\,kW}{v} = \frac{1000 \times 1.47}{4} = 367.5\,\text{N}$$

(2) $T_t = P_e \dfrac{e^{\mu\theta}}{e^{\mu\theta}-1} = 367.5 \times \dfrac{2}{2-1} = 735\,\text{N}$

(3) $\sigma_t = \dfrac{T_t}{A\eta} = \dfrac{T_t}{bh\eta}\,[\text{MPa}]$ 에서 $b = \dfrac{T_t}{\sigma_t h\eta} = \dfrac{735}{2 \times 6 \times 0.8} \fallingdotseq 76.56\,\text{mm}$

---

5. 교차각 $80°$, $m = 5$, $Z_1 = 20$, $Z_2 = 60$인 한 쌍의 베벨 기어 장치에서 다음을 구하여라.

(1) 큰 기어 바깥지름
(2) 작은 기어 모선 길이
(3) 피니언 상당평기어 잇수

해답 (1) 속도비$(\varepsilon) = \dfrac{N_2}{N_1} = \dfrac{Z_1}{Z_2} = \dfrac{20}{60} = \dfrac{1}{3}$

$$\tan\gamma_2 = \frac{\sin\Sigma}{\varepsilon + \cos\Sigma} = \frac{\sin 80°}{\dfrac{1}{3} + \cos 80°} = 1.9425$$

$$\therefore\ \gamma_2 = \tan^{-1}(1.9425) = 62.76°$$

큰 기어의 바깥지름(D_{o2})은

$$D_{o2} = D_2 + 2a\cos\gamma_2 = mZ_2 + 2m\cos\gamma_2 = m(Z_2 + 2\cos\gamma_2)$$
$$= 5(60 + 2\cos 62.76°) = 304.58\,\text{mm}$$

(2) $L = \dfrac{D_1}{2\sin\gamma_1} = \dfrac{mZ_1}{2\sin\gamma_1} = \dfrac{5 \times 20}{2\sin 17.24°} = 168.7\,\text{mm}$

단, $\Sigma = \gamma_1 + \gamma_2$에서 $\gamma_1 = \Sigma - \gamma_2 = 80 - 62.76 = 17.24°$

(3) $Z_{e1} = \dfrac{Z_1}{\cos\gamma_1} = \dfrac{20}{\cos 17.24°} \fallingdotseq 21$개

---

6. 리벳의 지름 $d = 17\,\text{mm}$, 피치 $75\,\text{mm}$, 두께 $10\,\text{mm}$의 양쪽판 맞대기 1줄 이음일 때 리벳 이음의 효율을 구하여라. (단, 리벳의 전단강도는 강판의 인장강도의 $85\,\%$이고 리벳 구멍 지름과 리벳 지름은 같다.)

해답 강판 효율$(\eta_t) = 1 - \dfrac{d}{p} = 1 - \dfrac{17}{75} = 0.7733\,(77.33\,\%)$

또한, 리벳 효율$(\eta_r) = \dfrac{1.8n\pi d^2\tau}{4pt\sigma_t} = \dfrac{1.8 \times 1 \times \pi \times 17^2 \times 0.85\sigma_t}{4 \times 75 \times 10 \times \sigma_t} = 0.4630\,(46.3\,\%)$

리벳 이음의 효율은 강판 효율(η_t)과 리벳 효율(η_r)을 구하여 작은 값을 최종 답으

로 선택한다. 따라서 리벳 이음의 효율은 46.3%이다.

□**7.** 길이 $500\,\mathrm{mm}$, 지름 $50\,\mathrm{mm}$인 축이 중앙에 $500\,\mathrm{N}$의 풀리가 있다. 단, 종탄성계수 $E = 2.1 \times 10^5\,\mathrm{MPa}$이고 축의 자중은 무시할 때 다음을 구하여라.

(1) 축의 처짐량(mm)

(2) 위험속도 $N_{cr}(\mathrm{rpm})$

해답 (1) $\delta = \dfrac{PL^3}{48EI} = \dfrac{500 \times 500^3}{48 \times 2.1 \times 10^5 \times \dfrac{\pi \times 50^4}{64}} = 0.02\,\mathrm{mm}$

(2) $N_{cr} = \dfrac{30}{\pi}\sqrt{\dfrac{g}{\delta}} = \dfrac{30}{\pi}\sqrt{\dfrac{9800}{0.02}} \fallingdotseq 6684.51\,\mathrm{rpm}$

□**8.** 코일 스프링에 $50\,\mathrm{N}$의 하중이 작용하여 늘어난 길이가 $20\,\mathrm{mm}$, 평균 코일 지름이 $10\,\mathrm{mm}$, 소선의 지름이 $2\,\mathrm{mm}$일 때 감김수 n을 구하여라. (단, 횡탄성계수는 $8 \times 10^4\,\mathrm{MPa}$이다.)

해답 $\delta = \dfrac{8nD^3 W}{Gd^4}[\mathrm{mm}]$에서

$\therefore\ n = \dfrac{Gd^4\delta}{8D^3 W} = \dfrac{8 \times 10^4 \times 2^4 \times 20}{8 \times 10^3 \times 50} = 64$ 회

일반기계기사 (필답형)   2007년 제2회 시행

□**1.** 마찰계수 $\mu = 0.2$인 나사의 최대 효율과 자립조건 효율을 구하여라.

해답 $\tan\rho = \mu$

여기서, 마찰각$(\rho) = \tan^{-1}\mu = \tan^{-1}(0.2) \fallingdotseq 11.31°$

(1) 최대 효율$(\eta_{\max}) = \tan^2\left(45° - \dfrac{\rho}{2}\right)$

$\qquad = \tan^2\left(45° - \dfrac{11.31°}{2}\right) = 0.6721 = 67.21\,\%$

(2) 자립조건 효율$(\eta) = \dfrac{1}{2}(1 - \tan^2\rho) = \dfrac{1}{2}(1 - \tan^2 11.31°) = 0.48\,(48\,\%)$

□**2.** 비틀림각이 $30°$인 헬리컬 기어의 잇수가 40, 치직각 모듈이 4일 때 다음을 구하여라.

(1) 상당평치차 잇수 Z_e

(2) 피치원의 지름 $D[\text{mm}]$

(3) 이끝원 지름 $D_0[\text{mm}]$

해답 (1) 상당평치차 잇수$(Z_e) = \dfrac{Z}{\cos^3\beta} = \dfrac{40}{\cos^3 30°} = \dfrac{40}{(\cos 30°)^3} = 61.58 ≒ 62$개

(2) 피치원 지름$(D) = \dfrac{mZ}{\cos\beta} = \dfrac{4\times 40}{\cos 30°} = 184.75\,\text{mm} ≒ 185\,\text{mm}$

(3) 이끝원 지름$(D_0) = D + 2m = 185 + (2\times 4) = 193\,\text{mm}$

□**3.** 어느 증기기관의 인디케이터가 지름 $25\,\text{mm}$의 플랜지를 가지고 있다. 플랜지에 $1\,\text{MPa}$의 압력이 작용할 때 인디케이터의 스프링량은 $13\,\text{mm}$로 압축된다. 강선의 허용응력이 $600\,\text{MPa}$, 코일 스프링의 평균 반지름은 강선 지름의 3배이다. 전단탄성계수 $G = 8.2\times 10^4\,\text{MPa}$이라 할 때 다음을 구하여라.

(1) 플랜지가 받는 하중 $W[\text{N}]$

(2) 강선의 지름 $d[\text{mm}]$

(3) 유효감김수와 온감김수

해답 (1) $W = pA = p\dfrac{\pi d^2}{4} = 1 \times \dfrac{\pi (25)^2}{4} = 490.87\,\text{N}$

(2) 스프링 지수$(C) = \dfrac{D}{d} = \dfrac{2R}{d} = \dfrac{2(3d)}{d} = 6$

왈의 수정계수$(K) = \dfrac{4C-1}{4C-4} + \dfrac{0.615}{C} = \dfrac{4\times 6 - 1}{4\times 6 - 4} + \dfrac{0.615}{6} = 1.25$

$\tau_a = K\dfrac{8WD}{\pi d^3} = K\dfrac{8W(Cd)}{\pi d^3} = K\dfrac{8WC}{\pi d^2}[\text{MPa}]$

$\therefore d = \sqrt{\dfrac{8KWC}{\pi \tau_a}} = \sqrt{\dfrac{8\times 1.25 \times 490.87 \times 6}{\pi \times 600}} = 3.95\,\text{mm}$

(3) 최대처짐량$(\delta) = \dfrac{8nWD^3}{Gd^4} = \dfrac{8nWC^3}{Gd}[\text{mm}]$ 에서

유효권수(감김수) $n = \dfrac{Gd\delta}{8WC^3} = \dfrac{8.2\times 10^4 \times 3.95 \times 13}{8\times 490.87 \times 6^3} = 4.96 ≒ 5$회

$\therefore$ 온감김수$(n_t) = n + 2 = 5 + 2 = 7$회(권)

□**4.** 판의 두께가 $12\,\mathrm{mm}$인 1줄 겹치기 리벳 이음을 설계하여라. (단, 리벳의 지름은 $25\,\mathrm{mm}$, 피치는 $50\,\mathrm{mm}$, 판의 리벳 중심에서 판 가장자리까지 전단거리 $35\,\mathrm{mm}$이고, 1피치당 작용하는 하중은 $25\,\mathrm{kN}$이다.)

(1) 강판의 인장응력 $\sigma_t[\mathrm{MPa}]$

(2) 리벳의 전단응력 $\tau_r[\mathrm{MPa}]$

(3) 리벳 이음의 효율 $\eta[\%]$

해답 (1) $\sigma_t = \dfrac{W}{A} = \dfrac{W}{(p-d)t} = \dfrac{25 \times 10^3}{(50-25) \times 12} = 83.33\,\mathrm{MPa}$

(2) $\tau_r = \dfrac{W}{An} = \dfrac{W}{\dfrac{\pi}{4}d^2 n} = \dfrac{25 \times 10^3}{\dfrac{\pi (25)^2}{4} \times 1} = 50.93\,\mathrm{MPa}$

(3) 강판의 효율$(\eta_t) = 1 - \dfrac{d}{p} = 1 - \dfrac{25}{50} = 0.5 = 50\,\%$

리벳의 효율$(\eta_r) = \dfrac{n\pi d^2 \tau_r}{4pt\sigma_t} = \dfrac{1 \times \pi (25)^2 \times 50.93}{4 \times 50 \times 12 \times 83.33} = 0.5 = 50\,\%$

리벳 이음 효율은 파괴 효율이므로 강판의 효율과 리벳의 효율 중 효율이 작은 쪽을 최종 답으로 선택한다. 두 값이 같으므로 리벳 이음의 효율은 $\eta = 50\,\%$ 이다.

□**5.** 축간거리 $C = 600\,\mathrm{mm}$, 속도비 $\varepsilon = \dfrac{3}{5}$인 마찰차에서 주동차와 종동차의 지름 D_1과 D_2를 구하고 주동차의 회전수 $N_1 = 100\,\mathrm{rpm}$일 때 마찰차의 원주속도를 구하여라.

해답 (1) 축간거리$(C) = \dfrac{D_1 + D_2}{2} = \dfrac{D_1\left(1 + \dfrac{1}{\varepsilon}\right)}{2}$ 이므로

$\therefore D_1 = \dfrac{2C}{1 + \dfrac{1}{\varepsilon}} = \dfrac{2 \times 600}{1 + \dfrac{5}{3}} = 450\,\mathrm{mm}$

속도비$(\varepsilon) = \dfrac{D_1}{D_2} = \dfrac{3}{5}$ 에서 $D_2 = \dfrac{5}{3}D_1$ 이므로

$\therefore D_2 = \dfrac{5}{3}D_1 = \dfrac{5}{3} \times 450 = 750\,\mathrm{mm}$

(2) $v = \dfrac{\pi D_1 N_1}{60 \times 1000} = \dfrac{\pi \times 450 \times 100}{60 \times 1000} = 2.36\,\mathrm{m/s}$

□6. 지름 $50\,\text{mm}$의 전동축에 $400\,\text{rpm}$으로 $7.35\,\text{kW}$를 전달할 때 사용할 묻힘 키의 치수가 $b \times h \times l = 12 \times 10 \times 70$이다. 묻힘 깊이가 $5\,\text{mm}$일 때 다음을 구하여라.

(1) 축의 비틀림 모멘트 T는 몇 N·m인가?

(2) 키의 전단응력은 몇 MPa인가?

(3) 키의 압축응력은 몇 MPa인가?

해답 (1) $T = 9.55 \times 10^3 \times \dfrac{kW}{N} = 9.55 \times 10^3 \times \dfrac{7.35}{400} = 175.48\,\text{N·m}$

(2) $\tau_k = \dfrac{2T}{bld} = \dfrac{2 \times 175.48 \times 10^3}{12 \times 70 \times 50} \fallingdotseq 8.36\,\text{MPa}$

(3) $\sigma_c = \dfrac{4T}{hld} = \dfrac{4 \times 175.48 \times 10^3}{10 \times 70 \times 50} = 20.05\,\text{MPa}$

□7. $36.8\,\text{kW}$, $850\,\text{rpm}$의 4사이클 2실린더의 디젤 엔진에서 속도 변동률 $\delta \leq \dfrac{1}{80}$, 에너지 변동계수 $q = 1.5$라 할 때 질량 관성 모멘트 J는 몇 N·m·s^2인가? (단, 4사이클 내연기관에서 크랭크축 1사이클 사이에 행한 에너지 $E = 5625\,\text{N·m}$이다.)

해답 $T = 9.55 \times 10^3 \dfrac{kW}{N} = 9.55 \times 10^3 \times \dfrac{36.8}{850} = 413.46\,\text{N·m}$

1사이클 동안의 에너지 변화량$(\Delta E) = qE = 1.5 \times 5625 = 8437.5\,\text{N·m}$

각속도$(\omega) = \dfrac{2\pi N}{60} = \dfrac{2\pi \times 850}{60} = 89.01\,\text{rad/s}$

$\Delta E = J\omega^2\delta$에서

$\therefore \ J = \dfrac{\Delta E}{\delta\omega^2} = \dfrac{8437.5}{\dfrac{1}{80} \times (89.01)^2} = 85.2\,\text{N·m·s}^2$

□8. 축간거리 $12\,\text{m}$의 로프 풀리에서 로프가 $0.3\,\text{m}$ 처졌다. 로프의 단위 길이당 무게 $w = 3.4\,\text{N/m}$이다. 다음을 구하여라.

(1) 로프에 생기는 인장력 T는 몇 N인가?

(2) 풀리와 로프의 접촉점에서 접촉점까지의 길이 L은 몇 m인가?

해답 (1) 로프의 인장력$(T) = \dfrac{wl^2}{8h} + wh = \dfrac{3.4 \times 12^2}{8 \times 0.3} + (3.4 \times 0.3) = 205.02\,\text{N}$

(2) 접촉점 사이의 로프 길이$(L) = l\left(1 + \dfrac{8h^2}{3l^2}\right) = 12\left(1 + \dfrac{8 \times 0.3^2}{3 \times 12^2}\right) = 12.02\,\text{m}$

1. 외접 원통 마찰차에서 원동차 지름이 150 mm 종동차 지름이 450 mm 이다. 원통 마찰차에서 회전수가 250 rpm 이고 선압이 45 kN/m, 마찰계수가 0.13일 때 2 kW를 전달한다고 하면 마찰차의 폭(mm)은 얼마인가?

해답　$v = \dfrac{\pi D_1 N_1}{60000} = \dfrac{\pi \times 150 \times 250}{60000} = 1.96 \, \text{m/s}$

$kW = \dfrac{\mu P v}{1000} [\text{kW}]$ 에서

$P = \dfrac{1000 kW}{\mu v} = \dfrac{1000 \times 2}{0.13 \times 1.96} = 7849.29 \, \text{N}$

$P = fb$ 에서

$\therefore \ b = \dfrac{P}{f} = \dfrac{7849.29}{45 \times 10^3} = 0.1744 \, \text{m} = 174.4 \, \text{mm}$

2. 허용면압이 $3 \, \text{N/mm}^2$ 이고, 스러스트 하중이 13 kN, 바깥지름이 80 mm 인 피벗 저널에서 회전수가 400 rpm 이라고 할 때 다음을 구하여라. (단, $\mu = 0.15$)

(1) 안지름(mm)

(2) 압력속도계수(MPa·m/s)

(3) 전달동력(kW)

해답　(1) $p = \dfrac{W}{A} = \dfrac{W}{\dfrac{\pi}{4}(d_2^2 - d_1^2)}$ 에서

$\therefore \ d_1 = \sqrt{d_2^2 - \dfrac{4W}{\pi p}} = \sqrt{80^2 - \dfrac{4 \times 13 \times 10^3}{\pi \times 3}} = 29.71 \, \text{mm}$

(2) $d_m = \dfrac{d_1 + d_2}{2} = \dfrac{29.71 + 80}{2} = 54.86 \, \text{mm}$

$\therefore \ pv = p \times \dfrac{\pi d_m N}{60000} = 3 \times \dfrac{\pi \times 54.86 \times 400}{60000}$

$= 3.45 \, \text{MPa·m/s} \, (\text{N/mm}^2 \cdot \text{m/s})$

(3) 전달동력(kW) $= \dfrac{\mu W v}{1000} = \dfrac{0.15 \times 13 \times 10^3 \times 1.15}{1000} = 2.24 \, \text{kW}$

$v = \dfrac{\pi d_m N}{60000} = \dfrac{\pi \times 54.86 \times 400}{60000} ≒ 1.15 \, \text{m/s}$

□**3.** 바깥지름이 $36\,\mathrm{mm}$ 이고, 피치가 $6\,\mathrm{mm}$ 인 사각나사에서 마찰계수가 0.1일 때 다음을 구하여라.

(1) 마찰각(°)

(2) 리드각(°)

(3) 나사의 효율(%)

해답 (1) $\mu = \tan\rho$ 에서 $\therefore \ \rho = \tan^{-1}\mu = \tan^{-1}(0.1) = 5.71°$

(2) 사각나사인 경우 $p = 2h$ 이므로

$$h = \frac{p}{2} = \frac{d_2 - d_1}{2} \text{ 에서 } p = d_2 - d_1$$

$$d_1 = d_2 - p = 36 - 6 = 30\,\mathrm{mm}$$

$$d_e = \frac{d_1 + d_2}{2} = \frac{30 + 36}{2} = 33\,\mathrm{mm}$$

$$\tan\lambda = \frac{p}{\pi d_e} \text{ 에서 } \therefore \ \lambda = \tan^{-1}\left(\frac{p}{\pi d_e}\right) = \tan^{-1}\left(\frac{6}{\pi \times 33}\right) = 3.31°$$

(3) $\eta = \dfrac{\tan\lambda}{\tan(\lambda + \rho)} = \dfrac{\tan 3.31°}{\tan(3.31° + 5.71°)} = 0.3643 = 36.43\,\%$

□**4.** 두께 $8\,\mathrm{mm}$, 폭이 $185\,\mathrm{mm}$ 인 두 겹 가죽 평벨트에서 풀리 지름이 $650\,\mathrm{mm}$ 이다. 회전수가 $600\,\mathrm{rpm}$ 이고, 장력비가 1.8, 벨트의 허용 인장응력이 $200\,\mathrm{N/cm^2}$, 이음 효율이 0.85 라고 할 때, 다음을 구하여라.

(1) 벨트의 속도(m/s)

(2) 벨트의 허용장력(N)

(3) 전달동력(kW) (단, $1\,\mathrm{m}$ 당 무게는 $14.5\,\mathrm{N}$ 이다.)

해답 (1) $v = \dfrac{\pi DN}{60000} = \dfrac{\pi \times 650 \times 600}{60000} = 20.42\,\mathrm{m/s} > 10\,\mathrm{m/s}$ (원심력을 고려한다.)

(2) $\sigma_a = \dfrac{T_t}{A\eta} = \dfrac{T_t}{bt\eta}$ 에서

$\therefore \ T_t = \sigma_a bt\eta = 200 \times 18.5 \times 0.8 \times 0.85 = 2516\,\mathrm{N}$

(3) 원심력 $(T_c) = \dfrac{wv^2}{g} = \dfrac{14.5 \times 20.42^2}{9.8} = 616.95\,\mathrm{N}$

$$\text{전달동력(kW)} = \frac{P_e v}{1000} = \frac{(T_t - T_c)v}{1000} \times \frac{e^{\mu\theta} - 1}{e^{\mu\theta}}$$

$$= \frac{(2516 - 616.95) \times 20.42}{1000} \times \frac{1.8 - 1}{1.8} = 17.23\,\mathrm{kW}$$

5. 하중이 $3\,\mathrm{kN}$ 이고, 처짐량이 $15\,\mathrm{mm}$ 인 나선형 스프링에서 코일 지름이 $70\,\mathrm{mm}$, 스프링 지수가 5, 탄성계수가 $80\,\mathrm{kN/mm^2}$ 일 때 다음을 구하여라.

(1) 감김수(회)
(2) 왈의 수정계수(K)
(3) 최대전단응력(MPa)

해답 (1) $C = \dfrac{D}{d}$ 에서 $d = \dfrac{D}{C} = \dfrac{70}{5} = 14\,\mathrm{mm}$

$\delta = \dfrac{8nD^3 W}{Gd^4}$ 에서

$\therefore\ n = \dfrac{Gd^4 \delta}{8D^3 W} = \dfrac{80 \times 14^4 \times 15}{8 \times 70^3 \times 3} \fallingdotseq 6\,\text{회}$

(2) $K = \dfrac{4C-1}{4C-4} + \dfrac{0.615}{C} = \dfrac{4 \times 5 - 1}{4 \times 5 - 4} + \dfrac{0.615}{5} = 1.31$

(3) $\tau_{\max} = K \dfrac{8WD}{\pi d^3} = 1.31 \times \dfrac{8 \times 3000 \times 70}{\pi \times 14^3} = 255.3\,\mathrm{MPa}$

6. 위험속도가 $4000\,\mathrm{rpm}$, $1800\,\mathrm{rpm}$, $900\,\mathrm{rpm}$ 인 축의 위험속도를 던커레이 식을 이용하여 구하여라.

해답 던커레이 공식(Dunkerley formula)

$\dfrac{1}{N_{cr}^{\,2}} = \dfrac{1}{N_0^2} + \dfrac{1}{N_1^2} + \dfrac{1}{N_2^2}$ 에서

$\therefore\ N_{cr} = \sqrt{\dfrac{1}{\dfrac{1}{N_0^2} + \dfrac{1}{N_1^2} + \dfrac{1}{N_2^2}}} = \sqrt{\dfrac{1}{\dfrac{1}{4000^2} + \dfrac{1}{1800^2} + \dfrac{1}{900^2}}} = 789.16\,\mathrm{rpm}$

7. 비틀림각이 $20°$ 이고, 잇수가 60, 치직각 모듈이 3 인 헬리컬 기어에서 다음을 구하여라.

(1) 상당 스퍼 기어의 잇수
(2) 상당 스퍼 기어의 피치원 지름
(3) 곡률 반지름

해답 (1) $Z_e = \dfrac{Z}{\cos^3 \beta} = \dfrac{60}{\cos^3 20°} \fallingdotseq 73\,\text{개}$

(2) $D_e = mZ_e = 3 \times 73 = 219\,\mathrm{mm}$

(3) $Re = \dfrac{D_e}{2} = \dfrac{219}{2} = 109.5\,\mathrm{mm}$

2008년도 시행 문제

일반기계기사 (필답형)

1. 지름 $7\,\text{mm}$의 강선으로 평균지름 $85\,\text{mm}$에 밀착하여 감은 코일 스프링에 $10\,\text{N}$에 의하여 $6\,\text{mm}$의 늘어남을 일으킨다. 다음을 구하여라. (단, 재료의 가로탄성계수 $G = 90\,\text{GPa}$이다.)

(1) 스프링의 유효 감김수는 얼마인가?

(2) 강선의 길이는 몇 mm인가?

해답 (1) $\delta = \dfrac{8nD^3W}{Gd^4}$에서 $n = \dfrac{Gd^4\delta}{8D^3W} = \dfrac{90 \times 10^3 \times 7^4 \times 6}{8 \times 85^3 \times 10} = 26.39 \fallingdotseq 27\,\text{회}$

(2) 강선의 길이$(L) = \pi D n = \pi \times 85 \times 27 \fallingdotseq 7209.96\,\text{mm}$

2. 회전수 $400\,\text{rpm}$으로 베어링 하중 $20\,\text{kN}$을 지지하는 엔드 저널 베어링이 있다. 다음을 구하여라. (단, 허용 굽힘응력 $60\,\text{MPa}$, 허용 베어링 압력 $p = 7.5\,\text{MPa}$, 허용 $pv = 5.8\,\text{MPa·m/s}$이다.)

(1) 저널의 지름은 몇 mm인가?

(2) 저널의 길이는 몇 mm인가?

(3) 안전도를 검토하여라.

해답 (1) $M_{\max}\left(= W\dfrac{l}{2}\right) = \sigma_a Z$에서

$$\frac{W}{2}\left(\frac{W}{pd}\right) = \sigma_a \frac{\pi d^3}{32} \left(p = \frac{W}{dl}[\text{N/mm}^2] \text{에서 } l = \frac{W}{pd}\right)$$

$$\frac{W^2}{pd} = \sigma_a \frac{\pi d^3}{16}$$

$$\therefore\ d = \sqrt[4]{\frac{16W^2}{p\sigma_a\pi}} = \sqrt[4]{\frac{16 \times 20000^2}{7.5 \times 60 \times \pi}} = 46.13\,\text{mm}$$

(2) $pv = \dfrac{\pi WN}{60000l}$에서

$$\therefore\ l = \frac{\pi WN}{60000pv} = \frac{\pi \times 20000 \times 400}{60000 \times 5.8} = 72.22\,\text{mm}$$

(3) $p = \dfrac{W}{A} = \dfrac{W}{dl} = \dfrac{20000}{46.13 \times 72.22} = 6\,\text{MPa} < 7.5\,\text{MPa}$

따라서 안전하다.

□**3.** 두 개의 판을 겹쳐 놓고 벨트로 체결할 때 너트부에 발생한 비틀림 모멘트는 $18\,N\cdot m$ 이다. 또한 $5\,kN$ 의 인장하중이 작용하고 있을 때 다음을 구하여라. (단, 볼트의 지름은 $12\,mm$ 이고, 볼트와 강판의 스프링 상수는 각각 $0.7\times10^9\,N/m$ 와 9.5×10^9 N/m 이며 너트로 죌 때 비틀림 $F = 0.2F_i\cdot d$ 의 조건을 만족하며 F_i 는 kN, d 는 mm 그리고 F 는 $N\cdot m$ 이다.)

(1) 초기 하중 F_i 는 몇 kN인가?

(2) 볼트에 작용하는 하중 P_b 는 몇 kN인가?

(3) 판을 죄는 하중 P_m 은 몇 kN인가?

해답 (1) $F = 0.2F_i d$ 에서

$$F_i = \frac{F}{0.2d} = \frac{18\times10^{-3}}{0.2\times0.012} = 7.5\,kN$$

(2) $P_b = F_i + P\left(\dfrac{\delta_c}{\delta_t + \delta_c}\right)$

$$= F_i + P\left(\frac{k_b}{k_m + k_b}\right) = 7.5 + 5\left(\frac{0.7\times10^9}{0.7\times10^9 + 9.5\times10^9}\right)$$

$$= 7.84\,kN$$

(3) $P_m = P_b - P = 7.84 - 5 = 2.84\,kN$

□**4.** 드럼의 지름이 $600\,mm$ 인 밴드 브레이크에 의해 $T = 1\,kN\cdot m$ 의 제동 토크를 얻으려고 한다. 밴드의 두께 $h = 2\,mm$ 로 할 때 다음을 구하여라. (단, 마찰계수 $\mu = 0.35$, 접촉각 $\theta = 250°$, 밴드의 허용 인장응력 $\sigma_a = 80\,MPa$ 이다.)

(1) 긴장측 장력 F_t 는 몇 kN 인가?

(2) 밴드의 너비는 몇 mm 인가?

해답 (1) $F_t = f\dfrac{e^{\mu\theta}}{e^{\mu\theta}-1} = 3.33\times\dfrac{4.61}{4.61-1} = 4.25\,kN$

$$T = f\frac{D}{2} \text{에서 } f = \frac{2T}{D} = \frac{2\times1}{0.6} = 3.33\,kN$$

$$e^{\mu\theta} = e^{0.35\left(\frac{250}{57.3}\right)} = 4.61$$

(2) $\sigma_a = \dfrac{F_t}{A} = \dfrac{T_t}{bh}[MPa]$ 에서

$$b = \frac{F_t}{\sigma_a h} = \frac{4.25\times10^3}{80\times2} = 26.56\,mm$$

5. 평벨트 전동 장치를 이용하여 지름 $500\,\mathrm{mm}$의 드럼에 와이어 로프를 걸어 $W = 1910\,\mathrm{N}$의 하중을 $2\,\mathrm{m/s}$의 속도로 끌어 올리려 한다. 이때 축간거리는 $4\,\mathrm{m}$, 원동 풀리의 지름은 $220\,\mathrm{mm}$, 종동풀리의 지름은 $650\,\mathrm{mm}$이다. 다음을 구하여라. (단, 벨트의 허용 인장응력은 $2\,\mathrm{MPa}$, 이음 효율은 $80\,\%$, 마찰계수 $\mu = 0.2$이다.)

(1) 원동풀리의 접촉각 θ는 몇 도인가?

(2) 긴장측 장력 T_t와 이완측 장력 T_s는 몇 N인가?

(3) 벨트의 치수 bt는 몇 mm^2인가?

(4) 초장력은 몇 N인가?

해답 (1) $\theta = 180° - 2\sin^{-1}\left(\dfrac{D_2 - D_1}{2C}\right) = 180° - 2\sin^{-1}\left(\dfrac{650 - 220}{2 \times 4000}\right) = 173.84°$

(2) $T = W\dfrac{d}{2} = P_e\dfrac{D}{2}$에서 $P_e = W\left(\dfrac{d}{D}\right) = 1910 \times \left(\dfrac{500}{650}\right) = 1469.23\mathrm{N}$

장력비$(e^{\mu\theta}) = e^{0.2\left(\frac{173.84}{57.3}\right)} = 1.83$

$T_t = P_e\left(\dfrac{e^{\mu\theta}}{e^{\mu\theta} - 1}\right) = 1469.23\left(\dfrac{1.83}{1.83 - 1}\right) = 3239.39\,\mathrm{N}$

$P_e = T_t - T_s$에서

$\therefore\ T_s = T_t - P_e = 3239.39 - 1469.23 = 1770.16\,\mathrm{N}$

(3) $\sigma_a = \dfrac{T_t}{A\eta} = \dfrac{T_t}{bt\eta}$에서

$\therefore\ bt = \dfrac{T_t}{\sigma_a\eta} = \dfrac{3239.39}{2 \times 0.8} = 2024.62\,\mathrm{mm}^2$

(4) $T_o = \dfrac{T_t + T_s}{2} = \dfrac{3239.39 + 1770.16}{2} = 2504.78\,\mathrm{N}$

6. 길이 $500\,\mathrm{mm}$, 지름 $60\,\mathrm{mm}$의 둥근 축이 $600\,\mathrm{rpm}$으로 회전하며 $40\,\mathrm{kW}$의 동력을 전달한다. 다음을 구하여라. (단, 가로탄성계수는 $80\,\mathrm{GPa}$이다.)

(1) 전달토크 T는 몇 $\mathrm{N \cdot m}$인가?

(2) 비틀림 응력 τ는 몇 MPa인가?

(3) 비틀림 각 θ는 몇 rad인가?

해답 (1) $T = 9.55 \times 10^3\dfrac{kW}{N} = 9.55 \times 10^3 \times \dfrac{40}{600} = 636.67\,\mathrm{N \cdot m}$

(2) $T = \tau Z_p = \tau\dfrac{\pi d^3}{16}$에서 $\tau = \dfrac{16T}{\pi d^3} = \dfrac{16 \times 636.67 \times 10^3}{\pi \times 60^3} = 15.01\,\mathrm{MPa}$

(3) $\theta = \dfrac{Tl}{GI_p} = \dfrac{636.67 \times 10^3 \times 500}{80 \times 10^3 \times \dfrac{\pi \times 60^4}{32}} = 3.13 \times 10^{-3}\,\mathrm{rad}$

☐**7.** 양쪽 덮개판 2줄 맞대기 이음에서 강판의 두께가 $15\,\mathrm{mm}$, 리벳의 지름 $20\,\mathrm{mm}$, 피치가 $90\,\mathrm{mm}$일 때 리벳 이음의 효율을 구하여라. (단, 리벳의 전단강도는 $400\,\mathrm{MPa}$이고 강판의 인장강도는 $500\,\mathrm{MPa}$이다.)

해답 강판의 효율$(\eta_t) = 1 - \dfrac{d}{p} = 1 - \dfrac{20}{90} = 0.7778 \fallingdotseq 77.78\%$

리벳의 효율$(\eta_r) = \dfrac{1.8n\pi d^2 \tau}{4pt\sigma_t} = \dfrac{1.8 \times 2 \times \pi \times 20^2 \times 400}{4 \times 90 \times 15 \times 500} = 0.6702 = 67.02\%$

(양쪽 덮개판 맞대기 이음이므로 1.8배 한다.)

∴ 리벳 이음의 효율은 작은 값을 택하여 67.02%이다.

☐**8.** $7.5\,\mathrm{kW}$를 전달하는 압력각 $20°$인 스퍼 기어가 있다. 피니언의 회전수는 $1500\,\mathrm{rpm}$이고 기어의 회전수는 $500\,\mathrm{rpm}$일 때 다음을 구하여라. (단, 축간거리는 $250\,\mathrm{mm}$이다.)
(1) 피니언과 기어의 피치원 지름은 몇 mm인가?
(2) 전달하중 F는 몇 N인가?
(3) 축 직각하중 F_v는 몇 N인가?
(4) 전하중 F_n은 몇 N인가?

해답 (1) 속도비$(\varepsilon) = \dfrac{N_2}{N_1} = \dfrac{500}{1500} = \dfrac{1}{3} = \dfrac{D_1}{D_2}$ 에서 $D_2 = 3D_1$

$C = \dfrac{D_1 + D_2}{2} = \dfrac{D_1 + 3D_1}{2} = \dfrac{4D_1}{2} = 2D_1$

$D_1 = \dfrac{C}{2} = \dfrac{250}{2} = 125\mathrm{mm}$

$D_2 = 3D_1 = 3 \times 125 = 375\mathrm{mm}$

(2) $kW = \dfrac{Fv}{1000}$ 에서 $F = \dfrac{1000kW}{v} = \dfrac{1000 \times 7.5}{9.82} = 763.75\mathrm{N}$

$\left(v = \dfrac{\pi D_1 N_1}{60000} = \dfrac{\pi \times 125 \times 1500}{60000} = 9.82\mathrm{m/s} \right)$

(3) $F_v = F\tan\alpha = 763.75 \times \tan 20° \fallingdotseq 278\,\mathrm{N}$

(4) $F_n = \dfrac{F}{\cos\alpha} = \dfrac{763.75}{\cos 20°} = 812.77\,\mathrm{N}$

9. 매시 $450\,\mathrm{m}^3$으로 유체가 $2.5\,\mathrm{m/s}$로 흐르는 SPP38 파이프가 있다. 이 파이프의 지름과 두께를 계산하고 아래의 표로부터 SPP38의 호칭지름을 선택하여라. (단, 부식여유 $C=1\,\mathrm{mm}$, 안전율 $S=5$, 최저인장강도 $\sigma=380\,\mathrm{MPa}$, 내압 $p=3\,\mathrm{MPa}$이다.)

배관용 탄소강관(SPP)   (KS D 3507-85)

호칭경		바깥지름(mm)	두께(mm)	소켓이 포함 안 된 중량(N/m)
(A)	(B)			
6	1/8	10.5	2.0	4.19
8	1/4	13.8	2.3	6.52
10	3/8	17.3	2.3	8.51
15	1/2	21.7	2.8	13.1
20	3/4	27.2	3.2	16.8
25	1	34.0	3.5	24.3
32	1 1/4	42.7	3.5	33.8
40	2	48.6	4.8	38.9
50	2 1/2	60.5	4.2	53.1
65	3	76.3	4.2	74.7
80	3 1/2	89.1	4.2	87.9
90	4	101.6	4.5	101
100	5	114.3	4.5	122
125	6	139.8	5.0	150
150	7	165.2	5.3	198
185	8	190.7	5.8	242
200	9	216.3	6.2	301
225	10	241.6	6.6	360
250	12	267.4	6.9	424
300	14	355.6	7.9	677
400	16	406.4	7.9	776
450	18	457.2	7.9	875
500	20	508.0	7.9	974
1개의 길이 3600 이상				

해답 (1) $Q=AV=\dfrac{\pi d^2}{4}V[\mathrm{m}^3/\mathrm{s}]$에서

$$\therefore\ d=\sqrt{\frac{4Q}{\pi V}}=\sqrt{\frac{4\times450}{\pi\times2.5\times3600}}=0.25231\,\mathrm{m}=252.31\,\mathrm{mm}$$

(2) $t=\dfrac{pd}{2\sigma_a}+C=\dfrac{3\times252.31}{2\times\left(\dfrac{380}{5}\right)}+1=5.98\,\mathrm{mm}$

(3) $d_o=d+2t=252.31+(2\times5.98)=264.27\,\mathrm{mm}$

(표에서 큰 값으로 결정하므로 호칭지름은 250mm 이다.)

10. $300\,\mathrm{rpm}$으로 $8\,\mathrm{kW}$를 전달하는 스플라인 축이 있다. 이 측면의 허용면압을 $35\,\mathrm{MPa}$으로 하고 잇수는 6개, 이 높이는 $2\,\mathrm{mm}$, 모따기는 $0.15\,\mathrm{mm}$이다. 아래의 표로부터 스플라인의 규격을 선정하여라. (단, 전달효율은 $75\,\%$, 보스의 길이는 $58\,\mathrm{mm}$이다.)

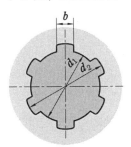

각형 스플라인의 기본 치수

스플라인의 규격   (단위 : mm)

형식	1형						2형					
잇수	6		8		10		6		8		10	
호칭 지름 d_1	큰 지름 d_2	너비 b	큰 지름 d_2	너비 b	큰 지름 d_2	너비 b	큰 지름 d_2	너비 b	큰 지름 d_2	너비 b	큰 지름 d_2	너비 b
11	–	–	–	–	–	–	14	3	–	–	–	–
13	–	–	–	–	–	–	16	3.5	–	–	–	–
16	–	–	–	–	–	–	20	4	–	–	–	–
18	–	–	–	–	–	–	22	5	–	–	–	–
21	–	–	–	–	–	–	25	5	–	–	–	–
23	26	6	–	–	–	–	28	6	–	–	–	–
26	30	6	–	–	–	–	32	6	–	–	–	–
28	32	7	–	–	–	–	34	7	–	–	–	–
32	36	8	36	6	–	–	38	8	38	6	–	–
36	40	8	40	7	–	–	42	8	42	7	–	–
42	46	10	46	8	–	–	48	10	48	8	–	–
46	50	12	50	9	–	–	54	12	54	9	–	–
52	58	14	58	10	–	–	60	14	60	10	–	–
56	62	14	62	10	–	–	65	14	65	10	–	–
62	68	16	68	12	–	–	72	16	72	12	–	–
72	78	18	–	–	78	12	82	18	–	–	82	12
82	88	20	–	–	88	12	92	20	–	–	92	12
92	98	22	–	–	98	14	102	22	–	–	102	14
102	–	–	–	–	108	16	–	–	–	–	112	16
112	–	–	–	–	120	18	–	–	–	–	125	18

해답 $T = 9.55 \times 10^3 \dfrac{kW}{N} = 9.55 \times 10^3 \times \dfrac{8}{300} = 254.67\,\mathrm{N \cdot m}$

$$T = (h - 2C)q_a l \left(\frac{d_2 + d_1}{4} \right) \eta Z \text{에서}$$

$$254.67 \times 10^3 = (2 - 2 \times 0.15) \times 35 \times 58 \times \frac{d_2 + d_1}{4} \times 0.75 \times 6$$

$$\therefore \ d_2 + d_1 = 65.59 \, \text{mm} \ \text{\rule{5cm}{0.4pt}} ①$$

$$h = \frac{d_2 - d_1}{2} \text{에서}$$

$$\therefore \ d_2 - d_1 = 2h = 2 \times 2 = 4 \, \text{mm} \ \text{\rule{4cm}{0.4pt}} ②$$

①, ②식에서 $d_2 = 34.8 \text{mm}$

표에서 스플라인(spline) 규격을 선정하면

$d_2 = 36 \text{mm}, \ d_1 = 32 \text{mm}, \ b = 8 \text{mm}$ 이다.

$\therefore$ 호칭지름은 표에서 $d = 32 \text{mm}$ 이다.

일반기계기사 (필답형)　　　　　　　　2008년 제 4 회 시행

□**1.** 축지름 $32 \, \text{mm}$ 의 전동축에 회전수 $2000 \, \text{rpm}$ 으로 $7.5 \, \text{kW}$ 를 전달하는 데 사용하는 묻힘 키가 있다. 다음을 계산하여라. (단, $b \times h \times l = 9 \times 8 \times 42 \, \text{mm}$ 이다.)

(1) 묻힘 키의 전단응력은 몇 N/mm^2 인가?

(2) 묻힘 키의 압궤응력은 몇 N/mm^2 인가? (단, $\dfrac{h_2}{h_1} = 0.6$ 이다.)

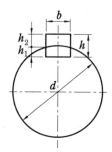

해답 $T = 9.55 \times 10^6 \dfrac{kW}{N} = 9.55 \times 10^6 \times \dfrac{7.5}{2000} = 35812.5 \, \text{N·mm}$

$$\frac{h_2}{h_1} = 0.6 \text{에서} \ h_2 = 0.6 h_1 \ \text{\rule{5cm}{0.4pt}} ①$$

$$h_1 + h_2 = h = 8 \ \text{\rule{6cm}{0.4pt}} ②$$

①, ②식에서 $h_1 = \dfrac{8}{1.6}$

(1) $\tau_k = \dfrac{W}{A} = \dfrac{W}{bl} = \dfrac{\left(\dfrac{2T}{d}\right)}{bl} = \dfrac{2T}{bld} = \dfrac{2 \times 35812.5}{9 \times 42 \times 32}$

$\qquad = 5.92\,\mathrm{N/mm^2\,(MPa)}$

(2) $\sigma_c = \dfrac{W}{A} = \dfrac{W}{h_1 l} = \dfrac{\left(\dfrac{2T}{d}\right)}{h_1 l} = \dfrac{2T}{h_1 ld} = \dfrac{2 \times 35812.5}{\dfrac{8}{1.6} \times 42 \times 32}$

$\qquad = 10.65\,\mathrm{N/mm^2\,(MPa)}$

□2. 외경 $75\,\mathrm{mm}$, 내경 $45\,\mathrm{mm}$인 다판 클러치로 회전수 $1450\,\mathrm{rpm}$, 동력 $7.5\,\mathrm{kW}$를 전달한다. 다음을 구하여라. (단, 마찰계수 0.2, 접촉 면압력은 $0.6\,\mathrm{MPa}$이다.)

(1) 전달토크 T는 몇 $\mathrm{N \cdot m}$인가?

(2) 접촉면 수는 몇 개인가?

해답 (1) $T = 9.55 \times 10^3 \dfrac{kW}{N} = 9.55 \times 10^3 \times \dfrac{7.5}{1450} = 49.40\,\mathrm{N \cdot m}$

(2) $q = \dfrac{2T}{\mu \pi D_m^2 bZ}[\mathrm{MPa}]$에서

$\qquad \therefore Z = \dfrac{2T}{\mu \pi D_m^2 bq} = \dfrac{2 \times 49.40 \times 10^3}{0.2 \times \pi \times \left(\dfrac{75+45}{2}\right)^2 \times \left(\dfrac{75-45}{2}\right) \times 0.6}$

$\qquad = 4.85 = 5\,$개

□3. $\mathrm{NO.}\ 6310(C = 49\,\mathrm{kN})$인 레이디얼 볼 베어링의 수명시간 $L_h = 30000$시간이고 한계속도지수 $dN = 200000\,\mathrm{mm \cdot rpm}$일 때 다음을 구하여라. (단, 하중계수 $f_w = 1.5$이다.)

(1) 베어링의 최대 회전수는 몇 rpm인가?

(2) 베어링 회전수가 $300\,\mathrm{rpm}$일 때 베어링 하중은 몇 kN인가?

해답 (1) $d = 10 \times 5 = 50\,\mathrm{mm}$ 이므로

$\qquad dN = 200000$에서

$\qquad \therefore N = \dfrac{200000}{d} = \dfrac{200000}{50} = 4000\,\mathrm{rpm}$

(2) $L_h = 500 \times \dfrac{33.3}{N} \times \left(\dfrac{C}{f_w \cdot P}\right)^r$에서 $30000 = 500 \times \dfrac{33.3}{300} \times \left(\dfrac{49}{1.5 \times P}\right)^3$

$\qquad \therefore P = 4.01\,\mathrm{kN}$

4. 피치 $p = 15.88\,\text{mm}$인 스프로킷 휠의 잇수 $Z_1 = 18$, $Z_2 = 60$이고, 체인장력은 $1960\,\text{N}$, 중심거리 C는 $800\,\text{mm}$이며 구동 스프로킷 휠의 회전수는 $700\,\text{rpm}$이다. 다음을 구하여라.

(1) 링크수는 몇 개인가?

(2) 체인의 길이는 몇 mm인가?

(3) 전달동력은 몇 kW인가?

해답 (1) $L_n = \dfrac{2C}{p} + \dfrac{(Z_1 + Z_2)}{2} + \dfrac{0.0257p(Z_1 - Z_2)^2}{C}$

$\qquad = \dfrac{2 \times 800}{15.88} + \dfrac{(18 + 60)}{2} + \dfrac{0.0257 \times 15.88(18 - 60)^2}{800} \fallingdotseq 142\text{개}$

(2) $L = L_n \times p = 142 \times 15.88 = 2254.96\,\text{mm}$

(3) $v = \dfrac{pZ_1N_1}{60 \times 1000} = \dfrac{15.88 \times 18 \times 700}{60 \times 1000} = 3.33\,\text{m/s}$

$\qquad \therefore$ 전달동력$(\text{kW}) = \dfrac{Fv}{1000} = \dfrac{1960 \times 3.33}{1000} \fallingdotseq 6.53\,\text{kW}$

---

5. 바깥지름 $60\,\text{mm}$, 안지름 $30\,\text{mm}$, 길이 $500\,\text{mm}$인 중공축의 중앙에 $W = 900\,\text{N}$인 디스크가 놓여 있다. 축의 자중을 무시할 때 다음을 구하여라. (단, 종탄성계수 $E = 201\,\text{GPa}$이고, 표준중력가속도 $g = 9.81\,\text{m/s}^2$이다.)

(1) 처짐 δ는 몇 μm인가?

(2) 축의 위험속도 N_{cr}은 몇 rpm인가?

해답 (1) $\delta = \dfrac{Wl^3}{48EI} = \dfrac{900 \times 500^3}{48 \times 201 \times 10^3 \times \dfrac{\pi \times (60^4 - 30^4)}{64}} = 0.01955\,\text{mm} = 19.55\,\mu\text{m}$

(2) $N_c = \dfrac{30}{\pi}\sqrt{\dfrac{g}{\delta}} = \dfrac{30}{\pi}\sqrt{\dfrac{9810}{0.01955}} = 6764.45\,\text{rpm}$

---

6. 클러치 원형 브레이크의 접촉면 평균지름이 $400\,\text{mm}$, 추력이 $5\,\text{kN}$, 회전수가 $500\,\text{rpm}$일 때 다음을 구하여라. (단, 마찰계수 $\mu = 0.4$이다.)

(1) 제동토크 T는 몇 N·m인가?

(2) 제동동력 H_{kW}는 몇 kW인가?

해답 (1) $T = \mu P \dfrac{D_m}{2} = 0.4 \times 5 \times 10^3 \times \dfrac{0.4}{2} = 400\,\text{N·m}$

(2) $T = 9.55 \times 10^3 \dfrac{kW}{N}[\text{N}\cdot\text{m}]$ 에서

$$H_{kW} = \frac{TN}{9.55 \times 10^3} = \frac{400 \times 500}{9.55 \times 10^3} = 20.94 \text{kW}$$

◻7. 1100 rpm으로 회전하는 축을 지지하는 엔드 저널 베어링이 있다. 저널의 지름 $d = 150 \text{mm}$, 길이 $l = 175 \text{mm}$이고, 반경 방향의 베어링 하중은 2500N이다. 다음을 구하여라.

(1) 베어링 압력 p는 몇 kPa인가?

(2) 베어링 압력속도계수는 몇 kW/m^2인가?

(3) 안전율 $S = 2$일 때 표에서 재질을 선택하여라.

재질	엔드 저널 $pv[\text{kW/m}^2]$
구리-주철	2625
납-청동	2100
청동	1750
PTFE 조직	875

해답 (1) $p = \dfrac{W}{A} = \dfrac{W}{dl} = \dfrac{2.5}{(0.15 \times 0.175)} = 95.24 \text{kPa}$

(2) $pv = 95.24 \times \dfrac{\pi \times 150 \times 1100}{60 \times 1000} = 822.81 \text{kW/m}^2$

(3) $pv \times S = 822.81 \times 2 = 1645.62 \text{kW/m}^2$이므로

표에서 청동(1750kW/m^2)을 선택한다.

◻8. 코일 스프링의 소선의 지름이 10mm, 코일의 지름이 110mm, 비틀림 전단강도가 1GPa이다. 응력수정계수 $K = \dfrac{4C+2}{4C-3}$일 때, 다음을 구하여라.

(1) 스프링 지수 C는 얼마인가?

(2) 최대정적하중은 몇 N인가?

해답 (1) $C = \dfrac{D}{d} = \dfrac{110}{10} = 11$

(2) $K = \dfrac{4C+2}{4C-3} = \dfrac{4 \times 11 + 2}{4 \times 11 - 3} = 1.12$

$$\tau_{\max} = K\frac{8WD}{\pi d^3}[\text{MPa}] \text{에서}$$

$$W = \frac{\tau_{\max}\pi d^3}{8KD} = \frac{1\times10^3\times\pi\times10^3}{8\times1.12\times110} \fallingdotseq 3187.49\,\text{N}$$

○9. TM50(**바깥지름** $50\,\text{mm}$, **유효지름** $46\,\text{mm}$, **피치** $p=8\,\text{mm}$, **나사산의 각** $\alpha = = 30°$)**인 나사 잭의 줄수** 1, **축하중** $4000\,\text{kg}$**이 작용한다. 너트부 마찰계수는** 0.15**이고, 자립면 마찰계수는** 0.01, **자립면 평균지름은** $50\,\text{mm}$**일 때 다음을 구하여라.**

(1) **회전토크** T**는 몇 N·m인가?**

(2) **나사잭 효율** η**는 몇 %인가?**

(3) **축하중을 들어올리는 속도가** $1.2\,\text{m/min}$**일 때 전달동력은 몇 kW인가?**

해답 (1) $\mu' = \dfrac{\mu}{\cos\dfrac{\alpha}{2}} = \dfrac{0.15}{\cos15°} = 0.1553$

$$T = \mu_1 W r_m + W\left(\frac{p+\mu'\pi d_e}{\pi d_e - \mu' p}\right)\frac{d_e}{2}$$

$$= (0.01\times4000\times9.8\times0.025) + 4000\times9.8\left(\frac{8+0.1553\times\pi\times46}{\pi\times46-0.1553\times8}\right)\times\frac{0.046}{2}$$

$$= 201.38\,\text{N·m}$$

(2) $\eta = \dfrac{Wp}{2\pi T} = \dfrac{9.8\times4000\times0.008}{2\pi\times201.38} = 0.2478\,(24.78\%)$

(3) $W = 4000\times9.8 = 39200\,\text{N} = 39.2\,\text{kN}$

$$\therefore \text{전달동력}(H_{kW}) = \frac{Wv}{\eta} = \frac{39.2\times\left(\dfrac{1.2}{60}\right)}{0.2478} = 3.16\,\text{kW}$$

---

10. **웜의 회전수** $900\,\text{rpm}$, **전달동력** $22.05\,\text{kW}$, **축직각피치** $31.4\,\text{mm}$, **나사산의 수** 4, **웜의 피치원 지름이** $64\,\text{mm}$**이다. 다음을 구하여라. (단, 압력각** 14.5°, **마찰계수** 0.1**이다.)**

(1) **진입각** λ**는 몇 도인가?**

(2) **웜의 회전력** P_1**는 몇 N인가?**

(3) **수직으로 작용하는 전체 하중** P**는 몇 N인가?**

해답 (1) $\tan\lambda = \dfrac{l}{\pi D_w} = \dfrac{pZ_w}{\pi D_w}$ 에서

$$\therefore \lambda = \tan^{-1}\left(\frac{pZ_w}{\pi D_w}\right) = \tan^{-1}\left(\frac{31.4\times4}{\pi\times64}\right) = 31.99°$$

(2) $v = \dfrac{\pi D_w N_w}{60\times1000} = \dfrac{\pi\times64\times900}{60\times1000} = 3.02\,\text{m/s}$

$H_{kW} = \dfrac{P_1 v}{1000}$ 에서

$P_1 = \dfrac{1000 H_{kW}}{v} = \dfrac{1000 \times 22.05}{3.02} = 7301.32 \, \text{N}$

(3) $\tan\rho' = \mu' = \dfrac{\mu}{\cos\alpha_n} = \dfrac{0.1}{\cos 14.5°} = 0.1033$

$P_1 = P(\sin\lambda + \tan\rho'\cos\lambda)$ 에서

$\therefore \ P = \dfrac{P_1}{\sin\lambda + \tan\rho'\cos\lambda} = \dfrac{7301.32}{\sin 31.99° + 0.1033 \times \cos 31.99°} = 11826.22 \, \text{N}$

2009년도 시행 문제

☐**1.** 바깥지름이 $40\,\mathrm{mm}$, 피치 $6\,\mathrm{mm}$인 사각 나사가 $35\,\mathrm{kN}$의 하중을 지지하고 있다. 이 나사의 효율은 몇 %인가? (단, 나사부에서 마찰계수 $\mu = 0.1$이고, 유효지름은 $37\,\mathrm{mm}$이다.)

> **해답**　$\eta = \dfrac{\tan\lambda}{\tan(\lambda+\rho)} = \dfrac{\tan 2.95°}{\tan(2.95°+5.71°)} = 0.3383 = 33.83\,\%$
>
> $\tan\lambda = \dfrac{p}{\pi d_e}$ 에서
>
> $\lambda = \tan^{-1}\left(\dfrac{p}{\pi d_e}\right) = \tan^{-1}\left(\dfrac{6}{\pi \times 37}\right) = 2.95°$
>
> $\mu = \tan\rho$ 에서 $\rho = \tan^{-1}\mu = \tan^{-1}0.1 = 5.71°$

☐**2.** $20\,\mathrm{mm}$ 두께의 강판이 그림과 같이 용접 다리 길이(h) $8\,\mathrm{mm}$로 필릿 용접되어 하중을 받고 있다. 용접부 허용 전단응력이 $140\,\mathrm{MPa}$이라면 허용하중 $F[\mathrm{N}]$을 구하여라. (단, $b = d = 50\,\mathrm{mm}$, $L = 150\,\mathrm{mm}$이고 용접부 단면의 극단면 모멘트 $J_G = 0.707h\dfrac{d(3b^2+d^2)}{6}$ 이다.)

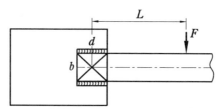

> **해답**　편심하중 F에 의한 직접전단응력(τ_1)은
>
> $\tau_1 = \dfrac{F}{A} = \dfrac{F}{2dt} = \dfrac{F}{2dh\cos 45°} = \dfrac{F}{2\times 50\times 8\times\cos 45°}$
>
> $\qquad = 1767.77\times 10^{-6}F[\mathrm{MPa}] = 1767.77F[\mathrm{Pa}]$
>
> 모멘트에 의한 전단응력(τ_2)은
>
> $\tau_2 = \dfrac{FLr_{\max}}{I_P(=J_G)} = \dfrac{F\times 150\times\sqrt{25^2+25^2}}{0.707\times 8\times\dfrac{50(3\times 50^2+50^2)}{6}}$
>
>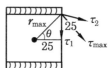
>
> $\qquad = 11251.7\times 10^{-6}F[\mathrm{MPa}] = 11251.7F[\mathrm{Pa}]$
>
> $\tau_{\max} = \sqrt{\tau_1^2+\tau_2^2+2\tau_1\tau_2\cos\theta}$, $\tau_{\max}^2 = \tau_1^2+\tau_2^2+2\tau_1\tau_2\cos\theta$

여기서 $\begin{cases} r_{\max} = \sqrt{25^2 + 25^2} = 35.36\,\text{mm} \\ \cos\theta = \dfrac{25}{r_{\max}} = \dfrac{25}{35.36} = 0.707 \end{cases}$

$(140 \times 10^6)^2 = F^2 \{(1767.77)^2 + (11251.7)^2 + (2 \times 1767.77 \times 11251.7 \times 0.707)\}$

$\therefore\ F = 11143.06\,\text{N}$

---

3. 동일한 회전토크를 가했을 때 지름 $80\,\text{mm}$인 중실축과 비틀림 응력이 같은 안과 밖의 지름비 0.8인 중공축의 바깥지름(mm)을 구하여라.

해답 $T = \tau Z_P$에서 비틀림 모멘트(T)와 비틀림 응력(τ)이 동일하므로

$(T_1 = T_2,\ \tau_1 = \tau_2)\ Z_{P1} = Z_{P2}$이다.

$\dfrac{\pi d^3}{16} = \dfrac{\pi d_2^3}{16}(1 - x^4)$에서

$\therefore\ d_2 = \dfrac{d}{\sqrt[3]{1-x^4}} = \dfrac{80}{\sqrt[3]{1-(0.8)^4}} = 95.36\,\text{mm}$

---

4. 헬리컬 기어의 잇수 40, 이 직각모듈 4, 이의 비틀림각(나선각) $\beta = 30°$일 때 다음을 구하여라.

(1) 상당 평기어 잇수 $Z_e[\text{개}]$

(2) 피치원 지름 $D[\text{mm}]$

(3) 이끝원 지름 $D_0[\text{mm}]$

해답 (1) $Z_e = \dfrac{Z}{\cos^3\beta} = \dfrac{40}{\cos^3 30°} = 61.58 = 62\,\text{개}$

(2) 피치원 지름(D)은 헬리컬 기어에서는 축직각지름(D_s)이므로

$D(D_s) = \dfrac{mZ}{\cos\beta} = \dfrac{4 \times 40}{\cos 30°} = 184.75\,\text{mm}$

(3) 이끝원 지름(외경) $D_0 = D_s + 2a = D_s + 2m = 184.75 + 2 \times 4 = 192.75\,\text{mm}$

---

5. 서로 평행한 두 축 사이에 동력을 전달하는 원통 마찰차에서 축간거리 $280\,\text{mm}$, 원동축 회전수 $720\,\text{rpm}$, 원동축에 대한 종동축의 회전속도비가 0.6이며 서로 $800\,\text{N}$의 힘으로 밀어서 접촉시키고자 할 때 다음을 구하여라. (단, 두 마찰차 간의 마찰계수는 0.18이다.)

(1) 원동차 지름 D_1, 종동차 지름 $D_2[\text{mm}]$

(2) 원주속도 $v[\text{m/s}]$

(3) 최대전달동력(kW)

해답 (1) 속도비$(\varepsilon) = \dfrac{N_2}{N_1} = \dfrac{D_1}{D_2} = \dfrac{3}{5}$

$$C = \dfrac{D_1 + D_2}{2} = \dfrac{D_1\left(1 + \dfrac{1}{\varepsilon}\right)}{2} \text{이므로} \quad D_1 = \dfrac{2C}{1 + \dfrac{1}{\varepsilon}} = \dfrac{2 \times 280}{1 + \dfrac{5}{3}} = 210\,\text{mm}$$

$$\therefore D_2 = \dfrac{5}{3} D_1 = \dfrac{5}{3} \times 210 = 350\,\text{mm}$$

(2) $v = \dfrac{\pi D_1 N_1}{60 \times 1000} = \dfrac{\pi \times 210 \times 720}{60 \times 1000} = 7.92\,\text{m/s}$

(3) 최대전달동력$(\text{kW}) = \dfrac{\mu P v}{1000} = \dfrac{6.18 \times 800 \times 7.92}{1000} = 1.14\,\text{kW}$

□6. 밴드 브레이크에서 드럼의 반지름은 $500\,\text{mm}$이고 밴드 폭 $30\,\text{mm}$, 평균마찰계수가 0.35, 이완측 장력 $T_2 = 400\,\text{N}$이 가해진다. 제동토크가 $800\,\text{N·m}$, 밴드 두께 $3\,\text{mm}$, 밴드 허용 인장응력 70N/mm^2일 때 다음을 구하여라.

(1) 제동토크를 발생시키기 위한 최소 접촉각 $\theta°$

(2) 허용 인장응력을 고려한 밴드의 최소폭 $b[\text{mm}]$

해답 (1) $T = f\dfrac{D}{2}$에서 $f = \dfrac{2T}{D} = \dfrac{2T}{2R} = \dfrac{2 \times 800}{2 \times 0.5} = 1600\,\text{N}$

이완측 장력$(T_2) = \dfrac{f}{e^{\mu\theta} - 1}$에서 $e^{\mu\theta} = 1 + \dfrac{f}{T_2} = 1 + \dfrac{1600}{400} = 5$

양변에 대수를 취하면 $\ln e^{\mu\theta} = \ln 5$에서 $\mu\theta = \ln 5$

$$\therefore \theta = \dfrac{\ln 5}{\mu} = \dfrac{\ln 5}{0.35} = 4.6\,\text{rad} = 263.56°$$

(2) 긴장측 장력$(T_1) = \dfrac{f e^{\mu\theta}}{e^{\mu\theta} - 1} = \dfrac{1600 \times 5}{5 - 1} = 2000\,\text{N}$

$$\sigma_a = \dfrac{T_1}{A} = \dfrac{T_1}{bt}[\text{N/mm}^2] \text{에서}$$

$$b = \dfrac{T_1}{\sigma_a t} = \dfrac{2000}{70 \times 3} = 9.52\,\text{mm} \fallingdotseq 10\,\text{mm}$$

□7. 축지름 $d = 5\,\text{cm}$, 베어링 길이 $l = 15\,\text{cm}$인 레이디얼 저널 베어링에서 $6\,\text{kN}$의 레이디얼 하중이 작용할 때 베어링 압력 $p[\text{N/mm}^2]$를 구하여라.

해답 $p = \dfrac{W}{A} = \dfrac{W}{dl} = \dfrac{6000}{50 \times 150} = 0.8\,\text{N/mm}^2(\text{MPa})$

□**8.** V벨트의 풀리에서 호칭지름(D)은 $300\,\text{mm}$, 회전수(N)는 $765\,\text{rpm}$, 감아걸기각 $\theta = 157.6°$, 벨트장치 전체의 유효장력이 $1.4\,\text{kN}$인 C형 V벨트(단면적 $236.7\,\text{mm}^2$)에서 다음을 구하여라. (수정마찰계수 $\mu' = 0.48$, 벨트 재료의 밀도 $\rho = 1.5 \times 10^3\,\text{kg/m}^3$, 벨트 1개당 허용장력($T_a$)은 $0.59\,\text{kN}$이고, 이 벨트의 안전율(S)은 1.4이다.)

(1) 벨트의 회전속도 $v[\text{m/s}]$
(2) 벨트의 긴장측 장력 $T[\text{N}]$
(3) 벨트의 허용장력을 고려한 벨트 수(개)

해답 (1) $v = \dfrac{\pi DN}{60 \times 1000} = \dfrac{\pi \times 300 \times 765}{60 \times 1000} = 12.02\,\text{m/s}$

(2) $m = \rho A = 1.5 \times 10^3 \times 236.7 \times 10^{-6} = 0.355\,\text{kg/m}$

$T_c = mv^2 = 0.355 \times (12.02)^2 = 51.29\,\text{N}$

$e^{\mu'\theta} = e^{0.48 \times 157.6 \times \frac{\pi}{180}} = 3.74$

$T_t(= T) = \dfrac{P_e e^{\mu'\theta}}{e^{\mu'\theta} - 1} + T_c = \dfrac{1.4 \times 10^3 \times 3.74}{3.74 - 1} + 51.29 = 1962.24\,\text{N}$

(3) 벨트 수(Z) $= \dfrac{T_t}{T_a} \times S = \dfrac{1962.24}{0.59 \times 10^3} \times 1.4 = 4.66 ≒ 5$개

□**9.** 엔진의 밸브 스프링으로 사용될 원통형 코일 스프링을 설계하려고 한다. 스프링에 작용하는 하중은 밸브가 닫혔을 때 $90\,\text{N}$, 밸브가 열렸을 때 $130\,\text{N}$이고, 최대 양정은 $7.5\,\text{mm}$이다. 스프링 재료의 허용 전단응력 및 전단탄성계수는 각각 $\tau_w = 550\,\text{MPa}$, $G = 70\,\text{GPa}$, 스프링 지수(C)를 10으로 할 때 다음을 구하여라.

(1) 스프링 소선의 지름 $d[\text{mm}]$ (단, 밸브가 열려 있을 때 스프링이 받는 전단응력은 허용 전단응력과 같다고 하고, 스프링 응력수정계수는 왈의 응력수정계수식 $K = \dfrac{4C-1}{4C-4} + \dfrac{0.615}{C}$을 사용한다.)

(2) 스프링의 평균지름 $D[\text{mm}]$
(3) 코일의 감긴 권수 $n[\text{권}]$

해답 (1) $K = \dfrac{4C-1}{4C-4} + \dfrac{0.615}{C} = \dfrac{4 \times 10 - 1}{4 \times 10 - 4} + \dfrac{0.615}{10} = 1.14$

$C = \dfrac{D}{d}$에서 $D = Cd = 10d$

$\tau_w = K \dfrac{8P_2 D}{\pi d^3} = \dfrac{8KP_2(10d)}{\pi d^3}$에서

$$d = \sqrt{\frac{80KP_2}{\pi \tau_w}} = \sqrt{\frac{80 \times 1.14 \times 130}{\pi \times 550}} = 2.62\,\text{mm}$$

(2) $D = Cd = 10 \times 2.62 = 26.2\,\text{mm}$

(3) $\delta_2 - \delta_1 = \dfrac{8n(P_2 - P_1)D^3}{Gd^4}$ 에서

$$\therefore\ n = \frac{Gd^4(\delta_2 - \delta_1)}{8(P_2 - P_1)D^3} = \frac{70 \times 10^3 \times (2.62)^4 \times 7.5}{8(130-90) \times (26.2)^3} = 4.3 \fallingdotseq 5\,\text{권}$$

---

10. 50번 롤러 체인(roller chain : 파단하중 $21.67\,\text{kN}$, 피치 $15.875\,\text{mm}$)으로 $900\,\text{rpm}$ 의 구동축을 $300\,\text{rpm}$으로 감속 운전하고자 한다. 구동 스프로킷(sprocket)의 잇수 25 개, 안전율 15로 할 때 다음을 구하여라.

(1) 체인속도 $v[\text{m/s}]$

(2) 최대전달동력 $H'[\text{kW}]$

(3) 피동 스프로킷의 피치원 지름 $D_2[\text{mm}]$

(4) 양 스프로킷의 중심거리를 $900\,\text{mm}$로 할 경우 체인의 길이 $L[\text{mm}]$

해답 (1) $v = \dfrac{pZ_1N_1}{60 \times 1000} = \dfrac{15.875 \times 25 \times 900}{60 \times 1000} = 5.95\,\text{m/s}$

(2) $H' = Fv = \dfrac{F_B}{S} \times v = \dfrac{21.67}{15} \times 5.95 = 8.6\,\text{kW}$

(3) 속비$(\varepsilon) = \dfrac{N_2}{N_1} = \dfrac{Z_1}{Z_2}$ 에서 $Z_2 = Z_1 \times \dfrac{N_1}{N_2} = 25 \times \dfrac{900}{300} = 75\,\text{개}$

$D_2 = \dfrac{p}{\sin\dfrac{180}{Z_2}} = \dfrac{15.875}{\sin\dfrac{180}{75}} = 379.1\,\text{mm}$

(4) 링크수$(L_n) = \dfrac{2C}{p} + \dfrac{Z_1 + Z_2}{2} + \dfrac{0.0257p(Z_1 - Z_2)^2}{C}$

$\qquad = \dfrac{2 \times 900}{15.875} + \dfrac{25 + 75}{2} + \dfrac{0.0257 \times 15.875(25 - 75)^2}{900}$

$\qquad = 164.52 \fallingdotseq 166\,\text{개}$

체인의 길이$(L) = L_n \times p = 166 \times 15.875 = 2635.25\,\text{mm}$

1. 복렬 자동 조심 볼 베어링 1300이 400 rpm으로 4000 N의 레이디얼 하중과 3000 N의 스러스트 하중을 지지한다. 베어링 수명시간이 40000시간일 때 등가 레이디얼 하중(N)과 기본 동정격 하중(N)을 구하여라. (단, 호칭 접촉각 $\alpha = 15°$이고, 하중 계수 $f_w = 1.2$이다.)

베어링의 계수 V, X 및 Y값

베어링 형식		내륜 회전 하중	외륜 회전 하중	단열 $\dfrac{F_a}{VF_r} > e$		복렬 $\dfrac{F_a}{VF_r} \le e$		복렬 $\dfrac{F_a}{VF_r} > e$		e
		V		X	Y	X	Y	X	Y	
깊은 홈 볼 베어링	$F_a/C_o = 0.014$				2.30				2.30	0.19
	$= 0.028$				1.99				1.99	0.12
	$= 0.056$				1.71				1.71	0.26
	$= 0.084$				1.55				1.55	0.28
	$= 0.11$	1	1.2	0.56	1.45	1	0	0.56	1.45	0.30
	$= 0.17$				1.31				1.31	0.34
	$= 0.28$				1.15				1.15	0.38
	$= 0.42$				1.04				1.04	0.42
	$= 0.56$				1.00				1.00	0.44
앵귤러 볼 베어링	$\alpha = 20°$			0.43	1.00		1.09	0.70	1.63	0.57
	$= 25°$			0.41	0.87		0.92	0.67	1.41	0.58
	$= 30°$	1	1.2	0.39	0.76	1	0.78	0.63	1.24	0.80
	$= 35°$			0.37	0.56		0.66	0.60	1.07	0.95
	$= 40°$			0.35	0.57		0.55	0.57	0.93	1.14
자동 조심 볼 베어링		1	1	0.4	$0.4 \times \cot\alpha$	1	$0.42 \times \cot\alpha$	0.65	$0.65 \times \cot\alpha$	$1.5 \times \tan\alpha$
매그니토 볼 베어링		1	1	0.5	2.5	–	–	–	–	0.2
자동 조심 롤러 베어링 원추 롤러 베어링 $\alpha \ne 0$		1	1.2	0.4	$0.4 \times \cot\alpha$	1	$0.45 \times \cot\alpha$	0.67	$0.67 \times \cot\alpha$	$1.5 \times \tan\alpha$
스러스트 볼 베어링	$\alpha = 45°$	–	–	0.66	1	1.18	0.59	0.66	1	1.25
	$= 60°$			0.92		1.90	0.54	0.92		2.17
	$= 70°$			1.66		3.66	0.52	1.66		4.67
스러스트 롤러 베어링		–	–	$\tan\alpha$	1	$1.5 \times \tan\alpha$	0.67	$\tan\alpha$	1	$1.5 \times \tan\alpha$

해답 ① $e = 1.5\tan\alpha = 1.5\tan15° = 0.402$

표에서, 자동 조심 볼 베어링(복렬)에서 $V=1$이며, $\dfrac{F_a}{VF_r} = \dfrac{3000}{1 \times 4000} = 0.75$ 이다.

$\dfrac{F_a}{VF_r} > e$ 이므로 $X = 0.65$, $Y = 0.65\cot\alpha = 0.65\cot15° = 2.43$

∴ 등가 레이디얼 하중$(P_r) = XVF_r + YF_a$

$$= (0.65 \times 1 \times 4000) + (2.43 \times 3000) = 9890\,\text{N}$$

② $L_h = 500 \times \dfrac{33.3}{N} \times \left(\dfrac{C}{f_w P_r}\right)^r$ 에서 $40000 = 500 \times \dfrac{33.3}{400} \times \left(\dfrac{C}{1.2 \times 9890}\right)^3$

∴ $C = 117115.07\,\text{N}$

□2. 사각 나사 잭의 바깥지름 $20\,\text{mm}$, 골지름 $16.8\,\text{mm}$, 피치 $2.5\,\text{mm}$ 일 때, 축방향 하중 $5000\,\text{N}$ 이 작용한다. 너트의 높이를 $16\,\text{mm}$ 로 하면 나사의 허용 면압력은 몇 MPa 인가?

해답 $H = pZ = p\dfrac{W}{\dfrac{\pi}{4}(d_2^2 - d_1^2)q_a}\,[\text{mm}]$ 에서

∴ $q_a = \dfrac{4Wp}{\pi(d_2^2 - d_1^2)H} = \dfrac{4 \times 5000 \times 2.5}{\pi(20^2 - 16.8^2) \times 16} = 8.45\,\text{MPa}$

□3. 롤러 체인의 평균속도가 $7\,\text{m/s}$ 일 때 허용장력(N)과 소요동력(kW)을 구하여라. (단, 안전율 20, 부하보정계수 1.0, 파단하중 $14\,\text{kN}$ 이다.)

해답 ① 허용장력$(F_a) = \dfrac{F_B}{Sk} = \dfrac{14 \times 10^3}{20 \times 1} = 700\,\text{N}$

② 소요동력$(H_{kW}) = \dfrac{F_a v}{1000} = \dfrac{700 \times 7}{1000} = 4.9\,\text{kW}$

□4. $588\,\text{N}$ 의 하중을 받아 $18\,\text{mm}$ 의 변동거리를 갖는 압축 코일 스프링을 설계하여라. 코일 스프링의 평균지름이 $15\,\text{mm}$, 소선의 지름이 $3\,\text{mm}$, 스프링강의 횡탄성계수가 $82.32\,\text{GPa}$ 이다.

(1) 유효감김수 n

(2) 최대전단응력 $\tau[\text{MPa}]$

해답 (1) $\delta = \dfrac{8nWD^3}{Gd^4}$ 에서

∴ $n = \dfrac{Gd^4\delta}{8WD^3} = \dfrac{82.32 \times 10^3 \times 3^4 \times 18}{8 \times 588 \times 15^3} = 7.56 ≒ 8\,\text{회}$

(2) $\tau = K\dfrac{8\,WD}{\pi d^3} = \dfrac{1.31 \times 8 \times 588 \times 15}{\pi \times 3^3} = 1089.72\,\text{MPa}$

단, $C = \dfrac{D}{d} = \dfrac{15}{3} = 5$

$K = \dfrac{4C-1}{4C-4} + \dfrac{0.615}{C} = \dfrac{4 \times 5 - 1}{4 \times 5 - 4} + \dfrac{0.615}{5} = 1.31$

□5. 중량물의 자유낙하를 방지하기 위해 단식 블록 브레이크를 그림과 같이 사용하였다. 마찰계수가 0.3일 때 다음을 구하여라.

(1) 제동력 $f[\text{N}]$

(2) 제동토크 $T_f[\text{N·m}]$

(3) 중량 $Q[\text{N}]$

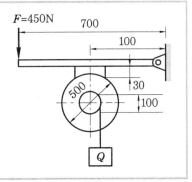

해답 (1) $Fa - Pb + \mu Pc = 0$에서

$P = \dfrac{Fa}{(b - \mu c)} = \dfrac{450 \times 700}{(100 - 0.3 \times 30)} = 3461.54\,\text{N}$

제동력$(f) = \mu P = 0.3 \times 3461.54 = 1038.46\,\text{N}$

(2) $T_f = f \times \dfrac{D}{2} = 1038.46 \times \dfrac{0.5}{2} = 259.62\,\text{N}$

(3) $T = f \times \dfrac{D}{2} = Q \times \dfrac{d}{2}$에서

$\therefore\ Q = f \times \dfrac{D}{d} = 1038.46 \times \dfrac{500}{100} = 5192.3\,\text{N}$

□6. 축지름 $40\,\text{mm}$, 길이 $500\,\text{mm}$, 축의 회전체의 무게 $900\,\text{N}$, 축을 지지하는 스프링의 스프링 상수 $k = 70 \times 10^6\,\text{N/m}$이다. 축의 세로탄성계수가 $205.83\,\text{MPa}$일 때 다음을 구하여라.

(1) 축의 처짐량(μm)

(2) 위험속도(rpm)

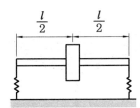

해답 (1) 스프링만의 처짐량(δ_1) $= \dfrac{R}{k} = \dfrac{450}{70 \times 10^6}$

$$= 6.43 \times 10^{-6}\,\mathrm{m} = 6.43 \times 10^{-3}\,\mathrm{mm} = 6.43\,\mu\mathrm{m}$$

단, $R = \dfrac{W}{2} = \dfrac{900}{2} = 450\,\mathrm{N}$

축의 처짐량(δ_2) $= \dfrac{Wl^3}{48EI} = \dfrac{900 \times 500^3}{48 \times 205.83 \times \dfrac{\pi \times 40^4}{64}}$

$$= 90.61\,\mathrm{mm} = 90.61 \times 10^3\,\mu\mathrm{m}$$

$$\therefore\ \delta = \delta_1 + \delta_2 = 6.43 + 90.61 \times 10^3 \fallingdotseq 90.62 \times 10^3\,\mu\mathrm{m}$$

(2) $N_c = \dfrac{30}{\pi}\sqrt{\dfrac{g}{\delta}} = \dfrac{30}{\pi}\sqrt{\dfrac{9800}{90.62}} = 99.31\,\mathrm{rpm}$

□7. 그림과 같은 측면 필릿 용접 이음에서 허용 전단응력이 $40\,\mathrm{N/mm^2}$일 때 하중 $W[\mathrm{N}]$를 구하여라. (단, 판재 두께는 $12\,\mathrm{mm}$이다.)

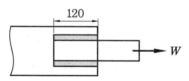

해답 $\tau_a = \dfrac{W}{A} = \dfrac{W}{tL} = \dfrac{W}{h\cos 45° L}$ 에서

$$W = \tau_a \times h\cos 45° \times L = 40 \times 12 \times \cos 45° \times 240 = 81458.7\,\mathrm{N}$$

□8. 그림과 같은 스프링에서 스팬이 $800\,\mathrm{mm}$, 강판의 너비 $45\,\mathrm{mm}$, 두께 $8\,\mathrm{mm}$, 판의 수가 3개이다. 다음을 계산하여라. (단, 밴드의 너비는 $60\,\mathrm{mm}$, 스프링의 허용 굽힘응력은 $441\,\mathrm{N/mm^2}$, 종탄성계수는 $205.8\,\mathrm{GPa}$이다.)

(1) 하중 $P[\mathrm{N}]$

(2) 처짐 $\delta[\mathrm{mm}]$

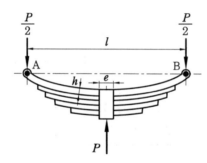

해답 (1) $l_c = l - 0.6e = 800 - 0.6 \times 60 = 764\,\mathrm{mm}$

$$\sigma_b = \frac{3Pl_e}{2nbh^2}\ \text{에서}$$

$$\therefore\ P = \frac{2nbh^2\sigma_b}{3l_e} = \frac{2 \times 3 \times 45 \times 8^2 \times 441}{3 \times 764} = 3324.82\,\mathrm{N}$$

(2) $\delta = \dfrac{3Pl_e^3}{8nbh^3E} = \dfrac{3 \times 3324.82 \times 764^3}{8 \times 3 \times 45 \times 8^3 \times 205.8 \times 10^3} = 39.09\,\mathrm{mm}$

---

9. 원동풀리의 지름이 $1235\,\mathrm{mm}$, 회전수 $430\,\mathrm{rpm}$, 면로프 지름 $41\,\mathrm{mm}$일 때 $295\,\mathrm{kW}$를 지름 $2450\,\mathrm{mm}$인 종동풀리에 전달하려고 한다. 다음을 구하여라. (단, 축간거리는 $9\,\mathrm{m}$, 홈의 각도 $45°$, 마찰계수 0.2, 1개 로프의 허용 인장응력 $88.2\,\mathrm{N/cm^2}$, 로프의 단위길이당 무게 $1.22\,\mathrm{kgf/m}$이다.)

(1) 접촉각 $\theta\,[\mathrm{rad}]$
(2) 허용 인장응력 고려 시 벨트 수 Z

해답 (1) $\theta = 180° - 2\sin^{-1}\left(\dfrac{D_2 - D_1}{2C}\right) = 180° - 2\sin^{-1}\left(\dfrac{2450 - 1235}{2 \times 9000}\right)$

$\qquad = 172.26° \fallingdotseq 3\,\mathrm{rad}$

(2) $v = \dfrac{\pi D_1 N_1}{60 \times 1000} = \dfrac{\pi \times 1235 \times 430}{60 \times 1000} = 27.81\,\mathrm{m/s}$ (부가장력을 고려한다.)

$\quad$ 부가장력$(T_c) = \dfrac{wv^2}{g} = \dfrac{1.22 \times 9.8 \times (27.81)^2}{9.8} = 943.54\,\mathrm{N}$

$\quad \mu' = \dfrac{\mu}{\sin\dfrac{\alpha}{2} + \mu\cos\dfrac{\alpha}{2}} = \dfrac{0.2}{\sin 22.5° + 0.2\cos 22.5°} = 0.3524$

$\quad e^{\mu'\theta} = e^{0.3524\left(\frac{172.26}{57.3}\right)} = 2.88$

$\quad H' = (T_t - T_c)\left(\dfrac{e^{\mu'\theta} - 1}{e^{\mu'\theta}}\right)v\ \text{에서}$

$\quad \therefore\ T_t = T_c + \left(\dfrac{e^{\mu'\theta}}{e^{\mu'\theta} - 1}\right)\dfrac{H'}{v} = 943.54 + \left(\dfrac{2.88}{2.88 - 1}\right) \times \dfrac{295 \times 10^3}{27.81}$

$\qquad = 17193.63\,\mathrm{N}$

$\quad \sigma_a = \dfrac{T_t}{AZ} = \dfrac{T_t}{\dfrac{\pi}{4}d^2 Z}\ \text{에서}$

$\quad \therefore\ Z = \dfrac{4T_t}{\pi d^2 \sigma_a} = \dfrac{4 \times 17193.63}{\pi \times 41^2 \times 88.2 \times 10^{-2}} = 14.77 \fallingdotseq 15\,\text{개}$

10. 그림과 같이 $1500\,\mathrm{rpm}$, $44\,\mathrm{kW}$를 전달하는 베벨 기어 피니언의 지름이 $150\,\mathrm{mm}$, 속도비 $\dfrac{1}{2}$일 때 다음을 구하여라. (단, 각각의 반원추각 $\delta_2 = 63°26'$, $\delta_1 = 26°34'$이다.)

(1) 종동기어의 피치원 지름(mm)
(2) 모선의 길이 $L[\mathrm{mm}]$
(3) 회전력 $P[\mathrm{N}]$

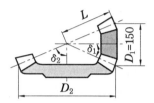

해답 (1) $i = \dfrac{D_1}{D_2}$에서 $D_2 = \dfrac{D_1}{i} = 150 \times 2 = 300\,\mathrm{mm}$

(2) $L = \dfrac{D_1}{2\sin\delta_1} = \dfrac{150}{2\sin 26.57°} = 167.68\,\mathrm{mm}$

(3) $v = \dfrac{\pi D_1 N_1}{60 \times 1000} = \dfrac{\pi \times 150 \times 1500}{60 \times 1000} = 11.78\,\mathrm{m/s}$

$H_{kW} = \dfrac{Pv}{1000}[\mathrm{kW}]$에서

$P = \dfrac{1000 H_{kW}}{v} = \dfrac{1000 \times 44}{11.78} = 3735.14\,\mathrm{N}$

일반기계기사 (필답형)　　2009년 제 4 회 시행

1. 다음 그림과 같은 벨트 풀리축을 보고 다음을 구하여라. (단, 벨트 풀리의 무게 $3000\,\mathrm{N}$, 축지름 $d = 70\,\mathrm{mm}$, $L = 1000\,\mathrm{mm}$, $L_1 = 200\,\mathrm{mm}$로 하고 자중은 무시하며 $E = 2.1 \times 10^5\,\mathrm{N/mm^2}$이다.)

(1) 벨트 무게에 의한 최대 처짐량(mm)
(2) 위험속도(rpm)

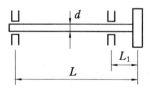

해답 (1) $\delta_{\max} = \dfrac{WL_1^2 L}{3EI} = \dfrac{3000 \times 200^2 \times 1000}{3 \times 2.1 \times 10^5 \times \dfrac{\pi \times 70^4}{64}} = 0.16\,\text{mm}$

(2) $N_c = \dfrac{30}{\pi} \sqrt{\dfrac{g}{\delta}} = \dfrac{30}{\pi} \sqrt{\dfrac{9800}{0.16}} = 2363.33\,\text{rpm}$

□**2.** 안지름 $600\,\text{mm}$의 파이프를 $50\,\text{N/cm}^2$의 내압에 견디게 하려면 두께를 얼마로 하면 좋은가? (단, 허용응력 $20\,\text{N/mm}^2$, 부식여유 $1\,\text{mm}$로 한다.)

해답 $t = \dfrac{pd}{200\sigma_a} + C = \dfrac{50 \times 600}{200 \times 20} + 1 = 8.5\,\text{mm}$

□**3.** 축각 $80°$인 원추마찰차의 원동차 $180\,\text{rpm}$에서 종동차 $90\,\text{rpm}$으로 $3.7\,\text{kW}$를 전달한다. 다음을 구하여라. (단, 종동차의 바깥지름 $600\,\text{mm}$, 폭 $150\,\text{mm}$, 마찰계수 0.3이다.)

(1) 원동차의 원추반각 $\alpha[°]$

(2) 종동축의 축방향하중 $Q[\text{N}]$

해답 (1) 속비$(i) = \dfrac{N_2}{N_1} = \dfrac{90}{180} = \dfrac{1}{2}$

$\tan\alpha = \dfrac{\sin\theta}{\dfrac{1}{i} + \cos\theta} = \dfrac{\sin 80°}{2 + \cos 80°} = 0.453$

$\therefore\ \alpha = \tan^{-1} 0.453 = 24.37°$

(2) 축각$(\theta) = \alpha + \beta$에서

$\beta = \theta - \alpha = 80° - 24.37° = 55.63°$

$D_2 = D_{m \cdot 2} + b\sin\beta$에서

$D_{m \cdot 2} = D_2 - b\sin\beta = 600 - 150\sin 55.63° = 476.19\,\text{mm}$

$v = \dfrac{\pi D_{m \cdot 2} N_2}{60 \times 1000} = \dfrac{\pi \times 476.19 \times 90}{60 \times 1000} = 2.24\,\text{m/s}$

$H_{kW} = \dfrac{\mu W v}{1000}$에서

$W = \dfrac{1000 H_{kW}}{\mu v} = \dfrac{1000 \times 3.7}{0.3 \times 2.24} = 5505.95\,\text{N}$

$Q = W\sin\beta = 5505.95\sin 55.63° = 4544.66\,\text{N}$

□4. 드럼의 지름 $D = 600\,\text{mm}$인 밴드 브레이크에 의해 $T = 1\,\text{kN·m}$의 제동토크를 얻으려고 한다. 다음을 구하여라. (단, 밴드의 두께 $h = 3\,\text{mm}$, 마찰계수 $\mu = 0.35$, 접촉각 $\theta = 250°$, 밴드의 허용 인장응력 $\sigma_w = 80\,\text{MPa}$이라 한다.)

(1) 긴장측 장력 $T_t[\text{N}]$

(2) 밴드 폭 $b[\text{mm}]$

해답 (1) 제동토크$(T) = f\dfrac{D}{2}$에서

$$f = \frac{2T}{D} = \frac{2 \times 1 \times 10^3}{0.6} = 3333.33\,\text{N}$$

$$T_t = f\frac{e^{\mu\theta}}{e^{\mu\theta}-1} = 3333.33 \times \frac{4.61}{4.61-1} = 4256.69\,\text{N}$$

$$e^{\mu\theta} = e^{0.35\left(\frac{250}{57.3}\right)} = 4.61$$

(2) $\sigma_w = \dfrac{T_t}{A} = \dfrac{T_t}{bh}$에서

$$b = \frac{T_t}{\sigma_w h} = \frac{4256.69}{80 \times 10^6 \times 3 \times 10^{-3}} = 0.01774\,\text{m} = 17.74\,\text{mm}$$

□5. 하중 $W = 250\,\text{N}$, 스프링의 처짐 $\delta = 100\,\text{mm}$, 스프링 지수 $C = 7$, 스프링의 응력 $\tau = 400\,\text{MPa}$일 때 다음을 계산하여라. (단, $G = 8.2 \times 10^4\,\text{MPa}$이다.)

(1) 소선의 지름 $d[\text{mm}]$

(2) 유효 권수 n

해답 (1) $K = \dfrac{4C-1}{4C-4} + \dfrac{0.615}{C} = \dfrac{4 \times 7 - 1}{4 \times 7 - 4} + \dfrac{0.615}{7} = 1.21$

$C = \dfrac{D}{d}$에서 $D = Cd = 7d$

$$\tau = \frac{8KWD}{\pi d^3} = \frac{8KW(7d)}{\pi d^3} = \frac{56KW}{\pi d^2}$$

$$\therefore \ d = \sqrt{\frac{56KW}{\pi\tau}} = \sqrt{\frac{56 \times 1.21 \times 250}{\pi \times 400}} = 3.67\,\text{mm}$$

(2) $\delta = \dfrac{8nWD^3}{Gd^4} = \dfrac{8nW(7d)^3}{Gd^4} = \dfrac{8 \times 7^3 \times nW}{Gd}$에서

$$\therefore \ n = \frac{Gd\delta}{8 \times 7^3 \times W} = \frac{8.2 \times 10^4 \times 3.67 \times 100}{8 \times 7^3 \times 250} = 43.87 ≒ 44\,\text{회}$$

6. 200 rpm으로 36.75 kW를 전달하는 전동축을 플랜지 커플링을 하였다. 볼트의 전단응력은 19.6 N/mm²이고, 볼트 6개를 사용했을 경우 다음을 계산하여라. (단, 볼트 구멍의 피치원 지름은 300 mm이다.)

(1) 커플링이 전달하는 토크 $T[\text{N·m}]$

(2) 볼트의 지름 $\delta[\text{mm}]$

해답 (1) $T = 9.55 \times 10^3 \dfrac{kW}{N} = 9.55 \times 10^3 \times \dfrac{36.75}{200} = 1754.68\,\text{N·m}$

(2) $\tau_B = \dfrac{8T}{\pi\delta^2 D_B Z}$ 에서

$\therefore \delta = \sqrt{\dfrac{8T}{\pi\tau_B D_B Z}} = \sqrt{\dfrac{8 \times 1754.68 \times 10^3}{\pi \times 19.6 \times 300 \times 6}} = 11.25\,\text{mm}$

7. 두께가 19 mm인 강판을 리벳의 지름이 25 mm, 피치가 68 mm로 1줄 양쪽 덮개판 맞대기 이음을 하였다. 이 이음에 310 kN의 힘이 작용하였을 때 다음을 구하여라. (단, 리벳의 전단강도는 판의 인장강도의 80 %이다.)

(1) 강판 효율 $\eta_t[\%]$

(2) 리벳 효율 $\eta_r[\%]$

해답 (1) $\eta_t = 1 - \dfrac{d}{p} = 1 - \dfrac{25}{68} = 0.6324 = 63.24\,\%$

(2) $\eta_r = \dfrac{1.8\pi d^2 \tau_a}{4pt\sigma_a} = \dfrac{1.8 \times \pi \times 25^2 \times 0.8 \times \sigma_a}{4 \times 68 \times 19 \times \sigma_a} = 0.5471 = 54.71\,\%$

8. 회전수 600 rpm, 베어링 하중 4000 N을 받는 저널 베어링의 지름(mm)과 베어링과의 접촉길이(mm)를 계산하여라. (단, $p_a = 0.6\,\text{N/mm}^2$, $pv = 2\,\text{N/mm}^2\text{·m/s}$, $\mu = 0.006$이다.)

해답 $pv = \dfrac{\pi WN}{60000l}$ 에서

$\therefore l = \dfrac{\pi WN}{60000pv} = \dfrac{\pi \times 4000 \times 600}{60000 \times 2} = 62.83\,\text{mm}$

$p_a = \dfrac{W}{A} = \dfrac{W}{dl}$ 에서

$\therefore d = \dfrac{W}{p_a \cdot l} = \dfrac{4000}{0.6 \times 62.83} = 106.11\,\text{mm}$

□9. 나사의 유효지름 $63.5\,\text{mm}$, 피치 $3.17\,\text{mm}$의 나사잭으로 $50\,\text{kN}$의 중량을 들어 올리려 할 때 다음을 구하여라. (단, 레버를 누르는 힘을 $200\,\text{N}$, 마찰계수를 0.1로 한다.)

(1) 회전토크 $T[\text{N·m}]$

(2) 레버의 길이 $L[\text{mm}]$

해답 (1) $T = W\dfrac{d_e}{2}\left(\dfrac{p + \mu\pi d_e}{\pi d_e - \mu p}\right) = 50 \times 10^3 \dfrac{63.5 \times 10^{-3}}{2}\left(\dfrac{3.17 + 0.1 \times \pi \times 63.5}{\pi \times 63.5 - 0.1 \times 3.17}\right)$

$\qquad\qquad = 184.27\,\text{N·m}$

(2) $T = FL$에서

$\qquad \therefore\ L = \dfrac{T}{F} = \dfrac{184.27}{200} = 0.92135\,\text{m} = 921.35\,\text{mm}$

10. 전위 기어의 사용 목적 5가지를 적어라.

해답 전위 기어의 사용 목적

① 중심거리를 자유롭게 조절하기 위하여

② 이의 간섭에 따른 언더컷(undercut)을 방지하기 위하여

③ 이의 강도를 개선하기 위하여

④ 물림률을 증가시키기 위하여

⑤ 최소잇수를 적게 하기 위하여

□1. 그림과 같은 블록 브레이크 장치에서 레버 끝에 $147.15\,\mathrm{N}$의 힘으로 제동하여 자유낙하를 방지하고자 한다. 블록의 허용압력은 $196.2\,\mathrm{kPa}$, 브레이크 용량은 $0.98\,\mathrm{N/mm^2 \cdot m/s}$일 때 다음을 계산하여라.

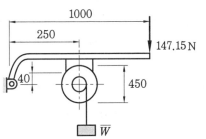

(1) 제동토크 $T[\mathrm{N \cdot m}]$ (단, 블록과 드럼의 마찰 계수는 0.3이다.)

(2) 브레이크 드럼의 최대회전수 $N[\mathrm{rpm}]$

해답 (1) $\Sigma M_{Hinge} = 0$ ⊕ ⊖

$$Fa - Pb + \mu Pc = 0$$

$$\therefore P = \frac{Fa}{b - \mu c} = \frac{147.15 \times 1000}{250 - 0.3 \times 40} = 618.28\,\mathrm{N}$$

$$T = f\frac{D}{2} = \mu P \frac{D}{2} = 0.3 \times 618.28 \times \frac{0.45}{2} = 41.73\,\mathrm{N \cdot m}$$

(2) $\mu q v = 0.98\,\mathrm{N/mm^2 \cdot m/s}$ 에서

$$v = \frac{0.98}{\mu q} = \frac{0.98}{0.3 \times 196.2 \times 10^{-3}} = 16.65\,\mathrm{m/s}$$

$$v = \frac{\pi D N}{60 \times 1000} \text{에서} \quad \therefore N = \frac{60000 v}{\pi D} = \frac{60000 \times 16.65}{\pi \times 450} = 706.65\,\mathrm{rpm}$$

□2. 모듈 $m = 5$, 이폭 $b = 40\,\mathrm{mm}$인 한 쌍의 외접 스퍼 기어에서 작은 기어(피니언)의 허용 굽힘응력은 $180\,\mathrm{MPa}$, 기어 잇수 $Z_1 = 20$개, 큰 기어의 허용 굽힘응력은 $120\,\mathrm{MPa}$, $Z_2 = 100$개일 때, $N_1 = 1500\,\mathrm{rpm}$으로 동력을 전달한다. (단, 속도계수 $f_v = \dfrac{3.05}{3.05 + v}$, 하중계수 $f_w = 0.8$, 치형계수 $Y_1 = \pi y_1 = 0.322$, $Y_2 = \pi y_2 = 0.446$이다.)

(1) 작은 기어의 최대전달하중 $P_1[\mathrm{N}]$

(2) 큰 기어의 최대전달하중 $P_2[\mathrm{N}]$

(3) 면압강도를 고려한 기어장치의 최대전달하중 $P_3[\mathrm{N}]$ (단, 비응력계수 $K = 0.382$ $\mathrm{N/mm^2}$이다.)

(4) 기어장치에서의 최대전달동력 $H_{kW}[\mathrm{kW}]$

해답 (1) $v = \dfrac{\pi D_1 N_1}{60 \times 1000} = \dfrac{\pi m Z_1 N_1}{60 \times 1000} = \dfrac{\pi \times 5 \times 20 \times 1500}{60 \times 1000} = 7.85 \, \text{m/s}$

속도계수$(f_v) = \dfrac{3.05}{3.05 + v} = \dfrac{3.05}{3.05 + 7.85} = 0.28$

$P_1 = f_v f_w \sigma_{b \cdot 1} p b y_1 = f_v f_w \sigma_{b \cdot 1} \pi m b y_1$

$\quad = f_v f_w \sigma_{b \cdot 1} m b Y_1 = 0.28 \times 0.8 \times 180 \times 5 \times 40 \times 0.322$

$\quad = 2596.61 \, \text{N}$

(2) $P_2 = f_v f_w \sigma_{b \cdot 2} m b Y_2 = 0.28 \times 0.8 \times 120 \times 5 \times 40 \times 0.446$

$\quad = 2397.7 \, \text{N}$

(3) $P_3 = f_v K m b \left(\dfrac{2 Z_1 Z_2}{Z_1 + Z_2} \right)$

$\quad = 0.28 \times 0.382 \times 5 \times 40 \times \left(\dfrac{2 \times 20 \times 100}{20 + 100} \right) = 713.07 \, \text{N}$

(4) $H_{kW} = P_3 v = 713.07 \times 10^{-3} \times 7.85 = 5.6 \, \text{kW}$

여기서, 접선력(전달력)은 P_1, P_2, P_3 중 가장 작은 값을 택한다.

□**3.** 한 줄 겹치기 리벳 이음에서 리벳 허용 전단응력 $\tau_a = 49.05 \, \text{MPa}$, 강판의 허용 인장응력 $\sigma_t = 117.72 \, \text{MPa}$, 리벳 지름 $d = 16 \, \text{mm}$일 때 다음을 구하여라.

(1) 리벳의 허용 전단응력을 고려하여 가할 수 있는 최대하중 $W[\text{kN}]$

(2) 리벳의 허용하중과 강판의 허용하중이 같다고 할 때 강판의 너비 $b[\text{mm}]$

(3) 강판의 효율 $\eta_t [\%]$

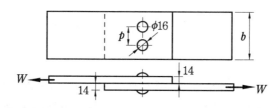

해답 (1) $W = \tau_a \dfrac{\pi d^2}{4} n = 49.05 \times 10^3 \times \dfrac{\pi \times (0.016)^2}{4} \times 2 = 19.72 \, \text{kN}$

(2) $W = \sigma_t (b - 2d) t$ 에서

$\quad b = 2d + \dfrac{W}{\sigma_t t} = 2 \times 16 + \dfrac{19.72 \times 10^3}{117.72 \times 14} \fallingdotseq 43.97 \, \text{mm}$

(3) $\eta_t = \dfrac{\text{리벳 구멍이 있는 경우 인장강도}}{\text{리벳 구멍이 없는 경우 인장강도}}$

$\quad = \dfrac{\sigma_t (b - 2d) t}{\sigma_t b t} = 1 - \dfrac{2d}{b} = 1 - \dfrac{2 \times 16}{43.97} \fallingdotseq 0.272 = 27.2 \%$

□4. 두 축의 중심거리 $2000\,\text{mm}$, 원동축 풀리 지름 $400\,\text{mm}$, 종동축 풀리 $600\,\text{mm}$인 평벨트 전동장치가 있다. 원동축 $N_1 = 600\,\text{rpm}$으로 $120\,\text{kW}$ 동력 전달 시 다음을 구하여라.

(1) 원동축 풀리의 벨트 접촉각 $\theta\,[°]$

(2) 벨트에 걸리는 긴장측 장력 $T_1\,[\text{kN}]$(단, 벨트와 풀리의 마찰계수는 0.3, 벨트 재료의 단위 길이당 질량은 $0.36\,\text{kg/m}$이다.)

(3) 벨트의 최소폭 $b\,[\text{mm}]$(단, 벨트의 허용응력은 $2.5\,\text{MPa}$, 벨트의 두께는 $10\,\text{mm}$이다.)

해답 (1) $\theta = 180° - 2\sin^{-1}\left(\dfrac{D_2 - D_1}{2C}\right) = 180° - 2\sin^{-1}\left(\dfrac{600 - 400}{2 \times 2000}\right) = 174.27°$

(2) $v = \dfrac{\pi D_1 N_1}{60 \times 1000} = \dfrac{\pi \times 400 \times 600}{60 \times 1000} = 12.57\,\text{m/s} > 10\,\text{m/s}$ 이므로

부가장력을 고려한다.

부가장력$(T_c) = mv^2 = 0.36 \times (12.57)^2 = 56.88\,\text{N}$

$e^{\mu\theta} = e^{0.3\left(\frac{174.27}{57.3}\right)} = 2.49$

$H_{kW} = \dfrac{(T_t - T_c)v}{1000} \times \left(\dfrac{e^{\mu\theta} - 1}{e^{\mu\theta}}\right)$에서

$\therefore\ T_t(= T_1) = T_c + \left(\dfrac{e^{\mu\theta}}{e^{\mu\theta} - 1}\right)\dfrac{1000H_{kW}}{v} = 56.88 + \left(\dfrac{2.49}{2.49 - 1}\right) \times \dfrac{1000 \times 120}{12.57}$

$\qquad = 16.01 \times 10^3\,\text{N} = 16.01\,\text{kN}$

(3) $\sigma_t = \dfrac{T_1}{A} = \dfrac{T_1}{bt}$에서 $\therefore\ b = \dfrac{T_1}{\sigma_t t} = \dfrac{16.01 \times 10^3}{2.5 \times 10} = 640.4\,\text{mm}$

□5. 두 개의 회전체가 붙어 있는 축 자체의 위험속도 $N_0 = 400\,\text{rpm}$, 회전체 단독으로 붙어 있을 때 위험속도 $N_1 = 900\,\text{rpm}$, $N_2 = 1800\,\text{rpm}$이다. 이 축의 전체 위험속도는 몇 rpm인가?

해답 던커레이 공식(Dunkerley formula)을 적용한다.

$\dfrac{1}{N_{cr}^2} = \dfrac{1}{N_0^2} + \dfrac{1}{N_1^2} + \dfrac{1}{N_2^2} = \dfrac{1}{400^2} + \dfrac{1}{900^2} + \dfrac{1}{1800^2}$

$\therefore\ N_{cr} = 358.21\,\text{rpm}$

□6. 중실축과 중공축이 동일한 비틀림 모멘트 T를 받고 있을 때 두 축에 발생하는 비틀림 응력이 동일하도록 제작하고자 한다. 지름 $100\,\text{mm}$의 중실축과 재질이 같고 내외경 비가 0.7인 중공축의 바깥지름(mm)은?

해답 $T = \tau Z_P$에서 비틀림 모멘트(T)와 비틀림 응력(τ)이 동일하므로 $Z_{P1} = Z_{P2}$이다.

$$\frac{\pi d^3}{16} = \frac{\pi d_2^3}{16}(1 - x^4)$$에서

$$\therefore d_2 = \frac{d}{\sqrt[3]{1 - x^4}} = \frac{100}{\sqrt[3]{1 - (0.7)^4}} = 109.58\,\mathrm{mm}$$

□**7.** 다음과 같은 두께 $10\,\mathrm{mm}$인 사각형의 강판에 M16(골지름 $13.835\,\mathrm{mm}$) 볼트 4개를 사용하여 채널에 고정하고 끝단에 $20\,\mathrm{kN}$의 하중을 수직으로 가하였을 때 볼트에 작용하는 최대전단응력(MPa)은?

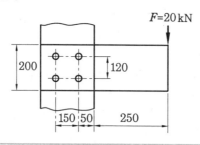

해답 ① 직접전단하중$(P_1) = \dfrac{\text{편심하중}(F)}{\text{볼트수}(n)} = \dfrac{20 \times 10^3}{4} = 5000\,\mathrm{N}$

② 볼트군 중심에서 모멘트에 의한(볼트에 작용하는) 전단하중(P_2)은

$FL = nP_2 r$에서 $FL = 4P_2 r$

$20 \times 10^3 \times 375 = 4 \times P_2 \times \sqrt{60^2 + 75^2}$

$\therefore P_2 = 19531.25\,\mathrm{N}$

※ $K = \dfrac{FL}{Zr^2} = \dfrac{20 \times 10^3 \times 375}{4 \times 96^2} = 203.45\,\mathrm{N/mm}$

$P_2 = Kr = 203.45 \times 96 = 19531.25\,\mathrm{N}$

③ 최대전단하중$(P_{\max}) = \sqrt{P_1^2 + P_2^2 + 2P_1 P_2 \cos\theta}$

$= \sqrt{5000^2 + (19531.25)^2 + 2 \times 5000 \times 19531.25 \times 0.78} = 23639.24\,\mathrm{N}$

단, $r_{\max} = \sqrt{60^2 + 75^2} = 96\,\mathrm{mm}$

$\cos\theta = \dfrac{75}{r_{\max}} = \dfrac{75}{96} = 0.78$

볼트에 작용하는 최대전단응력$(\tau_{\max})$은

$\therefore \tau_{\max} = \dfrac{P_{\max}}{A} = \dfrac{P_{\max}}{\dfrac{\pi}{4}d_1^2} = \dfrac{23639.24}{\dfrac{\pi}{4} \times (13.835)^2}$

$\fallingdotseq 157.25\,\mathrm{MPa}$

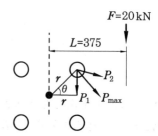

8. 플라이 휠 지름 $170\,mm$, 회전수 $600\,rpm$, 비중 7.3일 때 회전에 의해 플라이 휠 가장자리에서 발생하는 인장응력(kPa)은?

해답 $\sigma_t = \dfrac{\gamma v^2}{g} = \rho v^2 = \rho_w S v^2 = 1000 \times 7.3 \times \left(\dfrac{\pi \times 0.17 \times 600}{60}\right)^2$

$\qquad = 208.22 \times 10^3\,Pa = 208.22\,kPa$

9. 지름 $7\,mm$의 강선으로 코일의 평균지름 $85\,mm$인 하중 $10\,N$이 작용한다. 이 코일 스프링이 $6\,mm$ 늘어나도록 유효감김수와 소선의 길이는? (단, 전단탄성계수 $G = 90\,GPa$ 이다.)

해답 $\delta = \dfrac{8nWD^3}{Gd^4}$ 에서

$\qquad \therefore$ 유효감김수$(n) = \dfrac{Gd^4\delta}{8WD^3} = \dfrac{90 \times 10^3 \times 7^4 \times 6}{8 \times 10 \times 85^3} = 26.39 \fallingdotseq 27$ 회

$\qquad \therefore$ 소선의 길이$(l) = \pi Dn = \pi \times 85 \times 27 = 7209.96\,mm$

10. 단열 레이디얼 볼 베어링(동적하중 $C = 32\,kN$)이 $650\,rpm$으로 레이디얼 하중 $4\,kN$을 받는 경우 수명은 몇 시간인가?

해답 $L_h = 500 f_h^{\ r} = 500\left(\dfrac{C}{P}\right)^r \times \dfrac{33.3}{N} = 500\left(\dfrac{32}{4}\right)^3 \times \dfrac{33.3}{650} \fallingdotseq 13115.08\,h$

11. 외접하는 마찰 전동차에서 원동차의 회전속도는 $500\,rpm$, 종동차의 회전속도는 $300\,rpm$, 중심거리 $500\,mm$, 마찰차 간의 마찰계수 0.2, 마찰차 폭 $75\,mm$, 허용 접촉 압력 $20\,N/mm$이다. 다음을 구하여라.

(1) 두 마찰차의 지름 D_A, $D_B[mm]$

(2) 전달 가능한 최대동력 $H_{kW}[kW]$

해답 (1) 속비$(\varepsilon) = \dfrac{N_B}{N_A} = \dfrac{D_A}{D_B} = \dfrac{300}{500} = \dfrac{3}{5}$, $\quad C = \dfrac{D_A + D_B}{2} = \dfrac{D_A\left(1 + \dfrac{1}{\varepsilon}\right)}{2}[mm]$

$\qquad \therefore D_A = \dfrac{2C}{1 + \dfrac{1}{\varepsilon}} = \dfrac{2 \times 500}{1 + \dfrac{5}{3}} = 375\,mm$

$\qquad \therefore D_B = \dfrac{5}{3}D_A = \dfrac{5}{3} \times 375 = 625\,mm$

(2) $f = \dfrac{P}{b}$ 에서 $P = fb = 20 \times 75 = 1500\,\mathrm{N}$

$$v = \frac{\pi D_A N_A}{60 \times 1000} = \frac{\pi \times 375 \times 500}{60 \times 1000} = 9.82\,\mathrm{m/s}$$

$$H_{kW} = \frac{\mu P v}{1000} = \frac{0.2 \times 1500 \times 9.82}{1000} = 2.95\,\mathrm{kW}$$

---

12. 접촉면의 안지름 $75\,\mathrm{mm}$, 바깥지름 $125\,\mathrm{mm}$, 접촉면수 4개인 다판 클러치의 평균 마찰계수는 0.1이다. $5000\,\mathrm{N}$의 힘을 다판 클러치에 가할 때 균일 압력으로 가정하여 다음을 구하여라.

(1) 마찰판에 가해지는 압력 $p[\mathrm{MPa}]$

(2) 전달토크 $T[\mathrm{N \cdot m}]$

해답 (1) $p = \dfrac{P}{AZ} = \dfrac{P}{\dfrac{\pi}{4} \times \left(D_2^2 - D_1^2\right) Z} = \dfrac{4 \times 5000}{\pi \times \left(125^2 - 75^2\right) \times 4} \fallingdotseq 0.16\,\mathrm{MPa}$

(2) $T = \mu P Z \dfrac{D_m}{2} = 0.1 \times 5000 \times 4 \times \left(\dfrac{0.125 + 0.075}{4}\right) = 100\,\mathrm{N \cdot m}$

일반기계기사 (필답형)   2010년 제4회 시행

---

1. 코터 이음에서 축에 작용하는 인장하중 $39.24\,\mathrm{kN}$, 소켓의 바깥지름 $130\,\mathrm{mm}$, 로드의 지름 $65\,\mathrm{mm}$, 코터의 너비 $65\,\mathrm{mm}$, 코터의 두께 $20\,\mathrm{mm}$, 축지름 $60\,\mathrm{mm}$일 때, 다음을 구하여라.

(1) 로드의 코터 구멍 부분의 인장응력 $\sigma_t[\mathrm{MPa}]$

(2) 코터의 굽힘응력 $\sigma_b[\mathrm{MPa}]$

해답 (1) $\sigma_t = \dfrac{P}{A} = \dfrac{P}{\dfrac{\pi}{4} d_1^2 - d_1 t} = \dfrac{P}{d_1 \left(\dfrac{\pi}{4} d_1 - t\right)} = \dfrac{39.24 \times 10^3}{65 \left(\dfrac{\pi}{4} \times 65 - 20\right)} = 19.44\,\mathrm{MPa}$

(2) $\sigma_b = \dfrac{M_{\max}}{Z} = \dfrac{\dfrac{PD}{8}}{\dfrac{tb^2}{6}} = \dfrac{3PD}{4tb^2} = \dfrac{3 \times 39.24 \times 10^3 \times 130}{4 \times 20 \times 65^2} = 45.28\,\mathrm{MPa}$

---

2. 안지름 $1000\,\mathrm{mm}$, 두께 $12\,\mathrm{mm}$의 강관은 어느 정도의 압력(MPa)까지 사용이 가능한가? (단, 허용응력은 $78.48\,\mathrm{MPa}$, 이음 효율은 $75\,\%$, 부식여유는 $1\,\mathrm{mm}$이다.)

해답 $t = \dfrac{pD}{200\sigma_a \eta} + C$ 에서

$$\therefore \; p = \frac{200\sigma_a\eta}{D}(t-C) = \frac{200 \times 78.48 \times 0.75}{1000}(12-1)$$

$$\fallingdotseq 129.5\,\mathrm{N/cm}^2 = 1.295\,\mathrm{MPa(N/mm}^2)$$

□**3.** 매분 120 회전을 하는 출력 $0.75\,\mathrm{kW}$ 의 모터축에 설치되어 있는 지름 $250\,\mathrm{mm}$ 의 풀리에 의하여 벨트 구동을 할 때 다음을 구하여라. (단, 마찰계수는 0.3 이고, 접촉각은 $168°$ 이다.)

(1) 벨트의 원주속도 $v[\mathrm{m/s}]$

(2) 유효장력 $P_e[\mathrm{N}]$

(3) 긴장측 장력과 이완측 장력은 몇 N 인가?

해답 (1) $v = \dfrac{\pi DN}{60 \times 1000} = \dfrac{\pi \times 250 \times 120}{60 \times 1000} = 1.57\,\mathrm{m/s}$

(2) $H_{kW} = \dfrac{P_e v}{1000}[\mathrm{kW}]$ 에서 $P_e = \dfrac{1000 H_{kW}}{v} = \dfrac{1000 \times 0.75}{1.57} = 477.71\,\mathrm{N}$

(3) $e^{\mu\theta} = e^{0.3\left(\frac{168}{57.3}\right)} = 2.41$

① 이완측 장력 $(T_s) = P_e \dfrac{1}{e^{\mu\theta}-1} = 477.71 \times \dfrac{1}{2.41-1} \fallingdotseq 338.79\,\mathrm{N}$

② 긴장측 장력 $(T_t) = T_s e^{\mu\theta} = 338.79 \times 2.41 = 816.48\,\mathrm{N}$

□**4.** 블록 브레이크에서 $196\,\mathrm{N \cdot m}$ 의 토크를 지지하고 있을 때 다음을 구하여라. (단, $D = 800\,\mathrm{mm}$, $a = 1800\,\mathrm{mm}$, $b = 600\,\mathrm{mm}$, $c = 80\,\mathrm{mm}$, $\mu = 0.2$ 이다.)

(1) 누르는 힘 $W[\mathrm{N}]$

(2) 브레이크 레버에 가하는 힘 $F[\mathrm{N}]$

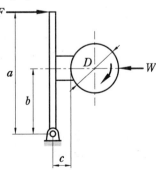

해답 (1) $T = \mu W \dfrac{D}{2}$ 에서

$$\therefore\ W = \frac{2T}{\mu D} = \frac{2 \times 196 \times 10^3}{0.2 \times 800} = 2450\,\text{N}$$

(2) 내작용 선형($c > 0$) 우회전이므로 $\Sigma M_{Hinge} = 0$에서

$Fa - Wb - \mu Wc = 0$이므로

$$\therefore\ F = \frac{W(b + \mu c)}{a} = \frac{2450(600 + 0.2 \times 80)}{1800} = 838.44\,\text{N}$$

---

5. 그림과 같이 축의 중앙에 $539.55\,\text{N}$의 기어를 설치하였을 때, 축의 자중을 무시하고 축의 위험속도를 구하여라. (단, 종탄성계수 $E = 2.06\,\text{GPa}$이다.)

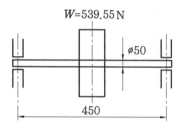

해답 $\delta = \dfrac{Wl^3}{48EI} = \dfrac{539.55 \times 450^3}{48 \times 2.06 \times 10^3 \times \dfrac{\pi \times 50^4}{64}} = 1.62\,\text{mm}$

$$N_{cr} = \frac{30}{\pi}\sqrt{\frac{980}{\delta}} \fallingdotseq 300\sqrt{\frac{1}{\delta}} = 300\sqrt{\frac{1}{0.162}} = 745.36\,\text{rpm}$$

---

6. 유효지름 $14.7\,\text{mm}$, 피치 $2\,\text{mm}$ 되는 사각나사를 길이 $350\,\text{mm}$의 스패너에 $200\,\text{N}$의 힘을 가해서 회전시키면 몇 kN의 물체를 올릴 수 있겠는가? (단, 마찰계수 $\mu = 0.1$이다.)

해답 $T = Fl = W\dfrac{d_e}{2}\left(\dfrac{p + \mu\pi d_e}{\pi d_e - \mu p}\right)$에서

$$0.2 \times 0.35 = W \times \frac{0.0147}{2}\left(\frac{0.002 + 0.1 \times \pi \times 0.0147}{\pi \times 0.0147 - 0.1 \times 0.002}\right)$$

$$\therefore\ W = 66.17\,\text{kN}$$

---

7. 접촉면의 바깥지름 $750\,\text{mm}$, 안지름 $450\,\text{mm}$인 다판 클러치로 $1450\,\text{rpm}$, $7500\,\text{kW}$를 전달할 때 다음을 구하여라. (단, 마찰계수 $\mu = 0.25$, 접촉면 압력 $p = 0.2\,\text{MPa}$이다.)

(1) 전달토크 $T[\text{N} \cdot \text{m}]$

(2) 접촉면의 수 Z

해답 (1) $T = 9.55 \times 10^3 \dfrac{kW}{N} = 9.55 \times 10^3 \times \dfrac{7500}{1450} = 49396.55 \, \text{N} \cdot \text{m}$

(2) $T = \mu p \pi b Z \dfrac{D_m^2}{2} [\text{N} \cdot \text{mm}]$ 에서

$$Z = \dfrac{2T}{\mu p \pi b D_m^2} = \dfrac{2 \times 49396.55 \times 10^3}{0.25 \times 0.2 \times \pi \times 150 \times 600^2} \fallingdotseq 11.65 \fallingdotseq 12개$$

여기서, $b = \dfrac{D_2 - D_1}{2} = \dfrac{750 - 450}{2} = 150 \, \text{mm}$

$$D_m = \dfrac{D_1 + D_2}{2} = \dfrac{450 + 750}{2} = 600 \, \text{mm}$$

□**8.** 지름 $32 \, \text{mm}$ 의 축에 $D_B = 300 \, \text{mm}$ 인 풀리 B에 긴장측 장력 $300 \, \text{N}$, 이완측 장력 $100 \, \text{N}$ 이 작용하고 있다. 축은 $2000 \, \text{rpm}$ 으로 회전하며 $D_A = 250 \, \text{mm}$ 인 풀리 A에는 이완측 장력 $P_2 = 0.25 P_1$ 이 작용하고 있을 때 다음을 구하여라. (단, P_1 은 풀리 A의 긴장측 장력이고, $G = 80.5 \, \text{GPa}$ 이다.)

(1) 풀리 B의 전달토크 $T[\text{N} \cdot \text{m}]$

(2) 축의 전 길이에 대한 비틀림각 $\theta[°]$

(3) 풀리 A의 긴장측 장력과 이완측 장력(N)

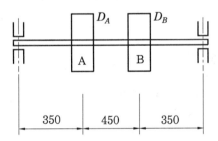

해답 (1) $T = P_c \dfrac{D_B}{2} = (T_t - T_s) \dfrac{D_B}{2} = (300 - 100) \times \dfrac{0.3}{2} = 30 \, \text{N} \cdot \text{m}$

(2) $\theta = 57.3° \times \dfrac{Tl}{GI_P} = 57.3° \times \dfrac{30 \times (0.35 + 0.45 + 0.35)}{80.5 \times 10^9 \times \dfrac{\pi \times (0.032)^4}{32}} = 0.24°$

(3) $T = P_e \dfrac{D_A}{2} = (P_1 - P_2) \dfrac{D_A}{2} = (P_1 - 0.25 P_1) \dfrac{D_A}{2} = 0.75 P_1 \times \dfrac{D_A}{2}$ 에서

긴장측 장력 $T_t(P_1) = \dfrac{2T}{0.75 D_A} = \dfrac{2 \times 30}{0.75 \times 0.25} = 320 \text{N}$

이완측 장력 $T_s(P_2) = 0.25 P_1 = 0.25 \times 320 = 80 \text{N}$

9. 기어 A의 잇수가 30개, B의 잇수가 20개인 그림과 같은 유성 기어에서 A는 고정되어 있고 B가 시계방향으로 10회전할 때, 암 H의 회전수는 어떻게 되는가?

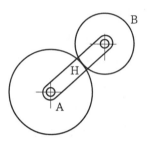

해답

구분	A	B	H
전체 고정	x	x	x
암 고정	$-x$	$(-x) \times (-1) \times \dfrac{30}{20}$	0
정미회전수	0	$+10$	x

$$x + \frac{3}{2}x = 10\,\text{회전}, \quad \frac{5}{2}x = 10$$

$$\therefore \ x = \frac{2 \times 10}{5} = 4\,\text{회전}$$

암 H는 시계방향(오른쪽)으로 4회전한다.

---

10. 너트의 풀림 방지법 7가지를 적어라.

해답 ① 로크너트(locknut)에 의한 방법
② 세트나사(set screw)에 의한 방법
③ 분할핀(split pin)에 의한 방법
④ 와셔에 의한 방법
⑤ 작은 나사, 멈춤나사에 의한 방법
⑥ 자동죔너트에 의한 방법
⑦ 클로 또는 철사를 사용하는 방법

2011년도 시행 문제

☐**1.** 베어링번호 6312의 단열 레이디얼 볼 베어링에 그리스(grease) 윤활로 30000시간의 수명을 주려고 한다. 다음을 구하여라. (단, dN의 값은 180000, C의 값은 81550N 이다.)

(1) 최대 사용 회전수 $N[\mathrm{rpm}]$은?

(2) 이때 베어링 하중은 몇 kN인가? (단, 하중계수 $f_w = 1.0$ 이다.)

해답　(1) $dN = 180000$에서

$$N = \frac{180000}{d} = \frac{180000}{60\,(= 12 \times 5)} = 3000\,\mathrm{rpm}$$

(2) $L_h = 500 f_h{}^r = 500 \times \frac{33.3}{N} \times \left(\frac{C}{f_w \times P}\right)^3$

$$30000 = 500 \times \frac{33.3}{3000} \times \left(\frac{81550}{1 \times P}\right)^3$$

$$\therefore P = 4646.75\mathrm{N} \fallingdotseq 4.65\,\mathrm{kN}$$

☐**2.** 나사의 풀림 방지법 5가지를 적어라.

해답　① 로크너트(locknut)에 의한 방법

② 세트나사(set screw)에 의한 방법

③ 분할핀(split pin)에 의한 방법

④ 와셔에 의한 방법

⑤ 작은 나사, 멈춤나사에 의한 방법

⑥ 자동좸너트에 의한 방법

⑦ 클로 또는 철사를 사용하는 방법

☐**3.** 길이 2m의 연강제 중실 둥근 축이 3.68kW, 200rpm으로 회전하고 있다. 비틀림 각을 전 길이에 대하여 0.25° 이내로 하기 위해서는 지름을 얼마로 하면 되는가? (단, 가로탄성계수 $G = 81.42 \times 10^3 \mathrm{N/mm^2}$ 이다.)

해답　$T = 9.55 \times 10^3 \frac{kW}{N} = 9.55 \times 10^3 \times \frac{3.68}{200} = 175.72\,\mathrm{N \cdot m}$

$\theta° = \frac{180°}{\pi} \times \frac{Tl}{GI_P} = 57.3° \times \frac{Tl}{GI_P}$ 에서

$$\therefore I_P = 57.3° \times \frac{Tl}{G\theta°} = 57.3° \times \frac{175.72 \times 10^3 \times 2000}{81.42 \times 10^3 \times 0.25°} = 989186.09 \, mm^4$$

$$I_P = \frac{\pi d^4}{32} \text{에서} \quad d = \sqrt[4]{\frac{32 I_P}{\pi}} = \sqrt[4]{\frac{32 \times 989186.09}{\pi}} = 56.34 \, mm$$

□**4.** 그림과 같은 브레이크에서 $98.1 \, N \cdot m$의 토크를 지지하고 있다. 레버 끝에 가하는 힘 F는 몇 N인가? (단, 마찰계수 $\mu = 0.2$로 한다.)

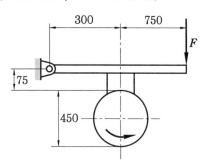

해답 $T = \mu P \dfrac{D}{2}$ 에서 $P = \dfrac{2T}{\mu D} = \dfrac{2 \times 98.1 \times 10^3}{0.2 \times 450} = 2180 \, N$

내작용 선형($c > 0$) 좌회전이므로 $\Sigma M_{Hinge} = 0$에서

$Fa - Pb + \mu Pc = 0$이므로

$$\therefore F = \frac{P(b - \mu c)}{a} = \frac{2180(300 - 0.2 \times 75)}{1050} = 591.71 N$$

□**5.** $7.5 \, kW$, $480 \, rpm$으로 회전하는 스퍼 기어의 모듈이 5, 압력각이 $20°$이다. 축간거리 $250 \, mm$, 소기어의 회전수는 $1440 \, rpm$, 치폭이 $50 \, mm$일 때 다음을 구하여라. (단, 치형계수는 0.369이다.)

(1) 피니언과 기어의 잇수 Z_1과 Z_2는 몇 개인가?

(2) 전달하중 F는 몇 N인가?

(3) 굽힘응력 σ_b는 몇 N/mm^2인가?

해답 (1) 속도비$(\varepsilon) = \dfrac{N_2}{N_1} = \dfrac{Z_1}{Z_2} = \dfrac{480}{1440} = \dfrac{1}{3}$

$$C = \frac{D_1 + D_2}{2} = \frac{m(Z_1 + Z_2)}{2} = \frac{mZ_1}{2}\left(1 + \frac{1}{\varepsilon}\right) \text{이므로}$$

$$\therefore Z_1 = \frac{2C}{m\left(1 + \dfrac{1}{\varepsilon}\right)} = \frac{2 \times 250}{5(1 + 3)} = 25 \text{개}$$

$$\therefore Z_2 = 3Z_1 = 3 \times 25 = 75 \text{개}$$

(2) $v = \dfrac{\pi D_1 N_1}{60 \times 1000} = \dfrac{\pi m Z_1 N_1}{60 \times 1000} = \dfrac{\pi \times 5 \times 25 \times 1440}{60 \times 1000} = 9.42\,\text{m/s}$

$H_{kW} = \dfrac{Fv}{1000}\,[\text{kW}]$ 에서

$F = \dfrac{1000 H_{kW}}{v} = \dfrac{1000 \times 7.5}{9.42} = 796.18\,\text{N}$

(3) $F = f_v f_w \sigma_b p b y = f_v f_w \sigma_b \pi m b y = f_v f_w \sigma_b m b Y$ 에서

$\therefore\ \sigma_b = \dfrac{F}{f_v f_w m b Y} = \dfrac{796.18}{0.245 \times 5 \times 50 \times 0.369} = 35.23\,\text{N/mm}^2$

단, $f_v = \dfrac{3.05}{3.05 + v} = \dfrac{3.05}{3.05 + 9.42} = 0.245$

하중계수(f_w)는 주어지지 않으면 적용하지 않는다.

□6. 외접 원통 마찰차의 축간거리 $300\,\text{mm}$, $N_1 = 200\,\text{rpm}$, $N_2 = 100\,\text{rpm}$인 마찰차의 지름 D_1, D_2는 각각 얼마인가?

해답 속도비$(\varepsilon) = \dfrac{N_2}{N_1} = \dfrac{D_1}{D_2} = \dfrac{1}{2}$

$C = \dfrac{D_1 + D_2}{2} = \dfrac{D_1\left(1 + \dfrac{1}{\varepsilon}\right)}{2}$

$\therefore\ D_1 = \dfrac{2C}{1 + \dfrac{1}{\varepsilon}} = \dfrac{2 \times 300}{1 + 2} = 200\,\text{mm}$

$\therefore\ D_2 = 2D_1 = 2 \times 200 = 400\,\text{mm}$

□7. 스플라인 안지름 $82\,\text{mm}$, 바깥지름 $88\,\text{mm}$, 잇수 6개, $200\,\text{rpm}$으로 회전할 때 다음을 구하여라. (단, 이 측면의 허용 접촉면압력은 $19.62\,\text{N/mm}^2$, 보스길이 $150\,\text{mm}$, 접촉효율은 0.75이다.)

(1) 전달토크 $T[\text{N} \cdot \text{m}]$

(2) 전달동력은 몇 kW인가?

해답 (1) $T = \eta P \dfrac{d_m}{2} = \eta(h - 2c) l q_a Z\left(\dfrac{d_1 + d_2}{4}\right)$

$= 0.75(3 - 2 \times 0) \times 150 \times 19.62 \times 6\left(\dfrac{82 + 88}{4}\right)$

$= 1688.55 \times 10^3\,\text{N} \cdot \text{mm} = 1688.55\,\text{N} \cdot \text{m}$

$$h = \frac{d_2 - d_1}{2} = \frac{88 - 82}{2} = 3\,\text{mm}, \quad \text{모따기(이떼기) 치수 } c = 0$$

(2) $T = 9.55 \times 10^3 \dfrac{kW}{N}[\text{N·m}]$ 에서

$$\text{전달동력(kW)} = \frac{TN}{9.55 \times 10^3} = \frac{1688.55 \times 200}{9.55 \times 10^3} = 35.36\,\text{kW}$$

---

8. 접촉면의 평균지름 $300\,\text{mm}$, 원추각 $30°$의 주철제 원추 클러치가 있다. 이 클러치의 축방향으로 누르는 힘이 $588.6\,\text{N}$일 때 회전토크는 몇 N·m 인가? (단, 마찰계수는 0.3이다.)

해답 $Q = \dfrac{P}{\sin\alpha + \mu\cos\alpha} = \dfrac{588.6}{\sin 15° + 0.3\cos 15°} = 1072.92\,\text{N}$

$T = \mu Q \dfrac{D_m}{2} = 0.3 \times 1072.92 \times \dfrac{0.3}{2} = 48.28\,\text{N·m}$

---

9. 리벳의 구멍지름 $25\,\text{mm}$, 피치 $68\,\text{mm}$, 판두께 $19\,\text{mm}$인 양쪽 덮개판 1줄 리벳 맞대기 이음의 효율을 계산하여라. (단, 리벳의 전단강도는 판의 인장강도의 85%이다. 리벳 1개에 대한 전단면이 2개인 복전단으로 1.8배로 계산한다.)

(1) 강판의 효율 $\eta_p[\%]$는?

(2) 리벳 효율 $\eta_r[\%]$는?

(3) 리벳 이음의 효율은 몇 %인가?

해답 (1) $\eta_p = 1 - \dfrac{d}{p} = 1 - \dfrac{25}{68} = 0.6324 = 63.24\%$

(2) $\eta_r = \dfrac{1.8\pi d^2 \tau_a}{4pt\sigma_a} = \dfrac{1.8 \times \pi \times 25^2 \times 0.85\sigma_a}{4 \times 68 \times 19 \times \sigma_a} = 0.5813 = 58.13\%$

(3) 리벳 이음의 효율은 강판의 효율(η_p)과 리벳 효율(η_r) 중에서 작은 값을 선택한다. 따라서 리벳 이음의 효율은 58.13%이다.

---

10. 스팬의 길이 $2500\,\text{mm}$, 강판의 폭 $60\,\text{mm}$, 두께 $15\,\text{mm}$, 강판의 수 6개, 허리조임의 폭 $120\,\text{mm}$인 겹판 스프링에서 스프링의 허용 굽힘응력을 $350\,\text{N/mm}^2$, 세로탄성계수를 $206 \times 10^3\,\text{N/mm}^2$라 할 때 다음을 구하여라. (단, $l_e = l - 0.6e$로 계산하고 여기서, l은 스팬의 길이, e는 허리조임의 폭이다.)

(1) 스프링이 받칠 수 있는 최대하중은 몇 kN 인가?

(2) 처짐은 몇 mm인가?

[해답] (1) $\sigma_b = \dfrac{3Pl_e}{2nbh^2}$ 에서

$$\therefore\ P = \dfrac{2nbh^2\sigma_b}{3l_e} = \dfrac{2 \times 6 \times 60 \times 15^2 \times 350 \times 10^{-3}}{3 \times 2428} = 7.78\,\text{kN}$$

단, $l_e = l - 0.6e = 2500 - 0.6 \times 120 = 2428\,\text{mm}$

(2) $\delta = \dfrac{3Pl_e^3}{8nbh^3E} = \dfrac{3 \times 7.78 \times 10^3 \times 2428^3}{8 \times 6 \times 60 \times 15^3 \times 206 \times 10^3} = 166.85\,\text{mm}$

---

11. 지름이 $40\,\text{mm}$인 축의 회전수 $800\,\text{rpm}$, 동력 $20\,\text{kW}$를 전달시키고자 할 때, 이 축에 작용하는 묻힘 키의 길이를 결정하여라. (단, 키의 $b \times h = 12 \times 8$이고, 묻힘깊이 $t = \dfrac{h}{2}$이며 키의 허용 전단응력은 $29.43\,\text{N/mm}^2$, 허용 압축응력은 $78.48\,\text{N/mm}^2$이다.)

(1) 키의 허용 전단응력을 이용하여 키의 길이를 mm로 구하여라.

(2) 키의 허용 압축응력을 이용하여 키의 길이를 mm로 구하여라.

(3) 묻힘 키의 최대 길이를 결정하여라.

길이 l의 표준값

6	8	10	12	14	16	18	20	22	25	28	32	36
40	45	50	56	63	70	80	90	100	110	125	140	160

[해답] (1) $T = 9.55 \times 10^3 \dfrac{kW}{N} = 9.55 \times 10^3 \times \dfrac{20}{800} = 238.75\,\text{N·m}$

$\tau_k = \dfrac{2T}{bld}$ 에서

$$\therefore\ l = \dfrac{2T}{\tau_k bd} = \dfrac{2 \times 238.75 \times 10^3}{29.43 \times 12 \times 40} = 33.8\,\text{mm}$$

(2) $\sigma_c = \dfrac{4T}{hld}$ 에서

$$\therefore\ l = \dfrac{4T}{\sigma_c hd} = \dfrac{4 \times 238.75 \times 10^3}{78.48 \times 8 \times 40} = 38.02\,\text{mm}$$

(3) 최대 길이는 안전을 고려하여 둘 중에서 큰 값을 선정하므로 $l = 38.02\,\text{mm}$이다.

따라서, 표에서 $l = 38.02\,\text{mm}$보다 큰 값을 선정하면

$\therefore\ l = 40\,\text{mm}$

---

12. 1500rpm, 150mm의 평벨트 풀리가 300rpm의 축으로 8kW를 전달하고 있다. 마찰계수가 0.3이고 단위 길이당 질량이 0.35kg/m일 때 다음을 구하여라. (단, 축간거리는 1800mm이다.)

(1) 종동풀리의 지름 D_2[mm]

(2) 긴장측 장력 T_t[N]

(3) 벨트의 길이 L[mm] (벨트는 바로 걸기이다.)

해답 (1) 속도비$(\varepsilon) = \dfrac{N_2}{N_1} = \dfrac{D_1}{D_2}$에서 $\therefore D_2 = D_1 \times \dfrac{N_1}{N_2} = 150 \times \dfrac{1500}{300} = 750\,\text{mm}$

(2) $v = \dfrac{\pi D_1 N_1}{60 \times 1000} = \dfrac{\pi \times 150 \times 1500}{60 \times 1000} ≒ 11.78\,\text{m/s} > 10\,\text{m/s}$ 이므로 부가장력(T_c)을 고려한다.

부가장력$(T_c) = mv^2 = 0.35 \times (11.78)^2 = 48.57\,\text{N}$

$\theta = 180° - 2\sin^{-1}\left(\dfrac{D_2 - D_1}{2C}\right) = 180° - 2\sin^{-1}\left(\dfrac{750 - 150}{2 \times 1800}\right) = 160.81°$

$e^{\mu\theta} = e^{0.3\left(\frac{160.81}{57.3}\right)} = 2.32$

$H_{kW} = \dfrac{P_e v}{1000} = \dfrac{(T_t - T_c)v}{1000}\left(\dfrac{e^{\mu\theta} - 1}{e^{\mu\theta}}\right)$에서

$\therefore T_t = T_c + \dfrac{1000 H_{kW}}{v}\left(\dfrac{e^{\mu\theta}}{e^{\mu\theta} - 1}\right) = 48.57 + \dfrac{1000 \times 8}{11.78}\left(\dfrac{2.32}{2.32 - 1}\right)$

$≒ 1242.17\,\text{N}$

(3) $L = 2C + \dfrac{\pi(D_1 + D_2)}{2} + \dfrac{(D_2 - D_1)^2}{4C}$

$= (2 \times 1800) + \dfrac{\pi(150 + 750)}{2} + \dfrac{(750 - 150)^2}{4 \times 1800} = 5063.72\,\text{mm}$

일반기계기사 (필답형)　　2011년 제4회 시행

1. 지름이 80mm인 축의 회전수가 초당 4회전하며, 동력 66.22kW를 전달시키고자 할 때 다음을 구하여라. (단, 키의 길이는 56mm, 키의 허용 전단응력은 49.05MPa, 키의 허용 압축응력은 147.15MPa이다.)

(1) 키의 폭은 몇 mm인가?

(2) 키의 높이는 몇 mm인가?

해답 (1) $N = 4\,\mathrm{Hz}\,(= \mathrm{cycle/s}\,) = 4 \times 60\,\mathrm{rpm} = 240\,\mathrm{rpm}$

$$T = 9.55 \times 10^6 \frac{kW}{N} = 9.55 \times 10^6 \times \frac{66.22}{240} = 2635004.17\,\mathrm{N \cdot mm}$$

$$\tau_k = \frac{2T}{bld}\ \text{에서}$$

$$\therefore\ b = \frac{2T}{\tau_k ld} = \frac{2 \times 2635004.17}{49.05 \times 56 \times 80} = 23.98\,\mathrm{mm}$$

(2) $\sigma_c = \dfrac{4T}{hld}\ \text{에서}$

$$h = \frac{4T}{\sigma_c ld} = \frac{4 \times 2635004.17}{147.15 \times 56 \times 80} = 15.99\,\mathrm{mm}$$

□2. 오른쪽 그림과 같은 내부확장식 브레이크에서 $600\,\mathrm{rpm}$, $10\,\mathrm{kW}$의 동력을 제동하려고 한다. (단, 마찰계수는 0.35이다.)

(1) 브레이크 제동력 Q는 몇 N인가?

(2) 실린더를 미는 조작력 F는 몇 N인가?

(3) 제동에 필요한 실린더 작용압력은 몇 MPa인가?

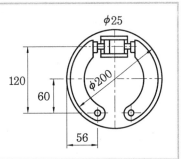

해답 (1) $T = 9.55 \times 10^6 \dfrac{kW}{N} = 9.55 \times 10^6 \times \dfrac{10}{600} ≒ 159166.67\,\mathrm{N \cdot mm}$

$$T = Q\frac{D}{2}\ \text{에서}$$

$$Q = \frac{2T}{D} = \frac{2 \times 159166.67}{200} = 1591.67\,\mathrm{N}$$

(2) 제동력$(Q) = \mu(P_1 + P_2)$이므로

$$P_1 + P_2 = \frac{Q}{\mu} = \frac{1591.67}{0.35} = 4547.63\,\mathrm{N}$$

여기서, $P_1 = \dfrac{Fa}{b - \mu c} = \dfrac{F \times 120}{60 - 0.35 \times 56} = 2.97F$

$$P_2 = \frac{Fa}{b + \mu c} = \frac{F \times 120}{60 + 0.35 \times 56} = 1.51F$$

$P_1 + P_2 = 4547.63\,\mathrm{N}$이므로

$$2.97F + 1.51F = 4547.63$$

$$\therefore\ F = \frac{4547.63}{4.48} ≒ 1015.1\,\mathrm{N}$$

(3) $P = \dfrac{F}{A} = \dfrac{F}{\dfrac{\pi d^2}{4}} = \dfrac{4F}{\pi d^2} = \dfrac{4 \times 1015.1}{\pi \times 25^2} = 2.07\,\mathrm{MPa}$

□3. 코일 스프링에 작용하는 압축하중 $P = 2.94\,\mathrm{kN}$, 수축량 $15\,\mathrm{mm}$, 코일의 평균지름 $D = 70\,\mathrm{mm}$이며, 스프링 지수 5, 전단탄성계수 $G = 78.48\,\mathrm{GPa}$이다. 다음을 구하여라.

(1) 유효감김수 n을 정수로 구하여라.

(2) 비틀림에 의한 최대전단응력은 몇 MPa인가?

해답 (1) $C = \dfrac{D}{d}$에서 $d = \dfrac{D}{C} = \dfrac{70}{5} = 14\,\mathrm{mm}$

$$\delta = \frac{8nPD^3}{Gd^4} = \frac{8nC^3P}{Gd}\,[\mathrm{mm}] \text{에서}$$

$$n = \frac{Gd\delta}{8C^3P} = \frac{78.48 \times 10^3 \times 14 \times 15}{8 \times 5^3 \times 2.94 \times 10^3} = 5.61 ≒ 6\,\text{회}$$

(2) $K = \dfrac{4C-1}{4C-4} + \dfrac{0.615}{C} = \dfrac{4 \times 5 - 1}{4 \times 5 - 4} + \dfrac{0.615}{5} = 1.31$

$$\tau_{\max} = K\frac{8PD}{\pi d^3} = 1.31 \times \frac{8 \times 2.94 \times 10^3 \times 70}{\pi \times 14^3} = 250.19\,\mathrm{MPa}$$

□4. 표준 평기어에서 모듈은 4, 회전수 $700\,\mathrm{rpm}$, 잇수 25, 이 너비가 $35\,\mathrm{mm}$, 굽힘응력 $294.3\,\mathrm{MPa}$, 치형계수 $Y = \pi y = 0.32$인 피니언이 있다. 다음을 구하여라.

(1) 속도(v)는 몇 m/s인가?

(2) 전달하중(F)은 몇 N인가?

(3) 전달동력(H_{kW})은 몇 kW인가?

해답 (1) $v = \dfrac{\pi DN}{60 \times 1000} = \dfrac{\pi mZN}{60 \times 1000} = \dfrac{\pi \times 4 \times 25 \times 700}{60 \times 1000} = 3.67\,\mathrm{m/s}$

(2) $f_v = \dfrac{3.05}{3.05 + v} = \dfrac{3.05}{3.05 + 3.67} = 0.4539$

$$F = f_v f_w \sigma_b m b Y = 0.4539 \times 294.3 \times 4 \times 35 \times 0.32 = 5984.51\,\mathrm{N}$$

(3) $H_{kW} = \dfrac{Fv}{1000} = \dfrac{5984.51 \times 3.67}{1000} = 21.96\,\mathrm{kW}$

□5. 언더컷 방지법 3가지를 서술하라.

해답 ① 압력각(α)을 크게 한다.

② 언더컷 방지 한계잇수(Z_g) $= \dfrac{2a}{m\sin^2\alpha} = \dfrac{2}{\sin^2\alpha}$ 이상으로 한다.

③ 이의 높이를 낮추며, 전위 기어를 사용한다.

○6. 복렬 자동 조심 볼 베어링을 사용하여 $200\,\text{rpm}$으로 레이디얼 하중 $4.91\,\text{kN}$, 스러스트 하중 $2.96\,\text{kN}$을 동시에 받게 하고 기본 동정격 하중 $C=47.58\,\text{kN}$, $C_0=35.32\,\text{kN}$이다.

볼 베어링과 롤러 베어링의 V, X 및 Y값

베어링 형식		내륜 회전 하중	외륜 회전 하중	단열 $\frac{F_a}{VF_r}>e$		복렬 $\frac{F_a}{VF_r}\le e$		복렬 $\frac{F_a}{VF_r}>e$		e
		V		X	Y	X	Y	X	Y	
깊은 홈 볼 베어링	$F_a/C_o=0.014$	1	1.2	0.56	2.30	1	0	0.56	2.30	0.19
	$=0.028$				1.99				1.99	0.22
	$=0.056$				1.71				1.71	0.26
	$=0.084$				1.55				1.55	0.28
	$=0.11$				1.45				1.45	0.30
	$=0.17$				1.31				1.31	0.34
	$=0.28$				1.15				1.15	0.38
	$=0.42$				1.04				1.04	0.42
	$=0.56$				1.00				1.00	0.44
앵귤러 볼 베어링	$\alpha=20°$	1	1.2	0.43	1.00	1	1.09	0.70	1.63	0.57
	$=25°$			0.41	0.87		0.92	0.67	1.41	0.58
	$=30°$			0.39	0.76		0.78	0.63	1.24	0.80
	$=35°$			0.37	0.56		0.66	0.60	1.07	0.95
	$=40°$			0.35	0.57		0.55	0.57	0.93	1.14
자동 조심 볼 베어링		1	1	0.4	$0.4\times\cot\alpha$	1	$0.42\times\cot\alpha$	0.65	$0.65\times\cot\alpha$	$1.5\times\tan\alpha$
매그니토 볼 베어링		1	1							

e : 하중 변화에 따른 계수, α : 볼의 접촉각

(1) 레이디얼계수 X, 스러스트계수 Y를 구하여라. (단, $\alpha=10.57°$이다.)

(2) 등가 레이디얼 하중 $P_r[\text{kN}]$을 구하여라.

(3) 베어링 수면시간 $L_h[\text{h}]$을 구하여라. (하중계수는 1.2이다.)

해답 (1) $\dfrac{F_a}{VF_r}=\dfrac{2.96}{1\times4.91}=0.60$ (∵ 자동 조심 볼 베어링이므로 $V=1$이다.)

$e=1.5\tan\alpha=1.5\tan10.57°=0.28$

$\dfrac{F_a}{VF_r}(=0.60)>e(=0.28)$이므로

복렬 자동 조심 볼 베어링의 표에서

∴ $X=0.65$, $Y=0.65\cot\alpha=0.65\cot10.57°=3.48$

(2) 등가 레이디얼 하중$(P_r)=XVF_r+YF_t$(단, $F_t=F_a$)

$$\therefore \; P_r = 0.65 \times 1 \times 4.91 + 3.48 \times 2.96 = 13.49 \, \text{kN}$$

(3) $L_h = 500 f_h{}^r = 500 \left(\dfrac{C}{P} \right)^r \dfrac{33.3}{N} = 500 \left(\dfrac{C}{f_w P_r} \right)^r \dfrac{33.3}{N}$

$$= 500 \left(\frac{47.58}{1.2 \times 13.49} \right)^3 \times \frac{33.3}{200} \fallingdotseq 2113.87 \, \text{h}$$

□**7.** 롤러 체인의 피치 $19.05\,\text{mm}$, 파단하중 $31.38\,\text{kN}$, 안전율 8이고, 잇수 $Z_1 = 40$, $Z_2 = 25$이고 구동 스프로킷의 회전수는 $300\,\text{rpm}$, 축간거리는 $650\,\text{mm}$이다.

(1) 구동 스프로킷의 피치원 지름 $D_1[\text{mm}]$을 구하여라.

(2) 전달동력 $H[\text{kW}]$를 구하여라.

(3) 체인의 링크수 L_n을 구하여라. (단, 짝수로 결정한다.)

[해답] (1) $D_1 = \dfrac{p}{\sin \dfrac{180}{Z_1}} = \dfrac{19.05}{\sin \dfrac{180}{40}} = 242.8 \, \text{mm}$

(2) $v = \dfrac{p Z_1 N_1}{60 \times 1000} = \dfrac{19.05 \times 40 \times 300}{60 \times 1000} = 3.81 \, \text{m/s}$

전달동력 $(H) = \dfrac{Fv}{1000} = \dfrac{F_B v}{1000 S} = \dfrac{31.38 \times 1000 \times 3.81}{1000 \times 8} = 14.94 \, \text{kW}$

(3) $L_n = \dfrac{2C}{p} + \dfrac{Z_1 + Z_2}{2} + \dfrac{0.0257 p (Z_1 - Z_2)^2}{C}$

$$= \frac{2 \times 650}{19.05} + \frac{40 + 25}{2} + \frac{0.0257 \times 19.05 \times (40 - 25)^2}{650}$$

$$= 100.91 \fallingdotseq 102 \text{개}$$

□**8.** 축간거리 $40\,\text{m}$의 로프 풀리에서 로프가 $750\,\text{mm}$ 처졌다. 로프 단위 길이당 무게 $w = 7.85\,\text{N/m}$이다. 다음을 구하여라.

(1) 로프에 생기는 인장력 T는 몇 N인가?

(2) 풀리와 로프의 접촉점에서 접촉점까지의 길이 L은 몇 m인가?

[해답] (1) 로프의 인장력(T)은

$$\therefore \; T = \frac{wl^2}{8h} + wh = \frac{7.85 \times 40^2}{8 \times 0.75} + (7.85 \times 0.75) = 2099.22 \, \text{N}$$

(2) 접촉점 사이의 로프 길이(L)는

$$\therefore \; L = l \left(1 + \frac{8h^2}{3l^2} \right) = 40 \left(1 + \frac{8 \times (0.75)^2}{3 \times 40^2} \right) = 40.04 \, \text{m}$$

○9. 유효지름 $51\,\mathrm{mm}$, 피치 $8\,\mathrm{mm}$, 나사산의 각 $30°$인 미터 사다리꼴 나사(Tr) 잭의 줄 수 1, 축하중 $6000\,\mathrm{N}$이 작용한다. 너트부 마찰계수는 0.15이고, 자립면 마찰계수는 0.01, 자립면 평균지름은 $64\,\mathrm{mm}$일 때 다음을 구하여라.

(1) 회전토크 T는 몇 N·m인가?

(2) 나사 잭의 효율은 몇 %인가?

(3) 축하중을 들어올리는 속도가 $0.6\,\mathrm{m/min}$일 때 전달동력은 몇 kW인가?

해답 (1) $\mu' = \dfrac{\mu}{\cos\dfrac{\alpha}{2}} = \dfrac{0.15}{\cos\dfrac{30°}{2}} = 0.1553$

$$T = \mu_1 Q r_m + Q\dfrac{d_e}{2}\left(\dfrac{p + \mu'\pi d_e}{\pi d_e - \mu' p}\right)$$

$$= (0.01 \times 6000 \times 0.032) + 6000\dfrac{0.051}{2}\left(\dfrac{8 + 0.1553 \times \pi \times 51}{\pi \times 51 - 0.1553 \times 8}\right) = 33.57\,\mathrm{N·m}$$

(2) $\eta = \dfrac{Qp}{2\pi T} = \dfrac{6000 \times 8}{2\pi \times 33.57 \times 10^3} = 0.2276 = 22.76\,\%$

(3) $H_{kW} = \dfrac{Qv}{\eta} = \dfrac{6000 \times 10^{-3} \times \dfrac{0.6}{60}}{0.2276} = 0.26\,\mathrm{kW}$

---

10. $20\,\mathrm{mm}$ 두께의 강판이 그림과 같이 용접 다리 길이(h) $8\,\mathrm{mm}$로 필릿 용접되어 하중을 받고 있다. 용접부 허용 전단응력이 $140\,\mathrm{MPa}$이라면 허용 하중 $F[\mathrm{N}]$을 구하여라. (단, $b = d = 50\,\mathrm{mm}$, $a = 150\,\mathrm{mm}$이고 용접부 단면의 극단면 모멘트 $J_G = 0.707h\dfrac{(3d^2 + b^2)b}{6}$이다.)

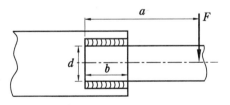

해답 (1) 편심하중 F에 의한 직접전단응력(τ_1)은

$$\tau_1 = \dfrac{F}{A} = \dfrac{F}{2bt} = \dfrac{F}{2bh\cos 45°} = \dfrac{F}{2 \times 50 \times 8 \times \cos 45°}$$

$$= 1767.77 \times 10^{-6}F[\mathrm{MPa}] = 1767.77F[\mathrm{Pa}]$$

모멘트에 의한 전단응력(τ_2)은

$$\tau_2 = \frac{F\left(a - \dfrac{b}{2}\right)r_{\max}}{J_G} = \frac{F(150 - 25) \times \sqrt{25^2 + 25^2}}{0.707 \times 8 \times \dfrac{50(3 \times 50^2 + 50^2)}{6}}$$

$$= 9376.42 \times 10^{-6} F[\text{MPa}] = 9376.42 F[\text{Pa}]$$

최대(합성)전단응력($\tau_{\max}$)은

$$\tau_{\max} = \sqrt{\tau_1^2 + \tau_2^2 + 2\tau_1\tau_2\cos\theta}\ [\text{MPa}] \text{에서 양변을 제곱하면}$$

$$\tau_{\max}^2 = \tau_1^2 + \tau_2^2 + 2\tau_1\tau_2\cos\theta$$

여기서 $\begin{cases} r_{\max} = \sqrt{25^2 + 25^2} = 35.36\,\text{mm} \\ \cos\theta = \dfrac{25}{r_{\max}} = \dfrac{25}{35.36} = 0.707 \end{cases}$

$$(140 \times 10^6)^2 = F^2\{(1767.77)^2 + (9376.42)^2 + (2 \times 1767.77 \times 9376.42 \times 0.707)\}$$

$$\therefore F = 13084.69\,\text{N}$$

---

11. 동일한 회전토크를 가했을 때, 지름 $80\,\text{mm}$인 중실축과 비틀림응력이 같은 안과 밖의 지름비 0.6인 중공축의 바깥지름(mm)을 구하여라.

해답 $T = \tau Z_P$에서 비틀림 모멘트(T)와 비틀림 응력(τ)이 동일하므로($T_1 = T_2$, $\tau_1 = \tau_2$)

$Z_{P\cdot 1} = Z_{P\cdot 2}$이다.

$$\frac{\pi d^3}{16} = \frac{\pi d_2^3}{16}(1 - x^4) \text{에서}$$

$$\therefore d_2 = \frac{d}{\sqrt[3]{1 - x^4}} = \frac{80}{\sqrt[3]{1 - (0.6)^4}} = 83.79\,\text{mm}$$

1. $500\,\mathrm{rpm}$, $1.1\,\mathrm{kW}$를 전달하는 외접 평마찰차가 있다. 축간거리 $250\,\mathrm{mm}$, 속도비 $\dfrac{1}{3}$, 접촉허용선압력 $9.8\,\mathrm{N/mm}$, 마찰계수 0.3일 때 다음을 구하여라.

(1) 마찰차의 회전속도는 몇 $\mathrm{m/s}$인가?
(2) 마찰차를 누르는 힘은 몇 N인가?
(3) 마찰차의 길이(폭)는 몇 mm인가?

해답 (1) 속도비$(\varepsilon)=\dfrac{N_2}{N_1}=\dfrac{D_1}{D_2}=\dfrac{1}{3}$, $C=\dfrac{D_1+D_2}{2}=\dfrac{D_1\left(1+\dfrac{1}{\varepsilon}\right)}{2}$

$$\therefore\ D_1=\frac{2C}{1+\dfrac{1}{\varepsilon}}=\frac{2\times250}{1+3}=125\,\mathrm{mm}$$

$$\therefore\ D_2=3D_1=3\times125=375\,\mathrm{mm}$$

$$v=\frac{\pi D_1 N_1}{60\times1000}=\frac{\pi\times125\times500}{60\times1000}=3.27\,\mathrm{m/s}$$

(2) $H_{kW}=\dfrac{\mu P v}{1000}[\mathrm{kW}]$에서

$$P=\frac{1000 H_{kW}}{\mu v}=\frac{1000\times1.1}{0.3\times3.27}=1121.30\,\mathrm{N}$$

(3) $f=\dfrac{P}{b}[\mathrm{N/mm}]$에서 $\therefore\ b=\dfrac{P}{f}=\dfrac{1121.30}{9.8}=114.42\,\mathrm{mm}$

2. 한 줄 겹치기 리벳 이음에서 판두께 $12\,\mathrm{mm}$, 리벳 지름 $25\,\mathrm{mm}$, 피치 $50\,\mathrm{mm}$, 리벳 중심에서 판 끝까지의 길이는 $35\,\mathrm{mm}$이다. 1피치당 하중을 $24.5\,\mathrm{kN}$으로 할 때 다음을 계산하여라.

(1) 판의 인장응력은 몇 $\mathrm{N/mm^2}$인가?
(2) 리벳의 전단응력은 몇 $\mathrm{N/mm^2}$인가?
(3) 리벳 이음의 효율은 몇 %인가?

해답 (1) $\sigma_t=\dfrac{W}{A}=\dfrac{W}{(p-d)t}=\dfrac{24.5\times10^3}{(50-25)\times12}=81.67\,\mathrm{N/mm^2}$

(2) $\tau = \dfrac{W}{An} = \dfrac{W}{\dfrac{\pi}{4}d^2 n} = \dfrac{24.5 \times 10^3}{\dfrac{\pi}{4} \times 25^2 \times 1} = 49.9\,\mathrm{N/mm^2}$

(3) 리벳 효율 $(\eta_r) = \dfrac{n\pi d^2 \tau}{4pt\sigma_t} = \dfrac{1 \times \pi \times 25^2 \times 49.9}{4 \times 50 \times 12 \times 81.67} = 0.5 = 50\,\%$

강판 효율 $(\eta_t) = 1 - \dfrac{d}{p} = 1 - \dfrac{25}{50} = 0.5 = 50\,\%$

두 값이 같으므로 리벳 이음의 효율은 50 %이다.

---

3. 평벨트 바로 걸기 전동에서 지름이 각각 150 mm, 450 mm의 풀리가 2 m 떨어진 두 축 사이에 설치되어 1800 rpm으로 5 kW를 전달할 때 다음을 계산하여라. 벨트의 폭과 두께를 140 mm, 5 mm, 벨트의 단위 길이당 무게는 $w = 0.001bt\,[\mathrm{kgf/m}]$, 마찰계수는 0.25이다.

(1) 유효장력 (P_e)은 몇 N인가?

(2) 긴장측 장력과 이완측 장력은 몇 N인가?

(3) 벨트에 의하여 축이 받는 최대 힘은 몇 N인가?

해답 (1) $v = \dfrac{\pi D_1 N_1}{60 \times 1000} = \dfrac{\pi \times 150 \times 1800}{60 \times 1000} = 14.14\,\mathrm{m/s}$

$H_{kW} = \dfrac{P_e v}{1000}$ 에서 $P_e = \dfrac{1000 H_{kW}}{v} = \dfrac{1000 \times 5}{14.14} \fallingdotseq 353.61\,\mathrm{N}$

(2) $\theta = 180° - 2\sin^{-1}\left(\dfrac{D_2 - D_1}{2C}\right) = 180° - 2\sin^{-1}\left(\dfrac{450 - 150}{2 \times 2000}\right) = 171.4°$

$e^{\mu\theta} = e^{0.25\left(\frac{171.4}{57.3}\right)} = 2.11$

$w = 0.001bt\,[\mathrm{kgf/m}] = 0.001 \times 9.8bt\,[\mathrm{N/m}]$

부가장력 $(T_c) = \dfrac{wv^2}{g} = \dfrac{0.001 \times 9.8 \times 140 \times 5 \times (14.14)^2}{9.8} = 139.96\,\mathrm{N}$

$T_t = P_e \dfrac{e^{\mu\theta}}{e^{\mu\theta} - 1} + T_c = 353.61 \times \dfrac{2.11}{2.11 - 1} + 139.96 = 812.14\,\mathrm{N}$

$T_s = P_e \dfrac{1}{e^{\mu\theta} - 1} + T_c = 353.61 \times \dfrac{1}{2.11 - 1} + 139.96 = 458.53\,\mathrm{N}$

(3) $F = \sqrt{T_t^2 + T_s^2 - 2T_t T_s \cos\theta}$

$= \sqrt{(812.14)^2 + (458.53)^2 - 2 \times 812.14 \times 458.53 \times \cos 171.4°} = 1267.37\,\mathrm{N}$

---

4. 안지름 700 mm인 원관에 1 MPa의 물이 흐를 때 관 두께는 몇 mm인가? (단, 관의 허용 인장응력은 80 MPa이고 부식여유 1 mm의 관효율은 0.85이다.)

해답 $t = \dfrac{pD}{200\sigma_a\eta} + C = \dfrac{100 \times 700}{200 \times 80 \times 0.85} + 1 ≒ 6.15\,\text{mm}$

여기서, $p = 1\text{MPa}(\text{N}/\text{mm}^2) = 100\text{N}/\text{cm}^2$

◻5. 지름이 $100\,\text{mm}$인 축에 보스를 끼웠을 때 사용한 묻힘 키의 길이가 $300\,\text{mm}$, 너비가 $28\,\text{mm}$, 높이가 $16\,\text{mm}$이다. 이 축을 $500\,\text{rpm}$, $4\,\text{kW}$로 운전할 때 키의 전단응력과 압축응력은 몇 MPa인가?

해답 $T = 9.55 \times 10^6 \dfrac{kW}{N} = 9.55 \times 10^6 \times \dfrac{4}{500} = 76400\,\text{N}\cdot\text{mm}$

$\tau_k = \dfrac{2T}{bld} = \dfrac{2 \times 76.4 \times 10^3}{28 \times 300 \times 100} = 0.18\,\text{MPa}$

$\sigma_c = \dfrac{4T}{hld} = \dfrac{4 \times 76.4 \times 10^3}{16 \times 300 \times 100} = 0.64\,\text{MPa}$

◻6. 헬리컬 기어의 이직각 모듈 5, 압력각 $20°$, 비틀림각 $30°$, 피니언 잇수 30, 기어 잇수 90, 피니언의 회전수 $500\,\text{rpm}$, 굽힘응력 $108\,\text{MPa}$, 접촉면 응력계수 $1.84\,\text{N}/\text{mm}^2$, 하중계수 0.8, 치폭이 $60\,\text{mm}$, 피니언과 기어의 각각 치형계수 $Y_{e1} = 0.414$, $Y_{e2} = 0.457$일 때 다음을 계산하여라. (단, 면압계수 $C_w = 0.75$, 속도계수 $f_v = \dfrac{3.05}{3.05 + v}$ 이다.)

(1) 피니언의 굽힘강도에 의한 전달하중은 몇 N인가?

(2) 기어의 굽힘강도에 의한 전달하중은 몇 N인가?

(3) 면압강도에 의한 전달하중은 몇 N인가?

해답 (1) $v = \dfrac{\pi D_{1s} N_1}{60 \times 1000} = \dfrac{\pi \times \dfrac{D_1}{\cos\beta} \times N_1}{60 \times 1000} = \dfrac{\pi D_1 N_1}{60000\cos\beta} = \dfrac{\pi m Z_1 N_1}{60000\cos\beta}$

$= \dfrac{\pi \times 5 \times 30 \times 500}{60000 \times \cos 30°} = 4.53\,\text{m/s}$

$f_v = \dfrac{3.05}{3.05 + v} = \dfrac{30.5}{3.05 + 4.53} = 0.4$

$F_1 = f_v f_w \sigma_b p b y_{e1} = f_v f_w \sigma_b m b Y_{e1}$

$= 0.4 \times 0.8 \times 108 \times 5 \times 60 \times 0.414 = 4292.35\text{N}$

(2) $F_2 = f_v f_w \sigma_b m b Y_{e2} = 0.4 \times 0.8 \times 108 \times 5 \times 60 \times 0.457 = 4738.18\,\text{N}$

(3) $F_3 = f_v K m b \left(\dfrac{2Z_1 Z_2}{Z_1 + Z_2}\right)\left(\dfrac{C_w}{\cos^2\beta}\right)$

$= 0.4 \times 1.84 \times 5 \times 60 \times \left(\dfrac{2 \times 30 \times 90}{30 + 90}\right)\left(\dfrac{0.75}{\cos^2 30°}\right) = 9936\,\text{N}$

7. 스팬의 길이 1500 mm, 하중 14.7 kN, 폭 100 mm, 밴드의 너비 100 mm, 두께 12 mm, 판 수 5, 스프링의 유효길이 $l_2 = l - 0.6e$, 종탄성계수 206 GPa인 겹판 스프링의 처짐과 굽힘응력을 계산하여라.

(1) 처짐 δ는 몇 m인가?

(2) 굽힘응력은 몇 MPa인가?

해답 (1) $l_e = l - 0.6e = 1500 - 0.6 \times 100 = 1440$ mm

$$\delta = \frac{3Pl_e^3}{8nbh^3E} = \frac{3 \times 14.7 \times 10^3 \times 1440^3}{8 \times 5 \times 100 \times 12^3 \times 206 \times 10^3} = 92.48 \text{ mm}$$

(2) $\sigma = \dfrac{3Pl_e}{2nbh^2} = \dfrac{3 \times 14.7 \times 10^3 \times 1440}{2 \times 5 \times 100 \times 12^2} = 441 \text{ MPa}$

8. 그림과 같은 밴드 브레이크에서 마찰계수 0.4, 밴드 두께 3 mm, 브레이크 길이 $l = 700$ mm, 링크와 밴드 길이 $a = 50$ mm, 드럼의 지름 400 mm, 작용하는 힘 $F = 353.2$ N이다. 다음을 구하여라.

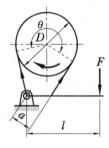

(1) 제동력은 몇 kN인가? (단, 접촉각은 270°이다.)

(2) 이완측 장력은 몇 kN인가?

(3) 밴드 폭은 몇 mm인가? (단, 인장응력은 100 MPa이고 이음 효율은 0.9이다.)

해답 (1) $\Sigma M_{Hinge} = 0$에서 $Fl - T_s a = 0$이므로 $Fl = T_s a$

$$\therefore \ T_s = F\frac{l}{a} = 353.2 \times \frac{700}{50} = 4944.8 \text{N}$$

$$e^{\mu\theta} = e^{0.4\left(\frac{270}{57.3}\right)} = 6.59$$

$$\text{제동력}(f) = T_t - T_s = T_s e^{\mu\theta} - T_s = T_s(e^{\mu\theta} - 1)$$

$$= 4944.8 \times 10^{-3} \times (6.59 - 1) = 27.64 \text{ kN}$$

(2) $T_s = 4944.8 \text{N} \fallingdotseq 4.94 \text{ kN}$

(3) $T_t = T_s e^{\mu\theta} = 4944.8 \times 6.59 = 32586.23 \text{ N}$

$$\sigma_a = \frac{T_t}{A\eta} = \frac{T_t}{bt\eta} \text{ 에서}$$

$$\therefore b = \frac{T_t}{\sigma_a t\eta} = \frac{32586.23}{100 \times 3 \times 0.9} = 120.69 \text{ mm}$$

□9. 지름 90 mm인 축을 볼트 8개의 클램프 커플링으로 체결하였다. 축이 120 rpm, 36.8 kW의 동력을 받을 때 다음을 구하여라. (단, 마찰계수는 0.25이고, 마찰력만으로 동력을 전달하고 있다.)

(1) 클램프가 축을 누르는 힘은 몇 N인가?

(2) 볼트 지름은 몇 mm인가? (단, 볼트의 허용 인장응력은 142.1 MPa이다.)

해답 (1) $T = 9.55 \times 10^6 \frac{kW}{N} = 9.55 \times 10^6 \times \frac{36.8}{120} = 29286667.67 \text{ N·mm}$

$$T = \mu\pi W \frac{d}{2} \text{ 에서} \quad \therefore \ W = \frac{2T}{\mu\pi d} = \frac{2 \times 29286667.67}{0.25 \times \pi \times 90} = 82864.32 \text{ N}$$

(2) $W = \sigma_t \frac{\pi\delta^2}{4} \frac{Z}{2} \text{ 에서}$

$$\therefore \ \delta = \sqrt{\frac{8W}{\sigma_t \pi Z}} = \sqrt{\frac{8 \times 82864.32}{142.1 \times \pi \times 8}} = 13.62 \text{ mm}$$

---

10. 나사의 유효지름 63.5 mm, 피치 3.17 mm의 나사 잭으로 3 ton의 중량을 올리기 위해 렌치에 작용하는 힘 294.3 N, 마찰계수 0.1일 때 다음을 구하여라.

(1) 나사 잭을 돌리는 토크는 몇 N·m인가?

(2) 렌치의 길이는 몇 mm인가?

(3) 렌치의 지름은 몇 mm인가? (단, 렌치의 굽힘응력은 100 MPa이다.)

해답 (1) $T = W \frac{d_e}{2} \left(\frac{p + \mu\pi d_e}{\pi d_e - \mu p} \right)$

$$= 3000 \times 9.8 \times \frac{63.5 \times 10^{-3}}{2} \times \left(\frac{3.17 + 0.1 \times \pi \times 63.5}{\pi \times 63.5 - 0.1 \times 3.17} \right) = 108.35 \text{ N·m}$$

(2) $T = Fl \text{ 에서} \quad \therefore \ l = \frac{T}{F} = \frac{108.35 \times 10^3}{294.3} = 368.16 \text{ mm}$

(3) $M(=T) = \sigma_b Z = \sigma_b \times \frac{\pi d^3}{32} \text{ 에서}$

$$\therefore \ d = \sqrt[3]{\frac{32M(=T)}{\pi\sigma_b}} = \sqrt[3]{\frac{32 \times 108.35 \times 10^3}{\pi \times 100}} = 22.26 \text{ mm}$$

11. 복렬 자동 조심 롤러 베어링의 접촉각 $\alpha = 25°$, 레이디얼 하중 $2\,\mathrm{kN}$, 스러스트 하중 $1.5\,\mathrm{kN}$, $1500\,\mathrm{rpm}$으로 $60,000\,\mathrm{h}$의 베어링 수명을 갖는다. 하중계수가 1.2일 때 다음을 계산하여라. (단, 하중은 내륜 회전 하중이다.)

(1) 등가 레이디얼 하중은 몇 N 인가?

(2) 베어링의 기본 동정격 하중은 몇 N 인가?

베어링의 계수 V, X 및 Y값

베어링 형식		내륜 회전 하중	외륜 회전 하중	단열 $\frac{F_a}{VF_r} > e$		복렬 $\frac{F_a}{VF_r} \leq e$		복렬 $\frac{F_a}{VF_r} > e$		e
		V		X	Y	X	Y	X	Y	
깊은 홈 볼 베어링	$F_a/C_o = 0.014$	1	1.2	0.56	2.30	1	0	0.56	2.30	0.19
	$= 0.028$				1.99				1.99	0.12
	$= 0.056$				1.71				1.71	0.26
	$= 0.084$				1.55				1.55	0.28
	$= 0.11$				1.45				1.45	0.30
	$= 0.17$				1.31				1.31	0.34
	$= 0.28$				1.15				1.15	0.38
	$= 0.42$				1.04				1.04	0.42
	$= 0.56$				1.00				1.00	0.44
앵귤러 볼 베어링	$\alpha = 20°$	1	1.2	0.43	1.00	1	1.09	0.70	1.63	0.57
	$= 25°$			0.41	0.87		0.92	0.67	1.41	0.58
	$= 30°$			0.39	0.76		0.78	0.63	1.24	0.80
	$= 35°$			0.37	0.56		0.66	0.60	1.07	0.95
	$= 40°$			0.35	0.57		0.55	0.57	0.93	1.14
자동 조심 볼 베어링		1	1	0.4	$0.4 \times \cot\alpha$	1	$0.42 \times \cot\alpha$	0.65	$0.65 \times \cot\alpha$	$1.5 \times \tan\alpha$
매그니토 볼 베어링		1	1	0.5	2.5	–	–	–	–	0.2
자동 조심 롤러 베어링 원추 롤러 베어링 $\alpha \neq 0$		1	1.2	0.4	$0.4 \times \cot\alpha$	1	$0.45 \times \cot\alpha$	0.67	$0.67 \times \cot\alpha$	$1.5 \times \tan\alpha$
스러스트 볼 베어링	$\alpha = 45°$	–	–	0.66	1	1.18	0.59	0.66	1	1.25
	$= 60°$			0.92		1.90	0.54	0.92		2.17
	$= 70°$			1.66		3.66	0.52	1.66		4.67
스러스트 롤러 베어링		–	–	$\tan\alpha$	1	$1.5 \times \tan\alpha$	0.67	$\tan\alpha$	1	$1.5 \times \tan\alpha$

해답 (1) 복렬 자동 조심 롤러 베어링의 내륜 회전 하중이므로

표에서, $V = 1$, $e = 1.5\tan\alpha = 1.5\tan25° = 0.7$

$$\frac{F_a}{VF_r} = \frac{1.5}{1 \times 2} = 0.75 > e(=0.7)\text{이므로}$$

표에서, $X = 0.67$, $Y = 0.67\cot\alpha = 0.67\cot25° = 1.44$

결국, 등가 레이디얼 하중$(P_r) = XVF_r + YF_t$(단, $F_t = F_a$)

$$\therefore P_r = 0.67 \times 1 \times 2 + 1.44 \times 1.5 = 3.5\,\text{kN} = 3500\,\text{N}$$

(2) $L_h = 500f_h^{\ r} = 500\left(\dfrac{C}{P}\right)^r \times \dfrac{33.3}{N} = 500\left(\dfrac{C}{f_w P_r}\right)^r \times \dfrac{33.3}{N}$ 이므로

$$\therefore C = \left(\frac{L_h N}{33.3 \times 500}\right)^{\frac{1}{r}} \times f_w P_r = \left(\frac{60000 \times 1500}{1.2 \times 3500}\right)^{\frac{3}{10}} \times 1.2 \times 3500$$
$$\fallingdotseq 55347.47\text{N}$$

일반기계기사 (필답형)

□1. $36.79\,\text{kW}$, $400\,\text{rpm}$, 속도비 $\dfrac{1}{1.5}$ 로 동력을 전달하는 외접 스퍼 기어가 있다. 다음을 구하여라. (단, 축간거리 $90\,\text{mm}$, 허용 굽힘응력 $490.50\,\text{MPa}$, 치폭 $b = 1.5 \times m$, 치형계수 $Y = \pi y = \pi \times 0.125$, 속도계수 $f_v = \dfrac{3.05}{3.05 + v}$ 이고 면압강도는 고려하지 않는다.)

(1) 전달하중은 몇 kN 인가?
(2) 모듈은 얼마인가?
(3) 잇수는 몇 개인가?

해답 (1) 속도비$(\varepsilon) = \dfrac{N_2}{N_1} = \dfrac{D_1}{D_2} = \dfrac{1}{1.5}$

$$C = \frac{D_1 + D_2}{2} = \frac{D_1\left(1 + \dfrac{1}{\varepsilon}\right)}{2} \text{이므로} \quad D_1 = \frac{2C}{1 + \dfrac{1}{\varepsilon}} = \frac{2 \times 90}{1 + 1.5} = 72\,\text{mm}$$

$$\therefore D_2 = 1.5 D_1 = 1.5 \times 72 = 108\,\text{mm}$$

$$v = \frac{\pi D_1 N_1}{60 \times 1000} = \frac{\pi \times 72 \times 400}{60 \times 1000} = 1.51\,\text{m/s}$$

$$H_{kW} = \frac{Fv}{1000}[\text{kW}] \text{에서}$$

$$F = \frac{1000 H_{kW}}{v} = \frac{1000 \times 36.79}{1.51} = 24364.24\,\text{N} \fallingdotseq 24.36\,\text{kN}$$

(2) $f_v = \dfrac{3.05}{3.05 + v} = \dfrac{3.05}{3.05 + 1.51} = 0.67$

$$F = f_v f_w \sigma_b p b y = f_v f_w \sigma_b m b\, Y \text{에서}$$

$$24.36 \times 10^3 = 0.67 \times 490.50 \times m \times 1.5 m \times (\pi \times 0.125)$$

$$\therefore\ m = 11.22$$

(3) $D_1 = m Z_1$ 에서

$$\therefore\ Z_1 = \frac{D_1}{m} = \frac{72}{11.22} = 6.42 \fallingdotseq 6 \text{개}$$

$$\varepsilon = \frac{Z_1}{Z_2} \text{에서}$$

$$\therefore\ Z_2 = \frac{Z_1}{\varepsilon} = \frac{6}{\left(\dfrac{1}{1.5}\right)} = 9 \text{개}$$

□2. 폭 $25\,\mathrm{mm}$, 평균지름 $100\,\mathrm{mm}$인 원판 클러치가 있다. 접촉면압력이 $0.49\,\mathrm{MPa}$, 마찰계수 0.15, $600\,\mathrm{rpm}$으로 회전할 때 다음을 구하여라.

(1) 축하중은 몇 N인가?

(2) 전달동력은 몇 kW인가?

해답 (1) $q = \dfrac{P}{A} = \dfrac{P}{\pi D_m b}$ 에서

$$\therefore\ P = q \pi D_m b = 0.49 \times \pi \times 100 \times 25 = 3848.45\,\mathrm{N}$$

(2) $v = \dfrac{\pi D_m N}{60 \times 1000} = \dfrac{\pi \times 100 \times 600}{60 \times 1000} = 3.14\,\mathrm{m/s}$

$$H_{kW} = \frac{\mu P v}{1000} = \frac{0.15 \times 3848.45 \times 3.14}{1000} = 1.81\,\mathrm{kW}$$

□3. TM50($d = 50\,\mathrm{mm}$, $p = 8\,\mathrm{mm}$, $\theta = 30°$)인 나사 잭으로 $4\,\mathrm{ton}$의 하중을 들어 올리려고 한다. 나사부 마찰계수는 0.15, 자리면 마찰계수는 0.01, 자리면 평균지름은 $50\,\mathrm{mm}$일 때 다음을 구하여라.

(1) 회전토크는 몇 N·m인가?

(2) 나사 잭의 효율은 몇 %인가?

(3) 소요동력은 몇 kW인가? (단, 나사를 들어 올리는 속도는 $0.3\,\mathrm{m/min}$이다.)

해답 (1) $\mu' = \dfrac{\mu}{\cos \dfrac{\theta}{2}} = \dfrac{0.15}{\cos \dfrac{30°}{2}} = 0.1553$

$$T = \mu_1 Q r_m + Q \frac{d_e}{2} \left(\frac{p + \mu' \pi d_e}{\pi d_e - \mu' p} \right)$$

여기서, $d_e = d_2$ 또는 $d_e = d - \dfrac{p}{2} = 50 - \dfrac{8}{2} = 46\,\text{mm}$

$$\therefore T = (0.01 \times 4000 \times 9.8 \times 0.025) + 4000 \times 9.8 \times \dfrac{0.046}{2}\left(\dfrac{8 + 0.1553 \times \pi \times 46}{\pi \times 46 - 0.1553 \times 8}\right)$$

$$= 201.38\,\text{N·m} = 201.38 \times 10^3\,\text{N·mm}$$

(2) $\eta = \dfrac{Qp}{2\pi T} = \dfrac{4000 \times 9.8 \times 8}{2\pi \times 201.38 \times 10^3} = 0.2478 = 24.78\,\%$

(3) 소요동력$(H_{kW}) = \dfrac{Qv}{\eta} = \dfrac{4000 \times 9.8 \times 10^{-3} \times \dfrac{0.3}{60}}{0.2478} = 0.79\,\text{kW}$

□**4.** 1줄 겹치기 리벳 이음에서 강판의 두께가 $12\,\text{mm}$, 리벳의 지름 $14\,\text{mm}$일 때 효율을 최대로 하기 위한 피치를 mm로 구하고 강판의 효율은 몇 %인가? (단, 강판의 인장응력은 $39.2\,\text{N/mm}^2$, 리벳의 전단응력은 $29.4\,\text{N/mm}^2$이다.)

해답 (1) 피치$(p) = d + \dfrac{n\pi d^2 \tau}{4t\sigma_t} = 14 + \dfrac{1 \times \pi \times 14^2 \times 29.4}{4 \times 12 \times 39.2} = 23.62\,\text{mm}$

(2) 강판의 효율$(\eta_t) = 1 - \dfrac{d}{p} = 1 - \dfrac{14}{23.62} = 0.4073 = 40.73\,\%$

□**5.** 웜 기어 장치에서 웜의 피치가 $31.4\,\text{mm}$, 4줄 나사이며 피치원 지름이 $64\,\text{mm}$, 웜의 회전수 $900\,\text{rpm}$으로 $22\,\text{kW}$를 전달한다. 압력각이 $14.5°$, 마찰계수가 0.1일 때 다음을 구하여라.

(1) 웜의 리드각 β는 몇 °인가?
(2) 웜의 피치원에 작용하는 접선력은 몇 N인가?
(3) 웜 휠에 작용하는 접선력은 몇 N인가?

해답 (1) 웜의 리드각(진입각 : λ 또는 β)은

$$\tan\beta = \dfrac{l}{\pi D_w} = \dfrac{pZ_w}{\pi D_w}\ \text{에서}$$

$$\therefore \beta = \tan^{-1}\left(\dfrac{pZ_w}{\pi D_w}\right) = \tan^{-1}\left(\dfrac{31.4 \times 4}{\pi \times 64}\right) = 31.99°$$

(2) $v = \dfrac{\pi D_w N_w}{60 \times 1000} = \dfrac{\pi \times 64 \times 900}{60 \times 1000} = 3.02\,\text{m/s}$

웜의 피치원에 작용하는 접선력(P_t)은 $H_{kW} = \dfrac{P_t v}{1000}$[kW]에서

$$P_t = \dfrac{1000 H_{kW}}{v} = \dfrac{1000 \times 22}{3.02} = 7284.77\,\text{N}$$

(3) 웜의 피치원 위에서의 저항력(P_n)은

$$P_n = \frac{P_t}{\cos\alpha_n\sin\beta + \mu\cos\beta} = \frac{7284.77}{\cos 14.5° \times \sin 31.99° + 0.1 \times \cos 31.99°}$$

$$= 12187.78\,\mathrm{N}$$

웜 휠의 피치원 위에서 축방향으로 작용하는 하중(접선력 : P_s)은

$$P_s = P_n\cos\alpha_n\cos\beta - \mu P_n\sin\beta = P_n(\cos\alpha_n\cos\beta - \mu\sin\beta)$$

$$= 12187.78(\cos 14.5° \times \cos 31.99° - 0.1 \times \sin 31.99°)$$

$$= 9362.02\,\mathrm{N}$$

□6. 엔드 저널 베어링에서 베어링 하중 5ton, 저널 지름 100mm, 마찰계수 0.15, 200rpm으로 회전할 때 마찰열은 몇 kcal/min 인가?

해답 $v = \dfrac{\pi dN}{60 \times 1000} = \dfrac{\pi \times 100 \times 200}{60 \times 1000} = 1.05\,\mathrm{m/s} = 63\,\mathrm{m/min}$

마찰열$(Q_f) = \dfrac{\mu Wv}{427} = \dfrac{0.15 \times 5000 \times 63}{427} = 110.66\,\mathrm{kcal/min}$

□7. 그림과 같이 전동기와 플랜지 커플링으로 연결된 평벨트 전동장치가 있다. 원동풀리의 접촉각은 162°로 35kW, 1200rpm을 바로 걸기로 종동풀리에 전달하고 있으며 플랜지 커플링의 볼트 전단응력은 19.6MPa, 볼트의 피치원 지름 80mm, 볼트 수 4개일 때 다음을 구하여라.

(1) 플랜지 커플링의 볼트 지름은 몇 mm 인가?

(2) 긴장측 장력은 몇 N 인가? (단, 벨트 풀리를 운전하는 경우 마찰계수는 0.2이다.)

(3) 베어링 A에 걸리는 베어링 하중은 몇 N 인가? (단, 풀리의 자중은 637N 이고 장력과 직각방향이다.)

(4) 베어링의 동정격하중은 몇 kN 인가? (단, 베어링은 볼 베어링으로 수명시간은 60000시간이고 하중계수는 1.8이다.)

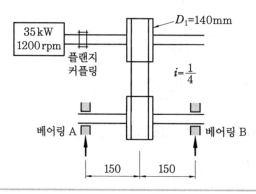

해답 (1) $T = 9.55 \times 10^3 \dfrac{kW}{N} = 9.55 \times 10^3 \times \dfrac{35}{1200}$

$= 278.54 \, \text{N·m} = 278.54 \times 10^3 \, \text{N·mm}$

$T = \tau_B \dfrac{\pi \delta_B^2}{4} \times \dfrac{D_B}{2} Z$ 에서

$\therefore \; \delta_B = \sqrt{\dfrac{8T}{\tau_B \pi D_B Z}} = \sqrt{\dfrac{8 \times 278.54 \times 10^3}{19.6 \times \pi \times 80 \times 4}} = 10.63 \, \text{mm}$

(2) $v = \dfrac{\pi D_1 N_1}{60 \times 1000} = \dfrac{\pi \times 140 \times 1200}{60 \times 1000} = 8.8 \, \text{m/s} < 10 \, \text{m/s}$ 이므로

원심력은 무시한다.

$e^{\mu\theta} = e^{0.2\left(\frac{162}{57.3}\right)} = 1.76$

$H_{kW} = \dfrac{P_e v}{1000} = \dfrac{T_t v}{1000} \times \dfrac{e^{\mu\theta} - 1}{e^{\mu\theta}} \, [\text{kW}]$ 에서

$T_t = \dfrac{1000 H'}{v} \times \dfrac{e^{\mu\theta}}{e^{\mu\theta} - 1} = \dfrac{1000 \times 35}{8.8} \times \dfrac{1.76}{1.76 - 1} = 9210.53 \, \text{N}$

(3) $T_t = T_s e^{\mu\theta}$ 에서

$T_s = \dfrac{T_t}{e^{\mu\theta}} = \dfrac{9210.53}{1.76} = 5233.26 \, \text{N}$

장력의 합(W)은

$W = \sqrt{T_t^2 + T_s^2 - 2 T_t T_s \cos\theta_1}$

$= \sqrt{9210.53^2 + 5233.26^2 - (2 \times 9210.53 \times 5233.26 \times \cos 162°)}$

$= 14279.52 \text{N}$

풀리의 자중과 장력은 직각이므로 축에 작용하는 힘(F)은

$F = \sqrt{637^2 + 14279.52^2} = 14293.72 \, \text{N}$

$\therefore$ 베어링 하중(P) $= \dfrac{F}{2} = \dfrac{14293.72}{2} = 7146.86 \, \text{N}$

(4) $L_h = 500 \times f_h^r = 500 \times \left(\dfrac{C}{P}\right)^r \times \dfrac{33.3}{N}$

$C = \sqrt[r]{\dfrac{L_h N}{500 \times 33.3}} \times P = \sqrt[3]{\dfrac{60000 \times 300}{500 \times 33.3}} \times (1.8 \times 7146.86)$

$\fallingdotseq 132030.38 \, \text{N} \fallingdotseq 132.03 \, \text{kN}$

---

8. 지름 $600 \, \text{mm}$의 회전하고 있는 드럼을 밴드 브레이크로 제동하려고 한다. 밴드의 긴장측 장력이 $1.18 \, \text{kN}$일 때 제동토크는 몇 N·m인가? (단, 장력비 $e^{\mu\theta} = 3.2$이다.)

해답 $T_t = f \dfrac{e^{\mu\theta}}{e^{\mu\theta}-1}[\text{N}]$

제동력 $(f) = T_t \dfrac{e^{\mu\theta}-1}{e^{\mu\theta}} = 1.18 \times 10^3 \times \dfrac{3.2-1}{3.2} = 811.25\,\text{N}$

$\therefore$ 제동토크 $(T) = f\dfrac{D}{2} = 811.25 \times \dfrac{0.6}{2} = 243.38\,\text{N}\cdot\text{m}$

○9. 축간거리 $12\,\text{m}$의 로프 풀리에서 로프가 $0.3\,\text{m}$ 처졌다. 로프의 지름은 $19\,\text{mm}$이고 $1\,\text{m}$당 무게가 $0.34\,\text{kg}$일 때 다음을 구하여라.

(1) 로프에 작용하는 장력은 몇 N인가?

(2) 접촉점부터 접촉점까지의 로프의 길이는 몇 mm인가?

해답 (1) 로프에 작용하는 장력 (T)은

$\therefore\ T = \dfrac{wl^2}{8h} + wh = \dfrac{0.34 \times 12^2}{8 \times 0.3} + (0.34 \times 0.3) = 20.5\,\text{kg} = 200.9\,\text{N}$

(2) 접촉점 사이의 로프 길이 (L)는

$\therefore\ L = l\left(1 + \dfrac{8h^2}{3l^2}\right) = 12\left\{1 + \dfrac{8 \times (0.3)^2}{3 \times 12^2}\right\} = 12.02\,\text{m} = 12020\,\text{mm}$

---

10. 너비 $90\,\text{mm}$, 두께 $10\,\text{mm}$의 스프링 강을 사용하여 최대하중 $1\,\text{ton}$일 때 허용 굽힘 응력이 $337\,\text{MPa}$인 겹판 스프링을 만들고자 한다. 판의 길이가 $780\,\text{mm}$, 밴드의 너비가 $80\,\text{mm}$, 유효스팬의 길이 $l_e = l - 0.6e$이다. 판의 수는 몇 개인가?

해답 $l_e = l - 0.6e = 780 - 0.6 \times 80 = 732\,\text{mm}$

$\sigma_b = \dfrac{3Pl_e}{2nbh^2}$ 에서

$\therefore\ n = \dfrac{3Pl_e}{2bh^2\sigma_b} = \dfrac{3 \times 1000 \times 9.8 \times 732}{2 \times 90 \times 10^2 \times 337} = 3.55 ≒ 4장$

2013년도 시행 문제

1. $3.7\,\mathrm{kW}$, $2000\,\mathrm{rpm}$을 전달하는 전동축에 묻힘 키를 설계하고자 한다. 축의 허용 전단응력은 $19.6\,\mathrm{MPa}$이고, 키의 허용 전단응력은 $11.76\,\mathrm{MPa}$, 키의 허용 압축응력은 $23.52\,\mathrm{MPa}$이다. 이론적으로 축의 지름과 키의 길이를 같게 하여 묻힘 키를 설계하고 축에 키의 묻힘깊이는 키의 높이의 $\dfrac{1}{2}$로 하여 다음을 구하여라.

(1) 묻힘 키의 깊이를 고려하지 않을 때 전동축의 지름 $d_o[\mathrm{mm}]$는?

(2) 묻힘 키의 폭 $b[\mathrm{mm}]$는?

(3) 묻힘 키의 높이 $h[\mathrm{mm}]$는?

(4) 묻힘깊이를 고려한 축지름 $d = \dfrac{d_0}{\beta}$이다. β가 다음과 같을 때 $d[\mathrm{mm}]$는?

$$\beta = 1.0 + 0.2\left(\frac{b}{d_0}\right) - 1.1\left(\frac{t}{d_0}\right) \text{ (여기서, } t\text{는 키의 묻힘깊이이다.)}$$

해답 (1) $T = 9.55 \times 10^6 \dfrac{kW}{N} = 9.55 \times 10^6 \times \dfrac{3.7}{2000}$

$$= 17667.5\,\mathrm{N \cdot mm}$$

$T = \tau_s Z_P = \tau_s \times \dfrac{\pi d_0^3}{16}$ 에서

$$\therefore d_0 = \sqrt[3]{\frac{16T}{\pi \tau_s}} = \sqrt[3]{\frac{6 \times 17667.5}{\pi \times 19.6}} = 16.62\,\mathrm{mm}$$

(2) $\tau_k = \dfrac{2T}{bld}$ (단, $d = l$)에서

$$\therefore b = \frac{2T}{\tau_k ld} = \frac{2 \times 17667.5}{11.76 \times 16.62 \times 16.62} = 10.88\,\mathrm{mm}$$

(3) $\sigma_c = \dfrac{4T}{hld}$ (단, $d = l$)에서

$$\therefore h = \frac{4T}{\sigma_c ld} = \frac{4 \times 17667.5}{23.52 \times 16.62 \times 16.62} = 10.88\,\mathrm{mm}$$

(4) $\beta = 1.0 + 0.2\left(\dfrac{b}{d_0}\right) - 1.1\left(\dfrac{t}{d_0}\right) = 1.0 + 0.2\left(\dfrac{10.88}{16.62}\right) - 1.1\left(\dfrac{10.88}{16.62 \times 2}\right) = 0.77$

$$\therefore d = \frac{d_0}{\beta} = \frac{16.62}{0.77} = 21.58\,\mathrm{mm}$$

□**2.** 50 kN의 베어링 하중을 받는 엔드 저널 베어링의 허용 굽힘응력이 49.05 MPa, 허용 베어링 압력은 3.92 MPa일 때 다음을 구하여라.

(1) 저널의 지름 d[mm]는?

(2) 저널의 폭 l[mm]은?

해답 (1) 폭경비$\left(\dfrac{l}{d}\right) = \sqrt{\dfrac{\pi\sigma_a}{16p}} = \sqrt{\dfrac{\pi \times 49.05}{16 \times 3.92}} = 1.57$에서 $l = 1.57d$

$p = \dfrac{P}{A} = \dfrac{P}{dl} = \dfrac{P}{d \times 1.57d}$에서

$\therefore\ d = \sqrt{\dfrac{P}{1.57p}} = \sqrt{\dfrac{50 \times 10^3}{1.57 \times 3.92}} = 90.13\,\text{mm}$

(2) $l = 1.57d = 1.57 \times 90.13 = 141.5\,\text{mm}$

□**3.** 홈붙이 마찰차에서 원동차의 지름이 300 mm, 회전수 300 rpm, 전달동력 3.68 kW, 속도비 $\dfrac{1}{1.5}$, 홈의 각도 40°, 허용선압력 24.4 N/mm, 마찰계수 0.25, 홈의 높이 12 mm일 때 다음을 구하여라.

(1) 축간거리 C[mm]는?

(2) 마찰차를 밀어 붙이는 힘 W[N]는?

(3) 홈의 수 Z는?

해답 (1) 속비$(\varepsilon) = \dfrac{D_1}{D_2}$에서 $D_2 = \dfrac{D_1}{i} = 300 \times 1.5 = 450\,\text{mm}$

$C = \dfrac{D_1 + D_2}{2} = \dfrac{300 + 450}{2} = 375\,\text{mm}$

(2) $\mu' = \dfrac{\mu}{\sin\alpha + \mu\cos\alpha} = \dfrac{0.25}{\sin20° + 0.25\cos20°} = 0.433$

$v = \dfrac{\pi D_1 N_1}{60 \times 1000} = \dfrac{\pi \times 300 \times 300}{60 \times 1000} = 4.71\,\text{m/s}$

$H_{kW} = \dfrac{\mu'Wv}{1000}\,[\text{kW}]$에서

$W = \dfrac{1000 H_{kW}}{\mu'v} = \dfrac{1000 \times 3.68}{0.433 \times 4.71} = 1804.43\,\text{N}$

(3) $\mu Q = \mu'W$에서 $Q = \dfrac{\mu'W}{\mu} = \dfrac{0.433 \times 1804.43}{0.25} = 3125.27\,\text{N}$

홈의 수$(Z) = \dfrac{Q}{2hp_0} = \dfrac{3125.27}{2 \times 12 \times 24.4} = 5.34 ≒ 6$개

□4. 용접 작업 시 용접부에 생기는 잔류응력을 없애는 방법 3가지를 적어라.

해답 ① 피닝(peening)법 : 용접부의 표면을 끝이 둥근 해머 등으르 연속해서 두드리면 잔류응력이 완화되며 두드리는 작업은 유압이나 자동장치를 이용한다.

② 풀림(annealing) 처리 : 용접물을 가열로에 넣고 $600 \sim 650°C$로 일정 시간 유지시킨 후 서랭하여 잔류응력을 제거한다.

③ 기계적 응력 완화법

□5. 접촉면의 평균지름이 $100\,mm$, 원추각이 $30°$인 원추 클러치에서 $1200\,rpm$, $3.68\,kW$를 전달한다. 접촉면의 허용면압력이 $343\,kPa$, 마찰계수가 0.1일 때 다음을 구하여라.

(1) 접촉폭(너비) $b[mm]$는?

(2) 축방향으로 누르는 힘 $W[kN]$는?

해답 (1) 동력 $H_{kW} = T\omega$ 에서

$$T = \frac{H_{kW}}{\omega} = \frac{3.68 \times 10^6}{\left(\dfrac{2\pi \times 1200}{60}\right)} = 29284.51\,N\cdot mm$$

$$q = \frac{2T}{\mu\pi D_m^2 b}\ \text{에서}$$

$$\therefore\ b = \frac{2T}{\mu\pi D_m^2 q} = \frac{2 \times 29284.51}{0.1 \times \pi \times 100^2 \times 343 \times 10^{-3}} = 54.35\,mm$$

(2) $Q = \dfrac{P}{\sin\alpha + \mu\cos\alpha}$ 에서

$$\therefore\ P = Q(\sin\alpha + \mu\cos\alpha) = 5856.9(\sin 15° + 0.1\cos 15°)$$

$$= 2081.6\,N \fallingdotseq 2.08\,kN$$

단, $T = \mu Q \dfrac{D_m}{2}$ 에서

$$Q = \frac{2T}{\mu D_m} = \frac{2 \times 29284.51}{0.1 \times 100} = 5856.9\,N$$

□6. 하중 $20\,kN$을 들어 올리기 위한 나사산의 각 $30°$인 사다리꼴 나사 잭이 있다. 수나사봉의 유효지름은 $35\,mm$, 골지름은 $30\,mm$, 피치는 $5\,mm$이고 마찰계수가 0.1, 허용전단응력이 $50\,MPa$인 한줄 나사이다. 다음을 결정하여라.

(1) 볼트에 걸리는 토크 $T_B[J]$는?

(2) 볼트에 걸리는 최대전단응력 $\tau_{max}[MPa]$은?

(3) 안전계수 S는?

해답 (1) $\mu' = \dfrac{\mu}{\cos\dfrac{\alpha}{2}} = \dfrac{0.1}{\cos\dfrac{30°}{2}} = 0.1035$

$T_B = W\dfrac{d_e}{2}\left(\dfrac{p + \mu'\pi d_e}{\pi d_e - \mu' p}\right) = 20 \times 10^3 \times \dfrac{35}{2} \times \left(\dfrac{5 + 0.1035 \times \pi \times 35}{\pi \times 35 - 0.1035 \times 5}\right)$

$\qquad = 52.387 \times 10^3 \, \text{N·mm} \fallingdotseq 52.39 \, \text{N·m} \, (= \text{J})$

(2) $\sigma = \dfrac{W}{A} = \dfrac{W}{\dfrac{\pi}{4}d_1^2} = \dfrac{4 \times 20 \times 10^3}{\pi \times 30^2} = 28.29 \, \text{N/mm}^2 \, (= \text{MPa})$

$\tau = \dfrac{16T_B}{\pi d_1^3} = \dfrac{16 \times 52.387 \times 10^3}{\pi \times 30^3} = 9.88 \, \text{N/mm}^2 \, (= \text{MPa})$

$\tau_{\max} = \dfrac{1}{2}\sqrt{\sigma^2 + 4\tau^2} = \dfrac{1}{2}\sqrt{(28.29)^2 + 4 \times (9.88)^2}$

$\qquad = 17.25 \, \text{N/mm}^2 \, (= \text{MPa})$

(3) $S = \dfrac{\tau_a}{\tau_{\max}} = \dfrac{50}{17.25} = 2.9$

▣7. 강선의 지름이 $10\,\text{mm}$인 정방형 코일 스프링이 있다. 스프링의 평균지름은 $100\,\text{mm}$, 감김수 $n = 8$, 전단탄성계수 G는 $76.41\,\text{GPa}$, 허용 전단응력은 $300\,\text{MPa}$이다. 다음을 구하여라.

(1) 최대안전하중 P는 몇 kN인가?

(2) 그때의 처짐 δ는 몇 mm인가?

해답 (1) $C = \dfrac{D}{d} = \dfrac{100}{10} = 10$

$K = \dfrac{4C-1}{4C-4} + \dfrac{0.615}{C} = \dfrac{4 \times 10 - 1}{4 \times 10 - 4} + \dfrac{0.615}{10} = 1.1448$

$\tau_{\max} = \dfrac{16PRK}{\pi d^3} \leq \tau_a$ 에서 $P \leq \dfrac{\pi d^3 \tau_a}{16RK}$

즉, $P \leq \dfrac{\pi \times 10^3 \times 300}{16 \times 50 \times 1.1448}$

$\qquad P \leq 1029.09 \, \text{N}$

$\therefore$ 최대안전하중 $P \fallingdotseq 1.03 \, \text{kN}$

(2) $\delta = \dfrac{64nPR^3}{Gd^4} = \dfrac{64 \times 8 \times 1.03 \times 10^3 \times 50^3}{76.41 \times 10^3 \times 10^4} = 86.27 \, \text{mm}$

8. 600 rpm으로 1.47 kN을 지지하는 단열 레이디얼 볼 베어링의 베어링 수명시간을 계산하여라. (단, 기본 동정격 하중은 18.4 N, 하중계수는 1.5이다.)

해답 $L_h = 500 f_h^{\,r} = 500 \times \left(\dfrac{C}{P}\right)^r \times \dfrac{33.3}{N} = 500 \times \left(\dfrac{18.4}{1.5 \times 1.47}\right)^3 \times \dfrac{33.3}{600}$

$\qquad = 16124.66\,\text{h}$

9. 1500 rpm, 44 kW를 전달하는 베벨 기어의 피니언 지름이 150 mm, 속도비 $\dfrac{1}{2}$일 때 다음을 구하여라. (단, 각각의 반원추각 $\gamma_2 = 63°$, $\gamma_1 = 26°$이다.)

(1) 종동기어의 피치원 지름 $D_2[\text{mm}]$는?

(2) 모선의 길이 $L[\text{mm}]$은?

(3) 전달력 $P[\text{N}]$는?

해답 (1) 속도비$(\varepsilon) = \dfrac{D_1}{D_2}$에서 $\therefore$ $D_2 = \dfrac{D_1}{\varepsilon} = 150 \times 2 = 300\,\text{mm}$

$\qquad$ (2) $L = \dfrac{D_1}{2\sin\gamma_1} = \dfrac{150}{2\sin 26°} = 171.09\,\text{mm}$

$\qquad$ (3) $v = \dfrac{\pi D_1 N_1}{60 \times 1000} = \dfrac{\pi \times 150 \times 1500}{60 \times 1000} = 11.78\,\text{m/s}$

$\qquad$ $H_{kW} = \dfrac{Pv}{1000}[\text{kW}]$에서

$\qquad$ $P = \dfrac{1000 H_{kW}}{v} = \dfrac{1000 \times 44}{11.78} = 3735.14\,\text{N}$

10. 드럼축에 100 rpm, 8.21 kW의 전달동력이 작용하고 있는 그림과 같은 차동식 밴드 브레이크 장치가 있다. 마찰계수 0.3, 밴드접촉각 240°, 장력비 $e^{\mu\theta} == 3.5$일 때 다음을 구하여라.

(1) 긴장측 장력 $T_t[\text{N}]$는?

(2) 그림에서 브레이크 레버에 걸리는 조작력 $F[\text{N}]$는 얼마인가?

(3) 브레이크를 자동제동시키려면 $a[\text{mm}]$의 길이를 얼마로 해야 하는가?

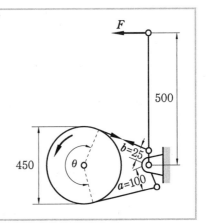

해답 (1) $T = 9.55 \times 10^3 \dfrac{kW}{N} = 9.55 \times 10^3 \times \dfrac{8.21}{100} = 784.06\,\text{N·m}$

$$T = f\frac{D}{2} \text{에서} \quad f = \frac{2T}{D} = \frac{2 \times 784.06}{0.45} = 3484.71 \, \text{N}$$

$$T_t = f\frac{e^{\mu\theta}}{e^{\mu\theta} - 1} = 3484.71 \times \frac{3.5}{3.5 - 1} = 4878.6 \, \text{N}$$

(2) $T_s = f\dfrac{1}{e^{\mu\theta} - 1} = 3484.71 \times \dfrac{1}{3.5 - 1} = 1393.88 \, \text{N}$

$T_s a = T_t b + Fl \text{에서}$

$1393.88 \times 100 = 4878.6 \times 25 + F \times 500$

$\therefore \ F = 34.85 \, \text{N}$

(3) 자동체결조건은 $a \geq be^{\mu\theta}$ 이므로

$a \geq 25 \times 3.5$

$\therefore \ a \geq 87.5 \, \text{mm}$

---

11. 원동차의 회전속도는 $1800 \, \text{rpm}$, 지름은 $150 \, \text{mm}$, 축간거리는 $1100 \, \text{mm}$ 인 V벨트 풀리가 있다. 전달동력 $5 \, \text{kW}$, 속도비는 $\dfrac{1}{4}$, 마찰계수는 0.32, 벨트 길이당 하중은 $0.12 \, \text{kg/m}$, 홈의 각도는 $40°$ 이다. 다음을 구하여라.

(1) 벨트의 길이 $L \, [\text{mm}]$ 은?

(2) 벨트의 접촉각 $\theta \, [\text{deg}]$ 은?

(3) 벨트의 긴장측 장력 $T_t \, [\text{kN}]$ 은?

해답 (1) 속도비$(\varepsilon) = \dfrac{N_2}{N_1} = \dfrac{D_1}{D_2}$ 에서

$$D_2 = \frac{D_1}{\varepsilon} = 150 \times 4 = 600 \, \text{mm}$$

$$L = 2C + \frac{\pi(D_1 + D_2)}{2} + \frac{(D_2 - D_1)^2}{4C}$$

$$= (2 \times 1100) + \frac{\pi(150 + 600)}{2} + \frac{(600 - 150)^2}{4 \times 1100} = 3424.12 \, \text{mm}$$

(2) ① $\theta_1 = 180° - 2\sin^{-1}\left(\dfrac{D_2 - D_1}{2C}\right) = 180° - 2\sin^{-1}\left(\dfrac{600 - 150}{2 \times 1100}\right) = 156.39°$

② $\theta_2 = 180° + 2\sin^{-1}\left(\dfrac{D_2 - D_1}{2C}\right) = 180° + 2\sin^{-1}\left(\dfrac{600 - 150}{2 \times 1100}\right) = 203.61°$

(3) $v = \dfrac{\pi D_1 N_1}{60 \times 1000} = \dfrac{\pi \times 150 \times 1800}{60 \times 1000} = 14.14 \, \text{m/s} > 10 \, \text{m/s}$ 이므로

부가장력(T_c)을 고려한다.

$$T_c = mv^2 = 0.12 \times (14.14)^2 = 23.99 \, \text{N}$$

$$\mu' = \cfrac{\mu}{\sin\cfrac{\alpha}{2} + \mu\cos\cfrac{\alpha}{2}} = \cfrac{0.32}{\sin 20° + 0.32\cos 20°} = 0.498$$

$$e^{\mu'\theta} = e^{0.498\left(\frac{156.39}{57.3}\right)} = 3.89$$

※ 장력비($e^{\mu'\theta}$)를 구할 때 중심접촉각은 작은 값을 항상 대입한다.

$$H_{kW} = \frac{P_e v}{1000} = \frac{(T_t - T_c)v}{1000}\frac{e^{\mu'\theta} - 1}{e^{\mu'\theta}}[\text{kW}]$$

$$\therefore\ T_t = T_c + \frac{1000H'}{v} \times \frac{e^{\mu'\theta}}{e^{\mu'\theta} - 1} = 23.99 + \frac{1000 \times 5}{14.14} \times \frac{3.89}{3.89 - 1}$$

$$\fallingdotseq 500\,\text{N} = 0.5\,\text{kN}$$

일반기계기사 (필답형) 2013년 제 2 회 시행

□1. 축간거리 $C = 500\,\text{mm}$, $N_A = 500\,\text{rpm}$, $N_B = 300\,\text{rpm}$인 외접 원통 마찰차가 있다. 선압 $20\,\text{N/mm}$, 폭 $75\,\text{mm}$, 마찰계수 0.2일 때 다음을 구하여라.

(1) 주동차와 종동차의 지름(mm)

(2) 최대전달동력(kW)

해답 (1) 속도비$(\varepsilon) = \cfrac{N_B}{N_A} = \cfrac{D_A}{D_B} = \cfrac{300}{500} = \cfrac{3}{5}$

$$C = \cfrac{D_A + D_B}{2} = \cfrac{D_A\left(1 + \cfrac{1}{\varepsilon}\right)}{2}\,[\text{mm}]\text{에서}$$

$$\therefore\ D_A = \cfrac{2C}{1 + \cfrac{1}{\varepsilon}} = \cfrac{2 \times 500}{1 + \cfrac{5}{3}} = 375\,\text{mm}$$

$$\therefore\ D_B = \frac{5}{3}D_A = \frac{5}{3} \times 375 = 625\,\text{mm}$$

(2) $v = \cfrac{\pi D_A N_A}{60 \times 1000} = \cfrac{\pi \times 375 \times 500}{60 \times 1000} \fallingdotseq 9.82\,\text{m/s}$

$f = \cfrac{P}{b}$ 에서

$P = fb = 20 \times 75 = 1500\,\text{N}$

최대전달동력$(H_{kW}) = \cfrac{\mu P v}{1000} = \cfrac{0.2 \times 1500 \times 9.82}{1000} \fallingdotseq 2.95\,\text{kW}$

2. 스프링 지수가 8인 코일 스프링에 압축하중이 $800 \sim 300\,\mathrm{N}$ 사이에서 변동할 때 수축량은 $25\,\mathrm{mm}$이며 최대전단응력은 $300\,\mathrm{MPa}$, 스프링의 전단탄성계수는 $80\,\mathrm{GPa}$이다. 왈의 응력수정계수는 $K = \dfrac{4C-1}{4C-4} + \dfrac{0.615}{C}$, 최대하중이 $800\,\mathrm{N}$일 때 다음을 구하여라.

(1) 코일 스프링의 소선의 최소지름은 몇 mm인가?

(2) 코일 스프링의 평균유효지름은 몇 mm인가?

(3) 코일 스프링의 유효감김수는?

해답 (1) $K = \dfrac{4C-1}{4C-4} + \dfrac{0.615}{C} = \dfrac{4\times8-1}{4\times8-4} + \dfrac{0.165}{8} = 1.18$

$$\tau_{\max} = K\frac{8P_1 D}{\pi d^3} = \frac{8KP_1 C}{\pi d^2} \leqq \tau_a$$

$$d = \sqrt{\frac{8KP_1 C}{\pi \tau_a}} = \sqrt{\frac{8\times1.18\times800\times8}{\pi\times300}} = 8.01\,\mathrm{mm}$$

$\therefore$ 최소 지름은 $8.01\,\mathrm{mm}$

(2) $C = \dfrac{D}{d}$에서 $D = Cd = 8\times8.01 = 64.08\,\mathrm{mm}$

(3) $\delta_1 - \delta_2 = \dfrac{8n(P_1 - P_2)D^3}{Gd^4}$에서

$$\therefore\ n = \frac{Gd^4(\delta_1 - \delta_2)}{8(P_1 - P_2)D^3} = \frac{80\times10^3\times(8.01)^4\times25}{8(800-300)\times(64.08)^3} = 7.82 \fallingdotseq 8\,\text{회}$$

---

3. $4\,\mathrm{kW}$, $250\,\mathrm{rpm}$으로 회전하고 있는 지름 $250\,\mathrm{mm}$의 드럼을 제동시키기 위한 블록 브레이크가 있다. 다음을 구하여라.

(1) 제동토크 T는 몇 J인가? (단, 마찰계수는 0.25이다.)

(2) 제동력 Q는 몇 N인가?

(3) 조작대에 작용하는 힘 F는 몇 N인가?

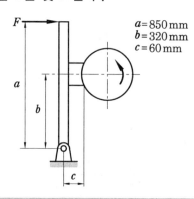

$a = 850\,\mathrm{mm}$
$b = 320\,\mathrm{mm}$
$c = 60\,\mathrm{mm}$

해답 (1) $T = 9.55 \times 10^3 \dfrac{kW}{N} = 9.55 \times 10^3 \times \dfrac{4}{250} = 152.8 \, \text{N·m(J)}$

(2) $T = Q\dfrac{D}{2}$ 에서

$Q = \dfrac{2T}{D} = \dfrac{2 \times 152.8}{0.25} = 1222.4 \, \text{N}$

(3) $Fa - Pb + \mu Pc = 0$ (단, $Q = \mu P$)에서

$\therefore F = \dfrac{P(b - \mu c)}{a} = \dfrac{Q(b - \mu c)}{\mu a}$

$= \dfrac{1222.4(320 - 0.25 \times 60)}{0.25 \times 850} \fallingdotseq 1754.50 \, \text{N}$

4. 1500 rpm, 8 kW를 800 rpm, 510 mm의 종동풀리로 동력을 전달하는 바로 걸기의 평벨트 전동장치가 있다. 마찰계수는 0.28, 주동풀리의 접촉각 165°, $m = 0.3 \, \text{kg/m}$일 때 다음을 구하여라.

(1) 회전속도 v는 몇 m/s 인가?

(2) 긴장측 장력 T_t는 몇 N인가?

(3) 벨트의 폭 b는 몇 mm인가? (단, 벨트의 두께는 5 mm, 허용 인장강도는 2 MPa, 전달효율은 80 %이다.)

해답 (1) $v = \dfrac{\pi D_2 N_2}{60 \times 1000} = \dfrac{\pi \times 510 \times 800}{60 \times 1000} = 21.36 \, \text{m/s} > 10 \, \text{m/s}$ 이므로

부가장력(T_c)을 고려한다.

(2) 장력비($e^{\mu\theta}$) $= e^{0.28\left(\frac{165}{57.3}\right)} = 2.24$

$T_c = mv^2 = 0.3 \times (21.36)^2 = 136.87 \, \text{N}$

$H_{kW} = \dfrac{(T_t - T_c)v}{1000} \dfrac{e^{\mu\theta} - 1}{e^{\mu\theta}} [\text{kW}]$ 이므로

$\therefore T_t = T_c + \dfrac{1000 H_{kW}}{v} \dfrac{e^{\mu\theta}}{e^{\mu\theta} - 1} = 136.87 + \dfrac{1000 \times 8}{21.36} \times \dfrac{2.24}{2.24 - 1}$

$= 813.44 \, \text{N}$

(3) $\sigma_t = \dfrac{T_t}{A\eta} = \dfrac{T_t}{bt\eta} [\text{MPa}]$ 에서

$b = \dfrac{T_t}{\sigma_t t \eta} = \dfrac{813.44}{2 \times 5 \times 0.8} = 101.68 \, \text{mm}$

◻5. 그림과 같은 아이볼트에 $F_1 = 6\,\text{kN}$, $F_2 = 8\,\text{kN}$의 하중과 $F = 15\,\text{kN}$이 작용할 때 다음을 구하여라.

(1) T의 각도 $\theta[\deg]$와 크기(kN)는?

(2) 호칭지름 $10\,\text{cm}$, 피치 $3\,\text{cm}$, 골지름 $8\,\text{cm}$일 때 최대인장응력은 몇 MPa인가?

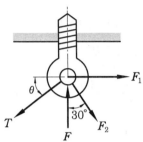

해답 (1)

$\sum F_x = 0 : -T\cos\theta + F_2\sin30° + F_1 = 0$

$\qquad -T\cos\theta + 8\sin30° + 6 = 0$

$\qquad T\cos\theta = 10$ ⋯⋯⋯⋯⋯⋯⋯⋯⋯⋯⋯⋯⋯⋯ ①

$\sum F_y = 0 : -T\sin\theta + F - F_2\cos30° = 0$

$\qquad -T\sin\theta + 15 - 8\cos30° = 0$

$\qquad T\sin\theta = 8.07$ ⋯⋯⋯⋯⋯⋯⋯⋯⋯⋯⋯⋯ ②

②식을 ①식으로 나누면, $\tan\theta = \dfrac{8.07}{10} = 0.807$

$\therefore\ \theta = \tan^{-1}0.807 = 38.9°$

$\theta = 38.9°$를 ①식에 대입하면,

$\therefore\ T = \dfrac{10}{\cos\theta} = \dfrac{10}{\cos38.9°} = 12.85\,\text{kN}$

(2) $\sigma_{t\cdot\max} = \dfrac{F}{A} = \dfrac{F}{\dfrac{\pi}{4}d_1^2} = \dfrac{15 \times 10^3}{\dfrac{\pi}{4} \times 80^2} = 2.98\,\text{MPa}$

◻6. 단열 레이디얼 볼 베어링 6308에서 레이디얼 하중 $1.6\,\text{kN}$, 기본 동정격 하중 C의 값은 $32\,\text{kN}$, 한계속도지수 dN은 $200000\,\text{mm·rpm}$일 때 다음을 구하여라.

(1) 베어링의 안지름은 몇 mm인가?

(2) 최대회전수는 몇 rpm인가?

(3) 하중계수가 1.5일 때 수명시간은 몇 h인가?

[해답] (1) $d = 8 \times 5 = 40\,\mathrm{mm}$

(2) $dN = 200000$ 에서

$$\therefore \; N = \frac{200000}{d} = \frac{200000}{40} = 5000\,\mathrm{rpm}$$

(3) $L_h = 500 f_h{}^r = 500 \times \frac{33.3}{N} \times \left(\frac{C}{P}\right)^r = 500 \times \frac{33.3}{5000} \times \left(\frac{32}{1.5 \times 1.6}\right)^3$

$\qquad = 7893.33\,\mathrm{h}$

□7. 4측 필릿 용접 이음에 편심하중 $50\,\mathrm{kN}$ 이 작용할 때 최대전단응력은 몇 MPa 인가? (단, 그림에서 $a = 250\,\mathrm{mm}$, 용접 사이즈 $8\,\mathrm{mm}$, 편심거리 $l = 375\,\mathrm{mm}$ 이다.)

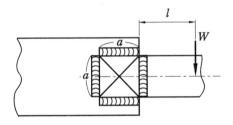

[해답] ① 편심하중에 의한 직접전단응력(τ_1)은

$$\tau_1 = \frac{W}{A} = \frac{W}{4at} = \frac{W}{4ah\cos 45°} = \frac{50 \times 10^3}{4 \times 250 \times 8\cos 45°} = 8.84\,\mathrm{MPa}$$

② 모멘트에 의한 전단응력(τ_2)은

$$\tau_2 = \frac{WLr_{\max}}{J_G} = \frac{50 \times 10^3 \times 500 \times 176.89}{117.85 \times 10^6} = 37.5\,\mathrm{MPa}$$

$$r_{\max} = \sqrt{\left(\frac{a}{2}\right)^2 + \left(\frac{a}{2}\right)^2} = \sqrt{125^2 + 125^2} = 176.78\,\mathrm{mm}$$

$$J_G = t \times \frac{(b+l)^3}{6} = h\cos 45° \times \frac{(a+a)^3}{6} = 8\cos 45° \times \frac{(2 \times 250)^3}{6}$$

$$\qquad = 117.85 \times 10^6\,\mathrm{mm}^4$$

$$L = l + \frac{a}{2} = 375 + \frac{250}{2} = 500\,\mathrm{mm}$$

최대전단응력($\tau_{\max}$) $= \sqrt{\tau_1^2 + \tau_2^2 + 2\tau_1\tau_2\cos\theta}$

$$\qquad\qquad = \sqrt{8.84^2 + 37.5^2 + (2 \times 8.84 \times 37.5 \times 0.707)}$$

$$\qquad\qquad = 44.19\,\mathrm{MPa}$$

여기서, $\cos\theta = \dfrac{\left(\dfrac{a}{2}\right)}{r_{\max}} = \dfrac{125}{176.78} = 0.707$

8. 길이 $l = 200\,cm$인 축이 $900\,rpm$, $33.1\,kW$를 전달한다. 무게 $65\,kg$의 풀리를 축의 중앙에 붙일 때 이 축의 지름을 결정하고자 한다. 축 재료는 연강이고 키홈은 무시하고 허용 전단응력은 $34.3\,MPa$이다. 다음 순서에 따라 계산하여라.

(1) 축 토크는 몇 J인가?

(2) 굽힘 모멘트는 몇 J인가?

(3) 상당 비틀림 모멘트를 고려하면 축 지름은 몇 mm인가?

해답 (1) $T = 9.55 \times 10^3 \dfrac{kW}{N} = 9.55 \times 10^3 \times \dfrac{33.1}{900} = 351.23\,N \cdot m\,(J)$

(2) $M = \dfrac{Pl}{4} = \dfrac{65 \times 9.8 \times 2}{4} = 318.5\,N \cdot m\,(=J)$

(3) $T_e = \sqrt{M^2 + T^2} = \sqrt{(318.5)^2 + (351.23)^2} = 474.14\,N \cdot m\,(J)$

$\therefore d = \sqrt[3]{\dfrac{16T_e}{\pi\tau_a}} = \sqrt[3]{\dfrac{16 \times 474.14 \times 10^3}{\pi \times 34.3}} = 41.29\,mm$

---

9. 50번 롤러 체인의 평균속도가 $7\,m/s$일 때 다음을 구하여라. (단, 안전율 $S = 20$, 부하계수 $k = 1.0$, 파단하중 $P = 14\,kN$이다.)

(1) 허용장력 F는 몇 N인가?

(2) 최대전달동력은 몇 kW인가?

해답 (1) $F = \dfrac{P}{kS} = \dfrac{14 \times 10^3}{1 \times 20} = 700\,N$

(2) 최대전달동력$(H_{kW}) = \dfrac{Fv}{1000} = \dfrac{700 \times 7}{1000} = 4.9\,kW$

---

10. $250\,rpm$, $7.5\,kW$의 동력을 전달하는 외접 스퍼 기어에서 속도비는 $\dfrac{1}{5}$, 굽힘강도는 $200\,MPa$, 치형계수 $Y = \pi y = 0.35$, 비응력계수 $K = 1.05\,MPa$, 치폭 $b = 10\,m$, $f_v = \dfrac{3.05}{3.05 + v}$, 피니언의 피치원 지름 $D_1 = 100\,mm$일 때 다음을 계산하여라.

(1) 굽힘강도에 의한 모듈(모듈을 올림하여 정수로 결정한다.)

(2) 면압강도에 의한 모듈

(3) 이 너비는 몇 mm가 적합한가?

해답 (1) $v = \dfrac{\pi D_1 N_1}{60 \times 1000} = \dfrac{\pi \times 100 \times 250}{60 \times 1000} = 1.31\,m/s$

$$f_v = \frac{3.05}{3.05 + v} = \frac{3.05}{3.05 + 1.31} = 0.7$$

$$H_{kW} = \frac{Fv}{1000}[\text{kW}] \text{에서}$$

$$F = \frac{1000 H_{kW}}{v} = \frac{1000 \times 7.5}{1.31} = 5725.19\,\text{N}$$

$$F = f_v \sigma_b pby = f_v \sigma_b \pi mby = f_v \sigma_b mb\,Y = f_v \sigma_b m(10m)\,Y \text{에서}$$

$$\therefore\ m = \sqrt{\frac{F}{10 f_v \sigma_b Y}} = \sqrt{\frac{5725.19}{10 \times 0.7 \times 200 \times 0.35}} = 3.42 \fallingdotseq 4$$

(2) $F = f_v Kmb\left(\dfrac{2Z_1 \cdot Z_2}{Z_1 + Z_2}\right) = f_v Kb\left(\dfrac{2D_1 D_2}{D_1 + D_2}\right)$ 에서

$$5725.19 = 0.7 \times 1.05 \times 10m \times \left(\frac{2 \times 100 \times 500}{100 + 500}\right)$$

$$\therefore\ m = 4.67 \fallingdotseq 5$$

단, $\varepsilon = \dfrac{D_1}{D_2}$ 에서 $D_2 = \dfrac{D_1}{\varepsilon} = 100 \times 5 = 500\,\text{mm}$

(3) 허용하중은 안전을 고려하여 작은 값을 택하므로 모듈은 둘 중에서 작은 값
($m = 4$)을 선정한다.

$$\therefore\ b = 10m = 10 \times 4 = 40\,\text{mm}$$

---

11. 지름이 $70\,\text{mm}$인 축에 보스를 끼웠을 때 사용한 묻힘 키의 호칭이 $18 \times 12 \times 100$ mm이다. 이 축이 $350\,\text{rpm}$, $7.35\,\text{kW}$로 회전할 때 키의 전단응력과 압축응력은 각각 몇 N/mm^2인가?

해답 $T = 9.55 \times 10^3 \dfrac{kW}{N} = 9.55 \times 10^3 \times \dfrac{7.35}{350}$

$$= 200.55\,\text{N·m} = 200.55 \times 10^3\,\text{N·mm}$$

① $\tau_k = \dfrac{2T}{bld} = \dfrac{2 \times 200.55 \times 10^3}{18 \times 100 \times 70} = 3.18\,\text{N/mm}^2\,(\text{MPa})$

② $\sigma_c = \dfrac{4T}{hld} = \dfrac{4 \times 200.55 \times 10^3}{12 \times 100 \times 70} = 9.55\,\text{N/mm}^2\,(\text{MPa})$

일반기계기사 (필답형)

1. 50번 롤러 체인(roller chain : 파단하중 21.67 kN, 피치 15.875 mm)으로 900 rpm 의 구동축을 300 rpm으로 감속운전하고자 한다. 구동 스프로킷(sprocket)의 잇수 25개, 안전율 15로 할 때 다음을 구하여라.

(1) 체인속도 v[m/s]

(2) 최대전달동력 H_{kW}[kW]

(3) 피동 스프로킷의 피치원 지름 D_2[mm]

(4) 양 스프로킷의 중심거리를 900 mm로 할 경우 체인의 길이 L[mm]

해답 (1) $v = \dfrac{pZ_1N_1}{60 \times 1000} = \dfrac{15.875 \times 25 \times 900}{60 \times 1000} = 5.95\,\text{m/s}$

(2) $H_{kW} = \dfrac{Fv}{1000} = \dfrac{F_B v}{1000 S} = \dfrac{21.67 \times 10^3 \times 5.95}{1000 \times 15} = 8.6\,\text{kW}$

(3) 속비(ε) $= \dfrac{N_2}{N_1} = \dfrac{Z_1}{Z_2}$ 에서 $Z_2 = Z_1 \times \dfrac{N_1}{N_2} = 25 \times \dfrac{900}{300} = 75$개

$D_2 = \dfrac{p}{\sin\dfrac{180}{Z_2}} = \dfrac{15.875}{\sin\dfrac{180}{75}} = 379.1\,\text{mm}$

(4) 링크수(L_n) $= \dfrac{2C}{p} + \dfrac{Z_1 + Z_2}{2} + \dfrac{0.0257p(Z_1 - Z_2)^2}{C}$

$\qquad = \dfrac{2 \times 900}{15.875} + \dfrac{25 + 75}{2} + \dfrac{0.0257 \times 15.875(25 - 75)^2}{900}$

$\qquad = 164.52 ≒ 166$개

체인의 길이(L) $= L_n \times p = 166 \times 15.875 = 2635.25\,\text{mm}$

2. 18 kW, 400 rpm의 4사이클 단기통 기관에서 플라이 휠의 림 안지름(mm)을 계산하여라. (단, 각속도 변동률 $\delta = \dfrac{1}{80}$, 에너지 변동계수는 1.3, 플라이 휠의 바깥지름은 1.8 m, 림 부분의 너비는 18 cm이고, 주철의 비중량은 0.073 N/cm³이다.)

해답 $T = 9.55 \times 10^3 \dfrac{kW}{N} = 9.55 \times 10^3 \times \dfrac{18}{400} = 429.75\,\text{N·m}$

1사이클 중에 한 일 $E = 4\pi T = 4\pi \times 429.75 = 5400.40\,\text{N·m}$

1사이클 동안의 에너지 변화량 $\Delta E = qE = 1.3 \times 5400.40 = 7020.52\,\text{N·m}$

$\omega = \dfrac{2\pi N}{60} = \dfrac{2\pi \times 400}{60} = 41.89\,\text{rad/s}$ 이므로

$\Delta E = I\omega^2\delta$ 에서

$I = \dfrac{\Delta E}{\omega^2\delta} = \dfrac{7020.52}{(41.89)^2 \times \dfrac{1}{80}} = 320.07\,\text{N·m·s}^2$

$I = \dfrac{\gamma b\pi(D_2^4 - D_1^4)}{32g}$ 에서

$\therefore D_1 = \sqrt[4]{D_2^4 - \dfrac{32gI}{\gamma b\pi}} = \sqrt[4]{1800^4 - \dfrac{32 \times 9800 \times 320.07 \times 10^3}{0.073 \times 10^{-3} \times 180 \times \pi}} ≒ 1685.26\,\text{mm}$

□3. 그림과 같은 에반스 마찰차에서 속도비가 $\dfrac{1}{3} \sim 3$의 범위로 주동차가 $750\,\text{rpm}$으로 $2\,\text{kW}$를 전달시킨다. 양축 사이의 중심거리를 $300\,\text{mm}$라 할 때 다음을 구하여라. (단, 가죽의 허용 접촉면 압력은 $14.7\,\text{N/mm}$, 마찰계수는 0.2이다.)

(1) 주동차의 지름 $D_1[\text{mm}]$, 종동차의 지름 $D_2[\text{mm}]$

(2) 주동차와 종동차를 밀어 붙이는 최대 힘 $F[\text{kN}]$

(3) 가죽 벨트의 폭 $b[\text{mm}]$

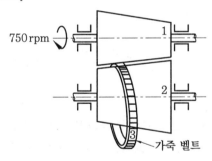

750 rpm

1

2

3

가죽 벨트

해답 (1) 속도비$(\varepsilon) = \dfrac{D_1}{D_2} = \dfrac{1}{3}$에서

$D_2 = 3D_1$

$C = \dfrac{D_1 + D_2}{2} = \dfrac{D_1 + 3D_1}{2} = 2D_1$

$D_1 = \dfrac{C}{2} = \dfrac{300}{2} = 150\,\text{mm}$

$D_2 = 3D_1 = 3 \times 150 = 450\,\text{mm}$

(2) $v_{\min} = \dfrac{\pi D_1 N_1}{60 \times 1000} = \dfrac{\pi \times 150 \times 750}{60 \times 1000} = 5.89\,\text{m/s}$

$$H_{kW} = \frac{\mu F v}{1000}[\text{kW}] \text{에서}$$

$$F_{\max} = \frac{1000 H_{kW}}{\mu v_{\min}} = \frac{1000 \times 2}{0.2 \times 5.89} = 1697.79\text{N} \fallingdotseq 1.7\text{kN}$$

(3) $f = \dfrac{F_{\max}}{b}$ 에서 $b = \dfrac{F_{\max}}{f} = \dfrac{1.7 \times 10^3}{14.7} = 115.65\,\text{mm}$

□4. 코일의 지름이 $60\,\text{mm}$, 스프링 지수가 7인 원통형 코일 스프링에서 $196.25\,\text{N}$의 축 방향 하중이 작용할 때 처짐이 $20\,\text{mm}$, 탄성계수가 $78.08 \times 10^3\,\text{MPa}$라고 할 때 다음을 구하여라.

(1) 소선 지름(mm)

(2) 코일의 최대전단응력(MPa)

(3) 코일의 감김 수

해답 (1) $C = \dfrac{D}{d}$ 에서 $d = \dfrac{D}{C} = \dfrac{60}{7} = 8.57\,\text{mm}$

(2) $K = \dfrac{4C-1}{4C-4} + \dfrac{0.615}{C} = \dfrac{4 \times 7 - 1}{4 \times 7 - 4} + \dfrac{0.615}{7} = 1.21$

$$\tau_{\max} = K\frac{8PD}{\pi d^3} = K\frac{8PC}{\pi d^2} = 1.21 \times \frac{8 \times 196.25 \times 7}{\pi \times (8.57)^2} = 57.63\,\text{MPa}$$

(3) $\delta = \dfrac{8nPD^3}{Gd^4} = \dfrac{8nPC^3}{Gd}[\text{mm}]$

$$n = \frac{Gd\delta}{8PC^3} = \frac{78.08 \times 10^3 \times 8.57 \times 20}{8 \times 196.25 \times 7^3} = 24.85 \fallingdotseq 25\,\text{회}$$

□5. $300\,\text{rpm}$으로 $8\,\text{kW}$를 전달하는 스플라인 축이 있다. 이 측면의 허용면압을 $35\,\text{MPa}$으로 하고 잇수는 6개, 이 높이는 $2\,\text{mm}$, 모따기는 $0.15\,\text{mm}$이다. 아래의 표로부터 스플라인의 규격을 선정하여라. (단, 전달효율은 75%, 보스의 길이는 $58\,\text{mm}$이다.)

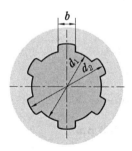

각형 스플라인의 기본 치수

스플라인의 규격 (단위 : mm)

형식	1형						2형					
잇수	6		8		10		6		8		10	
호칭 지름 d_1	큰 지름 d_2	너비 b	큰 지름 d_2	너비 b	큰 지름 d_2	너비 b	큰 지름 d_2	너비 b	큰 지름 d_2	너비 b	큰 지름 d_2	너비 b
11	–	–	–	–	–	–	14	3	–	–	–	–
13	–	–	–	–	–	–	16	3.5	–	–	–	–
16	–	–	–	–	–	–	20	4	–	–	–	–
18	–	–	–	–	–	–	22	5	–	–	–	–
21	–	–	–	–	–	–	25	5	–	–	–	–
23	26	6	–	–	–	–	28	6	–	–	–	–
26	30	6	–	–	–	–	32	6	–	–	–	–
28	32	7	–	–	–	–	34	7	–	–	–	–
32	36	8	36	6	–	–	38	8	38	6	–	–
36	40	8	40	7	–	–	42	8	42	7	–	–
42	46	10	46	8	–	–	48	10	48	8	–	–
46	50	12	50	9	–	–	54	12	54	9	–	–
52	58	14	58	10	–	–	60	14	60	10	–	–
56	62	14	62	10	–	–	65	14	65	10	–	–
62	68	16	68	12	–	–	72	16	72	12	–	–
72	78	18	–	–	78	12	82	18	–	–	82	12
82	88	20	–	–	88	12	92	20	–	–	92	12
92	98	22	–	–	98	14	102	22	–	–	102	14
102	–	–	–	–	108	16	–	–	–	–	112	16
112	–	–	–	–	120	18	–	–	–	–	125	18

해답 $T = 9.55 \times 10^3 \dfrac{kW}{N} = 9.55 \times 10^3 \times \dfrac{8}{300}$

$\qquad = 254.67 \, \text{N·m} = 254.67 \times 10^3 \, \text{N·mm}$

$T = \eta P \dfrac{d_m}{2} = \eta(h-2c)lq_a Z \left(\dfrac{d_1+d_2}{4}\right) [\text{N·mm}]$

$d_1 + d_2 = \dfrac{4T}{\eta(h-2c)lq_a Z} = \dfrac{4 \times 254.67 \times 10^3}{0.75 \times (2 - 2 \times 0.15) \times 58 \times 35 \times 6} = 65.6 \, \text{mm}$

$\therefore d_1 + d_2 = 65.6 \, \text{mm}$ ······························ ①

$h = \dfrac{d_2 - d_1}{2}$ 에서

$\therefore d_2 - d_1 = 2h = 2 \times 2 = 4 \, \text{mm}$ ······························ ②

①식과 ②식을 더하면, $2d_2 = 69.6 \, \text{mm}$

$\therefore d_2 = 34.8 \, \text{mm}$

표에서 스플라인 규격을 선정하면, $d_2 = 36\,\mathrm{mm}$, $d_1 = 32\,\mathrm{mm}$, $b = 8\,\mathrm{mm}$ 이다.

∴ 호칭지름은 표에서 $d = 32\,\mathrm{mm}$ 이다.

◻6. 유효지름 $51\,\mathrm{mm}$, 피치 $8\,\mathrm{mm}$, 나사산의 각 $30°$인 미터 사다리꼴 나사(Tr) 잭의 줄 수 1, 축하중 $6000\,\mathrm{N}$ 이 작용한다. 너트부 마찰계수는 0.15이고, 자립면 마찰계수는 0.01, 자립면 평균지름은 $64\,\mathrm{mm}$일 때 다음을 구하여라.

(1) 회전토크 T는 몇 N·m인가?

(2) 나사 잭의 효율은 몇 %인가?

(3) 축하중을 들어 올리는 속도가 $0.6\,\mathrm{m/min}$일 때 전달동력은 몇 kW인가?

[해답] (1) $\mu' = \dfrac{\mu}{\cos\dfrac{\alpha}{2}} = \dfrac{0.15}{\cos\dfrac{30°}{2}} = 0.1553$

$$T = \mu_1 Q r_m + Q\frac{d_e}{2}\left(\frac{p + \mu'\pi d_e}{\pi d_e - \mu' p}\right)$$

$$= (0.01 \times 6000 \times 0.032) + 6000\frac{0.051}{2}\left(\frac{8 + 0.1553 \times \pi \times 51}{\pi \times 51 - 0.1553 \times 8}\right) = 33.57\,\mathrm{N\cdot m}$$

(2) $\eta = \dfrac{Qp}{2\pi T} = \dfrac{6000 \times 8}{2\pi \times 33.57 \times 10^3} = 0.2276 = 22.76\,\%$

(3) 전달동력$(H_{kW}) = \dfrac{Qv}{1000\eta} = \dfrac{6000 \times \dfrac{0.6}{60}}{1000 \times 0.2276} = 0.26\,\mathrm{kW}$

◻7. $420\,\mathrm{rpm}$으로 $18\,\mathrm{kN}$을 받치는 끝저널에서 다음을 구하여라.

(1) 압력속도계수 $p \cdot v = 2\,\mathrm{N/mm^2 \cdot m/s}$ 이라 할 때 저널의 길이 $l[\mathrm{mm}]$

(2) 저널의 허용 굽힘응력 $\sigma_b = 60\,\mathrm{MPa}$ 이라할 때 저널의 지름은 $d[\mathrm{mm}]$

(3) 베어링에 작용하는 평균압력 $p[\mathrm{MPa}]$

[해답] (1) $pv = \dfrac{\pi WN}{60000 l}$ 에서

$$\therefore\ l = \frac{\pi WN}{60000 pv} = \frac{\pi \times 18 \times 10^3 \times 420}{60000 \times 2} = 197.92\,\mathrm{mm}$$

(2) $d = \sqrt[3]{\dfrac{16 Wl}{\pi \sigma_b}} = \sqrt[3]{\dfrac{16 \times 18 \times 10^3 \times 197.92}{\pi \times 60}} = 67.12\,\mathrm{mm}$

(3) $p = \dfrac{W}{A} = \dfrac{W}{dl} = \dfrac{18 \times 10^3}{67.12 \times 197.92} = 1.35\,\mathrm{MPa}$

□**8.** 오른쪽 그림과 같은 두께 $10\,\text{mm}$인 사각형의 강판에 M16(골지름 $13.835\,\text{mm}$) 볼트 4개를 사용하여 채널에 고정하고 끝단에 $20\,\text{kN}$의 하중을 수직으로 가하였을 때 볼트에 작용하는 최대전단응력(MPa)은?

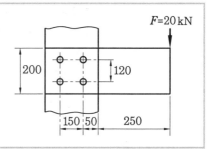

해답 ① 직접전단하중$(P_1) = \dfrac{\text{편심하중}(F)}{\text{볼트수}(n)} = \dfrac{20 \times 10^3}{4} = 5000\,\text{N}$

② 볼트군 중심에서 모멘트에 의한(볼트에 작용하는) 전단하중(P_2)은

$\quad FL = nP_2 r$ 에서 $FL = 4P_2 r$

$\quad 20 \times 10^3 \times 375 = 4 \times P_2 \times \sqrt{60^2 + 75^2}$

$\quad \therefore \ P_2 = 19531.25\,\text{N}$

$\quad$※ $K = \dfrac{FL}{Zr^2} = \dfrac{20 \times 10^3 \times 375}{4 \times 96^2} = 203.45\,\text{N/mm}$

$\quad P_2 = Kr = 203.45 \times 96 = 19531.25\,\text{N}$

③ 최대전단하중$(P_{\max}) = \sqrt{P_1^2 + P_2^2 + 2P_1 P_2 \cos\theta}$

$\quad = \sqrt{5000^2 + (19531.25)^2 + 2 \times 5000 \times 19531.25 \times 0.78} = 23639.24\,\text{N}$

단, $r_{\max} = \sqrt{60^2 + 75^2} = 96\,\text{mm}$

$\cos\theta = \dfrac{75}{r_{\max}} = \dfrac{75}{96} = 0.78$

볼트에 작용하는 최대전단응력$(\tau_{\max})$은

$\therefore \ \tau_{\max} = \dfrac{P_{\max}}{A} = \dfrac{P_{\max}}{\dfrac{\pi}{4}d_1^2} = \dfrac{23639.24}{\dfrac{\pi}{4} \times (13.835)^2}$

$\quad\ \ \fallingdotseq 157.25\,\text{MPa}$

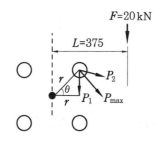

□**9.** 오른쪽 블록 브레이크에서 $F = 200\,\text{N}$이고 드럼의 회전속도가 $30\,\text{m/s}$이며, $a = 600\,\text{mm}$, $b = 200\,\text{mm}$, $c = 50\,\text{mm}$, $\mu = 0.25$일 때 다음을 구하여라.

(1) 블록 브레이크의 제동동력(kW)은?

(2) 블록 브레이크 용량이 $5\,\text{MPa·m/s}$일 때 마찰면적 (mm^2)은 얼마인가?

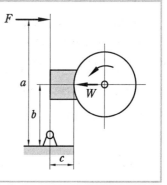

해답 (1) 내작용 선형$(c > 0)$ 좌회전이므로 $\Sigma M_{Hinge} = 0$에서

$Fa - Wb + \mu Wc = 0$이므로

$$W = \frac{Fa}{(b - \mu c)} = \frac{200 \times 600}{200 - 0.25 \times 50} = 640\,\mathrm{N}$$

$$H_{kW} = \frac{\mu Wv}{1000} = \frac{0.25 \times 640 \times 30}{1000} = 4.8\,\mathrm{kW}$$

(2) $\mu qv = \dfrac{H_{kW}}{A}$에서 $\therefore$ $A = \dfrac{H_{kW}}{\mu qv} = \dfrac{4.8}{5 \times 10^3} = 0.00096\,\mathrm{m}^2 = 960\,\mathrm{mm}^2$

---

10. 그림과 같이 축의 중앙에 $539.55\,\mathrm{N}$의 기어를 설치하였을 때, 축의 자중을 무시하고 축의 위험속도를 구하여라. (단, 종탄성계수 $E = 2.06\,\mathrm{GPa}$이다.)

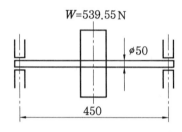

$W = 539.55\,\mathrm{N}$

$\phi 50$

450

해답 $\delta = \dfrac{Wl^3}{48EI} = \dfrac{539.55 \times 450^3}{48 \times 2.06 \times 10^3 \times \dfrac{\pi \times 50^4}{64}} = 1.62\,\mathrm{mm}$

$$N_c = \frac{30}{\pi} \sqrt{\frac{g}{\delta}} = \frac{30}{\pi} \sqrt{\frac{9800}{1.62}} = 742.72\,\mathrm{rpm}$$

일반기계기사 (필답형)　　　　2014년 제2회 시행

1. $1500\,\mathrm{rpm}$, $150\,\mathrm{mm}$의 평벨트 풀리가 $300\,\mathrm{rpm}$의 축으로 $8\,\mathrm{kW}$를 전달하고 있다. 마찰계수가 0.3이고 단위 길이당 질량이 $0.35\,\mathrm{kg/m}$일 때 다음을 구하여라. (단, 축간거리는 $1800\,\mathrm{mm}$이다.)

(1) 종동풀리의 지름 $D_2[\mathrm{mm}]$

(2) 긴장측 장력 $T_t[\mathrm{N}]$

(3) 벨트의 길이 $L[\mathrm{mm}]$ (벨트는 바로 걸기이다.)

해답 (1) 속도비$(\varepsilon) = \dfrac{N_2}{N_1} = \dfrac{D_1}{D_2}$에서

$$\therefore \ D_2 = D_1 \times \frac{N_1}{N_2} = 150 \times \frac{1500}{300} = 750\,\mathrm{mm}$$

(2) $v = \dfrac{\pi D_1 N_1}{60 \times 1000} = \dfrac{\pi \times 150 \times 1500}{60 \times 1000} = 11.78\,\mathrm{m/s} > 10\,\mathrm{m/s}$ 이므로 부가장력(원심

력)을 고려한다.

부가장력$(T_c) = mv^2 = 0.35 \times (11.78)^2 = 48.57\,\mathrm{N}$

$$\theta = 180° - 2\sin^{-1}\!\left(\frac{D_2 - D_1}{2C}\right) = 180° - 2\sin^{-1}\!\left(\frac{750 - 150}{2 \times 1800}\right) = 160.81°$$

$$e^{\mu\theta} = e^{0.3\left(\frac{160.81}{57.3}\right)} = 2.32$$

$$H_{kW} = \frac{(T_t - T_c)v}{1000} \frac{e^{\mu\theta} - 1}{e^{\mu\theta}} \ \text{에서}$$

$$T_t = T_c + \frac{1000 H_{kW}}{v} \frac{e^{\mu\theta}}{e^{\mu\theta} - 1} = 48.57 + \frac{1000 \times 8}{11.78} \times \frac{2.32}{2.32 - 1}$$

$$= 1242.17\,\mathrm{N}$$

(3) $L = 2C + \dfrac{\pi(D_1 + D_2)}{2} + \dfrac{(D_2 - D_1)^2}{4C}$

$$= (2 \times 1800) + \frac{\pi(150 + 750)}{2} + \frac{(750 - 150)^2}{4 \times 1800}$$

$$= 5063.72\,\mathrm{mm}$$

□2. 원동차의 표면에 가죽, 종동차에 주철을 사용하는 마찰차에 있어서 원동차의 지름 $D = 18\,\mathrm{cm}$, 매분 회전수 $N = 800\,\mathrm{rpm}$, $H_{kW} = 3.7\,\mathrm{kW}$를 전달시키는 데 필요한 바퀴의 폭 b는 얼마인가? (단, 허용압력 $f = 7\,\mathrm{N/mm}$, 마찰계수 $\mu = 0.2$이다.)

해답 $T = 9.55 \times 10^3 \dfrac{kW}{N} = 9.55 \times 10^3 \times \dfrac{3.7}{800} \fallingdotseq 44.17\,N\!\cdot\!m$

$T = \mu P \dfrac{D}{2}$ 에서 $P = \dfrac{2T}{\mu D} = \dfrac{2 \times 44.17 \times 10^3}{0.2 \times 180} = 2453.89\,\mathrm{N}$

$f = \dfrac{P}{b}\,[\mathrm{N/mm}]$ 에서 $\therefore \ b = \dfrac{P}{f} = \dfrac{2453.89}{7} = 350.56\,\mathrm{mm}$

□3. 나사의 유효지름 $63.5\,\mathrm{mm}$, 피치 $3.17\,\mathrm{mm}$의 나사 잭으로 $50\,\mathrm{kN}$의 중량을 들어 올리려 할 때 다음을 구하여라. (단, 레버를 누르는 힘을 $200\,\mathrm{N}$, 마찰계수를 0.1로 한다.)

(1) 회전토크 $T[\mathrm{N \cdot m}]$

(2) 레버의 길이 $L[\mathrm{mm}]$

해답 (1) $T = W\dfrac{d_e}{2}\left(\dfrac{p+\mu\pi d_e}{\pi d_e - \mu p}\right) = 50 \times 10^3 \dfrac{63.5 \times 10^{-3}}{2}\left(\dfrac{3.17 + 0.1 \times \pi \times 63.5}{\pi \times 63.5 - 0.1 \times 3.17}\right)$

$\qquad = 184.27 \,\text{N·m}$

(2) $T = FL$에서

$\qquad \therefore \ L = \dfrac{T}{F} = \dfrac{184.27}{200} = 0.92135 \,\text{m} = 921.35 \,\text{mm}$

---

4. 그림과 같은 코터 이음에서 축에 작용하는 인장하중이 $30\,\text{kN}$이고, 로드의 지름 $d = 80\,\text{mm}$, 로드의 소켓 내의 지름 $d_1 = 95\,\text{mm}$, 코터의 두께 $t = 25\,\text{mm}$, 코터의 너비 $b = 100\,\text{mm}$, 소켓 내의 바깥지름 $D = 160\,\text{mm}$, 소켓 끝에서 코터 구멍까지의 거리 $h = 50\,\text{mm}$일 때, 다음을 구하여라.

(1) 코터(cotter)의 전단응력 $\tau[\text{MPa}]$

(2) 로드의 최대인장응력 $\sigma_{\max}[\text{MPa}]$

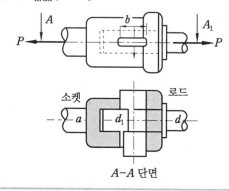

A-A 단면

해답 (1) $\tau = \dfrac{P}{A} = \dfrac{P}{2tb} = \dfrac{30 \times 10^3}{2 \times 25 \times 100} = 6\,\text{MPa}$

(2) $\sigma_t = \dfrac{P}{A} = \dfrac{P}{\dfrac{\pi}{4}d_1^2 - d_1 t} = \dfrac{30 \times 10^3}{\dfrac{\pi}{4} \times 95^2 - 95 \times 25} = 6.37\,\text{MPa}$

---

5. 축지름 $90\,\text{mm}$의 클램프 커플링(clamp coupling)에서 볼트 8개를 사용하여 $40\,\text{kW}$, $240\,\text{rpm}$으로 동력을 전달하고자 한다. 마찰력으로만 동력을 전달한다고 할 때 다음을 구하여라. (단, 마찰계수 $\mu = 0.2$, 볼트의 골지름 $\delta = 22.2\,\text{mm}$이다.)

(1) 전동 토크 $T[\text{N·mm}]$

(2) 축을 졸라매는 힘 $W[\text{N}]$

(3) 볼트에 생기는 인장응력 $\sigma_t[\text{MPa}]$

해답 (1) $T = 9.55 \times 10^6 \dfrac{kW}{N} = 9.55 \times 10^6 \times \dfrac{40}{240} = 1591666.67\,\text{N·mm}$

(2) $T = \mu \pi W \dfrac{d}{2}$ 에서

$$\therefore \ W = \frac{2T}{\mu\pi d} = \frac{2 \times 1591666.67}{0.2 \times \pi \times 90} = 56293.69\,\text{N}$$

(3) $W = \sigma_t \dfrac{\pi\delta^2}{4} \dfrac{Z}{2}$ 에서

$$\therefore \ \sigma_t = \frac{8W}{\pi\delta^2 Z} = \frac{8 \times 56293.69}{\pi \times (22.2)^2 \times 8} = 36.36\,\text{MPa}$$

□6. 원통 롤러 베어링 N206($C = 14.5\,\text{kN}$)이 $500\,\text{rpm}$으로 $1800\,\text{N}$의 베어링 하중을 받치고 있다. 이때 수명은 몇 시간인가? (단, 하중계수 $f_w = 1.5$이다.)

해답 $L_h = 500 f_h{}^r = 500 \times \dfrac{33.3}{N} \times \left(\dfrac{C}{P}\right)^r = 500 \times \dfrac{33.3}{500} \times \left(\dfrac{14.5 \times 10^3}{1.5 \times 1800}\right)^{\frac{10}{3}}$

$\qquad = 9032.16\,\text{h}$

□7. 그림과 같은 좌회전하는 단동식 밴드 브레이크에서 $F = 170\,\text{N}$이면 전동축이 $250\,\text{rpm}$일 때 몇 kW를 제동할 수 있는가? (단, $\mu = 0.35$, $\theta = 250°$)

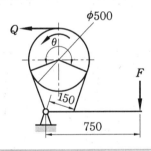

해답 $\Sigma M_{Hinge} = 0, \ Fl - T_t a = 0$

$Fl = T_t a$ 이므로 $\therefore \ T_t = F\dfrac{l}{a} = 170 \times \dfrac{750}{150} = 850\,\text{N}$

$e^{\mu\theta} = e^{0.35 \times 250 \times \frac{\pi}{180}} = 4.6$

$T_t = \dfrac{Qe^{\mu\theta}}{e^{\mu\theta} - 1}$ 에서 $Q = T_t\left(\dfrac{e^{\mu\theta} - 1}{e^{\mu\theta}}\right) = 850\left(\dfrac{4.6 - 1}{4.6}\right) = 665.22\,\text{N}$

$T = Q \times \dfrac{D}{2} = 665.22 \times \dfrac{0.5}{2} = 166.31\,\text{N·m}$

$H_{kW} = \dfrac{TN}{9.55 \times 10^3} = \dfrac{166.31 \times 250}{9.55 \times 10^3} = 4.35\,\text{kW}$

8. 한 줄 겹치기 리벳 이음에서 판두께 $12\,\mathrm{mm}$, 리벳 지름 $25\,\mathrm{mm}$, 피치 $50\,\mathrm{mm}$, 리벳 중심에서 판 끝까지의 길이 $35\,\mathrm{mm}$ 이다. 1피치당 하중을 $24.5\,\mathrm{kN}$ 으로 할 때 다음을 계산하여라.

(1) 판의 인장응력은 몇 $\mathrm{N/mm^2}$ 인가?

(2) 리벳의 전단응력은 몇 $\mathrm{N/mm^2}$ 인가?

(3) 리벳 이음의 효율은 몇 % 인가?

해답 (1) $\sigma_t = \dfrac{W}{A} = \dfrac{W}{(p-d)t} = \dfrac{24.5 \times 10^3}{(50-25) \times 12} = 81.67\,\mathrm{N/mm^2}$

(2) $\tau = \dfrac{W}{A\eta} = \dfrac{W}{\dfrac{\pi}{4}d^2 n} = \dfrac{24.5 \times 10^3}{\dfrac{\pi}{4} \times 25^2 \times 1} = 49.9\,\mathrm{N/mm^2}$

(3) 리벳 효율$(\eta_r) = \dfrac{n\pi d^2 \tau}{4pt\sigma_t} = \dfrac{1 \times \pi \times 25^2 \times 49.9}{4 \times 50 \times 12 \times 81.67} = 0.5 = 50\,\%$

강판 효율$(\eta_t) = 1 - \dfrac{d}{p} = 1 - \dfrac{25}{50} = 0.5 = 50\,\%$

∴ 두 값이 같으므로 리벳 이음의 효율은 $50\,\%$ 이다.

9. 그림과 같은 브래킷을 M20 볼트 3개로 고정시킬 때 1개의 볼트에 생기는 인장응력, 전단응력 및 주응력설에 의한 $\sigma_{\max}$ 은? (단, 볼트 1개당 단면적은 $A = 214.5\,\mathrm{mm^2}$ 이다.)

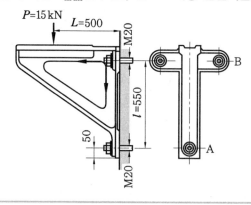

해답 (1) 모멘트에 의한 인장력(저점을 기준)은

$15 \times 10^3 \times 500 = R_A \times 50 + R_B \times 600 \times 2$ ⋯⋯⋯⋯⋯⋯⋯⋯⋯⋯①

힘은 길이에 비례하므로(저점을 기준)

$R_A : R_B = 50 : 600$ 에서 $R_B = \dfrac{600}{50} \times R_A$ ⋯⋯⋯⋯⋯⋯⋯⋯⋯⋯②

②식을 ①식에 대입하면

$15 \times 10^3 \times 500 = R_A \times 50 + \dfrac{600}{50} \times R_A \times 600 \times 2$

$$\therefore R_A = 519.03\,\text{N}$$

$$R_B = \frac{600}{50} \times R_A = \frac{600}{50} \times 519.03 = 6228.36\,\text{N}$$

$$\sigma_t = \frac{R_B}{A} = \frac{6228.36}{214.5} = 29.04\,\text{MPa}$$

(2) 직접전단하중$(Q) = \dfrac{P}{3} = \dfrac{15 \times 10^3}{3} = 5000\,\text{N}$

$$\tau = \frac{Q}{A} = \frac{5000}{214.5} = 23.31\,\text{MPa}$$

(3) $\sigma_{\max} = \dfrac{1}{2}\sigma_t + \dfrac{1}{2}\sqrt{\sigma_t^2 + 4\tau^2}$

$$= \frac{1}{2} \times 29.04 + \frac{1}{2}\sqrt{(29.04)^2 + 4 \times (23.31)^2} = 41.98\,\text{MPa}$$

---

10. 모듈 4, 잇수가 각각 $Z_1 = 21$, $Z_2 = 37$ 이고 압력각 $20°$ 인 한 쌍의 기어에서 다음을 구하여라. (단, 압력각 $20°$ 의 $\text{inv}20° = 0.0149$, 전위계수는 각각 $x_1 = 0.55$, $x_2 = 0.32$ 이다.)

(1) 표준 스퍼 기어의 물림률

(2) 전위 기어의 물림압력각 $\text{inv}\alpha_b$

해답 (1) 피치원 지름 D_1, D_2는

$$D_1 = mZ_1 = 4 \times 21 = 84\,\text{mm}$$

$$D_2 = mZ_2 = 4 \times 37 = 148\,\text{mm}$$

법선피치$(p_n) = \pi m \cos\alpha = \pi \times 4 \times \cos20° = 11.81\,\text{mm}$

접근물림길이$(l_a) = \sqrt{(R_2 + m)^2 - (R_2\cos\alpha)^2} - R_2\sin\alpha$

$$= \sqrt{\left(\frac{148}{2} + 4\right)^2 - \left(\frac{148}{2}\cos20°\right)^2} - \frac{148}{2}\sin20° = 10.03\,\text{mm}$$

퇴거물림길이$(l_r) = \sqrt{(R_1 + m)^2 - (R_1\cos\alpha)^2} - R_1\sin\alpha$

$$= \sqrt{\left(\frac{84}{2} + 4\right)^2 - \left(\frac{84}{2}\cos20°\right)^2} - \frac{84}{2}\sin20° = 9.26\,\text{mm}$$

물림길이$(l) = l_a + l_r = 10.03 + 9.26 = 19.29\,\text{mm}$

물림률$(\varepsilon) = \dfrac{l}{p_n} = \dfrac{19.29}{11.81} = 1.63$

(2) 물림압력각 $\text{inv}\alpha_b$는

$$\text{inv}\alpha_b = 2 \times \left(\frac{x_1 + x_2}{Z_1 + Z_2}\right)\tan\alpha + \text{inv}\alpha$$

$$= 2 \times \left(\frac{0.55 + 0.32}{21 + 37} \right) \tan 20° + \text{inv} 20° = 0.0252$$

여기서, $\text{inv} \alpha° = \tan \alpha° - \pi \times \dfrac{\alpha°}{180}$

---

11. 스프링 지수 $C = 8$인 압축 코일 스프링에서 하중이 $700\,\text{N}$에서 $500\,\text{N}$으로 감소되었을 때 처짐의 변화가 $25\,\text{mm}$가 되도록 하려고 한다. 스프링 재료로 경강선을 사용했을 때 $\tau = 300\,\text{MPa}$, $G = 8 \times 10^4\,\text{MPa}$이다. 소선의 지름, 코일의 평균지름, 유효권수를 계산하여라. (단, 소선의 지름은 $0.5\,\text{mm}$ 단위로 사사오입한다.)

(1) 소선의 지름(mm)

(2) 코일의 평균지름(mm)

(3) 유효권수

해답 (1) $K = \dfrac{4C-1}{4C-4} + \dfrac{0.615}{C} = \dfrac{4 \times 8 - 1}{4 \times 8 - 4} + \dfrac{0.615}{8} = 1.18$

$\tau = K \dfrac{8 P_1 D}{\pi d^3} = K \dfrac{8 P_1 C}{\pi d^2} [\text{N/mm}^2]$에서

$d = \sqrt{\dfrac{8 K P_1 C}{\pi \tau}} = \sqrt{\dfrac{8 \times 1.18 \times 700 \times 8}{\pi \times 300}} \fallingdotseq 7.5\,\text{mm}$

(2) $C = \dfrac{D}{d}$에서 $\therefore D = Cd = 8 \times 7.5 = 60\,\text{mm}$

(3) $\delta_1 - \delta_2 = \dfrac{8n(P_1 - P_2)D^3}{Gd^4}$에서

$\therefore n = \dfrac{Gd^4(\delta_1 - \delta_2)}{8(P_1 - P_2)D^3} = \dfrac{8 \times 10^4 \times 7.5^4 \times 25}{8(700 - 500) \times 60^3} = 18.31 \fallingdotseq 19$회

일반기계기사 (필답형)   2014년 제4회 시행

1. $7.5\,\text{kW}$를 전달하는 압력각 $20°$인 스퍼 기어가 있다. 피니언의 회전수는 $1500\,\text{rpm}$이고 기어의 회전수는 $500\,\text{rpm}$일 때 다음을 구하여라. (단, 축간거리는 $250\,\text{mm}$이다.)

(1) 피니언과 기어의 피치원 지름을 구하여라.

(2) 전달하중 F는 몇 N인가?

(3) 축 직각하중 F_v는 몇 N인가?

(4) 전하중 F_n은 몇 N인가?

해답 (1) 속도비$(\varepsilon) = \dfrac{N_2}{N_1} = \dfrac{500}{1500} = \dfrac{1}{3} = \dfrac{D_1}{D_2}$에서 $D_2 = 3D_1$

$$C = \frac{D_1 + D_2}{2} = \frac{D_1 + 3D_1}{2} = \frac{4D_1}{2} = 2D_1$$

$$D_1 = \frac{C}{2} = \frac{250}{2} = 125\,\text{mm}$$

$$D_2 = 3D_1 = 3 \times 125 = 375\,\text{mm}$$

(2) $H_{kW} = \dfrac{Fv}{1000}\,[\text{kW}]$에서 $F = \dfrac{1000 H_{kW}}{v} = \dfrac{1000 \times 7.5}{9.82} = 763.75\,\text{N}$

$$v = \frac{\pi D_1 N_1}{60000} = \frac{\pi \times 125 \times 1500}{60000} \fallingdotseq 9.82\,\text{m/s}$$

(3) $F_v = F\tan\alpha = 763.75 \times \tan 20° = 277.98\,\text{N}$

(4) $F_n = \dfrac{F}{\cos\alpha} = \dfrac{763.75}{\cos 20°} = 812.77\,\text{N}$

---

2. $600\,\text{rpm}$으로 회전하는 엔드 저널 $4000\,\text{N}$의 베어링 하중을 지지한다. 허용 베어링 압력 $6\,\text{MPa}$, 허용 압력속도계수 $p_a v = 2\,\text{N/mm}^2 \cdot \text{m/s}$, 마찰계수 $\mu = 0.006$일 때 다음을 구하여라.

(1) 저널의 길이(mm)

(2) 저널의 지름(mm)

해답 (1) $p_a v = \dfrac{\pi WN}{60000\,l}\,[\text{N/mm}^2 \cdot \text{m/s}]$에서

$$\therefore l = \frac{\pi WN}{60000\,p_a v} = \frac{\pi \times 4000 \times 600}{60000 \times 2} = 62.83\,\text{mm}$$

(2) $p_a = \dfrac{W}{A} = \dfrac{W}{dl}$에서

$$\therefore d = \frac{W}{p_a l} = \frac{4000}{6 \times 62.83} = 10.61\,\text{mm}$$

---

3. 출력이 $40\,\text{kW}$, 회전수 $1000\,\text{rpm}$인 전동기축에 최소 피치원 지름이 $400\,\text{mm}$, 홈의 각은 $36°$의 V벨트 풀리를 설치하여 중심거리가 $1483\,\text{mm}$인 종동축을 속도비 $\dfrac{1}{3}$으로 감속운전하려고 한다. 안전하게 사용하기 위한 벨트의 가닥수를 정수로 올림하여 구하여라. (단, V벨트의 허용장력은 $1\,\text{kN}$, 단위길이당 무게 $5.8\,\text{N/m}$, 마찰계수 $\mu = 0.25$, 부하수정계수$= 0.7$, 접촉각 수정계수$= 1$이다.)

해답 $v = \dfrac{\pi D_1 N_1}{60 \times 1000} = \dfrac{\pi \times 400 \times 1000}{60 \times 1000} = 20.94\,\mathrm{m/s} > 10\,\mathrm{m/s}$ 이므로

원심력(T_c)을 고려한다.

$$T_c = mv^2 = \frac{w}{g}v^2 = \frac{5.8}{9.8} \times (20.94)^2 = 259.51\,\mathrm{N}$$

$$i = \frac{D_1}{D_2} \text{에서} \quad D_2 = \frac{D_1}{i} = 400 \times 3 = 1200\,\mathrm{mm}$$

$$\mu' = \frac{\mu}{\sin\dfrac{\alpha}{2} + \mu\cos\dfrac{\alpha}{2}} = \frac{0.25}{\sin 18° + 0.25\cos 18°} = 0.457$$

$$\theta° = 180° - 2\sin^{-1}\left(\frac{D_2 - D_1}{2C}\right) = 180° - 2\sin^{-1}\left(\frac{1200 - 400}{2 \times 1483}\right) = 148.7°$$

$$e^{\mu'\theta} = e^{0.457\left(\frac{148.7}{57.3}\right)} = 3.27$$

$$H_0 = \frac{(T_t - T_c)v}{1000} \cdot \frac{e^{\mu'\theta} - 1}{e^{\mu'\theta}} = \frac{(1000 - 259.51) \times 20.94}{1000} \times \frac{3.27 - 1}{3.27} ≒ 10.76\,\mathrm{kW}$$

$$Z = \frac{H}{k_1 k_2 H_0} = \frac{40}{1 \times 0.7 \times 10.76} = 5.31 ≒ 6\,\text{가닥}$$

---

4. 그림과 같은 블록 브레이크에서 조작력이 $200\,\mathrm{N}$일 때 다음을 구하여라. (단, 허용면 압력 $0.2\,\mathrm{MPa}$, 마찰계수 0.25, 블록의 길이 $e = 120\,\mathrm{mm}$이다.)

(1) 블록의 너비 $b[\mathrm{mm}]$

(2) 제동력 $Q[\mathrm{N}]$

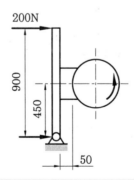

해답 (1) $Fa - Pb + \mu Pc = 0$에서 $P = \dfrac{Fa}{b - \mu c} = \dfrac{200 \times 900}{450 - 0.25 \times 50} = 411.43\,\mathrm{N}$

$q = \dfrac{P}{A} = \dfrac{P}{be}\,[\mathrm{N/mm^2}]$에서

$\therefore b = \dfrac{P}{qe} = \dfrac{411.43}{0.2 \times 120} = 17.14\,\mathrm{mm}$

(2) $Q = \mu P = 0.25 \times 411.43 = 102.86\,\mathrm{N}$

☐**5.** 축간거리 $12\,\mathrm{m}$의 로프 풀리에서 로프가 $0.3\,\mathrm{m}$ 처졌다. 로프의 지름은 $19\,\mathrm{mm}$이고 $1\,\mathrm{m}$당 무게가 $0.34\,\mathrm{kg}$일 때 다음을 구하여라.

(1) 로프에 작용하는 장력은 몇 N인가?

(2) 접촉점부터 접촉점까지의 로프의 길이는 몇 mm인가?

해답 (1) 로프에 작용하는 장력(T)은

$$\therefore \ T = \frac{wl^2}{8h} + wh = \frac{0.34 \times 12^2}{8 \times 0.3} + (0.34 \times 0.3) = 20.5\,\mathrm{kg} = 200.9\,\mathrm{N}$$

(2) 접촉점 사이의 로프 길이(L)는

$$\therefore \ L = l\left(1 + \frac{8h^2}{3l^2}\right) = 12\left\{1 + \frac{8 \times (0.3)^2}{3 \times 12^2}\right\} = 12.02\,\mathrm{m} = 12020\,\mathrm{mm}$$

☐**6.** 강선의 지름이 $1.6\,\mathrm{mm}$인 코일 스프링에서 코일의 평균지름과 소선의 지름의 비가 6이다. $44.1\,\mathrm{N}$의 축하중을 받을 때 다음을 결정하라. (단, 코일의 유효감김수는 43권이며 횡탄성계수는 $80\,\mathrm{GPa}$이다.)

(1) 최대전단응력 $\tau_{\max}$를 구하고 아래 표에서 사용 가능한 모든 스프링의 재질을 선택하여라. (단, 코일 스프링의 안전율은 2이다.)

재료	기호	전단항복강도($\mathrm{N/mm^2}$)
스프링강선	SPS	705.6
경강선	HSW	896.7
피아노선	PWR	896.7
스테인리스 강선	STS	637

(2) 코일 스프링의 처짐 $\delta[\mathrm{cm}]$은?

해답 (1) $C = \dfrac{D}{d}$ 에서

$$D = Cd = 6 \times 1.6 = 9.6\,\mathrm{mm}$$

$$K = \frac{4C-1}{4C-4} + \frac{0.615}{C} = \frac{4 \times 6 - 1}{4 \times 6 - 4} + \frac{0.615}{6} = 1.25$$

$$\tau_{\max} = K\frac{8PD}{\pi d^3} = 1.25 \times \frac{8 \times 44.1 \times 9.6}{\pi (1.6)^3} = 329\,\mathrm{MPa}$$

전단항복강도 $\tau_f = \tau_{\max} S = 329 \times 2 = 658\,\mathrm{N/mm^2}\,(\mathrm{MPa})$

따라서, 사용 가능한 스프링의 재질은 $\tau_f = 658\,\mathrm{N/mm^2}$ 이상의 값이므로

$\therefore$ SPS, HSW, PWR

(2) $\delta = \dfrac{8nD^3P}{Gd^4} = \dfrac{8 \times 43 \times (9.6)^3 \times 44.1}{80 \times 10^3 \times (1.6)^4} = 25.6\,\mathrm{mm} = 2.56\,\mathrm{cm}$

7. 다음 그림과 같이 축 중앙에 $W = 800\,\text{N}$의 하중을 받는 연강 중심원 축이 양단에서 베어링으로 자유로 받쳐진 상태에서 $100\,\text{rpm}$, $4\,\text{kW}$의 동력을 전달한다. 축재료의 인장 응력 $\sigma = 50\,\text{MPa}$, 전단응력 $\tau = 40\,\text{MPa}$이다. (단, 키 홈의 영향은 무시한다.)

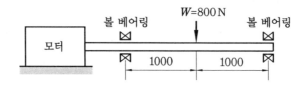

(1) 최대 전단응력설에 의한 축의 지름(mm)을 구하여라. (단, 축의 자중은 무시하고, 계산으로 구한 축지름을 근거로 50, 55, 60, 65, 70, 80, 85, 90값을 직상위 값의 하중 축지름으로 선택한다.)

(2) 축 재료의 탄성계수 $E = 2 \times 10^5\,\text{MPa}$, 비중량 $\gamma = 78600\,\text{N/m}^3$이고 위 문제에서 구한 축지름이 $80\,\text{mm}$라고 가정할 때 던커레이 실험 공식에 의한 이 축의 위험속도(rpm)를 구하여라.

해답 (1) $T = 9.55 \times 10^3 \dfrac{kW}{N} = 9.55 \times 10^3 \times \dfrac{4}{100} = 382\,\text{N·m}$

$M = \dfrac{Wl}{4} = \dfrac{800 \times 2}{4} = 400\,\text{N·m}$

또한, $T_e = \sqrt{M^2 + T^2} = \sqrt{400^2 + 382^2} = 553.10\,\text{N·m}$

결국, $d = \sqrt[3]{\dfrac{16\,T_e}{\pi \tau_a}} = \sqrt[3]{\dfrac{16 \times 553.10 \times 10^3}{\pi \times 40}} = 41.3\,\text{mm}$

$\therefore$ 표에서 $d = 50\,\text{mm}$

(2) ① $w = \gamma A = 78600 \times 10^{-9} \times \dfrac{\pi \times 80^2}{4} = 0.395\,\text{N/mm}$

$\delta_0 = \dfrac{5wl^4}{384EI} = \dfrac{5 \times 0.395 \times 2000^4}{384 \times 2 \times 10^5 \times \dfrac{\pi \times 80^4}{64}} = 0.2\,\text{mm}$

자중에 의한 $N_0 = \dfrac{30}{\pi} \sqrt{\dfrac{g}{\delta_0}} = \dfrac{30}{\pi} \sqrt{\dfrac{9800}{0.2}} = 2113.83\,\text{rpm}$

$\delta_1 = \dfrac{Wl^3}{48EI} = \dfrac{800 \times 2000^3}{48 \times 2 \times 10^5 \times \dfrac{\pi \times 80^4}{64}} = 0.33\,\text{mm}$

$W = 800\,\text{N}$에 의한 $N_1 = \dfrac{30}{\pi} \sqrt{\dfrac{g}{\delta_1}} = \dfrac{30}{\pi} \sqrt{\dfrac{9800}{0.33}} = 1645.61\,\text{rpm}$

$\dfrac{1}{N_{cr}^2} = \dfrac{1}{N_0^2} + \dfrac{1}{N_1^2}$ (던커레이 실험 공식)

$$\therefore \ N_{cr} = \sqrt{\cfrac{1}{\cfrac{1}{N_0^2}+\cfrac{1}{N_1^2}}} = \sqrt{\cfrac{1}{\cfrac{1}{(2113.83)^2}+\cfrac{1}{(1645.61)^2}}} = 1298.51 \, \text{rpm}$$

■8. 허용 전단응력이 $40 \, \text{MPa}$, 지름 $55 \, \text{mm}$인 축에 성크 키 $b \times h = 15 \times 10$으로 회전체가 고정되어 있다. 축의 전 토크를 키로써 전달할 때, 다음을 구하여라. (단, boss부의 길이는 $85 \, \text{mm}$이다.)

(1) 키에 생기는 전단응력 $\tau_k [\text{MPa}]$

(2) 키에 생기는 면압력 $q[\text{MPa}]$ (단, 축의 키 홈의 깊이는 $t = \dfrac{h}{2}$이다.)

해답 (1) $T = \tau_s Z_p = 40 \times \dfrac{\pi \times 55^3}{16} = 1.3 \times 10^6 \, \text{N} \cdot \text{mm}$

$$\tau_k = \frac{2T}{bld} = \frac{2 \times 1.3 \times 10^6}{15 \times 85 \times 55} = 37.08 \, \text{MPa}$$

(2) $q = \dfrac{4T}{hld} = \dfrac{4 \times 1.3 \times 10^6}{10 \times 85 \times 55} = 111.23 \, \text{MPa}$

■9. 바깥지름 $36 \, \text{mm}$, 골지름 $32 \, \text{mm}$, 피치 $4 \, \text{mm}$인 한 줄 사각나사의 연강제 나사봉을 갖는 나사 잭으로 $19.6 \, \text{kN}$의 하중을 올리려고 한다. 나사산의 마찰계수는 0.1, 접촉 허용면압이 $19.6 \, \text{MPa}$일 때 다음을 결정하여라.

(1) 최대주응력 $\sigma_{\max}[\text{MPa}]$은?

(2) 너트의 높이 $H[\text{mm}]$는?

해답 (1) $\sigma_t = \dfrac{W}{A} = \dfrac{4W}{\pi d_1^2} = \dfrac{4 \times 19.6 \times 10^3}{\pi \times 32^2} = 24.37 \, \text{N/mm}^2$

$$T = W\frac{d_e}{2}\left(\frac{p + \mu\pi d_e}{\pi d_e - \mu p}\right) = 19.6 \times 10^3 \times \frac{34}{2}\left(\frac{4 + 0.1 \times \pi \times 34}{\pi \times 34 - 0.1 \times 4}\right) = 45969.9 \, \text{N} \cdot \text{m}$$

단, $d_e = \dfrac{d_1 + d_2}{2} = \dfrac{32 + 36}{2} = 34 \, \text{mm}$

$T = \tau Z_P$에서 $\tau = \dfrac{T}{Z_P} = \dfrac{16T}{\pi d_1^3} = \dfrac{16 \times 45969.9}{\pi \times 32^3} = 7.14 \, \text{N/mm}^2 (\text{MPa})$

$$\sigma_{\max} = \frac{1}{2}\sigma_t + \frac{1}{2}\sqrt{\sigma_t^2 + 4\tau^2} = \frac{1}{2} \times 24.37 + \frac{1}{2}\sqrt{(24.37)^2 + 4 \times (7.14)^2}$$

$$= 26.31 \, \text{N/mm}^2 (= \text{MPa})$$

(2) $H = Zp = \dfrac{Wp}{\dfrac{\pi}{4}(d_2^2 - d_1^2)q_a}\left(= \dfrac{Wp}{\pi d_e h q_a}\right)$

$$= \frac{4Wp}{\pi(d_2^2 - d_1^2)q_a} = \frac{4 \times 19.6 \times 10^3 \times 4}{\pi(36^2 - 32^2) \times 19.6} = 18.72\,\text{mm}$$

---

10. NO. 50 롤러 체인(roller chain : 파단하중 22.1 kN, 피치 15.88 mm)으로 750 rpm 의 구동축을 250 rpm 으로 감속운전하고자 한다. 구동 스프로킷(sprocket)의 잇수를 17개, 안전율을 16으로 할 때 다음을 구하여라.

(1) 체인속도 $v[\text{m/s}]$

(2) 전달동력 $H_{kW}[\text{kW}]$

(3) 피동 스프로킷의 피치원 지름 $D_2[\text{mm}]$

해답 (1) $v = \dfrac{pZ_1N_1}{60 \times 1000} = \dfrac{15.88 \times 17 \times 750}{60 \times 1000} = 3.38\,\text{m/s}$

(2) $H_{kW} = \dfrac{Fv}{1000} = \dfrac{F_B v}{1000S} = \dfrac{22.1 \times 10^3 \times 3.38}{1000 \times 16} = 4.67\,\text{kW}$

(3) $\varepsilon = \dfrac{N_2}{N_1} = \dfrac{Z_1}{Z_2}$ 에서 $Z_2 = Z_1 \times \dfrac{N_1}{N_2} = 17 \times \dfrac{750}{250} = 51$ 개

$$D_2 = \frac{p}{\sin\dfrac{180°}{Z_2}} = \frac{15.88}{\sin\dfrac{180°}{51}} = 257.96\,\text{mm}$$

---

11. 두께 10 mm, 폭 60 mm의 강판이 그림과 같이 $d = 16\,\text{mm}$의 리벳(구멍은 17 mm) 2개로 고정되어 있다. 이때 인장하중이 30 kN이 걸린다. 물음에 답하여라.

(1) 강판의 인장응력은 몇 MPa인가?

(2) 리벳의 전단응력은 몇 MPa인가?

(3) 강판의 효율은 몇 %인가?

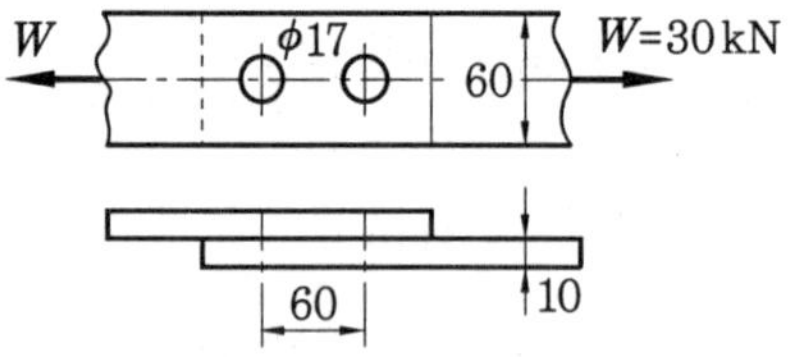

해답 (1) $\sigma_t = \dfrac{W}{A} = \dfrac{W}{(b-d)t} = \dfrac{30 \times 10^3}{(60-17) \times 10} = 69.77\,\text{MPa}$

(2) $\tau = \dfrac{W}{A\eta} = \dfrac{W}{\dfrac{\pi}{4}d^2 n} = \dfrac{30 \times 10^3}{\dfrac{\pi}{4} \times 16^2 \times 2} = 74.6\,\text{MPa}$

(3) $\eta_t = 1 - \dfrac{d}{p} = 1 - \dfrac{17}{60} = 0.7167 = 71.67\,\%$

□**1.** 원동차의 지름이 $400\,\mathrm{mm}$, 회전수가 $300\,\mathrm{rpm}$, 마찰차의 폭이 $120\,\mathrm{mm}$인 외접 원통 마찰차의 최대전달동력을 구하고자 할 때, 다음을 구하여라. (단, 허용압력은 $2.5\,\mathrm{N/mm}$ 이고, 마찰계수는 0.2이다.)

(1) 마찰차를 미는 힘(N)

(2) 원주속도$(\mathrm{m/s})$

(3) 최대전달동력(kW)

해답 (1) $f = \dfrac{P}{b}$ 에서

$\therefore\ P = fb = 2.5 \times 120 = 300\,\mathrm{N}$

(2) $v = \dfrac{\pi D_1 N_1}{60 \times 1000} = \dfrac{\pi \times 400 \times 300}{60 \times 1000} = 6.28\,\mathrm{m/s}$

(3) 최대전달동력$(\mathrm{kW}) = \dfrac{\mu P v}{1000} = \dfrac{0.2 \times 300 \times 6.28}{1000} = 0.38\,\mathrm{kW}$

□**2.** $600\,\mathrm{rpm}$으로 회전하는 엔드 저널 $4000\,\mathrm{N}$의 베어링 하중을 지지한다. 허용 베어링 압력 $6\,\mathrm{MPa}$, 허용 압력속도계수 $p_a v = 2\,\mathrm{N/mm^2 \cdot m/s}$, 마찰계수 $\mu = 0.006$일 때 다음을 구하여라.

(1) 저널의 길이(mm)

(2) 저널의 지름(mm)

해답 (1) $p_a v = \dfrac{\pi W N}{60000 l}$ 에서

$\therefore\ l = \dfrac{\pi W N}{60000 p_a v} = \dfrac{\pi \times 4000 \times 600}{60000 \times 2} = 62.83\,\mathrm{mm}$

(2) $p_a = \dfrac{W}{A} = \dfrac{W}{dl}$ 에서

$\therefore\ d = \dfrac{W}{p_a l} = \dfrac{4000}{6 \times 62.83} = 10.61\,\mathrm{mm}$

3. 판의 두께 $10\,\text{mm}$, 폭 $50\,\text{mm}$, 판의 수 20 매인 반타원형 겹판 스프링이 양단지지거리 $1.5\,\text{m}$로 놓여 있다. 굽힘응력이 $350\,\text{MPa}$이 될 때 다음을 구하여라. (단, $E = 2.1 \times 10^5$ MPa이다.)

(1) 중심하중 $W[\text{N}]$

(2) 처짐 $\delta[\text{mm}]$

(3) 고유진동수 $f_n[\text{Hz}]$

해답 (1) $\sigma_b = \dfrac{3Wl}{2nbh^2}$ 에서 $\therefore\ W = \dfrac{2nbh^2\sigma_b}{3l} = \dfrac{2 \times 20 \times 50 \times 10^2 \times 350}{3 \times 1500} = 15555.56\,\text{N}$

(2) $\delta = \dfrac{3Wl^3}{8nbh^3E} = \dfrac{3 \times 15555.56 \times 1500^3}{8 \times 20 \times 50 \times 10^3 \times 2.1 \times 10^5} = 93.75\,\text{mm}$

(3) $f_n = \dfrac{w_c}{2\pi} = \dfrac{1}{2\pi}\sqrt{\dfrac{g}{\delta}} = \dfrac{1}{2\pi}\sqrt{\dfrac{9800}{93.75}} = 1.63\,\text{Hz}$

---

4. $10\,\text{kW}$, $450\,\text{rpm}$으로 동력을 전달하는 와이어 로프 풀리가 있다. 양로프 풀리의 지름이 $500\,\text{mm}$, 와이어 로프 사이의 마찰계수는 0.15이다. 다음을 구하여라. (단, 와이어 로프의 종탄성계수는 $196\,\text{GPa}$이다.)

(1) 로프의 속도 $V[\text{m/s}]$

(2) 로프에 작용하는 인장력 $T_t[\text{N}]$

(3) 1개의 로프에 걸리는 최대응력 $\sigma_{\max}[\text{MPa}]$

해답 (1) $V = \dfrac{\pi DN}{60 \times 1000} = \dfrac{\pi \times 500 \times 450}{60 \times 1000} = 11.78\,\text{m/s}$

(2) $H_{kW} = \dfrac{T_t v}{1000}\dfrac{e^{\mu\theta}-1}{e^{\mu\theta}}\,[\text{kW}]$ 에서

$T_t = \dfrac{1000 H_{kW}}{v}\dfrac{e^{\mu\theta}}{e^{\mu\theta}-1} = \dfrac{1000 \times 10}{11.78} \times \dfrac{1.6}{1.6-1} = 2264\,\text{N}$

단, $e^{\mu\theta} = e^{0.15 \times \pi} = 1.6$

양로프 풀리의 지름이 $500\,\text{mm}$로 같으므로 $\theta = \pi$이다.

(3) 와이어 로프이므로 $D \geqq 50d$에서 $500 \geqq 50d$

$\therefore\ d = 10\,\text{mm}$

인장응력$(\sigma_t) = \dfrac{T_t}{A} = \dfrac{4T_t}{\pi d^2} = \dfrac{4 \times 2264}{\pi \times 10^2} = 28.83\,\text{N/mm}^2$

굽힘응력$(\sigma_b) = \dfrac{3}{8}\dfrac{Ed}{D} = \dfrac{3}{8} \times \dfrac{196 \times 10^3 \times 10}{500} = 1470\,\text{N/mm}^2$

$\therefore\ \sigma_{\max} = \sigma_t + \sigma_b = 28.83 + 1470 = 1498.83\,\text{N/mm}^2(=\text{MPa})$

□5. 도면은 나사 잭의 개략도이다. 최대 하중(W) = 50 kN 으로 최대 양정(H) = 200 mm
인 경우 다음 문제에서 요구하는 식과 답을 써라.

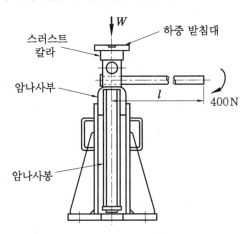

(1) 압축 강도에 의하여 수나사의 지름을 계산하여 나사의 호칭을 결정하여라. (단, 허용
압축응력(σ_c) = 50 MPa 이다.)

(2) 하중(W)을 올리는 데 필요한 모먼트를 구하여라. (단, 나사의 마찰계수(μ) = 0.1, 하
중 받침대와 스러스트 칼라 사이의 구름 마찰계수(μ_1) = 0.01 이고 스러스트 칼라 평
균지름(d_b) = 60 mm, 나사는 사각 나사로 간주하고 계산한다.)

(3) 문제 (1)에서 결정한 나사에 생기는 합성응력(최대 전단응력)을 구하여라.

(4) 하중 받침대와 마찰을 고려하여, 나사의 효율을 구하여라. (단, 나사는 사다리꼴 나사
로 계산한다.)

(5) 암나사부의 길이를 결정하여라. (단, 나사산의 허용 접촉압력(q) = 15 MPa 이다.)

(6) 나사를 돌리는 핸들의 길이 및 지름을 결정하여라. (단, 핸들의 허용 굽힘응력
(σ_b) = 140 MPa 이다.)

(7) 물체의 운동속도가 0.6 m/min 일 때 소요동력을 구하면 몇 kW 인가?

30° 사다리꼴 나사의 기본 치수(단위 : mm)

호칭	피치(p)	바깥지름(d)	유효지름(d_2)	골지름(d_1)
TM 36	6	36	33.0	29.5
TM 40	6	40	37.0	33.5
TM 45	8	45	41.0	36.5
TM 50	8	50	46.0	41.5
TM 55	8	55	51.0	46.5

해답 (1) $d_1 = \sqrt{\dfrac{4W}{\pi \sigma_c}} = \sqrt{\dfrac{4 \times 50 \times 10^3}{\pi \times 50}} \fallingdotseq 35.68$ mm 표에서 TM 45 선정

(2) $T = T_1 + T_2 = \mu_1 W r_m + W \dfrac{d_e}{2} \left(\dfrac{p + \mu \pi d_e}{\pi d_e - \mu p} \right)$

$\qquad = (0.01 \times 50 \times 10^3 \times 30) + 50 \times 10^3 \times \dfrac{41}{2} \left(\dfrac{8 + \pi \times 0.1 \times 41}{\pi \times 41 - 0.1 \times 8} \right)$

$\qquad = 182200.45 \, \text{N} \cdot \text{mm}$

(3) $\sigma_c = \dfrac{W}{A} = \dfrac{4W}{\pi d_1^2} = \dfrac{4 \times 50 \times 10^3}{\pi \times (36.5)^2} = 47.79 \, \text{MPa}$

$\quad \tau = \dfrac{T_2}{Z_P} = \dfrac{16 T_2}{\pi d_1^3} = \dfrac{16 \times 167200.45}{\pi \times (36.5)^3} = 17.51 \, \text{MPa}$

여기서 $T_2 = W \dfrac{d_e}{2} \left(\dfrac{p + \mu \pi d_e}{\pi d_e - \mu p} \right) = 50 \times 10^3 \times \dfrac{41}{2} \left(\dfrac{8 + \pi \times 0.1 \times 41}{\pi \times 41 - 0.1 \times 8} \right)$

$\qquad = 167200.45 \, \text{N} \cdot \text{mm}$

최대전단응력$(\tau_{\max}) = \dfrac{1}{2} \sqrt{\sigma_c^2 + 4\tau^2} = \dfrac{1}{2} \sqrt{(47.79)^2 + 4 \times (17.51)^2}$

$\qquad = 29.62 \, \text{MPa}$

(4) $\mu' = \dfrac{\mu}{\cos \dfrac{\alpha}{2}} = \dfrac{0.1}{\cos \dfrac{30°}{2}} = 0.1035$

$\quad T = T_1 + T_2 = \mu_1 W r_m + W \dfrac{d_e}{2} \left(\dfrac{p + \mu' \pi d_e}{\pi d_e - \mu' p} \right)$

$\qquad = (0.01 \times 50 \times 10^3 \times 30) + 50 \times 10^3 \times \dfrac{41}{2} \left(\dfrac{8 + 0.1035 \times \pi \times 41}{\pi \times 41 - 0.1035 \times 8} \right)$

$\qquad = 185847.74 \, \text{N} \cdot \text{mm}$

$\quad \eta = \dfrac{Wp}{2\pi T} = \dfrac{50 \times 10^3 \times 8}{2\pi \times 185847.74} = 0.3425 = 34.25 \, \%$

(5) $H = pZ = p \dfrac{W}{\dfrac{\pi}{4}(d_2^2 - d_1^2) q_a} = \dfrac{4Wp}{\pi(d_2^2 - d_1^2) q_a} = \dfrac{4 \times 50000 \times 8}{\pi(45^2 - 36.5^2) \times 15} = 49.01 \, \text{mm}$

(6) ① $M = \sigma_b Z = \sigma_b \times \dfrac{\pi d^3}{32}$ 에서

$\qquad \therefore d = \sqrt[3]{\dfrac{32M}{\pi \sigma_b}} = \sqrt[3]{\dfrac{32 \times 185847.74}{\pi \times 140}} = 23.82 \, \text{mm}$

단, $M = T = T_1 + T_2 = 185847.74 \, \text{N} \cdot \text{mm}$

② $T = Fl$ 에서 $\therefore l = \dfrac{T}{F} = \dfrac{185847.74}{400} = 464.62 \, \text{mm}$

(7) $H_{kW} = \dfrac{Wv}{\eta} = \dfrac{50 \times \left(\dfrac{0.6}{60} \right)}{0.3425} = 1.46 \, \text{kW}$

□6. 평벨트 바로 걸기 전동에서 지름이 각각 $150\,\mathrm{mm}$, $450\,\mathrm{mm}$ 의 풀리가 $2\,\mathrm{m}$ 떨어진 두 축 사이에 설치되어 $1800\,\mathrm{rpm}$ 으로 $5\,\mathrm{kW}$ 를 전달할 때 다음을 계산하여라. (단, 벨트의 폭과 두께는 $140\,\mathrm{mm}$, $5\,\mathrm{mm}$, 벨트의 단위 길이당 무게 $w = 0.001\,bh\,[\mathrm{kgf/m}]$, 마찰계수는 0.25 이다.)

(1) 유효장력 P_e 은 몇 N인가?

(2) 긴장측 장력과 이완측 장력은 몇 N인가?

(3) 벨트에 의하여 축이 받는 최대 힘은 몇 N인가?

해답 (1) $v = \dfrac{\pi D_1 N_1}{60 \times 1000} = \dfrac{\pi \times 150 \times 1800}{60 \times 1000} = 14.14\,\mathrm{m/s}$

$H_{kW} = \dfrac{P_e v}{1000}$ 에서 $\therefore\ P_e = \dfrac{1000 H_{kw}}{v} = \dfrac{1000 \times 5}{14.14} = 353.61\,\mathrm{N}$

(2) $\theta° = 180° - 2\sin^{-1}\left(\dfrac{D_2 - D_1}{2C}\right) = 180° - 2\sin^{-1}\left(\dfrac{450 - 150}{2 \times 2000}\right) = 171.4°$

$e^{\mu\theta} = e^{0.25\left(\frac{171.4}{57.3}\right)} = 2.11$

$w = 0.001\,bt\,[\mathrm{kgf/m}] = 0.001 \times 9.8\,bt\,[\mathrm{N/m}]$

부가장력 $(T_c) = \dfrac{wv^2}{g} = \dfrac{0.001 \times 9.8 \times 140 \times 5 \times (14.14)^2}{9.8} = 139.96\,\mathrm{N}$

$T_t = P_e \dfrac{e^{\mu\theta}}{e^{\mu\theta} - 1} + T_c = 353.61 \times \dfrac{2.11}{2.11 - 1} + 139.96 = 812.14\,\mathrm{N}$

$T_s = P_e \dfrac{1}{e^{\mu\theta} - 1} + T_c = 353.61 \times \dfrac{1}{2.11 - 1} + 139.96 = 458.53\,\mathrm{N}$

(3) $F = \sqrt{T_t^2 + T_s^2 - 2 T_t T_s \cos\theta}$

$= \sqrt{(812.14)^2 + (458.53)^2 - (2 \times 812.14 \times 458.53 \times \cos 171.4°)}$

$= 1267.37\,\mathrm{N}$

□7. 표준 스퍼 기어의 피니언 회전수 $600\,\mathrm{rpm}$, 기어의 회전수 $200\,\mathrm{rpm}$, 기어의 굽힘강도 $127.4\,\mathrm{MPa}$, 치형계수 0.11, 중심거리 $300\,\mathrm{mm}$, 압력각 $14.5°$, 전달동력 $20\,\mathrm{kW}$ 일 때 다음을 결정하여라. (단, 치폭 $b = 3.18p$ 로 계산한다.)

(1) 전달속도 $V\,[\mathrm{m/s}]$

(2) 루이스 굽힘강도식을 이용하여 모듈 (m) 을 표에서 선정하여라.

모듈(m)	3	4	5	6
	3.5	4.5	5.5	6.5
	3.8	–	–	–

해답 (1) $\varepsilon = \dfrac{N_2}{N_1} = \dfrac{D_1}{D_2} = \dfrac{200}{600} = \dfrac{1}{3}$ 에서

$\therefore \; D_2 = 3D_1$

$C = \dfrac{D_1 + D_2}{2} = \dfrac{D_1 + 3D_1}{2} = \dfrac{4D_1}{2} = 2D_1$ 에서

$D_1 = \dfrac{C}{2} = \dfrac{300}{2} = 150 \, \text{mm}$

$v = \dfrac{\pi D_1 N_1}{60 \times 1000} = \dfrac{\pi \times 150 \times 600}{60 \times 1000} = 4.71 \, \text{m/s}$

(2) $H_{kW} = \dfrac{Fv}{1000}$ 에서

$F = \dfrac{1000 H_{kW}}{v} = \dfrac{1000 \times 20}{4.71} = 4246.28 \, \text{N}$

$f_v = \dfrac{3.05}{3.05 + v} = \dfrac{3.05}{3.05 + 4.71} = 0.393$

$F = f_v \sigma_b p b y = f_v \sigma_b p (3.18p) y = f_v \sigma_b \times 3.18 p^2 y$

$\quad = f_v \sigma_b \times 3.18 \times (\pi m)^2 y$ 에서

$4246.28 = 0.393 \times 127.4 \times 3.18 \times \pi^2 \times m^2 \times 0.11$

$\therefore \; m = 4.96$

$\therefore$ 표에서 $m = 5$ 로 선정한다.

○8. $70 \, \text{kW}$, $300 \, \text{rpm}$으로 회전하는 축의 허용 전단응력 $\tau_s = 30 \, \text{N/mm}^2$이고 묻힘 키의 폭 b와 높이 h가 같을 때 다음을 구하여라. (단, 묻힘 키의 허용 전단응력은 축의 허용 전단응력과 같고 길이 l은 축지름의 1.5배이다.)

(1) 축의 지름 $d[\text{mm}]$
(2) 묻힘키의 호칭 $b \times h \times l [\text{mm}]$

해답 (1) $T = 9.55 \times 10^3 \dfrac{kW}{N} = 9.55 \times 10^3 \times \dfrac{70}{300} = 2228.33 \, \text{N·m}$

$T = \tau_s Z_P$ 에서 $\; T = \tau_s \times \dfrac{\pi d^3}{16}$

$\therefore \; d = \sqrt[3]{\dfrac{16T}{\pi \tau_s}} = \sqrt[3]{\dfrac{16 \times 2228.33 \times 10^3}{\pi \times 30}} = 72.32 \, \text{mm}$

(2) $\tau_s = \dfrac{2T}{bld} = \dfrac{2T}{b(1.5d)d}$ 에서

$\therefore \; b = \dfrac{2T}{\tau_s \times 1.5 \times d^2} = \dfrac{2 \times 2228.33 \times 10^3}{30 \times 1.5 \times (72.32)^2} = 18.93 \, \text{mm}$

$$h = b = 18.93 \, \text{mm}$$

$$l = 1.5d = 1.5 \times 72.32 = 108.48 \, \text{mm}$$

$$\therefore \ b \times h \times l = 18.93 \times 18.93 \times 108.48$$

□9. 안지름 $400 \, \text{mm}$, 내압 $0.65 \, \text{MPa}$의 실린더 커버를 8개의 볼트로 체결하려 한다. 볼트 재료의 허용 인장응력을 $50 \, \text{MPa}$로 할 때 다음을 구하여라.

(1) 볼트 1개가 받는 하중 $Q[\text{kN}]$

(2) 볼트의 규격을 표에서 선정하여라.

호칭	M10	M11	M12	M14	M16	M18	M20
골지름	8.316	9.376	10.106	11.835	13.835	15.294	17.294

해답 (1) $Q = \dfrac{p}{Z} \times A = \dfrac{0.65}{8} \times \dfrac{\pi \times 400^2}{4} = 10210.18 \, \text{N} \fallingdotseq 10.21 \, \text{kN}$

(2) $\sigma_a = \dfrac{Q}{A} = \dfrac{4Q}{\pi d_1^2}$ 에서

$$d_1 = \sqrt{\dfrac{4Q}{\pi \sigma_a}} = \sqrt{\dfrac{4 \times 10.21 \times 10^3}{\pi \times 50}} = 16.12 \, \text{mm}$$

$\therefore$ 표에서 M20 선정

10. 클램프 커플링으로 지름 $50 \, \text{mm}$인 축을 연결하여 $200 \, \text{rpm}$, $7 \, \text{kW}$의 동력을 전달하려고 한다. 다음을 구하여라. (단, 마찰계수 0.25, 볼트 6개, 볼트의 지름 $18 \, \text{mm}$(골지름 $15.294 \, \text{mm}$)이다.)

(1) 커플링으로 전달한 토크 $T[\text{N·m}]$

(2) 볼트 1개가 받는 힘 $Q[\text{kN}]$

(3) 볼트 1개에 작용하는 인장응력 $\sigma_t[\text{MPa}]$

해답 (1) $T = 9.55 \times 10^3 \dfrac{kW}{N} = 9.55 \times 10^3 \times \dfrac{7}{200} = 334.25 \, \text{N·m}$

(2) $T = \mu \pi W \dfrac{d}{2}$ 에서

$$W = \dfrac{2T}{\mu \pi d} = \dfrac{2 \times 334.25 \times 10^3}{0.25 \times \pi \times 50} = 17022.19 \, \text{N}$$

W는 한쪽 면을 죄고 있는 힘이므로 볼트 1개에 작용하는 힘 Q는

$$\therefore \ Q = \dfrac{W}{3} = \dfrac{17022.19 \times 10^{-3}}{3} = 5.67 \, \text{kN}$$

(3) $\sigma_t = \dfrac{Q}{A} = \dfrac{4Q}{\pi d_1^2} = \dfrac{4 \times 5.67 \times 10^3}{\pi \times (15.294)^2} = 30.86\,\text{MPa}$

11. 그림과 같은 측면 필릿 용접 이음에서 허용 전단응력이 $50\,\text{MPa}$일 때 길이 l를 구하여라. (단, 용접 사이즈는 $14\,\text{mm}$이고, 하중 W는 $150\,\text{kN}$이다.)

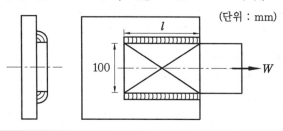

해답 $W = \tau A = \tau(2al) = \tau(2h\cos 45° l)$에서

$$\therefore \; l = \frac{W}{2h\cos 45° \times \tau} = \frac{150 \times 10^3}{2 \times 14 \times \cos 45° \times 50} = 151.52\,\text{mm}$$

일반기계기사 (필답형)　　2015년 제 2 회 시행

1. 그림과 같은 1줄 겹치기 리벳 이음에서 $t = 12\,\text{mm}$, $d = 19\,\text{mm}$, $p = 75\,\text{mm}$이다. 1피치의 하중이 $18\,\text{kN}$이라 할 때 다음을 구하여라.

(1) 강판의 인장응력 $\sigma_t[\text{MPa}]$ (강판의 이음부의 인장응력이다.)

(2) 리벳의 전단응력 $\tau_r[\text{MPa}]$

(3) 리벳 이음의 효율 $\eta[\%]$ (강판의 허용 인장응력 $\sigma_a = 40\,\text{MPa}$이다.)

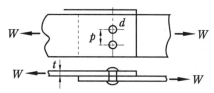

해답 (1) $\sigma_t = \dfrac{W}{A} = \dfrac{W}{(p-d)t} = \dfrac{18 \times 10^3}{(75-19) \times 12} = 26.79\,\text{MPa}$

(2) $\tau_r = \dfrac{W}{An} = \dfrac{4W}{\pi d^2 n} = \dfrac{4 \times 18 \times 10^3}{\pi \times 19^2 \times 1} = 63.49\,\text{MPa}$

(3) $\eta_t = 1 - \dfrac{d}{p} = 1 - \dfrac{19}{75} = 0.7467 = 74.67\,\%$

$$\eta_r = \frac{n\pi d^2 \tau_r}{4pt\sigma_a} = \frac{1 \times \pi \times 19^2 \times 63.49}{4 \times 75 \times 12 \times 40} = 0.5 = 50\,\%$$

리벳 이음의 효율은 강판의 효율(η_t)과 리벳 효율(η_r) 중에서 작은 값을 선택한다. 따라서, 리벳 이음의 효율은 50%이다.

□2. 복렬 자동 조심 볼 베어링 1300이 400 rpm으로 4000 N의 레이디얼 하중과 3000 N의 스러스트 하중을 지지한다. 베어링 수명시간이 40000시간일 때 등가 레이디얼 하중(N)과 기본 동정격 하중(N)을 구하여라. (단, 호칭접촉각 $\alpha = 15°$이고, 하중계수 $f_w = 1.2$이다.)

베어링의 계수 V, X 및 Y값

베어링 형식		내륜 회전 하중	외륜 회전 하중	단열 $\dfrac{F_a}{VF_r} > e$		복렬 $\dfrac{F_a}{VF_r} \leq e$		복렬 $\dfrac{F_a}{VF_r} > e$		e
		V		X	Y	X	Y	X	Y	
깊은 홈 볼 베어링	$F_a/C_o = 0.014$	1	1.2	0.56	2.30	1	0	0.56	2.30	0.19
	$= 0.028$				1.99				1.99	0.12
	$= 0.056$				1.71				1.71	0.26
	$= 0.084$				1.55				1.55	0.28
	$= 0.11$				1.45				1.45	0.30
	$= 0.17$				1.31				1.31	0.34
	$= 0.28$				1.15				1.15	0.38
	$= 0.42$				1.04				1.04	0.42
	$= 0.56$				1.00				1.00	0.44
앵귤러 볼 베어링	$\alpha = 20°$	1	1.2	0.43	1.00	1	1.09	0.70	1.63	0.57
	$= 25°$			0.41	0.87		0.92	0.67	1.41	0.58
	$= 30°$			0.39	0.76		0.78	0.63	1.24	0.80
	$= 35°$			0.37	0.56		0.66	0.60	1.07	0.95
	$= 40°$			0.35	0.57		0.55	0.57	0.93	1.14
자동 조심 볼 베어링		1	1	0.4	$0.4 \times \cot\alpha$	1	$0.42 \times \cot\alpha$	0.65	$0.65 \times \cot\alpha$	$1.5 \times \tan\alpha$
매그니토 볼 베어링		1	1	0.5	2.5	–	–	–	–	0.2
자동 조심 롤러 베어링 원추 롤러 베어링 $\alpha \neq 0$		1	1.2	0.4	$0.4 \times \cot\alpha$	1	$0.45 \times \cot\alpha$	0.67	$0.67 \times \cot\alpha$	$1.5 \times \tan\alpha$
스러스트 볼 베어링	$\alpha = 45°$	–	–	0.66	1	1.18	0.59	0.66	1	1.25
	$= 60°$			0.92		1.90	0.54	0.92		2.17
	$= 70°$			1.66		3.66	0.52	1.66		4.67
스러스트 롤러 베어링		–	–	$\tan\alpha$	1	$1.5 \times \tan\alpha$	0.67	$\tan\alpha$	1	$1.5 \times \tan\alpha$

해답 (1) $e = 1.5\tan\alpha = 1.5\tan 15° = 0.402$

표에서, 자동 조심 볼 베어링(복렬)에서

$V = 1$이며, $\dfrac{F_a}{VF_r} = \dfrac{3000}{1 \times 4000} = 0.75$이다.

$\dfrac{F_a}{VF_r} > e$이므로 $X = 0.65$, $Y = 0.65\cot\alpha = 0.65\cot 15° = 2.43$

등가 레이디얼 하중(P_r)

$= XVF_r + YF_a = (0.65 \times 1 \times 4000) + (2.43 \times 3000) = 9890\,\text{N}$

(2) $L_h = 500 f_h^{\,r} = 500 \times \dfrac{33.3}{N} \times \left(\dfrac{C}{f_w P_r}\right)^r$ 에서

$40000 = 500 \times \dfrac{33.3}{400} \times \left(\dfrac{C}{1.2 \times 9890}\right)^3$

$\therefore\ C = 117115.07\,\text{N}$

□3. 50번 롤러 체인의 파단하중이 $21.658\,\text{kN}$, 피치 $19.05\,\text{mm}$, 중심거리 $750\,\text{mm}$, 잇수 16 및 48인 체인 전동장치가 있다. 다음을 구하여라. (단, 안전율은 15이고, 부하계수는 1.0이다.)

(1) 허용 인장력 $P[\text{kN}]$

(2) 링크의 수 L_n

해답 (1) $P = \dfrac{F_B}{Sk} = \dfrac{21.658}{15 \times 1} = 1.44\,\text{kN}$

(2) $L_n = \dfrac{2C}{p} + \dfrac{Z_1 + Z_2}{2} + \dfrac{0.0257 p(Z_1 - Z_2)^2}{C}$

$= \dfrac{2 \times 750}{19.05} + \dfrac{(16 + 48)}{2} + \dfrac{0.0257 \times 19.05 \times (16 - 48)^2}{750}$

$= 111.41 = 112$개

□4. $800\,\text{rpm}$으로 $20\,\text{kW}$의 동력을 전달하는 전동축에 작용하는 굽힘 모멘트가 $294\,\text{J}$인 경우 축지름을 구하여라. (단, 축재료의 허용 전단응력을 $49\,\text{MPa}$로 하고 동적효과계수 $k_m = 1.6$, $k_t = 1.2$이다.)

해답 $T = 9.55 \times 10^3 \dfrac{kW}{N} = 9.55 \times 10^3 \times \dfrac{20}{800} = 238.75\,\text{N·m}$

$T_e = \sqrt{(k_m M)^2 + (k_t T)^2} = \sqrt{(1.6 \times 294)^2 + (1.2 \times 238.75)^2}$

$= 550.78\,\text{N·m} = 550.78 \times 10^3\,\text{N·mm}$

$$T_e = \tau_a Z_P = \tau_a \times \frac{\pi d^3}{16} \text{에서} \quad \therefore \ d = \sqrt[3]{\frac{16\,T_e}{\pi \tau_a}} = \sqrt[3]{\frac{16 \times 550.78 \times 10^3}{\pi \times 49}} = 38.54\,\text{mm}$$

□5. 전체 중량이 $20000\,\text{N}$인 건설장비를 8개소에서 균등하게 지지하여 처짐 $\delta = 50\,\text{mm}$가 생기는 코일 스프링의 소선의 지름 $d = 16\,\text{mm}$이다. 이 스프링의 유효권수 n과 소선에 작용하는 전단응력 $\tau[\text{MPa}]$를 구하여라. (단, $C = 9$, $K = 1.15$, $G = 8.1 \times 10^4\,\text{MPa}$이다.)

해답 ① $C = \dfrac{D}{d}$에서 $D = Cd = 9 \times 16 = 144\,\text{mm}$

$$\delta = \frac{8nPD^3}{Gd^4} \text{에서}$$

$$\therefore \ n = \frac{Gd^4\delta}{8PD^3} = \frac{8.1 \times 10^4 \times 16^4 \times 50}{8 \times \left(\dfrac{20000}{8}\right) \times 144^3} = 4.44 \fallingdotseq 5\,\text{회}$$

② $\tau = K\dfrac{8PD}{\pi d^3} = \dfrac{1.15 \times 8 \times \left(\dfrac{20000}{8}\right) \times 144}{\pi \times 16^3} = 257.38\,\text{MPa}$

□6. 그림과 같은 밴드 브레이크 장치에 있어서 마찰 계수 $\mu = 0.4$, 밴드의 두께 $3\,\text{mm}$, $e^{\mu\theta} = 6.59$일 때, 다음을 구하여라.

(1) 제동력 $f[\text{N}]$

(2) 제동동력 $H_{kW}[\text{kW}]$

(3) 밴드의 폭 $b[\text{mm}]$ (단, 허용 인장응력 $\sigma_t = 60\,\text{MPa}$이고 이음효율 $\eta = 1$이다.)

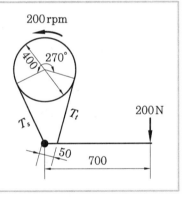

해답 (1) $\Sigma M_{Hinge} = 0$, $Fl - T_t a = 0$

$Fl = T_t a$이므로 $\therefore \ T_t = F\dfrac{l}{a} = 200 \times \dfrac{700}{50} = 2800\,\text{N}$

$e^{\mu\theta} = \dfrac{T_t}{T_s}$에서 $T_s = \dfrac{T_t}{e^{\mu\theta}} = \dfrac{2800}{6.59} = 424.89\,\text{N}$

제동력$(f) = T_t - T_s = 2800 - 424.89 = 2375.11\,\text{N}$

(2) $T = f\dfrac{D}{2} = 2375.11 \times \dfrac{0.4}{2} = 475.02\,\text{N·m}$

$H_{kW} = \dfrac{T\omega}{1000} = \dfrac{475.02}{1000}\left(\dfrac{2\pi \times 200}{60}\right) = 9.95\,\text{kW}$

(3) $\sigma_t = \dfrac{T_t}{A\eta} = \dfrac{T_t}{bt\eta}$ 에서

$\therefore b = \dfrac{T_t}{\sigma_t t\eta} = \dfrac{2800}{60 \times 3 \times 1} = 15.56\,\text{mm}$

□7. 축각 $80°$인 원추 마찰차의 원동차 $180\,\text{rpm}$에서 종동차 $90\,\text{rpm}$으로 $3.7\,\text{kW}$을 전달한다. 다음을 구하여라. (단, 종동차의 바깥지름 $600\,\text{mm}$, 폭 $150\,\text{mm}$, 마찰계수 0.3이다.)

(1) 원동차의 원추반각 $\alpha[°]$

(2) 종동축의 축방향하중 $Q[\text{N}]$

해답 (1) 속비$(\varepsilon) = \dfrac{N_2}{N_1} = \dfrac{90}{180} = \dfrac{1}{2}$

$\tan\alpha = \dfrac{\sin\theta}{\dfrac{1}{\varepsilon} + \cos\theta} = \dfrac{\sin80°}{2 + \cos80°} = 0.453$

$\therefore \alpha = \tan^{-1}0.453 = 24.37°$

(2) 축각(교각) $\theta = \alpha + \beta$에서

$\beta = \theta - \alpha = 80° - 24.37° = 55.63°$

$D_2 = D_{m\cdot2} + b\sin\beta$에서

$D_{m\cdot2} = D_2 - b\sin\beta = 600 - 150\sin55.63° = 476.19\,\text{mm}$

$v = \dfrac{\pi D_{m\cdot2} N_2}{60 \times 1000} = \dfrac{\pi \times 476.19 \times 90}{60 \times 1000} = 2.24\,\text{m/s}$

$H_{kW} = \dfrac{\mu Wv}{1000}\,[\text{kW}]$에서

$W = \dfrac{1000 H_{kW}}{\mu v} = \dfrac{1000 \times 3.7}{0.3 \times 2.24} = 5505.95\,\text{N}$

$Q = W\sin\beta = 5505.95\sin55.63° = 4544.66\,\text{N}$

□8. 2줄 나사로 된 웜의 리드 $l = 55\,\text{mm}$이고, 잇수 30인 웜 기어를 지름 피치 $s = 3$인 호브로 깎고자 할 때 다음을 구하여라.

(1) 웜의 리드각 $\beta°$

(2) 웜과 웜 기어의 피치원 지름 D_w, $D_g[\text{mm}]$

(3) 중심거리 $A[\text{mm}]$

(4) 마찰계수 $\mu = 0.03$이라 할 때 전동 효율 $\eta[\%]$

해답 (1) $l = pZ_w$에서

$$p = \frac{l}{Z_w} = \frac{55}{2} = 27.5\,\text{mm}$$

$$p_n = \pi m_n = \frac{\pi}{p_d}\,[\text{inch}] = \frac{25.4\pi}{p_d(=s)}\,[\text{mm}] = \frac{25.4\pi}{3} = 26.6\,\text{mm}$$

$$p = \frac{p_n}{\cos\beta}\text{에서}\ \cos\beta = \frac{p_n}{p} = \frac{26.6}{27.5} = 0.9673$$

$$\therefore\ \beta = \cos^{-1}0.9673 = 14.69°$$

(2) ① $\tan\beta = \dfrac{l}{\pi D_w}$ 에서

$$\therefore\ D_w = \frac{l}{\pi\tan\beta} = \frac{55}{\pi\tan14.69°} = 66.78\,\text{mm}$$

② $\pi D_g = p Z_g$ 에서

$$\therefore\ D_g = \frac{p Z_g}{\pi} = \frac{27.5\times30}{\pi} = 262.61\,\text{mm}$$

(3) $C = A = \dfrac{D_w + D_g}{2} = \dfrac{66.78 + 262.61}{2} = 164.7\,\text{mm}$

(4) $\tan\rho' = \mu' = \dfrac{\mu}{\cos\alpha_n}$ 에서

$$\rho' = \tan^{-1}\frac{\mu}{\cos\alpha_n} = \tan^{-1}\frac{0.03}{\cos14.5°} = 1.77$$

(2줄 나사이므로 압력각 $\alpha_n = 14.5°$ 이다.)

$$\eta = \frac{\tan\beta}{\tan(\beta+\rho')} = \frac{\tan14.69°}{\tan(14.69°+1.77°)} = 0.8873 = 88.73\,\%$$

◘9. 70 kW, 300 rpm을 전달하는 축의 지름이 30 mm일 때 묻힘 키를 설계하려고 한다. 묻힘 키의 폭과 높이는 22×14이고 키 재료의 항복강도는 330 MPa이다. 다음을 구하여라. (단, 키의 안전율은 2이다.)

(1) 회전토크 $T[\text{N·m}]$

(2) 키의 길이 $l[\text{mm}]$(단, 허용 전단응력과 안전율을 고려한다.)

해답 (1) $T = 9.55\times10^3\dfrac{kW}{N} = 9.55\times10^3\times\dfrac{70}{300} = 2228.33\,\text{N·m}$

(2) $\tau_k = \dfrac{\tau_y}{S} = \dfrac{330}{2} = 165\,\text{MPa}$

$$\tau_k = \frac{2T}{bld}\ \text{에서}$$

$$\therefore\ l = \frac{2T}{bd\tau_k} = \frac{2\times2228.33\times10^3}{22\times30\times165} = 40.92\,\text{mm}$$

10. 1150 rpm의 전동기 축에서 300 rpm의 종동축으로 D형 V벨트를 이용하여 동력을 전달하는 기계장치가 있다. V풀리의 지름을 300 mm, 1150 mm로 하고 축간거리는 1500 mm이다. 다음을 구하여라. (단, 마찰계수는 0.4, 벨트의 밀도는 1500 kg/m³, 접촉각수정계수 $k_1 = 1.0$, 부하수정계수 $k_2 = 0.7$, 벨트 가닥수는 2가닥이다.)

V벨트의 치수 및 강도

형	a[mm]	b[mm]	단면적 A[mm²]	α[°]	인장강도[N/mm²]	허용장력[N]
M	10.0	5.5	44.0	40	784 이상	78.4
A	12.5	9.0	83.0	40	1470 이상	147
B	16.5	11.0	137.5	40	2352 이상	235.2
C	22.0	14.0	236.7	40	3920 이상	392
D	31.5	19.0	467.1	40	8428 이상	842.8
E	38.0	25.5	732.3	40	11760 이상	1176

(1) 벨트 1가닥의 허용장력 T_t[N]

(2) 전체 전달동력 H[kW]

해답 (1) D형 V벨트이므로 허용장력은 표에서

$$\therefore \ T_t = 842.8 \,\text{N}$$

(2) $v = \dfrac{\pi D_1 N_1}{60 \times 1000} = \dfrac{\pi \times 300 \times 1150}{60 \times 1000} = 18.06 \,\text{m/s}$

$w = \gamma A = \rho g A$ 이므로

부가장력$(T_c) = \dfrac{wv^2}{g} = \dfrac{\rho g A v^2}{g} = \rho A v^2$

$\qquad\qquad\quad = 1500 \times 467.1 \times 10^{-6} \times (18.06)^2 = 228.53 \,\text{N}$

$\theta° = 180° - 2\sin^{-1}\left(\dfrac{D_2 - D_1}{2C}\right) = 180° - 2\sin^{-1}\left(\dfrac{1150 - 300}{2 \times 1500}\right) = 147.08°$

$\mu' = \dfrac{\mu}{\sin\dfrac{\alpha}{2} + \mu\cos\dfrac{\alpha}{2}} = \dfrac{0.4}{\sin 20° + 0.4\cos 20°} = 0.56$

$e^{\mu'\theta} = e^{0.56\left(\frac{147.08}{57.3}\right)} = 4.21$

1가닥의 전달동력$(H_0) = \dfrac{(T_t - T_c)}{1000}\left(\dfrac{e^{\mu'\theta} - 1}{e^{\mu'\theta}}\right)v$

$\qquad\qquad\qquad\quad = \dfrac{(842.8 - 228.53)}{1000}\left(\dfrac{4.21 - 1}{4.21}\right) \times 18.06 = 8.46 \,\text{kW}$

$\therefore \ H = k_1 k_2 H_0 Z = 1 \times 0.7 \times 8.46 \times 2 = 11.84 \,\text{kW}$

11. 나사의 유효지름 $63.5\,\mathrm{mm}$, 피치 $4\,\mathrm{mm}$로 $50\,\mathrm{kN}$의 중량을 들어 올리는 나사 잭이 있다. 다음을 구하여라. (단, 레버에 작용하는 힘을 $300\,\mathrm{N}$, 마찰계수를 0.11로 한다.)

(1) 회전토크 $T[\mathrm{N\cdot m}]$

(2) 레버의 길이 $l[\mathrm{mm}]$

해답 (1) $T = W\dfrac{d_e}{2}\left(\dfrac{p + \mu\pi d_e}{\pi d_e - \mu p}\right) = 50 \times 10^3 \times \dfrac{63.5}{2} \times \left(\dfrac{4 + 0.11 \times \pi \times 63.5}{\pi \times 63.5 - 0.11 \times 4}\right)$

$\qquad = 206912.36\,\mathrm{N\cdot mm} = 206.91\,\mathrm{N\cdot m}$

(2) $T = Fl$에서

$\qquad \therefore l = \dfrac{T}{F} = \dfrac{206.91 \times 10^3}{300} = 689.7\,\mathrm{mm}$

일반기계기사 (필답형)

1. 압력각 $14.5°$, 속도비 $\dfrac{1}{3.5}$, 피니언이 $720\,\mathrm{rpm}$으로 $22.05\,\mathrm{kW}$를 전달하는 스퍼 기어 전동장치가 있다. 이 스퍼 기어의 모듈이 5.0, 치폭이 $50\,\mathrm{mm}$, 피치원상의 원주속도 $2.64\,\mathrm{m/s}$일 때 다음을 구하여라. (단, 치형계수는 아래 표를 이용하도록 한다.)

(1) 피니언과 기어의 잇수 Z_1, Z_2

(2) 전달하중 $F[\mathrm{N}]$

(3) 피니언과 기어의 재질을 결정하기 위한 굽힘강도 $\sigma_1[\mathrm{N/mm^2}]$, $\sigma_2[\mathrm{N/mm^2}]$

치형계수 πy

Z $\diagdown$ α	$14.5°$	$20°$
12	0.237	0.277
13	0.249	0.292
14	0.261	0.308
15	0.270	0.319
⋮	⋮	⋮
43	0.352	0.411
49	0.357	0.422
60	0.369	0.433

해답 (1) $v = \dfrac{\pi D_1 N_1}{60 \times 1000} = \dfrac{\pi m Z_1 N_1}{60 \times 1000}$에서

$\qquad \therefore Z_1 = \dfrac{60 \times 1000 v}{\pi m N_1} = \dfrac{60 \times 1000 \times 2.64}{\pi \times 5 \times 720} = 14$개

$$\varepsilon = \frac{N_2}{N_1} = \frac{D_1}{D_2} = \frac{Z_1}{Z_2} \text{에서}$$

$$\therefore \; Z_2 = \frac{Z_1}{\varepsilon} = 14 \times 3.5 = 49 \text{개}$$

(2) $H = \dfrac{Fv}{1000}[\text{kW}]$ 에서

$$F = \frac{1000H}{v} = \frac{1000 \times 22.05}{2.64} = 8352.27\,\text{N}$$

(3) $f_v = \dfrac{3.05}{3.05 + v} = \dfrac{3.05}{3.05 + 2.64} = 0.536$

$F = f_v f_w \sigma_b pby = f_v f_w \sigma_b \pi mby = f_v f_w \sigma_b mb Y$를 이용한다.

① $Z_1 = 14$개, $\alpha = 14.5°$일 때 $Y_1 (= \pi y) = 0.261$이므로

$$\therefore \; \sigma_1 = \frac{F}{f_v f_w mb Y_1} = \frac{8352.27}{0.536 \times 1 \times 5 \times 50 \times 0.261} = 238.81\,\text{N/mm}^2$$

② $Z_2 = 49$개, $\alpha = 14.5°$일 때 $Y_2 (= \pi y) = 0.357$이므로

$$\therefore \; \sigma_2 = \frac{F}{f_v f_w mb Y_2} = \frac{8352.27}{0.536 \times 1 \times 5 \times 50 \times 0.357} = 174.59\,\text{N/mm}^2$$

☐2. $147\,\text{kN}$의 인장하중을 받는 양쪽 덮개판 맞대기 이음에서 리벳 지름이 $22\,\text{mm}$이다. 리벳의 허용 전단응력을 $68.6\,\text{MPa}$이라 할 때 리벳은 몇 개가 필요한가?

해답 $W = \tau_a \times \dfrac{\pi d^2}{4} \times 1.8 \times n$에서

$$\therefore \; n = \frac{4W}{1.8\tau_a \pi d^2} = \frac{4 \times 147 \times 10^3}{1.8 \times 68.6 \times \pi \times 22^2} = 3.13 \fallingdotseq 4 \text{개}$$

☐3. $200\,\text{rpm}$으로 $36.75\,\text{kW}$를 전달하는 전동축을 플랜지 커플링을 하였다. 볼트의 전단 응력은 $19.6\,\text{N/mm}^2$, 볼트 6개를 사용했을 경우 다음을 계산하라. (단, 볼트 구멍의 피치원 지름은 $300\,\text{mm}$이다.)

(1) 커플링이 전달하는 토크 $T[\text{N·m}]$

(2) 볼트의 지름 $\delta[\text{mm}]$

해답 (1) $T = 9.55 \times 10^3 \dfrac{kW}{N} = 9.55 \times 10^3 \times \dfrac{36.75}{200} = 1754.81\,\text{N·m}$

(2) $\tau_B = \dfrac{8T}{\pi \delta^2 D_B Z}$ 에서

$$\therefore \; \delta = \sqrt{\frac{8T}{\pi \tau_B D_B Z}} = \sqrt{\frac{8 \times 1754.81 \times 10^3}{\pi \times 19.6 \times 300 \times 6}} = 11.25\,\text{mm}$$

◻4. 자동 브레이크에서 그림과 같이 $P = 3410\,\text{N}$ 이 원둘레에 작용하고 벨트의 마찰계수 $\mu = 0.18$, $\theta = 240°$, $a = 5\,\text{mm}$, $b = 15\,\text{mm}$, $l = 80\,\text{mm}$일 때 다음을 구하여라.

(1) 브레이크 밴드의 장력 T_1, $T_2[\text{N}]$

(2) 레버 끝에 가하는 힘 $F[\text{N}]$

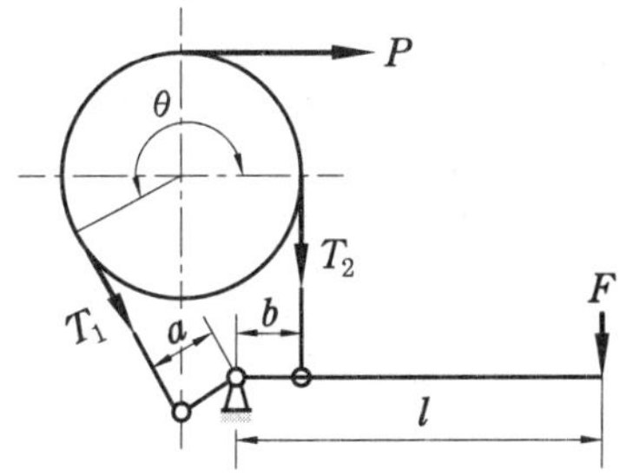

해답 (1) $P = T_t - T_s = 3410\,\text{N}$

$$e^{\mu\theta} = e^{0.18\left(\frac{240}{57.3}\right)} = 2.13$$

$$T_1(T_t) = P\frac{e^{\mu\theta}}{e^{\mu\theta}-1} = 3410 \times \frac{2.13}{2.13-1} = 6427.7\,\text{N}$$

$$T_2(T_s) = P\frac{1}{e^{\mu\theta}-1} = 3410 \times \frac{1}{2.31-1} = 3017.7\,\text{N}$$

(2) $T_1 a = T_2 b - Fl$에서

$$\therefore\ F = \frac{T_2 b - T_1 a}{l} = \frac{(3017.7 \times 15 - 6427.7 \times 5)}{80} = 164.09\,\text{N}$$

◻5. 웜 기어 동력전달장치에서 감속비가 $\frac{1}{20}$, 웜축의 회전수 $1500\,\text{rpm}$, 웜의 모듈 6, 압력각 20°, 줄수 3, 피치원 지름 $56\,\text{mm}$, 웜 휠의 치폭 $45\,\text{mm}$, 유효 이너비는 $36\,\text{mm}$ 이다. 다음을 구하여라. (단, 웜의 재질은 담금질강, 웜 휠은 인청동을 사용한다.)

(1) 웜의 리드각 $\beta[\text{deg}]$

(2) 웜의 치직각 피치 $p_n[\text{mm}]$

(3) 최대전달동력 $H_{kW}[\text{kW}]$

• 웜휠의 굽힘응력 $\sigma_b = 166.6\,\text{N/mm}^2$

• 치형계수 $y = 0.125$

• 웜의 리드각에 의한 계수 $\phi = 1.25$, $\beta = 10 \sim 25°$

내마멸계수 K

웜의 재료	웜 휠의 재료	$K[\text{N/mm}^2]$
강	인청동	411.6×10^{-3}
담금질강	주철	343×10^{-3}
담금질강	인청동	548.8×10^{-3}
담금질강	합성수지	833×10^{-3}
주철	인청동	1038.8×10^{-3}

해답 (1) $l = pZ_w = \pi m Z_w = \pi \times 6 \times 3 = 56.55\,\text{mm}$

$$\tan\beta = \frac{l}{\pi D_w}\text{에서} \quad \therefore\ \beta = \tan^{-1}\left(\frac{l}{\pi D_w}\right) = \tan^{-1}\left(\frac{56.55}{\pi \times 56}\right) = 17.82°$$

(2) $p_n = p\cos\beta = \pi m\cos\beta = \pi \times 6 \times \cos 17.82° = 17.95\,\text{mm}$

(3) $\varepsilon = \dfrac{N_g}{N_w} = \dfrac{Z_w}{Z_g}\text{에서}\ Z_g = \dfrac{Z_w}{\varepsilon} = 3 \times 20 = 60\,\text{개}$

$$N_g = \varepsilon N_w = \frac{1}{20} \times 1500 = 75\,\text{rpm}$$

$D_g = mZ_g = 6 \times 60 = 360\,\text{mm}$

$v_g = \dfrac{\pi D_g N_g}{60 \times 1000} = \dfrac{\pi \times 360 \times 75}{60 \times 1000} = 1.41\,\text{m/s}$

금속재료이므로 $f_v = \dfrac{6}{6 + v_g} = \dfrac{6}{6 + 1.41} = 0.81$

굽힘강도를 고려한 전달하중(P_1)은

$P_1 = f_v\sigma_b p_n by = 0.81 \times 166.6 \times 17.95 \times 45 \times 0.125 = 13625.33\,\text{N}$

면압강도를 고려한 전달하중(P_2)은

$P_2 = f_v\phi D_g b_e K = 0.81 \times 1.25 \times 360 \times 36 \times 548.8 \times 10^{-3} = 7201.35\,\text{N}$

최대전달동력(H_{kW}) $= \dfrac{P_2 v}{1000} = \dfrac{7201.35 \times 1.41}{1000} = 10.15\,\text{kW}$

안전을 고려하여 가장 작은 값을 택한다($P_1 > P_2$).

$\therefore\ P_2 = 7201.35\,\text{N}$ 을 적용한다.

□**6.** 그림과 같은 벨트 전동장치가 $N = 800\,\text{rpm}$으로 20kW를 전달한다. 풀리의 자중을 $W = 600\,\text{N}$, $T_t = 1220\,\text{N}$, $T_s = 610\,\text{N}$이라 할 때, 다음을 구하여라.

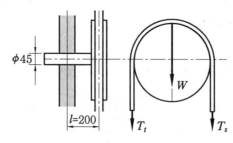

(1) 축에 작용하는 굽힘 모멘트 $M[\text{N·mm}]$

(2) 축에 작용하는 비틀림 모멘트 $T[\text{N·mm}]$

(3) 상당 굽힘 모멘트 $M_e[\text{N·mm}]$

(4) 축에 발생하는 굽힘응력 $\sigma_b[\text{MPa}]$

해답 (1) $M = P \cdot l = (W + T_t + T_s)l = (600 + 1220 + 610) \times 200 = 486000\,\text{N·mm}$

(2) $T = 9.55 \times 10^6 \dfrac{kW}{N} = 9.55 \times 10^6 \times \dfrac{20}{800} = 238750\,\text{N·mm}$

(3) $M_e = \dfrac{1}{2}(M + \sqrt{M^2 + T^2}) = \dfrac{1}{2}(486000 + \sqrt{486000^2 + 238750^2})$

$\quad\quad = 513738.60\,\text{N·mm}$

(4) $\sigma_b = \dfrac{M_e}{Z} = \dfrac{513738.60}{\dfrac{\pi \times 45^3}{32}} = 57.43\,\text{MPa}$

---

7. 다음 그림과 같은 스플라인 축에 있어서 전달동력(kW)을 구하여라. (단, 회전수 $N = 1023\,\text{rpm}$, 허용 면압력 $q_a = 10\,\text{MPa}$, 보스의 길이 $l = 100\,\text{mm}$, 잇수 $Z = 6$, $d_2 = 50\,\text{mm}$, $d_1 = 46\,\text{mm}$, 모따기 $c = 0.4\,\text{mm}$, 이높이 $h = 2\,\text{mm}$, 이너비 $b = 9$ mm, 접촉 효율 $\eta = 0.75$이다.)

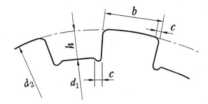

해답 $T = \eta P \dfrac{d_m}{2} = \eta(h - 2c)lq_a Z\left(\dfrac{d_1 + d_2}{4}\right)$

$\quad\quad = 0.75(2 - 2 \times 0.4) \times 100 \times 10 \times 6\left(\dfrac{46 + 50}{4}\right)$

$\quad\quad = 129.6 \times 10^3\,\text{N·mm} = 129.6\,\text{N·m}$

$T = 9.55 \times 10^3 \dfrac{kW}{N}[\text{N·m}]$에서

$kW = \dfrac{TN}{9.55 \times 10^3} = \dfrac{129.6 \times 1023}{9.55 \times 10^3} = 13.88\,\text{kW}$

---

8. 바깥지름 $50\,\text{mm}$로서 $25\,\text{mm}$ 전진시키는 데 2.5회전을 요하는 사각나사가 하중 W를 올리는 데 쓰인다. 마찰계수 $\mu = 0.2$일 때 다음을 계산하시오. (단, 너트의 유효지름은 $0.74d$로 한다.)

(1) 너트에 $100\,\text{mm}$ 길이의 스패너를 $30\,\text{N}$의 힘으로 돌리면 몇 N의 하중을 올릴 수 있는가?

(2) 나사의 효율(%)은 얼마인가?

해답 (1) $l = np$에서 $p = \dfrac{l}{n} = \dfrac{25}{2.5} = 10\,\text{mm}$

$$T = FL = W\frac{d_e}{2}\left(\frac{p + \mu\pi d_e}{\pi d_e - \mu p}\right)\text{에서}$$

$$W = \frac{FL}{\dfrac{d_e}{2}\left(\dfrac{p + \mu\pi d_e}{\pi d_e - \mu p}\right)} = \frac{30 \times 100}{\dfrac{0.74 \times 50}{2}\left(\dfrac{10 + 0.2 \times \pi \times 0.74 \times 50}{\pi \times 0.74 \times 50 - 0.2 \times 10}\right)} = 557.2\,\text{N}$$

(2) $\eta = \dfrac{Wp}{2\pi T} = \dfrac{557.2 \times 10}{2\pi \times 30 \times 100} = 0.2956 = 29.56\,\%$

---

9. 홈붙이 마찰차(홈각도 $40°$)에서 원동차의 지름(홈의 평균지름)이 $250\,\text{mm}$, 회전수 $750\,\text{rpm}$, 종동차의 지름 $500\,\text{mm}$로 하여 $3.7\,\text{kW}$를 전달하려고 한다. 얼마의 힘으로 밀어 붙여야 하는가? 또, 홈의 깊이와 홈의 수를 구하여라. (단, 허용 접촉압력 $p_0 = 30$ N/mm, 마찰계수 $\mu = 0.15$로 한다.)

해답 (1) $v = \dfrac{\pi D_1 N_1}{60 \times 1000} = \dfrac{\pi \times 250 \times 750}{60 \times 1000} = 9.82\,\text{m/s}$

$\mu' = \dfrac{\mu}{\sin\alpha + \mu\cos\alpha} = \dfrac{0.15}{\sin 20° + 0.15\cos 20°} = 0.31$

$H_{kW} = \dfrac{\mu' Pv}{1000}\,[\text{kW}]\text{에서}$

$P = \dfrac{1000 H_{kW}}{\mu' v} = \dfrac{1000 \times 3.7}{0.31 \times 9.82} = 1215.43\,\text{N}$

(2) 홈의 깊이$(h) = 0.28\sqrt{\mu' P} = 0.28\sqrt{0.31 \times 1215.43} = 5.44\,\text{mm}$

(3) $\mu Q = \mu' P$에서

$Q = \dfrac{\mu' P}{\mu} = \dfrac{0.31 \times 1215.43}{0.15} ≒ 2511.89\,\text{N}$

$\therefore Z = \dfrac{Q}{2hp_0} = \dfrac{2511.89}{2 \times 5.44 \times 30} = 7.7 ≒ 8\text{개}$

---

10. 단열 레이디얼 볼 베어링(NO. 6308, $C = 32\,\text{kN}$)에 그리스 윤활로 $1.6\,\text{kN}$의 레이디얼 하중이 작용한다. 다음을 구하여라. (단, 한계속도 지수 $dN = 180000$이다.)

(1) 이 베어링의 안지름 d는 몇 mm인가?

(2) 이 베어링의 최대 사용 회전수 N은 몇 rpm인가?

(3) 이때 베어링의 수명시간 L_h는 몇 시간인가? (단, 하중계수 $f_w = 1.5$이다.)

해답 (1) $d = 8 \times 5 = 40\,\text{mm}$

(2) $dN = 180000$에서

$\therefore N = \dfrac{180000}{d} = \dfrac{180000}{40} = 4500\,\text{rpm}$

(3) $L_h = 500 f_h{}^r = 500 \times \dfrac{33.3}{N} \times \left(\dfrac{C}{P}\right)^r$

$\qquad = 500 \times \dfrac{33.3}{4500} \times \left(\dfrac{32}{1.5 \times 1.6}\right)^3 = 8770.37\,\mathrm{h}$

---

11. 안지름 $5\,\mathrm{m}$인 용기 압력이 $1.96\,\mathrm{MPa}$이고 리벳의 이음 효율이 $80\,\%$이다. 판의 인장강도가 $441.45\,\mathrm{MPa}$일 때 두께(mm)를 구하여라. (단, 안전율은 6이고, 부식여유는 $1.5\,\mathrm{mm}$로 한다.)

해답 $t = \dfrac{PDS}{200\sigma_u \eta} + C = \dfrac{1.96 \times 10^2 \times 5000 \times 6}{200 \times 441.45 \times 0.8} + 1.5 \fallingdotseq 84.75\,\mathrm{mm}$

별해 $\sigma_a = \dfrac{\sigma_u}{S} = \dfrac{4414.45}{6} \fallingdotseq 73.575\,\mathrm{MPa}$

$\qquad t = \dfrac{PD}{2\sigma_a \eta} + C = \dfrac{1.96 \times 5000}{2 \times 73.575 \times 0.8} + 1.5 \fallingdotseq 84.75\,\mathrm{mm}$

☐**1.** 바깥지름 $20\,mm$, 유효지름 $18\,mm$, 골지름 $16\,mm$, 피치 $4\,mm$인 사다리꼴 나사 잭이 있다. 축 하중이 $5.5\,kN$일 때 다음을 구하여라. (단, 나사면 마찰계수는 0.18이고 칼라부 마찰계수는 0.08, 평균지름은 $35\,mm$이다.)

(1) 들어 올리기 위한 토크 $T\,[N\cdot m]$

(2) 레버 길이가 $420\,mm$인 레버를 돌리는 힘 $F\,[N]$

(3) 허용 접촉 면압력 $p_a = 6.7\,MPa$일 때 너트의 높이 $H\,[mm]$

해답 (1) 미터계(TM) 사다리꼴 나사이므로 나사산각$(\alpha) = 30°$이다.

$$\mu' = \frac{\mu}{\cos\dfrac{\alpha}{2}} = \frac{0.18}{\cos\dfrac{30°}{2}} = 0.1863$$

$$T = T_1 + T_2 = \mu_1 W r_m + W \frac{d_e}{2}\left(\frac{p + \mu'\pi d_e}{\pi d_e - \mu' p}\right)$$

$$= 0.08 \times 5.5 \times 10^3 \times 0.0175$$

$$+ 5.5 \times 10^3 \times \frac{0.018}{2} \times \left(\frac{0.004 + 0.1863 \times \pi \times 0.018}{\pi \times 0.018 - 0.1863 \times 0.004}\right) = 20.59\,N\cdot m$$

(2) $T = Fl$에서

$$\therefore\ F = \frac{T}{l} = \frac{20.59 \times 10^3}{420} = 49.02\,N$$

(3) $H = pZ = \dfrac{4Wp}{\pi(d_2^2 - d_1^2)q_a} = \dfrac{4 \times 5500 \times 4}{\pi(20^2 - 16^2) \times 6.7} = 29.03\,mm$

☐**2.** $600\,rpm$으로 회전하는 엔드 저널 $4000\,N$의 베어링 하중을 지지한다. 허용 베어링 압력 $6\,MPa$, 허용 압력속도계수 $p_a v = 2\,N/mm^2\cdot m/s$, 마찰계수 $\mu = 0.006$일 때 다음을 구하여라.

(1) 저널의 길이(mm)

(2) 저널의 지름(mm)

해답 (1) $p_a v = \dfrac{\pi WN}{60000l}$에서

$$\therefore\ l = \frac{\pi WN}{60000 p_a v} = \frac{\pi \times 4000 \times 600}{60000 \times 2} = 62.83\,mm$$

(2) $p_a = \dfrac{W}{A} = \dfrac{W}{dl}$ 에서

$$\therefore \ d = \dfrac{W}{p_a l} = \dfrac{4000}{6 \times 62.83} = 10.61 \, \text{mm}$$

□3. 외접 원통 마찰차의 축간거리 $300 \, \text{mm}$, $N_1 = 200 \, \text{rpm}$, $N_2 = 100 \, \text{rpm}$인 마찰차의 지름 D_1, D_2는 각각 얼마인가?

해답 속도비$(\varepsilon) = \dfrac{N_2}{N_1} = \dfrac{D_1}{D_2} = \dfrac{100}{200} = \dfrac{1}{2}$

$$C = \dfrac{D_1 + D_2}{2} = \dfrac{D_1 \left(1 + \dfrac{1}{\varepsilon} \right)}{2} \, [\text{mm}]$$

$$\therefore \ D_1 = \dfrac{2C}{1 + \dfrac{1}{\varepsilon}} = \dfrac{2 \times 300}{1 + 2} = \dfrac{600}{3} = 200 \, \text{mm}$$

$$\therefore \ D_2 = 2 D_1 = 2 \times 200 = 400 \, \text{mm}$$

□4. 그림과 같은 블록 브레이크 장치에서 레버 끝에 $147.15 \, \text{N}$의 힘으로 제동하여 자유낙하를 방지하고자 한다. 블록의 허용압력은 $196.2 \, \text{kPa}$, 브레이크 용량은 $0.98 \, \text{N/mm}^2 \cdot \text{m/s}$일 때 다음을 계산하여라.

(1) 제동토크 $T[\text{N} \cdot \text{m}]$ (단, 블록과 드럼의 마찰계수는 0.3이다.)
(2) 이 브레이크 드럼의 최대회전수 $N[\text{rpm}]$

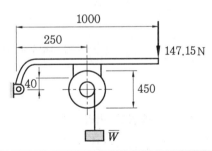

해답 (1) $Fa - Pb + \mu Pc = 0$

$$\therefore \ P = \dfrac{Fa}{b - \mu c} = \dfrac{147.15 \times 1000}{250 - 0.3 \times 40} = 618.28 \, \text{N}$$

$$T = f \dfrac{D}{2} = \mu P \dfrac{D}{2} = 0.3 \times 618.28 \times \dfrac{0.45}{2} = 41.73 \, \text{N} \cdot \text{m}$$

(2) $\mu q v = 0.98 \, \text{N/mm}^2 \cdot \text{m/s}$ 에서

$$v = \frac{0.98}{\mu q} = \frac{0.98}{0.3 \times 196.2 \times 10^{-3}} = 16.65\,\text{m/s}$$

$$v = \frac{\pi D N}{60 \times 1000} \text{에서} \quad \therefore \ N = \frac{60000 v}{\pi D} = \frac{60000 \times 16.65}{\pi \times 450} = 706.65\,\text{rpm}$$

□**5.** 두께가 $4\,\text{mm}$인 강판을 1줄 겹치기 리벳 이음을 할 때 다음을 구하여라. (단, 강판의 인장응력과 압축응력 $\sigma_t = \sigma_c = 100\,\text{MPa}$, 리벳의 전단응력 $\tau_r = 70\,\text{MPa}$이다.)

(1) 리벳의 지름 $d[\text{mm}]$

(2) 피치 $p[\text{mm}]$

(3) 강판의 효율 η_p

(4) 리벳의 효율 η_r

해답 (1) 압축강도$(W) = \sigma_c d t n [\text{N}]$ ·· ①

전단강도$(W) = \tau_r \dfrac{\pi d^2}{4} n [\text{N}]$ ·· ②

인장강도$(W) = \sigma_t (p - d) t [\text{N}]$ ·· ③

①식 = ②식

$$\therefore \ d = \frac{4 t \sigma_c}{\pi \tau_r} = \frac{4 \times 4 \times 100}{\pi \times 70} = 7.28\,\text{mm}$$

(2) ②식 = ③식

$$\therefore \ p = d + \frac{\pi d^2 \tau_r}{4 t \sigma_t} = 7.28 + \frac{\pi \times (7.28)^2 \times 70}{4 \times 4 \times 100} = 14.56\,\text{mm}$$

(3) $\eta_p = 1 - \dfrac{d}{p} = 1 - \dfrac{7.28}{14.56} = 0.5 = 50\,\%$

(4) $n_r = \dfrac{n \pi d^2 \tau_r}{4 p t \sigma_t} = \dfrac{1 \times \pi \times (7.28)^2 \times 70}{4 \times 14.56 \times 4 \times 100} = 0.5003 = 50.03\,\%$

□**6.** 다음 설명에 해당하는 나사의 종류를 써라.

(1) 몸체를 침탄 담금질 처리를 하여 경화시킨 작은 나사로 드릴 구멍에 끼워 암나사를 내면서 죄는 나사이다.

(2) 너트의 풀림을 방지하기 위한 너트로 2개의 너트를 끼워 아래에 위치한 너트이다.

(3) 담금질한 볼트로 리머 다듬질한 구멍에 넣어 체결하는 볼트이다.

해답 (1) 태핑나사(tapping screw)

(2) 로크너트(lock nut, 고정너트 또는 더블너트)

(3) 리머볼트(reamer bolt)

7. 원동차의 회전속도는 $1800\,\text{rpm}$, 지름은 $150\,\text{mm}$, 축간거리는 $1100\,\text{mm}$인 V벨트 풀리가 있다. 전달동력은 $5\,\text{kW}$, 속도비는 $\dfrac{1}{4}$, 마찰계수는 0.32, 벨트 길이당 하중은 $0.12\,\text{kg/m}$, 홈의 각도는 $40°$이다. 다음을 구하여라.

(1) 벨트의 길이 $L[\text{mm}]$
(2) 벨트의 접촉각 $\theta[\text{deg}]$
(3) 벨트의 긴장측 장력 $T_t[\text{kN}]$

해답 (1) $i = \dfrac{D_1}{D_2}$ 에서 $D_2 = \dfrac{D_1}{i} = 150 \times 4 = 600\,\text{mm}$

$$L = 2C + \frac{\pi(D_1 + D_2)}{2} + \frac{(D_2 - D_1)^2}{4C}$$

$$= (2 \times 1100) + \frac{\pi(150 + 600)}{2} + \frac{(600 - 150)^2}{4 \times 1100} = 3424.12\,\text{mm}$$

(2) ① $\theta_1 = 180° - 2\sin^{-1}\left(\dfrac{D_2 - D_1}{2C}\right) = 180° - 2\sin^{-1}\left(\dfrac{600 - 150}{2 \times 1100}\right) = 156.39°$

② $\theta_2 = 180° + 2\sin^{-1}\left(\dfrac{D_2 - D_1}{2C}\right) = 180° + 2\sin^{-1}\left(\dfrac{600 - 150}{2 \times 1100}\right) = 203.61°$

(3) $v = \dfrac{\pi D_1 N_1}{60 \times 1000} = \dfrac{\pi \times 150 \times 1800}{60 \times 1000} = 14.14\,\text{m/s} > 10\,\text{m/s}$ (원심력을 고려한다.)

$$T_c = mv^2 = 0.12 \times (14.14)^2 = 23.99\,\text{N}$$

$$\mu' = \frac{\mu}{\sin\dfrac{\alpha}{2} + \mu\cos\dfrac{\alpha}{2}} = \frac{0.32}{\sin 20° + 0.32\cos 20°} = 0.498$$

$$e^{\mu'\theta} = e^{0.498\left(\frac{156.39}{57.3}\right)} = 3.89$$

$$H_{kW} = \frac{P_e v}{1000} = \frac{(T_t - T_c)v}{1000} \times \frac{e^{\mu'\theta} - 1}{e^{\mu'\theta}} [\text{kW}]$$

$$\therefore T_t = T_c + \frac{1000 H_{kW}}{v}\left(\frac{e^{\mu'\theta}}{e^{\mu'\theta} - 1}\right) = 23.99 + \frac{5000}{14.14}\left(\frac{3.89}{3.89 - 1}\right)$$

$$\fallingdotseq 500\,\text{N} = 0.5\,\text{kN}$$

8. 모듈 $m = 2$, 피니언 잇수 $Z_1 = 15$, 기어 잇수 $Z_2 = 24$인 전위 기어의 다음을 구하여라. (단, 모든 정답은 소수점 5번째 자리까지 구하고 아래 표를 이용한다.)

(1) 압력각 $\alpha = 14.5°$일 때 전위계수 x_1, x_2
(2) 두 기어에서 치면 높이(백래시)가 0이 되게 하는 물림압력각 $\alpha_b[\text{deg}]$
(3) 전위 기어의 중심거리 $C[\text{mm}]$

$B(\alpha_b)$와 $B_v(\alpha_b)$의 함수표(14.5°)

α_b	0		2		4		6		8	
	B	B_v	B	B_v	B	B_v	B	B_v	B	B_v
15.0	.002 34	.002 30	.002 44	.002 39	.002 53	.002 49	.002 63	.002 58	.002 73	.002 68
1	.002 83	.002 77	.002 93	.002 87	.003 02	.002 96	.003 12	.003 05	.003 22	.003 15
2	.003 32	.003 24	.003 42	.003 34	.003 52	.003 44	.003 32	.003 53	.003 72	.003 63
3	.003 82	.003 72	.003 92	.003 82	.004 03	.003 91	.004 13	.004 01	.004 23	.004 11
4	.004 33	.004 20	.004 43	.004 30	.004 54	.004 40	.004 64	.004 49	.004 74	.004 59
5	.004 85	.004 69	.004 95	.004 79	.005 05	.004 88	.005 16	.004 98	.005 27	.005 08
6	.005 37	.005 18	.005 48	.005 27	.005 58	.005 37	.005 69	.005 47	.005 79	.005 57
7	.005 90	.005 67	.006 01	.005 77	.006 11	.005 86	.006 22	.005 96	.006 33	.006 06
8	.006 44	.006 13	.006 54	.006 26	.006 65	.006 36	.006 76	.006 46	.006 87	.006 56
9	.006 98	.006 66	.007 09	.006 76	.007 20	.006 86	.007 31	.006 96	.007 42	.007 06
16.0	.007 53	.007 16	.007 64	.007 26	.007 75	.007 37	.007 87	.007 47	.007 98	.007 57
1	.008 09	.007 67	.008 20	.007 77	.008 32	.007 87	.008 43	.007 87	.008 54	.008 08
2	.008 66	.008 18	.008 77	.008 28	.008 88	.008 38	.009 00	.008 49	.009 11	.008 59
3	.009 23	.008 69	.009 35	.008 79	.009 46	.008 90	.004 58	.009 00	.009 69	.009 10
4	.009 81	.009 21	.009 93	.009 21	.010 04	.009 42	.010 16	.009 52	.010 25	.009 62
5	.010 40	.009 73	.010 52	.009 83	.040 64	.009 94	.010 76	.010 04	.010 88	.010 15
6	.010 99	.010 25	.011 05	.010 30	.011 24	.010 46	.011 36	.010 57	.011 48	.010 67
7	.011 60	.010 78	.011 72	.010 89	.011 84	.010 99	.011 96	.011 09	.012 09	.011 20
8	.012 21	.011 31	.012 33	.011 42	.012 46	.011 52	.012 58	.011 63	.012 70	.011 74
9	.012 83	.011 85	.012 95	.011 95	.013 08	.012 06	.013 20	.012 17	.013 33	.012 28
17.0	.013 46	.012 38	.013 58	.012 49	.013 71	.012 60	.013 84	.012 71	.013 96	.012 82
1	.014 09	.012 93	.014 22	.012 03	.014 35	.013 14	.014 48	.013 25	.014 60	.013 36
2	.014 73	.013 47	.014 86	.013 58	.014 99	.013 69	.015 12	.013 80	.015 25	.013 91
3	.015 38	.014 02	.015 51	.014 13	.015 65	.014 24	.015 78	.014 35	.015 91	.014 46
4	.016 04	.014 57	.016 18	.014 69	.016 31	.014 80	.016 44	.014 91	.016 58	.015 02
5	.016 71	.015 13	.016 84	.015 24	.016 98	.015 35	.017 11	.015 47	.017 25	.015 58
6	.017 38	.015 69	.017 52	.015 80	.017 55	.015 92	.017 79	.016 03	.017 93	.016 14
7	.018 07	.016 26	.018 21	.016 37	.018 34	.016 48	.018 48	.016 60	.018 62	.016 71
8	.018 76	.016 82	.018 90	.016 94	.019 03	.017 05	.019 18	.017 17	.019 32	.017 28
9	.019 46	.017 40	.019 60	.017 51	.019 74	.017 62	.019 88	.017 74	.020 02	.017 85
18.0	.020 17	.017 97	.020 31	.018 09	.020 45	.018 20	.020 60	.018 32	.020 74	.018 43
1	.020 88	.018 55	.021 03	.018 67	.021 17	.018 78	.021 32	.018 90	.021 46	.019 02
2	.021 61	.019 13	.021 76	.019 25	.021 90	.019 37	.022 05	.019 48	.022 19	.019 60
3	.022 34	.019 72	.022 49	.019 84	.022 64	.019 96	.022 79	.019 70	.022 94	.020 19
4	.023 09	.020 31	.023 24	.020 43	.023 38	.020 55	.023 54	.020 67	.023 69	.020 79
5	.023 84	.020 90	.023 99	.021 02	.024 14	.021 14	.024 29	.021 26	.024 44	.021 38
6	.024 60	.021 50	.024 75	.021 62	.024 90	.021 74	.025 06	.021 86	.025 16	.021 98
7	.025 37	.022 10	.025 52	.022 23	.025 68	.022 35	.025 38	.022 47	.025 99	.022 59
8	.026 14	.022 71	.026 30	.022 83	.026 46	.022 95	.026 61	.023 08	.026 77	.023 20
9	.026 93	.023 32	.027 09	.023 44	.027 25	.023 56	.026 41	.023 69	.027 57	.023 81
19.0	.027 73	.023 93	.027 89	.024 06	.028 05	.024 18	.028 21	.024 30	.028 37	.024 43
1	.028 53	.024 55	.028 69	.024 67	.028 85	.024 80	.029 02	.024 92	.029 18	.025 05
2	.029 34	.025 17	.029 51	.025 29	.029 67	.025 42	.029 84	.025 55	.030 00	.025 67
3	.030 17	.025 80	.030 33	.025 92	.030 50	.026 05	.030 66	.026 17	.030 83	.026 30
4	.031 00	.026 43	.031 17	.026 55	.031 33	.026 68	.031 50	.026 80	.031 67	.026 93
5	.031 84	.027 06	.032 01	.027 19	.032 18	.027 31	.032 35	.027 44	.032 52	.027 57
6	.036 29	.027 69	.032 86	.027 82	.033 03	.027 95	.033 21	.028 08	.033 38	.028 21
7	.033 55	.028 34	.033 73	.028 46	.033 90	.028 59	.034 07	.028 72	.034 25	.028 85
8	.034 42	.028 98	.034 60	.029 11	.034 77	.029 24	.034 95	.029 37	.035 12	.029 50
9	.035 30	.029 63	.035 48	.029 76	.035 66	.029 89	.035 83	.030 01	.036 01	.030 15
20.0	.039 19	.030 28	.036 37	.030 41	.036 55	.030 54	.036 73	.030 64	.036 91	.030 81
1	.037 09	.030 94	.037 27	.031 07	.037 45	.031 20	.037 62	.031 33	.037 82	.031 47
2	.038 00	.031 60	.038 18	.031 73	.038 36	.031 86	.038 55	.032 00	.038 73	.032 13
3	.038 92	.032 26	.039 10	.032 40	.039 29	.032 53	.039 47	.032 66	.039 66	.032 80
4	.039 85	.032 93	.040 03	.033 07	.040 22	.033 20	.040 41	.033 33	.040 60	.033 47
5	.040 73	.033 60	.040 97	.033 74	.041 16	.033 87	.041 35	.034 01	.041 54	.034 14
6	.041 73	.034 28	.041 92	.034 42	.042 11	.034 55	.042 31	.034 69	.042 50	.034 82
7	.042 69	.034 96	.042 88	.035 09	.043 08	.035 26	.043 27	.035 37	.043 46	.035 51
8	.043 66	.035 65	.043 85	.035 78	.044 05	.035 92	.044 25	.036 06	.044 44	.036 20
9	.044 64	.036 33	.044 84	.036 47	.045 03	.036 61	.045 23	.036 75	.045 43	.036 89

해답 (1) $x_1 = 1 - \frac{Z_1}{2}\sin^2\alpha = 1 - \frac{15}{2}\sin^2 14.5° = 0.52982$

$x_2 = 1 - \frac{Z_2}{2}\sin^2\alpha = 1 - \frac{24}{2}\sin^2 14.5° = 0.24772$

(2) 함수 $B(\alpha_b)$ 또는 $\mathrm{inv}\alpha_b$

$= \frac{2(x_1 + x_2)}{Z_1 + Z_2}\tan\alpha + \mathrm{inv}\alpha$

$= \frac{2(0.52982 + 0.24772)}{15 + 24}\tan 14.5° + \mathrm{inv}14.5° = 0.01585$

단, $\mathrm{inv}\alpha° = \tan\alpha° - \pi \times \frac{14.5}{180} = 0.00554$

함수 $B(\alpha_b) = 0.01585$ 이므로 주어진 표에서 α_b를 선택하면

$\therefore \alpha_b = 17.37°$

(3) 중심거리 증가계수

$y = \frac{Z_1 + Z_2}{2}\left(\frac{\cos\alpha}{\cos\alpha_b} - 1\right) = \frac{15 + 24}{2}\left(\frac{\cos 14.5°}{\cos 17.37°} - 1\right) = 0.28095$

$\therefore$ 중심거리 $C = m\left(\frac{Z_1 + Z_2}{2} + y\right) = 2\left(\frac{15 + 24}{2} + 0.28095\right) = 39.5619\,\mathrm{mm}$

---

09. 홈붙이 마찰차에서 중심거리 $500\,\mathrm{mm}$, 주동차와 종동차의 회전수가 각각 $300\,\mathrm{rpm}$, $200\,\mathrm{rpm}$일 때, $2.1\mathrm{kW}$를 전달하고자 한다. 다음을 구하여라. (단, 마찰계수 $\mu = 0.15$이고 홈각은 $40°$이다.)

(1) 상당마찰계수 μ'
(2) 전달력 $F[\mathrm{N}]$
(3) 밀어 붙이는 힘 $W[\mathrm{N}]$

해답 (1) $\mu' = \frac{\mu}{\sin\alpha + \mu\cos\alpha} = \frac{0.15}{\sin 20° + 0.15\cos 20°} = 0.31$

(2) 속도비$(\varepsilon) = \frac{N_2}{N_1} = \frac{D_1}{D_2} = \frac{2}{3}$

$C = \frac{D_1 + D_2}{2} = \frac{D_1\left(1 + \frac{1}{\varepsilon}\right)}{2}$

$\therefore D_1 = \frac{2C}{1 + \frac{1}{\varepsilon}} = \frac{2 \times 500}{1 + \frac{3}{2}} = 400\,\mathrm{mm}$

$v = \frac{\pi D_1 N_1}{60 \times 1000} = \frac{\pi \times 400 \times 300}{60 \times 1000} = 6.28\,\mathrm{m/s}$

$$H_{kW} = \frac{Fv}{1000}[\text{kW}] \text{에서}$$

$$F = \frac{1000 H_{kW}}{v} = \frac{1000 \times 2.1}{6.28} = 334.39\,\text{N}$$

(3) $F = \mu' W$에서

$$\therefore\ W = \frac{F}{\mu'} = \frac{334.39}{0.31} = 1078.68\,\text{N}$$

---

10. 접촉면의 안지름 120 mm, 바깥지름 200 mm의 단판 클러치에서 접촉면압력 0.3 MPa, 마찰계수를 0.2로 할 때 1250 rpm으로 몇 kW을 전달할 수 있는가?

[해답] $q = \dfrac{2T}{\mu \pi b D_m^2}[\text{N/mm}^2]$에서

$$\therefore\ T = \frac{\mu \pi D_m^2 bq}{2} = \frac{0.2 \times \pi \times \left(\dfrac{120+200}{2}\right)^2 \times \left(\dfrac{200-120}{2}\right) \times 0.3}{2}$$

$$= 96509.73\,\text{N·mm}$$

$$전달동력(\text{kW}) = \frac{TN}{9.55 \times 10^6} = \frac{96509.73 \times 1250}{9.55 \times 10^6} = 12.63\,\text{kW}$$

---

11. 겹판 스프링에서 스팬의 길이 $l = 1500$ mm, 스프링의 너비 $b = 120$ mm, 밴드의 너비(e) 120 mm, 판두께 12 mm, 3600 N의 하중이 작용하여 150 MPa의 굽힘응력이 발생할 때 다음을 구하여라. (단, 세로탄성계수 $E = 209$ GPa이며 유효길이 $l_e = l - 0.6e$ 이다.)

(1) 굽힘응력을 고려한 판의 수 n
(2) 처짐 δ[mm]
(3) 고유 진동수 f[Hz]

[해답] (1) $l_e = l - 0.6e = 1500 - (0.6 \times 120) = 1428$ mm

여기서, e : 죔폭

$$\sigma_a = \frac{3Pl_e}{2nbh^2}[\text{MPa}] \text{에서}$$

$$\therefore\ n = \frac{3Pl_e}{2\sigma_a bh^2} = \frac{3 \times 3600 \times 1428}{2 \times 150 \times 120 \times 12^2} = 2.975 \fallingdotseq 3\text{장}$$

(2) $\delta = \dfrac{3Pl_e^3}{8nbh^3 E} = \dfrac{3 \times 3600 \times 1428^3}{8 \times 3 \times 120 \times 12^3 \times 209 \times 10^3} = 30.24$ mm

(3) $f = \dfrac{\omega_n}{2\pi} = \dfrac{1}{2\pi}\sqrt{\dfrac{g}{\delta}} = \dfrac{1}{2\pi}\sqrt{\dfrac{9800}{30.24}} = 2.87$ Hz

12. 스플라인 안지름 $82\,\text{mm}$, 바깥지름 $88\,\text{mm}$, 잇수 6개, $200\,\text{rpm}$으로 회전할 때 다음을 구하여라. (단, 이 측면의 허용 접촉면 압력은 $19.62\,\text{N/mm}^2$, 보스 길이 $150\,\text{mm}$, 접촉 효율은 0.75이다.)

(1) 전달토크 $T[\text{N}\cdot\text{m}]$

(2) 전달동력(kW)

[해답] (1) $T = \eta P \dfrac{d_m}{2} = \eta(h-2c)l q_a Z\left(\dfrac{d_1+d_2}{4}\right)$

$= 0.75 \times (3 - 2 \times 0) \times 150 \times 19.62 \times 6\left(\dfrac{82+88}{4}\right)$

$= 1688.55 \times 10^3\,\text{N}\cdot\text{mm} = 1688.55\,\text{N}\cdot\text{m}$

단, $h = \dfrac{d_2 - d_1}{2} = \dfrac{88-82}{2} = 3\,\text{mm}$

(2) 전달동력$(\text{kW}) = \dfrac{TN}{9.55 \times 10^6} = \dfrac{1688.55 \times 10^3 \times 200}{9.55 \times 10^6} = 35.36\,\text{kW}$

일반기계기사 (필답형)　　　　2016년 제2회 시행

1. $20\,\text{mm}$ 두께의 강판이 그림과 같이 용접 다리 길이(h) $8\,\text{mm}$로 필릿 용접되어 하중을 받고 있다. 용접부 허용 전단응력이 $140\,\text{MPa}$이라면 허용하중 $F[\text{N}]$를 구하여라. (단, $b = d = 50\,\text{mm}$, $L = 150\,\text{mm}$이고 용접부 단면의 극단면 모멘트 $J_G = 0.707h\dfrac{d(3b^2+d^2)}{6}$이다.)

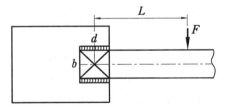

[해답] 편심하중 F에 의한 직접전단응력(τ_1)은

$\tau_1 = \dfrac{F}{A} = \dfrac{F}{2da} = \dfrac{F}{2dh\cos45°} = \dfrac{F}{2 \times 50 \times 8 \times \cos45°}$

$= 1767.77 \times 10^{-6}\,F[\text{MPa}] = 1767.77\,F[\text{Pa}]$

모멘트에 의한 전단응력(τ_2)은

$\tau_2 = \dfrac{FLr_{\max}}{J_G} = \dfrac{F \times 150 \times \sqrt{25^2 + 25^2}}{0.707 \times 8 \times \dfrac{50(3\times50^2 + 50^2)}{6}}$

$$= 11251.7 \times 10^{-6} F[\text{MPa}] = 11251.7\, F[\text{Pa}]$$

$$\tau_{\max} = \sqrt{\tau_1^2 + \tau_2^2 + 2\tau_1\tau_2\cos\theta}$$

양변을 제곱하면, $\tau_{\max}{}^2 = \tau_1^2 + \tau_2^2 + 2\tau_1\tau_2\cos\theta$

여기서, $r_{\max} = \sqrt{25^2 + 25^2} = 36.36\,\text{mm}$, $\cos\theta = \dfrac{25}{r_{\max}} = \dfrac{25}{36.36} = 0.707$

$$(140 \times 10^6)^2 = F^2\{(1767.77)^2 + (11251.7)^2 + (2 \times 1767.77 \times 11251.7 \times 0.707)\}$$

$$\therefore\ F = 11143.06\,\text{N}$$

□2. 축지름 $40\,\text{mm}$, 길이 $900\,\text{mm}$, 축에 매달린 디스크의 무게 $30\,\text{kg}$, 축을 지지하는 스프링의 스프링 상수 $k = 70 \times 10^6\text{N/m}$이다. 다음을 구하여라. (단, 축의 세로탄성계수는 $206\,\text{GPa}$, 디스크의 처짐을 구하는 공식은 $\delta = \dfrac{Wa^2b^2}{3EI(a+b)}$이다.)

(1) 축의 처짐 $\delta[\mu\text{m}]$

(2) 축의 자중을 무시할 때 구한 처짐에 의한 위험속도 $N_{cr}[\text{rpm}]$

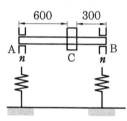

해답 (1) 단순보로 가정하면 $R_A = \dfrac{Wb}{l}$, $R_B = \dfrac{Wa}{l}$ 이므로

스프링만의 처짐량을 구하면

$$\delta_A = \frac{R_A}{k} = \frac{1}{k} \times \frac{Wb}{l} = \frac{1}{70 \times 10^6} \times \frac{30 \times 9.8 \times 0.3}{0.9} = 1.4 \times 10^{-6}\,\text{m}$$

$$\delta_B = \frac{R_B}{k} = \frac{1}{k} \times \frac{Wa}{l} = \frac{1}{70 \times 10^6} \times \frac{30 \times 9.8 \times 0.6}{0.9} = 2.8 \times 10^{-6}\,\text{m}$$

스프링 A, B의 처짐 시 디스크 C부분의 처짐(δ_c)은

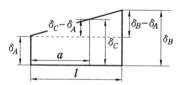

비례식을 적용하면 $a : (\delta_C - \delta_A) = l : (\delta_B - \delta_A)$

$$\therefore\ \delta_C = \delta_A + \frac{a(\delta_B - \delta_A)}{l} = (1.4 \times 10^{-6}) + \frac{0.6 \times (2.8 - 1.4) \times 10^{-6}}{0.9}$$

$$= 2.33 \times 10^{-6}\,\text{m}$$

단순보 하중점에서의 처짐량$(\delta) = \dfrac{Wa^2b^2}{3lEI}$[m] 이므로

디스크만의 처짐량(δ_D)은

$$\delta_D = \frac{Wa^2b^2}{3EI(a+b)} = \frac{(30 \times 9.8) \times 0.6^2 \times 0.3^2}{3 \times 206 \times 10^9 \times \dfrac{\pi \times 0.04^4}{64} \times (0.6+0.3)} = 1.36 \times 10^{-4}\,\mathrm{m}$$

$$\therefore \text{최대처짐 } \delta = \delta_C + \delta_D = 2.33 \times 10^{-6} + 1.36 \times 10^{-4}$$

$$= 1.3833 \times 10^{-4}\mathrm{m} = 138.33\,\mu\mathrm{m}$$

(2) $N_{cr} = \dfrac{30}{\pi}\sqrt{\dfrac{g}{\delta}} = \dfrac{30}{\pi}\sqrt{\dfrac{9.8}{1.3833 \times 10^{-4}}} = 2541.71\,\mathrm{rpm}$

---

3. 유효지름 $18\,\mathrm{mm}$, 피치 $8\,\mathrm{mm}$인 한 줄 사각나사의 연강제 나사봉을 갖는 나사 잭으로 $90\,\mathrm{kN}$의 하중을 올리려고 한다. 다음을 구하여라. (단, 마찰계수는 0.19이다.)

(1) 하중을 들어올리는 데 필요한 토크 $T[\mathrm{N \cdot m}]$

(2) 레버의 유효길이가 $250\,\mathrm{mm}$일 때 레버 끝에 가하는 힘 $F[\mathrm{N}]$

(3) 나사산의 허용면압력이 $8\,\mathrm{MPa}$일 때 너트의 높이 $H[\mathrm{mm}]$

해답 (1) $T = W\dfrac{d_e}{2}\left(\dfrac{p+\mu\pi d_e}{\pi d_e - \mu p}\right) = 90 \times 10^3 \times \dfrac{0.018}{2} \times \left(\dfrac{8 + 0.19 \times \pi \times 18}{\pi \times 18 - 0.19 \times 8}\right)$

$\qquad = 275.91\mathrm{N}$

(2) $T = Fl$에서 $\therefore F = \dfrac{T}{l} = \dfrac{275.91}{0.25} = 1103.64\,\mathrm{N}$

(3) $h = \dfrac{p}{2} = \dfrac{8}{2} = 4\,\mathrm{mm}$ (사각나사인 경우 $h = \dfrac{p}{2}$)

$\qquad \therefore H = \dfrac{Wp}{\pi d_e h q_a} = \dfrac{90000 \times 8}{\pi \times 18 \times 4 \times 8} = 397.89\,\mathrm{mm}$

---

4. 핀이음에 $5000\,\mathrm{N}$이 작용할 때 다음을 구하여라. (단, 핀 재료의 허용 전단응력은 $48\,\mathrm{MPa}$이고, $b = 1.4d$이다. d는 핀의 지름이다.)

(1) 단순응력만 고려 핀의 지름 $d[\mathrm{mm}]$

(2) 핀의 최대굽힘응력 $\sigma_{b(\max)}[\mathrm{N/mm^2}]$

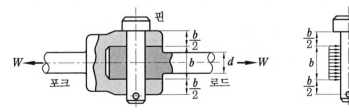
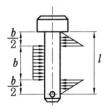

해답 (1) $\tau_a = \dfrac{P}{2A} = \dfrac{P}{2 \times \dfrac{\pi d^2}{4}} = \dfrac{2P}{\pi d^2}$ 에서

$$\therefore d = \sqrt{\dfrac{2P}{\pi \tau_a}} = \sqrt{\dfrac{2 \times 5000}{\pi \times 48}} = 8.14\,\text{mm}$$

(2) $M = \sigma_b Z$ 에서 $\dfrac{Pl}{8} = \sigma_{b \cdot \max} \dfrac{\pi d^3}{32}$

$$\therefore \sigma_{b \cdot \max} = \dfrac{4Pl}{\pi d^3} = \dfrac{4 \times 5000 \times 22.792}{\pi \times (8.14)^3} = 269.02\,\text{N/mm}^2$$

단, 그림에서 $l = 2b = 2 \times 1.4d = 2 \times 1.4 \times 8.14 = 22.792\,\text{mm}$

---

5. 단열 앵귤러 볼 베어링 7310에 2kN의 레이디얼 하중과 1.2kN의 스러스트 하중이 작용하고 있다. 외륜은 고정하고 내륜 회전으로 사용하며 기본 동정격 하중 58kN, 레이디얼 계수 0.46, 스러스트 계수 1.41일 때 다음을 구하여라. (단, 회전수 $N = 2000\,\text{rpm}$ 이다.)

(1) 등가하중 $P_r[\text{kN}]$

(2) 수명시간 $L_h[\text{h}]$

해답 (1) $P_r = XVF_r + YF_t = XF_r + YF_t = (0.46 \times 2) + (1.41 \times 1.2) = 2.61\,\text{kN}$

(2) $L_h = 500 f_h^{\ r} = 500 \times \dfrac{33.3}{N} \times \left(\dfrac{C}{P_r}\right)^r = 500 \times \dfrac{33.3}{2000} \times \left(\dfrac{58}{2.61}\right)^3 = 91358.02\,\text{h}$

---

6. 중심거리 500mm, 주동차 회전수 500rpm, 종동차 회전수 300rpm인 외접 원통 마찰차가 있다. 밀어 붙이는 힘이 2.1kN일 때 다음을 구하여라. (단, 마찰계수 $\mu = 0.3$ 이다.)

(1) 주동차와 종동차의 지름 D_1, D_2

(2) 전달동력 $H_{kW}[\text{kW}]$

해답 (1) $\varepsilon = \dfrac{N_2}{N_1} = \dfrac{D_1}{D_2} = \dfrac{300}{500} = \dfrac{3}{5}$

$$C = \dfrac{D_1 + D_2}{2} = \dfrac{D_1\left(1 + \dfrac{1}{\varepsilon}\right)}{2}\,[\text{mm}]$$

$$\therefore D_1 = \dfrac{2C}{1 + \dfrac{1}{\varepsilon}} = \dfrac{2 \times 500}{1 + \dfrac{5}{3}} = 375\,\text{mm}$$

$$\therefore D_2 = \dfrac{5}{3}D_1 = \dfrac{5}{3} \times 375 = 625\,\text{mm}$$

(2) $v = \dfrac{\pi D_1 N_1}{60 \times 1000} = \dfrac{\pi \times 375 \times 500}{60 \times 1000} = 9.82 \,\text{m/s}$

$H_{kW} = \dfrac{\mu P v}{1000} = \dfrac{0.3 \times 2.1 \times 10^3 \times 9.82}{1000} = 6.19 \,\text{kW}$

---

07. 14.7 kW, 300 rpm을 전달하는 전동축이 있다. 묻힘 키의 $b \times h = 6 \times 6$이고 허용 전단응력은 80 MPa, 허용 압축응력은 100 MPa이다. 키홈이 없을 때 축의 지름은 40 mm이고 허용 전단응력은 60 MPa이다. 다음을 구하여라. (단, 키홈붙이 축과 키홈이 없는 축의 탄성한도에 있어서 비틀림강도의 비 $\beta = 1 + 0.2 \times \dfrac{b}{d_0} + 1.1 \times \dfrac{t}{d_0}$이고 키홈을 고려한 축지름 $d_1 = \beta d_0$이다.)

(1) 축 토크 $T [\text{N·m}]$

(2) 키의 길이 $l [\text{mm}]$를 다음 표에서 선택하여라.

길이 l의 표준

6	8	10	12	14	16	18	20	22	25
32	36	40	45	50	56	63	70	80	90
110	125	140	160	180	200				

(3) 키의 묻힘을 고려했을 때 축의 안전성을 평가하여라. (단, 묻힘깊이 $t = \dfrac{h}{2}$이다.)

해답 (1) $T = 9.55 \times 10^3 \dfrac{kW}{N} = 9.55 \times 10^3 \times \dfrac{14.7}{300} = 467.95 \,\text{N·m}$

(2) $\tau_k = \dfrac{2T}{bld_0}$ 에서 $l = \dfrac{2T}{bd_0\tau_k} = \dfrac{2 \times 467.95 \times 10^3}{6 \times 40 \times 80} = 48.74 \,\text{mm}$

$\sigma_c = \dfrac{4T}{hld_0}$ 에서 $l = \dfrac{4T}{hd_0\sigma_c} = \dfrac{4 \times 467.95 \times 10^3}{6 \times 40 \times 100} = 77.99 \,\text{mm}$

키의 길이는 안전을 고려하여 큰 값($l = 77.99 \,\text{mm}$)을 선택한다.
표에서 $l = 80 \,\text{mm}$를 선택한다.

(3) $d_1 = \beta d_0 = \left(1 + 0.2 \times \dfrac{b}{d_0} + 1.1 \times \dfrac{t}{d_0}\right) \times d_0$

$= \left(1 + 0.2 \times \dfrac{6}{40} + 1.1 \times \dfrac{3}{40}\right) \times 40 = 44.5 \,\text{mm}$

$T = \tau Z_P = \tau \times \dfrac{\pi d_1^3}{16}$ 에서 $\tau = \dfrac{16T}{\pi d_1^3} = \dfrac{16 \times 467.95 \times 10^3}{\pi \times (44.5)^3} = 27.05 \,\text{MPa}$

$\therefore \tau(= 27.05 \,\text{MPa}) < \tau_a(= 60 \,\text{MPa})$이므로 안전하다.

8. 회전수 180rpm, 12kW를 제동하고자 하는 단동식 밴드 브레이크가 있다. 350mm 지름의 드럼과 밴드의 접촉각은 220°, 마찰계수는 0.25, 밴드의 허용 인장응력은 50MPa이다. 다음을 구하여라. (단, 밴드 두께 $t = 3\,\mathrm{mm}$ 이다.)

(1) 제동력 $Q[\mathrm{N}]$

(2) 긴장측 장력 $T_t[\mathrm{N}]$

(3) 밴드의 최소 폭 $b[\mathrm{mm}]$(단, 밴드의 이음 효율은 고려하지 않는다.)

해답 (1) $v = \dfrac{\pi DN}{60 \times 1000} = \dfrac{\pi \times 350 \times 180}{60 \times 1000} = 3.3\,\mathrm{m/s}$

$H_{kW} = \dfrac{Qv}{1000}[\mathrm{kW}]$ 에서

$Q = \dfrac{1000 H_{kW}}{v} = \dfrac{1000 \times 12}{3.3} = 3636.36\,\mathrm{N}$

(2) $e^{\mu\theta} = e^{0.25\left(\frac{220}{57.3}\right)} = 2.61$

$T_t = Q\dfrac{e^{\mu\theta}}{e^{\mu\theta} - 1} = 3636.36 \times \dfrac{2.61}{2.61 - 1} \fallingdotseq 5895\,\mathrm{N}$

(3) $\sigma_b = \dfrac{T_t}{A} = \dfrac{T_t}{bt}$ 에서 $\therefore\ b = \dfrac{T_t}{\sigma_a t} = \dfrac{5895}{50 \times 3} = 39.3\,\mathrm{mm}$

9. 재료가 강인 그림과 같은 원통 코일 스프링이 압축하중을 받고 있다. 하중 $P = 150\,\mathrm{N}$, 처짐 $\delta = 8\,\mathrm{mm}$, 소선의 지름 $d = 6\,\mathrm{mm}$, 코일의 지름 $D = 48\,\mathrm{mm}$이며, 전단탄성계수 $G = 8.2 \times 10^4\,\mathrm{MPa}$이다. 유효 감김수 n 및 전단응력 τ을 구하여라. (단, 응력수정계수 $K = \dfrac{4C - 1}{4C - 4} + \dfrac{0.615}{C}$, $C = \dfrac{D}{d}$)

(1) 유효 감김수 n

(2) 전단응력 $\tau[\mathrm{MPa}]$

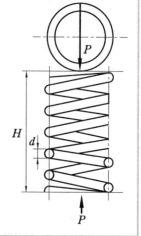

해답 (1) $\delta = \dfrac{8nPD^3}{Gd^4}$ 에서

$\therefore\ n = \dfrac{Gd^4\delta}{8PD^3} = \dfrac{8.2 \times 10^4 \times 6^4 \times 8}{8 \times 150 \times 48^3} = 6.4 \fallingdotseq 7$회

(2) $C = \dfrac{D}{d} = \dfrac{48}{6} = 8$

$$K = \frac{4C-1}{4C-4} + \frac{0.615}{C} = \frac{4\times8-1}{4\times8-4} + \frac{0.615}{8} = 1.18$$

$$\tau_{\max} = K\frac{8PD}{\pi d^3} = 1.18 \times \frac{8\times150\times48}{\pi\times6^3} = 100.16\,\mathrm{MPa}$$

10. 표준 스퍼 기어의 모듈 4, 잇수 60, 회전수 480 rpm, 치폭 50 mm일 때 다음을 구하여라. (단, 기어의 굽힘강도는 160 MPa이고 치형계수는 π를 포함하는 값으로 0.362이다.)

(1) 기어의 회전속도 $v[\mathrm{m/s}]$

(2) 루이스 굽힘강도에 의한 전달하중 $F[\mathrm{N}]$

해답 (1) $v = \dfrac{\pi DN}{60\times1000} = \dfrac{\pi mZN}{60\times1000} = \dfrac{\pi\times4\times60\times480}{60\times1000} = 6.03\,\mathrm{m/s}$

(2) $f_v = \dfrac{3.05}{3.05+v} = \dfrac{3.05}{3.06+6.03} = 0.3359$

$$F = f_v f_w \sigma_b pby = f_v f_w \sigma_b \pi mby = f_v f_w \sigma_b mb\,Y$$

$$= 0.3359\times1\times160\times4\times50\times0.362 = 3891.07\,\mathrm{N}$$

11. 400 rpm, 7.5 kW을 전달하는 평벨트 전동장치가 있다. 접촉각 180°의 평행 걸기이고 풀리의 지름은 450 mm, 벨트의 너비 50 mm, 두께 4 mm, 장력비는 2.36이다. 다음을 구하여라. (단, 벨트의 이음 효율은 80%이고 벨트의 굽힘에 대한 보정계수 $K_1 = 0.9$이다.)

(1) 벨트의 긴장측 장력 $T_t[\mathrm{kN}]$

(2) 벨트의 굽힘응력을 고려한 최대인장응력 $\sigma_{\max}[\mathrm{MPa}]$ (단, 벨트의 종탄성계수 $E = 215\,\mathrm{MPa}$이다.)

해답 (1) $v = \dfrac{\pi DN}{60\times1000} = \dfrac{\pi\times450\times400}{60\times1000} = 9.42\,\mathrm{m/s}$

$$H_{kW} = \frac{P_e v}{1000} = \frac{T_t v}{1000}\left(\frac{e^{\mu\theta}-1}{e^{\mu\theta}}\right)[\mathrm{kW}]\text{에서}$$

$$\therefore\ T_t = \frac{1000H_{kW}}{v}\left(\frac{e^{\mu\theta}}{e^{\mu\theta}-1}\right) = \frac{1000\times7.5}{9.42}\left(\frac{2.36}{2.36-1}\right)$$

$$= 1381.60\,\mathrm{N} \fallingdotseq 1.38\,\mathrm{kN}$$

(2) $\sigma_t = \dfrac{T_t}{bh\eta} = \dfrac{1.38\times10^3}{50\times4\times0.8} = 8.625\,\mathrm{MPa}$

$$\sigma_b = K_1\frac{Eh}{D} = 0.9\times\frac{215\times4}{450} = 1.72\,\mathrm{MPa}$$

$$\sigma_{\max} = \sigma_t + \sigma_b = 8.625+1.72 \fallingdotseq 10.35\,\mathrm{MPa}$$

☐**1.** 5.88 kW의 동력을 전달하는 중심거리 450 mm의 두 축이 홈마찰차로 연결되어 주동축 회전수가 400 rpm, 종동축 회전수는 150 rpm이며 홈각이 40°, 허용 접촉선압은 38 N/mm, 마찰계수는 0.3이다. 다음을 구하여라.

(1) 홈마찰차를 미는 힘 $W[\text{N}]$

(2) 홈의 수 Z (단, $h = 0.3\sqrt{\mu' W}$)

[해답] (1) $\varepsilon = \dfrac{N_2}{N_1} = \dfrac{D_1}{D_2} = \dfrac{150}{400} = \dfrac{3}{8}$

$$C = \frac{D_1 + D_2}{2} = \frac{D_1\left(1 + \dfrac{1}{\varepsilon}\right)}{2}[\text{mm}]$$

$$\therefore D_1 = \frac{2C}{1 + \dfrac{1}{\varepsilon}} = \frac{2 \times 450}{1 + \dfrac{8}{3}} = 245.45\,\text{mm}$$

$$v = \frac{\pi D_1 N_1}{60 \times 1000} = \frac{\pi \times 245.45 \times 400}{60 \times 1000} = 5.14\,\text{m/s}$$

$$\mu' = \frac{\mu}{\sin\alpha + \mu\cos\alpha} = \frac{0.3}{\sin 20° + 0.3\cos 20°} = 0.481$$

$$H_{kW} = \frac{\mu' W v}{1000}[\text{kW}] \text{에서}$$

$$W = \frac{1000 H_{kW}}{\mu' v} = \frac{1000 \times 5.88}{0.481 \times 5.14} = 2378.31\,\text{N}$$

(2) $h = 0.3\sqrt{\mu' W} = 0.3\sqrt{0.481 \times 2378.31} = 10.15\,\text{mm}$

$\mu Q = \mu' W$ 에서 $Q = \dfrac{\mu' W}{\mu}$

$$\therefore Z = \frac{Q}{2hp_0} = \frac{\mu' W}{2hp_0\mu} = \frac{0.481 \times 2378.31}{2 \times 10.15 \times 38 \times 0.3} = 4.94 ≒ 5\,\text{개}$$

☐**2.** 지름이 70 mm인 전동축에 회전수 300 rpm으로 12 kW를 전달 가능한 묻힘 키를 설계하고자 한다. 묻힘 키의 폭과 높이는 20 mm × 13 mm이고 키의 허용 전단응력은 20 MPa, 허용 압축응력은 80 MPa이다. 다음을 구하여라. (단, 키의 묻힘깊이는 $\dfrac{h}{2}$이다.)

(1) 축의 전달토크 $T[\text{J}]$

(2) 키의 전단응력만 고려한 키의 길이 $l_1[\text{mm}]$

(3) 키의 압축응력만 고려한 키의 길이 $l_2[\text{mm}]$

해답 (1) $T = 9.55 \times 10^3 \dfrac{kW}{N} = 9.55 \times 10^3 \times \dfrac{12}{300} = 382\,\mathrm{N \cdot m\,(J)}$

(2) $\tau_k = \dfrac{2T}{bl_1 d}$ 에서

$\therefore l_1 = \dfrac{2T}{bd\tau_k} = \dfrac{2 \times 382 \times 10^3}{20 \times 70 \times 20} = 27.28\,\mathrm{mm}$

(3) $\sigma_c = \dfrac{4T}{hl_2 d}$ 에서

$\therefore l_2 = \dfrac{4T}{hd\sigma_c} = \dfrac{4 \times 382 \times 10^3}{13 \times 70 \times 80} = 20.99\,\mathrm{mm}$

---

03. 안지름 $400\,\mathrm{mm}$, 내압 $1\,\mathrm{MPa}$의 실린더 커버를 10개의 볼트로 체결하려 한다. 볼트 재료의 허용 인장응력을 $48\,\mathrm{MPa}$로 할 때 다음을 구하여라. (단, 볼트에 작용하는 하중은 실린더 커버 체결력의 $\dfrac{1}{3}$이다.)

(1) 볼트의 골지름 $d_1[\mathrm{mm}]$
(2) 볼트 1개의 걸리는 압력에 의한 인장하중 $W[\mathrm{kN}]$

해답 (1) 실린더 커버의 체결력$(Q) = pA = p \times \dfrac{\pi D^2}{4}$

볼트에 작용하는 인장력$(P) = \sigma_t A = \sigma_t \times \dfrac{\pi d_1^2}{4}$

$P = \dfrac{1}{3} Q$이므로 $\sigma_t \times \dfrac{\pi d_1^2}{4} = \dfrac{1}{3} \times p \times \dfrac{\pi D^2}{4}$

$\therefore d_1 = \sqrt{\dfrac{pD^2}{3\sigma_t}} = \sqrt{\dfrac{1 \times 400^2}{3 \times 48}} = 33.33\,\mathrm{mm}$

(2) $W = \dfrac{Q}{n} = \dfrac{pA}{n} = \dfrac{1 \times \dfrac{\pi \times 400^2}{4}}{10} = 12566.37\,\mathrm{N} \fallingdotseq 12.57\,\mathrm{kN}$

---

04. 스프링 강제 코일 스프링을 하중 $980\,\mathrm{N}$으로 압축한다. 이 코일 스프링의 평균지름 $36\,\mathrm{mm}$, 소선의 지름 $6\,\mathrm{mm}$, 전단탄성계수 $80\,\mathrm{GPa}$, 왈의 응력수정계수 $K = \dfrac{4C-1}{4C-4} + \dfrac{0.615}{C}$ 이다. 다음을 구하여라. (단, 코일 스프링의 유효감김수 $n = 7$이다.)

(1) 스프링의 처짐 $\delta[\mathrm{mm}]$
(2) 스프링의 전단응력 $\tau[\mathrm{MPa}]$

해답 (1) $C = \dfrac{D}{d} = \dfrac{36}{6} = 6$

$$K = \frac{4C-1}{4C-4} + \frac{0.615}{C} = \frac{4 \times 6 - 1}{4 \times 6 - 4} + \frac{0.615}{6} = 1.25$$

$$\delta = \frac{64nPR^3}{Gd^4} = \frac{64 \times 7 \times 980 \times 18^3}{80 \times 10^3 \times 6^4} = 24.7\,\text{mm}$$

(2) $\tau = K\dfrac{8PD}{\pi d^3} = 1.25 \times \dfrac{8 \times 980 \times 36}{\pi \times 6^3} \doteqdot 520\,\text{MPa}$

◻5. 그림과 같이 $2.2\,\text{kW}$, $1750\,\text{rpm}$의 전동기에 직결된 기어 감속장치에 $640\,\text{N}$의 하중이 축 중앙에 걸린다. 축의 재료는 연강으로 허용 전단응력 $34.3\,\text{MPa}$, 허용 굽힘응력 $68.6\,\text{MPa}$, 동적효과계수 $k_m = 2.0$, $k_t = 1.5$로 하여 다음을 구하여라. (단, 축은 중공축으로 바깥지름은 $20\,\text{mm}$이다.)

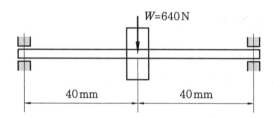

(1) 상당 비틀림 모멘트 $T_e\,[\text{J}]$

(2) 상당 굽힘 모멘트 $M_e\,[\text{J}]$

(3) 축의 무게를 무시했을 때 중공축의 안지름 $d_1\,[\text{mm}]$

해답 (1) $M = \dfrac{Wl}{4} = \dfrac{640 \times 0.08}{4} = 12.8\,\text{N·m}\,(= \text{J})$

$$T = 9.55 \times 10^3 \frac{kW}{N} = 9.55 \times 10^3 \times \frac{2.2}{1750} = 12\,\text{N·m}$$

$$T_e = \sqrt{(k_m M)^2 + (k_t T)^2} = \sqrt{(2 \times 12.8)^2 + (1.5 \times 12)^2} = 31.29\,\text{J}$$

(2) $M_e = \dfrac{1}{2}(k_m M + T_e) = \dfrac{1}{2}(2 \times 12.8 + 31.29) = 28.45\,\text{J}$

(3) $T_c = \tau_a Z_P = \tau_a \times \dfrac{\pi(d_2^4 - d_1^4)}{16 d_2}$ 에서

$$\therefore d_1 = \sqrt[4]{d_2^4 - \frac{16 d_2 T_e}{\pi \tau_a}} = \sqrt[4]{20^4 - \frac{16 \times 20 \times 31.29 \times 10^3}{\pi \times 34.3}} = 16.1\,\text{mm}$$

$$M_c = \sigma_a Z = \sigma_a \times \frac{\pi(d_2^4 - d_1^4)}{32 d_2}$$ 에서

$$\therefore \; d_1 = \sqrt[4]{d_2^4 - \frac{32 d_2 M_e}{\pi \sigma_a}} = \sqrt[4]{20^4 - \frac{32 \times 20 \times 28.45 \times 10^3}{\pi \times 68.6}} = 16.58\,\text{mm}$$

안전을 위하여 중공축의 안지름(d_1)은 작아야 하므로

$\therefore \; d_1 = 16.1\,\text{mm}$ 를 선정한다.

□6. $3000\,\text{rpm}$ 의 모터에서 V벨트에 의해 $1800\,\text{rpm}$ 으로 운전되는 종동축 풀리가 있다. 작은 쪽 풀리의 지름은 $120\,\text{mm}$ 이고 축간거리는 $375\,\text{mm}$ 이다. 가죽 벨트와 주철제 풀리의 마찰계수는 0.3 이고 벨트의 길이당 무게는 $1.65\,\text{N/m}$, 허용장력은 $240\,\text{N}$, 벨트 가닥수는 2개, 접촉각수정계수 $k_1 = 0.98$, 부하수정계수 $k_2 = 0.7$ 이다. 아래의 표를 이용하여 다음을 구하여라.

전달동력과 V벨트의 종류(표1)

전달동력(kW)	V벨트의 속도(m/s)		
	10 이하	10~17	17 이상
1.5 이하	A	A	A
1.5~3.5	B	B	A, B
3.5~7.4	B, C	B	B
7.4~18.4	C	B, C	B, C
18.4~36	C, D	C	C
36~73	D	C, D	C, D
73~110	E	D	D
110 이상	E	E	E

V벨트의 강도와 치수(표2)

형별	$a[\text{mm}]$	$b[\text{mm}]$	A(단면적)$[\text{mm}^2]$	2α
A	12.5	9.0	83.0	40°
B	16.5	11.0	137.5	40°
C	22.0	14.0	236.7	40°
D	31.5	19.0	467.1	40°
E	38.0	25.5	732.3	40°

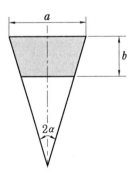

(1) 접촉각 $\theta_1[°]$

(2) 전달동력 $H_{kW}[\text{kW}]$

(3) 벨트의 폭 $a[\text{mm}]$

해답 (1) $\varepsilon = \dfrac{N_2}{N_1} = \dfrac{D_1}{D_2}$ 에서

$$D_2 = D_1 \times \frac{N_1}{N_2} = 120 \times \frac{3000}{1800} = 200\,\text{mm}$$

$$\theta_1 = 180° - 2\sin^{-1}\left(\frac{D_2 - D_1}{2C}\right) = 180° - 2\sin^{-1}\left(\frac{200 - 120}{2 \times 375}\right) = 167.75°$$

(2) $v = \dfrac{\pi D_1 N_1}{60 \times 1000} = \dfrac{\pi \times 120 \times 3000}{60 \times 1000} = 18.85\,\text{m/s}$ (부가장력을 고려한다.)

$$T_c = mv^2 = \frac{w}{g}v^2 = \frac{1.65}{9.8} \times 18.85^2 = 59.82\,\text{N}$$

$$\mu' = \frac{\mu}{\sin\alpha + \mu\cos\alpha} = \frac{0.3}{\sin 20° + 0.3\cos 20°} = 0.481$$

$$e^{\mu'\theta} = e^{0.481\left(\frac{167.75}{57.3}\right)} = 4.09$$

$$H_0 = \frac{(T_t - T_c)}{1000}\left(\frac{e^{\mu'\theta} - 1}{e^{\mu'\theta}}\right)v = \frac{(240 - 59.82)}{1000}\left(\frac{4.09 - 1}{4.09}\right) \times 18.85$$

$$\fallingdotseq 2.57\,\text{kW}$$

$$H_{kW} = k_1 k_2 H_0 Z = 0.98 \times 0.7 \times 2.57 \times 2 = 3.53\text{kW}$$

(3) 동력(H_{kW}) = 3.53 kW, 속도 $v = (18.85)\,\text{m/s}$에 적당한 V벨트의 형식은 표 1에서 선택하면 B형에 해당된다.

∴ 표 2의 B형에서 $a = 16.5\,\text{mm}$

□7. 다음 그림과 같이 15 kW, 150 rpm의 동력을 전달하는 축에 밴드 브레이크가 있다. 접촉각 270°, 드럼의 지름 300 mm, 두께 3 mm의 석면 직물 밴드로 $\mu = 0.4$이다. l은 500 mm, a는 100 mm일 때 다음을 구하여라. (단, 밴드의 허용 인장응력은 50 MPa이고, $e^{\mu\theta} = 6.6$이다.)

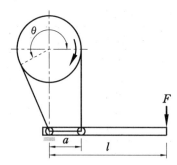

(1) 이완측 장력 $T_s[\text{N}]$

(2) 레버에 가하는 힘 $F[\text{N}]$

(3) 밴드의 너비 $b[\text{mm}]$

해답 (1) $T = 9.55 \times 10^3 \dfrac{kW}{N} = 9.55 \times 10^3 \times \dfrac{15}{150} = 955\,\text{N·m}$

$$T= Q\frac{D}{2} \text{에서} \quad Q= \frac{2T}{D}= \frac{2\times 955}{0.3} ≒ 6366.67\,\text{N}$$

$$T_s = \frac{Q}{e^{\mu\theta}-1}= \frac{6366.67}{6.6-1}= 1136.9\,\text{N}$$

(2) $0= T_s a - Fl$ 에서

$$\therefore F= \frac{T_s a}{l}= \frac{1136.9\times 100}{500}= 227.38\,\text{N}$$

(3) $T_t = T_s e^{\mu\theta}= 1136.9\times 6.6= 7503.54\,\text{N}$

$$\sigma_a = \frac{T_t}{A}= \frac{T_t}{bt} \text{에서}$$

$$\therefore b= \frac{T_t}{\sigma_a t}= \frac{7503.54}{50\times 3}= 50.02\,\text{mm}$$

□8. 다음과 같은 조건을 갖는 스퍼 기어의 전달동력을 결정하여라. (단, $\alpha=20°$, 폭 $b=10\,m$이고 치형계수 y는 π를 포함하고 있지 않은 값이다.)

모듈	잇수		회전수	허용 굽힘강도	치형계수	하중계수	접촉 응력계수
$m=4$	$Z_1=40$	$Z_2=60$	$N_1=500\,\text{rpm}$	$90\,\text{MPa}$	$y=0.154-\dfrac{0.912}{Z_1}$	0.8	$0.53\,\text{MPa}$

(1) 굽힘강도만을 고려한 경우 전달동력 $H_1[\text{kW}]$
(2) 면압강도만을 고려한 경우 전달동력 $H_2[\text{kW}]$

해답 (1) $v= \dfrac{\pi D_1 N_1}{60\times 1000}= \dfrac{\pi m Z_1 N_1}{60\times 1000}= \dfrac{\pi\times 4\times 40\times 500}{60\times 1000}= 4.19\,\text{m/s}$

$$f_v = \frac{3.05}{3.05+v}= \frac{3.05}{3.05+4.19}= 0.421$$

$$y= 0.154-\frac{0.912}{Z_1}= 0.154-\frac{0.912}{40}= 0.1312$$

$$F= f_v f_w \sigma_b p b y= f_v f_w \sigma_b \pi m\times 10m\times y$$
$$= 0.421\times 0.8\times 90\times \pi\times 4^2\times 10\times 0.1312= 1999.03\,\text{N}$$

전달동력$(H_1)= \dfrac{Fv}{1000}= \dfrac{1999.03\times 4.19}{1000}= 8.38\,\text{kW}$

(2) $W= f_v K m b\left(\dfrac{2Z_1 Z_2}{Z_1+Z_2}\right)= 0.421\times 0.53\times 4\times 10\times 4\times \left(\dfrac{2\times 40\times 60}{40+60}\right)$
$$= 1713.64\,\text{N}$$

전달동력$(H_2)= \dfrac{Wv}{1000}= \dfrac{1713.64\times 4.19}{1000}= 7.18\,\text{kW}$

☐9. 그림과 같은 측면 필릿 용접 이음에서 허용 전단응력이 $40\,\mathrm{N/mm^2}$일 때 하중 $W[\mathrm{kN}]$를 구하여라. (단, 판재 두께는 $12\,\mathrm{mm}$ 이다.)

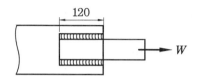

> **해답** $W = \tau_a A = \tau_a (2al) = \tau_a (2h\cos 45°l) = 40 \times 2 \times 12 \times \cos 45° \times 120$
> $= 81458.7\,\mathrm{N} \fallingdotseq 81.46\,\mathrm{kN}$

10. 강판의 두께 $14\,\mathrm{mm}$, 리벳의 지름 $22\,\mathrm{mm}$, 피치 $54\,\mathrm{mm}$인 1줄 겹치기 리벳 이음이 있다. 1피치당 $13500\,\mathrm{N}$의 하중이 작용할 때 다음을 구하여라.

(1) 강판의 인장응력 $\sigma_t[\mathrm{MPa}]$

(2) 강판과 리벳 사이의 압축응력 $\sigma_c[\mathrm{MPa}]$

(3) 리벳의 전단응력 $\tau_r[\mathrm{MPa}]$

(4) 강판의 효율 $\eta_p[\%]$

> **해답** (1) $\sigma_t = \dfrac{W}{A} = \dfrac{W}{(p-d)t} = \dfrac{13500}{(54-22)\times 14} = 30.13\,\mathrm{MPa}$
>
> (2) $\sigma_c = \dfrac{W}{An} = \dfrac{W}{dtn} = \dfrac{13500}{22 \times 14 \times 1} = 43.83\,\mathrm{MPa}$
>
> (3) $\tau_r = \dfrac{W}{An} = \dfrac{W}{\left(\dfrac{\pi d^2 n}{4}\right)} = \dfrac{4 \times 13500}{\pi \times 22^2 \times 1} = 35.51\,\mathrm{MPa}$
>
> (4) $\eta_p = 1 - \dfrac{d}{p} = 1 - \dfrac{22}{54} = 0.5926 = 59.26\,\%$

2017년도 시행 문제

1. 출력 $36\,\mathrm{kW}$, 회전수 $1150\,\mathrm{rpm}$의 모터에 의하여 $300\,\mathrm{rpm}$의 산업용 기계를 운전하려고 한다. 축간거리를 약 $1.5\,\mathrm{m}$, 작은 풀리의 평균지름이 $300\,\mathrm{mm}$이다. 다음을 구하여라. (단, 마찰계수는 0.3, 부하수정계수 0.7, 접촉각수정계수 1.0, 벨트의 비중량은 $0.01176\,\mathrm{N/cm^3}$이고, 벨트의 안전상 허용장력은 $842.8\mathrm{N}$이다.)

(1) 벨트의 속도 $v\,[\mathrm{m/s}]$

(2) 원동풀리의 접촉각 $\theta\,[\mathrm{deg}]$

(3) V벨트의 가닥수 Z (단, V벨트의 단면적은 $4.67\,\mathrm{cm^2}$이다.)

해답 (1) $v = \dfrac{\pi D_1 N_1}{60 \times 1000} = \dfrac{\pi \times 300 \times 1150}{60 \times 1000} = 18.06\,\mathrm{m/s}$

(2) 속비$(\varepsilon) = \dfrac{N_2}{N_1} = \dfrac{D_1}{D_2} = \dfrac{300}{1150} = \dfrac{6}{23}$

$D_2 = \dfrac{23}{6} \times D_1 = \dfrac{23}{6} \times 300 = 1150\,\mathrm{mm}$

$\theta° = 180° - 2\sin^{-1}\left(\dfrac{D_2 - D_1}{2C}\right)$

$\quad = 180° - 2\sin^{-1}\left(\dfrac{1150 - 300}{2 \times 1500}\right) = 147.08°$

(3) $T_c = mv^2 = \dfrac{wv^2}{g} = \dfrac{\gamma A v^2}{g} = \dfrac{0.01176 \times 10^6 \times 4.67 \times 10^{-4} \times 18.06^2}{9.8}$

$\quad = 182.78\,\mathrm{N}$

$\mu' = \dfrac{\mu}{\sin\dfrac{\alpha}{2} + \mu\cos\dfrac{\alpha}{2}} = \dfrac{0.3}{\sin 20° + 0.3\cos 20°} = 0.481$

$e^{\mu'\theta} = e^{0.481\left(\frac{147.08}{57.3}\right)} = 3.44$

$H_0 = \dfrac{(T_t - T_c)}{1000}\left(\dfrac{e^{\mu'\theta} - 1}{e^{\mu'\theta}}\right)v = \dfrac{(842.8 - 182.78)}{1000}\left(\dfrac{3.44 - 1}{3.44}\right) \times 18.06$

$\quad ≒ 8.45\,\mathrm{kW}$

$Z = \dfrac{H}{k_1 k_2 H_0} = \dfrac{36}{1 \times 0.7 \times 8.45} = 6.09 ≒ 7$가닥

□**2.** 그림과 같은 겹치기 이음에서 리벳의 지름은 $14\,\mathrm{mm}$, 판 두께는 $7\,\mathrm{mm}$, 판의 허용
인장응력은 $68.6\,\mathrm{N/mm^2}$ 이고, 강판에 작용하는 하중은 $13.45\,\mathrm{kN}$ 이다. 다음을 구하여라.

(1) 리벳의 전단응력 $\tau_r[\mathrm{N/mm^2}]$

(2) 강판의 폭 $b[\mathrm{mm}]$

(3) 강판의 압축응력 $\sigma_c[\mathrm{N/mm^2}]$

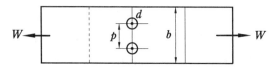

해답 (1) $\tau_r = \dfrac{W}{An} = \dfrac{W}{\dfrac{\pi d^2 n}{4}} = \dfrac{4 \times 13.45 \times 10^3}{\pi \times 14^2 \times 2} = 43.69\,\mathrm{N/mm^2}\,(= \mathrm{MPa})$

(주의) 그림에서 W 가 전체의 하중이므로 리벳수 $n = 2$ 임을 알 수 있다.

(2) $W = \sigma_t(b - 2d)t$ 에서 $13.45 \times 10^3 = 68.6 \times (b - 2 \times 14) \times 7$

$\therefore\ b = 56.01\,\mathrm{mm}$

(3) $\sigma_c = \dfrac{W}{An} = \dfrac{W}{dtn} = \dfrac{13.45 \times 10^3}{14 \times 7 \times 2} = 68.62\,\mathrm{N/mm^2}\,(= \mathrm{MPa})$

□**3.** 축하중 $60\,\mathrm{kN}$ 을 받는 나사 잭에서 사각나사봉의 바깥지름 $100\,\mathrm{mm}$, 골지름 $80\,\mathrm{mm}$,
피치 $16\,\mathrm{mm}$ 이다. 나사면의 마찰계수와 스러스트 칼라의 마찰계수는 0.15 로 같고 스러
스트 칼라의 자리면의 평균지름은 $60\,\mathrm{mm}$ 이다. 다음을 구하여라.

(1) 레버를 돌리는 토크 $T[\mathrm{N \cdot m}]$

(2) 나사 잭의 효율 $\eta[\%]$

(3) 하중물을 들어 올리는 속도 $v = 0.3\,\mathrm{m/min}$ 일 때 소요동력 $L[\mathrm{kW}]$

해답 (1) $T = \mu_1 W r_m + W\dfrac{d_e}{2}\left(\dfrac{p + \mu \pi d_e}{\pi d_e - \mu p}\right)$

단, $d_e = \dfrac{d_1 + d_2}{2} = \dfrac{80 + 100}{2} = 90\,\mathrm{mm}$

$T = (0.15 \times 60 \times 10^3 \times 0.03) + 60 \times 10^3 \times \dfrac{0.09}{2}\left(\dfrac{0.016 + 0.15 \times \pi \times 0.09}{\pi \times 0.09 - 0.15 \times 0.016}\right)$

$= 832.56\,\mathrm{N \cdot m}\,(= \mathrm{J})$

(2) $\eta = \dfrac{Wp}{2\pi T} = \dfrac{60000 \times 0.016}{2\pi \times 832.56} = 0.1835 = 18.35\,\%$

(3) $L = \dfrac{Wv}{\eta} = \dfrac{60 \times \left(\dfrac{0.3}{60}\right)}{0.1835} = 1.64\,\mathrm{kW}$

◘4. 그림과 같이 코터 이음에서 축에 작용하는 축하중을 $45\,\mathrm{kN}$이라 할 때 다음을 구하여라. (단, 이음 각부의 치수는 소켓의 바깥지름이 $140\,\mathrm{mm}$, 소켓 내부의 로드의 지름이 $70\,\mathrm{mm}$, 코터의 폭이 $70\,\mathrm{mm}$, 코터의 두께가 $20\,\mathrm{mm}$이다.)

(1) 코터의 전단응력 $\tau_r\,[\mathrm{N/mm^2}]$

(2) 코터와 소켓 접촉부 압축응력 $\sigma_c\,[\mathrm{N/mm^2}]$

(3) 코터의 굽힘응력 $\sigma_b\,[\mathrm{N/mm^2}]$

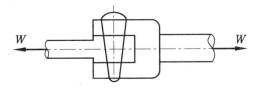

해답 (1) $\tau_r = \dfrac{W}{A} = \dfrac{W}{2tb} = \dfrac{45 \times 10^3}{2 \times 20 \times 70} = 16.07\,\mathrm{N/mm^2}$

(2) $\sigma_c = \dfrac{W}{A} = \dfrac{W}{(D-d)t} = \dfrac{45 \times 10^3}{(140-70) \times 20} = 32.14\,\mathrm{N/mm^2}$

(3) $\sigma_b = \dfrac{M_{\max}}{Z} = \dfrac{\left(\dfrac{WD}{8}\right)}{\left(\dfrac{tb^2}{6}\right)} = \dfrac{3\,WD}{4tb^2} = \dfrac{3 \times 45 \times 10^3 \times 140}{4 \times 20 \times 70^2} = 48.21\,\mathrm{N/mm^2}$

◘5. 원통 코일 스프링에서 압축하중이 $245\,\mathrm{N}$에서 $441\,\mathrm{N}$까지 변동할 때 변형량이 $16\,\mathrm{mm}$이다. 코일 스프링의 허용 전단응력이 $343\,\mathrm{N/mm^2}$, 스프링 지수 6.5, 가로탄성계수 $80.36\,\mathrm{GPa}$일 때 다음을 구하여라.

(1) 소선의 지름 $d\,[\mathrm{mm}]$ (단, 왈의 응력수정계수 $K=1.22$이다.)

(2) 유효권수 n

(3) 자유높이 $H\,[\mathrm{mm}]$ (단, 스프링이 굽혀질 염려가 있으므로 $4\,\mathrm{mm}$의 여유를 고려한다.)

해답 (1) $\tau_{\max} = \dfrac{8P_{\max}DK}{\pi d^3} = \dfrac{8P_{\max}CK}{\pi d^2}\left(\text{단, } C = \dfrac{D}{d}\right)$

$\therefore \ d = \sqrt{\dfrac{8KP_{\max}C}{\pi \tau_{\max}}} = \sqrt{\dfrac{8 \times 1.22 \times 441 \times 6.5}{\pi \times 343}} = 5.1\,\mathrm{mm}$

(2) $\delta = \dfrac{8n(P_{\max} - P_{\min})D^3}{Gd^4}$

단, $C = \dfrac{D}{d}$에서 $D = Cd = 6.5 \times 5.1 = 33.15\,\mathrm{mm}$

$\therefore \ n = \dfrac{Gd^4\delta}{8(P_{\max} - P_{\min})D^3} = \dfrac{80.36 \times 10^3 \times 5.1^4 \times 16}{8 \times (441-245) \times (33.15)^3} = 15.23 \risingdotseq 16\,\text{권}$

(3) $\delta_{\max} = \dfrac{8nP_{\max}D^3}{Gd^4} = \dfrac{8 \times 16 \times 441 \times (33.15)^3}{80.36 \times 10^3 \times (5.1)^4} = 37.82\,\text{mm}$

$H = d(n+2) + \delta_{\max} + 여유높이$

$= 5.1(16+2) + 37.82 + 4 = 133.62\,\text{mm}$

---

6. 홈붙이 마찰차에서 원동차의 평균지름 $250\,\text{mm}$, 회전수 $750\,\text{rpm}$, 종동차의 평균지름 $500\,\text{mm}$이다. 홈각도는 $40°$이고 허용 접촉면압력은 $29.4\,\text{N/mm}$이다. 다음을 구하여라. (단, 마찰계수는 0.15이다.)

(1) 전달동력이 5kW일 때 전달하중 $P[\text{N}]$

(2) 홈마찰차를 밀어 붙이는 힘 $W[\text{N}]$

(3) 홈의 깊이 $h = 0.3\sqrt{\mu' W}$일 때 홈의 수 Z

해답 (1) $v = \dfrac{\pi D_1 N_1}{60 \times 1000} = \dfrac{\pi \times 250 \times 750}{60 \times 1000} = 9.82\,\text{m/s}$

$H_{kW} = \dfrac{Pv}{1000}[\text{kW}]$에서

$P = \dfrac{1000 H_{kW}}{v} = \dfrac{1000 \times 5}{9.82} = 509.16\,\text{N}$

(2) $\mu' = \dfrac{\mu}{\sin\alpha + \mu\cos\alpha} = \dfrac{0.15}{\sin 20° + 0.15\cos 20°} = 0.31$

$H_{kW} = \dfrac{\mu' W v}{1000}[\text{kW}]$에서

$W = \dfrac{1000 H_{kW}}{\mu' v} = \dfrac{1000 \times 5}{0.31 \times 9.82} = 1642.47\,\text{N}$

(3) $h = 0.3\sqrt{\mu' W} = 0.3\sqrt{0.31 \times 1642.47} = 6.77\,\text{mm}$

또한, $\mu Q = \mu' W$에서

$Q = \dfrac{\mu' W}{\mu} = \dfrac{0.31 \times 1642.47}{0.15} = 3394.44\,\text{N}$

$\therefore Z = \dfrac{Q}{2hp_0} = \dfrac{3394.44}{2 \times 6.77 \times 29.4} = 8.53 ≒ 9\text{개}$

---

7. NO. 6210 단열 깊은 홈 볼 베어링에 레이디얼 하중 $2940\,\text{N}$, 스러스트 하중 $980\,\text{N}$이 작용하고 $150\,\text{rpm}$으로 회전한다. (단, 내륜 회전 베어링이고 $C_0 = 20678\,\text{N}$, $C = 26950\,\text{N}$이다.) 다음을 구하여라.

(1) 등가 레이디얼 베어링 하중 $P_r[\text{N}]$

(2) 베어링 수명시간 $L_h[\text{h}]$

베어링의 계수 V, X 및 Y값

베어링 형식		내륜 회전 하중	외륜 회전 하중	단열 $\dfrac{F_a}{VF_r} > e$		복렬 $\dfrac{F_a}{VF_r} \leq e$		복렬 $\dfrac{F_a}{VF_r} > e$		e
		V	V	X	Y	X	Y	X	Y	
깊은 홈 볼 베어링	$F_a/C_o = 0.014$				2.30				2.30	0.19
	$= 0.028$				1.99				1.99	0.12
	$= 0.056$				1.71				1.71	0.26
	$= 0.084$				1.55				1.55	0.28
	$= 0.11$	1	1.2	0.56	1.45	1	0	0.56	1.45	0.30
	$= 0.17$				1.31				1.31	0.34
	$= 0.28$				1.15				1.15	0.38
	$= 0.42$				1.04				1.04	0.42
	$= 0.56$				1.00				1.00	0.44
앵귤러 볼 베어링	$\alpha = 20°$			0.43	1.00		1.09	0.70	1.63	0.57
	$= 25°$			0.41	0.87		0.92	0.67	1.41	0.58
	$= 30°$	1	1.2	0.39	0.76	1	0.78	0.63	1.24	0.80
	$= 35°$			0.37	0.56		0.66	0.60	1.07	0.95
	$= 40°$			0.35	0.57		0.55	0.57	0.93	1.14
자동 조심 볼 베어링		1	1	0.4	$0.4 \times \cot\alpha$	1	$0.42 \times \cot\alpha$	0.65	$0.65 \times \cot\alpha$	$1.5 \times \tan\alpha$
매그니토 볼 베어링		1	1	0.5	2.5	–	–	–	–	0.2
자동 조심 롤러 베어링 원추 롤러 베어링 $\alpha \neq 0$		1	1.2	0.4	$0.4 \times \cot\alpha$	1	$0.45 \times \cot\alpha$	0.67	$0.67 \times \cot\alpha$	$1.5 \times \tan\alpha$
스러스트 볼 베어링	$\alpha = 45°$	–	–	0.66	1	1.18	0.59	0.66	1	1.25
	$= 60°$			0.92		1.90	0.54	0.92		2.17
	$= 70°$			1.66		3.66	0.52	1.66		4.67
스러스트 롤러 베어링		–	–	$\tan\alpha$	1	$1.5 \times \tan\alpha$	0.67	$\tan\alpha$	1	$1.5 \times \tan\alpha$

해답 (1) 단열 깊은 홈, 내륜 회전 베어링이므로 표에서

$$V = 1, \quad \frac{F_a}{C_0} = \frac{980}{20678} = 0.047, \quad X = 0.56 \text{이므로 보간법 적용}$$

$$Y = 1.71 + \frac{1.99 - 1.71}{0.056 - 0.028} \times (0.056 - 0.047) = 1.8$$

$$P_r = XVF_r + YF_a = (0.56 \times 1 \times 2940) + (1.8 \times 980) = 3410.4 \text{N}$$

(2) $L_h = 500 f_h^{\,r} = 500 \times \dfrac{33.3}{N} \times \left(\dfrac{C}{P_r}\right)^r = 500 \times \dfrac{33.3}{150} \times \left(\dfrac{26950}{3410.4}\right)^3 = 54775.12 \text{h}$

■8. $7.5\,\mathrm{kW}$, $1500\,\mathrm{rpm}$의 4사이클 단기통 디젤 기관에서 각 속도 변동률이 $\dfrac{1}{100}$ 이고 에너지 변동계수는 1.3, 플라이휠의 내외경비 0.6, 비중량 $76.832\,\mathrm{kN/m^3}$, 휠의 폭 $50\,\mathrm{mm}$일 때 다음을 구하여라.

(1) 1사이클당 발생하는 에너지 $E[\mathrm{N \cdot m}]$

(2) 질량 관성 모멘트 $J[\mathrm{kg_m \cdot m^2}]$

(3) 플라이 휠의 바깥지름 $D_2[\mathrm{mm}]$

해답 (1) $T = 9.55 \times 10^3 \dfrac{kW}{N} = 9.55 \times 10^3 \times \dfrac{7.5}{1500} = 47.75\,\mathrm{N \cdot m}$

$E = 4\pi T = 4\pi \times 47.75 = 600.04\,\mathrm{N \cdot m}$

(2) $\Delta E = qE = J\omega^2 \delta$ 에서

$\therefore\ J = \dfrac{qE}{\omega^2 \delta} = \dfrac{1.3 \times 600.04}{\left(\dfrac{2\pi \times 1500}{60}\right)^2 \times \dfrac{1}{100}} = 3.16\,\mathrm{N \cdot m \cdot s^2}\,(= \mathrm{kg_m \cdot m^2})$

(3) $J = \dfrac{\gamma b \pi (D_2^4 - D_1^4)}{32g} = \dfrac{\gamma b \pi D_2^4 (1 - x^4)}{32g}$

$\therefore\ D_2 = \sqrt[4]{\dfrac{32gJ}{\gamma b \pi (1 - x^4)}} = \sqrt[4]{\dfrac{32 \times 9.8 \times 3.16}{76.832 \times 10^3 \times 0.05 \times \pi (1 - 0.6^4)}}$

$= 0.55421\,\mathrm{m} = 554.21\,\mathrm{mm}$

■9. NO. 50 롤러 체인에서 작은 스프로킷의 잇수가 18, 회전수 $600\,\mathrm{rpm}$이고 큰 스프로킷의 잇수 60, 피치 $15.88\,\mathrm{mm}$, 파단하중 $21658\,\mathrm{N}$, 안전율 15일 때 다음을 구하여라.

(1) 허용 안정하중 $F[\mathrm{N}]$

(2) 스프로킷의 회전속도 $v[\mathrm{m/s}]$

(3) 전달동력 $H_{kW}[\mathrm{kW}]$

해답 (1) $F = \dfrac{F_B}{S} = \dfrac{21658}{15} = 1443.87\,\mathrm{N}$

(2) $v = \dfrac{pZ_1 N_1}{60 \times 1000} = \dfrac{15.88 \times 18 \times 600}{60 \times 1000} = 2.86\,\mathrm{m/s}$

(3) 전달동력$(H_{kW}) = \dfrac{Fv}{1000} = \dfrac{1443.87 \times 2.86}{1000} = 4.13\,\mathrm{kW}$

10. 접촉면의 평균지름이 $380\,\mathrm{mm}$, 원추면의 경사각이 $10°$인 원추 클러치에서 $800\,\mathrm{rpm}$, $14.7\,\mathrm{kW}$를 전달한다. 마찰계수가 0.3일 때 다음을 구하여라.

(1) 축토크 $T[\mathrm{N \cdot m}]$

(2) 축방향으로 미는 힘 $W[\mathrm{N}]$

해답 (1) $T = 9.55 \times 10^3 \dfrac{kW}{N} = 9.55 \times 10^3 \times \dfrac{14.7}{800} = 175.48\,\mathrm{N \cdot m}$

(2) $T = \mu Q \dfrac{D_m}{2}$ 에서 $Q = \dfrac{2T}{\mu D_m} = \dfrac{2 \times 175.48}{0.3 \times 0.38} = 3078.62\,\mathrm{N}$

$Q = \dfrac{W}{\sin\alpha + \mu\cos\alpha}$ 에서

$\therefore\ W = Q(\sin\alpha + \mu\cos\alpha) = 3078.62(\sin 10° + 0.3\cos 10°) = 1444.15\,\mathrm{N}$

11. 웜 기어 전동장치에서 웜은 피치가 $31.4\,\mathrm{mm}$, 회전수 $800\,\mathrm{rpm}$, 4줄 나사, 피치원의 지름이 $64\,\mathrm{mm}$, 압력각 $14.5°$일 때 다음을 구하여라. (단, 마찰계수 0.1에 전달동력은 $22\,\mathrm{kW}$이다.)

(1) 웜의 리드각 $\beta[\mathrm{deg}]$

(2) 웜의 회전력 $F[\mathrm{N}]$

(3) 웜의 잇면의 수직력 $F_n[\mathrm{N}]$

해답 (1) $\tan\beta = \dfrac{l}{\pi D_w}$ 에서

$\therefore\ \beta = \tan^{-1}\left(\dfrac{l}{\pi D_w}\right) = \tan^{-1}\left(\dfrac{4 \times 31.4}{\pi \times 64}\right) = 31.99°$

리드$(l) = np$

(2) $T = 9.55 \times 10^3 \dfrac{kW}{N} = 9.55 \times 10^3 \times \dfrac{22}{800} ≒ 262.63\,\mathrm{N \cdot m}$

$T = F \times \dfrac{D_w}{2}$ 에서

$\therefore\ F = \dfrac{2T}{D_w} = \dfrac{2 \times 262.63}{0.064} = 8207.19\,\mathrm{N}$

(3) $F = F_n(\cos\alpha\sin\beta + \mu\cos\beta)$ 에서

$\therefore\ F_n = \dfrac{F}{\cos\alpha\sin\beta + \mu\cos\beta} = \dfrac{8207.19}{\cos 14.5°\sin 31.99° + 0.1\cos 31.99°}$

$= 13731.03\,\mathrm{N}$

일반기계기사 (필답형)

1. 20 kN의 하중을 들어 올리기 위한 나사 잭이 있다. 30° 사다리꼴 나사이며 유효지름 35 mm, 골지름 30 mm, 피치는 50 mm, 1줄 나사이다. 나사부 마찰계수 $\mu = 0.1$, 칼라부 마찰계수는 무시하며 나사 재질의 허용 전단응력은 50 MPa이다. 다음을 구하여라.

(1) 나사의 작용하는 회전토크 $T[\text{N·m}]$
(2) 나사에 작용하는 최대전단응력 $\tau_{\max}[\text{MPa}]$ (단, 나사 재질은 연성이어서 인장응력과 전단응력이 동시에 작용함에 따른 최대전단응력값이다.)
(3) 나사 재질의 전단강도에 따른 안전계수 S_f

[해답] (1) $\mu' = \dfrac{\mu}{\cos\dfrac{\alpha}{2}} = \dfrac{0.1}{\cos\left(\dfrac{30°}{2}\right)} = 0.1035$

$$\therefore \; T = W\frac{d_e}{2}\left(\frac{p + \mu'\pi d_e}{\pi d_e - \mu' p}\right) = 20 \times 10^3 \times \frac{0.035}{2} \times \left(\frac{0.05 + 0.1035 \times \pi \times 0.035}{\pi \times 0.035 - 0.1035 \times 0.05}\right)$$

$$= 205.03\,\text{N·m}$$

(2) $\sigma_t = \dfrac{W}{A} = \dfrac{4W}{\pi d_1^2} = \dfrac{4 \times 20 \times 10^3}{\pi \times 30^2} = 28.29\,\text{MPa}$

$$\tau = \frac{T}{Z_P} = \frac{16T}{\pi d_1^3} = \frac{16 \times 205.03 \times 10^3}{\pi \times 30^3} = 38.67\,\text{MPa}$$

$$\tau_{\max} = \frac{1}{2}\sqrt{\sigma_t^2 + 4\tau^2} = \frac{1}{2}\sqrt{(28.29)^2 + 4 \times (38.67)^2} = 41.18\,\text{MPa}$$

(3) $S_f = \dfrac{\tau_a}{\tau_{\max}} = \dfrac{50}{41.18} = 1.21$

2. 18 kW의 동력을 550 rpm으로 전달하는 축지름 60 mm에 대하여 묻힘 키(폭×높이 = 18 mm×11 mm)가 조립되어 동력을 전달하고 있다. 키 재료의 허용 압축응력은 45 MPa, 허용 전단응력은 20 MPa, 키홈의 높이는 키 높이의 $\dfrac{1}{2}$이다. 다음을 구하여라.

(1) 축에 작용하는 토크(N·m)
(2) 안전한 키의 최소길이(mm)

[해답] (1) $T = 9.55 \times 10^3 \dfrac{kW}{N} = 9.55 \times 10^3 \times \dfrac{18}{550} ≒ 312.55\,\text{N·m}$

(2) $\tau_k = \dfrac{2T}{bld}$ 에서 $l = \dfrac{2T}{bd\tau_k} = \dfrac{2 \times 312.55 \times 10^3}{18 \times 60 \times 20} = 28.94\,\text{mm}$

$$\sigma_c = \frac{4T}{hld} \text{에서} \quad l = \frac{4T}{hd\sigma_c} = \frac{4 \times 312.55 \times 10^3}{11 \times 60 \times 45} = 42.09\,\text{mm}$$

키의 최소길이는 안전을 고려하여 큰 값을 선정한다.

$$\therefore \ l = 42.09\,\text{mm}$$

---

3. 두께 $9\,\text{mm}$인 강판의 1줄 겹치기 리벳 이음이 있다. 리벳 지름이 $14\,\text{mm}$, 피치 $40\,\text{mm}$, 리벳의 허용 전단응력이 $250\,\text{MPa}$일 때 다음을 구하여라.

(1) 강판의 효율(%)

(2) 최대 허용 압축응력(N/mm^2)

(3) 강판의 최대 허용 인장응력(N/mm^2)

해답 (1) $\eta_t = 1 - \dfrac{d}{p} = 1 - \dfrac{14}{40} = 0.65 = 65\,\%$

(2) 1피치당 하중 $W = \tau \dfrac{\pi d^2}{4} n\,[\text{N}]$ ······································ ①

$\qquad\qquad\qquad\quad = \sigma_t (p-d) t\,[\text{N}]$ ······································ ②

$\qquad\qquad\qquad\quad = \sigma_c d t n\,[\text{N}]$ ······································ ③

①식 = ③식 : $\tau \dfrac{\pi d^2}{4} n = \sigma_c d t n$ 에서

$\therefore \ \sigma_c = \dfrac{\tau \pi d}{4t} = \dfrac{250 \times \pi \times 14}{4 \times 9} = 305.43\,\text{N/mm}^2$

①식 = ②식 : $\tau \dfrac{\pi d^2 n}{4} = \sigma_t (p-d) t$

$\therefore \ \sigma_t = \dfrac{\tau \pi d^2 n}{4(p-d)t} = \dfrac{250 \times \pi \times 14^2 \times 1}{4 \times (40-14) \times 9} = 164.46\,\text{N/mm}^2$

---

4. 베어링 간격이 $1\,\text{m}$인 축에 무게가 $6867\,\text{N}$인 풀리를 축 중앙에 매달았을 때 위험속도를 $1800\,\text{rpm}$으로 설계하려 한다. 다음을 구하여라. (단, 축의 자중은 무시하고 세로탄성계수는 $206.01\,\text{GPa}$이다.)

(1) 위험속도 $1800\,\text{rpm}$을 설계하기 위한 풀리 장착 부위에서 축의 처짐량(mm)은?

(2) 위험속도 $1800\,\text{rpm}$을 설계하기 위한 축의 지름(mm)은 얼마인가?

해답 (1) $N_c = \dfrac{30}{\pi}\sqrt{\dfrac{g}{\delta}}$ 에서 $\therefore \delta = \dfrac{30^2 g}{\pi^2 N_C^2} = \dfrac{30^2 \times 9800}{\pi^2 \times 1800^2} = 0.28\,\text{mm}$

(2) $\delta = \dfrac{Wl^3}{48EI}$ 에서 $I = \dfrac{Wl^3}{48E\delta} = \dfrac{6867 \times 1000^3}{48 \times 206.01 \times 10^3 \times 0.28} = 2480158.73\,\text{mm}^4$

$$I = \frac{\pi d^4}{64} \text{에서} \quad \therefore \quad d = \sqrt[4]{\frac{64I}{\pi}} = \sqrt[4]{\frac{64 \times 2480158.73}{\pi}} = 84.31\,\text{mm}$$

◻5. 밴드 두께 $3\,\text{mm}$, 허용 인장응력 $50\,\text{MPa}$, 레버의 길이 $l = 900\,\text{mm}$, $D_1 = 400\,\text{mm}$, $D_2 = 250\,\text{mm}$, $a = 30\,\text{mm}$, $b = 160\,\text{mm}$, 밴드 접촉부 마찰계수 $\mu = 0.3$, 권상동력 $2.2\,\text{kW}$, $N = 90\,\text{rpm}$, 밴드 접촉부 각도 $\theta = 220°$ 이다. 다음을 구하여라.

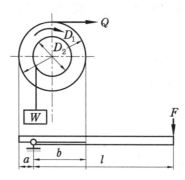

(1) 권상동력으로 권상 가능한 최대하중 $W[\text{N}]$

(2) 권상화물이 없을 때, $2.2\,\text{kW}$의 동력으로 $N = 90\,\text{rpm}$ 우회전 드럼으로 제동하고자 할 때 레버에 필요한 힘 $F[\text{N}]$

(3) (2)의 조건에서 밴드의 최소폭 $\sigma[\text{mm}]$

해답 (1) $v = \dfrac{\pi D_2 N}{60 \times 1000} = \dfrac{\pi \times 250 \times 90}{60 \times 1000} = 1.18\,\text{m/s}$

$H_{kW} = \dfrac{Wv}{1000}[\text{kW}]$ 에서

$W = \dfrac{1000 H_{kW}}{v} = \dfrac{1000 \times 2.2}{1.18} = 1864.41\,\text{N}$

(2) $v = \dfrac{\pi D_1 N}{60 \times 1000} = \dfrac{\pi \times 400 \times 90}{60 \times 1000} = 1.88\,\text{m/s}$

$e^{\mu\theta} = e^{0.3\left(\frac{220}{57.3}\right)} = 3.16$

$T_s = Q\dfrac{1}{e^{\mu\theta}-1} = 1170.21 \times \dfrac{1}{3.16-1} = 541.76\,\text{N}$

$T_t = T_s e^{\mu\theta} = 541.76 \times 3.16 = 1711.96\,\text{N}$

$T_t a = T_s b - Fl$ 에서

$\therefore \quad F = \dfrac{T_s b - T_t a}{l} = \dfrac{(541.76 \times 160) - (1711.96 \times 30)}{900} = 39.25\,\text{N}$

(3) $\sigma_a = \dfrac{T_t}{A} = \dfrac{T_t}{bt}$ 에서 $\therefore \quad b = \dfrac{T_t}{\sigma_a t} = \dfrac{1711.96}{50 \times 3} = 11.41\,\text{mm}$

◻6. 아래 그림과 같은 표준 스퍼 기어 전동장치가 있다. 입력축은 $45\,\mathrm{kW}$, $2000\,\mathrm{rpm}$ 의 동력과 회전수의 전동기로 구동되고 있으며, 기어의 모듈 $m = 2$, 입력축 기어의 잇수는 24개, 출력축 기어의 잇수는 38개, 기어의 압력각이 $20°$일 때 다음을 구하여라.

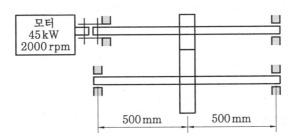

(1) 기어에서 허용 굽힘강도를 고려한 기어의 최소폭 $b[\mathrm{mm}]$ (단, 입력축 기어의 모듈 기준으로 치형계수 $Y = \pi y = 0.337$, 출력축 기어의 모듈 기준으로 치형계수 $Y = \pi y = 0.384$, 입력축에서 허용 굽힘강도는 $180\,\mathrm{MPa}$, 출력축에서 허용 굽힘강도는 $120\,\mathrm{MPa}$, 속도계수 $f_v = \dfrac{3.05}{3.05 + v}$, v는 기어의 회전속도$(\mathrm{m/s})$, 하중계수 $f_w = 0.8$ 이다.)

(2) 출력축에서 허용 굽힘응력, 허용 전단응력을 고려하여 안전한 축의 최소지름은? (단, 축재료의 허용 굽힘응력 $70\,\mathrm{MPa}$, 허용 전단응력 $50\,\mathrm{MPa}$, 굽힘 모멘트에 의한 동적효과계수 1.7, 비틀림 모멘트에 의한 동적효과계수 1.3 이다.)

해답 (1) $v = \dfrac{\pi D_1 N_1}{60 \times 1000} = \dfrac{\pi m Z_1 N_1}{60 \times 1000} = \dfrac{\pi \times 2 \times 24 \times 2000}{60 \times 1000} = 5.03\,\mathrm{m/s}$

$H' = \dfrac{Fv}{1000}[\mathrm{kW}]$ 에서 $F = \dfrac{1000 H'}{v} = \dfrac{1000 \times 45}{5.03} = 8946.32\,\mathrm{N}$

$f_v = \dfrac{3.05}{3.05 + v} = \dfrac{3.05}{3.05 + 5.03} = 0.377$

피니언(pinion)인 경우

전달하중$(F) = f_v f_w \sigma_b p b y = f_v f_w \sigma_b \pi m b y = f_v f_w \sigma_b m b Y$ 에서

$\therefore\ b = \dfrac{F}{f_v f_w \sigma_b m Y} = \dfrac{8946.32}{0.377 \times 0.8 \times 180 \times 2 \times 0.337} = 244.5\,\mathrm{mm}$

기어(gear)인 경우

$\therefore\ b = \dfrac{F}{f_v f_w \sigma_b m Y} = \dfrac{8946.32}{0.377 \times 0.8 \times 120 \times 2 \times 0.384} = 321.86\,\mathrm{mm}$

최소폭$(b) = 244.5\,\mathrm{mm}$

(2) 속도비$(\varepsilon) = \dfrac{N_2}{N_1} = \dfrac{Z_1}{Z_2}$ 에서 $N_2 = N_1 \times \dfrac{Z_1}{Z_2} = 2000 \times \dfrac{24}{38} = 1263.16\,\mathrm{rpm}$

$T = 9.55 \times 10^3 \dfrac{kW}{N_2} = 9.55 \times 10^3 \times \dfrac{45}{1263.16} \fallingdotseq 340.22\,\mathrm{N \cdot m}$

$$F' = \frac{F}{\cos\alpha} = \frac{8946.32}{\cos 20°} = 9520.47\,\text{N}$$

$$M = \frac{F'l}{4} = \frac{9520.47 \times 1}{4} = 2380.12\,\text{N·m}$$

$$T_e = \sqrt{(k_m M)^2 + (k_t T)^2} = \sqrt{(1.7 \times 2380.12)^2 + (1.3 \times 340.22)^2}$$
$$= 4070.3\,\text{N·m}$$

$$\tau_a = \frac{T_e}{Z_P} = \frac{16\,T_e}{\pi d^3}\,\text{에서}$$

$$\therefore\ d = \sqrt[3]{\frac{16\,T_e}{\pi \tau_a}} = \sqrt[3]{\frac{16 \times 4070.3 \times 10^3}{\pi \times 50}} = 74.57\,\text{mm}$$

$$M_e = \frac{1}{2}(k_m M + T_e) = \frac{1}{2}(1.7 \times 2380.12 + 4070.3) = 4058.25\,\text{N·m}$$

$$\sigma_a = \frac{M_e}{Z} = \frac{32 M_e}{\pi d^3}\,\text{에서}$$

$$\therefore\ d = \sqrt[3]{\frac{32 M_e}{\pi \sigma_a}} = \sqrt[3]{\frac{32 \times 4058.25 \times 10^3}{\pi \times 70}} = 83.9\,\text{mm}$$

축의 최소지름은 안전을 고려하여 큰 값을 선정하므로

$$\therefore\ d = 83.9\,\text{mm}$$

---

7. 매분 350 회전하는 지름 $D = 850\,\text{mm}$ 평마찰차 전동장치가 있다. 2300 N의 힘으로 두 마찰차를 서로 밀어 붙이면서 동력을 전달하고 있다. 마찰차의 접촉계수가 0.35일 때 다음을 구하여라.

(1) 마찰차의 회전토크 $T[\text{N·m}]$

(2) 최대전달동력 $H_{kW}[\text{kW}]$

해답 (1) $T = \mu P \dfrac{D}{2} = 0.35 \times 2300 \times \dfrac{0.85}{2} = 342.13\,\text{N·m}$

(2) 최대전달동력 $(H_{kW}) = \dfrac{TN}{9.55 \times 10^3} = \dfrac{342.13 \times 350}{9.55 \times 10^3} = 12.54\,\text{kW}$

---

8. 모듈 $m = 2$, 피니언 잇수 $Z_1 = 15$, 기어 잇수 $Z_2 = 24$인 전위 기어의 다음을 구하여라. (단, 모든 정답은 소수점 5번째 자리까지 구하고 아래 표를 이용한다.)

(1) 압력각 $\alpha = 14.5°$일 때 전위계수 x_1, x_2

(2) 두 기어에서 치면 높이(백래시)가 0이 되게 하는 물림압력각 $\alpha_b[\text{deg}]$

(3) 전위 기어의 중심거리 $C[\text{mm}]$

$B(\alpha_b)$와 $B_v(\alpha_b)$의 함수표($14.5°$)

α_b	0		2		4		6		8	
	B	B_v	B	B_v	B	B_v	B	B_v	B	B_v
15.0	.002 34	.002 30	.002 44	.002 39	.002 53	.002 49	.002 63	.002 58	.002 73	.002 68
1	.002 83	.002 77	.002 93	.002 87	.003 02	.002 96	.003 12	.003 05	.003 22	.003 15
2	.003 32	.003 24	.003 42	.003 34	.003 52	.003 44	.003 32	.003 53	.003 72	.003 63
3	.003 82	.003 72	.003 92	.003 82	.004 03	.003 91	.004 13	.004 01	.004 23	.004 11
4	.004 33	.004 20	.004 43	.004 30	.004 54	.004 40	.004 64	.004 49	.004 74	.004 59
5	.004 85	.004 69	.004 95	.004 79	.005 05	.004 88	.005 16	.004 98	.005 27	.005 08
6	.005 37	.005 18	.005 48	.005 27	.005 58	.005 37	.005 69	.005 47	.005 79	.005 57
7	.005 90	.005 67	.006 01	.005 77	.006 11	.005 86	.006 22	.005 96	.006 33	.006 06
8	.006 44	.006 13	.006 54	.006 26	.006 65	.006 36	.006 76	.006 46	.006 87	.006 56
9	.006 98	.006 66	.007 09	.006 76	.007 20	.006 86	.007 31	.006 96	.007 42	.007 06
16.0	.007 53	.007 16	.007 64	.007 26	.007 75	.007 37	.007 87	.007 47	.007 98	.007 57
1	.008 09	.007 67	.008 20	.007 77	.008 32	.007 87	.008 43	.007 87	.008 54	.008 08
2	.008 66	.008 18	.008 77	.008 28	.008 88	.008 38	.009 00	.008 49	.009 11	.008 59
3	.009 23	.008 69	.009 35	.008 79	.009 46	.008 90	.004 58	.009 00	.009 69	.009 10
4	.009 81	.009 21	.009 93	.009 21	.010 04	.009 42	.010 16	.009 52	.010 25	.009 62
5	.010 40	.009 73	.010 52	.009 83	.040 64	.009 94	.010 76	.010 04	.010 88	.010 15
6	.010 99	.010 25	.011 05	.010 30	.011 24	.010 46	.011 36	.010 57	.011 48	.010 67
7	.011 60	.010 78	.011 72	.010 89	.011 84	.010 99	.011 96	.011 09	.012 09	.011 20
8	.012 21	.011 31	.012 33	.011 42	.012 46	.011 52	.012 58	.011 63	.012 70	.011 74
9	.012 83	.011 85	.012 95	.011 95	.013 08	.012 06	.013 20	.012 17	.013 33	.012 28
17.0	.013 46	.012 38	.013 58	.012 49	.013 71	.012 60	.013 84	.012 71	.013 96	.012 82
1	.014 09	.012 93	.014 22	.012 03	.014 35	.013 14	.014 48	.013 25	.014 60	.013 36
2	.014 73	.013 47	.014 86	.013 58	.014 99	.013 69	.015 12	.013 80	.015 25	.013 91
3	.015 38	.014 02	.015 51	.014 13	.015 65	.014 24	.015 78	.014 35	.015 91	.014 46
4	.016 04	.014 57	.016 17	.014 69	.016 31	.014 80	.016 44	.014 91	.016 58	.015 02
5	.016 71	.015 13	.016 84	.015 24	.016 98	.015 35	.017 11	.015 47	.017 25	.015 58
6	.017 38	.015 69	.017 52	.015 80	.017 55	.015 92	.017 79	.016 03	.017 93	.016 14
7	.018 07	.016 26	.018 21	.016 37	.018 34	.016 48	.018 48	.016 60	.018 62	.016 71
8	.018 76	.016 82	.018 90	.016 94	.019 03	.017 05	.019 18	.017 17	.019 32	.017 28
9	.019 46	.017 40	.019 60	.017 51	.019 74	.017 62	.019 88	.017 74	.020 02	.017 85
18.0	.020 17	.017 97	.020 31	.018 09	.020 45	.018 20	.020 60	.018 32	.020 74	.018 43
1	.020 88	.018 55	.021 03	.018 67	.021 17	.018 78	.021 32	.018 90	.021 46	.019 02
2	.021 61	.019 13	.021 76	.019 25	.021 90	.019 37	.022 05	.019 48	.022 19	.019 60
3	.022 34	.019 72	.022 49	.019 84	.022 64	.019 96	.022 79	.019 70	.022 94	.020 19
4	.023 09	.020 31	.023 24	.020 43	.023 38	.020 55	.023 54	.020 67	.023 69	.020 79
5	.023 84	.020 90	.023 99	.021 02	.024 14	.021 14	.024 29	.021 26	.024 44	.021 38
6	.024 60	.021 50	.024 75	.021 62	.024 90	.021 74	.025 06	.021 86	.025 16	.021 98
7	.025 37	.022 10	.025 52	.022 23	.025 68	.022 35	.025 38	.022 47	.025 99	.022 59
8	.026 14	.022 71	.026 30	.022 83	.026 46	.022 95	.026 61	.023 08	.026 77	.023 20
9	.026 93	.023 32	.027 09	.023 44	.027 25	.023 56	.026 41	.023 69	.027 57	.023 81
19.0	.027 73	.023 93	.027 89	.024 06	.028 05	.024 18	.028 21	.024 30	.028 37	.024 43
1	.028 53	.024 55	.028 69	.024 67	.028 85	.024 80	.029 02	.024 92	.029 18	.025 05
2	.029 34	.025 17	.029 51	.025 29	.029 67	.025 42	.029 84	.025 55	.030 00	.025 67
3	.030 17	.025 80	.030 33	.025 92	.030 50	.026 05	.030 66	.026 17	.030 83	.026 30
4	.031 00	.026 43	.031 17	.026 55	.031 33	.026 68	.031 50	.026 80	.031 67	.026 93
5	.031 84	.027 06	.032 01	.027 19	.032 18	.027 31	.032 35	.027 44	.032 52	.027 57
6	.036 29	.027 69	.032 86	.027 82	.033 03	.027 95	.033 21	.028 08	.033 38	.028 21
7	.033 55	.028 34	.033 73	.028 46	.033 90	.028 59	.034 07	.028 72	.034 25	.028 85
8	.034 42	.028 98	.034 60	.029 11	.034 77	.029 24	.034 95	.029 37	.035 12	.029 50
9	.035 30	.029 63	.035 48	.029 76	.035 66	.029 89	.035 83	.030 01	.036 01	.030 15
20.0	.039 19	.030 28	.036 37	.030 41	.036 55	.030 54	.036 73	.030 64	.036 91	.030 81
1	.037 09	.030 94	.037 27	.031 07	.037 45	.031 20	.037 62	.031 33	.037 82	.031 47
2	.038 00	.031 60	.038 18	.031 73	.038 36	.031 86	.038 55	.032 00	.038 73	.032 13
3	.038 92	.032 26	.039 10	.032 40	.039 29	.032 53	.039 47	.032 66	.039 66	.032 80
4	.039 85	.032 93	.040 03	.033 07	.040 22	.033 20	.040 41	.033 33	.040 60	.033 47
5	.040 73	.033 60	.040 97	.033 74	.041 16	.033 87	.041 35	.034 01	.041 54	.034 14
6	.041 73	.034 28	.041 92	.034 42	.042 11	.034 55	.042 31	.034 69	.042 50	.034 82
7	.042 69	.034 96	.042 88	.035 09	.043 08	.035 26	.043 27	.035 37	.043 46	.035 51
8	.043 66	.035 65	.043 85	.035 78	.044 05	.035 92	.044 25	.036 06	.044 44	.036 20
9	.044 64	.036 33	.044 84	.036 47	.045 03	.036 61	.045 23	.036 75	.045 43	.036 89

해답 (1) $x_1 = 1 - \dfrac{Z_1}{2}\sin^2\alpha = 1 - \dfrac{15}{2}\sin^2 14.5° = 0.52982$

$x_2 = 1 - \dfrac{Z_2}{2}\sin^2\alpha = 1 - \dfrac{24}{2}\sin^2 14.5° = 0.24772$

(2) 함수 $B(\alpha_b)$ 또는 $\mathrm{inv}\alpha_b$

$= \dfrac{2(x_1 + x_2)}{Z_1 + Z_2}\tan\alpha + \mathrm{inv}\alpha = \dfrac{2(0.52982 + 0.24772)}{15 + 24}\tan 14.5° + \mathrm{inv}14.5°$

$= 0.01585$

단, $\mathrm{inv}\alpha° = \tan\alpha° - \pi \times \dfrac{\alpha°}{180}$ 이므로

$\mathrm{inv}14.5° = \tan 14.5° - \pi \times \dfrac{14.5}{180} = 0.00554$

함수 $B(\alpha_b) = 0.01585$ 이므로 주어진 표에서 α_b를 선택하면

$\therefore \alpha_b = 17.38°$

(3) 중심거리 증가계수

$y = \dfrac{Z_1 + Z_2}{2}\left(\dfrac{\cos\alpha}{\cos\alpha_b} - 1\right) = \dfrac{15 + 24}{2}\left(\dfrac{\cos 14.5°}{\cos 17.38°} - 1\right) = 0.2820$

중심거리$(c) = m\left(\dfrac{Z_1 + Z_2}{2} + y\right) = 2\left(\dfrac{15 + 24}{2} + 0.2820\right) \fallingdotseq 39.564\,\mathrm{mm}$

---

9. 1500 rpm, 8 kW 동력을 발생하는 주동축과 800 rpm으로 감속하여 종동축에 전달하는 평벨트 전동장치가 있다. 종동축 풀리 지름은 510 mm, 벨트 접촉부 마찰계수는 0.28, 주동축 벨트의 접촉각은 165°, 벨트 1 m당 질량은 0.3 kg, 평행 걸기일 때 다음을 구하여라.

(1) 벨트의 회전속도 $v[\mathrm{m/s}]$

(2) 긴장측 장력 $T_t[\mathrm{N}]$

(3) 벨트 두께 5 mm일 때 최소폭 $b[\mathrm{mm}]$ (단, 허용 인장응력은 2 MPa, 이음 효율은 80 %이다.)

해답 (1) $v = \dfrac{\pi D_2 N_2}{60 \times 1000} = \dfrac{\pi \times 510 \times 800}{60 \times 1000} = 21.36\,\mathrm{m/s} > 10\,\mathrm{m/s}$ 이므로

부가장력(원심력)을 고려한다.

(2) $T_c = mv^2 = 0.3 \times (21.36)^2 = 136.87\,\mathrm{N}$

$e^{\mu\theta} = e^{0.28\left(\frac{165}{57.3}\right)} = 2.24$

$H_{kW} = \dfrac{P_e v}{1000} = \dfrac{(T_t - T_c)}{1000}\left(\dfrac{e^{\mu\theta} - 1}{e^{\mu\theta}}\right)v$ 에서

$$\therefore\ T_t = T_c + \left(\frac{e^{\mu\theta}}{e^{\mu\theta}-1}\right)\frac{1000 H_{kW}}{v} = 136.87 + \left(\frac{2.24}{2.24-1}\right) \times \frac{1000 \times 8}{21.36}$$

$$= 813.44\,\text{N}$$

(3) $\sigma_a = \dfrac{T_t}{A\eta} = \dfrac{T_t}{bt\eta}$ 에서

$$\therefore\ b = \frac{T_t}{\sigma_a t\eta} = \frac{813.44}{2 \times 5 \times 0.8} = 101.68\,\text{mm}$$

---

10. 피치 $p = 19.85\,\text{mm}$, 회전수 $N = 400\,\text{rpm}$으로 스프로킷 휠의 잇수 28개인 호칭번호 60인 롤러 체인이 있다. 다음을 구하여라.

(1) 체인의 평균속도 $v[\text{m/s}]$

(2) 스프로킷 휠의 피치원 지름 $D[\text{mm}]$

(3) 체인의 속도변동률 $\varepsilon[\%]$ (단, 속도변동률 $\varepsilon = \dfrac{v_{\max} - v_{\min}}{v_{\max}} \times 100\%$, $v_{\max}$: 체인의 최대속도, $v_{\min}$: 체인의 최소속도이다.)

해답 (1) $v = \dfrac{pZN}{60 \times 1000} = \dfrac{19.85 \times 28 \times 400}{60 \times 1000} = 3.71\,\text{m/s}$

(2) $D = \dfrac{p}{\sin\dfrac{180}{Z}} = \dfrac{19.85}{\sin\dfrac{180}{28}} = 177.29\,\text{mm}$

(3) $\varepsilon = \dfrac{v_{\max} - v_{\min}}{v_{\max}} = 1 - \dfrac{v_{\min}}{v_{\max}} = 1 - \cos\left(\dfrac{\pi}{Z}\right) = 1 - \cos\left(\dfrac{180}{28}\right)$

$$= 0.0063 = 0.63\%$$

일반기계기사 (필답형)　　　　　2017년 제 4 회 시행

☐**1.** 평균지름이 68 mm인 코일 스프링에서 유효권수 12, 스프링 지수 5, 작용하는 하중이 350 N, 가로탄성계수가 82 GPa일 때, 다음을 구하여라.

(1) 소선의 지름 $d[\text{mm}]$

(2) 스프링의 처짐량 $\delta[\text{mm}]$

(3) 왈의 응력수정계수 $K = \dfrac{4C-1}{4C-4} + \dfrac{0.615}{C}$ 일 때, 스프링의 전단응력(τ)은 몇 MPa 인가?

해답 (1) $C = \dfrac{D}{d}$ 에서 $d = \dfrac{D}{C} = \dfrac{68}{5} = 13.6 \text{ mm}$

(2) $\delta = \dfrac{8nD^3W}{Gd^4} = \dfrac{8nC^3W}{Gd} = \dfrac{8 \times 12 \times 5^3 \times 350}{82 \times 10^3 \times 13.6} \fallingdotseq 3.77 \text{ mm}$

(3) $\tau = K\dfrac{8WD}{\pi d^3} = K\dfrac{8WC}{\pi d^2} = 1.31 \times \dfrac{8 \times 350 \times 5}{\pi \times (13.6)^2} = 31.56 \text{ MPa}$

$K = \dfrac{4C-1}{4C-4} + \dfrac{0.615}{C} = \dfrac{4 \times 5 - 1}{4 \times 5 - 4} + \dfrac{0.615}{5} = 1.31$

□2. 축 지름이 64 mm, 회전수 380 rpm으로 11.3 kW로 전달하는 묻힘 키가 $b \times h \times l = 10 \times 8 \times 75$ 이고 허용 압축응력이 80 MPa, 키의 허용 전단응력이 45 MPa일 때 다음을 구하여라.

(1) 압축응력(σ_c)을 구하고 안전도를 검토하여라.

(2) 키의 전단응력(τ)을 구하고 안전도를 검토하여라.

해답 (1) $T = 9.55 \times 10^6 \dfrac{kW}{N} = 9.55 \times 10^6 \times \dfrac{11.3}{380} = 283986.84 \text{ N} \cdot \text{mm}$

$\sigma_c = \dfrac{W}{A} = \dfrac{2W}{hl} = \dfrac{2\left(\dfrac{2T}{d}\right)}{hl} = \dfrac{4T}{hld} = \dfrac{4 \times 283986.84}{8 \times 75 \times 64}$

$= 29.58 \text{ MPa} < 80 \text{ MPa}$이므로 안전하다.

(2) $\tau = \dfrac{W}{A} = \dfrac{W}{bl} = \dfrac{\left(\dfrac{2T}{d}\right)}{bl} = \dfrac{2T}{bld} = \dfrac{2 \times 283986.84}{10 \times 75 \times 64}$

$= 11.83 \text{ MPa} < 45 \text{ MPa}$이므로 안전하다.

□3. 35 kN의 하중을 들어 올리는 30°의 사다리꼴 나사 잭(유효지름 38 mm, 골지름 32 mm, 피치 6 mm, 한 줄 나사) 나사부의 마찰계수가 0.15이고 칼라부의 마찰계수는 무시하며 볼트 재질의 전단강도는 50 MPa일 때 다음을 구하여라.

(1) 볼트에 작용하는 회전 토크 $\tau[\text{N} \cdot \text{m}]$

(2) 볼트에 작용하는 최대전단응력 $\tau_{\max}[\text{MPa}]$

(3) 볼트 재질의 전단강도에 대한 안전성을 검토하여라.

해답 (1) $T = P\dfrac{d_e}{2} = W\dfrac{d_e}{2}\tan(\lambda + \rho')$

$= W\dfrac{d_e}{2}\left(\dfrac{p + \mu'\pi d_e}{\pi d_e - \mu'p}\right) = 35 \times 10^3 \times \dfrac{38}{2} \times \left(\dfrac{6 + 0.16 \times \pi \times 38}{\pi \times 38 - 0.16 \times 6}\right)$

$\fallingdotseq 140956.04 \text{ N} \cdot \text{mm}$

$$\mu' = \frac{\mu}{\cos \dfrac{\alpha}{2}} = \frac{0.15}{\cos\left(\dfrac{30°}{2}\right)} = 0.16$$

(2) $T = \tau Z_p = \tau \dfrac{\pi d_1^3}{16}$ [N · mm]에서 $\tau = \dfrac{16T}{\pi d_1^3} = \dfrac{16 \times 140956.04}{\pi \times 32^3} = 21.91\,\text{MPa}$

$$\tau_{\max} = \frac{1}{2}\sqrt{\sigma_t^2 + 4\tau^2} = \frac{1}{2}\sqrt{43.52^2 + 4 \times (21.91)^2} = 30.88\,\text{MPa}$$

$$\sigma_t = \frac{W}{A} = \frac{W}{\dfrac{\pi d_1^2}{4}} = \frac{4W}{\pi d_1^2} = \frac{4 \times 35 \times 10^3}{\pi \times 32^2} = 43.52\,\text{MPa}$$

(3) $\tau_{\max} = 30.88\,\text{MPa} < \tau = 50\,\text{MPa}$이므로 안전하다.

□4. 회전수 510 rpm으로 베어링 하중 5 ton을 지지하는 엔드 저널 베어링에서 허용 굽힘 응력이 49.05 MPa, 허용 베어링 압력이 3.92 MPa, 허용 압력속도계수는 4.8 MPa · m/s일 때 다음을 구하여라.

(1) 저널의 지름(d)은 몇 mm인가?

(2) 저널의 길이(l)는 몇 mm인가?

해답 (1) $M_{\max} = \sigma Z, \quad \dfrac{Wl}{2} = \sigma \dfrac{\pi d^3}{32}$

$$\therefore\ d = \sqrt[3]{\frac{16Wl}{\pi \sigma}} = \sqrt[3]{\frac{16 \times (5000 \times 9.8) \times 273}{\pi \times 49.05}} = 111.57\,\text{mm} = 112\,\text{mm}$$

(2) $pv = \dfrac{W}{dl} \times \dfrac{\pi dN}{60000} = \dfrac{\pi WN}{60000l}$ [MPa · m/s]

$$\therefore\ l = \frac{\pi WN}{60000pv} = \frac{\pi (5000 \times 9.8) \times 510}{60000 \times 4.8} = 273\,\text{mm}$$

□5. 평벨트 동력전달장치가 회전수 450 rpm, 회전속도 2.93 m/s로 3.6 kW로 동력을 전달하고, 벨트의 장력비 $e^{\mu\theta} = 2.8$, 벨트와 풀리의 마찰계수는 0.25, 벨트가 풀리를 감아도는 각은 155.76°이며, 벨트의 허용응력이 6.5 MPa, 이음 효율이 85 %, 벨트의 두께가 7 mm일 때, 다음을 구하여라.

(1) 긴장측 장력 T_t[N]

(2) 굽힘응력을 무시할 때 벨트 폭 b[mm]

해답 (1) $H_{kW} = \dfrac{P_e v}{1000}$ [kW]에서 $P_e = \dfrac{1000 H_{kW}}{v} = \dfrac{1000 \times 3.6}{2.93} = 1228.67\,\text{N}$

$$\therefore\ T_t = P_e \frac{e^{\mu\theta}}{e^{\mu\theta} - 1} = 1228.67 \times \frac{2.8}{2.8 - 1} = 1911.26\,\text{N}$$

(2) $\sigma_a = \dfrac{T_t}{A\eta} = \dfrac{T_t}{bh\eta}$ [MPa]

$\therefore \ b = \dfrac{T_t}{\sigma_a h\eta} = \dfrac{1911.26}{6.5 \times 7 \times 0.85} \fallingdotseq 49.42 \text{ mm}(\fallingdotseq 50 \text{ mm})$

---

6. 480 rpm으로 12 kW를 전달하는 스플라인 축이 있다. 이 측면의 허용면압을 42 MPa으로 하고 잇수는 6개, 이 높이는 2 mm, 모파기는 0.15 mm이다. (단, 전달효율은 83 %, 보스의 길이는 72 mm이다.)

(1) 전달 토크(T)를 구하여라.

(2) 아래의 표로부터 스플라인의 규격을 선정하여라.

스플라인의 규격 (단위 : mm)

형식	1형						2형					
잇수	6		8		10		6		8		10	
호칭 지름 d_1	큰 지름 d_2	너비 b	큰 지름 d_2	너비 b	큰 지름 d_2	너비 b	큰 지름 d_2	너비 b	큰 지름 d_2	너비 b	큰 지름 d_2	너비 b
11	−	−	−	−	−	−	14	3	−	−	−	−
13	−	−	−	−	−	−	16	3.5	−	−	−	−
16	−	−	−	−	−	−	20	4	−	−	−	−
18	−	−	−	−	−	−	22	5	−	−	−	−
21	−	−	−	−	−	−	25	5	−	−	−	−
23	26	6	−	−	−	−	28	6	−	−	−	−
26	30	6	−	−	−	−	32	6	−	−	−	−
28	32	7	−	−	−	−	34	7	−	−	−	−
32	36	8	36	6	−	−	38	8	38	6	−	−
36	40	8	40	7	−	−	42	8	42	7	−	−
42	46	10	46	8	−	−	48	10	48	8	−	−
46	50	12	50	9	−	−	54	12	54	9	−	−
52	58	14	58	10	−	−	60	14	60	10	−	−
56	62	14	62	10	−	−	65	14	65	10	−	−
62	68	16	68	12	−	−	72	16	72	12	−	−
72	78	18	−	−	78	12	82	18	−	−	82	12
82	88	20	−	−	88	12	92	20	−	−	92	12
92	98	22	−	−	98	14	102	22	−	−	102	14
102	−	−	−	−	108	16	−	−	−	−	112	16
112	−	−	−	−	120	18	−	−	−	−	125	18

해답 (1) $T = 9.55 \times 10^6 \dfrac{kW}{N} = 9.55 \times 10^6 \times \dfrac{12}{480} = 238750 \text{ N} \cdot \text{mm}(= 238.75 \text{ N} \cdot \text{m})$

(2) $T = \eta p \dfrac{d_m}{2} = \eta(h - 2C)l\,q_a Z \dfrac{d_1 + d_2}{4}\,[\mathrm{N \cdot mm}]$

$238750 = 0.83(2 - 2 \times 0.15) \times 72 \times 42 \times 6 \times \dfrac{d_1 + d_2}{4}\,[\mathrm{N \cdot mm}]$

$\therefore\ d_1 + d_2 = 37.30\,\mathrm{mm}$ ··· ①

$h = \dfrac{d_2 - d_1}{2}$ 에서

$\therefore\ d_2 - d_1 = 2h = 2 \times 2 = 4\,\mathrm{mm}$ ··· ②

①, ② 식에서 $d_1 = 16.65\,\mathrm{mm}$, $d_2 = 20.65\,\mathrm{mm}$

$\therefore$ 표에서 1형에서 호칭지름 $d_1 = 18\,\mathrm{mm}$, 2형에서 $d_2 = 22\,\mathrm{mm}$, $b = 5\,\mathrm{mm}$이다.

□7. 축각 85°인 원추 마찰차의 원동차의 지름이 450 mm이며, 320 rpm으로 종동차에 1/2의 감속비로 5 kW의 동력을 전달할 때 다음을 구하여라. (단, 마찰계수는 0.3이다.)

(1) 원주속도 $v\,[\mathrm{m/s}]$

(2) 접촉선압이 25 N/mm일 때, 마찰차의 유효 폭 $b\,[\mathrm{mm}]$

(3) 원동차의 축방향 하중 $Q_1\,[\mathrm{N}]$, 종동차의 축방향 하중 $Q_2\,[\mathrm{N}]$

해답 (1) $\tan\alpha = \dfrac{\sin\theta}{\dfrac{N_1}{N_2} + \cos\theta} = \dfrac{\sin\theta}{\dfrac{1}{\varepsilon} + \cos\theta} = \dfrac{\sin 85°}{2 + \cos 85°} \fallingdotseq 0.48$

$\therefore\ \alpha = \tan^{-1}(0.48) = 25.64°$

$\theta = \alpha + \beta$ 에서 $\beta = \theta - \alpha = 85° - 25.64° = 59.36°$

$D_2 = D_1\left(\dfrac{N_1}{N_2}\right) = 450\left(\dfrac{2}{1}\right) = 900\,\mathrm{mm}$

$\therefore\ v = \dfrac{\pi D_1 N_1}{60000} = \dfrac{\pi \times 450 \times 320}{60000} \fallingdotseq 7.54\,\mathrm{m/s}$

(2) $H_{kW} = \dfrac{\mu P v}{1000}\,[\mathrm{kW}]$ 에서

$P = \dfrac{1000 H_{kW}}{\mu v} = \dfrac{1000 \times 5}{0.3 \times 7.54} \fallingdotseq 2210.43\,\mathrm{N}$

접촉선압$(P_o) = \dfrac{P}{b}\,[\mathrm{N/mm}]$

$\therefore\ b = \dfrac{P}{P_o} = \dfrac{2210.43}{25} \fallingdotseq 88.42\,\mathrm{mm}$

(3) $Q_A = P\sin\alpha = 2210.43\sin 25.64° = 956.49\,\mathrm{N}$

$Q_B = P\sin\beta = 2210.43\sin 59.36° = 1901.82\,\mathrm{N}$

8. 다음 그림과 같은 블록 브레이크가 230 N · m의 토크를 지지하고, 드럼의 회전속도가 15 m/s이며, 드럼의 지름이 500 mm, $a = 200$ mm, $b = 24$ mm, $l = 900$, 마찰계수가 0.25일 때 다음 물음에 답하여라.

(1) 브레이크 레버에 가하는 힘 F[N]

(2) 블록 브레이크 용량이 8 MPa · m/s일 때, 제동에 필요한 면적 A[mm²]

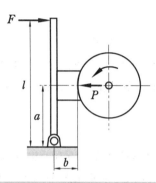

해답 (1) 내작용 선형($c > 0$) 좌회전이므로 $\sum M_{Hinge} = 0$

$$Fl - Pa + \mu Pb = 0$$

$$\therefore \ F = \frac{P(a - \mu b)}{l} = \frac{f(a - \mu b)}{\mu l} = \frac{920(200 - 0.25 \times 24)}{0.25 \times 900} \fallingdotseq 793.24 \ \text{N}$$

$$f = \frac{2T}{D} = \frac{2 \times 230 \times 10^3}{500} = 920 \ \text{N}$$

(2) 브레이크 용량($\mu q v$) $= \mu \dfrac{Pv}{A} = \dfrac{fv}{A} = 8 \ \text{MPa} \cdot \text{m/s}$

$$\therefore \ A = \frac{fv}{8} = \frac{920 \times 15}{8} = 1725 \ \text{mm}^2$$

9. 18 kW의 동력을 전달하는 축이 280 rpm으로 회전하고, 480 N · m의 굽힘 모멘트가 작용하며, 축의 허용 굽힘응력이 20 MPa, 허용 전단응력이 12 MPa일 때 다음을 구하여라.

(1) 상당 비틀림 모멘트 T_e[N · mm]

(2) 상당 굽힘 모멘트 M_e[N · mm]

(3) 축의 바깥지름을 80 mm라고 할 때, 축의 비틀림과 굽힘을 고려한 안전한 축의 안지름(d)은 얼마인가?

해답 (1) $T_e = \sqrt{M^2 + T^2}$

$$= \sqrt{(480)^2 + (613.93)^2} = 779.3 \ \text{N} \cdot \text{m} = 779300 \ \text{N} \cdot \text{mm}$$

$$T = 9.55 \times 10^6 \frac{kW}{N}$$

$$= 9.55 \times 10^6 \times \frac{18}{280} = 613928.57 \,\text{N} \cdot \text{mm} \fallingdotseq 613.93 \,\text{N} \cdot \text{m}$$

(2) $M_e = \dfrac{1}{2}(M + T_e) = \dfrac{1}{2}(480 + 779.3) = 629.65 \,\text{N} \cdot \text{m} = 629650 \,\text{N} \cdot \text{mm}$

(3) $M_e = \sigma Z = \sigma \dfrac{\pi d_2^3}{32}(1 - x^4)$ 에서

$$x = \sqrt[4]{1 - \frac{32 M_e}{\sigma \pi d_2^3}} = \sqrt[4]{1 - \frac{32 \times 629650}{20 \times \pi \times 80^3}} \fallingdotseq 0.782$$

$$\therefore \ d_1 = x d_2 = 0.782 \times 80 = 62.56 \,\text{mm}$$

$$T_e = \tau Z_p = \tau \dfrac{\pi d_2^3}{16}(1 - x^4) \ \text{에서}$$

$$x = \sqrt[4]{1 - \frac{16 T_e}{\tau \pi d_2^3}} = \sqrt[4]{1 - \frac{16 \times 779300}{12 \times \pi \times 80^3}} \fallingdotseq 0.771$$

$$\therefore \ d_1 = x d_2 = 0.771 \times 80 = 61.68 \,\text{mm}$$

따라서 축의 안지름(d_1)은 안전성을 고려하여 61.68 mm를 선택한다.

---

10. 수압이 18 MPa, 유량 0.5 ton/분, 평균유속 5.2 m/s로 유체가 흐르는 강관의 안전율이 2이고, 부식여유가 6일 때, 다음을 구하여라. (단, 배관의 최소 인장강도는 160 MPa이다.)

(1) 강관의 안지름은 몇 mm인가?

(2) 강관의 두께는 몇 mm인가?

해답 (1) $\sigma_a = \dfrac{\sigma_u}{S} = \dfrac{160}{2} = 80 \,\text{MPa}$

$P = 18 \,\text{MPa(N/mm}^2\text{)} = 1800 \,\text{N/cm}^2$

물의 비중량(γ_w) = 1 ton/m³ = 9800 N/m³

∴ 물 1 m³ = 1 ton이므로

$$Q = 0.5 \,\text{ton/min} = 0.5 \,\text{m}^3/\text{min} = \frac{0.5}{60} \,\text{m}^3/\text{s} \,(= 8.33 \times 10^{-3} \,\text{m}^3/\text{s})$$

$$Q = AV = \frac{\pi D^2}{4} V \,[\text{m}^3/\text{s}] \ \text{에서}$$

$$D = \sqrt{\frac{4Q}{\pi V}} = \sqrt{\frac{4 \times 8.33 \times 10^{-3}}{\pi \times 5.2}} \fallingdotseq 0.045 \,\text{m} \fallingdotseq 45 \,\text{mm}$$

(2) $t = \dfrac{PD}{200 \sigma_a} + C = \dfrac{1800 \times 45}{200 \times 80} + 6 \fallingdotseq 11.06 \,\text{mm}$

11. 피니언 기어의 잇수가 26, 큰 기어의 잇수가 30, 모듈이 4일 때 다음을 구하여라.(단, 모든 정답은 소수점 5번째 자리까지 구하고 아래 표를 이용한다.)

(1) 압력각이 14.5°일 때의 피니언 기어와 큰 기어의 전위량(mm)

(2) 두 기어의 치면 높이(백래시)가 0이 되도록 하는 물림압력각(°)

(3) 전위 기어의 중심거리(mm)

$$B(\alpha_b)\text{와 } B_v(\alpha_b)\text{의 함수표}(14.5°)$$

압력각 (α_b)	소수점 2째 자리					압력각 (α_b)	소수점 2째 자리				
	0	2	4	6	8		0	2	4	6	8
14.0	0.004982	0.005004	0.005025	0.005047	0.005069	17.0	0.009025	0.009057	0.009090	0.009123	0.009156
0.1	0.005091	0.005113	0.005135	0.005158	0.005180	0.1	0.009189	0.009222	0.009255	0.009288	0.009322
0.2	0.005202	0.005225	0.005247	0.005269	0.005292	0.2	0.009355	0.009389	0.009422	0.009456	0.009490
0.3	0.005315	0.005337	0.005360	0.005383	0.005406	0.3	0.009523	0.009557	0.009591	0.009625	0.009659
0.4	0.005429	0.005452	0.005475	0.005498	0.005522	0.4	0.009694	0.009728	0.009762	0.009797	0.009832
0.5	0.005545	0.005568	0.005592	0.005615	0.005639	0.5	0.009866	0.009901	0.009936	0.009971	0.000006
0.6	0.005662	0.005686	0.005710	0.005734	0.005758	0.6	0.010041	0.010076	0.010111	0.010146	0.010182
0.7	0.005782	0.005806	0.005830	0.005854	0.005878	0.7	0.010217	0.010253	0.010289	0.010324	0.010360
0.8	0.005903	0.005927	0.005952	0.005976	0.006001	0.8	0.010396	0.010432	0.010468	0.010505	0.010541
0.9	0.006025	0.006050	0.006075	0.006100	0.006125	0.9	0.010577	0.010614	0.010650	0.010687	0.010724
15.0	0.006150	0.006175	0.006200	0.006225	0.006251	18.0	0.010760	0.010797	0.010834	0.010871	0.010909
0.1	0.006276	0.006301	0.006327	0.006353	0.006378	0.1	0.010946	0.010983	0.011021	0.011058	0.011096
0.2	0.006404	0.006430	0.006456	0.006482	0.006508	0.2	0.011133	0.011171	0.011209	0.011247	0.011285
0.3	0.006534	0.006560	0.006586	0.006612	0.006639	0.3	0.011323	0.011361	0.011400	0.011438	0.011477
0.4	0.006665	0.006692	0.006718	0.006745	0.006772	0.4	0.011515	0.011554	0.011593	0.011631	0.011670
0.5	0.006799	0.006825	0.006852	0.006879	0.006906	0.5	0.011709	0.011749	0.011788	0.011827	0.011866
0.6	0.006934	0.006961	0.006988	0.007016	0.007043	0.6	0.011906	0.011946	0.011985	0.012025	0.012065
0.7	0.007071	0.007098	0.007126	0.007154	0.007182	0.7	0.012105	0.012145	0.012185	0.012225	0.012265
0.8	0.007209	0.007237	0.007266	0.007294	0.007322	0.8	0.012306	0.012346	0.012387	0.012428	0.012468
0.9	0.007350	0.007379	0.007407	0.007435	0.007464	0.9	0.012509	0.012550	0.012591	0.012632	0.012674
16.0	0.007493	0.007521	0.007550	0.007579	0.007608	19.0	0.012715	0.012756	0.012798	0.012840	0.012881
0.1	0.007637	0.007666	0.007695	0.007725	0.007754	0.1	0.012923	0.012965	0.013007	0.013049	0.013091
0.2	0.007784	0.007813	0.007843	0.007872	0.007902	0.2	0.013134	0.013176	0.013218	0.013261	0.013304
0.3	0.007932	0.007962	0.007992	0.008022	0.008052	0.3	0.013346	0.013389	0.013432	0.013475	0.013518
0.4	0.008082	0.008112	0.008143	0.008173	0.008204	0.4	0.013562	0.013605	0.013648	0.013692	0.013736
0.5	0.008234	0.008265	0.008296	0.008326	0.008357	0.5	0.013779	0.013823	0.013867	0.013911	0.013955
0.6	0.008388	0.008419	0.008450	0.008482	0.008513	0.6	0.013999	0.014044	0.014088	0.014133	0.014177
0.7	0.008544	0.008576	0.008607	0.008639	0.008671	0.7	0.014222	0.014267	0.014312	0.014357	0.014402
0.8	0.008702	0.008734	0.008766	0.008798	0.008830	0.8	0.014447	0.014492	0.014538	0.014583	0.014629
0.9	0.008863	0.008895	0.008927	0.008960	0.008992	0.9	0.014674	0.014720	0.014766	0.014812	0.014858
						20.0	0.014904	0.014951	0.014997	0.015044	0.015090

해답 (1) 피니언 기어 전위계수$(x_1) = 1 - \dfrac{Z_1}{2}\sin^2\alpha = 1 - \dfrac{26}{2}\sin^2 14.5° ≒ 0.18503$

큰 기어 전위계수$(x_2) = 1 - \dfrac{Z_2}{2}\sin^2\alpha = 1 - \dfrac{30}{2}\sin^2 14.5° ≒ 0.05965$

∴ 피니언 기어 전위량 : $x_1 m = 0.19 \times 4 = 0.76\,\mathrm{mm}$

　큰 기어 전위량 : $x_2 m = 0.06 \times 4 = 0.24\,\mathrm{mm}$

(2) 인벌류트 함수표로 구하는 방법

$\mathrm{inv}\,\alpha_b = 2\tan\alpha\left(\dfrac{x_1 + x_2}{Z_1 + Z_2}\right) + \mathrm{inv}\,\alpha$ 에서

$\mathrm{inv}\,\alpha_b = 2\tan 14.5°\left(\dfrac{0.18503 + 0.05965}{26 + 30}\right) + \mathrm{inv}\,14.5°$

$\qquad = 2.25994 \times 10^{-3} + 5.5448 \times 10^{-3} = 7.80474 \times 10^{-3} = 0.00780474$

$\mathrm{inv}\,\alpha° = \tan\alpha° - \pi \times \dfrac{\alpha°}{180}$ 이므로

$\mathrm{inv}\,14.5° = \tan 14.5° - \pi \times \dfrac{14.5°}{180} = 5.5448 \times 10^{-3} ≒ 0.005545$

함수 $B(\alpha_b) = 0.00780474$ 이므로 주어진 표에서 α_b를 선택하면

∴ $\alpha_b = 16.22°$

(3) 중심거리 증가계수$(y) = \dfrac{Z_1 + Z_2}{2}\left(\dfrac{\cos\alpha}{\cos\alpha_b} - 1\right) = \dfrac{26 + 30}{2}\left(\dfrac{\cos 14.5°}{\cos 16.22°} - 1\right)$

$\qquad\qquad ≒ 0.232$

∴ 전위기어 중심거리$(C) = m\left(\dfrac{z_1 + z_2}{2} + y\right) = 4\left(\dfrac{26 + 30}{2}\right) + 0.232 ≒ 112.93\,\mathrm{mm}$

□1. 코일 스프링의 소선의 허용 전단응력이 360 MPa이고, 스프링 지수가 8이며, 작용하는 압축하중이 400 N일 때 처짐량은 24 mm가 된다. 다음을 구하여라. (단, 왈의 응력수정계수 $K = 1.184$, 스프링 재료의 전단탄성계수 $G = 82$ GPa이다.)

(1) 소선의 지름(mm)

(2) 스프링의 유효권수를 소수점 3째 자리에서 반올림하여 소수점 2째 자리까지 구하여라.

(3) 하중을 제거하였을 때의 자유 상태에서의 스프링의 길이(mm)

해답 (1) $\tau = K \dfrac{8WD}{\pi d^3} = K \dfrac{8WC}{\pi d^2}$ [MPa], 스프링 지수$(C) = \dfrac{D}{d} = 8$

$$\therefore d = \sqrt{\frac{8KWC}{\pi \tau}} = \sqrt{\frac{8 \times 1.184 \times 400 \times 8}{\pi \times 360}} ≒ 5.18 \text{ mm}$$

(2) $\delta = \dfrac{8nD^3 W}{Gd^4} = \dfrac{8nC^3 W}{Gd}$ [mm], $n = \dfrac{Gd\delta}{8C^3 W} = \dfrac{82 \times 10^3 \times 5.18 \times 24}{8 \times 8^3 \times 400} ≒ 6.22$ 권

(3) L_f(스프링의 자유 길이)

$$= \frac{W}{k} + nd + 2xd = \frac{400}{16.67} + 6.22 \times 5.18 + 2 \times 1 \times 5.18 = 66.57 \text{ mm}$$

$(k = \dfrac{W}{\delta} = \dfrac{400}{24} = 16.67 \text{ N/mm})$

여기서, x : 코일 끝부분 무효(자리) 감김수(맞댐형은 1을 대입한다.)

※ 압축 코일 스프링에서 온 감김수=유효 감김수+무효(자리) 감김수

별해 스프링의 자유 길이$(H) = d(n+2) + \delta = 5.18(6.22 + 2) + 24 = 66.57$ mm

---

□2. 한 줄 겹치기 리벳 이음에서 리벳의 허용 전단응력은 49 MPa, 강판의 허용 인장응력은 110 MPa, 리벳 지름이 16 mm, 강판의 두께가 15 mm 때 다음을 구하여라.

(1) 리벳의 전단력에 의해 견딜 수 있는 최대하중 P[kN]

(2) 리벳의 허용하중과 강판의 허용 하중이 같다고 할 때 강판의 너비 b[mm]

(3) 강판의 효율 η_t[%]

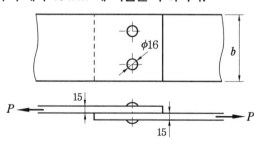

해답 (1) $\tau = \dfrac{P}{An}$ [MPa]에서

$$P = \tau An = \tau \frac{\pi d^2}{4} n = 49 \times \frac{\pi \times 16^2}{4} \times 2 = 19704.07 \text{ N} = 19.70 \text{ kN}$$

(2) $\sigma_t = \dfrac{P}{A} = \dfrac{P}{(b-2d)t}$ [MPa]에서

$$b = 2d + \frac{P}{\sigma_t t} = 2 \times 16 + \frac{19704.07}{110 \times 15} = 43.94 \text{ mm}$$

(3) 1피치당 작용하중$(W) = \dfrac{\pi d^2}{4}\tau n = (p-d)t\sigma_t$[N]

$$p = d + \frac{\dfrac{\pi d^2}{4}\tau n}{\sigma_t t} = d + \frac{\pi d^2 \tau n}{4\sigma_t t} = 16 + \frac{\pi \times 16^2 \times 49 \times 1}{4 \times 110 \times 15} = 21.97 \text{ mm}$$

$$\therefore \ \eta_t = 1 - \frac{d}{p} = 1 - \frac{16}{21.97} = 0.272 (= 27.2\%)$$

□3. 아래 그림과 같은 단동식 밴드 브레이크의 제동 동력이 58 kW, 드럼의 회전속도가 230 rpm이고, 벨트의 장력비가 4.07일 때 다음을 구하여라. (단, 드럼의 지름 D = 200 mm, 치수 a = 250 mm, 레버의 길이(l) = 1000 mm이다.)

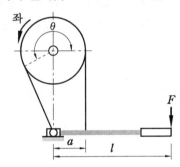

(1) 제동력 f[N]
(2) 밴드의 긴장측 장력 T_t[N]
(3) 레버를 누르는 힘 F[N]

해답 (1) $T = 9.55 \times 10^6 \dfrac{kW}{N} = 9.55 \times 10^6 \times \dfrac{58}{230} = 2408260.87 \text{ N} \cdot \text{mm}$

$T = f\dfrac{D}{2}$ 에서

$f = \dfrac{2T}{D} = \dfrac{2 \times 2408260.87}{200} = 24082.61 \text{ N}$

(2) $T_t = f\dfrac{e^{\mu\theta}}{e^{\mu\theta}-1} = 24082.61 \times \dfrac{4.07}{4.07-1} = 31927.11 \text{ N}$

(3) $F = \dfrac{T_t a}{l} = \dfrac{31927.11 \times 250}{1000} \fallingdotseq 7981.78\,\text{N}$

---

4. 100 rpm으로 회전하는 축을 지지하는 볼 베어링의 기본 동정격 하중이 52 kN이며 작용하는 하중이 6 kN, 8 kN, 10 kN, 12 kN으로 주기적으로 변동하고 있을 때 다음을 구하여라.

(1) 베어링의 최대 등가하중(kN)

(2) 부하계수가 1.2일 때 베어링의 수명시간(h)

해답 (1) 베어링 최대 등가하중$(P) = \dfrac{P_{\min} + 2P_{\max}}{3}\,[\text{kN}] = \dfrac{6 + 2 \times 12}{3} = 10\,\text{kN}$

(2) $L_n = \left(\dfrac{C}{f_w P}\right)^r \times 10^6$

$\qquad = \left(\dfrac{52}{1.2 \times 10}\right)^3 \times 10^6 = 81.37 \times 10^6$

$\therefore\ L_h = \dfrac{L_n}{60N} = \dfrac{81.37 \times 10^6}{60 \times 100} \fallingdotseq 13561.67\,\text{h}$

---

5. 320 rpm으로 회전하는 축의 전달동력이 20 kW이고, 허용 전단응력이 260 MPa, 묻힘 키의 폭과 높이가 같을 때 다음을 구하여라. (단, 묻힘 키와 축의 허용 전단응력은 같고, $l = 1.5d$이다.)

(1) 축의 직경(mm)

(2) 묻힘 키의 호칭 규격$(b \times h \times l)$[mm] (단, 정수화한다.)

해답 (1) $T = 9.55 \times 10^6 \dfrac{kW}{N} = 9.55 \times 10^6 \times \dfrac{20}{320} = 596875\,\text{N} \cdot \text{mm}$

$\qquad T = \tau_a Z_P = \tau_a \dfrac{\pi d^3}{16}$

$\qquad \therefore\ d = \sqrt[3]{\dfrac{16T}{\pi \tau_a}} = \sqrt[3]{\dfrac{16 \times 596875}{\pi \times 260}} \fallingdotseq 22.70\,\text{mm} \fallingdotseq 23\,\text{mm}$

$\qquad l = 1.5d = 1.5 \times 22.70 = 34.05\,\text{mm}\,(\fallingdotseq 35\,\text{mm})$

(2) $\tau_a = \dfrac{2T}{bld} = \dfrac{2T}{b(1.5d)d}$ 에서

$\qquad \therefore\ b = \dfrac{2T}{\tau_a \times 1.5 \times d^2} = \dfrac{2 \times 596875}{260 \times 1.5 \times (22.7)^2} = 5.94 \fallingdotseq 6\,\text{mm}$

$\qquad \therefore\ h = 6\,\text{mm}$

묻힘 키의 규격 $b \times h \times l = 6 \times 6 \times 35$

□6. 바깥지름이 50 mm, 안지름이 45 mm인 1줄 4각 나사 스크루 잭이 10회전을 하여 25 mm를 이동할 때, 다음을 계산하여라.

(1) 나사의 유효지름과 피치(mm)

(2) 100 mm의 길이를 가진 스패너로 30 N의 힘을 가해 돌릴 때 들어 올릴 수 있는 하중은 몇 N인가? (단, 마찰계수는 0.118이다.)

(3) 나사의 효율(%)

해답 (1) 나사의 유효지름$(d_e) = \dfrac{d_1 + d_2}{2} = \dfrac{45 + 50}{2} = 47.5 \text{ mm}$

리드(lead)는 1회전당 축방향으로 이동된 거리이므로

$\therefore\ l = \dfrac{25}{10} = 2.5 \text{ mm}$

$l = np$에서 1줄 나사인 경우 $l = p$이므로 $\therefore\ p = 2.5 \text{ mm}$

(2) $T = W\dfrac{d_e}{2}\tan(\lambda + \rho) = W\dfrac{d_e}{2}\left(\dfrac{p + \mu\pi d_e}{\pi d_e - \mu p}\right) = PL$

$\qquad W = \dfrac{2T}{d_e} \times \dfrac{1}{\tan(\lambda + \rho)} = \dfrac{2T}{d_e} \times \dfrac{\pi d_e - \mu p}{p + \mu\pi d_e}$

$\qquad = \dfrac{2(PL)}{d_e} \times \dfrac{\pi d_e - \mu p}{p + \mu\pi d_e} = \dfrac{2 \times (30 \times 100)}{47.5} \times \dfrac{\pi \times 47.5 - 0.118 \times 2.5}{2.5 + 0.118 \times \pi \times 47.5}$

$\qquad \fallingdotseq 936.03 \text{ N}$

(3) $\eta = \dfrac{Wp}{2\pi T} \times 100\,\% = \dfrac{936.03 \times 2.5}{2\pi(30 \times 100)} \times 100\,\% \fallingdotseq 12.42\,\%$

□7. 베어링으로 양단이 지지되어 있는 지름이 48 mm이고, 길이가 1 m인 축의 중앙에 바깥지름이 650 mm, 두께가 300 mm인 풀리가 회전하고 있다. 축과 풀리의 비중은 7.9, 세로탄성계수가 210 GPa일 때 다음을 구하여라.

(1) 자중에 의한 축의 처짐은 몇 μm인가?

(2) 중앙의 집중하중에 의한 축의 처짐은 몇 μm인가?

(3) 축의 위험속도는 몇 rpm인가?

해답 (1) $\delta_o = \dfrac{5wl^4}{384EI} = \dfrac{5 \times 0.140 \times (1000)^4}{384 \times 210 \times 10^3 \times 260576.26} \fallingdotseq 0.0333 \text{ mm} = 33.3\ \mu\text{m}$

$\qquad I = \dfrac{\pi d^4}{64} = \dfrac{\pi \times 48^4}{64} = 260576.26 \text{ mm}^4$

$\qquad w = \gamma A = 9800 \times 7.9 \times \dfrac{\pi(0.048)^2}{4} = 140.096 \text{ N/m} = 0.140 \text{ N/mm}$

$\qquad N_0 = \dfrac{30}{\pi}\sqrt{\dfrac{g}{\delta_o}} = \dfrac{30}{\pi}\sqrt{\dfrac{9800}{0.0333}} = 5180.39 \text{ rpm}$

[별해] 자중에 의한 최대처짐량$(\delta_o) = \dfrac{5wl^4}{384EI} = \dfrac{5}{384}\dfrac{\gamma\left(\dfrac{\pi}{4}\right)d^2l^4}{E\left(\dfrac{\pi}{64}\right)d^4} = \dfrac{5}{384}\dfrac{16\gamma l^4}{Ed^2}$

자중에 의한 위험속도$(N_0) = \dfrac{30}{\pi}\sqrt{\dfrac{g}{\delta_o}} = \dfrac{30}{\pi}\dfrac{d}{l^2}\sqrt{\dfrac{g\times 384E}{5\times 16\gamma}}$

$= \dfrac{30}{\pi}\dfrac{48}{1000^2}\sqrt{\dfrac{9800\times 384\times 210\times 10^3}{5\times 16\times(9800\times 7.9\times 10^{-9})}} = 5177.61\text{ rpm}$

(2) $\delta_1 = \dfrac{Wl^3}{48EI} = \dfrac{7661.19\times(1000)^3}{48\times 210\times 10^3\times \dfrac{\pi(48)^4}{64}} = 2.92\text{ mm} = 2.92\times 10^3\,\mu\text{m}$

$W = \gamma V = \gamma At = 9800\times 7.9\times \dfrac{\pi}{4}\left\{(0.65)^2 - (0.048)^2\right\}\times 0.3 = 7661.19\text{ N}$

(3) $N_1 = \dfrac{30}{\pi}\sqrt{\dfrac{g}{\delta_1}} = \dfrac{30}{\pi}\sqrt{\dfrac{9800}{2.92}} = 553.21\text{ rpm}$

$\dfrac{1}{N_{cr}^2} = \dfrac{1}{N_0^2} + \dfrac{1}{N_1^2} = \dfrac{1}{(5177.61)^2} + \dfrac{1}{(553.21)^2} = 3.305\times 10^{-6}$

$\therefore N_{cr} = \sqrt{\dfrac{1}{3.305\times 10^{-6}}} = 550.07\text{ rpm}$

---

8. 외접 원통 마찰차의 원동차의 회전수가 100 rpm, 종동차의 회전수가 60 rpm, 축간거리가 600 mm일 때, 다음을 구하여라.

(1) 원동차와 종동차의 지름(mm)

(2) 원주속도(m/s)

[해답] (1) 속도비$(\varepsilon) = \dfrac{N_2}{N_1} = \dfrac{60}{100} = \dfrac{3}{5} = \dfrac{D_1}{D_2}$

$C = \dfrac{D_1 + D_2}{2} = \dfrac{D_1\left(1 + \dfrac{1}{\varepsilon}\right)}{2}\text{ [mm]}$

$\therefore D_1 = \dfrac{2C}{1 + \dfrac{1}{\varepsilon}} = \dfrac{2\times 600}{1 + \dfrac{5}{3}} = 450\text{ mm}$

$\therefore D_2 = \dfrac{D_1}{\varepsilon} = \dfrac{450}{\dfrac{3}{5}} = 750\text{ mm}$

(2) $V = \dfrac{\pi D_1 N_1}{60000} = \dfrac{\pi\times 450\times 100}{60000} = 2.36\text{ m/s}$

9. 홈 각도 34°인 V벨트 동력전달장치의 전동기의 회전수가 169 rpm, 원동 풀리의 지름이 200 mm, 종동축의 회전수가 52 rpm이고, 두 축간의 거리는 825 mm일 때 다음을 구하여라. (단, 벨트와 풀리 간의 마찰계수는 0.35이다.)

(1) 벨트의 전체 길이(mm)

(2) 벨트 전체의 유효장력이 6.5 kN일 때, 전체 벨트로 전달 가능한 동력(kW)

(3) 벨트의 긴장측 장력이 4000 N이고, 접촉각 수정계수 0.98, 부하 수정계수 0.9일 때의 벨트 가닥 수

해답 (1) $L = 2C + \dfrac{\pi}{2}(D_1 + D_2) + \dfrac{(D_2 - D_1)^2}{4C}$

$$= 2 \times 825 + \dfrac{\pi}{2}(200 + 650) + \dfrac{(650 - 200)^2}{4 \times 825} = 3046.54 \, \text{mm}$$

속도비$(\varepsilon) = \dfrac{N_2}{N_1} = \dfrac{D_1}{D_2}$ 에서 $D_2 = D_1\left(\dfrac{N_1}{N_2}\right) = 200\left(\dfrac{169}{52}\right) = 650 \, \text{mm}$

(2) $\mu' = \dfrac{\mu}{\sin\alpha + \mu\cos\alpha} = \dfrac{0.35}{\sin 17° + 0.35\cos 17°} = 0.558$

$V = \dfrac{\pi D_1 N_1}{60000} = \dfrac{\pi \times 200 \times 169}{60000} = 1.77 \, \text{m/s}$

$H_{kW} = \dfrac{P_e V}{1000} = \dfrac{6.5 \times 10^3 \times 1.77}{1000} = 11.51 \, \text{kW}$

(3) $Z = \dfrac{H_{kW}}{H_o \times k_1 \times k_2} = \dfrac{11.51}{5.41 \times 0.98 \times 0.9} = 2.41 = 3$가닥

V벨트 1가닥 전달 동력$(H_o) = \dfrac{T_t V}{1000} \times \dfrac{e^{\mu'\theta} - 1}{e^{\mu'\theta}}$

$$= \dfrac{4000 \times 1.77}{1000} \times \dfrac{4.24 - 1}{4.24} = 5.41 \, \text{kW}$$

$e^{\mu'\theta} = e^{0.558\left(\frac{148.35}{57.3}\right)} = 4.24$

$\theta = 180° - 2\sin^{-1}\left(\dfrac{D_2 - D_1}{2C}\right) = 180° - 2\sin^{-1}\left(\dfrac{650 - 200}{2 \times 825}\right) = 148.35°$

10. 회전 속도 600 rpm으로 회전하는 축의 엔드 저널에 작용하는 하중이 10 kN이고 허용 압력속도계수(pv)가 2 N/mm$^2 \cdot$ m/s일 때 다음을 구하여라.

(1) 저널의 길이(mm)

(2) 축의 길이가 지름의 1.5배일 때, 저널의 지름(mm)

(3) 길이와 지름을 고려한 베어링 면압(MPa)

해답 (1) $pv = \dfrac{W}{dl} \times \dfrac{\pi dN}{60000} = \dfrac{\pi WN}{60000l}$

$l = \dfrac{\pi WN}{60000pv} = \dfrac{\pi \times 10000 \times 600}{60000 \times 2} = 157.08 \text{ mm}$

(2) $\dfrac{l}{d} = 1.5, \quad l = 1.5d$

$\therefore d = \dfrac{l}{1.5} = \dfrac{157.08}{1.5} \fallingdotseq 105 \text{ mm}$

(3) $P = \dfrac{W}{A} = \dfrac{W}{dl} = \dfrac{10000}{105 \times 157.08} \fallingdotseq 0.61 \text{ MPa}$

---

11. 헬리컬 기어의 이직각 모듈이 3, 잇수가 45개, 공구 압력각 20°, 이폭 36 mm, 이의 비틀림각(나선 각) $\beta = 20°$, 기어의 회전속도가 250 rpm, 허용 굽힘응력이 180 MPa, 하중계수가 1.15일 때 다음을 구하여라.

(1) 피치원 지름(mm)과 상당기어의 잇수

(2) 굽힘강도에 의한 전달 동력(kW) (단, 아래 표를 참고하여 계산한다.)

압력각(°) \ 잇수	40	50	60	70
14.5	0.107	0.110	0.113	0.115
20	0.124	0.130	0.134	0.137
25	0.145	0.152	0.156	0.159

(3) 스러스트 하중(N)

해답 (1) $D_s = \dfrac{D_1}{\cos\beta} = \dfrac{m_n Z_1}{\cos\beta} = \dfrac{3 \times 45}{\cos 20°} = 143.66 \text{ mm}$

$Z_e = \dfrac{Z_1}{\cos^3\beta} = \dfrac{45}{\cos^3 20°} = 54.23 = 55 \text{ 개}$

(2) $W = f_V f_w \sigma_b \pi m b y_e$

$= 0.619 \times 1.15 \times 180 \times \pi \times 3 \times 36 \times 0.134 = 5825.59 \text{ N}$

$f_V = \dfrac{3.05}{3.05 + V} = \dfrac{3.05}{3.05 + 1.88} \fallingdotseq 0.619$

$V = \dfrac{\pi D_s N}{60000} = \dfrac{\pi \times 143.66 \times 250}{60000} = 1.88 \text{ m/s}$

$H_{kW} = \dfrac{WV}{1000} = \dfrac{5825.59 \times 1.88}{1000} = 10.95 \text{ kW}$

(3) $F_t = W \tan\beta = 5825.59 \tan 20° \fallingdotseq 2120.34 \text{ N}$

일반기계기사 (필답형)　　　　　　　　　2018년 제 2 회 시행

□**1.** 지름이 1000 mm이고, 두께가 12 mm이며, 부식여유가 1 mm인 리벳 이음으로 된 보일러 관의 허용 인장응력이 60 MPa, 이음 효율이 98 %일 때, 보일러 관에 작용하는 내압은 몇 MPa인가?

해답 $t = \dfrac{PD}{200\sigma_a\eta} + C\,[\mathrm{mm}]$

$$P = \dfrac{200\sigma_a\eta}{D}(t - C) = \dfrac{200 \times 60 \times 0.98}{1000}(12 - 1) = 129.36\ \mathrm{N/cm^2}$$

$$\fallingdotseq 1.2936\ \mathrm{N/mm^2(MPa)}$$

□**2.** 다음 그림과 같이 M20 볼트(골지름 = 17.294 mm)로 3점을 지지하고 있는 브래킷이 벽에 고정되어 있고 볼트의 허용 인장응력이 60 MPa, 허용 전단응력이 40 MPa일 때 다음을 구하여라. (단, $L : l = 0.84 : 1$이다.)

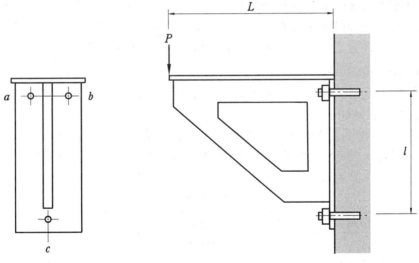

(1) 하중에 의한 직접 전단력(N)

(2) 볼트에 걸리는 최대 인장력(N)

(3) 최대 인장응력과 최대 전단응력(MPa)

해답 (1) $T_1 = PL$

$T_2 = 2Fl = 2(\sigma A_1)l$

$T_1 = T_2$

$PL = 2Fl$에서 $P = \dfrac{2Fl}{L} = \dfrac{2(\sigma A_1)l}{L} = 2 \times 60 \times \dfrac{\pi(17.294)^2}{4} \times 1.19 = 33543.55\ \mathrm{N}$

$$\therefore \ F_d = \frac{P}{3} = \frac{33543.55}{3} \fallingdotseq 11181.18 \, \text{N}$$

(여기서, $L : l = 0.84 : 1$이므로 $l = \frac{1}{0.84}L = 1.19L$ $\therefore \ \frac{l}{L} = 1.19$)

(2) 1개의 볼트에 작용하는 인장력(F) $= \frac{PL}{2l} = \frac{33543.55 \times 0.84}{2} = 14088.29 \, \text{N}$

$$\sigma_t = \frac{F}{A_1} = \frac{14088.29}{\frac{\pi}{4}(17.294)^2} \fallingdotseq 59.98 \, \text{MPa}(\fallingdotseq 60 \, \text{MPa})$$

$$\tau = \frac{P}{3A_1} = \frac{33543.55}{3 \times \frac{\pi(17.294)^2}{4}} = 47.60 \, \text{MPa}$$

(3) $\sigma_{\max} = \frac{1}{2}\sigma_t + \frac{1}{2}\sqrt{\sigma_t^2 + 4\tau^2} = \frac{1}{2} \times 60 + \frac{1}{2}\sqrt{60^2 + 4 \times (47.6)^2} = 86.27 \, \text{MPa}$

$\tau_{\max} = \frac{1}{2}\sqrt{\sigma_t^2 + 4\tau^2} = \frac{1}{2}\sqrt{60^2 + 4 \times (47.6)^2} = 56.27 \, \text{MPa}$

❏3. 한 쌍의 금속제 웜과 웜 휠에서 웜의 회전수가 625 rpm, 속도비가 1/5로 동력을 전달한다. 이때 웜 휠의 축직각 모듈은 8, 치직각 압력각 20°, 웜의 줄수가 4, 웜의 피치원 지름이 52 mm이고 웜 휠의 이의 너비가 46 mm일 때, 다음을 구하여라.

(1) 웜 휠의 속도(m/s)

(2) 웜 휠의 굽힘강도(N) (단, 웜 휠의 굽힘응력은 28.5 MPa, 치형계수는 0.14이다.)

(3) 웜의 전달력(N)

(4) 면압강도에 의한 전달동력(kW) (이때 웜 휠의 유효 이너비는 42 mm, 웜의 재료는 강, 웜 휠의 재료는 인청동이며, 웜의 리드각에 의한 계수(ϕ)는 1.5이다.)

내마멸계수 K

웜 재료	웜 휠 재료	내마멸계수 K[N/mm²]
강($H_B \geq 250$)	인청동	0.411
담금질강	주철	0.343
담금질강	인청동	0.548
담금질강	합성수지	0.833
주철	인청동	1.039

해답 (1) 속도비(ε) $= \frac{N_g}{N_w} = \frac{Z_w}{Z_g} = \frac{l}{\pi D_g} = \frac{N_g}{625} = \frac{1}{5}$ ($\therefore \ N_g = 125 \, \text{rpm}$)

$$v_g = \frac{\pi D_g N_g}{60000} = \frac{\pi \times 160 \times 125}{60000} = 1.05 \, \text{m/s}$$

$$D_g = m_s Z_g = 8 \times 20 = 160 \, \text{mm}(Z_g = 5Z_w = 5 \times 4 = 20)$$

여기서, l : 웜(worm)의 리드, N_g : 웜 휠의 회전수

N_w : 웜의 회전수, Z_w : 웜의 줄수

Z_g : 웜 휠의 잇수, D_g : 웜 휠의 피치원 지름

(2) 웜 휠의 굽힘강도(P)

$$= f_v \times \sigma_b \times P_n \times b \times y = 0.851 \times 28.5 \times 23.62 \times 46 \times 0.14 ≒ 3684.94 \text{ N}$$

웜 휠이 금속 재료이므로 속도계수(f_v) $= \dfrac{6}{6+v_g} = \dfrac{6}{6+1.05} = 0.851$

웜의 치직각 피치(p_n) $= p_s \cos\gamma = \pi m_s \cos\gamma = \pi \times 8 \cos 20° = 23.62 \text{ mm}$

(3) $P = C \times b \times p_s = 0.315 \times 46 \times 25.13 = 364.13 \text{ N}$

강재 인청동일 때 발열계수(C) $= \dfrac{0.6}{1+0.5v_s} = \dfrac{0.6}{1+0.5 \times 1.81} ≒ 0.315$

$$v_s = \frac{v_w}{\cos\gamma} = \frac{1.70}{\cos 20°} ≒ 1.81 \text{ m/s}$$

$$v_w = \frac{\pi D_w N_w}{60000} = \frac{\pi \times 52 \times 625}{60000} = 1.70 \text{ m/s}$$

여기서, v_s : 웜의 미끄럼 속도(m/s)

v_w : 웜의 회전속도(m/s)

γ : 치직각 압력각

웜의 축직각 피치(p_s) $= \pi m_s = \pi \times 8 = 25.13 \text{ mm}$

(4) $P = f_v \phi D_g B K = 0.851 \times 1.5 \times 160 \times 42 \times 0.411 ≒ 3521.45 \text{ N}$

※ 전달 동력은 안전을 고려하여 작은 값을 택한다.

$$H_{kW} = \frac{Pv}{1000} = \frac{3521.45 \times 1.05}{1000} ≒ 3.7 \text{ kW}$$

---

4. 양단 지지거리가 1.0 m인 겹판 스프링의 판의 수가 8개, 판 두께가 10 mm, 폭이 60 mm, 밴드의 폭이 40 mm, 굽힘응력이 240 MPa일 때 다음을 구하여라. (탄성계수 $E = 2.1 \times 10^5$ MPa이다.)

(1) 중심점의 작용하중(N) (유효길이 $l_e = l - 0.6e$를 고려한다.)

(2) 스프링의 처짐(mm)

(3) 고유 진동수(Hz)

해답 (1) $\sigma = \dfrac{3}{2} \dfrac{Pl_e}{nbh^2} [\text{MPa}]$

$l_e = l - 0.6e = 1000 - 0.6 \times 40 = 976 \text{ mm}$

$P = \dfrac{2\sigma nbh^2}{3l_e} = \dfrac{2 \times 240 \times 8 \times 60 \times 10^2}{3 \times 976} ≒ 7868.85 \text{ N}$

(2) $\delta = \dfrac{3}{8}\dfrac{Pl_e^3}{nbh^3E} = \dfrac{3 \times 7868.85 \times 976^3}{8 \times 8 \times 60 \times 10^3 \times 2.1 \times 10^5} ≒ 27.22 \text{ mm}$

(3) $f = \dfrac{\omega}{2\pi} = \dfrac{1}{2\pi}\sqrt{\dfrac{g}{\delta}} = \dfrac{1}{2\pi}\sqrt{\dfrac{9800}{27.22}} ≒ 3.02 \text{ Hz}$

○5. 다음 그림과 같이 우회전하는 단동식 밴드 브레이크 드럼의 제동동력이 3.5 kW, 회전수가 300 rpm이고, 드럼의 지름이 350 mm, 마찰계수가 0.23이고, 밴드의 접촉각 $\theta = 193°$, 허용 인장응력 30 MPa, 이음 효율 80 %, 치수 $a = 150$ mm일 때 다음을 구하여라. (단, 이때 조작력 F는 186 N이다.)

(1) 레버의 길이(mm)
(2) 밴드의 두께가 3 mm일 때, 밴드의 폭(mm)
(3) 좌회전 시의 제동동력(kW)

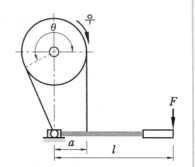

해답 (1) $T = 9.55 \times 10^6 \dfrac{kW}{N} = 9.55 \times 10^6 \times \dfrac{3.5}{300} = 111416.67 \text{ N} \cdot \text{mm}$

$e^{\mu\theta} = e^{0.23\left(\frac{193°}{57.3°}\right)} = 2.17$

$\sum_{Hinge} = 0$

$Fl - T_s a = 0$

$Fl = T_s a$

$T = f\dfrac{D}{2}$ 에서 $f = \dfrac{2T}{D} = \dfrac{2 \times 111416.67}{350} ≒ 636.67 \text{ N}$

$\therefore l = \dfrac{T_s a}{F} = \dfrac{fa}{F}\dfrac{1}{e^{\mu\theta}-1} = \dfrac{636.67 \times 150}{186} \times \dfrac{1}{2.17-1} = 438.84 \text{ mm}$

(2) $\sigma_a = \dfrac{T_t}{A\eta} = \dfrac{T_t}{bt\eta}$, $b = \dfrac{T_t}{\sigma_a t\eta} = \dfrac{1180.83}{30 \times 3 \times 0.8} = 16.40 \text{ mm}$

$T_t = f\dfrac{e^{\mu\theta}}{e^{\mu\theta}-1} = 636.67 \times \dfrac{2.17}{2.17-1} = 1180.83 \text{ N}$

(3) $H_{kW} = \dfrac{fv}{1000} = \dfrac{293.40 \times 5.5}{1000} ≒ 1.61 \text{ kW}$

$Fl = T_t a$ 에서 $T_t = \dfrac{Fl}{a} = \dfrac{186 \times 438.84}{150} = 544.16 \text{ N}$

$f = T_t\dfrac{e^{\mu\theta}-1}{e^{\mu\theta}} = 544.16 \times \dfrac{2.17-1}{2.17} = 293.40 \text{ N}$

$v = \dfrac{\pi DN}{60000} = \dfrac{\pi \times 350 \times 300}{60000} ≒ 5.5 \text{ m/s}$

□**6.** 석면 직물로 라이닝이 된 규격이 6×7인 와이어 로프가 15 kW의 동력을 전달한다. 와이어 로프 소선의 지름이 1.5 mm이고, 파단하중은 45 kN이며, 원동 풀리와 종동 풀리의 지름이 394 mm, 회전수는 540 rpm, 로프와 풀리간의 마찰계수는 0.3이며, 로프 홈 각은 45°일 때 다음을 구하여라. (단, 와이어 로프의 종탄성계수 E = 192 GPa, 로프의 비중은 7.8이다.)

(1) 원심력을 고려한 긴장측 장력(N)

(2) 로프가 받는 최대 인장응력(MPa)

(3) 안전율이 4일 때, 파단하중에 대해 로프에 발생하는 최대응력의 안전성을 검토하여라.

해답 (1) $T_t = P_e \dfrac{e^{\mu'\theta}}{e^{\mu'\theta}-1} + \dfrac{wv^2}{g}$

$$= 1346.50 \times \frac{4.16}{4.16-1} + \frac{9800 \times 7.8 \times \frac{\pi}{4}(1.5)^2 \times 42 \times 10^{-6} \times (11.14)^2}{9.8}$$

$$= 1772.61 + 71.84 ≒ 1844.43\,\text{N}$$

$kW = \dfrac{P_e v}{1000}$ 에서 $P_e = \dfrac{1000kW}{v} = \dfrac{1000 \times 15}{11.14} ≒ 1346.50\,\text{N}$

$\mu' = \dfrac{\mu}{\sin\dfrac{\alpha}{2} + \mu\cos\dfrac{\alpha}{2}} = \dfrac{0.3}{\sin\dfrac{45°}{2} + 0.3\cos\dfrac{45°}{2}} = 0.454$

$e^{\mu'\theta} = e^{0.454\pi} = 4.16$

※ 두 개의 로프 풀리의 지름이 같으므로 접촉각$(\theta) = 180° = \pi[\text{radian}]$이다.

$v = \dfrac{\pi D_2 N_2}{60000} = \dfrac{\pi \times 394 \times 540}{60000} = 11.14\,\text{m/s}$

(2) $\sigma_t = \dfrac{T_t}{An} = \dfrac{1844.43}{\dfrac{\pi(1.5)^2}{4} \times 42} = 24.85\,\text{MPa}$

(3) $\sigma_a = \dfrac{\sigma_u}{S} = \dfrac{F_u}{AnS} = \dfrac{45 \times 10^3}{\dfrac{\pi(1.5)^2}{4} \times 42 \times 4} = 151.58\,\text{MPa}$

인장응력$(\sigma_t) = 24.85\,\text{MPa}$

굽힘응력$(\sigma_b) = C\dfrac{Ed}{D} = \dfrac{3}{8} \times \dfrac{192 \times 10^3 \times 1.5}{394} = 274.11\,\text{MPa}$

원심력에 의한 발생응력$(\sigma_{c.f}) = \rho v^2 = 7800 \times (11.14)^2 \times 10^{-6} = 0.97\,\text{MPa}$

로프에 발생하는 최대응력$(\sigma_{\max}) = \sigma_t + \sigma_b + \sigma_{c.f}$

$$= 24.85 + 274.11 + 0.97 ≒ 300\,\text{MPa}$$

∴ $\sigma_{\max} > \sigma_a$이므로 불안전하다.

※ 와이어 로프 규격(wire rope size)$= 6 \times 7$(7소선, 6꼬임(스트랜드수))

□**7.** 단열 자동 조심 롤러 베어링이 800 rpm으로 회전하고 있고 기본 동정격 하중이 51 kN, 레이디얼 하중이 4.1 kN, 스러스트 하중이 3.9 kN 작용하고 있을 때, 다음을 구하여라.

베어링의 계수 V, X 및 Y값

베어링 형식		내륜 회전 하중	외륜 회전 하중	단열		복렬				e
				$\dfrac{F_a}{VF_r} > e$		$\dfrac{F_a}{VF_r} \le e$		$\dfrac{F_a}{VF_r} > e$		
		V		X	Y	X	Y	X	Y	
깊은 홈 볼 베어링	$F_a/C_o = 0.014$	1	1.2	0.56	2.30	1	0	0.56	2.30	0.19
	$= 0.028$				1.99				1.99	0.12
	$= 0.056$				1.71				1.71	0.26
	$= 0.084$				1.55				1.55	0.28
	$= 0.11$				1.45				1.45	0.30
	$= 0.17$				1.31				1.31	0.34
	$= 0.28$				1.15				1.15	0.38
	$= 0.42$				1.04				1.04	0.42
	$= 0.56$				1.00				1.00	0.44
앵귤러 볼 베어링	$\alpha = 20°$	1	1.2	0.43	1.00	1	1.09	0.70	1.63	0.57
	$= 25°$			0.41	0.87		0.92	0.67	1.41	0.58
	$= 30°$			0.39	0.76		0.78	0.63	1.24	0.80
	$= 35°$			0.37	0.56		0.66	0.60	1.07	0.95
	$= 40°$			0.35	0.57		0.55	0.57	0.93	1.14
자동 조심 볼 베어링		1	1	0.4	$0.4 \times \cot\alpha$	1	$0.42 \times \cot\alpha$	0.65	$0.65 \times \cot\alpha$	$1.5 \times \tan\alpha$
매그니토 볼 베어링		1	1	0.5	2.5	–	–	–	–	0.2
자동 조심 롤러 베어링 테이퍼 롤러 베어링 $\alpha \ne 0$		1	1.2	0.4	$0.4 \times \cot\alpha$	1	$0.45 \times \cot\alpha$	0.67	$0.67 \times \cot\alpha$	$1.5 \times \tan\alpha$
스러스트 볼 베어링	$\alpha = 45°$	–	–	0.66	1	1.18	0.59	0.66	1	1.25
	$= 60°$			0.92		1.90	0.54	0.92		2.17
	$= 70°$			1.66		3.66	0.52	1.66		4.67
스러스트 롤러 베어링		–	–	$\tan\alpha$	1	$1.5 \times \tan\alpha$	0.67	$\tan\alpha$	1	$1.5 \times \tan\alpha$

(1) 등가 하중(kN) (이때, 베어링의 접촉각(α)은 10°이다.)

(2) 베어링의 수명시간(h)

해답 (1) $X = 0.4$

$Y = 0.4 \cot 10° \fallingdotseq 2.27$

$P = VXF_r + YF_a = 1 \times 0.4 \times 4.1 + 2.27 \times 3.9 = 10.493 \, \text{kN}$

$\dfrac{F_a}{VF_r} = \dfrac{3.9}{1 \times 4.1} = 0.89 > e(0.264)$ ※ $1.5 \tan\alpha = 1.5 \times \tan 10° = 0.264$

(2) $L_n = \left(\dfrac{C}{P}\right)^{\frac{10}{3}} \times 10^6 = \left(\dfrac{51}{10.493}\right)^{\frac{10}{3}} \times 10^6 = 194.49 \times 10^6$

$L_h = \dfrac{L_n}{60N} = \dfrac{194.49 \times 10^6}{60 \times 800} \fallingdotseq 4051.88 \, \text{시간(h)}$

---

8. 플랜지 커플링에서 축의 지름은 40 mm이고, 키의 폭은 15 mm이다. 키의 길이가 지름의 1.5배이고 키 재료의 허용 전단응력이 60 MPa일 때 다음을 구하여라.

(1) 키의 전단하중(kN)

(2) 키의 전달토크(N · m)

해답 (1) $\tau_k = \dfrac{P_s}{A} = \dfrac{P_s}{bl} \, [\text{MPa}]$

$l = 1.5d = 1.5 \times 40 = 60 \, \text{mm}$

$P_s = \tau_k A = \tau_k(bl) = 60(15 \times 60) = 54000 \, \text{N} = 54 \, \text{kN}$

(2) $T = P_s \dfrac{d}{2} = 54000 \times \dfrac{40}{2} = 1080000 \, \text{N} \cdot \text{mm} = 1080 \, \text{N} \cdot \text{m}$

---

9. 아래의 그림과 같이 강판이 외팔보의 형태로 필릿 용접되어 있고 한쪽 끝에 하중이 가해지고 있다. 강판의 두께가 16 mm, 용접부의 다리 길이가 8 mm, 용접 금속의 허용 전단응력이 140 MPa일 때 가해지는 하중을 구하여라. (단, 용접부 사이의 거리 $x = 50 \, \text{mm}$, 용접부 길이 $l_1 = 50 \, \text{mm}$, $L = 150 \, \text{mm} + \dfrac{l_1}{2}$, 용접부의 극단면 모멘트는

$\dfrac{0.707f \times l_1 \left(3x^2 + l_1^2\right)}{6}$ 이다.)

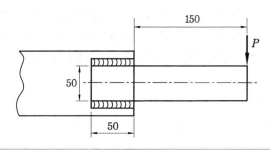

해답 $\tau_1 = \dfrac{P}{A} = \dfrac{P}{tl} = \dfrac{P}{0.707f(2l_1)} = \dfrac{P}{0.707 \times 8 \times 100} = 1.768 \times 10^{-3}P$

$\qquad = 17.68 \times 10^{-4}P$

$\tau_2 = \dfrac{PLr_{\max}}{J_G} = \dfrac{PLr_{\max}}{0.707f \times \dfrac{l_1(3x^2 + l_1^2)}{6}} = \dfrac{6PLr_{\max}}{0.707 \times 8 \times 50(3 \times 50^2 + 50^2)}$

$\qquad = \dfrac{6P \times \left(150 + \dfrac{50}{2}\right) \times \sqrt{25^2 + 25^2}}{0.707 \times 8 \times 50(3 \times 50^2 + 50^2)} = \dfrac{6P \times 175 \times 35.36}{0.707 \times 8 \times 50(3 \times 50^2 + 50^2)} = 0.013P$

$\tau_{\max} = \sqrt{\tau_1^2 + \tau_2^2 + 2\tau_1\tau_2 \cos 45°}$

$\qquad = \sqrt{(17.68 \times 10^{-4}P)^2 + (0.013P)^2 + 2 \times 17.68 \times 10^{-4}P \times 0.013P \times 0.707}$

$\qquad = \sqrt{2.046 \times 10^{-4}P^2}$

$\qquad = 0.0143P \, (\tau_{\max} \leqq \tau_a)$

$\therefore \ P = \dfrac{\tau_a}{0.0143} = \dfrac{140}{0.0143} = 9790.21 \text{ N}$

---

10. 지름이 25 mm인 연강봉이 중앙에 있는 기어에 의해 200 rpm의 동력을 전달하고 있다. 연강봉의 길이가 4 m이고, 양 끝단의 비틀림 각이 각각 1°일 때의 전달동력(kW)을 구하여라. (단, 연강봉의 G = 83 GPa이다.)

해답 $T = 9.55 \times 10^6 \dfrac{kW}{N} = 9.55 \times 10^6 \times \dfrac{kW}{200} = 47750\,kW[\text{N} \cdot \text{mm}]$

$\theta° = \dfrac{180°}{\pi}\theta = \dfrac{180°}{\pi}\dfrac{TL}{GI_P} = 57.3° \dfrac{32TL}{G\pi d^4}$

$\qquad \fallingdotseq 584\dfrac{TL}{Gd^4} = 584 \times \dfrac{47750kW \times 4000}{83 \times 10^3 \times (25)^4} = 1°$

$\therefore \ kW = \dfrac{83 \times 10^3 \times (25)^4 \times 1}{584 \times 47750 \times 4000} = 0.29 \text{ kW}$

---

11. 외접 원통 마찰차의 회전수가 350 rpm이고, 원동축과 종동축의 축간거리가 500 mm, 속도비가 1/3로 3.75 kW의 동력을 전달한다. 마찰차의 폭이 122.5 mm, 마찰계수가 0.35이고, 종동축은 중실축이며 허용 전단응력은 32 MPa일 때 다음을 구하여라. (단, 허용 접촉선압은 7 N/mm이다.)

(1) 마찰차의 폭(mm)

(2) 종동축의 지름(mm) (단, 축의 길이는 500 mm이다.)

해답 (1) $b = \dfrac{\text{전달력}(P)}{\text{허용 접촉선압}(f)} = \dfrac{2339.36}{7} = 334.19 \, \text{mm}(\fallingdotseq 335 \, \text{mm})$

$v = \dfrac{\pi D_1 N_1}{60000} = \dfrac{\pi \times 250 \times 350}{60000} = 4.58 \, \text{m/s}$

$kW = \dfrac{\mu P v}{1000}$ 에서 $P = \dfrac{1000 kW}{\mu v} = \dfrac{1000 \times 3.75}{0.35 \times 4.58} = 2339.36 \, \text{N} \fallingdotseq 2340 \, \text{N}$

(2) $D_2 = 3D_1 = 3 \times 250 = 750 \, \text{mm}$

$C = \dfrac{1}{2}(D_1 + D_2) = \dfrac{D_1\left(1 + \dfrac{1}{\varepsilon}\right)}{2} \, [\text{mm}]$

$D_1 = \dfrac{2C}{1 + \dfrac{1}{\varepsilon}} = \dfrac{2 \times 500}{1 + 3} = 250 \, \text{mm}$

속도비$(\varepsilon) = \dfrac{N_2}{N_1} = \dfrac{D_1}{D_2} = \dfrac{1}{3}(D_2 = 3D_1)$

$T = 9.55 \times 10^6 \times \dfrac{kW}{N_2} = 9.55 \times 10^6 \times \dfrac{3.75}{116.67} = 306955.52 \, \text{N} \cdot \text{mm}$

$M = \dfrac{PL}{4} = \dfrac{2340 \times 500}{4} = 292500 \, \text{N} \cdot \text{mm}$

$T_e = \sqrt{M^2 + T^2} = \sqrt{(292500)^2 + (306955.52)^2} = 424002.29 \, \text{N} \cdot \text{mm}$

$T_e = \tau Z_P = \tau \dfrac{\pi d^3}{16}$

$\therefore d = \sqrt[3]{\dfrac{16 T_e}{\pi \tau}} = \sqrt[3]{\dfrac{16 \times 424002.29}{\pi \times 32}} \fallingdotseq 40.71 \, \text{mm}$

일반기계기사 (필답형)

1. 바깥지름 30 mm, 유효지름 27.27 mm, 피치 3.5 mm인 미터 나사에서 효율은 얼마인가? (단, 마찰계수는 0.15, 나사산 각도는 60°이다.)

해답 $\tan\lambda = \dfrac{p}{\pi d_e}$ 에서, $\lambda = \tan^{-1}\left(\dfrac{p}{\pi d_e}\right) = \tan^{-1}\left(\dfrac{3.5}{\pi \times 27.27}\right) = 2.34°$

$\tan\rho' = \mu' = \dfrac{\mu}{\cos\dfrac{\alpha}{2}}$ 에서,

$\rho' = \tan^{-1}\mu' = \tan^{-1}\left(\dfrac{\mu}{\cos\dfrac{\alpha}{2}}\right) = \tan^{-1}\left(\dfrac{0.15}{\cos 30°}\right) = 9.82°$

$$\therefore \ \eta = \frac{\tan\lambda}{\tan(\lambda + \rho')} = \frac{\tan 2.34°}{\tan(2.34° + 9.82°)} = 0.1896 = 18.96\%$$

2. 그림과 같은 스플라인 축에 있어서 전달동력(kW)은 얼마인가? (단, 회전속도 $N=$ 1023 rpm, 허용 면압력 $q=10$ N/mm², 보스의 길이 $l=100$ mm, 잇수 $Z=6$, $d_2=50$ mm, $d_1=46$ mm, 모따기 $c=0.4$ mm, 이높이 $h=2$ mm, 이나비 $b=9$ mm, 접촉효율 $\eta=0.75$ 이다.)

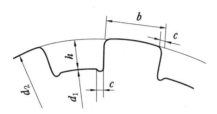

해답 스플라인을 전달할 수 있는 토크 T는

$$T = \eta P \frac{d_m}{2} = \eta Z(h - 2c) l q_n \frac{1}{2} \frac{d_2 + d_1}{2}$$

$$= 0.75 \times 6(2 - 2 \times 0.4) \times 100 \times 10 \times \frac{1}{2} \times \frac{50 + 46}{2} = 129500 \ \text{N} \cdot \text{mm}$$

$$T = 9.55 \times 10^6 \frac{kW}{N} \ [\text{N} \cdot \text{mm}] \text{에서}$$

$$kW = \frac{TN}{9.55 \times 10^6} = \frac{129500 \times 1023}{9.55 \times 10^6} = 13.87 \ \text{kW}$$

3. 그림과 같은 리벳 이음에서 편심하중 $W=25$ kN을 받을 때 다음 물음에 답하여라.

(1) 하중 W에 대하여 리벳에 작용하는 직접 전단하중 : Q [N]

(2) 모멘트에 의하여 리벳에 작용하는 전단하중 : F [N]

(3) 리벳에 작용하는 최대 합(合) 전단하중 : R_{max} [N]

(4) 리벳의 허용 전단응력 $\tau_a=60$ N/mm²일 때 리벳의 지름 : d [mm]

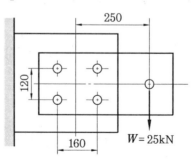

해답 (1) $Q = \dfrac{W}{Z} = \dfrac{25000}{4} = 6250\,\text{N}$

(2) $WL = kZr^2$ 에서,

$k = \dfrac{WL}{Zr^2} = \dfrac{25000 \times 250}{4 \times 100^2} = 156.25\,\text{N/mm}$

$(r = \sqrt{80^2 + 60^2} = 100)$

$\therefore F = kr = 156.25 \times 100 = 15625\,\text{N}$

(3) $R_{\max} = \sqrt{Q^2 + F^2 + 2QF\cos\theta}$

$= \sqrt{6250^2 + 15625^2 + 2 \times 6250 \times 15625 \times \cos 36.87°}$

$= 20963.1\,\text{N}$

(4) $\tau_a = \dfrac{R_{\max}}{\dfrac{\pi d^2}{4}} = \dfrac{4R_{\max}}{\pi d^2}$

$\therefore d = \sqrt{\dfrac{4R_{\max}}{\pi \tau_a}} = \sqrt{\dfrac{4 \times 20963.1}{\pi \times 60}} = 21.09\,\text{mm}$

(우측 그림)

$r = \sqrt{80^2 + 60^2} = 100$

$\theta = \cos^{-1}\left(\dfrac{80}{100}\right)$

$= 36.87°$

□**4.** 그림에서 지름 800 mm, 무게 600 N의 풀리가 달린 축이 있다. 풀리의 장력은 긴장측에 있어서 1000 N, 이완측에 있어서 500 N이다. 축의 $\sigma_b = 50\,\text{N/mm}^2$, $\tau_a = 40\,\text{N/mm}^2$일 때 축의 지름(mm)을 구하여라.

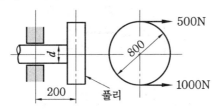

해답 $T = P_e\dfrac{D}{2} = (T_t - T_s)\dfrac{D}{2} = (1000 - 500) \times \dfrac{800}{2} = 200000\,\text{N·mm}$

풀리와 벨트의 장력의 합력은 $\sqrt{600^2 + (1000 + 500)^2}$ 으로 표시되므로, 축에 작용하는 최대 굽힘 모멘트

$M_{\max} = \sqrt{600^2 + 1500^2} \times 200 = 323100\,\text{N·mm}$

$M_e = \dfrac{1}{2}(M + T_e) = 351546\,\text{N·mm}$

$T_e = \sqrt{M^2 + T_2} = 379992\,\text{N·mm}$

$d = \sqrt[3]{\dfrac{10.2M_e}{\sigma_b}} = \sqrt[3]{\dfrac{10.2 \times 351546}{50}} \fallingdotseq 42\,\text{mm}$

$$d = \sqrt[3]{\frac{5.1 T_e}{\tau_a}} = \sqrt[3]{\frac{5.1 \times 379992}{40}} \fallingdotseq 37 \, \text{mm}$$

$\therefore$ 값이 큰 42 mm를 선택한다.

□5. 회전수 420 rpm으로 베어링 하중 18000 N을 받는 엔드 저널 베어링의 길이는 얼마인가? (단, 베어링 압력은 6 N/mm², 굽힘응력은 60 N/mm², 발열계수는 2 N/mm² · m/s이다.)

해답 $pv = \dfrac{W}{dl} \times \dfrac{\pi d N}{60 \times 1000} \, [\text{N/mm}^2 \cdot \text{m/s}]$ 에서

$\therefore \; l = \dfrac{\pi W N}{60 \times 1000 pv} = \dfrac{\pi \times 18000 \times 420}{60 \times 1000 \times 2} = 197.92 \, \text{mm} \fallingdotseq 198 \, \text{mm}$

□6. 5 kW, 2000 rpm의 동력을 원추 클러치로 전달한다. 클러치의 재질은 주철로서 $2\alpha = 30°$, $\mu = 0.15$로 하였을 때 마찰면의 안지름 $D_1 [\text{mm}]$, 바깥지름 $D_2 [\text{mm}]$, 마찰면의 폭 $b [\text{mm}]$을 구하고 또 축방향의 힘(N)은 얼마인가? (단, 평균지름 $D_m = 90 \, \text{mm}$, 마찰면의 허용압력 $P = 0.6 \, \text{N/mm}^2$이다.)

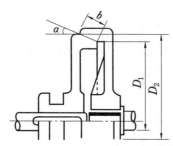

해답 ① $T = \mu Q \dfrac{D_m}{2} = \mu q \pi D_m b \dfrac{D_m}{2} = \dfrac{\mu q \pi D_m^2 b}{2}$ 에서,

$\quad b = \dfrac{2T}{\mu q \pi D_m^2} = \dfrac{2 \times 23875}{0.15 \times 0.6 \times \pi \times 90^2}$

$\quad = 20.85 \left(T = 9.55 \times 10^6 \dfrac{kW}{N} = 9.55 \times 10^6 \times \dfrac{5}{2000} = 23875 \, \text{N·mm}\right)$

② $D_m = \dfrac{D_1 + D_2}{2} = \dfrac{2D_1 + 2b\sin\alpha}{2} = D_1 + b\sin\alpha$

$\quad \therefore \; D_1 = D_m - b\sin\alpha = 90 - 20.85\sin 15° \fallingdotseq 85 \, \text{mm}$

$\quad D_2 = D_1 + 2b\sin a = 85 + 2 \times 20.85\sin 15° \fallingdotseq 95.79 \, \text{mm}$

③ $Q = \dfrac{2T}{\mu D_m} = \dfrac{2 \times 23875}{0.15 \times 90} \fallingdotseq 3537.04 \, \text{N}$

$\quad \therefore \; P = Q(\sin\alpha + \mu\cos\alpha) = 3537.04(\sin 15° + 0.15\cos 15°) \fallingdotseq 1427.93 \, \text{N}$

□7. 그림과 같은 밴드 브레이크에서 하중 W의 낙하를 정지하기 위하여 레버 끝에 300 N의 힘을 가할 때 다음 물음에 답하여라. (단, 마찰계수 $\mu = 0.35$, $e^{\mu\theta} = 4.4$, 밴드의 두께는 2 mm, 밴드의 허용 인장응력 $\sigma_t = 80\,\text{N}/\text{mm}^2$이다.)

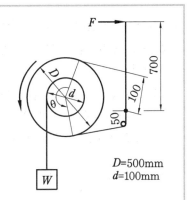

D=500mm
d=100mm

(1) 제동력 : $f[\text{N}]$

(2) 낙하가 정지되는 최대하중 : $W[\text{N}]$

(3) 밴드의 폭 : $b[\text{mm}]$

(4) 브레이크 용량 : $\mu qv[\text{N}/\text{mm}^2 \cdot \text{m/s}]$ (단, 접촉각 θ $= 240°$, 작업동력 5 kW이다.)

해답 (1) $\sum M_{hinge} = 0\,(-Fl + T_t b - T_s a = 0)$

$$F = \frac{T_t b - T_s a}{l} = \frac{T_s(be^{\mu\theta} - a)}{l} = \frac{f(be^{\mu\theta} - a)}{(e^{\mu\theta} - 1)l}$$

$$\therefore\ f = \frac{Fl(e^{\mu\theta} - 1)}{(be^{\mu\theta} - a)} = \frac{300 \times 700(4.4 - 1)}{100 \times 4.4 - 50} = 1830.77\,\text{N}$$

(2) $T = W \times \dfrac{d}{2}$ 에서, $W = \dfrac{2T}{d} = \dfrac{2 \times f\dfrac{D}{2}}{d} = \dfrac{fD}{d} = \dfrac{1830.77 \times 500}{100} = 9153.85\,\text{N}$

(3) $T_t = T_s e^{\mu\theta} = \dfrac{fe^{\mu\theta}}{e^{\mu\theta} - 1} = \dfrac{1830.77 \times 4.4}{4.4 - 1} \fallingdotseq 2370\,\text{N}$

$\sigma_t = \dfrac{T_t}{bt\eta}$ 에서, $b = \dfrac{T_t}{\sigma_t t\eta} = \dfrac{2370}{80 \times 2 \times 1} = 14.81\,\text{mm}$

(4) $\mu qv = \mu\dfrac{w}{A}v = \dfrac{1000kW}{A} = \dfrac{1000kW}{br\theta} = \dfrac{1000 \times 5}{14.81 \times 250 \times \dfrac{240°}{57.3°}}$

$$= 0.32\,\text{N}/\text{mm}^2 \cdot \text{m/s}$$

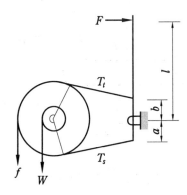

8. 압축 코일 스프링에서 지름 $D=40\,\text{mm}$, 소선의 지름 $d=5\,\text{mm}$, 처짐량 $10\,\text{mm}$, 하중 $200\,\text{N}$이다. 스프링의 전단 탄성계수 $G=8.1\times10^4\,\text{N/mm}^2$이다. 다음 물음에 답하여라.

(1) 스프링 지수 C는 얼마인가?
(2) 스프링 상수 k는 몇 N/cm인가?
(3) 스프링 유효 감김수 n은 얼마인가?

해답 (1) $C=\dfrac{D}{d}=\dfrac{40}{5}=8$

(2) $k=\dfrac{W}{\delta}=\dfrac{200}{1}=200\,\text{N/cm}$

(3) $\delta=\dfrac{8nD^3W}{Gd^4}$에서,

$n=\dfrac{Gd^4\delta}{8D^3W}=\dfrac{8.1\times10^4\times5^4\times10}{8\times40^3\times200}=4.94\fallingdotseq5$개

9. 8 PS을 전달하는 원뿔 마찰차에서 원동차의 평균지름이 450 mm, 회전수가 340 rpm 이다. 두 축의 교차각이 $\theta=70°$이고, $\dfrac{3}{5}$으로 감속하여 종동차를 운전할 때 다음 물음에 답하여라. (단, 마찰계수는 0.25이다.)

(1) 양쪽 마찰차로 미는 힘 : $P[\text{N}]$
(2) 허용압력이 25N/mm일 때 마찰차의 폭 : $b[\text{mm}]$
(3) 종동차의 반원뿔각 : $\beta[°]$
(4) 종동축의 베어링에 작용하는 추력하중 : $Q_B[\text{N}]$

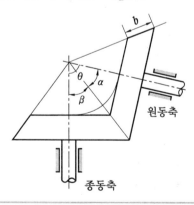

해답 (1) $V=\dfrac{\pi D_m N_A}{60\times1000}=\dfrac{\pi\times450\times340}{60000}=8\,\text{m/s}$

$$PS = \frac{\mu P v}{735} \text{ 에서, } P = \frac{735 PS}{\mu V} = \frac{735 \times 8}{0.25 \times 8} = 2940 \,\text{N}$$

(2) $b = \dfrac{P}{p_a} = \dfrac{2940}{25} = 117.6 \,\text{mm} ≒ 118 \,\text{mm}$

(3) $\tan\beta = \dfrac{\sin\theta}{\dfrac{N_B}{N_A} + \cos\theta} = \dfrac{\sin 70°}{\dfrac{\frac{3}{5} \times 340}{340} + \cos 70°} = 0.98$

$\therefore \ \beta = \tan^{-1} 0.98 = 44.42°$

(4) $Q_B = P\sin\beta = 2940\sin 44.42 = 2057.74 \,\text{N}$

---

10. 10 PS을 1000 rpm의 원동기에서 축간거리 820 mm, 250 rpm의 종동축에 전달시키려고 한다. 롤러 체인을 사용하고 체인의 평균속도를 3 m/s, 안전율을 15라 하면, 양쪽 스프로킷 휠의 ① 잇수와 ② 피치원 지름을 구하고, ③ 체인의 링크수를 정수로 올림하여 구하여라. (단, 60번 1열 롤러 체인을 사용하며 체인의 피치는 19.05 mm이다.)

해답 ① $Z_1 = \dfrac{60 \times 10^3 \times v}{N_1 p} = \dfrac{60 \times 10^3 \times 3}{1000 \times 19.05} = 9.45 ≒ 10 \,\text{개}$

$Z_2 = \dfrac{60 \times 10^3 \times v}{N_2 p} = \dfrac{60 \times 10^3 \times 3}{250 \times 19.05} = 37.8 ≒ 40 \,\text{개}$

② $D_p = \dfrac{p}{\sin\dfrac{180°}{Z}}$ 이므로,

$\therefore \ D_{p1} = \dfrac{19.05}{\sin\dfrac{180}{10}} = 61.65 \,\text{mm}, \ D_{p2} = \dfrac{19.05}{\sin\dfrac{180}{40}} = 242.8 \,\text{mm}$

③ $L_n = \dfrac{2C}{p} + \dfrac{(Z_1 + Z_2)}{2} + \dfrac{0.0257 p (Z_2 - Z_1)^2}{C} = 110.56 ≒ 111 \,\text{개}$

---

11. A 기어의 기초원 지름이 281.91 mm, B 기어의 기초원 지름이 563.82 mm이다. 모듈 $m = 10$일 때, 중심거리 C는 몇 mm가 되는가? (단, $\cos 20° = 0.9397$ 이라 한다.)

해답 $Z_A = \dfrac{D_{gA}}{m\cos\alpha} = \dfrac{281.91}{10 \times 0.9397} ≒ 30 \,\text{개}$

$Z_B = \dfrac{D_{gB}}{m\cos\alpha} = \dfrac{563.82}{10 \times 0.9397} ≒ 60 \,\text{개}$

$\therefore \ C = \dfrac{m(Z_A + Z_B)}{2} = \dfrac{10(30 + 60)}{2} = 450 \,\text{mm}$

12. 그림과 같이 $Z_A = 80$, $Z_B = 20$, $Z_C = 40$이며, 기어 A를 고정하고, 암 R을 +10회 전시켰을 때, 기어 B, C의 회전수를 구하여라.

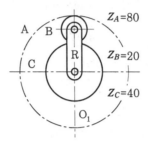

해답 ① 전체 고정으로 +10회전한다.

② R을 고정하여 A를 −10회전한다.

③ 위의 ① 및 ②를 합성한다.

구분	A	B	C	D
① 전체 고정	+10	+10	+10	+10
② 암 고정	(−10)	$\frac{80}{20} \times (-10)$	$-\frac{80}{40} \times (-10)$	0
③ 정미 회전수	0	−30(답)	+30(답)	+10

※ 기어 B의 회전수는 −30, 기어 C의 회전수는 +30이다.

□**1.** 바깥지름 50 mm로서 25 mm 전진시키는 데 2.5회전을 요하는 사각 나사가 하중 W 를 올리는 데 쓰인다. 마찰계수 $\mu = 0.2$일 때 다음 물음에 답하여라. (단, 너트의 유효지름은 $0.7d$로 한다.)

(1) 30 N의 힘으로 너트에 100 mm 길이의 스패너를 돌리면 몇 N의 하중을 올릴 수 있는가?

(2) 나사의 효율(%)은 얼마인가?

해답 (1) $l = np$에서 $p = \dfrac{l}{n} = \dfrac{25}{2.5} = 10$ mm

$d_e = 0.7d = 0.7 \times 50 = 35$ mm

$$T = FL = P \cdot \frac{d_e}{2} = W\tan(\lambda + \rho) \cdot \frac{d_e}{2} = W \cdot \frac{d_e}{2} \frac{p + \mu\pi d_e}{\pi d_e - \mu p} [\text{N} \cdot \text{mm}]$$

$$\therefore \ W = \frac{2FL}{\left(\dfrac{p + \mu\pi d_e}{\pi d_e - \mu p}\right) d_e} = \frac{2 \times 30 \times 100}{\left(\dfrac{10 + 0.2 \times \pi \times 35}{\pi \times 35 - 0.2 \times 10}\right) \times 35} = 578.5 \text{ N}$$

(2) $T = FL = 30 \times 100 = 3000$ N · mm

$$\therefore \ \eta = \frac{Wp}{2\pi T} = \frac{578.5 \times 10}{2 \times \pi \times 3000} = 0.307 = 30.7\%$$

□**2.** 지름 75 mm의 강축에 사용하고 250 rpm으로 65 kW을 전달하는 묻힘 키($b \times h = 20 \times 13$)의 길이는 몇 mm인가? (단, $\tau_a = 50$ MPa이다.)

해답 $T = 9.55 \times 10^6 \dfrac{kW}{N} = 9.55 \times 10^6 \times \dfrac{65}{250} = 2.483 \times 10^6$ N · mm

$$\tau_a = \frac{W}{A} = \frac{W}{bl} = \frac{2T}{bld} [\text{MPa}]$$에서 $l = \frac{2T}{\tau_a bd} = \frac{2 \times 2.483 \times 10^6}{50 \times 20 \times 75} = 66.21$ mm

□**3.** 강판의 두께 20 mm, 리벳의 지름 20.5 mm의 2장 2줄 겹치기 이음에서 1피치의 하중이 20 kN일 때 다음 물음에 답하여라.

(1) 피치는 얼마인가? (단, 판 효율은 60 %이다.)

(2) 인장응력은 얼마인가?

(3) 리벳 효율은 얼마인가? (단, $\sigma_t = 50$ MPa, $\tau = 35$ MPa이다.)

해답 (1) $\eta_t = 1 - \dfrac{d}{p}$ 에서, $p = \dfrac{d}{1-\eta_t} = \dfrac{20.5}{1-0.6} = 51.25$ mm

(2) $\sigma = \dfrac{W}{A} = \dfrac{W}{(p-d)t} = \dfrac{20000}{(51.25-20.5) \times 20} = 32.5$ MPa

(3) $\eta_r = \dfrac{\pi d^2 \tau n}{4pt\sigma_t} = \dfrac{\pi \times 2.05^2 \times 35 \times 2}{4 \times 5.125 \times 2 \times 50} = 0.4508 = 45.08\%$

□4. 그림에서 75×75×9인 형강에 하중 150 kN이 걸릴 때 용접부의 치수 l_1, l_2[mm]를 구하여라. (단, $\tau = 70$ N/mm², $f = 9$ mm이다.)

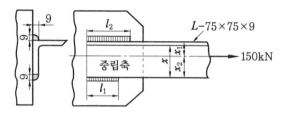

해답 $l = \dfrac{W}{0.707 f\tau} = \dfrac{15000}{0.707 \times 9 \times 70} = 337$ mm

다시 x_1, x_2를 구하면,

$x_2(9 \times 75 + 9 \times 66) = (75 \times 9) \times \dfrac{75}{2} + (66 \times 9) \times \left(75 - \dfrac{9}{2}\right)$

$\therefore\ x_2 = 53$ mm, $x_1 = 75 - x_2 = 75 - 53 = 22$ mm

따라서, $l_1 = \dfrac{lx_1}{x} = \dfrac{337 \times 22}{75} = 98.9 \fallingdotseq 99$ mm

$l_2 = \dfrac{lx_2}{x} = \dfrac{337 \times 53}{75} = 238.1 \fallingdotseq 238$ mm

별해 ($l = l_1 + l_2$에서 $l_2 = l - l_1 = 337 - 99 = 238$ mm)

□5. 매분 600회전하여 50 kW를 전달시키는 축이 200000 N·mm의 굽힘 모멘트를 받을 때 축의 지름(mm)을 구하여라. (단, $\tau_a = 30$ N/mm², $\sigma_b = 50$ N/mm²이라 한다.)

해답 $T = 9.55 \times 10^6 \dfrac{kW}{N} = 9.55 \times 10^6 \times \dfrac{50}{600} = 795833.33$ N·mm

$T_e = \sqrt{M^2 + T^2} = \sqrt{200000^2 + (785833.33)^2} \fallingdotseq 820580$ N·mm

$M_e = \dfrac{1}{2}(M + T_e) = \dfrac{1}{2}(200000 + 820580) \fallingdotseq 510290$ N·mm

$d = \sqrt[3]{\dfrac{10.2M}{\sigma_b}} = \sqrt[3]{\dfrac{10.2 \times 510290}{50}} = 47.04$ mm

$$d = \sqrt[3]{\frac{5.1\,T_e}{\tau_a}} = \sqrt[3]{\frac{5.1 \times 820580}{30}} = 52\,\text{mm}$$

∴ 표준규격에 의해 큰 쪽인 52 mm를 선택한다.

---

6. 출력 25 PS, 회전수 2500 rpm인 내연기관에서 회전비 $i = \dfrac{1}{5}$로 감속운전된 그림과

같은 전동축의 W = 2000 N, l = 800 mm일 때 다음 물음에 답하여라.

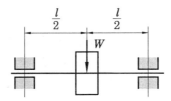

(1) 축에 작용하는 비틀림 모멘트 : T[N · mm]

(2) 축에 작용하는 굽힘 모멘트 : M[N · mm]

(3) 축의 허용 전단응력 τ_a = 30 N/mm²일 때, 최대 전단응력설에 의한 축지름 : d[mm]

 (단, 키 홈의 영향을 고려하여 $\dfrac{1}{0.75}$배 한다.)

(4) 이 축의 위험속도 : N_c[rpm] (단, E = 2.1×10⁵ N/mm², 축 자중은 무시한다.)

[해답] (1) $i = \dfrac{N_2}{N_1} = \dfrac{1}{5}$ 에서, $N_2 = \dfrac{N_1}{5} = \dfrac{2500}{5} = 500\,\text{rpm}$

$\therefore\ T = 7.02 \times 10^6 \dfrac{PS}{N_2} = 7.02 \times 10^6 \times \dfrac{25}{500} = 351000\,\text{N · mm}$

(2) $M_{\max} = \dfrac{Wl}{4} = \dfrac{2000 \times 800}{4} = 400000\,\text{N · mm}$

(3) $T_e = \tau_a \cdot Z_p = \tau_a \dfrac{\pi d^3}{16}$ 에서,

$$d = \sqrt[3]{\frac{16\,T_e}{\pi \tau_a}} = \sqrt[3]{\frac{16 \times 532166.33}{\pi \times 30}} = 44.87 = 45\,\text{mm}$$

$$T_e = \sqrt{M^2 + T^2} = \sqrt{400000^2 + 351000^2} = 532166.33\,\text{N · mm}$$

$\therefore$ key way를 고려하면, 축지름 $d = \dfrac{45}{0.75} = 60\,\text{mm}$

(4) $\delta = \dfrac{Wl^3}{48EI} = \dfrac{Wl^3}{48E\dfrac{\pi d^3}{64}} = \dfrac{4\,Wl^3}{3E\pi d^4} = \dfrac{4 \times 2000 \times 800^3}{3 \times 2.1 \times 10^5 \times \pi \times 60^4} = 0.16\,\text{mm}$

$\therefore\ N_c = \dfrac{30}{\pi} \sqrt{\dfrac{g}{\delta}} = \dfrac{30}{\pi} \sqrt{\dfrac{9.8 \times 10^3}{0.16}} = 2363.33\,\text{rpm}$

□7. 지름 160 mm, 길이 300 mm인 공기 압축기 메인 베어링이 400 rpm으로 40000 N의 최대 베어링 하중을 받는다. 최대 베어링 압력 p_a[N/mm^2]와 pv[N/mm$^2 \cdot$ m/s] 값을 계산하여라.

해답 ① $p_a = \dfrac{W}{A} = \dfrac{W}{dl} = \dfrac{40000}{160 \times 300} = 0.83 \, \text{N/mm}^2$

② $pv = \dfrac{\pi WN}{60000 \times l} = \dfrac{\pi \times 40000 \times 400}{60000 \times 300} = 2.79 \, \text{N/mm}^2 \cdot \text{m/s}$

□8. 안지름 40 mm, 바깥지름 60 mm, 접촉면의 수가 14인 다판 클러치에 의하여 1500 rpm의 4 kW를 전달한다. 마찰계수 $\mu = 0.25$라 할 때 다음 물음에 답하여라.

(1) 전동토크 : T[N·mm]

(2) 축방향으로 미는 힘 : P[N]

(3) pv값을 검토하여라. (단, 허용 pv값은 $(pv)_a = 0.21 \, \text{N/mm}^2 \cdot \text{m/s}$ 이다.)

해답 (1) $T = 9.55 \times 10^6 \dfrac{kW}{N} = 9.55 \times 10^6 \times \dfrac{4}{1500} = 25466.67 \, \text{N·mm}$

(2) $D_m = \dfrac{D_1 + D_2}{2} = \dfrac{40 + 60}{2} = 50 \, \text{mm}$

$T = \mu P \dfrac{D_m}{2} Z$에서 $P = \dfrac{2T}{\mu D_m Z} = \dfrac{2 \times 25466.67}{0.25 \times 50 \times 14} = 291.05 \, \text{N}$

(3) $pv = \dfrac{P}{\dfrac{\pi}{4}(d_2^2 - d_1^2)Z} \times \dfrac{\pi\left(\dfrac{d_2 + d_1}{2}\right)N}{60 \times 1000} = \dfrac{PN}{30000(d_2 - d_1)Z}$

$= \dfrac{291.05 \times 1500}{30000(60 - 40) \times 14} = 0.052 \, \text{N/mm}^2 \cdot \text{m/s} < 0.21 \, \text{N/mm}^2 \cdot \text{m/s}$

∴ 안전하다.

□9. 10 N당 0.4 mm 변형하는 지름 60 mm의 압축 코일 스프링이 있다. 최대하중을 2000 N까지 견딘다면 스프링 지수 $C = 7$로 하여 소재 지름 d를 구하고 스프링의 전단 응력 τ_a와 스프링 유효권수 n을 구하여라. (단, $G = 0.8 \times 10^5 \, \text{N/mm}^2$이다.)

응력수정계수 K의 값

$\dfrac{D}{d}$	4.0	4.25	4.5	4.75	5.0	5.25	5.5	6.0	6.5	7.0	7.5	8.0
K	1.39	1.36	1.34	1.32	1.30	1.28	1.27	1.24	1.22	1.20	1.18	1.17

해답 ① $C = \dfrac{D}{d}$에서, $d = \dfrac{D}{C} = \dfrac{60}{7} = 8.57\,\text{mm}$

② $\tau_a = \dfrac{8KDW}{\pi d^3} = \dfrac{8 \times 1.2 \times 60 \times 2000}{\pi \times (8.57)^3} = 582.59\,\text{N/mm}^2$

③ $\delta = \dfrac{8nD^3W}{Gd^4} = 200 \times 0.4$에서,

$n = \dfrac{(200 \times 0.4)Gd^4}{8D^3W} = \dfrac{200 \times 0.4 \times 0.8 \times 10^5 \times (8.57)^4}{8 \times 60^3 \times 2000} \fallingdotseq 10\,\text{개}$

---

10. 그림과 같은 밴드 브레이크에 의해 $H = 5\,\text{PS}$, $N = 100\,\text{rpm}$의 동력을 제동하려고 한다. $a = 150\,\text{mm}$, $d = 400\,\text{mm}$, $F = 200\,\text{N}$, 접촉각 $210°$일 때 브레이크 봉의 유효길이 $L[\text{mm}]$을 구하여라. (단, 밴드의 마찰계수 $\mu = 0.3$이다.)

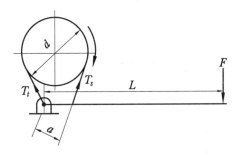

해답 $\sum M_{hinge} = 0$, $T = f\dfrac{d}{2}$에서

$T = 7.02 \times 10^6 \dfrac{PS}{N} = 7.02 \times 10^6 \times \dfrac{5}{100} = 351000\,\text{N·mm}$

$f = \dfrac{2T}{d} = \dfrac{2 \times 351000}{400} = 1755\,\text{N}$

$FL = T_s a$에서, $F = \dfrac{T_s a}{L} = \dfrac{fa}{L(e^{\mu\theta} - 1)}$

$\therefore L = \dfrac{fa}{F(e^{\mu\theta} - 1)} = \dfrac{1755 \times 150}{200(3 - 1)} = 658.13\,\text{mm}\ (e^{\mu\theta} = e^{0.3 \times \frac{210}{57.3}} = 3)$

---

11. 안지름 3 m의 용기에 최고 사용압력 $150\,\text{N/cm}^2$로 가스를 저장하는데 리벳 이음의 효율 75 %, 강판의 인장강도를 $540\,\text{N/mm}^2$, 안전율 6, $C = 1.5\,\text{mm}$일 때, 강판의 두께 (mm)는 얼마인가?

해답 $t = \dfrac{pD}{200\sigma_a \eta} + C = \dfrac{150 \times 3000}{200 \times 90 \times 0.75} + 1.5 = 34.8 \fallingdotseq 35\,\text{mm}$

$$\left(\sigma_a = \frac{\sigma_{\max}}{S} = \frac{540}{6} = 90\,\text{N/mm}^2\right)$$

12. 다음과 같은 한 쌍의 외접 평기어가 15 PS을 전달하고자 한다. 하중계수 $f_w = 0.8$ 이고, 소기어(피니언)의 지름을 100mm라 할 때 다음 물음에 답하여라. (단, 속도계수 $f_v = \dfrac{3.05}{3.05 + v}$ 이다.)

구분	허용 굽힘응력 $\sigma[\text{N/mm}^2]$	치형계수 $Y(=\pi y)$	회전수 $n[\text{rpm}]$	압력각 $\alpha[°]$	치의 폭 $b[\text{mm}]$	접촉면 허용 응력계수 $K[\text{N/mm}^2]$
소기어(pinion)	260	0.360	900	20	40	0.79
대기어(gear)	90	0.443	300			

(1) 피치 원주속도 : $v[\text{m/s}]$
(2) 전달하중 : $F[\text{N}]$
(3) 굽힘강도에 의한 모듈 : m (단, 대기어의 굽힘강도에 의하여 구하여라.)

[해답] (1) $v = \dfrac{\pi d_1 N_1}{60000} = \dfrac{\pi \times 100 \times 900}{60000} = 4.71\,\text{m/s}$

(2) $PS = \dfrac{Fv}{735}[\text{PS}]$에서

$F = \dfrac{735 PS}{v} = \dfrac{735 \times 15}{4.71} = 2340.76\,\text{N}$

(3) $F = f_v f_w \sigma_b \pi b m y = f_v f_w \sigma_b bm Y[\text{N}]$

속도계수$(f_v) = \dfrac{3.05}{3.05 + v} = \dfrac{3.05}{3.05 + 4.71} = 0.39$

$\therefore m = \dfrac{F}{f_v f_w \sigma_b b Y} = \dfrac{2340.76}{0.39 \times 0.8 \times 90 \times 40 \times 0.443} \fallingdotseq 5$

13. 3.7 kW, 750 rpm의 구동축 250 rpm으로 감속운전하는 NO. 50 롤러 체인의 파단 하중 21658 N, 피치 15.88 mm, 전동차에서 구동 스프로킷의 잇수를 17개로 할 때 다음 물음에 답하여라.

(1) 체인의 속도 : $v[\text{m/s}]$
(2) 안전율 : S
(3) 양쪽 스프로킷 휠의 잇수를 17개로 할 때 D_1, D_2를 구하여라.
(4) 링크의 수 : L_n (단, 축간거리 $C = 820\,\text{mm}$ 이다.)

해답 (1) $v = \dfrac{\pi D_1 N_1}{60 \times 1000} = \dfrac{p Z_1 N_1}{60 \times 1000} = \dfrac{15.88 \times 17 \times 750}{60 \times 1000} = 3.37\,\mathrm{m/s}$

(2) $kW = \dfrac{F_a v}{1000}$ 에서, $F_a = \dfrac{1000\,kW}{v} = \dfrac{1000 \times 3.7}{3.37} \fallingdotseq 1098\,\mathrm{N}$

$\therefore$ 안전율$(S) = \dfrac{F_u}{F_a} = \dfrac{21658}{1098} = 19.72$

(3) $\pi D_1 = p Z_1$ 에서,

$D_1 = Z_1 \dfrac{p}{\pi} = 17 \times \dfrac{15.88}{\pi} = 85.93\,\mathrm{mm}$

$\varepsilon = \dfrac{N_2}{N_1} = \dfrac{D_1}{D_2}$ 에서, $D_2 = D_1 \dfrac{N_1}{N_2} = 85.93 \times \dfrac{750}{250} = 257.79\,\mathrm{mm}$

(4) $L_n = \dfrac{2C}{p} + \dfrac{\pi(D_1 + D_2)}{2p} + \dfrac{(D_2 - D_1)^2}{4pC}$

$= \dfrac{2 \times 820}{1.88} + \dfrac{\pi(85.93 + 257.79)}{2 \times 15.88} + \dfrac{(257.79 - 85.93)^2}{4 \times 15.88 \times 820} \fallingdotseq 138\,개$

일반기계기사 (필답형)   2019년 제 2 회 시행

□1. 단판 원판 클러치의 마찰계수가 0.15, 면압력이 1.5 MPa, 클러치의 내경이 100 mm, 외경이 180 mm일 때 다음을 구하여라.

(1) 전달토크(N · m)

(2) 회전수가 300 rpm일 때 전달동력(kW)

해답 (1) $T = \mu P \dfrac{D_m}{2} = \mu \pi b q \dfrac{D_m^2}{2} = 0.15 \times \pi \times 40 \times 1.5 \times \dfrac{140^2}{2}$

$= 277088.47\,\mathrm{N} \cdot \mathrm{mm} = 277.09\,\mathrm{N} \cdot \mathrm{m}$

여기서, $D_m = \dfrac{D_1 + D_2}{2} = \dfrac{100 + 180}{2} = 140\,\mathrm{mm}$

$b = \dfrac{D_2 - D_1}{2} = \dfrac{180 - 100}{2} = 40\,\mathrm{mm}$

(2) $T = 9.55 \times 10^3 \dfrac{kW}{N}\,[\mathrm{N} \cdot \mathrm{m}]$ 에서

$kW = \dfrac{TN}{9.55 \times 10^3} = \dfrac{277.09 \times 300}{9.55 \times 10^3} \fallingdotseq 8.7\,\mathrm{kW}$

2. 1500 rpm으로 회전하는 축의 전달동력이 50 kW, 허용 전단응력이 25 MPa, 묻힘 키의 폭과 높이가 같고 축의 직경이 50 mm, 키와 축의 허용 전단응력이 같을 때 다음을 구하여라.

(1) 전달토크(N · m)

(2) 키의 길이가 축 직경의 1.5배일 때 키의 폭(mm)

해답 (1) $T = 9.55 \times 10^3 \dfrac{kW}{N} = 9.55 \times 10^3 \times \dfrac{50}{1500} = 318.33 \, \text{N} \cdot \text{m}$

(2) $\tau_k = \dfrac{P_s}{A} = \dfrac{P_s}{bl} = \dfrac{2T}{bld} = \dfrac{2T}{b(1.5d^2)}$

$\therefore \ b = \dfrac{2T}{\tau_k(1.5d^2)} = \dfrac{2 \times 318.33 \times 10^3}{25 \times (1.5 \times 50^2)} = 6.79 \fallingdotseq 7 \, \text{mm}$

---

3. 1줄 겹치기 리벳 이음의 피치가 70 mm, 강판에서 피치당 작용하는 하중이 25 kN, 강판의 두께가 24 mm, 리벳의 직경이 25 mm일 때 다음을 구하여라.

(1) 리벳의 전단응력(MPa)

(2) 강판의 인장응력(MPa)

(3) 리벳 강판의 효율(%)

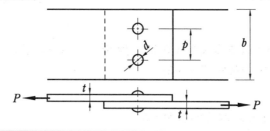

해답 (1) $\tau_r = \dfrac{P}{A} = \dfrac{P}{\dfrac{\pi d^2}{4}} = \dfrac{4P}{\pi d^2} = \dfrac{4 \times 25 \times 10^3}{\pi \times 25^2} \fallingdotseq 50.93 \, \text{MPa}$

(2) $\sigma_t = \dfrac{P}{A} = \dfrac{P}{(p-d)t} = \dfrac{25 \times 10^3}{(70-25) \times 24} \fallingdotseq 23.15 \, \text{MPa}$

(3) $\eta_t = 1 - \dfrac{d}{p} = 1 - \dfrac{25}{70} = 0.643 = 64.3 \, \%$

---

4. 18 kW, 400 rpm의 4사이클 단기통 기관에서 플라이 휠의 림 안지름(mm)을 계산하여라. (단, 각속도 변동률 $\delta = \dfrac{1}{80}$, 에너지 변동계수는 1.3, 플라이 휠의 바깥지름은 1.8 m, 림 부분의 너비는 18 cm 이고, 주철의 비중량은 0.073 N/cm³ 이다.)

해답 $T = 9.55 \times 10^3 \dfrac{kW}{N} = 9.55 \times 10^3 \times \dfrac{18}{400} = 429.75\,\mathrm{N \cdot m}$

1사이클 중에 한 일 $E = 4\pi T = 4\pi \times 429.75 = 5400.40\,\mathrm{N \cdot m}$

1사이클 동안의 에너지 변화량 $\Delta E = qE = 1.3 \times 5400.40 = 7020.52\,\mathrm{N \cdot m}$

$\omega = \dfrac{2\pi N}{60} = \dfrac{2\pi \times 400}{60} = 41.89\,\mathrm{rad/s}$ 이므로

$\Delta E = I\omega^2 \delta$에서

$I = \dfrac{\Delta E}{\omega^2 \delta} = \dfrac{7020.52}{(41.89)^2 \times \dfrac{1}{80}} = 320.07\,\mathrm{N \cdot m \cdot s^2}$

$I = \dfrac{\gamma b\pi (D_2^4 - D_1^4)}{32g}$에서

$\therefore\ D_1 = \sqrt[4]{D_2^4 - \dfrac{32gI}{\gamma b\pi}} = \sqrt[4]{1800^4 - \dfrac{32 \times 9800 \times 320.07 \times 10^3}{0.073 \times 10^{-3} \times 180 \times \pi}} \fallingdotseq 1685.26\,\mathrm{mm}$

■5. 압력각이 14.5°인 한 쌍의 기어 동력 전달장치에서 원동차와 종동차 간의 중심거리가 250 mm, 원동차의 회전수가 1500 rpm, 종동차의 회전수가 500 rpm으로 회전하고 전달동력이 18 kW일 때 다음을 구하여라.

(1) 원동차와 종동차의 직경(mm)

(2) 접선 방향 하중(N)

(3) 반경 방향 하중(N)

해답 (1) $\varepsilon = \dfrac{N_2}{N_1} = \dfrac{D_1}{D_2} = \dfrac{500}{1500} = \dfrac{1}{3}$

$C = \dfrac{D_1 + D_2}{2} = \dfrac{D_1\left(1 + \dfrac{1}{\varepsilon}\right)}{2}$

$\therefore\ D_1 = \dfrac{2C}{1 + \dfrac{1}{\varepsilon}} = \dfrac{2 \times 250}{1 + 3} = 125\,\mathrm{mm},\ \ D_2 = 3D_1 = 3 \times 125 = 375\,\mathrm{mm}$

(2) $H_{kW} = \dfrac{FV}{1000}\,[\mathrm{kW}]$에서

$F = \dfrac{1000H_{kW}}{V} = \dfrac{1000 \times 18}{9.82} \fallingdotseq 1833\,\mathrm{N}$

여기서, $V = \dfrac{\pi D_1 N_1}{60 \times 1000} = \dfrac{\pi \times 125 \times 1500}{60 \times 1000} = 9.82\,\mathrm{m/s}$

(3) $F_r = F\tan\alpha = 1833 \times \tan 14.5° \fallingdotseq 474.05\,\mathrm{N}$

6. 그림과 같은 크라운 마찰차에 있어서 주동차 A는 지름 500 mm, 주철제로서 1500 rpm이라 한다. 종동차 B는 주위에 동판이 붙어 있고 폭 40 mm, 지름 530 mm(B차의 이동범위$(x)=40 \sim 190\,\text{mm}$)이다. 최대, 최소의 회전수(rpm)와 전달동력(kW)을 구하여라. (단, $\mu=0.2$, $f=20\,\text{N/mm}$ 이다.)

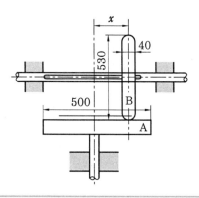

해답 $R_B = \dfrac{D_B}{2} = \dfrac{530}{2} = 265\,\text{mm}$, $N_A = 1500\,\text{rpm}$

$N_B = \dfrac{N_A}{R_B}x$ 로 B차의 회전수 N_B는 x의 증가에 따라 증가하므로 $x=40\,\text{mm}$에서 N_B는 최소이다.

$N_{B(\text{min})} = \dfrac{N_A}{R_B}x_1 = \dfrac{1500}{265}\times 40 = 226.42\,\text{rpm}$

$x=190\,\text{mm}$에서 n_B는 최대로 된다.

$N_{B(\text{max})} = \dfrac{N_A}{R_B}x_2 = \dfrac{1500}{265}\times 190 = 1075.47\,\text{rpm}$

A차를 내리누르는 힘 $F = fb = 20 \times 40 = 800\,\text{N}$

마찰차의 선속도는, 최소 $v_{\text{min}} = \dfrac{\pi(2x_1)N_A}{60000} = \dfrac{\pi\times 80\times 1500}{60000} = 6.28\,\text{m/s}$

최대 $v_{\text{max}} = \dfrac{\pi(2x_2)N_A}{60000} = \dfrac{\pi\times 380\times 1500}{60000} = 29.85\,\text{m/s}$

최소 전달동력은 B차의 최소 회전일 때

$H_{kW(\text{min})} = \dfrac{\mu F v_{\text{min}}}{1000} = \dfrac{0.2\times 800\times 6.28}{1000} = 1\,\text{kW}$

최대 전달동력은 B차의 최대 회전일 때

$H_{kW(\text{max})} = \dfrac{\mu F v_{\text{max}}}{1000} = \dfrac{0.2\times 800\times 29.85}{1000} = 4.78\,\text{kW}$

$\therefore\ N_{B(\text{min})} = 226.42\,\text{rpm}$, $N_{B(\text{max})} = 1075.47\,\text{rpm}$

$\quad H_{kW(\text{min})} = 1\,\text{kW}$, $H_{kW(\text{max})} = 4.78\,\text{kW}$

7. 그림과 같은 아이볼트에 $F_1 = 6\,\text{kN}$, $F_2 = 8\,\text{kN}$의 하중과 $F = 15\,\text{kN}$이 작용할 때 다음을 구하여라.

(1) T의 각도 $\theta[\deg]$와 크기(kN)는?

(2) 호칭지름 $10\,\text{cm}$, 피치 $3\,\text{cm}$, 골지름 $8\,\text{cm}$일 때 최대 인장응력은 몇 MPa인가?

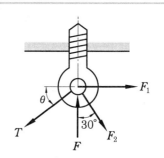

해답 (1)

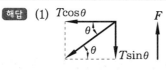

$$\sum F_x = 0 : -\, T\cos\theta + F_2\sin 30° + F_1 = 0$$
$$-\, T\cos\theta + 8\sin 30° + 6 = 0$$
$$T\cos\theta = 10 \quad \cdots\cdots\cdots\cdots\cdots\cdots\cdots\cdots\cdots\cdots\cdots ①$$
$$\sum F_y = 0 : -\, T\sin\theta + F - F_2\cos 30° = 0$$
$$-\, T\sin\theta + 15 - 8\cos 30° = 0$$
$$T\sin\theta = 8.07 \quad \cdots\cdots\cdots\cdots\cdots\cdots\cdots\cdots\cdots\cdots ②$$

②식을 ①식으로 나누면, $\tan\theta = \dfrac{8.07}{10} = 0.807$

$$\therefore\ \theta = \tan^{-1}0.807 = 38.9°$$

$\theta = 38.9°$를 ①식에 대입하면,

$$\therefore\ T = \frac{10}{\cos\theta} = \frac{10}{\cos 38.9°} = 12.85\,\text{kN}$$

(2) $\sigma_{t\cdot\max} = \dfrac{F}{A} = \dfrac{F}{\dfrac{\pi}{4}d_1^2} = \dfrac{15 \times 10^3}{\dfrac{\pi}{4} \times 80^2} = 2.98\,\text{MPa}$

---

8. 유효지름 $51\,\text{mm}$, 피치 $8\,\text{mm}$, 나사산의 각 $30°$인 미터 사다리꼴 나사(Tr) 잭의 줄수 1, 축하중 $6000\,\text{N}$이 작용한다. 너트부 마찰계수는 0.15이고, 자립면 마찰계수는 0.01, 자립면 평균지름은 $64\,\text{mm}$일 때 다음을 구하여라.

(1) 회전토크 T는 몇 N·m인가?

(2) 나사 잭의 효율은 몇 %인가?

(3) 축하중을 들어 올리는 속도가 $0.6\,\text{m/min}$일 때 전달동력은 몇 kW인가?

해답 (1) $\mu' = \dfrac{\mu}{\cos\dfrac{\alpha}{2}} = \dfrac{0.15}{\cos\dfrac{30°}{2}} = 0.1553$

$$T = \mu_1 Q r_m + Q \frac{d_e}{2}\left(\frac{p + \mu' \pi d_e}{\pi d_e - \mu' p}\right)$$

$$= (0.01 \times 6000 \times 0.032) + 6000 \frac{0.051}{2}\left(\frac{8 + 0.1553 \times \pi \times 51}{\pi \times 51 - 0.1553 \times 8}\right) = 33.57\,\text{N·m}$$

(2) $\eta = \dfrac{Qp}{2\pi T} = \dfrac{6000 \times 8}{2\pi \times 33.57 \times 10^3} = 0.2276 = 22.76\,\%$

(3) 전달동력$(H_{kW}) = \dfrac{Qv}{1000\eta} = \dfrac{6000 \times \dfrac{0.6}{60}}{1000 \times 0.2276} = 0.26\,\text{kW}$

□**9.** 다음 그림과 같이 축 중앙에 $W = 800\,\text{N}$의 하중을 받는 연강 중심원축이 양단에서 베어링으로 자유로 받쳐진 상태에서 100 rpm, 50 PS의 동력을 전달한다. 축 재료의 인장응력 $\sigma = 50\,\text{N/mm}^2$, 전단응력 $\tau = 40\,\text{N/mm}^2$이다. 다음 물음에 답하여라. (단, 키 홈의 영향은 무시한다.)

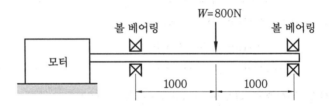

(1) 최대 전단응력설에 의한 축의 지름(mm)을 구하여라. (단, 축의 자중을 무시한다. 또, 계산으로 구한 축지름을 근거로 50, 55, 60, 65, 70, 75, 80, 85, 90 값의 직상위 값을 하중의 축지름으로 선택한다.)

(2) 축 재료의 탄성계수 $E = 2.1 \times 10^5\,\text{N/mm}^2$, 비중량 $\gamma = 0.0786\,\text{N/cm}^3$이고, 위 문제에서 구한 축지름이 80 mm라고 가정할 때 던커레이 실험 공식에 의한 이 축의 위험 속도(rpm)를 구하여라.

해답 (1) $T = 7.02 \times 10^6 \dfrac{PS}{N} = 7.02 \times 10^6 \times \dfrac{50}{100} = 3510000\,\text{N·mm}$

$M = \dfrac{Wl}{4} = \dfrac{800 \times 20000}{4} = 400000\,\text{N·mm}$

$T_e = \sqrt{M^2 + T^2} = \sqrt{(400000)^2 + (3510000)^2} = 3532718.5\,\text{N·mm}$

$d = \sqrt[3]{\dfrac{16 T_e}{\pi \tau_a}} = \sqrt[3]{\dfrac{16 \times 3532718.5}{\pi \times 40}} = 76.62\,\text{mm}$

∴ 축지름은 80 mm 산정

(2) ① 축 자중을 고려한 위험 회전수 : N_0

$N_0 = \dfrac{30}{\pi}\sqrt{\dfrac{g}{\delta_0}} = \dfrac{30}{\pi}\sqrt{\dfrac{980}{0.0195}} = 2140.76\,\text{rpm}$

$$\delta_0 = \frac{5\,Wl^4}{384EI} = \frac{5 \times 0.0786 \times \dfrac{\pi}{4} \times 8^2 \times 200^4}{384 \times 2.1 \times 10^7 \times 201.062} = 0.0195\,\text{cm}$$

$$I = \frac{\pi d^4}{64} = \frac{\pi \times 8^4}{64} = 201.062\,\text{cm}^4$$

② 중앙 집중하중의 위험도 : N_1

$$N_1 = \frac{30}{\pi}\sqrt{\frac{g}{\delta}} = \frac{30}{\pi}\sqrt{\frac{9.8 \times 10^2}{0.032}} = 1672\,\text{rpm}$$

$$\delta = \frac{Wl^3}{48EI} = \frac{800 \times 200^3 \times 64}{48 \times 2.1 \times 10^7 \times \pi \times 8^4} = 0.032\,\text{cm}$$

$$\frac{1}{N_c^2} = \frac{1}{N_0^2} + \frac{1}{N_1^2} = \frac{1}{2140.76^2} + \frac{1}{1672^2} = 5.76 \times 10^{-7}$$

$$\therefore\ N_c = \sqrt{\frac{1}{5.76 \times 10^{-7}}} \fallingdotseq 1317.62\,\text{rpm}$$

---

10. 자동 브레이크에서 그림과 같이 $P = 3410\,\text{N}$ 이 원둘레에 작용하고 벨트의 마찰계수 $\mu = 0.18$, $\theta = 240°$, $a = 5\,\text{mm}$, $b = 15\,\text{mm}$, $l = 80\,\text{mm}$ 일 때 다음을 구하여라.

(1) 브레이크 밴드의 장력 T_1, $T_2[\text{N}]$

(2) 레버 끝에 가하는 힘 $F[\text{N}]$

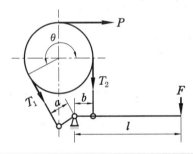

해답 (1) $P = T_t - T_s = 3410\,\text{N}$

$$e^{\mu\theta} = e^{0.18\left(\frac{240}{57.3}\right)} = 2.13$$

$$T_1(T_t) = P\frac{e^{\mu\theta}}{e^{\mu\theta}-1} = 3410 \times \frac{2.13}{2.13-1} = 6427.7\,\text{N}$$

$$T_2(T_s) = P\frac{1}{e^{\mu\theta}-1} = 3410 \times \frac{1}{2.31-1} = 3017.7\,\text{N}$$

(2) $T_1 a = T_2 b - Fl$ 에서

$$\therefore\ F = \frac{T_2 b - T_1 a}{l} = \frac{(3017.7 \times 15 - 6427.7 \times 5)}{80} = 164.09\,\text{N}$$

11. 출력 25 PS, 회전수 2500 rpm인 내연기관에서 회전비 $i = \dfrac{1}{5}$ 로 감속운전된 그림과 같은 전동축의 $W = 2000$ N, $l = 800$ mm일 때 다음 물음에 답하여라.

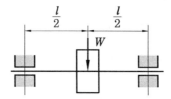

(1) 축에 작용하는 비틀림 모멘트 : T[N·mm]

(2) 축에 작용하는 굽힘 모멘트 : M[N·mm]

(3) 축의 허용 전단응력 $\tau_a = 30$ N/mm²일 때, 최대 전단응력설에 의한 축지름 : d[mm]

 (단, 키 홈의 영향을 고려하여 $\dfrac{1}{0.75}$ 배 한다.)

(4) 이 축의 위험속도 : N_c[rpm] (단, $E = 2.1 \times 10^5$ N/mm², 축 자중은 무시한다.)

해답 (1) $i = \dfrac{N_2}{N_1} = \dfrac{1}{5}$ 에서, $N_2 = \dfrac{N_1}{5} = \dfrac{2500}{5} = 500\,\text{rpm}$

$\therefore\ T = 7.02 \times 10^6 \dfrac{PS}{N_2} = 7.02 \times 10^6 \times \dfrac{25}{500} = 351000\,\text{N·mm}$

(2) $M_{\max} = \dfrac{Wl}{4} = \dfrac{2000 \times 800}{4} = 400000\,\text{N·mm}$

(3) $T_e = \tau_a \cdot Z_p = \tau_a \dfrac{\pi d^3}{16}$ 에서,

$d = \sqrt[3]{\dfrac{16\,T_e}{\pi \tau_a}} = \sqrt[3]{\dfrac{16 \times 532166.33}{\pi \times 30}} = 44.87 \fallingdotseq 45\,\text{mm}$

$T_e = \sqrt{M^2 + T^2} = \sqrt{400000^2 + 351000^2} = 532166.33\,\text{N·mm}$

$\therefore$ key way를 고려하면, 축지름 $d = \dfrac{45}{0.75} \fallingdotseq 60\,\text{mm}$

(4) $\delta = \dfrac{Wl^3}{48EI} = \dfrac{Wl^3}{48E \dfrac{\pi d^3}{64}} = \dfrac{4\,Wl^3}{3E\pi d^4} = \dfrac{4 \times 2000 \times 800^3}{3 \times 2.1 \times 10^5 \times \pi \times 60^4} = 0.16\,\text{mm}$

$\therefore\ N_c = \dfrac{30}{\pi} \sqrt{\dfrac{g}{\delta}} = \dfrac{30}{\pi} \sqrt{\dfrac{9.8 \times 10^3}{0.16}} \fallingdotseq 2363.33\,\text{rpm}$

일반기계기사 (필답형)

☐**1.** 1줄 겹치기 리벳 이음에서 리벳의 지름이 13 mm, 리벳의 허용 전단응력이 60 MPa 이라 할 때 다음을 구하여라. (단, 판의 두께는 10 mm이고, 리벳 구멍 지름은 14 mm, 강판의 허용 인장응력은 80MPa이다.)

(1) 강판의 피치(p)

(2) 강판의 효율(η_t)

해답 (1) $W = \sigma_a(p - d)t$에서 $p = d + \dfrac{W}{\sigma_a t} = 14 + \dfrac{7963.94}{80 \times 10} = 23.95 \, \text{mm}$

$$W = \tau A = \tau \frac{\pi d^2}{4} = 60 \times \frac{\pi \times 13^2}{4} = 7963.94 \, \text{N}$$

(2) $\eta_t = 1 - \dfrac{d}{p} = 1 - \dfrac{14}{23.95} = 0.415 = 41.5\,\%$

☐**2.** 평벨트 전동에서 3.6 kW로 동력을 전달하고 원동차의 지름이 500 mm, 회전수가 750rpm, 마찰계수가 0.3, 원동차 풀리의 접촉각이 162°, 벨트의 허용응력이 5 MPa, 이음 효율이 80 %, 벨트의 두께가 4 mm일 때 다음을 구하여라.

(1) 유효 장력 P_e[N]

(2) 긴장측 장력 T_t[N]

(3) 벨트의 폭 b[mm]

해답 (1) 유효 장력$(P_e) = \dfrac{H_{kW}}{V} = \dfrac{3.6 \times 10^3}{19.63} = 183.39 \, \text{N}$

$$V = \frac{\pi D_1 N_1}{60000} = \frac{\pi \times 500 \times 750}{60000} = 19.63 \, \text{m/s}$$

(2) $T_t = P_e \dfrac{e^{\mu\theta}}{e^{\mu\theta} - 1} = 183.39 \times \dfrac{2.34}{2.34 - 1} = 320.25 \, \text{N}$

$$e^{\mu\theta} = e^{0.3\left(\frac{162}{57.3}\right)} = 2.34$$

(3) $\sigma_a = \dfrac{T_t}{A\eta} = \dfrac{T_t}{bt\eta}$[MPa]에서

$$b = \frac{T_t}{\sigma_a t \eta} = \frac{320.25}{5 \times 4 \times 0.8} = 20.02 \, \text{mm}$$

□3. 코일 스프링이 축하중 2500 N을 받아 처짐이 30 mm이고, 코일의 평균지름(D)= 80 mm, 스프링 지수가 5일 때 다음을 구하여라. (단, 가로탄성계수 $G = 83\,\text{GPa}$이다.)

(1) 유효감김수(n)

(2) 최대 전단응력(MPa) (단, 왈의 응력수정계수(Wahl's coefficient) $K = \dfrac{4C-1}{4C-4} + \dfrac{0.615}{C}$ 이다.)

해답 (1) $\delta = \dfrac{8nD^3W}{Gd^4} = \dfrac{8nC^3W}{Gd}$ 에서

$n = \dfrac{Gd\delta}{8C^3W} = \dfrac{83\times10^3\times16\times30}{8\times5^3\times2500} = 15.936 ≒ 16\,권$

여기서, $d = \dfrac{D}{C} = \dfrac{80}{5} = 16\,\text{mm}$

(2) $\tau_{\max} = K\dfrac{8WD}{\pi d^3} = K\dfrac{8WC}{\pi d^2} = 1.31\times\dfrac{8\times2500\times5}{\pi\times16^2} = 162.89\,\text{MPa}$

여기서, $K = \dfrac{4C-1}{4C-4} + \dfrac{0.615}{C} = \dfrac{4\times5-1}{4\times5-4} + \dfrac{0.615}{5} = 1.31$

□4. 500 rpm으로 회전하고 있는 원추 클러치에서 외경이 160 mm, 내경이 150 mm이고, 폭이 35 mm이다. 작용하는 접촉면의 압력은 200 kPa, 마찰계수가 0.25일 때 다음을 구하여라.

(1) 전달토크(N · m)
(2) 전달동력(kW)
(3) 원추각의 반각 $\alpha[°]$
(4) 축방향으로 미는 힘(N)

해답 (1) $T = \mu Q\dfrac{D_m}{2} = 0.25\times3408.63\times\dfrac{155}{2} = 66042.21\,\text{N · mm} = 66.04\,\text{N · m}$

$Q = PA = P(\pi D_m b) = 200\times10^{-3}(\pi\times155\times35) ≒ 3408.63\,\text{N}$

$D_m = \dfrac{D_1+D_2}{2} = \dfrac{150+160}{2} = 155\,\text{mm}$

(2) $T = 9.55\times10^6\dfrac{kW}{N}\,[\text{N · mm}]$에서

$kW = \dfrac{TN}{9.55\times10^6} = \dfrac{66042.21\times500}{9.55\times10^6} ≒ 3.46\,\text{kW}$

(3) $b = \dfrac{D_2-D_1}{2\sin\alpha}$ 에서 $\sin\alpha = \dfrac{D_2-D_1}{2b}$

$$\therefore \ \alpha = \sin^{-1}\left(\frac{D_2 - D_1}{2b}\right) = \sin^{-1}\left(\frac{160 - 150}{2 \times 35}\right) \fallingdotseq 8.21°$$

※ 여기서, α는 원추정각의 반각이다.

(4) 축방향으로 미는 힘$(P) = Q(\sin\alpha + \mu\cos\alpha)$

$$= 3408.63\,(\sin 8.21° + 0.25 \times \cos 8.21°) \fallingdotseq 1330.18\,\mathrm{N}$$

◻5. 배관의 안지름이 200 mm, 유량이 40 L/s, 내압이 3 MPa, 배관 재료의 허용응력이 12 MPa, 푸아송비가 0.25일 때 다음을 구하여라.

(1) 평균유속 V_m[m/s]

(2) 배관의 최소 두께 (mm)

(3) 최대 바깥지름 (mm)

해답 (1) $Q = A\,V_m$[m/s]에서

$$V_m = \frac{Q}{A} = \frac{40 \times 10^{-3}}{\frac{\pi}{4} \times 0.2^2} = 1.27\,\mathrm{m/s}\,(Q = 40\,\mathrm{L/s} = 40 \times 10^{-3}\,\mathrm{m^3/s})$$

(2) $t = r\left(\sqrt{\dfrac{\sigma_a + P(1-\mu)}{\sigma_a - P(1+\mu)}} - 1\right) = \dfrac{d}{2}\left(\sqrt{\dfrac{\sigma_a + P(1-\mu)}{\sigma_a - P(1+\mu)}} - 1\right)$

$$= \frac{200}{2}\left(\sqrt{\frac{12 + 3\,(1 - 0.25)}{12 - 3\,(1 + 0.25)}} - 1\right) \fallingdotseq 31.43\,\mathrm{mm}$$

(3) $d_o = d + 2t = 200 + 2 \times 31.43 \fallingdotseq 262.86\,\mathrm{mm}$

◻6. 형강이 그림과 같이 4측 필릿 용접 이음으로 장치되어 60 kN의 하중을 받고 있다. 이때 용접부에 생기는 최대 전단응력($\tau_{\max}$)을 구하여라. (단, 용접 다리 길이(size)는 8 mm이다.)

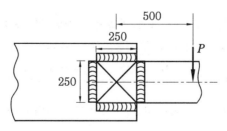

해답 $\tau_1 = \dfrac{W}{A} = \dfrac{W}{tl} = \dfrac{W}{0.707 \times f \times 2\,(l_1 + b)} = \dfrac{60 \times 10^3}{0.707 \times 8 \times 2\,(250 + 250)} \fallingdotseq 10.61\,\mathrm{MPa}$

$$r_{\max} = \sqrt{\frac{l_1^2 + b^2}{4}} = \sqrt{\frac{250^2 + 250^2}{4}} = 176.78\,\mathrm{mm}$$

$$I_p = \frac{(l_1 + b)^3}{6} \times 0.707f = \frac{(250 + 250)^3}{6} \times 0.707 \times 8 \fallingdotseq 1.18 \times 10^8 \, \text{mm}^4$$

$$\tau_2 = \frac{WL r_{\max}}{I_p} = \frac{60000 \times 500 \times 176.78}{1.18 \times 10^8} \fallingdotseq 44.92 \, \text{MPa}$$

$$\therefore \; \tau_{\max} = \sqrt{\tau_1^2 + \tau_2^2 + 2\tau_1 \tau_2 \cos\theta}$$

$$= \sqrt{10.61^2 + 44.92^2 + 2 \times 10.61 \times 44.92 \cos 45°} \fallingdotseq 52.96 \, \text{MPa}$$

※ $\tan\theta = \dfrac{b}{l_1} = \dfrac{250}{250} = 1$

$\therefore \; \theta = \tan^{-1} 1 = 45°$

□**7.** 다음 그림과 같은 에반스 마찰차를 설계함에 있어서 속도비 $\dfrac{1}{3} \sim 3$의 범위로 원동

차가 750 rpm으로 3 kW를 전달시킨다. 양축 사이의 중심거리를 $300 \, \text{mm}$라 할 때 다음
을 구하여라. (단, 가죽의 허용 접촉선 압력은 $14.8 \, \text{N/mm}$, 마찰계수는 0.2이다.)

(1) 최소 지름 $D_A[\text{mm}]$, 최대 지름 $D_B[\text{mm}]$

(2) 경사면에 수직으로 작용하는 하중(N)

(3) 두께를 고려한 마찰면 가죽의 폭(mm)

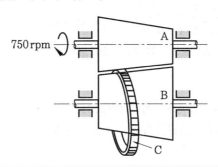

해답 (1) 양차 모두 같은 치수라 하고 가죽의 두께를 무시하여 양차의 최대, 최소 지름
을 구한다. D_A : A차의 최소 지름, D_B : B차의 최대 지름이라 하면, $D_B = 3D_A$

양축 간의 거리$(C) = \dfrac{D_A + D_B}{2} = \dfrac{D_A + 3D_A}{2} = 2D_A = 300$

$\therefore \; D_A = 150 \, \text{mm}, \; D_B = 3D_A = 3 \times 150 = 450 \, \text{mm}$

(2) $V = \dfrac{\pi D_A N_A}{60000} = \dfrac{\pi \times 150 \times 750}{60000} = 5.89 \, \text{m/s}$

$H_{kW} = \dfrac{\mu P V}{1000}$에서 $P = \dfrac{1000 H_{kW}}{\mu V} = \dfrac{1000 \times 3}{0.2 \times 5.89} = 2546.69 \, \text{N}$

(3) $b = \dfrac{P}{P_0} = \dfrac{2546.69}{14.8} = 172.07 \, \text{mm}$

8. 지름이 80 mm인 축이 250 rpm으로 회전하고 동력 15 kW를 전달하고자 할 때 다음을 구하여라. (단, 키의 길이는 50mm, 키의 허용 전단응력은 35 MPa, 키의 허용 압축응력은 120 MPa이다.)

(1) 키의 폭(mm)

(2) 키의 높이(mm)

해답 (1) $T = 9.55 \times 10^6 \dfrac{kW}{N} = 9.55 \times 10^6 \times \dfrac{15}{250} = 573000\,\mathrm{N \cdot mm}$

$\tau_k = \dfrac{P}{A} = \dfrac{P}{bl} = \dfrac{2T}{bld}[\mathrm{MPa}]$ 에서

$b = \dfrac{2T}{\tau_k ld} = \dfrac{2 \times 573000}{35 \times 50 \times 80} = 8.19\,\mathrm{mm}$

(2) $\sigma_c = \dfrac{P}{A} = \dfrac{P}{tl} = \dfrac{2P}{hl} = \dfrac{4T}{hld}[\mathrm{MPa}]$ 에서

$h = \dfrac{4T}{\sigma_c ld} = \dfrac{4 \times 573000}{120 \times 50 \times 80} = 4.775 = 4.78 ≒ 5\,\mathrm{mm}$

9. 스퍼 기어 동력 전달장치의 모듈이 5, 이의 폭이 25 mm인 한 쌍의 외접 스퍼 기어에서 기어의 허용 굽힘응력은 90 MPa이고 피니언(pinion)의 잇수가 24개, 기어의 잇수가 48개이며, 원주속도 10 m/s로 동력을 전달할 때 다음을 구하여라. (단, 속도계수 $f_v = \dfrac{3.05}{3.05 + v}$, 하중계수 $f_w = 0.85$, 치형계수 $Y_1 = 0.48$, $Y_2 = 0.32$이다.)

(1) 굽힘강도에 의한 기어의 필요 최소 전달력(N)

(2) 면압강도에 따른 허용 굽힘력(N) (단, 비응력계수 $K = 1.98\,\mathrm{N/mm^2}$이다.)

(3) 최대 전달동력(kW)

해답 (1) ① 피니언(pinion)의 굽힘강도 F_1

$= f_v f_w \sigma_b bm\, Y_1 = 0.234 \times 0.85 \times 90 \times 25 \times 5 \times 0.48 = 1074.06\,\mathrm{N}$

② 기어의 굽힘강도 F_2

$= f_v f_w \sigma_b bm\, Y_2 = 0.234 \times 0.85 \times 90 \times 25 \times 5 \times 0.32 = 716.04\,\mathrm{N}$

∴ 작은 값인 716.04 N을 선택한다.

보통 저속용($v = 0.5 \sim 10$ m/s) 기어일 때

속도계수(f_v) $= \dfrac{3.05}{3.05 + v} = \dfrac{3.05}{3.05 + 10} = 0.234$

(2) $F_3 = f_v Kbm \left(\dfrac{2Z_1 Z_2}{Z_1 + Z_2} \right) = 0.234 \times 1.98 \times 25 \times 5 \times \dfrac{2 \times 24 \times 48}{24 + 48} = 1853.28\,\mathrm{N}$

(3) $H_{kW} = \dfrac{F_2 v}{1000} = \dfrac{716.04 \times 10}{1000} = 7.16 \, \text{kW}$

---

10. #6205 단열 볼 베어링($C = 17 \, \text{kN}$)의 허용 한계속도지수가 300000이고 수명시간이 50000시간일 때 다음을 구하여라.

(1) 베어링의 최대 사용 회전수(rpm)

(2) 베어링 수명을 고려한 최대 하중(kN) (단, 최대 회전수의 속도를 절반으로 제한한다.)

[해답] (1) 허용 한계속도지수($dN_{\max}$) = 300000

$$\therefore \ N_{\max} = \frac{300000}{d} = \frac{300000}{25} = 12000 \, \text{rpm}$$

#6205이므로 베어링 안지름(d) = $5 \times 5 = 25 \, \text{mm}$

(2) $P = \dfrac{C \sqrt[r]{10^6}}{\sqrt[r]{L_h \times 60N}} = \dfrac{17 \times 10^3 \times \sqrt[3]{10^6}}{\sqrt[3]{50000 \times 60 \times 6000}} = 648.67 \, \text{N} = 0.65 \, \text{kN}$

여기서, $N = \dfrac{N_{\max}}{2} = \dfrac{12000}{2} = 6000 \, \text{rpm}$

---

11. 축하중 60000 N이 작용하는 나사산의 각이 30°인 사다리꼴 나사잭의 나사의 유효경이 50 mm, 피치가 8 mm, 나사면의 마찰계수가 0.15, 칼라부 평균반경이 30 mm, 칼라부의 마찰계수가 0.13일 때 다음을 구하여라.

(1) 나사를 들어 올리기 위한 토크(N · m)

(2) 나사 효율(%)

(3) 속도가 0.1 m/s일 때 효율을 고려한 전달동력(kW)

[해답] (1) $T = T_1 + T_2 = \mu_c Q R_m + Q \dfrac{d_e}{2} \left(\dfrac{p + \mu' \pi d_e}{\pi d_e - \mu' p} \right)$

$= Q \left(\mu_c R_m + \dfrac{d_e}{2} \times \dfrac{p + \mu' \pi d_e}{\pi d_e - \mu' p} \right) = 60000 \left(0.13 \times 30 + \dfrac{50}{2} \times \dfrac{8 + 0.16 \times \pi \times 50}{\pi \times 50 - 0.16 \times 8} \right)$

$= 552993.77 \, \text{N} \cdot \text{mm} = 553 \, \text{N} \cdot \text{m}$

(2) $\eta = \dfrac{Qp}{2\pi T} = \dfrac{60000 \times 8}{2\pi \times 552993.77} = 0.138 = 13.8 \, \%$

(3) $H_{kW} = \dfrac{Qv}{\eta} = \dfrac{60000 \times 0.1}{0.138} \times 10^{-3} = 43.48 \, \text{kW}$

□**1.** 단열 앵귤러 볼베어링 7210형 베어링 규격의 일부분이다. $F_r = 3430$ N의 레이디얼 하중과 $F_a = 4547.2$ N의 스러스트 하중이 작용하고 있을 때 다음을 구하여라. (단, 외륜은 고정하고 내륜 회전으로 사용하며 기본 동적 부하 용량 $C = 31850$ N, 기본 정적 부하 용량 $C_0 = 25480$ N, 하중계수 $f_w = 1.3$ 이다.)

베어링 형식	내륜 회전 하중	외륜 회전 하중	단열		복렬				e
			$\dfrac{F_a}{VF_r} > e$		$\dfrac{F_a}{VF_r} \leq e$		$\dfrac{F_a}{VF_r} > e$		
	V		X	Y	X	Y	X	Y	
단열 앵귤러 볼베어링	1	1	0.44	1.12	1	1.26	0.72	1.82	0.5

(1) 등가 레이디얼 하중 P_e [N]

(2) 정격수명 L_n [rev]

(3) 초당 15회전하고, 1일 5시간을 사용하는 베어링이라면 베어링을 안전하게 사용할 수 있는 일수를 구하여라.

해답 (1) $\dfrac{F_a}{VF_r} = \dfrac{4547.2}{1 \times 3430} = 1.325, \ e = 0.5$

$\dfrac{F_a}{VF_r} > e$ 단열이므로 표에서 $X = 0.44, \ Y = 1.12$

$P_e = XVF_r + YF_a$

$\quad = 0.44 \times 1.0 \times 3430 + 1.12 \times 4547.2 = 6602.06$ N

(2) $L_n = \left(\dfrac{C}{f_w P_e}\right)^r \times 10^6 = \left(\dfrac{31850}{1.3 \times 6602.06}\right)^3 \times 10^6 = 51.1 \times 10^6$ rev

(3) 수명시간$(L_h) = \dfrac{L_n}{60N} = \dfrac{51.1 \times 10^6}{60 \times 900} = 946.3$ hr

$1\,\mathrm{s} = \dfrac{1}{60}\min$ 이므로

분당 회전수$(N) = 15 \times 60 = 900$ rev/min(rpm)

사용일수(day) $= \dfrac{946.3}{5} = 189.26$ 일 ≒ 189 일

2. 코일 스프링에서 하중이 3000 N 작용할 때의 처짐이 $\delta=50$ mm로 되고 소선의 지름 $d=16$ mm, 평균지름 $D=144$ mm, 전단탄성계수 $G=80$ GPa이다. 다음을 구하여라.

(1) 유효 감김수 n

(2) 최대전단응력 $\tau[\mathrm{MPa}]$

해답 (1) $n=\dfrac{Gd^4\delta}{8\,WD^3}=\dfrac{80\times10^3\times16^4\times50}{8\times3000\times144^3}\fallingdotseq4$ 권

(2) $\tau=K\dfrac{8\,WD}{\pi d^3}=1.16\times\dfrac{8\times3000\times144}{\pi\times16^3}\fallingdotseq311.55\,\mathrm{MPa}$

왈의 수정계수$(K)=\dfrac{4C-1}{4C-4}+\dfrac{0.615}{C}=\dfrac{4\times9-1}{4\times9-4}+\dfrac{0.615}{9}\fallingdotseq1.16$

여기서, 스프링 지수$(C)=\dfrac{D}{d}=\dfrac{144}{16}=9$

3. 전위 기어의 사용 목적 4가지를 적어라.

해답 ① 중심거리를 자유롭게 조절하기 위하여

② 이의 간섭에 따른 언더컷(undercut)을 방지하기 위하여

③ 이의 강도를 개선하기 위하여

④ 물림률을 증가시키기 위하여

⑤ 최소잇수를 적게 하기 위하여

※ 위의 사용 목적 중 4가지만 적으면 된다.

4. 바깥지름이 50mm이고 안지름이 42 mm인 1줄 사각나사를 50 mm 전진시키는 데 5회전하였다. 축방향으로 작용하는 하중이 3 kN일 때 다음을 구하여라. (단, 나사의 마찰계수는 0.12이다.)

(1) 나사의 피치(mm)

(2) 나사의 체결력(N)

(3) 나사의 효율(%)

해답 (1) 5회전할 때 50 mm 전진하므로 1회전할 때 전진 거리인 리드(l)를 구하면

$l=\dfrac{50}{5}=10$ mm

$l=np$이므로 1줄 나사인 경우 $l=1\times p=p$

따라서 나사의 피치$(p)=$리드$(l)=10$ mm

참고 리드(lead) : 나사를 한 바퀴 돌릴 때 축방향으로 이동한 거리(l)

(2) 나사의 체결력$(P) = Q\tan(\lambda + \rho)$

$$= 3000 \times \tan(3.96° + 6.84°) = 572.28\,\text{N}$$

리드각$(\lambda) = \tan^{-1}\left(\dfrac{p}{\pi d_e}\right) = \tan^{-1}\left(\dfrac{10}{\pi \times 46}\right) ≒ 3.96°$

마찰각$(\rho) = \tan^{-1}\mu = \tan^{-1}0.12 ≒ 6.84°$

유효지름$(d_e) = \dfrac{d_1 + d_2}{2} = \dfrac{42 + 50}{2} = 46\,\text{mm}$

(3) 나사의 효율$(\eta) = \dfrac{\tan\lambda}{\tan(\lambda + \rho)} = \dfrac{\tan 3.96°}{\tan(3.96° + 6.84°)} ≒ 36.29\,\%$

□**5.** 다음 그림과 같이 표준 평기어 전동장치 모터의 전달동력은 6 kW, 분당 회전수는 2000 rpm이다. 피니언의 잇수 $Z_1 = 18$, 모듈 $m = 3$, 압력각 $\alpha = 20°$일 때 다음을 구하여라. (단, 속도비$(i) = \dfrac{1}{3}$이다.)

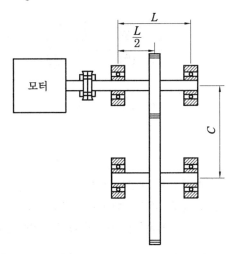

(1) 축간 거리 $C\,[\text{mm}]$
(2) 종동축에 작용하는 토크 $T_2\,[\text{N}\cdot\text{mm}]$
(3) 평기어에 작용하는 접선력(전달하중) $P\,[\text{N}]$

해답 (1) 축간 거리$(C) = \dfrac{m(Z_1 + Z_2)}{2} = \dfrac{3 \times (18 + 54)}{2} = 108\,\text{mm}$

속도비$(i) = \dfrac{N_2}{N_1} = \dfrac{Z_1}{Z_2} = \dfrac{1}{3}$에서 $Z_2 = 3Z_1 = 3 \times 18 = 54$

(2) 종동축에 작용하는 토크(T_2)

$$= 9.55 \times 10^6 \dfrac{kW}{N_2} = 9.55 \times 10^6 \times \dfrac{6}{\left(\dfrac{2000}{3}\right)} = 85950\,\text{N}\cdot\text{mm}$$

(3) $kW = \dfrac{PV}{1000}$ 에서 $P = \dfrac{1000kW}{V} = \dfrac{1000 \times 6}{5.65} = 1061.95\,\text{N}$

$V = \dfrac{\pi D_1 N_1}{60000} = \dfrac{\pi (mZ_1)N_1}{60000} = \dfrac{\pi \times (3 \times 18) \times 2000}{60000} = 5.65\,\text{m/s}$

◻**6.** 다음 그림과 같이 전달마력 $H = 25\,\text{PS}$, 회전수 $N = 2000\,\text{rpm}$인 모터가 회전비 $i = \dfrac{1}{8}$로 감속 운전되는 기어축이 있다. 종동기어의 피치원 지름 $D_B = 400\,\text{mm}$, 축간거리 $C = 800\,\text{mm}$, 축 Ⅱ의 길이 $L = 800$일 때 다음을 구하여라. (단, 보는 단순 지지된 단순보 형태이며, 스퍼 기어의 압력각은 20°이다.)

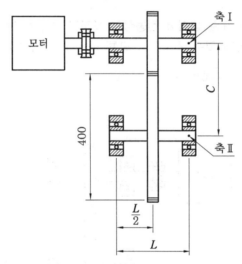

(1) 축 Ⅱ에 작용하는 비틀림 모멘트 $T[\text{N} \cdot \text{mm}]$

(2) 축 Ⅱ에 작용하는 굽힘 모멘트 $M[\text{N} \cdot \text{mm}]$ (단, 축과 스퍼 기어의 자중은 무시한다.)

(3) 최대 주응력설에 의한 축 Ⅱ의 지름 $d[\text{mm}]$ (단, 축의 허용 굽힘응력 $\sigma_b = 70\,\text{MPa}$이고, 축의 지름은 키 홈의 영향을 고려하여 $\dfrac{1}{0.75}$배 한다.)

(4) 축 Ⅱ의 위험속도 $N_{cr}[\text{rpm}]$ (단, 축의 자중은 무시하며 축의 종탄성계수 $E = 205.8\,\text{GPa}$이다.)

해답 (1) $T = 7.02 \times 10^6 \dfrac{PS}{N}\left(\dfrac{1}{i}\right) = 7.02 \times 10^6 \times \dfrac{25}{2000} \times 8 = 702000\,\text{N} \cdot \text{mm}$

(2) $T = F_t \dfrac{D_B}{2}[\text{N} \cdot \text{mm}]$에서 $F_t = \dfrac{2T}{D_B} = \dfrac{2 \times 702000}{400} = 3510\,\text{N}$

$F_n = \dfrac{F_t}{\cos \alpha} = \dfrac{3510}{\cos 20°} = 3735.26\,\text{N}$

$M = \dfrac{F_n L}{4} = \dfrac{3735.26 \times 800}{4} = 747052\,\text{N} \cdot \text{mm}$

(3) $M_e = \dfrac{1}{2}(M + \sqrt{M^2 + T^2})$

$\qquad = \dfrac{1}{2}(747052 + \sqrt{747052^2 + 702000^2}) \fallingdotseq 886090.80 \, \text{N} \cdot \text{mm}$

$M_e = \sigma_b Z = \sigma_b \dfrac{\pi d_0^3}{32}$ 에서

$d_0 = \sqrt[3]{\dfrac{32 M_e}{\pi \sigma_b}} = \sqrt[3]{\dfrac{32 \times 886090.80}{\pi \times 70}} = 50.52 \, \text{mm}$

$\therefore$ 키 홈을 고려한 축의 지름$(d) = \dfrac{d_0}{0.75} = \dfrac{50.52}{0.75} \fallingdotseq 67.36 \, \text{mm}$

(4) $\delta = \dfrac{F_n L^3}{48 EI} = \dfrac{F_n L^3}{48 E\left(\dfrac{\pi d^4}{64}\right)} = \dfrac{3735.26 \times 800^3}{48 \times 205.8 \times 10^3 \times \left(\dfrac{\pi \times 67.36^4}{64}\right)} \fallingdotseq 0.192 \, \text{mm}$

$N_{cr} = \dfrac{30}{\pi} \sqrt{\dfrac{g}{\delta}} = \dfrac{30}{\pi} \sqrt{\dfrac{9800}{0.192}} \fallingdotseq 2157.42 \, \text{rpm}$

◻7. 다음 그림은 코터 이음으로 축에 작용하는 인장하중이 $49 \, \text{kN}$이고, 로드의 지름 $d = 75 \, \text{mm}$, 구멍 부분의 로드 지름 $d_1 = 70 \, \text{mm}$, 코터의 두께 $t = 20 \, \text{mm}$, 코터의 폭 $b = 90 \, \text{mm}$, 소켓의 바깥지름 $D = 140 \, \text{mm}$, 소켓 끝에서 코터 구멍까지의 거리 $h = 45 \, \text{mm}$일 때, 다음을 구하여라. (단, 실제하중은 인장하중의 1.25배이다.)

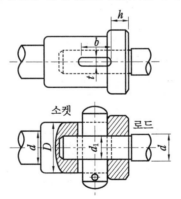

(1) 로드의 코터 구멍 부분의 인장응력 $\sigma_t [\text{MPa}]$

(2) 소켓의 전단응력 $\tau_s [\text{MPa}]$

(3) 코터의 굽힘응력 $\sigma_b [\text{MPa}]$

해답 (1) $\sigma_t = \dfrac{P_a}{A} = \dfrac{P_a}{\dfrac{\pi d_1^2}{4} - t d_1} = \dfrac{61250}{\dfrac{\pi \times 70^2}{4} - 20 \times 70} = 25.02 \, \text{MPa}$

$\qquad$ 실제하중$(P_a) = 1.25 \times P_t = 1.25 \times 49000 = 61250 \, \text{N}$

(2) $\tau_s = \dfrac{P_a}{A} = \dfrac{P_a}{2(D-d_1)h} = \dfrac{61250}{2\times(140-70)\times45} = 9.72\,\text{MPa}$

(3) $\sigma_b = \dfrac{M_{\max}}{Z} = \dfrac{\dfrac{P_aD}{8}}{\dfrac{tb^2}{6}} = \dfrac{3P_aD}{4tb^2} = \dfrac{3\times61250\times140}{4\times20\times90^2} \fallingdotseq 39.70\,\text{MPa}$

---

8. 평벨트 바로 걸기 전동에서 지름이 각각 $150\,\text{mm}$, $450\,\text{mm}$ 의 풀리가 $2\,\text{m}$ 떨어진 두 축 사이에 설치되어 $1800\,\text{rpm}$ 으로 $5\,\text{kW}$ 를 전달할 때 다음을 계산하여라. (단, 벨트의 폭 $(b) = 140\,\text{mm}$, 두께$(t) = 5\,\text{mm}$, 벨트의 단위 길이당 무게$(w) = 0.001bt\,[\text{N/m}]$, 마찰계 수는 0.25 이다.)

(1) 유효장력(P_e)은 몇 N 인가?

(2) 긴장측 장력(T_t)은 몇 N 인가?

(3) 이완측 장력(T_s)은 몇 N 인가?

해답 (1) $V = \dfrac{\pi D_1 N_1}{60000} = \dfrac{\pi\times150\times1800}{60000} \fallingdotseq 14.14\,\text{m/s}$

$H_{kW} = \dfrac{P_e V}{1000}$ 에서 $P_e = \dfrac{1000 H_{kW}}{V} = \dfrac{1000\times5}{14.14} \fallingdotseq 353.61\,\text{N}$

(2) $\theta = 180° - 2\sin^{-1}\left(\dfrac{D_2 - D_1}{2C}\right) = 180° - 2\sin^{-1}\left(\dfrac{450-150}{2\times2000}\right) = 171.4°$

장력비$(e^{\mu\theta}) = e^{0.25\left(\frac{171.4}{57.3}\right)} = 2.11$

$w = 0.001bt = 0.001\times140\times5 = 0.7\,\text{N/m}$

$T_g = \dfrac{wV^2}{g} = \dfrac{0.7\times14.14^2}{9.8} = 14.28\,\text{N}$

$T_t = P_e\dfrac{e^{\mu\theta}}{e^{\mu\theta}-1} + T_g = 353.61\times\dfrac{2.11}{2.11-1} + 14.28 = 686.46\,\text{N}$

(3) $T_s = P_e\dfrac{1}{e^{\mu\theta}-1} + T_g = 353.61\times\dfrac{1}{2.11-1} + 14.28 = 332.85\,\text{N}$

---

9. 원동차의 회전속도는 $1800\,\text{rpm}$, 지름은 $150\,\text{mm}$, 축간거리는 $1100\,\text{mm}$ 인 V벨트 풀리가 있다. 전달동력 $5\,\text{kW}$, 속도비는 $\dfrac{1}{4}$, 마찰계수는 0.32, 벨트 길이당 질량은 $0.12\,\text{kg/m}$, 홈의 각도는 $40°$ 이다. 다음을 구하여라.

(1) 벨트의 길이 $L[\text{mm}]$

(2) 벨트의 접촉각 $\theta[\text{deg}]$

(3) 벨트의 긴장측 장력 $T_t[\text{kN}]$

해답 (1) 속도비$(\varepsilon) = \dfrac{N_2}{N_1} = \dfrac{D_1}{D_2}$에서 $D_2 = \dfrac{D_1}{\varepsilon} = 150 \times 4 = 600\,\mathrm{mm}$

$$L = 2C + \frac{\pi(D_1 + D_2)}{2} + \frac{(D_2 - D_1)^2}{4C}$$

$$= (2 \times 1100) + \frac{\pi(150 + 600)}{2} + \frac{(600 - 150)^2}{4 \times 1100} = 3424.12\,\mathrm{mm}$$

(2) ① $\theta_1 = 180° - 2\sin^{-1}\left(\dfrac{D_2 - D_1}{2C}\right) = 180° - 2\sin^{-1}\left(\dfrac{600 - 150}{2 \times 1100}\right) = 156.39°$

② $\theta_2 = 180° + 2\sin^{-1}\left(\dfrac{D_2 - D_1}{2C}\right) = 180° + 2\sin^{-1}\left(\dfrac{600 - 150}{2 \times 1100}\right) = 203.61°$

(3) $v = \dfrac{\pi D_1 N_1}{60 \times 1000} = \dfrac{\pi \times 150 \times 1800}{60 \times 1000} = 14.14\,\mathrm{m/s} > 10\,\mathrm{m/s}$ 이므로

부가장력(T_c)을 고려한다.

$$T_c = mv^2 = 0.12 \times (14.14)^2 = 23.99\,\mathrm{N}$$

$$\mu' = \frac{\mu}{\sin\dfrac{\alpha}{2} + \mu\cos\dfrac{\alpha}{2}} = \frac{0.32}{\sin 20° + 0.32\cos 20°} = 0.498$$

$$e^{\mu'\theta} = e^{0.498\left(\frac{156.39}{57.3}\right)} = 3.89$$

※ 장력비$(e^{\mu'\theta})$를 구할 때 중심접촉각은 작은 값을 항상 대입한다.

$$H_{kW} = \frac{P_e v}{1000} = \frac{(T_t - T_c)v}{1000}\frac{e^{\mu'\theta} - 1}{e^{\mu'\theta}}[\mathrm{kW}]$$

$$\therefore\ T_t = T_c + \frac{1000H'}{v} \times \frac{e^{\mu'\theta}}{e^{\mu'\theta} - 1} = 23.99 + \frac{1000 \times 5}{14.14} \times \frac{3.89}{3.89 - 1}$$

$$\fallingdotseq 500\,\mathrm{N} = 0.5\,\mathrm{kN}$$

---

10. 다음과 같은 두께 $10\,\mathrm{mm}$인 사각형의 강판에 M16(골지름 $13.835\,\mathrm{mm}$) 볼트 4개를 사용하여 채널에 고정하고 끝단에 $20\,\mathrm{kN}$의 하중을 수직으로 가하였을 때 볼트에 작용하는 최대전단응력(MPa)을 구하여라.

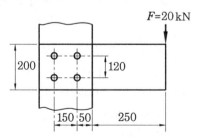

해답 ① 직접전단하중$(P_1) = \dfrac{\text{편심하중}(F)}{\text{볼트수}(n)} = \dfrac{20 \times 10^3}{4} = 5000\,\mathrm{N}$

② 볼트군 중심에서 모멘트에 의한(볼트에 작용하는) 전단하중(P_2)은

$FL = nP_2r$에서 $FL = 4P_2r$

$20 \times 10^3 \times 375 = 4 \times P_2 \times \sqrt{60^2 + 75^2}$

$\therefore P_2 = 19531.25\,\mathrm{N}$

$\qquad$※ $K = \dfrac{FL}{Zr^2} = \dfrac{20 \times 10^3 \times 375}{4 \times 96^2} = 203.45\,\mathrm{N/mm}$

$\qquad P_2 = Kr = 203.45 \times 96 = 19531.25\,\mathrm{N}$

③ 최대전단하중($P_{\max}$) $= \sqrt{P_1^2 + P_2^2 + 2P_1P_2\cos\theta}$

$\quad = \sqrt{5000^2 + (19531.25)^2 + 2 \times 5000 \times 19531.25 \times 0.78} = 23639.24\,\mathrm{N}$

단, $r_{\max} = \sqrt{60^2 + 75^2} = 96\,\mathrm{mm}$

$\cos\theta = \dfrac{75}{r_{\max}} = \dfrac{75}{96} = 0.78$

볼트에 작용하는 최대전단응력($\tau_{\max}$)은

$\therefore \tau_{\max} = \dfrac{P_{\max}}{A} = \dfrac{P_{\max}}{\dfrac{\pi}{4}d_1^2} = \dfrac{23639.24}{\dfrac{\pi}{4} \times (13.835)^2}$

$\quad\fallingdotseq 157.25\,\mathrm{MPa}$

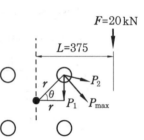

---

11. 홈붙이 마찰차에서 원동차의 지름이 $300\,\mathrm{mm}$, 회전수 $300\,\mathrm{rpm}$, 전달동력 $3.68\,\mathrm{kW}$, 속도비 $\dfrac{1}{1.5}$, 홈의 각도 $40°$, 허용선압력 $24.4\,\mathrm{N/mm}$, 마찰계수 0.25, 홈의 높이 $12\,\mathrm{mm}$일 때 다음을 구하여라.

(1) 축간거리 $C[\mathrm{mm}]$는?

(2) 마찰차를 밀어 붙이는 힘 $W[\mathrm{N}]$는?

(3) 홈의 수 Z는?

해답 (1) 속비(ε) $= \dfrac{D_1}{D_2}$에서 $D_2 = \dfrac{D_1}{i} = 300 \times 1.5 = 450\,\mathrm{mm}$

$\qquad C = \dfrac{D_1 + D_2}{2} = \dfrac{300 + 450}{2} = 375\,\mathrm{mm}$

(2) $\mu' = \dfrac{\mu}{\sin\alpha + \mu\cos\alpha} = \dfrac{0.25}{\sin 20° + 0.25\cos 20°} = 0.433$

$\qquad v = \dfrac{\pi D_1 N_1}{60 \times 1000} = \dfrac{\pi \times 300 \times 300}{60 \times 1000} = 4.71\,\mathrm{m/s}$

$\qquad H_{kW} = \dfrac{\mu' W v}{1000}[\mathrm{kW}]$에서 $W = \dfrac{1000 H_{kW}}{\mu' v} = \dfrac{1000 \times 3.68}{0.433 \times 4.71} = 1804.43\,\mathrm{N}$

(3) $\mu Q = \mu' W$에서

$$Q = \frac{\mu' W}{\mu} = \frac{0.433 \times 1804.43}{0.25} = 3125.27\,\mathrm{N}$$

$$\text{홈의 } \ \uparrow(Z) = \frac{Q}{2hp_0} = \frac{3125.27}{2 \times 12 \times 24.4} = 5.34 ≒ 6\,\text{개}$$

일반기계기사 (필답형)

□**1.** 아래 표는 압력 배관용 강관(흑관, 백관) SPPS 370 Sch40(KS D 3562)의 규격표이다. 관에서 나오는 물의 양은 시간당 500 m³ 이상, 유속은 2 m/s 이하, 관의 부식여유는 1 mm, SPPS에 사용된 관의 최저 인장강도는 370 MPa, 관 속의 압력 $P = 2\,\mathrm{MPa}$, 안전율은 4일 때 관의 호칭경을 선정하여라.

호칭경		바깥지름(mm)	두께(mm)	중량(kg/m)
(A)	(B)			
6	1/8	10.5	1.7	0.369
8	1/4	13.8	2.2	0.629
10	3/8	17.3	2.3	0.851
15	1/2	21.7	2.8	1.31
20	3/4	27.2	2.9	1.74
25	1	34.0	3.4	2.57
32	1 1/4	42.7	3.6	3.47
40	1 1/2	48.6	3.7	4.10
50	2	60.5	3.9	5.44
65	2 1/2	76.3	5.2	9.12
80	3	89.1	5.5	11.3
90	3 1/2	101.6	5.7	13.5
100	4	114.3	6.0	16.0
125	5	139.8	6.6	21.7
150	6	165.2	7.1	27.7
200	8	216.3	8.2	42.1
250	10	267.4	9.3	59.2
300	12	318.5	10.3	78.3
350	14	355.6	11.1	94.3
400	16	406.4	12.7	123

해답 $Q = AV = \dfrac{\pi D^2}{4}\,V[\mathrm{m^3/s}]$에서

$$D = \sqrt{\frac{4Q}{\pi V}} = \sqrt{\frac{4 \times \frac{500}{3600}}{\pi \times 2}} \fallingdotseq 0.2974\,\text{m} = 297.4\,\text{mm}$$

$$t = \frac{PD}{200\sigma_a \eta} + C = \frac{PDS}{200\sigma_t \eta} + C = \frac{200 \times 297.4 \times 4}{200 \times 370 \times 1} + 1 \fallingdotseq 4.22\,\text{mm}$$

$$D_o = D + 2t = 297.4 + 2 \times 4.22 = 305.84\,\text{mm}$$

∴ 규격표에서 300A(12B)를 선정한다.

참고 A는 mm이고 B는 inch이다(1 inch = 25.4 mm).

□**2.** 그림과 같이 $1500\,\text{rpm}$, $44\,\text{kW}$를 전달하는 베벨 기어 피니언의 지름이 $150\,\text{mm}$, 속도비 $\frac{1}{2}$일 때 다음을 구하여라. (단, 각각의 반원추각

$\delta_2 = 63°26'$, $\delta_1 = 26°34'$ 이다.)

(1) 종동기어의 피치원 지름(mm)

(2) 모선의 길이 $L\,[\text{mm}]$

(3) 회전력 $P\,[\text{N}]$

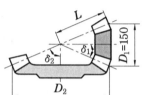

해답 (1) $i = \dfrac{D_1}{D_2}$ 에서 $D_2 = \dfrac{D_1}{i} = 150 \times 2 = 300\,\text{mm}$

(2) $L = \dfrac{D_1}{2\sin\delta_1} = \dfrac{150}{2\sin 26.57°} = 167.68\,\text{mm}$

(3) $v = \dfrac{\pi D_1 N_1}{60 \times 1000} = \dfrac{\pi \times 150 \times 1500}{60 \times 1000} = 11.78\,\text{m/s}$

$H_{kW} = \dfrac{Pv}{1000}\,[\text{kW}]$ 에서 $P = \dfrac{1000 H_{kW}}{v} = \dfrac{1000 \times 44}{11.78} = 3735.14\,\text{N}$

□**3.** 1줄 겹치기 리벳 이음에서 강판의 두께가 9 mm이고, 리벳의 지름이 12 mm, 리벳 구멍의 지름이 13.5 mm일 때 다음을 구하여라. (단, 판의 인장응력 $\sigma_t = 10\,\text{MPa}$, 리벳의 전단응력 $\tau_r = 7\,\text{MPa}$이다.)

(1) 리벳이 전단될 때의 피치 내 하중(W)은 몇 N인가?

(2) 피치(p)는 몇 mm인가?

(3) 강판의 효율(η_t)은 몇 %인가?

해답 (1) $W = \tau A = \tau \dfrac{\pi d^2}{4} = 7 \times \dfrac{\pi \times 12^2}{4} \fallingdotseq 791.68\,\text{N}$

(2) $p = d_1 + \dfrac{\tau \pi d^2}{4t\sigma_t} = 13.5 + \dfrac{7 \times \pi \times 12^2}{4 \times 9 \times 10} \fallingdotseq 22.3\,\text{mm}$

(3) $\eta_t = \left(1 - \dfrac{d_1}{p}\right) \times 100\% = \left(1 - \dfrac{13.5}{22.3}\right) \times 100\% \fallingdotseq 39.5\%$

□4. 언더컷을 방지하기 위한 방법 5가지를 적어라.

해답 ① 이끝높이(어덴덤)를 낮게 한다.
② 전위 기어를 깎는다.
③ 한계 잇수 이상으로 한다.
④ 압력각(α)을 크게 한다.
⑤ 피니언과 대치차(기어)의 잇수 차이를 작게 한다.

참고 언더컷 방지 한계 잇수$(Z_g) = \dfrac{2a}{m(1-\cos^2\alpha)} = \dfrac{2a}{m\sin^2\alpha} = \dfrac{2}{\sin^2\alpha}$

여기서, a : 이끝높이, α : 압력각

□5. 축간거리 $15\,\mathrm{m}$의 로프 풀리에서 로프의 최대 처짐량이 $0.3\,\mathrm{m}$일 때 다음을 구하여라. (단, 로프의 단위 길이당 무게$(w) = 5\,\mathrm{N/m}$이다.)

(1) 로프에 발생하는 인장력 T_A는 몇 N인가?
(2) 접촉점으로부터 다른 쪽 풀리의 접촉점까지 로프의 길이 L_{AB}는 몇 m인가?
(3) 원동축과 종동축의 풀리의 지름이 $2\,\mathrm{m}$로 같다면 로프의 전체 길이 L_t는 몇 m인가?

해답 (1) $T_A = \dfrac{wl^2}{8h} + wh = \dfrac{5 \times 15^2}{8 \times 0.3} + 5 \times 0.3 = 470.25\,\mathrm{N}$

(2) $L_{AB} = l\left(1 + \dfrac{8h^2}{3l^2}\right) = 15 \times \left(1 + \dfrac{8 \times 0.3^2}{3 \times 15^2}\right) \fallingdotseq 15.02\,\mathrm{m}$

(3) $L_t = \dfrac{\pi}{2}(D_1 + D_2) + 2L_{AB} = \dfrac{\pi}{2}(2+2) + 2 \times 15.02 \fallingdotseq 36.32\,\mathrm{m}$

□6. 웜 축에 공급되는 동력은 $3\,\mathrm{kW}$, 웜의 분당 회전수는 $1750\,\mathrm{rpm}$, 웜은 4줄, 축직각 모듈은 3.5, 중심거리는 $110\,\mathrm{mm}$일 때 웜 기어를 $\dfrac{1}{12.25}$로 감속시키려고 한다. 다음을 구하여라. (단, 공구 압력각$(\alpha) = 20°$, 마찰계수는 0.1이다.)

(1) 웜의 피치원 지름 $D_w[\mathrm{mm}]$와 웜 기어의 피치원 지름 $D_g[\mathrm{mm}]$
(2) 웜의 효율 $\eta[\%]$
(3) 웜 휠에 작용하는 회전력 $F_t[\mathrm{N}]$
(4) 웜에 작용하는 축방향 하중 $F_s[\mathrm{N}]$

해답 (1) $D_g = m_s Z_g = 3.5 \times 49 = 171.5\,\text{mm}$

$$Z_g = \frac{Z_w}{i} = 4 \times 12.25 = 49\,\text{개}$$

$$C = \frac{D_w + D_g}{2}\,\text{에서}\ \ D_w = 2C - D_g = 2 \times 110 - 171.5 = 48.5\,\text{mm}$$

(2) $\eta = \dfrac{\tan\gamma}{\tan(\gamma + \rho')} \times 100\% = \dfrac{\tan 16.01°}{\tan(16.01° + 6.07°)} \times 100\% = 70.83\%$

$$\tan\gamma = \frac{l}{\pi D_w}\,\text{에서}\ \ \gamma = \tan^{-1}\left(\frac{l}{\pi D_w}\right) = \tan^{-1}\left(\frac{43.98}{\pi \times 48.5}\right) = 16.1°$$

$$l = p_s Z_w = (\pi m_s) Z_w = (\pi \times 3.5) \times 4 \fallingdotseq 43.98\,\text{mm}$$

$$\rho' = \tan^{-1}\left(\frac{\mu}{\cos\alpha_n}\right) = \tan^{-1}\left(\frac{0.1}{\cos 20°}\right) = 6.07°$$

(3) $H_{kW}' = \dfrac{F_t V_g}{1000\eta}\,\text{에서}$

$$F_t = \frac{1000 H_{kW}' \eta}{V_g} = \frac{1000 \times 3 \times 0.7083}{1.28} = 1660.08\,\text{N}$$

$$V_g = \frac{\pi D_g N_g}{60000} = \frac{\pi \times 171.5 \times \dfrac{1750}{12.25}}{60000} = 1.28\,\text{m/s}$$

(4) $F_t = F_s \tan(\gamma + \rho')]\,\text{에서}$

$$F_s = \frac{F_t}{\tan(\gamma + \rho')} = \frac{1660.08}{\tan(16.1° + 6.07°)} \fallingdotseq 4074\,\text{N}$$

□7. 선박 디젤 기관의 칼라 베어링이 450 rpm으로 8500 N의 추력을 받을 때 칼라의 안지름이 100 mm, 칼라의 바깥지름이 180 mm라고 하면 칼라 수는 몇 개가 필요한가? (단, 허용 발열계수 값은 0.54 N/mm² · m/s이다.)

해답

$$pv = \frac{W}{AZ} \times \frac{\pi d_m N}{60000} = \frac{W}{\dfrac{\pi}{4}(d_2^2 - d_1^2)Z} \times \frac{\pi \left(\dfrac{d_1 + d_2}{2}\right)N}{60000}$$

$$= \frac{4W}{\pi(d_1 + d_2)(d_2 - d_1)Z} \times \frac{\pi(d_1 + d_2)N}{120000}$$

$$= \frac{WN}{30000(d_2 - d_1)Z}\,[\text{N/mm}^2 \cdot \text{m/s}]$$

$$Z = \frac{WN}{30000\,pv(d_2 - d_1)} = \frac{8500 \times 450}{30000 \times 0.54 \times (180 - 100)} \fallingdotseq 3\,\text{개}$$

8. 지름이 $50\,\mathrm{mm}$인 축의 회전수 $800\,\mathrm{rpm}$, 동력 $20\,\mathrm{kW}$를 전달시키고자 할 때, 이 축에 작용하는 묻힘 키의 길이를 결정하여라. (단, 키의 $b \times h = 15 \times 10$이고, 묻힘깊이 $t = \dfrac{h}{2}$이며 키의 허용 전단응력은 $30\,\mathrm{MPa}$, 허용 압축응력은 $80\,\mathrm{MPa}$이다.)

(1) 키의 허용 전단응력을 이용하여 키의 길이를 mm로 구하여라.
(2) 키의 허용 압축응력을 이용하여 키의 길이를 mm로 구하여라.
(3) 묻힘 키의 최대 길이를 결정하여라.

길이 l의 표준값

6	8	10	12	14	16	18	20	22	25	28	32	36
40	45	50	56	63	70	80	90	100	110	125	140	160

해답 (1) $T = 9.55 \times 10^6 \dfrac{kW}{N} = 9.55 \times 10^6 \times \dfrac{20}{800} = 238750\,\mathrm{N \cdot mm}$

$$\tau_k = \frac{W}{A} = \frac{W}{bl} = \frac{\dfrac{2T}{d}}{bl} = \frac{2T}{bld}\,[\mathrm{MPa}]\text{에서}$$

$$l = \frac{2T}{\tau_k bd} = \frac{2 \times 238750}{30 \times 15 \times 50} = 21.22\,\mathrm{mm}$$

(2) $\sigma_c = \dfrac{W}{A} = \dfrac{W}{tl} = \dfrac{4T}{hld}\,[\mathrm{MPa}]$에서

$$l = \frac{4T}{\sigma_c hd} = \frac{4 \times 238750}{80 \times 10 \times 50} = 23.875 \fallingdotseq 23.88\,\mathrm{mm}$$

(3) 묻힘(성크) 키의 길이는 허용 압축응력에 의한 길이가 허용 전단응력에 의한 길이보다 더 크므로 표에서 $25\,\mathrm{mm}$를 선택한다.

---

9. 코일 스프링에서 하중이 $3000\,\mathrm{N}$ 작용할 때의 처짐이 $\delta = 50\,\mathrm{mm}$로 되고 소선의 지름 $d = 15\,\mathrm{mm}$, 평균지름 $D = 150\,\mathrm{mm}$, 전단탄성계수 $G = 80\,\mathrm{GPa}$이다. 다음을 구하여라.

(1) 유효 감김수 n
(2) 압축 코일 스프링의 코일 끝부분이 다음 소선과 접촉하는 크로스 엔드(cross end)일 때 코일의 전체 감김수 n_t
(3) 전단응력 $\tau[\mathrm{MPa}]$

해답 (1) $n = \dfrac{Gd^4\delta}{8WD^3} = \dfrac{80 \times 10^3 \times 15^4 \times 50}{8 \times 3000 \times 150^3} = 2.5 \fallingdotseq 3\,\text{권}$

(2) 전체 감김수$(n_t) = $ 유효 감김수$(n) + $ 무효 감김수(n_1)
$$= 3 + (1+1) = 5\,\text{권}$$

(3) 왈의 수정계수$(K) = \dfrac{4C-1}{4C-4} + \dfrac{0.615}{C} = \dfrac{4 \times 10 - 1}{4 \times 10 - 4} + \dfrac{0.615}{10} \fallingdotseq 1.14$

여기서, 스프링 지수$(C) = \dfrac{D}{d} = \dfrac{150}{15} = 10$

$\tau = K\dfrac{8\,WD}{\pi d^3} = 1.14 \times \dfrac{8 \times 3000 \times 150}{\pi \times 15^3} \fallingdotseq 387.06 \,\text{MPa}$

---

10. 주철과 목재의 조합으로 된 원동 마찰차의 지름이 250 mm이고, 450 rpm으로 10 kW의 동력을 전달하는 외접 평마찰차가 있다. 다음을 구하여라. (단, 마찰계수는 0.25, 감속비는 $\dfrac{1}{3}$, 허용 선압은 15 N/mm이다.)

(1) 밀어붙이는 힘(P)은 몇 N인가?

(2) 중심거리(C)는 몇 mm인가?

(3) 접촉면의 폭(b)은 몇 mm인가?

해답 (1) $H_{kW} = \dfrac{\mu P V}{1000}$ 에서 $P = \dfrac{1000 H_{kW}}{\mu V} = \dfrac{1000 \times 10}{0.25 \times 5.89} \fallingdotseq 6791.17 \,\text{N}$

$V = \dfrac{\pi D_1 N_1}{60000} = \dfrac{\pi \times 250 \times 450}{60000} \fallingdotseq 5.89 \,\text{m/s}$

(2) 속도비$(\varepsilon) = \dfrac{N_2}{N_1} = \dfrac{D_1}{D_2} = \dfrac{1}{3}$

중심거리$(C) = \dfrac{D_1 + D_2}{2} = \dfrac{D_1\left(1 + \dfrac{1}{\varepsilon}\right)}{2} = \dfrac{250(1+3)}{2} = 500 \,\text{mm}$

(3) 허용 선압(허용 접촉면 압력)을 f라 할 때

접촉면의 폭$(b) = \dfrac{P}{f} = \dfrac{6791.17}{15} = 452.74 \,\text{mm}$

---

11. 바깥지름 50 mm로서 25 mm 전진시키는 데 2.5회전하였고 1초의 기간이 걸리는 사각나사가 하중 W를 올리는 데 쓰인다. 나사 마찰계수 $\mu = 0.3$일 때 다음을 계산하여라. (단, 나사의 유효지름은 $0.74 d$로 한다.)

(1) 너트에 110 mm 길이의 스패너를 150 N의 힘으로 돌리면 몇 kN의 하중을 들어 올릴 수 있는가?

(2) 나사의 효율은 몇 %인가?

(3) 나사를 전진하는 데 필요한 동력은 몇 kW인가?

해답 (1) $T = W \times \tan(\lambda + \rho) \times \dfrac{d_e}{2} = P \times L$에서

$$W= \frac{P \times L}{\tan(\lambda + \rho) \times \dfrac{d_e}{2}} = \frac{150 \times 110}{\tan(4.92° + 16.7°) \times \dfrac{37}{2}} ≒ 2250.37\,\mathrm{N}$$

$$l = np \text{에서 } p = \frac{l}{n} = \frac{25}{2.5} = 10\,\mathrm{mm}, \ d_e = 0.74d = 0.74 \times 50 = 37\,\mathrm{mm}$$

$$\tan\lambda = \frac{p}{\pi d_e} \text{에서 } \lambda = \tan^{-1}\left(\frac{p}{\pi d_e}\right) = \tan^{-1}\left(\frac{10}{\pi \times 37}\right) = 4.92°$$

$$\tan\rho = \mu \text{에서 } p = \tan^{-1}\mu = \tan^{-1}0.3 ≒ 16.7°$$

(2) $\eta = \dfrac{Wp}{2\pi T} = \dfrac{2250.37 \times 10}{2\pi \times (150 \times 110)} = 0.217 ≒ 21.7\%$

(3) $H_{kW} = \dfrac{WV}{1000\eta} = \dfrac{2250.37 \times 0.025}{1000 \times 0.217} = 0.26\,\mathrm{kW}$

$$V = \frac{S}{t} = \frac{25\,\mathrm{mm}}{1\,\mathrm{s}} = 0.025\,\mathrm{m/s}$$

일반기계기사 (필답형)　　　2020년 제4회 시행

□1. 압력각 20°, 비틀림각 20°인 헬리컬 기어의 피니언 잇수가 60개, 회전수가 900 rpm 이고, 치직각 모듈은 3, 허용 굽힘응력이 250 N/mm², 너비가 45 mm일 때 다음을 구하여라. (π값을 포함한 수정치형계수는 0.44이다.)

(1) 피니언의 바깥지름은 몇 mm인가?

(2) 피니언의 상당 평치차 잇수는 몇 개인가?

(3) 굽힘강도를 고려한 전달 하중은 몇 N인가?

(4) 전달동력은 몇 kW인가?

(5) 축방향의 스러스트 하중은 몇 N인가?

해답 (1) $D_s = m_s Z = \dfrac{m_n}{\cos\beta}Z = \dfrac{3}{\cos 20°} \times 60 = 191.55\,\mathrm{mm}$

　　　$D_o = D_s + 2m = 191.55 + 2 \times 3 = 197.55\,\mathrm{mm}$

(2) $Z_e = \dfrac{Z}{\cos^3\beta} = \dfrac{60}{\cos^3 20°} = 72.31 ≒ 73\,\text{개}$

(3) $V = \dfrac{\pi D_1 N_1}{60000} = \dfrac{\pi \times 191.55 \times 900}{60000} = 9.03\,\mathrm{m/s}$

　　　$f_v = \dfrac{3.05}{3.05 + V} = \dfrac{3.05}{3.05 + 9.03} = 0.25$

　　　$F_t = f_v \sigma_b b m_n Y_e = 0.25 \times 250 \times 45 \times 3 \times 0.44 ≒ 3712.5\,\mathrm{N}$

(4) $H_{kW} = \dfrac{F_t V}{1000} = \dfrac{3712.5 \times 9.03}{1000} \fallingdotseq 33.52 \, \text{kW}$

(5) $P_t = F_t \tan\beta = 3712.5 \times \tan 20° \fallingdotseq 1321.24 \, \text{N}$

□2. 하중이 $3 \, \text{kN}$이고, 처짐량이 $15 \, \text{mm}$인 나선형 스프링에서 코일 지름이 $70 \, \text{mm}$, 스프링 지수가 5, 탄성계수가 $80 \, \text{kN/mm}^2$일 때 다음을 구하여라.

(1) 감김수(회)

(2) 왈의 수정계수(K)

(3) 최대전단응력(MPa)

해답 (1) $C = \dfrac{D}{d}$에서 $d = \dfrac{D}{C} = \dfrac{70}{5} = 14 \, \text{mm}$

$\delta = \dfrac{8nD^3 W}{Gd^4}$에서 $n = \dfrac{Gd^4 \delta}{8D^3 W} = \dfrac{80 \times 14^4 \times 15}{8 \times 70^3 \times 3} \fallingdotseq 6$회

(2) $K = \dfrac{4C-1}{4C-4} + \dfrac{0.615}{C} = \dfrac{4 \times 5 - 1}{4 \times 5 - 4} + \dfrac{0.615}{5} = 1.31$

(3) $\tau_{\max} = K \dfrac{8WD}{\pi d^3} = 1.31 \times \dfrac{8 \times 3000 \times 70}{\pi \times 14^3} = 255.3 \, \text{MPa}$

□3. 안지름이 $40 \, \text{mm}$이고 바깥지름이 $60 \, \text{mm}$인 원판 클러치를 이용하여 $1500 \, \text{rpm}$으로 $30 \, \text{kW}$의 동력을 전달한다. 마찰계수는 0.25일 때 다음을 구하여라.

(1) 전달토크 $T \, [\text{J}]$

(2) 축방향으로 미는 힘 $P \, [\text{N}]$

해답 (1) $T = 9.55 \times 10^3 \dfrac{kW}{N} = 9.55 \times 10^3 \times \dfrac{30}{1500} = 191 \, \text{N·m (J)}$

(2) $T = \mu P \dfrac{D_m}{2} \, [\text{N·m}]$에서 $P = \dfrac{2T}{\mu D_m} = \dfrac{2 \times 191 \times 10^3}{0.25 \times \left(\dfrac{40+60}{2} \right)} = 30560 \, \text{N}$

□4. 바깥지름 $50 \, \text{mm}$로서 $25 \, \text{mm}$ 전진시키는 데 2.5회전을 요하는 사각 나사가 하중 W를 올리는 데 쓰인다. 마찰계수 $\mu = 0.2$일 때 다음 물음에 답하여라. (단, 너트의 유효지름은 $0.7d$로 한다.)

(1) $30 \, \text{N}$의 힘으로 너트에 $100 \, \text{mm}$ 길이의 스패너를 돌리면 몇 N의 하중을 올릴 수 있는가?

(2) 나사의 효율(%)은 얼마인가?

해답 (1) $l = np$에서 $p = \dfrac{l}{n} = \dfrac{25}{2.5} = 10 \text{ mm}$, $d_e = 0.7d = 0.7 \times 50 = 35 \text{ mm}$

$$T = FL = P \cdot \frac{d_e}{2} = W\tan(\lambda + \rho) \cdot \frac{d_e}{2} = W \cdot \frac{d_e}{2} \frac{p + \mu\pi d_e}{\pi d_e - \mu p} [\text{N} \cdot \text{mm}]$$

$$\therefore W = \frac{2FL}{\left(\dfrac{p + \mu\pi d_e}{\pi d_e - \mu p}\right)d_e} = \frac{2 \times 30 \times 100}{\left(\dfrac{10 + 0.2 \times \pi \times 35}{\pi \times 35 - 0.2 \times 10}\right) \times 35} = 578.5 \text{ N}$$

(2) $T = FL = 30 \times 100 = 3000 \text{ N} \cdot \text{mm}$

$$\therefore \eta = \frac{Wp}{2\pi T} = \frac{578.5 \times 10}{2 \times \pi \times 3000} = 0.307 = 30.7\%$$

□**5.** 어느 기계가 600 rpm으로 4 kW를 전달시킬 때, 접촉면의 $\mu = 0.15$이고, $D_1 = 120$ mm, $\dfrac{D_2}{D_1} = 1.5$일 때, 마찰면을 밀어붙이는 힘(N)과 접촉면의 평균압력(N/mm²)을 구하여라.

해답 ① $T = 9.55 \times 10^6 \dfrac{kW}{N} = 9.55 \times 10^6 \times \dfrac{4}{600} = 63666.67 \text{ N} \cdot \text{mm}$

$$D_m = \frac{1}{2}(D_1 + D_2) = \frac{1}{2}(120 + 180) = 150 \text{ mm}$$

$$(D_2 = 1.5D_1 = 1.5 \times 120 = 180 \text{ mm})$$

$$\therefore P = \frac{2T}{\mu D_m} = \frac{2 \times 63666.67}{0.15 \times 150} \fallingdotseq 5659.26 \text{ N}$$

② $b = \dfrac{1}{2}(D_2 - D_1) = \dfrac{1}{2}(180 - 120) = 30 \text{ mm}$

$$\therefore p_m = \frac{P}{\pi D_m b} = \frac{5659.26}{\pi \times 150 \times 30} = 0.40 \text{ N/mm}^2$$

□**6.** 그림과 같이 $Z_A = 80$, $Z_B = 20$, $Z_C = 40$이며, 기어 A를 고정하고, 암 R을 +10회 전시켰을 때, 기어 B, C의 회전수를 구하여라.

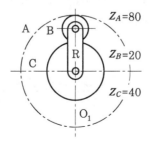

해답 ① 전체 고정으로 +10회전한다.

② R을 고정하여 A를 −10회전한다.

③ 위의 ① 및 ②를 합성한다.

구분	A	B	C	D
① 전체 고정	+10	+10	+10	+10
② 암 고정	(−10)	$\dfrac{80}{20} \times (-10)$	$-\dfrac{80}{40} \times (-10)$	0
③ 정미 회전수	0	−30(답)	+30(답)	+10

※ 기어 B의 회전수는 −30, 기어 C의 회전수는 +30이다.

□**7.** 다음 그림에서 소켓의 바깥지름$(D) = 140\,\text{mm}$, 로드의 지름$(d) = 70\,\text{mm}$, 코터 구멍에서 소켓 끝까지의 거리$(h) = 100\,\text{mm}$, 코터의 두께$(t) = 20\,\text{mm}$, 코터의 너비$(b) = 90\,\text{mm}$이다. 축방향으로 하중 5 kN이 작용할 때 다음을 구하여라.

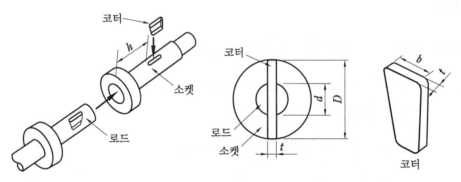

(1) 코터의 전단응력 τ_c[MPa]

(2) 소켓 끝의 전단응력 τ_s[MPa]

(3) 코터의 굽힘응력 τ_b[MPa]

해답 (1) $\tau_c = \dfrac{P}{2A} = \dfrac{P}{2bt} = \dfrac{5000}{2 \times 90 \times 20} \fallingdotseq 1.39\,\text{MPa}$

(2) $\tau_s = \dfrac{P}{A} = \dfrac{P}{2(D-d)h} = \dfrac{5000}{2 \times (140-70) \times 100}$

$\qquad = 0.3571 \fallingdotseq 0.36\,\text{MPa}$

(3) $M_{\max} = \sigma_b Z$에서

$\sigma_b = \dfrac{M_{\max}}{Z} = \dfrac{\dfrac{PD}{8}}{\dfrac{tb^2}{6}} = \dfrac{6}{8} \times \dfrac{PD}{tb^2} = \dfrac{6}{8} \times \dfrac{5000 \times 140}{20 \times 90^2} = 3.24\,\text{MPa}$

■8. 중량물의 자유낙하를 방지하기 위해 단식 블록 브레이크를 그림과 같이 사용하였다. 마찰계수가 0.3일 때 다음을 구하여라.

(1) 제동력 $f[\text{N}]$

(2) 제동토크 $T_f[\text{N·m}]$

(3) 중량 $Q[\text{N}]$

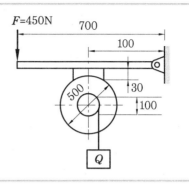

해답 (1) $Fa - Pb + \mu Pc = 0$ 에서

$$P = \frac{Fa}{(b - \mu c)} = \frac{450 \times 700}{(100 - 0.3 \times 30)} = 3461.54\,\text{N}$$

제동력$(f) = \mu P = 0.3 \times 3461.54 = 1038.46\,\text{N}$

(2) $T_f = f \times \dfrac{D}{2} = 1038.46 \times \dfrac{0.5}{2} = 259.62\,\text{N}$

(3) $T = f \times \dfrac{D}{2} = Q \times \dfrac{d}{2}$ 에서

$$Q = f \times \frac{D}{d} = 1038.46 \times \frac{500}{100} = 5192.3\,\text{N}$$

■9. 단열 깊은 홈 레이디얼 볼 베어링 6212의 수명시간을 4000시간으로 설계하고자 한다. 한계속도지수는 300000이고 하중계수는 1.5, 기본 동적 부하용량은 40000 N일 때 다음을 구하여라.

(1) 베어링의 최대 사용 회전수 $N[\text{rpm}]$

(2) 베어링의 이론 하중 $P_{th}[\text{N}]$

(3) 수명계수 f_h

(4) 속도계수 f_n

해답 (1) #6212이므로 베어링 안지름$(d) = 5 \times 12 = 60\,\text{mm}$

허용 한계속도지수$(dN_{\max}) = 300000$

$$\therefore N_{\max} = \frac{300000}{d} = \frac{300000}{60} = 5000\,\text{rpm}$$

(2) $L_h = 500 \times \dfrac{33.3}{N} \times \left(\dfrac{C}{f_w \times P_{th}}\right)^r$

※ 볼 베어링의 수명 지수$(r) = 3$

$4000 = 500 \times \dfrac{33.3}{5000} \times \left(\dfrac{40000}{1.5 \times P_{th}}\right)^3$ 에서 $P_{th} \fallingdotseq 2508.6\,\text{N}$

(3) $L_h = 500 f_h^r$ 에서 $f_h = \left(\dfrac{L_h}{500}\right)^{\frac{1}{r}} = \left(\dfrac{4000}{500}\right)^{\frac{1}{3}} = 2$

(4) $f_n = \sqrt[r]{\dfrac{33.3}{N}} = \sqrt[3]{\dfrac{33.3}{5000}} \fallingdotseq 0.19$

---

10. 다음 그림에서 품번 ①은 플랜지 커플링, 품번 ②는 6204 볼 베어링이다. 구동 모터의 전달동력은 2.5 kW, 회전수는 350 rpm이고, 플랜지 커플링에 사용된 볼트의 개수는 6개, 볼트의 허용 전단응력은 5 MPa이며 골지름이 8 mm인 미터 보통 나사로 체결되어 있다. 원동 풀리의 무게는 1000 N이며 연직방향으로 작용할 때 다음을 구하여라. (단, 평벨트의 마찰계수는 0.3이다.)

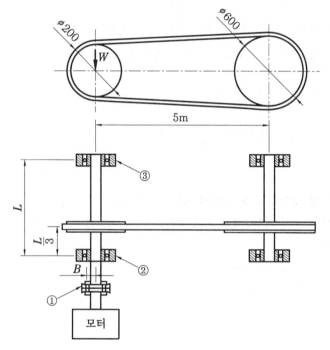

(1) 축의 중심으로부터 ①플랜지 커플링에 사용된 볼트의 중심까지의 거리 $R[\text{mm}]$

(2) 평벨트 풀리에 작용되고 있는 유효장력 $P_e[\text{N}]$

(3) 긴장측 장력 $T_t[\text{N}]$

(4) 품번 ②에 작용하는 베어링 하중 $F_B[\text{N}]$

해답 (1) $T = 9.55 \times 10^6 \dfrac{kW}{N} = 9.55 \times 10^6 \times \dfrac{2.5}{350} \fallingdotseq 68214.29\,\text{N} \cdot \text{mm}$

$R = \dfrac{T}{\tau_B A Z} = \dfrac{68214.29}{5 \times \dfrac{\pi \times 8^2}{4} \times 6} = 45.24\,\text{mm}$

(2) $V = \dfrac{\pi D_1 N_1}{60000} = \dfrac{\pi \times 200 \times 350}{60000} \fallingdotseq 3.67\,\text{m/s}$

$H_{kW} = \dfrac{P_e V}{1000}$ 에서 $P_e = \dfrac{1000 H_{kW}}{V} = \dfrac{1000 \times 2.5}{3.67} \fallingdotseq 681.2\,\text{N}$

(3) $\theta = 180° - 2\sin^{-1}\left(\dfrac{D_2 - D_1}{2C}\right) = 180° - 2\sin^{-1}\left(\dfrac{600 - 200}{2 \times 4000}\right) \fallingdotseq 175.42°$

장력비$\left(e^{\mu\theta}\right) = e^{0.3\left(\frac{175.42}{57.3}\right)} \fallingdotseq 2.51$

$T_t = P_e\left(\dfrac{e^{\mu\theta}}{e^{\mu\theta} - 1}\right) = 681.2\left(\dfrac{2.51}{2.51 - 1}\right) \fallingdotseq 1132.33\,\text{N}$

(4) 벨트 합력$(T_R) = \sqrt{T_t^2 + T_s^2 + 2\,T_t\,T_s \cos 2\phi}$

$= \sqrt{1132.33^2 + 451.13^2 + 2 \times 1132.33 \times 451.13 \times \cos 4.585} \fallingdotseq 1582.43\,\text{N}$

$2\phi = 2\sin^{-1}\left(\dfrac{D_2 - D_1}{2C}\right) = 2\sin^{-1}\left(\dfrac{600 - 200}{2 \times 5000}\right) \fallingdotseq 4.585$

$T_s = P_e\left(\dfrac{1}{e^{\mu\theta} - 1}\right) = 681.2\left(\dfrac{1}{2.51 - 1}\right) \fallingdotseq 451.13\,\text{N}$

$F_s = \sqrt{T_R^2 + W^2} = \sqrt{1582.43^2 + 1000^2} = 1871.92\,\text{N}$

$\therefore F_B = \dfrac{2F_s}{3} = \dfrac{2 \times 1871.92}{3} = 1247.95\,\text{N}$

---

11. 2000 rpm으로 회전하는 축으로부터 4000 N의 반지름방향 하중을 받는 저널 베어링의 폭경비가 1.5이다. 윤활유의 점도가 60 cp이고 베어링 계수$\left(\dfrac{\eta N}{p}\right) = 40 \times 10^4\,\text{cp} \cdot$ rpm $\cdot$ mm^2/N일 때 다음을 구하여라.

(1) 저널의 지름 $d[\text{mm}]$
(2) 저널의 길이 $l[\text{mm}]$

해답 (1) 폭경비$\left(\dfrac{l}{d}\right) = 1.5$ 에서 $l = 1.5d$

베어링 계수$\left(\dfrac{\eta N}{p}\right) = \dfrac{\eta N}{\dfrac{W}{dl}} = \dfrac{\eta N d l}{W} = \dfrac{\eta N d(1.5d)}{W} = \dfrac{1.5 \eta N d^2}{W}$

$\therefore d = \sqrt{\dfrac{\dfrac{\eta N}{p} W}{1.5 \eta N}} = \sqrt{\dfrac{40 \times 10^4 \times 4000}{1.5 \times 60 \times 2000}} = 94.28\,\text{mm}$

(2) $l = 1.5d = 1.5 \times 94.28 \fallingdotseq 141.42\,\text{mm}$

□**1.** 바깥지름이 80 mm이고, 안지름이 60 mm인 1줄 사각나사를 45 mm 전진시키는 데 9회전이 필요하다. 나사 중심에서 작용점까지 유효길이가 300 mm인 스패너를 150 N으로 회전할 때 축방향 하중은 얼마인가? (단, 마찰계수(μ) = 0.25 이다.)

해답 (1) $l = np[\text{mm}]$에서 1줄 나사인 경우 $l = p = 5\,\text{mm}$

$$\text{유효지름}(d_e) = \frac{d_1 + d_2}{2} = \frac{60 + 80}{2} = 70\,\text{mm}$$

$$T(= FL) = p\frac{d_e}{2} = W\frac{d_e}{2}\frac{p + \mu\pi d_e}{\pi d_e - \mu p}\,[\text{N}\cdot\text{mm}]\text{에서}$$

$$\text{축방향 하중}(W) = \frac{FL}{\dfrac{d_e}{2}\left(\dfrac{p + \mu\pi d_e}{\pi d_e - \mu p}\right)} = \frac{150 \times 300}{\dfrac{70}{2}\left(\dfrac{5 + 0.25 \times \pi \times 70}{\pi \times 70 - 0.25 \times 5}\right)} = \frac{45000}{9.60}$$

$$= 4687.5\,\text{N}$$

※ 리드(l)란 나사를 1회전시켰을 때 축방향으로 전진(이동)한 거리로 1줄 나사인 경우 리드(l)와 피치(p)는 같다. $p = \dfrac{45}{9} = 5\,\text{mm}$

□**2.** 한 줄 겹치기 리벳 이음에서 리벳 허용 전단응력 $\tau_a = 50\,\text{MPa}$, 강판의 허용 인장응력 $\sigma_t = 75\,\text{MPa}$, 리벳 지름 $d = 16\,\text{mm}$일 때 다음을 구하여라.

(1) 리벳의 허용 전단응력을 고려하여 가할 수 있는 최대하중 $W\,[\text{kN}]$
(2) 리벳의 허용하중과 강판의 허용하중이 같다고 할 때 강판의 너비 $b\,[\text{mm}]$
(3) 강판의 효율 $\eta_t\,[\%]$

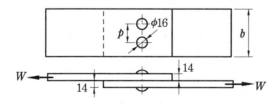

해답 (1) $W = \tau_a \dfrac{\pi d^2}{4} n = 50 \times \dfrac{\pi \times 16^2}{4} \times 2 = 20106.2\,\text{N} = 20.11\,\text{kN}$

(2) $W = \sigma_t(b - 2d)t\,[\text{N}]$에서 $b = 2d + \dfrac{W}{\sigma_t t} = 2 \times 16 + \dfrac{20106.2}{75 \times 14} = 51.15\,\text{mm}$

(3) $\eta_t = \dfrac{구멍이\ 있는\ 강판의\ 인장강도\,(W)}{무지강판(구멍이\ 없는\ 강판)의\ 인장강도\,(W')}$

$= \dfrac{\sigma_t(b-2d)t}{\sigma_t bt} = \left(1 - \dfrac{2d}{b}\right) \times 100\,\% = \left(1 - \dfrac{2 \times 16}{51.15}\right) \times 100\,\% \fallingdotseq 37.44\,\%$

□3. 250 rpm으로 25 kW를 전달시키는 전동축이 450 kN · mm의 굽힘 모멘트를 동시에 받는다. 축의 허용 전단응력 $\tau_a = 40$ MPa, 축의 허용 굽힘응력 $\sigma_a = 60$ MPa일 때 다음을 구하여라.

(1) 상당 비틀림 모멘트 $T_e[\text{kN} \cdot \text{mm}]$

(2) 상당 굽힘 모멘트 $M_e[\text{kN} \cdot \text{mm}]$

(3) 축의 지름 $d[\text{mm}]$ (다음 표에서 구하여라.)

축지름 $d[\text{mm}]$	35	40	45	50	55

해답 (1) $T = 9.55 \dfrac{kW}{N} = 9.55 \times \dfrac{25}{250} = 0.955\,\text{kN} \cdot \text{m} = 0.955 \times 10^3\,\text{kN} \cdot \text{mm}$

$\therefore\ T_e = \sqrt{M^2 + T^2} = \sqrt{450^2 + 955^2} = 1055.71\,\text{kN} \cdot \text{mm}$

(2) $M_e = \dfrac{1}{2}(M + T_e) = \dfrac{1}{2}(450 + 1055.71) \fallingdotseq 752.86\,\text{kN} \cdot \text{mm}$

(3) $M_e = \sigma_a Z = \dfrac{\pi d^3}{32}\sigma_a[\text{N} \cdot \text{mm}]$에서,

$d = \sqrt[3]{\dfrac{32M_e}{\pi \sigma_a}} = \sqrt[3]{\dfrac{32 \times 752.86 \times 10^3}{\pi \times 60}} = 39.98\,\text{mm}$

$T_e = \tau_a Z_p = \dfrac{\pi d^3}{16}\tau_a[\text{N} \cdot \text{mm}]$에서,

$d = \sqrt[3]{\dfrac{16 T_e}{\pi \tau_a}} = \sqrt[3]{\dfrac{16 \times 1055.71 \times 10^3}{\pi \times 40}} = 51.23\,\text{mm}$

$\therefore$ 지름은 두 값 중 안전성을 고려하여 큰 값인 51.23 mm를 기준으로 표에서 $d = 55$ mm를 선정한다.

□4. 1500 rpm으로 회전하는 엔드 저널 5000 N의 베어링 하중을 지지한다. 허용 베어링 압력 5 MPa, 허용 압력속도계수 $p_a v = 2.5\,\text{N/mm}^2 \cdot \text{m/s}$, 마찰계수 $\mu = 0.06$일 때 다음을 구하여라.

(1) 저널의 길이(mm)

(2) 저널의 지름(mm)

해답 (1) $p_a v = \dfrac{W}{dl} \times \dfrac{\pi dN}{60000} = \dfrac{\pi WN}{60000l}[\text{N/mm}^2 \cdot \text{m/s}]$ 에서

$$\therefore \ l = \dfrac{\pi WN}{60000 p_a v} = \dfrac{\pi \times 5000 \times 1500}{60000 \times 2.5} \fallingdotseq 157.08 \,\text{mm}$$

(2) $p_a = \dfrac{W}{A} = \dfrac{W}{dl}[\text{MPa}]$ 에서

$$\therefore \ d = \dfrac{W}{p_a l} = \dfrac{5000}{5 \times 157.08} = 6.37 \,\text{mm}$$

□5. 중심거리 1200 mm, 모터축의 V 풀리의 지름 400 mm, 전동차의 V 풀리의 지름을 200mm라 할 때 다음을 구하여라.

(1) 벨트의 길이 $L[\text{mm}]$
(2) 벨트의 접촉각 $\theta[\text{deg}]$

해답 (1) $L = 2C + \dfrac{\pi(D_1 + D_2)}{2} + \dfrac{(D_2 - D_1)^2}{4C}$

$$= 2 \times 1200 + \dfrac{\pi(200 + 400)}{2} + \dfrac{(400 - 200)^2}{4 \times 1200}$$

$$= 2400 + 942.48 + 8.33 = 3350.81 \,\text{mm}$$

(2) ① $\theta_1 = 180° - 2\sin^{-1}\left(\dfrac{D_2 - D_1}{2C}\right) = 180° - 2\sin^{-1}\left(\dfrac{400 - 200}{2 \times 1200}\right) = 170.44°$

② $\theta_2 = 180° + 2\sin^{-1}\left(\dfrac{D_2 - D_1}{2C}\right) = 180° + 2\sin^{-1}\left(\dfrac{400 - 200}{2 \times 1200}\right) = 189.56°$

□6. 핀이음에 6000 N 이 작용할 때 핀(pin)의 지름(d)을 구하여라. (단, 핀 재료의 허용 전단응력은 48 MPa, 허용굽힘응력은 150 MPa이고, $b = 2d$이다.)

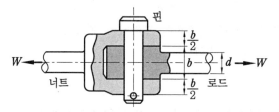

(1) 허용전단응력만 고려 시 핀의 지름 $d[\text{mm}]$
(2) 허용굽힘응력에 의한 핀의 지름 $d[\text{mm}]$

해답 (1) $\tau_a = \dfrac{W}{2A} = \dfrac{W}{2 \times \dfrac{\pi d^2}{4}} = \dfrac{2W}{\pi d^2}[\text{MPa}]$ 에서

$$\therefore \ d = \sqrt{\frac{2W}{\pi \tau_a}} = \sqrt{\frac{2 \times 6000}{\pi \times 48}} = 8.92\,\text{mm}$$

(2) $l = 2b = 2(2d) = 2(2 \times 8.92) = 35.68\,\text{mm}$

$$M_{\max} = \sigma_a Z = \sigma_a \frac{\pi d^3}{32}\,[\text{N} \cdot \text{mm}]\text{에서}$$

$$d = \sqrt[3]{\frac{32 M_{\max}}{\pi \sigma_a}} = \sqrt[3]{\frac{32 \times 26760}{\pi \times 150}} = 12.20\,\text{mm}$$

$$\left(M_{\max} = \frac{Wl}{8} = \frac{6000 \times 35.68}{8} = 26760\,\text{N} \cdot \text{mm}\right)$$

□7. 홈붙이 마찰차(홈각도 40°)에서 원동차의 지름(홈의 평균지름)이 150 mm, 회전수 750 rpm, 종동차의 지름 450 mm로 하여 5 kW를 전달하려고 한다. 얼마의 힘으로 밀어 붙여야 하는가? 또, 홈의 깊이와 홈의 수를 구하여라. (단, 허용 접촉압력 $p_0 = 80$ N/mm, 마찰계수 $\mu = 0.15$로 한다.)

해답 ① 원주속도$(V) = \dfrac{\pi D_1 N_1}{60000} = \dfrac{\pi \times 150 \times 750}{60000} = 5.89\,\text{m/s}$

상당마찰계수$(\mu') = \dfrac{\mu}{\sin\alpha + \mu\cos\alpha} = \dfrac{0.15}{\sin 20° + 0.15\cos 20°} = 0.31$

$H_{kW} = \dfrac{\mu' W V}{1000}\,[\text{kW}]$에서

$W = \dfrac{1000 H_{kW}}{\mu' V} = \dfrac{1000 \times 5}{0.31 \times 5.89} \fallingdotseq 2738.38\,\text{N}$

② 홈의 깊이$(h) = 0.28\sqrt{\mu' W} = 0.28\sqrt{0.31 \times 2738.38} = 8.16\,\text{mm}$

③ $\mu Q = \mu' W$에서

$Q = \dfrac{\mu' W}{\mu} = \dfrac{0.31 \times 2738.38}{0.15} \fallingdotseq 5659.32\,\text{N}$

$\therefore$ 홈의 수$(Z) = \dfrac{Q}{2 h p_0} = \dfrac{5659.32}{2 \times 8.16 \times 80} = 4.33 \fallingdotseq 5$개

□8. 축지름 120 mm의 클램프 커플링(clamp coupling)에서 볼트 8개를 사용하여 30 kW, 250 rpm으로 동력을 전달하고자 한다. 마찰력만으로 동력을 전달한다고 할 때 다음을 구하여라. (단, 마찰계수 $\mu = 0.25$, 볼트에 생기는 인장응력은 50 MPa이다.)

(1) 커플링을 죄는 힘 $P\,[\text{N}]$

(2) 볼트의 골지름 $\delta_B\,[\text{mm}]$

해답 (1) $T = 9.55 \times 10^6 \dfrac{kW}{N} = 9.55 \times 10^6 \times \dfrac{30}{250} = 1146000\,\text{N} \cdot \text{mm}$

$$T= \mu \pi P \frac{d}{2} \text{에서} \quad \therefore \ P= \frac{2T}{\mu \pi d}= \frac{2 \times 1146000}{0.25 \times \pi \times 120} = 24318.88 \, \text{N}$$

(2) $P= \sigma_t \frac{\pi \delta_B^2}{4} \frac{Z}{2} [\text{N}]$에서 $\delta_B= \sqrt{\frac{8P}{\pi \sigma_t Z}} = \sqrt{\frac{8 \times 24318.88}{\pi \times 50 \times 8}} = 12.44 \, \text{mm}$

□9. 원통형 코일 스프링에 하중 W가 작용하고 있다. 소선의 지름이 8 mm, 스프링 지수 6, 횡탄성계수가 83 GPa일 때 다음을 구하여라. (단, 코일 스프링의 허용전단응력은 180 MPa이고, 스프링의 유효권수는 10이다.)

(1) 최대하중 $W[\text{N}]$

(2) 처짐량 $\delta[\text{mm}]$

해답 (1) $\tau_a= K \frac{8WD}{\pi d^3}= K \frac{8WC}{\pi d^2} [\text{MPa}]$에서 $W= \frac{\tau_a \pi d^2}{8KC}= \frac{180 \times \pi \times 8^2}{8 \times 1.25 \times 6} = 603.19 \, \text{N}$

$$K= \frac{4C-1}{4C-4}+ \frac{0.615}{C}= \frac{4 \times 6-1}{4 \times 6-4}+ \frac{0.165}{6}=1.25$$

(2) $\delta= \frac{8nD^3W}{Gd^4}= \frac{8nC^3W}{Gd}= \frac{8 \times 10 \times 6^3 \times 603.19}{83 \times 10^3 \times 8} = 15.7 \, \text{mm}$

---

10. 웜 기어 동력전달장치에서 감속비가 $\frac{1}{30}$, 웜축의 회전수 1500 rpm, 웜의 모듈 5, 압력각 20°, 줄수 3, 피치원 지름 80 mm, 웜 휠의 치폭 45 mm, 유효 이너비는 36 mm이다. 다음을 구하여라. (단, 웜의 재질은 담금질강, 웜 휠은 인청동을 사용한다.)

(1) 웜의 리드각 $\beta[\text{deg}]$

(2) 웜의 치직각 피치 $p_n[\text{mm}]$

(3) 최대전달동력 $H_{kW}[\text{kW}]$

- 웜휠의 굽힘응력 $\sigma_b=170 \, \text{N/mm}^2$
- 치형계수 $y=0.125$
- 웜의 리드각에 의한 계수 $\phi=1.25$, $\beta=10 \sim 25°$

내마멸계수 K

웜의 재료	웜 휠의 재료	$K[\text{N/mm}^2]$
강	인청동	411.6×10^{-3}
담금질강	주철	343×10^{-3}
담금질강	인청동	548.8×10^{-3}
담금질강	합성수지	833×10^{-3}
주철	인청동	1038.8×10^{-3}

해답 (1) $l = pZ_w = \pi m Z_w = \pi \times 5 \times 3 = 47.12 \, \text{mm}$

$\tan\beta = \dfrac{l}{\pi D_g}$ 에서 $\beta = \tan^{-1}\left(\dfrac{l}{\pi D_g}\right) = \tan^{-1}\left(\dfrac{47.12}{\pi \times 80}\right) = 10.62°$

(2) $p_n = p\cos\beta = \pi m \cos\beta = \pi \times 5 \times \cos 10.62° = 15.44 \, \text{mm}$

(3) 속도비$(\varepsilon) = \dfrac{N_g}{N_w} = \dfrac{Z_w}{Z_g} = \dfrac{1}{30}$ 에서

$N_g = \varepsilon N_w = \dfrac{1}{30} \times 1500 = 50 \, \text{rpm}$

$Z_g = \dfrac{Z_w}{\varepsilon} = 30 \times 3 = 90 \, \text{개}$

$D_g = mZ_g = 5 \times 90 = 450 \, \text{mm}$

$V_g = \dfrac{\pi D_g N_g}{60000} = \dfrac{\pi \times 450 \times 50}{60000} = 1.18 \, \text{m/s}$

금속재료이므로 $f_v = \dfrac{6}{6 + V_g} = \dfrac{6}{6 + 1.18} \fallingdotseq 0.84$

굽힘강도를 고려한 전달하중(P_1)은

$P_1 = f_v \sigma_b b p_n y = 0.84 \times 170 \times 45 \times 15.44 \times 0.125 = 12402.18 \, \text{N}$

면압강도를 고려한 전달하중(P_2)은

$P_2 = f_v \phi D_g K b_e = 0.84 \times 1.25 \times 450 \times 548.8 \times 10^{-3} \times 36 = 9335.09 \, \text{N}$

안전을 고려하여 가장 작은 값을 택한다$(P_1 > P_2)$.

$\therefore$ 최대전달동력$(H_{kW}) = \dfrac{P_2 V}{1000} = \dfrac{9335.09 \times 1.18}{1000} \fallingdotseq 11.02 \, \text{kW}$

---

11. 관 내의 유량이 0.5 m³/s이고, 유속 3 m/s로 흐르는 이음매 없는 강관에서 내압 $p = 3.5\,\text{MPa}$에 견디는 관을 제작하려고 할 때 다음을 구하여라.

(1) 관 내경 $D[\text{mm}]$

(2) 허용인장응력을 고려한 관의 최소 두께 $t[\text{mm}]$ (단, 강관의 허용인장응력$(\sigma_a) = 80$ MPa, 부식여유$(C) = 1\,\text{mm}$이다.)

해답 (1) $Q = AV = \dfrac{\pi D^2}{4}V[\text{m}^3/\text{s}]$에서

$D = \sqrt{\dfrac{4Q}{\pi V}} = \sqrt{\dfrac{4 \times 0.5}{\pi \times 3}} = 0.4607\,\text{m} \fallingdotseq 460.7\,\text{mm}$

(2) $t = \dfrac{PD}{200\sigma_a\eta} + C = \dfrac{350 \times 460.7}{200 \times 80 \times 1} + 1 \fallingdotseq 11.08\,\text{mm}$

일반기계기사 (필답형)

□**1.** 지름이 90 mm인 전동축에 회전수 250 rpm으로 20 kW를 전달가능한 묻힘 키를 설계하고자 한다. 묻힘 키의 폭과 높이는 15 mm×8 mm이고, 키의 허용전단응력은 30 MPa, 허용압축응력은 80 MPa이다. 다음을 구하여라. (단, 키의 묻힘깊이는 $\frac{h}{2}$ 이다.)

(1) 축의 전달토크 T[J]
(2) 키의 전단응력만 고려한 키의 길이 l_1[mm]
(3) 키의 압축응력만 고려한 키의 길이 l_2[mm]

해답 (1) $\tau = 9.55 \times 10^3 \frac{kW}{N} = 9.55 \times 10^3 \times \frac{20}{250} = 764 \, N \cdot m(J)$

(2) $\tau_k = \frac{W}{A} = \frac{W}{bl_1} = \frac{2T}{bl_1 d}$ [MPa]에서

$l_1 = \frac{2T}{\tau_k bd} = \frac{2 \times 764 \times 10^3}{30 \times 15 \times 90} = 37.73 \, mm$

(3) $\sigma_c = \frac{W}{A} = \frac{W}{tl_2} = \frac{2W}{hl_2} = \frac{4T}{hl_2 d}$ [MPa]에서

$l_2 = \frac{4T}{\sigma_c hd} = \frac{4 \times 764 \times 10^3}{80 \times 8 \times 90} = 53.06 \, mm$

□**2.** 매분 300 회전하여 7.35 kW를 전달시키는 외접 평마찰차가 지름이 450 mm이면 그 너비는 몇 mm로 하여야 하는가? (단, 단위길이당 허용압력 $P_a = 15$ N/mm, 마찰계수 $\mu = 0.3$이다.)

해답 $\tau = 9.55 \times 10^6 \frac{kW}{N} = 9.55 \times 10^6 \times \frac{7.35}{300} = 233975 \, N \cdot mm$

$V = \frac{\pi DN}{60000} = \frac{\pi \times 450 \times 300}{60000} \fallingdotseq 7.07 \, m/s$

$kW = \frac{\mu PV}{1000}$ 에서

$P = \frac{1000kW}{\mu V} = \frac{1000 \times 7.35}{0.3 \times 7.07} = 3465.35 \, N$

$\therefore \; b = \frac{P}{P_a} = \frac{3465.35}{15} = 231.02 \, mm$

□3. 두께가 10 mm인 강판을 1줄 겹치기 리벳 이음으로 이음하고자 한다. 다음을 구하여라.

(1) 리벳의 지름(d)[mm] (단, $\tau_r = 0.7\sigma_c$이다.)

(2) 효율을 최대로 하는 피치(p)[mm] (단, $\tau_r = 0.7\sigma_t$이다.)

(3) 이음 효율(η)[%]

해답 (1) 리벳의 지름$(d) = \dfrac{4\sigma_c t}{\pi \tau_r} = \dfrac{4 \times 10}{\pi \times 0.7} = 18.19 \, \text{mm}$

(2) 피치$(p) = d + \dfrac{\pi d^2 \tau_r}{4\sigma_t t} = 18.19 + \dfrac{\pi (18.19)^2 \times 0.7}{4 \times 10} = 36.38 \, \text{mm}$

(3) 리벳 효율$(\eta_r) = \dfrac{\tau_r \pi d^2}{4 p t \sigma_t} = \dfrac{0.7 \times \pi \times (18.19)^2}{4 \times 36.38 \times 10} \times 100\% = 50\%$

강판의 효율$(\eta_t) = 1 - \dfrac{d}{p} = \left(1 - \dfrac{18.19}{36.38}\right) \times 100\% = 50\%$

(리벳 효율(η_r)과 강판의 효율(η_t)이 같으므로 리벳 이음 효율은 50%이다.)

※ 리벳 이음 효율은 피괴 효율이므로 본래 최종적으로 효율이 작은 쪽을 답으로 해야 한다. 그러나 본 문제는 두 값이 같으므로 리벳 이음 효율은 50%이다.

□4. 그림과 같이 외경 60 mm, 유효경 52 mm, 피치 8 mm인 30° 사다리꼴 한줄 나사의 나사 잭(jack)에서 하중 $W = 50 \, \text{kN}$을 0.5 m/min의 속도로 올리고자 한다. 다음을 구하여라.

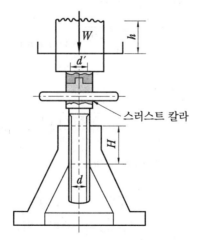

(1) 하중을 들어 올리는 데 필요한 토크(torque) T[N·mm] (단, 나사부의 유효 마찰계수 (μ') = 0.155, 칼라부의 마찰계수(μ_c) = 0.01, 칼라부의 평균지름(d') = 60 mm)

(2) 잭의 효율 η[%]

(3) 소요동력 H'[kW]

해답 (1) $T = T_1 + T_2 = \mu_c W r_m + W \dfrac{d_e}{2} \dfrac{p + \mu'\pi d e}{\pi d e - \mu' p}$

$= 0.01 \times 50 \times 10^3 \times \dfrac{60}{2} + 50 \times 10^3 \times \dfrac{52}{2} \left(\dfrac{8 + 0.155 \times \pi \times 52}{\pi \times 52 - 0.155 \times 8} \right)$

$= 15000 + 267190.07 = 282190.07 \, \text{N} \cdot \text{mm}$

(2) $\eta = \dfrac{Wp}{2\pi T} = \dfrac{50 \times 10^3 \times 8}{2\pi \times 282190.07} \times 100\% \fallingdotseq 22.57\%$

(3) $H' = \dfrac{WV}{1000\eta} = \dfrac{50 \times 10^3 \times \left(\dfrac{0.5}{60} \right)}{1000 \times 0.2257} \fallingdotseq 1.85 \, \text{kW}$

☐5. 회전수 350 rpm으로 20 kW의 동력을 전달하는 축이 있다. 축재료의 허용전단응력 (τ_a)이 50 MPa일 때 다음을 구하여라.

(1) 중실축일 경우 축지름 d[mm]

(2) 외경 $d_2 = 40$ mm인 중공축으로 대체할 때 안지름 d_1[mm]

(3) 두 축의 재료는 같은 허용전단응력의 동일 재료일 경우 중실축과 중공축의 중량비 $\left(\dfrac{W_1}{W_2} \right)$

해답 (1) $T = 9.55 \times 10^6 \dfrac{kW}{N} = 9.55 \times 10^6 \times \dfrac{20}{350} = 545714.29 \, \text{N} \cdot \text{mm}$

$T = \tau_a Z_p = \tau_a \dfrac{\pi d^3}{16} [\text{N} \cdot \text{mm}]$에서

$d = \sqrt[3]{\dfrac{16T}{\pi \tau_a}} = \sqrt[3]{\dfrac{16 \times 545714.29}{\pi \times 50}} = 38.16 \, \text{mm}$

(2) $T = \tau_a Z_p = \tau_a \dfrac{\pi d_2^3}{16} \left(1 - x^4 \right)$

$x = \sqrt[4]{1 - \dfrac{16T}{\tau_a \pi d_2^3}} = \sqrt[4]{1 - \dfrac{16 \times 545714.29}{50 \times \pi \times 40^3}} = 0.602$

$\therefore d_1 = x d_2 = 0.602 \times 40 = 24.06 \, \text{mm}$

(3) $\dfrac{W_1}{W_2} = \dfrac{\gamma A_1 l}{\gamma A_2 l} = \dfrac{A_1}{A_2} = \dfrac{\dfrac{\pi}{4} d^2}{\dfrac{\pi}{4} \left(d_2^2 - d_1^2 \right)} = \dfrac{d^2}{\left(d_2^2 - d_1^2 \right)} = \dfrac{38.16^2}{\left(40^2 - 24.06^2 \right)} = 1.43$

☐6. 250 rpm으로 20 kW를 전하는 축의 지름을 몇 mm로 하는 것이 좋은가 ? (단, 축의 허용비틀림 응력을 $\sigma_a = 25$ MPa로 한다.)

해답 $T = 9.55 \times 10^6 \dfrac{kW}{N} = 9.55 \times 10^6 \times \dfrac{20}{250} = 764000 \text{ N} \cdot \text{mm}$

$T = \tau_a Z_p = \tau_a \dfrac{\pi d^3}{16} \text{ [N} \cdot \text{mm]에서}$

$d = \sqrt[3]{\dfrac{16 T}{\pi \tau_a}} = \sqrt[3]{\dfrac{16 \times 764000}{\pi \times 25}} = 53.79 \text{ mm}$

---

7. 겹판 스프링에서 스팬의 길이 $l = 2000$ mm, 스프링 너비 $b = 120$ mm, 밴드의 너비 150 mm, 판두께 12 mm, 4000 N의 하중이 작용하여 200 MPa의 굽힘응력이 발생할 때 다음을 구하여라. (단, 재료의 세로탄성계수 $E = 205$ GPa이며, 유효길이(l_e) = $l - 0.6e$ 이다.)

(1) 굽힘응력을 고려한 판의 수 n

(2) 처짐 δ[mm]

(3) 고유 진동수 f_n[Hz]

해답 (1) $l_e = l - 0.6e = 2000 - (0.6 \times 150) = 1910 \text{ mm}$

$\sigma = \dfrac{3 W l_e}{2 n b h^2}$ 에서 $n = \dfrac{3 W l_e}{2 \sigma b h^2} = \dfrac{3 \times 4000 \times 1910}{2 \times 200 \times 120 \times 12^2} = 3.32 \fallingdotseq 4$ 장

(2) $\delta = \dfrac{3}{8} \dfrac{W l_e^3}{n b h^3 E} = \dfrac{3}{8} \times \dfrac{4000 \times 1910^3}{4 \times 120 \times 12^3 \times 205 \times 10^3} \fallingdotseq 61.47 \text{ mm}$

(3) $f_n = \dfrac{\omega_n}{2\pi} = \dfrac{1}{2\pi} \sqrt{\dfrac{g}{\delta}} = \dfrac{1}{2\pi} \sqrt{\dfrac{9800}{61.47}} \fallingdotseq 2.01 \text{ Hz}$

---

8. 축간거리가 4 m, 지름이 250 mm 및 500 mm인 주철제 풀리를 바로걸기 2겹 가죽 벨트(두께 $t = 5$ mm)로 20 kW를 전달하고자 한다. 벨트의 허용인장응력 $\sigma_t = 10$ MPa, 이음 효율 $\eta = 0.9$라 할 때 다음을 구하여라. (단, 원심력의 영향은 무시하며, $e^{\mu\theta} = 2.4$, $V = 9$ m/s, $N_A = 500$ rpm이다.)

(1) 유효장력 P_e[N]

(2) 긴장측 장력 T_t[N]

(3) 벨트의 폭 b[mm]

(4) 벨트의 길이 L[mm]

해답 (1) $kW = \dfrac{P_e V}{1000}$ 에서 $P_e = \dfrac{1000 \times kW}{V} = \dfrac{1000 \times 20}{9} = 2222.22 \text{ N}$

(2) $T_t = P_e \dfrac{e^{\mu\theta}}{e^{\mu\theta} - 1} = 2222.22 \times \dfrac{2.4}{2.4 - 1} = 3809.52 \text{ N}$

(3) $\sigma_t = \dfrac{T_t}{A\eta} = \dfrac{T_t}{bt\eta}$ [MPa]에서

$b = \dfrac{T_t}{\sigma_t t\eta} = \dfrac{3809.52}{10 \times 5 \times 0.9} \fallingdotseq 84.66\,\text{mm}$

(4) $L = 2C + \dfrac{\pi}{2}(D_1 + D_2) + \dfrac{(D_2 - D_1)^2}{4C}$

$\qquad = 2 \times 4000 + \dfrac{\pi}{2}(250 + 500) + \dfrac{(500 - 250)^2}{4 \times 4000} \fallingdotseq 9182\,\text{mm}$

○9. 지름 50 mm, 길이 200 mm인 엔드 저널이 400 rpm으로 5000 N 하중을 지지하고 있을 때 다음을 구하여라. (단, 허용압력속도 계수 $(pv)_a = 0.6\,\text{MPa}\cdot\text{m/s}$이다.)

(1) 베어링 압력(MPa)

(2) 발열계수(MPa · m/s)를 구하고, 안전여부 결정

해답 (1) $P = \dfrac{W}{A} = \dfrac{W}{dl} = \dfrac{5000}{50 \times 200} = 0.5\,\text{MPa}$

(2) $pv = P\dfrac{\pi dN}{60000} = 0.5 \times \dfrac{\pi \times 50 \times 400}{60000} = 0.52\,\text{MPa}\cdot\text{m/s}$

$(pv)_a > pv\,(0.6 > 0.52)$이므로 안전하다.

---

10. 래칫 휠의 잇수는 12개이고, 200 N · m의 토크를 받는 외측 래칫 휠에서 다음을 구하여라. (단, 재료는 주강으로 하고, 허용굽힘응력 $\sigma_b = 75\,\text{N/mm}^2$, 이너비 계수 $\phi = 0.5$, 이의 높이 $h = 10\,\text{mm}$, 피치원 지름 $D = 120\,\text{mm}$, 이에 작용하는 면압력 $q = 15\,\text{N/mm}^2$이다.)

(1) 원주 피치 p[mm]

(2) 래칫 휠의 폭 b[mm]

해답 (1) 원주 피치$(p) = 3.75\sqrt{\dfrac{T}{\phi\sigma_b Z}} = 3.75\sqrt{\dfrac{200 \times 10^3}{0.5 \times 75 \times 12}} = 79.06\,\text{mm}$

(2) $T = P\dfrac{D}{2}$ [N · mm]에서

$P = \dfrac{2T}{D} = \dfrac{2 \times 200 \times 10^3}{120} = 3333.33\,\text{N}$

면압력$(q) = \dfrac{P}{A} = \dfrac{P}{bh}$ [MPa]이므로

래칫 휠의 폭$(b) = \dfrac{P}{qh} = \dfrac{3333.33}{15 \times 10} = 22.22\,\text{mm}$

11. 웜 기어 전동장치에서 웜은 피치가 31.4 mm, 회전수 500 rpm, 4줄 나사 피치원의 지름이 80 mm, 압력각 14.5°일 때 다음을 구하여라. (단, 마찰계수 0.15에 전달동력은 25 kW이다.)

(1) 웜의 리드각 β[deg]

(2) 웜의 회전력 F[N]

(3) 웜의 잇면의 수직력 F_n[N]

해답 (1) $\tan\beta = \dfrac{l}{\pi D_g}\left(= \dfrac{Z_w p}{\pi D_g}\right)$

$\beta = \tan^{-1}\left(\dfrac{4 \times 31.4}{\pi \times 80}\right) \fallingdotseq 26.57°$

(2) $T = F\dfrac{D}{2}$ [N·mm]에서

$F = \dfrac{2T}{D} = \dfrac{2 \times 477500}{80} = 11937.5\,\text{N}$

$T = 9.55 \times 10^6 \dfrac{kW}{N} = 9.55 \times 10^6 \times \dfrac{25}{500} = 477500\,\text{N·mm}$

(3) $F = F_n(\cos\alpha\sin\beta + \mu\cos\beta)$ [N]에서

$F_n = \dfrac{F}{\cos\alpha\sin\beta + \mu\cos\beta} = \dfrac{11937.5}{\cos 14.5°\sin 26.57° + 0.15\cos 26.57°} \fallingdotseq 12015.12\,\text{N}$

일반기계기사 (필답형)　　2021년 제 4 회 시행

1. 축이 36 N·m의 비틀림 모멘트와 42 N·m의 굽힘 모멘트를 동시에 받는다. 최대 주응력설에 의한 상당 모멘트(N·mm)와 중실축과 중공축이 같은 상당 모멘트를 받을 때 굽힘 응력과 비틀림 응력을 동일하게 제작한다면 허용전단응력 120 MPa, 허용굽힘응력이 160 MPa일 때 안전율을 고려한 중공축의 바깥지름을 구하여라. (단, 동적 굽힘 계수는 1.5, 동적 비틀림 계수는 1.7로 한다.)

(1) 상당 비틀림 모멘트(N·m)와 상당 굽힘 모멘트(N·m)

(2) 안전율 4, 내외경비 0.8일 때 중공축의 바깥지름(mm)

해답 (1) $T_e = \sqrt{(k_m M)^2 + (k_t T)^2} = \sqrt{(1.5 \times 42)^2 + (1.7 \times 36)^2}$

$\quad\quad = 87.83\,\text{N·m}$

$M_e = \dfrac{1}{2}(k_m M + T_e) = \dfrac{1}{2}(1.5 \times 42 + 87.83) \fallingdotseq 75.42\,\text{N·m}$

(2) ① 상당 굽힘 모멘트(M_e)와 굽힘응력을 고려한 바깥지름(d_2)

$$S = \frac{\sigma_u}{\sigma_a} \text{에서} \quad \sigma_a = \frac{\sigma_u}{S} = \frac{160}{4} = 40 \text{ MPa}$$

$$M_e = \sigma_a Z = \sigma_a \frac{\pi d_2^3}{32}(1-x^4)[\text{N} \cdot \text{mm}] \text{에서}$$

$$d_2 = \sqrt[3]{\frac{32 M_e}{\pi \sigma_a (1-x^4)}} = \sqrt[3]{\frac{32 \times 75.42 \times 10^3}{\pi \times 40 (1-0.8^4)}} = 31.92 \text{ mm}$$

② $S = \dfrac{\tau_u}{\tau_a}$ 에서 $\tau_a = \dfrac{\tau_u}{S} = \dfrac{120}{4} = 30 \text{ MPa}$

$$T_e = \tau_a Z_p = \tau_a \frac{\pi d_2^3}{16}(1-x^4)[\text{N} \cdot \text{mm}] \text{에서}$$

$$d_2 = \sqrt[3]{\frac{16 T_e}{\pi \tau_a (1-x^4)}} = \sqrt[3]{\frac{16 \times 87.83 \times 10^3}{\pi \times 30 (1-0.8^4)}} = 29.34 \text{ mm}$$

※ 두 값 중 지름이 큰 쪽을 답으로 한다.

$$\therefore \ d_2 = 31.92 \text{ mm}$$

■2. 다음 그림과 같은 밴드 브레이크를 사용하여 217 kW, 840 rpm의 동력을 제동시킨다고 할 때 다음 물음에 답하여라. (단, 접촉각 $\theta = 230°$, 레버에 작용하는 힘 $F = 215 \text{ N}$, 풀리의 지름 $D = 350 \text{ mm}$, 마찰계수 $\mu = 0.3$, 밴드의 허용응력 $\sigma_b = 52$ MPa, 밴드의 두께 $t = 7 \text{ mm}$, 레버의 길이 $l = 700 \text{ mm}$, 레버의 이완측 치수 $b = 85$ mm이다.)

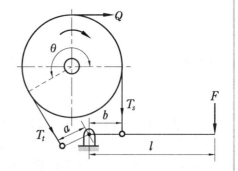

(1) 밴드에 작용하는 긴장측 장력 T_t[kN]

(2) 레버의 긴장측 치수 a[mm]

(3) 벨트의 폭 b[mm]

해답 (1) $V = \dfrac{\pi DN}{60000} = \dfrac{\pi \times 350 \times 840}{60000} = 15.393 \text{ m/s}$

$H_{kW} = \dfrac{P_e V}{1000}$ 에서 $P_e = \dfrac{1000 H_{kW}}{V} = \dfrac{1000 \times 217}{15.393} = 14097.32 \text{ N}$

$e^{\mu\theta} = e^{\left(0.3 \times 230 \times \frac{\pi}{180}\right)} = 3.33$

$T_t = P_e \dfrac{e^{\mu\theta}}{e^{\mu\theta} - 1} = 14097.32 \times \dfrac{3.33}{3.33 - 1} = 20147.67 \text{ N}$

(2) $Fl + T_t a - T_s b = 0$

$$a = \frac{T_s b - Fl}{T_t} = \frac{6050.35 \times 85 - 215 \times 700}{20147.67} = 18.05 \text{ mm}$$

$$T_s = \frac{T_t}{e^{\mu\theta}} = \frac{20147.67}{3.33} = 6050.35 \text{ N}$$

(3)　$b = \dfrac{T_t}{\sigma_t t} = \dfrac{20147.67}{52 \times 7} \fallingdotseq 55.35 \text{ mm}$

□**3.** 원통 코일 스프링에 2.8 kN의 하중이 작용할 때 처짐량은 5.5 cm, 소선의 지름은 13 mm, 평균지름은 91 mm, 횡탄성계수는 120 GPa이다. 다음 물음에 답하여라.

(1) 유효 감김수 n[권]

(2) 최대전단응력 τ[MPa]

(3) 스프링의 자유길이 L[mm] (단, 맞댐형의 코일 끝부분 자리감김을 위한 무효 감김수는 1로 계산한다.)

해답　(1)　$\delta = \dfrac{8nD^3 W}{Gd^4}$ [mm]에서 $n = \dfrac{Gd^4 \delta}{8D^3 W} = \dfrac{120 \times 10^3 \times 13^4 \times 55}{8 \times 91^3 \times 2800} \fallingdotseq 12$ 권

　　(2)　$K = \dfrac{4C-1}{4C-4} + \dfrac{0.615}{C} = \dfrac{4 \times 7 - 1}{4 \times 7 - 4} + \dfrac{0.615}{7} \fallingdotseq 1.21$

　　　　스프링 지수$(C) = \dfrac{D}{d} = \dfrac{91}{13} = 7$

　　　　$\tau_{\max} = K \dfrac{8WD}{\pi d^3} = 1.21 \times \dfrac{8 \times 2800 \times 91}{\pi \times 13^3} = 357.35 \text{ MPa}$

　　(3)　$L = \delta + nd + 2xd = 55 + 12 \times 13 + 2 \times 1 \times 13 = 237 \text{ mm}$

□**4.** 그림과 같이 편심하중을 받는 리벳 이음에서 다음 물음에 답하여라.

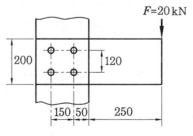

(1) 리벳에 작용하는 최대전단하중(kN)

(2) 리벳의 허용전단응력이 140 MPa일 때, 리벳의 지름(mm)

해답　(1)　직접전단하중$(P_1) = \dfrac{\text{편심 하중}(F)}{\text{리벳수}(Z)} = \dfrac{20 \times 10^3}{4} = 5000 \text{ N}$

$$편심거리(L) = 250 + 50 + \frac{150}{2} = 375 \, \text{mm}$$

$$리벳군 \; 중심에서 \; 각 \; 리벳까지의 \; 대각선 \; 거리(r_1) = \sqrt{75^2 + 60^2} = 96.05 \, \text{mm}$$

$$\cos\theta = \frac{\dfrac{b}{2}}{r_1} = \frac{75}{96.05} ≒ 0.78$$

$$비례상수(K) = \frac{FL}{n r_1^2} = \frac{20000 \times 375}{4 \times 96.05^2} = 203.24 \, \text{N/mm}$$

$$모멘트 \; 하중(P_2) = K r_1 = 203.24 \times 96.05 = 19521.2 \, \text{N} ≒ 19.52 \, \text{kN}$$

$$\therefore 합성하중(F_R) = \sqrt{P_1^2 + P_2^2 + 2 P_1 P_2 \cos\theta}$$

$$= \sqrt{5^2 + 19.52^2 + 2 \times 5 \times 19.52 \times 0.78} = 23.63 \, \text{kN}$$

$$(2) \quad \tau_a = \frac{F_R}{A} = \frac{F_R}{\dfrac{\pi d^2}{4}} = \frac{4 F_R}{\pi d^2} \, [\text{MPa}]$$

$$\therefore \; d = \sqrt{\frac{4 F_R}{\pi \tau_a}} = \sqrt{\frac{4 \times 23.63 \times 10^3}{\pi \times 140}} = 14.66 \, \text{mm}(≒ 15 \, \text{mm})$$

□**5.** 전달동력이 6 kW, 피니언의 회전수가 720 rpm의 동력을 전달하는 헬리컬 기어가
있다. 치직각 피치가 8.17 mm, 피니언의 잇수는 44개, 폭이 18 mm, 비틀림 각도는 24°
일 때 다음 물음에 답하여라.

(1) 헬리컬 기어의 회전력(N)

(2) 반경 방향 하중(N)과 축 방향 하중(N)

(3) 상기 문항에서 구한 값을 근거로 다음 표를 참고하여 베어링 사용 기간(일수)을 산정
하여라. (단, 베어링 번호가 6208번인 단열 앵귤러 볼 베어링($\alpha = 15°$)에서 외륜 고정
내륜 회전으로 사용하며 베어링의 수명시간은 40000시간, 기본 동적 부하용량이
22.5 kN일 때, 매일 6시간을 사용하는 베어링의 윤활유는 유욕을 사용한다.)

단열 앵귤러 볼 베어링 규격표

베어링 형식	내륜 회전	외륜 회전	단열		복렬				e
			$\dfrac{F_a}{V F_r} > e$		$\dfrac{F_a}{V F_r} \leq e$		$\dfrac{F_a}{V F_r} > e$		
	V		X	Y	X	Y	X	Y	
단열 앵귤러	1	1	0.44	$0.44\cot\alpha$	1	$0.48\cot\alpha$	0.75	$0.75\cot\alpha$	$1.5\tan\alpha$

한계속도지수 $dN[\text{mm} \cdot \text{rpm}]$

베어링 형식	그리스 윤활	윤활유		
		유욕	적하	강재
단열 레이디얼 볼 베어링	200000	300000	400000	600000
복렬 자동조심 볼 베어링	150000	250000	400000	–
단열 앵귤러 볼 베어링	200000	300000	400000	600000
원통 롤러 베어링	150000	300000	400000	600000
자동조심 롤러 베어링	80000	120000	–	250000
스러스트 볼 베어링	100000	60000	120000	150000

해답 (1) 치직각 모듈$(m_n) = \dfrac{P_n}{\pi} = \dfrac{8.17}{\pi} = 2.6 \text{ mm}$

피니언 피치 원지름$(D_{S1}) = m_s Z_1 = \dfrac{m_n Z_1}{\cos\beta} = \dfrac{2.6 \times 44}{\cos 24°} = 125.23 \text{ mm}$

$V = \dfrac{\pi D_{S1} N_1}{60000} = \dfrac{\pi \times 125.23 \times 720}{60000} = 4.72 \text{ m/s}$

$kW = \dfrac{FV}{1000}$ 에서 $F = \dfrac{1000kW}{V} = \dfrac{1000 \times 6}{4.72} = 1271.19 \text{ N}$

(2) 반경 방향 하중$(F_r) = \dfrac{F}{\cos\beta} = \dfrac{1271.19}{\cos 24°} = 1391.49 \text{ N}$

축 방향 하중$(F_a) = F\tan\beta = 1271.19\tan 24° = 565.97 \text{ N}$

(3) $dN = 300000$에서 $N = \dfrac{dN}{d} = \dfrac{300000}{40} = 7500 \text{ rpm}$

외륜 고정 내륜 회전 시 회전계수$(V) = 1$

$\dfrac{F_a}{VF_r} = \dfrac{565.97}{1 \times 1391.49} = 0.407 > e\,(1.5\tan 15° = 0.402)$ 만족

$\therefore X = 0.44, \quad Y = 0.44\cot 15° = 1.642$

$P = VXF_r + YF_a = 1 \times 0.44 \times 1391.49 + 1.642 \times 565.97 = 1541.58 \text{ N}$

$L_h = 500 f_h{}^r = 500 \times \dfrac{33.3}{N} \times \left(\dfrac{C}{P}\right)^r = 500 \times \dfrac{33.3}{7500} \times \left(\dfrac{22500}{1541.58}\right)^3 = 6908.65 \text{ h}$

$\therefore$ 사용 기간(일수)$= \dfrac{L_h}{1\text{일 사용시간}} = \dfrac{6908.65}{6} = 1151.44 ≒ 1152 \text{ 일}$

6. 호칭번호 50번 롤러체인으로 동력을 전달하는데 파단 하중 23.45 kN, 피치 16.13 mm, 원동 스프로킷의 분당 회전수 810 rpm, 종동축은 원동축의 $\dfrac{1}{3}$로 감속 운전할 때 원동 스프로킷 잇수 29개, 안전율은 12로 한다. 다음 물음에 답하여라.

(1) 체인의 최대전달동력(kW)

(2) 피동 스프로킷의 피치원 지름(mm)

(3) 축간거리 760 mm를 연결하기 위해 사용해야 할 링크의 개수를 짝수 개수로 구하여라.

해답 (1) $V = \dfrac{pZ_1 N_1}{60000} = \dfrac{16.13 \times 29 \times 810}{60000} \fallingdotseq 6.31 \text{ m/s}$

$$최대전달동력 = \dfrac{F_u V}{1000 S} = \dfrac{23.45 \times 10^3 \times 6.31}{1000 \times 12} = 12.33 \text{ kW}$$

(2) 속도비$(\varepsilon) = \dfrac{N_2}{N_1} = \dfrac{Z_1}{Z_2} = \dfrac{1}{3}$ 에서

$Z_2 = 3Z_1 = 3 \times 29 = 87$개

$$\therefore \ D_2 = \dfrac{p}{\sin \dfrac{180°}{Z_2}} = p \cosec \dfrac{180°}{Z_2} = 16.13 \cosec \dfrac{180°}{87} = 446.78 \text{ mm}$$

(3) $L_n = \dfrac{2C}{p} + \dfrac{1}{2}(Z_1 + Z_2) + \dfrac{0.0257p(Z_2 - Z_1)^2}{C}$

$$= \dfrac{2 \times 760}{16.13} + \dfrac{1}{2}(29 + 87) + \dfrac{0.0257 \times 16.13(87 - 29)^2}{760}$$

$$= 154.07 \fallingdotseq 156 \text{개}$$

---

7. 200 rpm으로 회전하는 축을 엔드 저널 베어링으로 지지하려고 할 때, 6.5 kN의 베어링 하중이 작용한다. 다음 물음에 답하여라.

(1) 허용압력속도지수가 $(pv)_a = 1.5 \text{MPa} \cdot \text{m/s}$일 때 저널의 길이(mm)

(2) 저널부의 허용굽힘응력이 $\sigma_b = 50 \text{MPa}$일 때 저널의 지름(mm)

(3) 베어링 허용압력이 $p_a = 5 \text{MPa}$일 때 베어링 안전도를 판단하여라.

해답 (1) $l = \dfrac{\pi W N}{60000 pv} = \dfrac{\pi \times 6.5 \times 10^3 \times 200}{60000 \times 1.5} \fallingdotseq 45.38 \text{ mm}$

(2) $M_{\max} = \sigma_a Z = \sigma_a \dfrac{\pi d^3}{32} \left(M_{\max} = \dfrac{Wl}{2} \right)$

$$\therefore \ d = \sqrt[3]{\dfrac{32 M_{\max}}{\pi \sigma_a}} = \sqrt[3]{\dfrac{16 Wl}{\pi \sigma_a}} = \sqrt[3]{\dfrac{16 \times 6500 \times 45.38}{\pi \times 50}} \fallingdotseq 31.09 \text{ mm}$$

(3) $p = \dfrac{W}{A} = \dfrac{W}{dl} = \dfrac{6500}{31.09 \times 45.38} \doteqdot 4.61\,\mathrm{MPa}$

 $\therefore\ p_a > p$ 이므로 안전하다.

○8. 평벨트 바로걸기 전동장치에서 원동풀리의 지름 180 mm, 속도비 $\dfrac{1}{2.5}$ 인 풀리를 2021 mm의 축간거리로 연결한다. 원동풀리의 분당 회전수 1200 rpm로 5 kW를 전달할 때 다음 물음에 답하여라. (단, 벨트와 풀리 간 마찰계수는 0.32, 벨트 재료의 단위 길이당 질량은 0.45 kg/m, 벨트의 두께는 8 mm, 벨트의 인장응력은 6.3 MPa이다.)

(1) 원동풀리의 접촉 중심각(°)

(2) 부가장력을 고려한 긴장측 장력(N)

(3) 벨트의 최소 폭(mm)

해답 (1) $\theta = 180° - 2\sin^{-1}\left(\dfrac{D_2 - D_1}{2C}\right) = 180° - 2\sin^{-1}\left(\dfrac{450 - 180}{2 \times 2021}\right) = 172.34°$

속도비$(\varepsilon) = \dfrac{N_2}{N_1} = \dfrac{D_1}{D_2}$ 에서

$D_2 = \dfrac{1}{\varepsilon}D_1 = 2.5 \times 180 = 450\,\mathrm{mm}$

(2) $V = \dfrac{\pi D_1 N_1}{60000} = \dfrac{\pi \times 180 \times 1200}{60000} = 11.31\,\mathrm{m/s} > 10\,\mathrm{m/s}$이므로 원심력(부가장력)을 고려한다.

$T_c = m V^2 = 0.45 \times 11.31^2 \doteqdot 57.56\,\mathrm{N}$

$\therefore\ T_t = T_c + \dfrac{1000kW}{V} \cdot \dfrac{e^{\mu\theta} - 1}{e^{\mu\theta}} = 57.56 + \dfrac{1000 \times 5}{11.31} \times \dfrac{2.62 - 1}{2.62} \doteqdot 772.54\,\mathrm{N}$

$e^{\mu\theta} = e^{0.32\left(\frac{172.34°}{57.3°}\right)} = 2.62$

(3) $b = \dfrac{T_t}{\sigma_a t} = \dfrac{772.54}{6.3 \times 8} \doteqdot 15.33\,\mathrm{mm}$

○9. 주강재 원통 마찰차의 지름이 400 mm, 520 rpm으로 13 kW의 동력을 전달하는 외접 평마찰차가 있다. 마찰계수가 0.28, 허용선압은 21 N/mm일 때 다음을 구하여라.

(1) 마찰차의 원주속도(m/s)

(2) 마찰차의 폭(mm)

해답 (1) $V = \dfrac{\pi DN}{60000} = \dfrac{\pi \times 400 \times 520}{60000} = 10.89\,\mathrm{m/s}$

(2) $P = bq\,[\text{N}], \; kW = \dfrac{\mu PV}{1000}$ 에서

$$b = \dfrac{P}{q} = \dfrac{1000\,kW}{\mu Vq} = \dfrac{1000 \times 13}{0.28 \times 10.89 \times 21} \fallingdotseq 203.02\,\text{mm}$$

1O. 바깥(호칭)지름이 50 mm, 피치가 8 mm, 유효지름이 42 mm인 사각나사 잭(jack)에서 축 방향 하중이 20 kN일 때 다음을 구하여라. (단, 마찰계수(μ) = 0.25 이다.)

(1) 나사를 조일 때 작용하는 힘(체결력) $P\,[\text{N}]$

(2) 나사를 풀 때 작용하는 힘(푸는 데 필요한 힘) $P'\,[\text{N}]$

해답 (1) $\tan\lambda = \dfrac{p}{\pi d_e}$ 에서 $\lambda = \tan^{-1}\left(\dfrac{p}{\pi d_e}\right) = \tan^{-1}\left(\dfrac{8}{\pi \times 42}\right) \fallingdotseq 3.49°$

$\tan\rho = \mu$ 에서 $\rho = \tan^{-1}\mu = \tan^{-1}(0.25) \fallingdotseq 14.04°$

$\therefore \; P = W\tan(\lambda + \rho) = 20 \times 10^3 \tan(3.49° + 14.04°) = 6317.49\,\text{N}$

(2) $P' = W\tan(\rho - \lambda) = 20 \times 10^3 \tan(14.04° - 3.49°) \fallingdotseq 3724.84\,\text{N}$

---

11. 그림과 같이 지름이 380 mm인 풀리가 묻힘 키(sunk key)에 의하여 매달려 있다. 키의 규격이 $b \times h = 12 \times 8$이고 키의 허용전단응력과 키의 허용압축응력이 각각 43 MPa, 102 MPa가 작용할 때, 풀리에 걸리는 접선력은 1.3 kN 이다. 다음 물음에 답하여라.

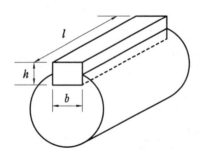

길이 l의 표준값

6	8	10	12	14	16	18	20	22	25	28	32	36
40	45	50	56	63	70	80	90	100	110	125	140	160

(1) 허용전단응력을 고려한 축의 지름(mm)

(2) 키의 최소길이(mm)를 선정하여라.

해답 (1) $T = P\dfrac{D}{2} = W\dfrac{d}{2}\,[\text{N} \cdot \text{m}]$

$$T = P\frac{D}{2} = 1300 \times \frac{380}{2} = 247000 \, \text{N} \cdot \text{mm}$$

$$T = \tau_k Z_p = \tau_k \frac{\pi d^3}{16} \, [\text{N} \cdot \text{mm}] \text{에서}$$

$$d = \sqrt[3]{\frac{16T}{\pi \tau_k}} = \sqrt[3]{\frac{16 \times 247000}{\pi \times 43}} \fallingdotseq 30.81 \, \text{mm}$$

(2) $\tau_k = \dfrac{W}{A} = \dfrac{W}{bl_1} = \dfrac{2T}{bl_1 d} \, [\text{MPa}]$에서

$$l_1 = \frac{2T}{\tau_k bd} = \frac{2 \times 247000}{43 \times 12 \times 30.81} \fallingdotseq 31.07 \, \text{mm}$$

$$\sigma_c = \frac{W}{A} = \frac{W}{tl_2} = \frac{2W}{hl_2} = \frac{4T}{hl_2 d} \, [\text{MPa}] \text{에서}$$

$$l_2 = \frac{4T}{\sigma_c hd} = \frac{4 \times 247000}{102 \times 8 \times 30.81} \fallingdotseq 39.3 \, \text{mm}$$

∴ 안전성을 고려해서 길이가 $l_2 > l_1$이므로 표에서 길이가 긴 l_2를 기준으로 40 mm를 선정한다.

일반기계기사 실기 필답형

2019년 2월 25일 1판 1쇄
2023년 1월 10일 1판 5쇄

저자 : 허원회
펴낸이 : 이정일

펴낸곳 : 도서출판 일진사
www.iljinsa.com

(우)04317 서울시 용산구 효창원로 64길 6
대표전화 : 704-1616, 팩스 : 715-3536
등록번호 : 제1979-000009호(1979.4.2)

값 25,000원

ISBN : 978-89-429-1577-4